U0303082

国家科学技术学术著作出版基金资助出版

鲟鱼环境生物学
——生长发育及其环境调控

Environmental Biology of Sturgeons and Paddlefishes
— Growth，Development and the Environment

庄平　李大鹏　张涛　**等著**

科 学 出 版 社
北 京

内 容 简 介

鲟鱼是一类古老、珍稀和濒危的物种,具有重要的科学研究价值、生态价值和经济价值。我国是世界上鲟鱼资源较为丰富的国家之一,为开展鲟鱼的科学研究提供了得天独厚的条件。

本书是作者30余年来在鲟鱼环境生物学领域进行系统研究的凝练和总结,不乏他们对研究工作和研究对象的独到见解。内容涉及鲟鱼的早期发育特征、环境因子对其早期发育的影响、个体发育行为、体型形态对水流的适应、生长的环境调控、生长的营养需求、性腺发育调控、盐度适应与渗透压调节机制、生态毒理响应等诸多方面。不仅丰富了鱼类生物学知识,而且为改进鲟鱼物种的保护技术和开发鲟鱼养殖新技术提供了理论指导。

本书内容新颖、结构严谨、数据翔实、图文并茂。不仅可以作为从事鲟鱼研究相关人员的工具书,也可以作为大专院校师生、鱼类研究者、渔业管理者和水产养殖者的重要参考书。

图书在版编目(CIP)数据

鲟鱼环境生物学——生长发育及其环境调控/庄平等著.
—北京:科学出版社,2017.2
ISBN 978-7-03-051373-1

Ⅰ.①鲟⋯ Ⅱ.①庄⋯ Ⅲ.①鲟科-鱼类养殖 Ⅳ.
①S965.215

中国版本图书馆 CIP 数据核字(2017)第 322758 号

责任编辑:许 健
责任印制:谭宏宇 / 封面设计:殷 靓

科学出版社 出版
北京东黄城根北街 16 号
邮政编码:100717
http://www.sciencep.com

南京展望文化发展有限公司排版
苏州市越洋印刷有限公司印刷
科学出版社发行 各地新华书店经销

＊

2017 年 2 月第 一 版   开本:787×1092 1/16
2017 年 2 月第一次印刷   印张:25 1/4
字数:567 000
定价:268.00 元
(如有印装质量问题,我社负责调换)

《鲟鱼环境生物学——生长发育及其环境调控》
编写人员名单

庄　平　　李大鹏　　张　涛　　章龙珍　　赵　峰
侯俊利　　段　明　　冯广朋　　宋　炜　　石小涛
黄晓荣　　宋　超　　罗　刚　　顾孝连　　高露姣
何绪刚　　杨　刚

参加研究工作人员名单

丁建文　　马　境　　王瑞芳　　毛翠凤　　田宏杰
田美平　　冯　琳　　李伟杰　　刘　婷　　刘　鹏
江　淇　　陈宁宁　　吴贝贝　　张　征　　张慧婷
屈　艺　　屈　亮　　封苏娅　　姚志峰　　徐　滨
曾翠平　　颜世伟

序 一

全球已发现并命名的鱼类有 3 万余种，它们是最古老的脊椎动物类群。鱼类的环境适应能力极强，几乎栖息于地球上所有的水生环境，从细小的溪流到广阔的海洋，从寒冷的两极到高热的温泉，从世界屋脊到万米深渊。因此，鱼类与环境之间关系的研究是当今的热点之一。

鲟鱼类被认为是现代硬骨鱼类的祖先，地球上与鲟鱼相同地质年代的生物大多已灭绝，鲟鱼能够生存至今，有其独特之处，在生物地理学和环境生物学研究上有重要的科学意义。鲟鱼多为肉食性鱼类，处于水域生态系统中营养级的上端，在维护水域生态平衡上有重要的作用。鲟鱼还是重要的经济物种，古今中外都视其为食用珍品。然而，由于鲟鱼自然分布地理区域较为狭窄，国内外从事鲟鱼研究的科学家比较少，长期以来人们对鲟鱼的科学认识还存在很多空白。

庄平研究员在 20 世纪 80 年代初期就开展了鲟鱼的研究工作，率先进行了鲟鱼"南移驯养"试验研究，推动了我国鲟鱼养殖业的发展。他还以高级访问学者的身份前往美国马萨诸塞大学，从事鲟鱼合作研究 2 年，不仅掌握了国际上鲟鱼研究的先进方法，更为重要的是对这些物种的研究和保护价值有了更为深刻的认识，使其研究工作更具国际视野。同时，他还结合了我国鲟鱼资源的特殊性，做到鲟鱼研究中西融合。

30 年来，庄平研究员和他的学生们对鲟鱼研究倾注了无限的热情和大量的心血，30 年的坚持使他们对鲟鱼研究有独到的见解，研究工作的系统性和完整性尤为突出，不仅贯穿于鲟鱼的整个生活史过程，还覆盖了与之密切相关环境因子的方方面面。目前国内还少有针对某一类鱼开展全面系统环境生物学的研究工作，他们的研究获得了大量珍贵的第一手研究数据，填补了许多空白，丰富了鲟鱼的生物学知识。相关研究工作得到了社会和同行的高度评价，曾获得国家科技进步奖等奖项，取得了丰硕的成果。

《鲟鱼环境生物学——生长发育及其环境调控》是国内第一部针对一个鱼类类群全面系统开展环境生物学研究的著作，总结了庄平研究员团队 30 余年对鲟鱼与环境关系研究的成果，阐述了他们对研究工作和研究对象的独到理解，对于加强珍稀濒危物种的科学研究、推动我国鱼类学的发展大有裨益。

该书经过数年的精心组织和策划，篇章结构清晰，内容丰富，语言平实，可读性强。国家科学技术学术著作出版基金委员会组织专家对书稿进行了评审，认为具有重要的学术和实用价值，立项资助出版。我很高兴见到这部专著出版，并乐意推荐给大家。

中国科学院院士、中国鱼类学会理事长　桂建芳

2017 年 1 月于武汉

序 二

鲟形目鱼类是古老的物种,古棘鱼类的一支后裔,现代硬骨鱼类的祖先,在研究生物进化史上具有重要的科学价值。古今中外,鲟鱼类均为重要的经济鱼类,在我国的西周古籍中就有捕捞鲟鱼的描述,李时珍的《本草纲目》对鲟鱼各个部位的食用价值和药用价值有详细的记载。在欧洲、亚洲和美洲许多国家,均有开发利用鲟鱼资源的文献资料,尤其是鲟鱼鱼子酱是近代西方社会的高档食品,价格昂贵,有"黑色黄金"之称。

我国是世界上鲟鱼资源较为丰富的国家之一,天然分布有 8 种,隶属于 2 科,3 属,跨越 3 个鲟鱼生物地理学分区。长江分布有 3 种鲟鱼,即中华鲟、达氏鲟和白鲟,它们曾经是长江上游的主要渔业捕捞对象,但由于过度捕捞和栖息地破坏等原因,长江的鲟鱼资源濒临枯竭,这 3 种鲟鱼均被列为国家一级重点保护水生野生动物名录。黑龙江分布有 2种鲟鱼,即鳇和史氏鲟,天然资源也在快速衰退之中。新疆的一些跨境河流中发现有 3 种鲟鱼,包括西伯利亚鲟、小体鲟和裸腹鲟,其中有些是由境外人工放流后进入我国境内,数量极为稀少。鉴于我国分布的鲟鱼物种的濒危状况,亟待开展科学研究和制定有效的保护措施。

20 世纪 90 年代以来,我国开展了大规模的鲟鱼商业化人工养殖。主要养殖对象有来自黑龙江水系的史氏鲟和鳇,有来自俄罗斯的西伯利亚鲟和小体鲟,还有来自美国的高首鲟和匙吻鲟等。经过 20 余年的发展,我国已经成为世界上最大的鲟鱼养殖国,实现了鲟鱼产品的规模化出口。但是,鲟鱼养殖业的进一步发展面临着优良养殖品种缺乏、养殖模式单一、养殖技术有待提升等问题,要解决这些问题,同样需要加强对鲟鱼的科学研究。

中国水产科学研究院东海水产研究所庄平研究员领导的团队,自 20 世纪 80 年代以来,开展了鲟鱼的系统性科学研究。研究工作涉及鲟鱼的早期发育特征、环境因子对早期发育的影响、个体发育行为、体型形态对水流的适应、生长的环境调控、生长的营养需求、性腺发育调控、盐度适应与渗透压调节机制、生态毒理响应等诸多方面,取得了许多原创性成果,并多次获得国家和省部级科技奖励。这些研究工作不仅丰富了鱼类生物学知识,而且为改进鲟鱼的保护技术和开发养殖新技术提供了理论指导。

该书是庄平研究员团队对 30 年来上述鲟鱼研究工作的系统总结,内容新颖、结构严谨、数据翔实、图文并茂，是近年来不可多得的围绕一个类群物种系统开展生长发育与环境调控机制研究的著作，具有重要的学术和应用价值。

该书获得了"国家科学技术学术著作出版基金"项目的资助，不仅可以作为从事鲟鱼研究相关人员的工具书，也可以作为大专院校师生、鱼类研究者、渔业管理者和水产养殖者的重要参考书。

中国水产科学研究院院长　崔利锋

2017 年 1 月于北京

前　言

2015 年夏天,世界自然基金会(WWF)和农业部联合在上海科技馆举办了一个以鲟鱼为主题的生态环境保护宣传活动,举办方特邀我做了一个演讲,是命题作文《我与鲟鱼的半生缘》。屈指一算,第一次亲眼看见鲟鱼并结下缘分已经是三十三年前了,作为职业生涯,"半生缘"是恰如其分。

1982 年我刚走出校门,平生第一次参加的科研工作便是加入"全国葛洲坝下中华鲟人工繁殖协作组"在湖北宜昌开展的中华鲟人工繁殖联合攻关,以拯救濒临灭绝的"国宝"中华鲟。那年秋天,我第一次见到了传说中的"千斤腊子"中华鲟,它们那硕大的身躯、奇特的体型、神秘的体色给我带来的是刻骨铭心的冲击和震撼,并深深地嵌入了我的脑海,冥冥之中感觉到什么叫做"一见钟情",或许这就是所谓的缘分吧。

人一辈子能够做成的事不多,而且是自己喜欢的、有点价值的事情就更难得了。我国是世界上土著鲟鱼资源较为丰富的国家之一,这是大自然赐给我们的财富,为我们开展鲟鱼科学研究提供了难得的必备条件,令国际同行羡慕不已。在 20 世纪 90 年代,我国掀起了鲟鱼人工商业化养殖的浪潮,大规模从欧洲、美洲等地引进鲟鱼苗种发展养殖业,共计引进了 10 余个外来种,当时全球一半以上的鲟鱼物种集中来到了中国,这在世界上没有第二个国家可以做到,又为我们的研究工作创造了绝无仅有的机遇。

我和我的团队钟情于鲟鱼,它们是一类神奇的物种,源于遥远的白垩纪,至今从里到外仍散发着那个时代的气息,它们被称为生态系统中的"旗舰物种",科学价值和生态价值无与伦比。我们不懈地追求,坚持相伴这些珍贵生灵 30 余年,试图拨开层层谜纱,探求未知,解答迷惑。我们收获了回报,30 余年的鲟鱼研究工作受到了国内外同行的高度关注,多次获得国家和省部级的科技成果奖项,尤其值得高兴的是,在鲟鱼研究工作中培养了一批博士和硕士研究生,他们已成为了鲟鱼科学研究的新生力量。

这本书是我们 30 余年鲟鱼研究工作的凝练和总结,愿我们的工作能够对人们认识、保护和科学利用这些珍稀物种有所裨益,为同行提供一些科学参考。更愿大家关爱呵护这些来自远古的瑰宝,让它们生生不息、绵绵不绝。

2016 年 11 月于上海

目　录

第1章 绪 论

1.1 鲟鱼的起源、分类和分布

1.1.1 鲟鱼的起源与进化

古今中外有许多关于地球上生命产生的神话和学说。过去,中国有盘古开天辟地、女娲捏土造人的神话,西方有耶和华用六天时间创造世界的故事。当今,国际上也有多种学说,基本可归纳为两大类:一是地表起源说,认为生命是在地球形成后若干亿年的原始地表起源的。二是地外起源说,认为地球上的生命是由地外宇宙生命降落到地球上发展而来的。

地表起源说是当今生命起源探索的主流。大约在66亿年前,银河系内发生过一次大爆炸,其碎片和散漫物质经过长时间凝集,大约在46亿年前形成了太阳系,地球作为太阳系的一员,也在46亿年前诞生了。大约在38亿年前地球上出现了原始地壳和稳定的陆块。经过若干前生物演化的过渡形式,最终在地球上形成了具有原始细胞结构的生命,澳大利亚西部瓦拉伍那群(Warrawoona Gr.)中35亿年前的微生物可能是地球上最早的生命证据,即大约在地球形成后的10亿年形成了原始生命。

地球上生物和非生物长期相互作用构成了今天的生物圈。达尔文(Darwin)认为,物种是可变的,生物是进化的,自然选择是生物进化的动力。生物进化遵循从简单到复杂、从低等到高等、从水中生活到陆上生活的发展规律。地球上的生物拥有共同的祖先,动物演化的进程是,脊椎动物由无脊椎动物演化而来,有颌类由无颌类进化而来。鱼类的出现标志着从低等、原始、无颌的无脊椎动物向有颌脊椎动物进化的一个质的飞跃。

现知最早的鱼类化石,发现于距今约5亿年的寒武纪(Cambrian period)晚期地层中,但只能够看见一些零散的鳞片,没有鱼类身体的轮廓。距今4亿至3亿5 000万年的志留纪(Silurian period)晚期和泥盆纪(Devonian period)时,才有大量的鱼化石被发现,在这些鱼化石中,其形态和构造特征彼此有差别,说明当时已有多种鱼类存在。

各种古今鱼类可以分为四大类:无颌类(Agnatha)、盾皮类(Placoderma)、软骨鱼类(Chondrichthyes)、硬骨鱼类(Osteichthyes)。多数无颌类和盾皮类现已灭绝,仅有少数无颌类延续至今,即圆口类(Cyclostomes)。在泥盆纪,软骨鱼类已分为板鳃类(Elasmobranch)和全头类(Holocephalan),到晚古生代二叠纪(Permian period),因第三次冰川期,大量软骨鱼类灭亡。到了中生代侏罗纪(Jurassic period),板鳃类逐渐兴盛,演化出鲨类和鳐类两支,全头类却衰落,仅留下银鲛类的少数种类。硬骨鱼类最早出现于泥盆纪的淡水沉积中,最古老的硬骨鱼类为古鳕类,由此演化出辐鳍鱼类(Actinopterygii)的软骨硬鳞类(Chondrostei)、全骨类(Holostei)、真骨鱼类(Teleostei)。在这3个类群中,软骨硬鳞类最原始,他们的化石发现于泥盆纪,少数种类残存至今,鲟形目(Acipenseriformes)鱼类是其代表。

鲟鱼类是古棘鱼类(Aceanthodiformes)的一支后裔,根据古棘鱼类化石出现于古生代的志留纪到二叠纪的地质年代,以及体形结构的特点,可以推断鲟形目鱼类是现代硬骨鱼类的祖先。鲟形目鱼类的化石出现在约2亿年前的中生代侏罗纪,它们的骨骼除头颅骨外,绝大多数为软骨,是介于软骨鱼类与硬骨鱼类之间的过渡类型。鲟形目鱼类上颌中的前颌骨与上颌骨相连,并且与头骨分离,脊索延续到成年期,消化道具螺旋瓣,歪尾型,这些都具有原始性状。鲟形目鱼类染色体为多倍体、大量的微型染色体等特征也被认为是较为原始的。

古代的造山运动、海浸和海退引起的地质、地貌变迁,使古棘鱼类的生态类群发生了分化:有留于江河湖泊中的淡水鱼类;有移到海洋中的海水鱼类;有栖息于咸淡水近岸的河口性鱼类;还有生活在沼泽、水溪地带的肺鱼和总鳍鱼类等。鲟鱼是最早的典型过河口性鱼类类群。各种类群的生活条件在不断的交替变化之中,因而形成了现有科学记录和命名的3万余种鱼类(图1.1)。

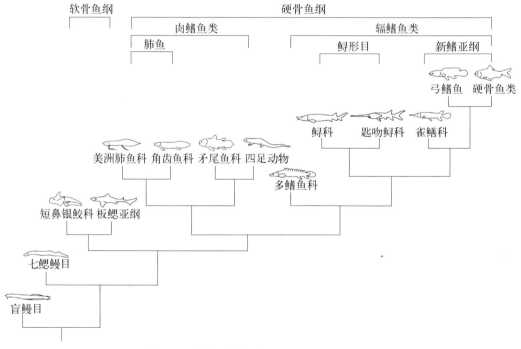

图1.1　鱼类进化树(仿 Bemis *et al.*,1997)

1.1.2　鲟鱼的分类

鲟形目(Acipenseriformes)隶属于脊索动物门(Chordata)、脊椎动物亚门

（Vertebrata）、硬骨鱼纲（Osteichthyes）、辐鳍亚纲（Acinopterygii）、软骨硬鳞总目（Chondrostei）。按照地质年代的划分，鲟鱼分为古代鲟鱼和近代鲟鱼两大类。生活在白垩纪(Cretaceous period)之前的为古代鲟鱼，包括软骨硬鳞科和北票鲟科 2 科。生活在白垩纪之后的为近代鲟鱼，包括鲟科和匙吻鲟科 2 科。鲟科有鲟亚科和铲鲟亚科 2 亚科，鲟亚科有鳇属 2 个种和鲟属 17 个种，铲鲟亚科有铲鲟属 3 个种和拟铲鲟属 3 个种。匙吻鲟科有匙吻鲟属 1 个种和白鲟属 1 个种。近代鲟形目现存 27 种，其中大西洋鲟分 2 个亚种。

　　鲟形目鱼类的分类可以归纳如下（图 1.2，表 1.1）。

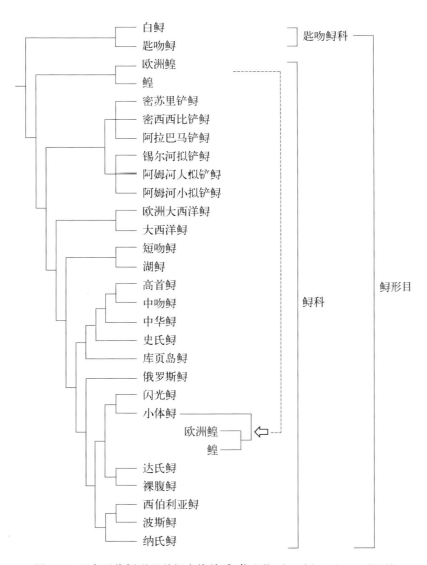

图 1.2　现存近代鲟形目种间亲缘关系(仿 Billard and Lecointre，2001)

　　关于鲟鱼类的分类问题，250 多年来有许多争论，最初著名分类学家林奈（Linnaeus）将鲟鱼视为鲨鱼的近亲，到 1846 年 Mueller 将鲟鱼与鲨鱼区分开，并将其划归为硬骨鱼

表 1.1 世界现存鲟形目(Acipenseriformes)鱼类名录及分类

拉丁名(学名)及分类地位	中 文 名	英 文 名	分 布
Acipenseridae	鲟科		
Huso	鳇属		
H. huso (Linnaeus, 1758)	欧洲鳇	Beluga	黑海、里海、地中海
H. dauricus (Georgi, 1775)	鳇	Kaluga	黑龙江流域
Acipenser	鲟属		
A. sinensis Gray, 1834	中华鲟	Chinese sturgeon	中国沿海及主要河流
A. dabryanus Duméril, 1868	达氏鲟	Dabry's sturgeon	中国长江
A. schrenckii Brandt, 1869	史氏鲟	Amur sturgeon	黑龙江流域、鄂霍次克海
A. mikadoi Hilgendorf, 1892	库页岛鲟	Sakhalin sturgeon	亚洲西北太平洋沿岸
A. oxyrinchus Mitchill, 1815	大西洋鲟	Atlantic sturgeon	北美大西洋沿岸
A. o. oxyrinchus Mitchill, 1815	大西洋鲟	Atlantic sturgeon	北美大西洋沿岸
A. o. desotoi Vladykov, 1955	墨西哥湾鲟	Gulf sturgeon	墨西哥湾及南美北部
A. brevirostrum Le Sueur, 1818	短吻鲟	Shortnose sturgeon	北美大西洋沿岸
A. fulvescens Rafinesque, 1817	湖鲟	Lake sturgeon	北美美国中部
A. sturio Linnaeus, 1758	欧洲大西洋鲟	European sturgeon	欧洲大西洋沿岸、地中海
A. naccarii Bonaparte, 1836	纳氏鲟	Adriatic sturgeon	亚得里亚海
A. stellatus Pallas, 1771	闪光鲟	Stellate sturgeon	黑海、里海、地中海
A. gueldenstaedtii Brandt & Ratzeberg, 1833	俄罗斯鲟	Russian sturgeon	黑海、里海
A. persicus Borodin, 1897	波斯鲟	Persian sturgeon	黑海、里海
A. nudiventris Lovetzky, 1828	裸腹鲟	Ship sturgeon	黑海、里海、咸海
A. ruthenus Linnaeus, 1758	小体鲟	Sterlet	东中欧河流
A. baerii Brandt, 1869	西伯利亚鲟	Siberian sturgeon	俄罗斯北部沿海河流
A. medirostris Ayres, 1854	中吻鲟	Green sturgeon	北美和亚洲大西洋沿岸
A. transmontanus Richardson, 1836	高首鲟	White sturgeon	北美大西洋沿岸
Scaphirhynchus	铲鲟属		
S. platorynchus (Rafinesque, 1820)	密西西比铲鲟	Shovelnose sturgeon	北美密西西比河流域
S. suttkusi Williams & Clemmer, 1991	阿拉巴马铲鲟	Alabama sturgeon	北美莫比尔湾
S. albus (Forbes & Richardson, 1905)	密苏里铲鲟	Pallid sturgeon	北美密西西比河流域
Pseudoscaphirhynchus	拟铲鲟属		
P. kaufmanni (Bogdanow, 1874)	阿姆河大拟铲鲟	Amu Darya sturgeon	中亚阿姆河
P. hermanni (Kessler, 1877)	阿姆河小拟铲鲟	Dwarf sturgeon	中亚阿姆河
P. fedtschenkoi (Kessler, 1872)	锡尔河拟铲鲟	Syr Darya sturgeon	中亚锡尔河
Polyodontidae	匙吻鲟科		
Polyodon	匙吻鲟属		
P. spathula (Walbaum, 1792)	匙吻鲟	American paddlefish	美国密西西比河
Psephurus	白鲟属		
P. gladius (Martens, 1862)	白鲟	Chinese paddlefish	中国长江

注：*示亚种

纲,然而,Sewertzoff 在 1925 年、1926 年和 1928 年又否定了这一观点。随着鲟鱼生物学研究的不断深入,尤其是运用现代细胞学和分子生物学手段,鲟鱼分类研究不断取得了一些新的进展。例如,有学者将西伯利亚鲟(A. baerii)的 2 个亚种取消(Ruban,1997),认为是同物异名(IUCN,2015)。然而,鲟鱼的分类学问题仍存在一些争论,鲟鱼类种间形态变化比较研究还需要加强,生物地理学分布、基本形态学特征及系统发育之间的关系有待深入的研究。例如,在北美同一生物地理学分区的 3 种鲟鱼中,湖鲟(A. fulvesens)和短吻鲟(A. brevirostrum)在形态学特征上很相近,而大西洋鲟(A. oxyrinchus)却相差甚远,这种现象需要进一步地研究加以解释。鲟鱼的分类和系统进化研究仍有许多空白,在进化上的许多假说需要在生态学功能上得到进一步验证,本书后面将讨论的鲟鱼个体发育行为学也可作为研究鲟鱼系统进化的手段。

1.1.3 鲟鱼的分布

世界现存鲟鱼类基本上均分布于北半球,涉及亚洲、欧洲和北美洲 3 个密集分布区。现存鲟鱼可以划分为 9 个生物地理学分区(Bemis and Kynard,1997),即长江、珠江和中国东南沿海区;黑龙江、鄂霍次克海和日本海区;西伯利亚和北冰洋区;泛里海区;东北人西洋区;西北大西洋区;密西西比河和墨西哥湾区;五大湖区;东北太平洋区(图 1.3,表 1.2)。世界自然保护联盟(International Union for the Conservation of Nature,IUCN)定期将全世界鲟鱼的濒危状况进行评估和描述(表 1.2)。

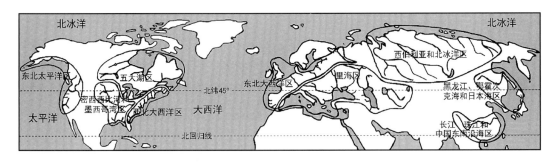

图 1.3 现存鲟鱼生物地理学分区示意图(仿 Bemis and Kynard,1997)

上述生物地理学分区的划分是基于不同种类产卵繁殖的河流和摄食的海区,有些种类的分布不仅只是出现在一个生物地理学分区。东欧和亚洲是鲟鱼种类的高度密集区,分布有现存鲟科鱼类 4 属中的 3 属,其中东欧和中亚的里海、黑海、咸海和亚速海是鲟鱼最为集中分布的区域(表 1.2,图 1.3),历史上该区域的天然鲟鱼捕获量曾占到全球的 90%。里海是全球鲟鱼资源最为丰富的水域,面积 38.4 万 km²,众多河流注入,为鲟鱼类的繁衍生息提供了极其优越的环境条件,因此仅在里海就有 6 种鲟鱼分布,据资料记载,在 17 世纪里海鲟鱼捕捞量曾经达到 5 万 t/年。

表 1.2　世界鲟鱼的生物地理学分区和濒危状态

生物地理学分区	种　　类	IUCN 评估濒危状况
长江、珠江和中国东南沿海区	中华鲟 *Acipenser sinensis*	CR A2bcd;B2ab(i,ii,iii,iv,v);C2a(ii)
	达氏鲟 *Acipenser dabryanus*	CR A2bcd
	白鲟 *Psephurus gladius*	CR A2cd;C2a(i);D
黑龙江、鄂霍次克海和日本海区	史氏鲟 *Acipenser schrenckii*	CR A2bd
	库页岛鲟 *Acipenser mikadoi*	CR A2cde
	鳇 *Huso dauricus*	CR A2bd
西伯利亚和北冰洋区	西伯利亚鲟 *Acipenser baerii*	EN A2bcd+4bcd
	小体鲟 *Acipenser ruthenus*	VU A2cde
泛里海区(包括地中海、爱琴海、黑海、里海和咸海)	俄罗斯鲟 *Acipenser gueldenstaedtii*	CR A2bcde
	裸腹鲟 *Acipenser nudiventris*	CR A2cde
	纳氏鲟 *Acipenser naccarii*	CR A2bcde;B2ab(i,ii,iii,iv,v)
	波斯鲟 *Acipenser persicus*	CR A2cde
	小体鲟 *Acipenser ruthenus*	VU A2cde
	闪光鲟 *Acipenser stellatus*	CR A2cde
	欧洲大西洋鲟 *Acipenser sturio*	CR A2cde;B2ab(ii,iii,v)
	欧洲鳇 *Huso huso*	CR A2bcd
	锡尔河拟铲鲟 *Pseudoscaphirhynchus fedtschenkoi*	CR C2a(i,ii);D
	阿姆河小拟铲鲟 *Pseudoscaphirhynchus hermanni*	CR A2c
	阿姆河大拟铲鲟 *Pseudoscaphirhynchus kaufmanni*	CR A2c
东北大西洋区(包括白海、波罗的海和北海)	小体鲟 *Acipenser ruthenus*	VU A2cde
	欧洲大西洋鲟 *Acipenser sturio*	CR A2cde;B2ab(ii,iii,v)
西北大西洋区(北美大西洋沿岸)	短吻鲟 *Acipenser brevirostrum*	
	大西洋鲟 *Acipenser oxyrinchus oxyrinchus*	
密西西比河和墨西哥湾区	匙吻鲟 *Polyodon spathula*	VU A3 de
	墨西哥湾鲟 *Acipenser oxyrinchus desotoi*	VU A2cde
	密苏里铲鲟 *Scaphirhynchus albus*	EN A4ce
	密西西比铲鲟 *Scaphirhynchus platorynchus*	VU A3 d+4ac
	阿拉巴马铲鲟 *Scaphirhynchus suttkusi*	CR A4cde
五大湖区(包括哈德逊湾和圣劳伦斯河)	湖鲟 *Acipenser fulvescens*	LC
	大西洋鲟 *Acipenser oxyrinchus oxyrinchus*	NT
东北太平洋区	中吻鲟 *Acipenser medirostris*	NT
	高首鲟 *Acipenser transmontanus*	LC

注：依 IUCN"The IUCN Red List of Threatened Species. Version 2015.2";濒危等级和标准依"2001 IUCN Red List Categories and Criteria version 3.1"。濒危等级：LC. Least Concern,无危；NT. Near Threatened,近危；VU. Vulnerable,易危；EN. Endangered,濒危；CR. Critically Endangered,极危。A2bcd、B2ab(i,ii,iii,iv,v)等为 VU、EN、CR 判别标准

1.2 鲟鱼的主要生物学特征

1.2.1 形态结构

1.2.1.1 主要形态特征

鲟形目鱼类大多体型硕大,欧洲鳇的最大个体可达体长 600 cm,体重 1 000 kg。身体呈纺锤形,典型的特征是身体躯干部横切面呈现近似五角形,其中鲟科鱼类身体纵向被 5 行硬鳞骨板,包括 1 行背骨板、2 行侧骨板和 2 行腹骨板。

鲟鱼吻长,吻呈现铲形或椭圆形,匙吻鲟科鱼类的吻长可占头长的 70% 以上。鲟鱼的眼相对较小,位于头部两侧。鼻孔相对较大,位于眼部前缘。口下位,口的前部具吻须 4 根。鳃盖膜可与峡部相连或不相连。鳍条不骨化,背鳍和臀鳍后位,腹鳍在背鳍前方,尾鳍多为歪形,上叶长于下叶(图 1.4)。

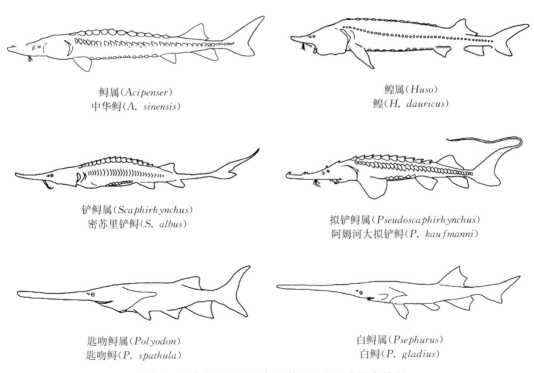

鲟属(*Acipenser*)
中华鲟(*A. sinensis*)

鳇属(*Huso*)
鳇(*H. dauricus*)

铲鲟属(*Scaphirhynchus*)
密苏里铲鲟(*S. albus*)

拟铲鲟属(*Pseudoscaphirhynchus*)
阿姆河大拟铲鲟(*P. kaufmanni*)

匙吻鲟属(*Polyodon*)
匙吻鲟(*P. spathula*)

白鲟属(*Psephurus*)
白鲟(*P. gladius*)

图 1.4 现存鲟形目 6 属鲟鱼代表种的基本形态特征

1.2.1.2 骨骼系统

鲟形目鱼类的骨骼系统很独特,既有软骨,又有膜质的硬骨,还在软骨中出现骨化现象。头颅为软骨,仅少量骨化,脑颅由覆盖脑、感觉器官的软颅和表面的膜质硬骨构成(图 1.5)。腭方骨与筛骨区或蝶骨区不相连,而与颅骨相连。匙吻鲟的头骨差异较大,软骨发达。

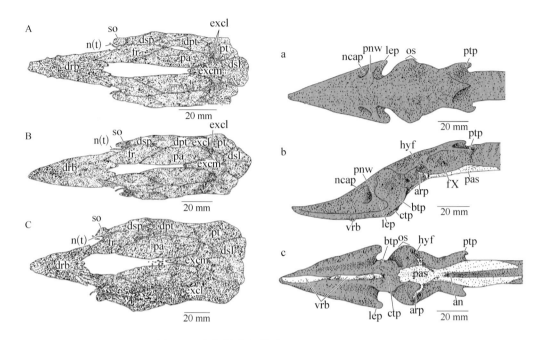

图1.5　中华鲟头部骨骼(Hilton *et al.*，2015)

A. 体长367 mm；B. 体长430 mm；C. 体长515 mm；

a. 脑颅背视图；b. 脑颅侧视图；c. 脑颅腹视图

dpt. dermopterotic，膜质翼耳骨；drb. dorsal rostral bones，背吻骨；ds1. first dorsal scute，第一骨板；dsp. dermosphenotic，膜质蝶耳骨；excl. lateral extrascapular，侧外肩骨；excm. median extrascapular，中外肩骨；fr. frontal，额骨；n(t). tubular bone anterior of the nasal，鼻前管状骨；pa. parietal，顶骨；so. supraorbital，眶上骨；an. aortic notch，主动脉沟；arp. ascending ramus of the parasphenoid，副蝶骨升支；btp. basitrabecular processes of the neurocranium，脑颅基颞骨；ctp. central trabecular process of the neurocranium，脑颅中央骨小梁；fX. foramen for the tenth（vagus）cranial nerve，第十（迷走神经）颅神经孔；hyf. facet for the hyomandibula，舌骨下颌弓侧；lep. lateral ethmoid process of the neurocranium，脑颅侧筛骨；ncap. nasal capsule of the neurocranium，脑颅鼻囊；os. orbital shelf，眶骨；pas. parasphenoid，副蝶骨；pnw. posterior nasal wall，鼻咽后壁；ptp. posttemporal process of the neurocranium，脑颅后颞骨；vrb. ventral rostral bone，腹喙骨

　　鲟形目鱼类的脊柱和肋骨全为软骨。脊索延续到成年期，并且终生存在，只有较厚的脊索鞘，而无真正的椎体，椎骨的构造类似于软骨鱼纲鱼类，但已骨化或至少一部分骨化，无锥型。

　　鲟鱼鳍条没有骨化，鳍条数目大大超过支鳍骨数目，1根支鳍骨支持多根鳍条，这也是鲟鱼被称为古鳍鱼类的原因。鲟鱼类尾鳍上叶前缘两侧密生多行荆棘状硬鳞。

1.2.1.3　消化系统

　　鲟鱼的消化系统分为消化道和消化腺两部分。消化道的食道短，肠短，胃部膨大，有幽门盲囊和螺旋瓣(图1.6)。肠管可以分为大肠和小肠。螺旋瓣发达，中华鲟瓣肠内有9个螺旋瓣，达氏鲟有8个，史氏鲟有7个。

　　鲟鱼的消化腺有肝脏和胰脏，胰脏作为独立的器官，不形成肝胰脏，只有少部分弥散在肝脏中。

1.2.1.4　呼吸系统

　　鲟鱼的鳃盖骨和鳃盖膜发达程度不一。多数鲟形目鱼类的鳃耙短而稀疏，其基部具

有多孔组织。只有匙吻鲟的鳃耙长而密（图 1.7），这与匙吻鲟的摄食习性有关。

鲟鱼的鳔位于消化道背侧（图 1.6），鳔较大，卵圆形，不分室，有一鳔管开口于背部。鳔内壁光滑，壁厚，有纤毛上皮细胞。

1.2.1.5 神经系统

鲟鱼的神经系统包括脑、脑神经、脊髓和脊神经。交感神经包括一些不规则排列的交感神经节，在前部组成咽神经丛，接收迷走神经的内脏支和鳃支，分布到背主动脉，在后部脊柱两侧交感神经伸展成不规则的索状，在后肠系膜动脉后方集合成一神经丛，与脊神经交通支相连接。

由于鲟鱼营底栖生活，视觉功能普遍退化。俄罗斯鲟、高首鲟、史氏鲟和西伯利亚鲟等视网膜的感光细胞仅由视感细胞和单视锥细胞组成。闪光鲟和阿姆河大拟铲鲟仅有视锥细胞。

1.2.1.6 泌尿生殖系统

鲟鱼的泌尿生殖系统包括泌尿器官和生殖器官，二者后段有密切联系。鲟鱼精巢的输精管与肾脏的肾源管相连，精巢由围心腔后方一直延伸到肛门附近，前部与腹膜相连，尾部则有精巢系膜悬系，精子必须经过尿殖管排出（图 1.8）。

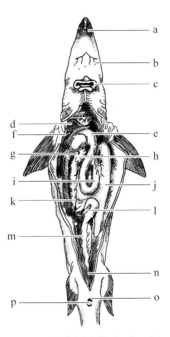

图 1.6 中华鲟消化道（仿四川省长江水产资源调查组，1988）

a. 口；b. 皮须；c. 口裂；d. 肝；e. 幽门胃；f. 胆；g. 幽门；h. 幽门盲囊；i. 贲门胃；j. 鳔；k. 十二指肠；l. 胰；m. 瓣肠；n. 直肠；o. 肛门；p. 尿殖孔

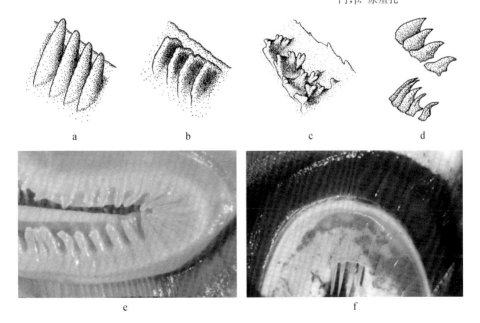

a   b   c   d

e   f

图 1.7 鳃耙（Bemis *et al.*，1997；Findeis，1997）

a. 欧洲鳇；b. 短吻鲟；c. 密西西比铲鲟；d. 阿姆河大拟铲鲟；e. 白鲟；f. 匙吻鲟

鲟鱼卵巢较大,成熟卵细胞落入腹腔中,无中肾管起源的米勒氏管,借助腹膜褶形成的漏斗状输卵管将卵排出体外。输卵管短,具有一喇叭状开口,卵细胞由此进入输卵管。输卵管后端与输尿管合并,形成尿殖窦,以同一开口通向体外(图1.9)。

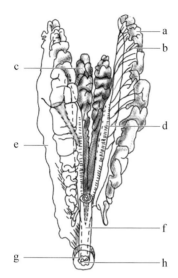

图1.8　中华鲟雄性泌尿生殖系统(仿四川省长江水产资源调查组,1988)

a. 精巢;b. 输精小管;c. 肾脏;d. 尿殖管;e. 精巢系膜;f. 尿殖道;g. 肛门;h. 尿殖孔

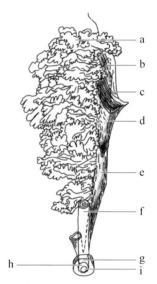

图1.9　中华鲟雌性泌尿生殖系统(仿四川省长江水产资源调查组,1988)

a. 卵巢;b. 卵巢系膜;c. 喇叭口;d. 输卵管;e. 尿殖管;f. 肠;g. 尿殖道;h. 肛门;i. 尿殖孔

1.2.2　生活史

鱼类生活史包括繁衍、生长、发育和洄游等一生中的全部过程,鲟形目鱼类的生活史复杂,不同的种类生活史特征差别较大。鲟形目鱼类可以分为3种基本生活史类型。

(1)江海洄游型:这些鱼类在江海之间洄游,在淡水中生殖繁衍,在近岸大陆架海水中摄食肥育,代表性种类有中华鲟、大西洋鲟、俄罗斯鲟、闪光鲟、欧洲鳇等。

(2)河流河口生活型:这些鱼类只是在河流与河口咸水区进行洄游,在上游淡水区生殖繁衍,在下游及河口区索饵肥育,代表性种类有短吻鲟、白鲟,以及史氏鲟的一些种群等。

(3)纯淡水生活型:这些鱼类只是在淡水河流中洄游,在淡水中完成生殖繁衍和索饵肥育,代表性种类有达氏鲟、匙吻鲟、铲鲟属和拟铲鲟属等。

上述3种生活史类型是一个基本的归类,尚不能够清晰准确地定义和划分所有鲟形目鱼类。例如,有研究表明史氏鲟在黑龙江中有2个种群,黑龙江上游的种群可能不洄游至河口区,似乎是纯淡水生活型;而下游的种群则肯定洄游至河口区,可划分为河流河口生活型。

3种生活史类型的27种现存鲟形目鱼类均有一个共同的特征,即全部在淡水江河中产卵繁殖。然而,一些种类需要洄游至大海中肥育,一些种类洄游至河口咸淡水区肥育,而一些种类则终生生活在淡水中。尽管不同种类鲟鱼的生活史特征差别较大,但鲟鱼类的环境适应能力较强,生活史特征也可以因环境的变迁而改变。有些学者认为长江中分布的达氏鲟可能是中华鲟的陆封型,因为某个时期中华鲟洄游通道的阻断,由留在淡水中的群体演变而来。最近的研究显示中华鲟在全人工淡水条件下,通过人工养殖也可以发育至性腺成熟,并经人工催产繁殖成功,这说明中华鲟可以改变江海洄游的生活史特性。

1.2.3 洄游

洄游行为是鲟鱼类的显著特征之一,有些作长距离洄游,有些作短距离洄游,洄游的目的是生殖和索饵。一般而言,鲟鱼从河流的下游、河口或海洋中向河流上游洄游是为了寻找合适的产卵场所,包括适宜的水温、水流、水质、底质组成等环境因子。幼鱼从产卵场向下游或海洋洄游,则是为了寻找充足的食物资源,鲟鱼体型硕大,河流中有限的食物难以支撑它们生长发育的营养需求。鲟鱼类的洄游距离可以长达数千千米。例如,长江葛洲坝截流以前,中华鲟需洄游至长江上游的金沙江段产卵繁殖,金沙江距离长江口约3 000 km,中华鲟在近海的分布可达到南海、黄渤海等地,这些地点距长江口约2 000 km,因此中华鲟最长的洄游距离可超过5 000 km(图1.10)。

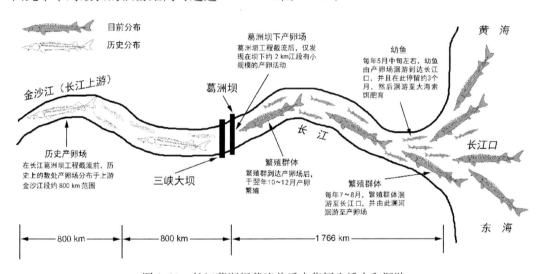

图 1.10 长江葛洲坝截流前后中华鲟生活史和洄游

Bemis 和 Kynard(1997)将鲟鱼的产卵洄游划分为 3 种类型。

(1)一步产卵洄游型:大多数鲟鱼种类一步不停地直接溯河洄游至产卵场,洄游距离的长短是依据体内储存营养的多少,洄游季节可以是冬季或春季。洄游开始前,已经停止摄食,卵细胞和精细胞已发育成熟。产卵场往往位于河流的中游或下游。

(2)短距离二步产卵洄游型:这类型的鱼类大多在秋季溯河洄游,在产卵场附近越冬,翌年春季短距离洄游至产卵场产卵繁殖。洄游开始前,鲟鱼尚未停止摄食,生殖细胞的最后成熟是在洄游过程中完成的。产卵场往往位于河流的中上游。

(3)长距离二步产卵洄游型:这类型的鱼类溯河洄游一段距离后,停下来越冬或越夏,然后第二次长距离洄游至产卵场,在淡水中不摄食的时间长达12～15个月。洄游开始时,性腺尚未完全成熟,卵巢、结缔组织和肌肉中的脂肪含量较高。产卵场往往位于大型河流的上游,这种洄游类型的鲟鱼往往是大型个体种类,如中华鲟、欧洲鳇、高首鲟等。

1.2.4　食性

鲟形目鱼类的摄食场所往往位于河口和近海,在近海索饵肥育时,只是在沿岸大陆架浅海区,并不去深海区摄食。大多数鲟鱼类的食物主要为底栖生物,包括甲壳类、贝类、小型鱼类、蠕虫、昆虫幼虫等。不同的生活史时期,其食性有较大的变化,刚孵化出的仔鱼摄食浮游生物,稚鱼期和成鱼期多摄食底栖水生寡毛类、昆虫幼虫、小型鱼虾等,有时也摄食一些有机碎屑。

欧洲鳇、达氏鳇和白鲟等性情较为凶猛,食性范围较广,除了摄食小型鱼虾外,有时也摄食一些较大个体的其他鱼类(图 1.11)。

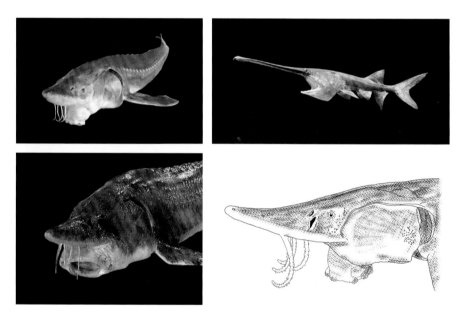

图 1.11　鲟鱼摄食时口部外伸

匙吻鲟是鲟鱼中少见的滤食性鱼类,主要摄食浮游动物,如蚤状溞、哲水蚤、剑水蚤等,有时也摄食水生昆虫。匙吻鲟对浮游生物的摄食无选择性,但具有季节性,早秋和晚春主要摄食哲水蚤目的桡足幼虫,冬季和早夏主要摄食剑水蚤目的桡足幼虫,秋季主要摄食镖水蚤。

1.2.5　生长与发育

鲟形目鱼类具有寿命长、体型大、生长快、性成熟晚的特点。鲟鱼是世界上进入淡水中个体最大的鱼类,历史文献记载欧洲鳇体重可达 1 000 kg 以上。鲟鱼没有鳞片,不能够与其他大多数鱼类一样,通过鳞片上形成的年轮来鉴定其年龄。鲟鱼的年龄是通过匙骨和胸鳍棘上的年轮来鉴定的。

鲟鱼的生长是连续的,并不因为性腺成熟完成第一次生殖而明显降低生长速度,这点不同于许多其他动物。一些江海洄游性鲟鱼类,在海水中的生长速度远高于在淡水中的生长速度。在生活史的不同阶段,其生长速度也有很大差别,往往是生活史早期阶段生长迅速,以便快速达到较大的体型,形成竞争优势,但受到生态系统容纳量和食物供给的限制,鲟鱼有间断性摄食和禁食的现象。

在天然水域,鲟鱼类初次性成熟年龄大多在 10 龄以上,鲟鱼没有珠星等明显的第二性征,非生殖季节雌雄很难鉴别。生殖季节也往往只能够从个体大小和体形来判别雌雄,一般来讲雄性个体体型较小,轻压腹部可以从生殖孔挤出精液,雌性个体较大,腹部圆润。鲟鱼一生多次产卵,但并不是每年都产卵,产卵间隔时间与年龄有关。例如,较年轻的高首鲟雌性每 4 年产卵 1 次,而高龄的高首鲟雌性要间隔 9~11 年产卵 1 次。有些种类的稚鱼与成鱼体型差别很大。

1.3 中国鲟鱼资源及其保护现状

我国是世界上鲟鱼资源较为丰富的国家之一,天然分布有 8 种,隶属于 2 科 3 属,跨越 3 个鲟鱼生物地理学分区。分布在长江流域的有中华鲟、达氏鲟和白鲟;分布在黑龙江流域的有史氏鲟和鳇;分布在额尔齐斯河和伊犁河流域的有西伯利亚鲟、小体鲟和裸腹鲟。这几种鲟鱼的生物学、资源和保护现状分别叙述如下。

1.3.1 中华鲟

中华鲟(图 1.12),别名:鳇鱼、腊子;英文名:Chinese sturgeon。历史上,中华鲟分布于我国近海,以及长江、珠江、黄河、闽江和钱塘江等河流。现黄河、闽江、钱塘江和珠江中已无中华鲟分布,仅长江还有中华鲟产卵场。世界现存 27 种鲟鱼都分布于北回归线以北的北半球,唯有中华鲟在珠江中的分布记录跨过了北回归线。

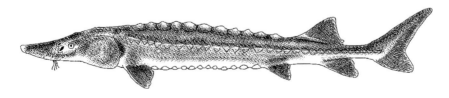

图 1.12 中华鲟 *Acipenser sinensis* Gray, 1834

中华鲟是典型的江海洄游型鱼类,体型硕大,最大个体体长可达 400 cm,体重可达 560 kg。初次性成熟年龄为雌性 14~26 龄,雄性 8~18 龄。在长江葛洲坝截流以前,性成熟个体每年 7~8 月进入长江口开始溯河生殖洄游,其间停止摄食,依靠体内的脂肪储备提供洄游的能量和完成性腺成熟转化所需的营养。翌年 10~11 月产卵群体洄游至长江上游金沙江段的产卵场繁殖,此地距离长江口约 3 000 km。繁殖的仔鱼随江水漂流而下,于翌年的 6 月抵达长江口,在长江口停留肥育数月后,陆续洄游至大海,在海洋中生长发育 10 多年达性腺成熟后,再进入长江上游繁殖。

长江葛洲坝工程于 1981 年截流,阻断了中华鲟生殖洄游的通道,性成熟群体不能够到达长江上游金沙江段产卵繁殖。1982 年在葛洲坝下游江段发现了中华鲟小规模的产卵活动,形成了新的产卵场,此地距离长江口约 1 700 km,中华鲟在长江中的生殖洄游距离缩短了约 1 000 km,产卵时间也推迟了,而幼鱼到达长江口的时间为 5 月,较往年提前了约 1 个月。

长江上游梯级水电开发的叠加影响导致葛洲坝下中华鲟产卵场的生态环境变化,2013 年和 2014 年连续 2 年在葛洲坝下产卵场没有监测到中华鲟的产卵活动。2015 年 4 月中旬在长江口监测到体长在 10 cm 以内的中华鲟幼鱼,长江口幼鱼到达的时间又提前了约 1 个月。根据长江口幼鱼出现的时间和个体的大小推测,长江中华鲟产卵的地点和产卵时间有可能发生了变动(Zhuang *et al.*,2016;赵峰等,2015)。

历史上,中华鲟分布较广,资源量较大,曾经还是主要的渔业对象之一。由于栖息地的破坏、水利工程的影响、过度捕捞等原因,中华鲟天然资源量快速衰竭,目前已经处于濒危状态。从 1983 年起,中华鲟商业捕捞被禁止,1988 年中华鲟被列为国家一级重点保护水生野生动物,世界自然保护联盟(IUCN)也将中华鲟列为极濒危级别(CR)。

目前,我国十分重视中华鲟的保护工作,加大了科学研究的力度,设立了长江湖北宜昌中华鲟省级自然保护区和上海市长江口中华鲟自然保护区。中华鲟的全人工繁殖取得了成功,一系列的救护措施在探索和实施之中。

1.3.2　达氏鲟

达氏鲟(图 1.13),别名:长江鲟、沙腊子;英文名:Dabry's sturgeon。达氏鲟为我国特有物种,主要分布于金沙江下游和长江中上游,在长江上游的嘉陵江、沱江等大型支流也有分布。

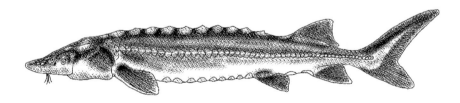

图 1.13　达氏鲟 *Acipenser dabryanus* Duméril, 1868

达氏鲟是典型的淡水定居型鱼类,最大个体体长可达 120 cm,体重可达 15 kg。达氏鲟一般栖息于河流较浅、水流较缓的湾沱之中,一般离河岸 10～20 m,水深 8～10 m,水流 1 m/s 左右,底质为沙质或石砾滩,有较多的腐殖质和底栖生物,一般不作长距离洄游。初次性成熟年龄为雌性 8～10 龄,雄性 3～5 龄,具春季繁殖和秋季繁殖两种类型,繁殖群体分散,没有较为集中的大型产卵场及较为集中的产卵时期。产卵场主要分布在金沙江下游的冒水至长江上游的合江之间,底质为砾石,水流 1.2~1.5 m/s,水深 5~13 m,产卵场下游有较多沙泥底质的湾沱。刚孵化出的仔鱼随江水漂流一段距离后,在合江至江津江段觅食。

达氏鲟曾经是长江上游干流和一些支流的渔业捕捞对象之一,20 世纪 70 年代,达氏鲟曾占到合江渔业总产量的 10%。由于栖息地破坏和过度捕捞等,达氏鲟资源量急剧下降,目前已难觅其踪迹。从 1983 年起,达氏鲟的商业捕捞被禁止,1988 年达氏鲟被列为国家一级重点保护水生野生动物,世界自然保护联盟(IUCN)也将达氏鲟列为极濒危级别(CR)。

达氏鲟的保护已刻不可待,若没有重大保护措施,该物种将岌岌可危。达氏鲟的全人工繁殖技术已经被攻克。

1.3.3　史氏鲟

史氏鲟(图 1.14),别名:七粒浮籽、史氏鲟;英文名:Amur sturgeon。分布于黑龙江干流及其主要支流,少量进入鄂霍次克海。根据体色差异,史氏鲟可以分为灰色型和褐色型两个生态群体,灰色型分布于黑龙江河口和干流,褐色型仅分布于黑龙江中下游。史氏鲟的分布地——黑龙江为中国和俄罗斯的界河。

图 1.14　史氏鲟 *Acipenser schrenkii* Brandt,1869

史氏鲟为短距离洄游性鱼类,最大个体体长可达 300 cm,体重可达 200 kg,主要栖息于黑龙江干流,有时进入乌苏里江和松花江。史氏鲟初次性成熟年龄为雌性 9~10 龄,雄性 7~8 龄,秋季性成熟群体开始向上游产卵场洄游,冬季集群于产卵场下游不远的主河槽中越冬,春季冰雪融化后,性成熟个体开始上溯洄游,于 5~7 月产卵繁殖,产卵场为砂砾底质,水深 2~3 m。幼鱼则向岸边浅水区迁移,游向黑龙江的支流和相通的湖泊中肥育。

历史上,史氏鲟是中国和俄罗斯双方的重要渔业对象。19 世纪末,俄罗斯每年在黑龙江捕捞史氏鲟达到 600 t,为了避免过度捕捞,俄罗斯从 1958 年开始采取了一些限制捕捞措施,但其天然资源量一直处于下降的趋势。世界自然保护联盟(IUCN)将史氏鲟列为濒危级别(EN)。

我国在黑龙江建立了史氏鲟人工增殖放流站,史氏鲟的全人工繁殖获得突破,每年向黑龙江放流一定数量的人工繁殖史氏鲟幼鱼,以增加天然资源量。史氏鲟已经成为我国最主要的商业化人工养殖鲟鱼种类之一,人工养殖生产的鱼子酱已出口海外。

1.3.4　西伯利亚鲟

西伯利亚鲟(图1.15),别名:贝氏鲟;英文名:Siberian sturgeon。主要分布于俄罗斯西伯利亚地区流入北冰洋的河流中,在哈萨克斯坦和我国新疆也有少量分布。

图1.15　西伯利亚鲟 *Acipenser baerii* Brandt,1869

西伯利亚鲟主要生活于淡水中,有较大的形态学和生态学变异性,有学者将其分为多个亚种。最大个体体长可达200 cm,体重可达210 kg。初次性成熟年龄为雌性19～20龄,雄性17～18龄,繁殖季节为5～6月,产卵场在主河道,水流1.4 m/s,具砂砾底质,定居型种群在离越冬场不远处产卵。与其他大多数鲟鱼类不同,西伯利亚鲟在生殖洄游和产卵期间不停止摄食,有一步产卵洄游型和二步产卵洄游型两种类型。

西伯利亚鲟是西伯利亚地区最有经济价值的鱼类之一,最高产量出现在20世纪30年代,捕捞量曾经达到1280～1770 t/年,其中鄂毕河(Ob River)捕捞量占80%以上。自20世纪50年代以来,西伯利亚地区的许多河流开始建坝,阻断了西伯利亚鲟的洄游路线。加之过度捕捞,致使西伯利亚鲟资源快速下降,世界自然保护联盟(IUCN)将西伯利亚鲟列为濒危级别(EN)。

20世纪70年代俄罗斯开始了西伯利亚鲟的人工增殖放流工作,但资源增殖成效不明显。从20世纪70年代开始,西伯利亚鲟被引进到欧洲和亚洲多国开展商业化人工养殖。我国自20世纪90年代中期起,大规模从俄罗斯和欧洲引进西伯利亚鲟鱼卵和苗种,发展人工养殖业。现在我国已经具备了成熟的西伯利亚鲟人工繁殖和养殖技术,西伯利亚鲟已经是我国最主要的鲟鱼养殖对象之一,并且已经形成了规模化生产鱼子酱的能力,出口海外。

1.3.5　小体鲟

小体鲟(图1.16),别名:无;英文名:Sterlet。广泛分布于欧洲和亚洲地区流入里海、黑海、亚速海、波罗的海、白海、巴伦支海、拉普捷夫海和喀拉海的河流中。哈萨克斯坦与

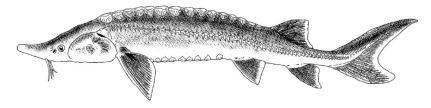

图1.16　小体鲟 *Acipenser ruthenus* Linnaeus,1758

我国新疆相通的额尔齐斯河和伊犁河的支流中也有零星分布。

小体鲟是一种淡水定居性鱼类，不作远距离洄游，通常栖息于砂砾底质的河床低洼处。小体鲟个体较小，最大个体体长可达 125 cm，体重 16 kg。小体鲟初次性成熟年龄为雌性 4～8 龄，雄性 3～6 龄。小体鲟的产卵场可以在河床或涨水漫滩，水深 7～15 m，砂砾底质，水流 1.5～5 m/s。小体鲟越冬的河床低洼处一般位于产卵场附近。在水库中，小体鲟一般在入库河流中产卵。

历史上，小体鲟也是重要的渔业捕捞对象，在 20 世纪 30 年代捕捞量可达 750～800 t/年，其中俄罗斯的伏尔加河(Volga River)流域产量最高。自 20 世纪 30 年代开始，小体鲟分布的一些河流大多建坝，严重破坏了小体鲟的栖息地和产卵场。同时水域污染和环境变化也威胁着小体鲟的生存。目前，许多河流中小体鲟已经消失，资源量急速下降，世界自然保护联盟(IUCN)已经将里海、黑海和西伯利亚地区河流中的小体鲟列为易危级别(VU)。

自 20 世纪 90 年代开始，俄罗斯和一些欧洲国家开展了对小体鲟的人工养殖。我国也有了一定规模的小体鲟养殖。

1.3.6 裸腹鲟

裸腹鲟(图 1.17)，别名：无；英文名：Ship sturgeon，Spiny sturgeon。分布于里海、黑海、亚速海、咸海，以及与这些海域相通的河流。20 世纪 30 年代，来自咸海的裸腹鲟被放流到哈萨克斯坦与我国新疆相通的伊犁河，并且在那里形成了自然种群。

图 1.17　裸腹鲟 *Acipenser nudiventris* Lovetzky，1828

裸腹鲟是江海洄游型鱼类，但一般不作长距离洄游，也有在淡水中定居的种群，在海洋中主要栖息于 50 m 以内的浅水区。裸腹鲟最大个体体长可达 221 cm，体重 80 kg。初次性成熟年龄为雌性 12～14 龄，雄性 6～9 龄。裸腹鲟繁殖季节为 4～5 月，产卵场位于多碎石的河床，水流速度 1～2 m/s。

裸腹鲟曾经是重要的渔业捕捞对象，在 20 世纪 30 年代，仅在咸海捕捞量就达 3 000～4 000 t/年。自 20 世纪 50 年代以来，有裸腹鲟产卵场的多瑙河(Danube River)、顿河(Don River)、库班河(Kuban River)和库拉河(Kura River)等都建有大坝，导致许多裸腹鲟产卵场消失，黑海和亚速海裸腹鲟处于灭绝的边缘。世界自然保护联盟(IUCN)将咸海裸腹鲟列为绝迹(Extint)，里海和黑海裸腹鲟列为濒危级别(EN)，多瑙河裸腹鲟列为极危级别(CR)。

20 世纪 60～80 年代，在黑海、亚速海和里海开展了裸腹鲟人工繁殖和放流，后来这一工作没能继续下去。我国有小规模的裸腹鲟人工养殖。

1.3.7　鳇

鳇(图 1.18),别名:黑龙江鳇、达氏鳇、达乌尔鳇;英文名:Kaluga, Siberian great sturgeon。主要分布于黑龙江干流及其乌苏里江、松花江、布列亚河(Bureya River)、泽雅河(Zeya River)、额尔古纳河(Argun River)、石勒喀河(Shilka River)和鄂嫩河(Onon River),也进入鄂霍次克海和日本海。这些分布地大多位于中国与俄罗斯交界处。

图 1.18　鳇 *Huso dauricus* (Georgi,1775)

鳇是大型洄游性鱼类,有学者将其分为黑龙江河口种群、下游种群、中游种群、泽雅河-布列亚河种群。最大个体体长可达 560 cm,体重可达 1 100 kg。初次性成熟年龄为雌性 17～23 龄,雄性 14～21 龄。黑龙江河口种群和下游种群溯河洄游 50～150 km 产卵,少数溯河洄游 500 km 产卵。中游种群栖息于距离河口 900 km 的江段,产卵场分布于中游,在松花江和乌苏里江也有一些小型产卵场。泽雅河-布列亚河种群分布于黑龙江中上游,以及泽雅河、石勒喀河、额尔古纳河等河流的下游,产卵场位于黑龙江上游。

黑龙江中的鳇曾经是俄罗斯的重要渔业对象,在 19 世纪末,俄罗斯捕捞量达到 600 t/年。由于过度捕捞,其资源量快速下降,到 20 世纪 40 年代末,捕捞量只有原来的 1/10。中国从 20 世纪 50 年代起也加大了捕捞量,20 世纪 80 年代中期捕捞量曾达到 200 t/年。鳇资源量下降的主要原因是过度捕捞,世界自然保护联盟(IUCN)将鳇列为濒危级别(EN)。

我国在黑龙江建立了鳇和史氏鲟的人工增殖放流站,鳇的人工繁殖获得突破,每年向黑龙江放流一定数量的人工繁殖鳇幼鱼,以增加天然资源量。鳇也已经成为我国主要的商业化人工养殖鲟鱼种类之一,其人工养殖生产的鱼子酱质量上乘。

1.3.8　白鲟

白鲟(图 1.19),别名:象鱼、箭鱼;英文名:Chinese paddlefish。白鲟是我国特有物种,全世界现存匙吻鲟科(Polyodontidae)鱼类只有 2 种,另一种是分布于美国密西西比河

图 1.19　白鲟 *Psephurus gladius* (Martens,1862)

的匙吻鲟(*Polyodon spathula*)。白鲟主要分布于我国长江干流和主要支流,历史上东海和黄海也有分布的记录。

白鲟是大型洄游性鱼类,据文献记载曾捕获到体长达 700 cm、体重 908 kg 的个体,四川渔民也有"千斤腊子(中华鲟)万斤象(白鲟)"的说法。白鲟的生活史研究还有很多空白,包括其栖息地和洄游习性还有诸多不清楚。白鲟最小性成熟年龄为雌性 7～8 龄,雄性 5～6 龄。白鲟的产卵繁殖行为也只有一些零星的研究报道,一般认为产卵场分布于长江重庆和四川江段,作者于 20 世纪 80 年代初期曾在长江葛洲坝下游捕获到批量的体长在 20 cm 左右的幼体。成熟个体喜栖息于水流较急、水深较深、底质为岩石或鹅卵石的江段。

白鲟曾经在长江沿线有一定的天然捕捞量,但数量不多,捕捞量在 25 t/年左右。1981 年长江葛洲坝截流以后,白鲟资源量急剧下降,最近 10 多年全长江没有发现白鲟的踪迹,白鲟已经处于灭绝的边缘。1983 年禁止了白鲟的商业捕捞,1988 年白鲟被列为国家一级重点保护水生野生动物,世界自然保护联盟(IUCN)将白鲟列为极危级别(CR)。

我国十分重视白鲟的保护工作,但因为白鲟数量稀少,科研工作难度极大,至今还无白鲟人工养殖和人工繁殖成功的报道,救护白鲟任务艰巨。

1.4　鲟鱼的研究简史及科学和经济价值

1.4.1　鲟鱼的研究简史

早期的鱼类学研究工作大多聚焦于分类学,鲟形目鱼类在研究鱼类的分类和系统进化中一直处于重要的地位,由于其独特的外形和生物学特征,以致早期在鲟鱼的分类学研究上有许多争论。在西方,过去 250 多年来,从林奈(Linnaeus)时代到 19 世纪早期,对于大多数现存鲟鱼的种和属都有了描述,包括鲟属(*Acipenser* Linnaeus,1758)、匙吻鲟属(*Polyodon* Lacèpede,1797)和铲鲟属(*Scaphirhynchus*,Heckel,1836)。在早期的著作中,普遍认为鲟鱼与鲨鱼亲缘关系很近,因为它们的软骨内骨和下颌等特征十分相近,最典型的例子是 1792 年 Walbaum 将匙吻鲟(*Polyodon spathula*)划归为角鲨属(*Squalus*),并命名为 *Squalus spathula*。到 19 世纪 30 年代,开始了鲟形目(Acipenseriformes)的系统整合和修正,包括 1836 年 Heckel 将铲鲟属(*Scaphirhynchus*)作为一个属从鲟属(*Acipenser*)中独立出来。Brandt 和 Ratzeberg 于 1833 年、Fitzinger 和 Heckle 于 1836 年相继试图将鲟属细分为几个亚属,但未能成功。1846 年 Muller 提出了鲟鱼和鲨鱼亲缘关系并不相近的观点,而将鲟鱼归为硬骨鱼类(Osteichthyans)。然而,到 20 世纪,Sewertzoff 于 1925 年、1926 年和 1928 年相继发表文章,认为鲟鱼与软骨鱼类(Chondrichthyans)有密切关系。Norris 于 1925 年也从神经解剖学分析,认为鲟鱼与鲨鱼相似。但这些观点没有被大多数学者认同。19 世纪后叶,现存 6 属鲟鱼中的 2 属,白鲟属的代表种白鲟 *Psephurus gladius*(Martens,1862)和拟铲鲟属的代表种锡尔河拟铲鲟 *Pseudoscaphirhynchus fedtschenkoi*(Kessler,1872)被发现。

到 20 世纪,鱼类学家将关注重点转移到了鲟鱼生物学和地理分布特征的研究。例如，Berg 于 1911 年、1933 年和 1948 年对苏联地区的鲟鱼开展了大量研究；Bigelowhe 和 Schroeder 于 1953 年，Vladykov 和 Greeley 于 1963 年对西北大西洋区域的鲟鱼进行了研究；Svetovidov 于 1984 年对东大西洋和地中海区域的鲟鱼开展了研究；Holcik 于 1989 年对欧洲淡水区域鲟鱼进行了研究等。Bemis 和 Birstein 于 1997 年对鲟形目鱼类的系统进化和系统发育研究进行了归纳和整理。到目前为止，国际上普遍认为鲟鱼类的系统发育研究仍然有许多空白，尤其是在形态学和分子生物学的相结合研究上还需要加强。

20 世纪后叶，世界上鲟鱼资源出现了快速衰竭，全球鲟鱼研究者将目光转移到了鲟鱼的保护方面，同时鲟鱼人工养殖技术研究也进入了快速发展时期。鲟鱼人工养殖技术的研究开始于 19 世纪 70 年代，俄罗斯人率先开展了小体鲟和闪光鲟的人工繁殖技术研究，并进行了种间杂交试验，建立了一套鲟鱼人工繁殖技术。直到苏联解体以前，开展了较大规模的人工繁殖苗种放流天然水域的工作，形成了鲟鱼池塘养殖、网箱养殖和流水养殖等多种人工养殖方法。在苏联的影响下，欧洲和美洲也相继开展了鲟鱼人工养殖技术研究，并有后来居上之势。到 20 世纪 60 年代，世界上已有许多国家发展鲟鱼养殖业。

在我国，古代就对鲟鱼有记载和描述，从西周一直到清末，对鲟鱼的名称、形态、生活习性、捕捞方式、食用价值等方面都有文献资料记载。我国古人对鲟鱼的认识基本上是依据外部形态、生活习性、产地分布和经济价值来区分的，由于同物异名或同名异物等原因，仅长江中 3 种鲟鱼的名称就达 30 余个。《本草纲目》等古代著作中对于鲟鱼的栖息活动、分布情况和药用价值均有大量记述。

近代，我国分布鲟鱼的科学命名基本上是外国人所为，较早国人对于鲟鱼生物学的研究也多以外文发表。伍献文 1963 年所著的《中国经济动物志·淡水鱼类》中将长江中的两种鲟属鱼类的中文名分别命名为中华鲟和达氏鲟。1964 年重庆市长寿湖水产研究所开展了对金沙江下游的中华鲟产卵场的调查研究。1972 年农林部下达了"长江水产资源调查"和"长江鲟鱼专项调查"两项科研专项，对长江鲟鱼的形态、生态、产卵、洄游、食性、繁殖等进行了较为系统的研究。1956～1957 年黑龙江水产研究所开展了史氏鲟的人工繁殖研究，20 世纪 70 年代四川省有关科研单位开展了大量的中华鲟和达氏鲟的人工繁殖研究。

1981 年，长江葛洲坝截流，阻断了江海洄游型鱼类中华鲟的洄游通道，救护中华鲟引起了高度的关注，1983 年"全国葛洲坝下中华鲟人工繁殖协作组"首次获得了葛洲坝下中华鲟人工繁殖成功，并开始向长江放流中华鲟幼苗。此后，多家科研机构长期监测长江和近海中华鲟种群数量的变动，获得了大量科学数据，为救护中华鲟提供了依据。

20 世纪 90 年代中期，我国开展了鲟鱼类规模化人工养殖技术的研究，研究对象包括分布于我国的中华鲟、史氏鲟、鳇，以及国外引进的西伯利亚鲟、俄罗斯鲟、小体鲟、闪光鲟、高首鲟、欧洲鳇、匙吻鲟等 10 多种鲟形目鱼类。我国鲟鱼人工养殖技术研究尽管起步较晚，但发展迅猛，鲟鱼养殖产业后来居上，现在已经成为世界第一鲟鱼养殖大国，生产的鲟鱼鱼子酱已经规模化出口至世界各地。

1.4.2　鲟鱼的科学研究价值

鲟鱼是古老的生物类群，被认为是现代硬骨鱼类的祖先，在研究生物进化史上具有重要的价值。鲟鱼与恐龙同样起源于白垩纪时期,然而恐龙早已灭绝,鲟鱼仍然存在,它们有何独特之处,是科学家十分感兴趣的科学问题。鲟鱼的外观和内部结构有许多远古的元素,以至于在鲟鱼的分类地位上长期存在争论,它们介于软骨鱼类和硬骨鱼类之间,是鱼类进化史上的一个重要节点,鲟鱼的进化问题吸引着世界许多科学家的高度关注。近年来,围绕着有"活化石"之称的鲟鱼进化历史开展了大量研究,并且取得了许多新进展。有学者认为长着一副史前面孔的鲟鱼在数百万年里没有发生任何变化;然而,最近美国密歇根州立大学研究人员的研究显示,至少在一种进化变异——体型的变化上,鲟鱼已经是地球上进化最快的鱼类了(Rabosky et al.,2013)。可以肯定,关于鲟鱼类的进化问题,今后将仍然是长期研究的热点。

由于全球鲟鱼类在地理分布上的特殊性,它们在生物地理学研究上有独特的意义。全世界所有现存和化石鲟鱼都在位于地球的北温带(北回归线以北)的亚洲、欧洲和美洲的河流中产卵繁殖,只有极少数种类在海洋中洄游时会到达北回归线以南。一般认为这种地理分布是与它们性腺发育和早期发育阶段对温度的需求有关,要求温度在 20℃ 以下。另外,除小体鲟同时在欧洲和亚洲两个大陆存在以外,所有鲟鱼都只是在一个大陆的河流中产卵繁殖。这些是在生物地理学研究上值得关注的现象。

有学者认为长江中分布的达氏鲟或为中华鲟的陆封种,可能在历史上某个时期中华鲟的江海洄游通道被阻断了,一部分群体被阻隔于淡水中,不能够完成江海洄游,从而形成了纯淡水种类达氏鲟。长江葛洲坝枢纽截流以前中华鲟的天然产卵场位于金沙江下游,距长江口约 3 000 km,葛洲坝枢纽于 1981 年截流,1982 年在葛洲坝下发现了中华鲟的小规模产卵活动,距长江口只有约 1 700 km,中华鲟在长江中的栖息洄游江段减少了约 1 300 km。据报道,2013 年和 2014 年葛洲坝下没有监测到中华鲟的产卵活动,然而,2015 年在长江口发现了大批的中华鲟幼鱼,出现时间较往年提前约 1 个月,个体规格也减小,据此推测中华鲟在长江中的产卵场位置和产卵时间或许又发生了变动(Zhuang et al.,2016;赵峰等,2015)。对于中华鲟的救护和环境适应力需要高度的关注和开展大量研究。目前世界上鲟鱼已经都处于濒危状态,这与近几十年人类对鲟鱼天然资源过度索取和对环境破坏密切相关,然而,在亿万年的进化史中,鲟鱼对环境的适应能力值得研究,与许多其他动物相比,鲟鱼类或许有独特之处。

1.4.3 鲟鱼的资源及经济价值

在全球范围内,历史上鲟鱼类均为重要的经济鱼类,许多欧洲、亚洲和美洲国家均有开发利用鲟鱼资源的记载,我国在西周的古籍中就有捕捞鲟鱼的描述。在农耕文明时期,人们对天然鲟鱼资源的利用是有限的、缓慢的,不至于影响到鲟鱼天然资源的补充和更替,资源的利用是可持续的。随着工业文明的兴起,鲟鱼捕捞技术和捕捞能力快速提升,到了 20 世纪中期,全球鲟鱼天然捕获量达到了顶峰,年产约 4 万 t。随后,由于过度捕捞、洄游通道阻隔、栖息地破坏和环境污染等原因,从 20 世纪 70 年代开始,全球天然鲟鱼资源量快速下降,到 21 世纪初期全球鲟鱼天然捕捞量已经不足每年 1 000 t。

全世界鲟鱼天然传统捕捞区域和捕捞对象相对比较集中,在泛里海地区鲟鱼类主要

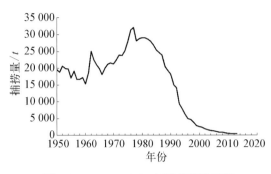

图 1.20　1950～2013 年世界鲟鱼天然
捕捞产量变化(FAO)

捕捞对象为欧洲鳇、俄罗斯鲟和闪光鲟;在北美主要捕捞对象为大西洋鲟、高首鲟和湖鲟;在黑龙江和西伯利亚地区主要捕捞对象为西伯利亚鲟、闪光鲟、小体鲟、史氏鲟和鳇;在长江中中华鲟、达氏鲟和白鲟也曾有较高的天然捕捞量。图 1.20 为联合国粮食及农业组织(FAO)报告中统计的近 60 年来世界鲟鱼天然捕捞量的变化趋势。

古今中外鲟鱼类一直被看做高档食品。我国《本草纲目》中描述有"其脂与肉层层相间,肉色白,脂色黄如蜡。其脊骨及鼻,并鬐与鳃,皆脆软可食。其肚及子盐藏亦佳。其鳔亦可作胶。其肉骨煮炙及作鲊皆美"。从这些描述中可以看出古人认为鲟鱼全身是宝,加工利用方法多种多样。古人还发现鲟鱼有药用价值,《本草纲目》中记载"肉……补虚益气,令人肥健。煮汁饮,治血淋。鼻肉作脯……补虚下气。子状如小豆,……食之肥美,杀腹内小虫"。在我国长江和黑龙江鲟鱼分布区域,民间都有捕捞鲟鱼的传统,曾经是重要渔业对象。20 世纪 70 年代,农林部还曾向四川省下达捕捞鲟鱼的指标任务,可见当时鲟鱼在长江天然渔业捕捞中具有重要地位。直到 1983 年,全面禁止了长江中 3 种鲟鱼的商业捕捞,1988 年长江 3 种鲟鱼均被列为国家一级重点保护水生野生动物,受到了国家法律的保护。黑龙江是中国和俄罗斯两国的界江,两国渔民均有在黑龙江捕获史氏鲟和鳇的传统,黑龙江鲟鱼资源的维护需要两国间的共同努力。

在西方,鲟鱼鱼子酱向来是高档食品,价格昂贵,有"黑色黄金"之称。19 世纪美国是世界上第一鲟鱼鱼子酱出口大国,主要向欧洲出口大西洋鲟鱼子酱,20 世纪初资源量下降,出口减少。19 世纪末俄罗斯逐渐成为鲟鱼鱼子酱的主要出口国,到 20 世纪初俄罗斯的鱼子酱产量是美国历史最高产量的 7 倍。里海周边国家,包括伊朗、俄罗斯、哈萨克斯坦等,是鲟鱼产品的主要国际贸易国。

由于鲟鱼天然资源的快速衰竭,全球鲟鱼原产地各国均十分重视鲟鱼天然资源的保护。按照世界自然保护联盟(IUCN)濒危物种红色名录的标准,全球所有现存鲟鱼都处于不同程度的濒危状态,表 1.2 是 IUCN(2015)对全球鲟鱼种类濒危程度的最新评估结果。鲟鱼类产品的国际贸易受到严格的控制。

为了弥补天然鲟鱼资源的短缺,近年来,欧洲、美洲和亚洲多国大力发展鲟鱼人工养殖业。我国自 20 世纪 90 年代中期开始,鲟鱼养殖业发展迅猛,养殖规模居世界第一,鲟鱼产品出口贸易也快速增长。

本书总结了作者 30 余年来在鲟鱼类研究上的成果,试图阐述鲟鱼生长发育与环境之间的相互关系。其目的是:第一,为鲟鱼系统进化和生物地理学研究上的一些科学假设或学术争论提供佐证或开拓研究思路;第二,为做好鲟鱼的物种保护和资源增殖工作提供科学依据;第三,为研发鲟鱼人工繁育和养殖技术提供理论指导。

第 2 章　鲟鱼的早期发育

鱼类的生活史(life history)是指精卵结合直至衰老死亡的整个生命过程,也称生命周期。鱼类的生活史依照其特征,可分为胚胎期、仔鱼期、幼鱼期、性未成熟期和成熟期等若干个不同的发育期,各发育期在形态构造、生活习性及与环境的联系方面各具特点(殷名称,1991a)。

2.1　鲟鱼早期发育的分期与特征

鱼类早期生活史(early life history of fish,ELHF)阶段是一个在形态和生理上变化很大的时期,因此,无论外观还是内在都有明显的阶段特征(殷名称,1991a)。目前,一般将鱼类早期生活史阶段划分为卵(胚胎)、仔鱼和稚鱼三个基本发育期,有时也包括当年幼鱼,但其研究重点是仔鱼阶段。根据仔鱼器官发育顺序和形态特点,仔鱼期同样可以分成许多不同的发育期(Kendall *et al.*,1984)。目前,国内外学术界主要以孵化作为区分胚胎(Embryo)和仔鱼(Larval)的界限,以开口事件区分卵黄囊期仔鱼(yolk-sac larval)与晚期仔鱼(late-stage larva),以鳞片出现作为划分仔鱼和稚鱼的重要特征(殷名称,1991a)。其中,卵黄囊期仔鱼指从出膜直到开口摄食前,也称早期仔鱼(early-stage larva),此时期为内源性营养期;晚期仔鱼指从初次开口到器官发育基本完善,此时期包括内外源混合营养期和外源营养期,之后进入稚鱼期(juvenile stage)。

不同于卵黄囊期仔鱼,晚期仔鱼期和稚鱼期的划分目前还存在很大争议(表2.1)。有些学者将晚期仔鱼定义为从卵黄完全吸收完毕到奇鳍褶开始退化,软骨性鳍条开始形成为止,此时鳞片尚未形成,有些学者称此期为稚鱼期(楼允东,2006)。目前,晚期仔鱼期与稚鱼期的区分一般以鳍条的发育完整和鳞片的出现作为重要特征,从卵黄囊和油球耗尽到鳍条发育完整,鳞片开始出现为晚期仔鱼期;鳞片完全和变态完成标志着稚鱼期的结束(殷名称,1991a)。还有学者指出将外部形态变化和内部器官发育情况相结合来对鱼类生长阶段进行区分,较单一按外形变化区分更合理(杨瑞斌等,2008)。

在鲟鱼类仔稚鱼的划分上也存在类似问题,例如,林小涛等(2000)将鲟鱼孵化后至开口摄食的阶段称为仔鱼期,将开口摄食至鱼体表上五列骨板形成的阶段称为稚鱼期;杨明生等(2005)以吻的发育特征为标准来划分匙吻鲟晚期仔鱼期和稚鱼期,但是这些划分仅

表 2.1　鱼类早期生活史阶段命名(殷名称,1991a)

基本发育期	卵			仔　　鱼					稚　　鱼	
过渡期和亚期	早期	中期	晚期	卵黄囊期	弯曲前期	弯曲期	弯曲后期	变形期	浮游期	稚鱼期
其他命名	胚胎			前期仔鱼	后期仔鱼				前期稚鱼	稚鱼
	卵			卵黄囊仔鱼	仔鱼				后期仔鱼	
	胚胎				仔鱼				性未成熟鱼	
	卵			前期仔鱼	仔鱼				稚鱼	
	卵	胚胎		自由胚	原鳍仔鱼	鳍条期仔鱼			稚鱼	
	卵			初期仔鱼		中期仔鱼	变态仔鱼		稚鱼	
分期界限和标志	产卵	胚孔封闭	尾芽游离	孵化	卵黄吸收	脊索弯曲	弯曲完成	变态开始	鳞片出现	1	2

注:1. 体形、色素、习性等均符合稚鱼特点;2. 体形、色素、习性等完全与成鱼相似

从外部形态的观察上认定内部各器官分化和发育,确定各期的划分并不合理(宋炜,2010)。宋炜和宋佳坤(2012a)在参考其他鲟鱼发育分期的基础上,结合西伯利亚鲟外部形态变化及食道、胃、视网膜、味蕾、嗅囊和壶腹等主要器官的组织结构特点和细胞学特征,将西伯利亚鲟胚后发育分为早期仔鱼期、晚期仔鱼期和稚鱼期。0~7 日龄(day post hatch,dph)为早期仔鱼(即卵黄囊期仔鱼),仔鱼以卵黄囊作为营养来源,视觉是主要的感觉器官,7 日龄时仔鱼开口摄食;8~22 日龄为晚期仔鱼,最显著的特点是卵黄囊已消失,仔鱼转为底栖生活,开始主动摄食,各鳍条及其支鳍软骨逐渐发育完善,视网膜、味蕾、嗅囊和壶腹等器官的分化基本完成;23~57 日龄为稚鱼期,主要从骨板开始生长到骨板形成,各器官发育完善,身体各部分比例、体形及体色基本上与成鱼一致为止。

2.2　鲟鱼胚胎发育

2.2.1　西伯利亚鲟胚胎发育观察

以西伯利亚鲟为研究对象,对西伯利亚鲟胚胎发育过程进行了观察。根据西伯利亚鲟胚胎发育顺序及形态特点,并参照其他学者的工作(陈细华,2004;刘洪柏等,2000),对西伯利亚鲟胚胎发育进行分期。受精卵在平均水温 16.3℃下,历时 133 h 孵化出膜,整个发育过程分为合子、卵裂、囊胚、原肠胚、神经胚、器官发生和出膜等 7 个阶段。每个阶段又依据形态特征的变化划分为 34 个时期,各时期发育主要特征和所需时间分别见表 2.2和表 2.3。

表 2.2　西伯利亚鲟胚胎发育特征

序号	发育时期	主 要 特 征	受精后时间/h	图 序
1	刚受精的卵	刚受精的卵,动物极中央出现明亮的极性斑	0	2.1-1
2	卵周隙形成期	极性斑消失,卵周隙形成	0.8	2.1-2
3	胚盘隆起期	胚盘隆起不明显,色素在偏心的动物极积累	2.3	2.1-3
4	2细胞期	胚盘经裂为两个大小相等的细胞	3.5	2.1-4
5	4细胞期	第2次卵裂,为经裂,与第1次分裂相垂直	4.5	2.1-5
6	8细胞期	第3次卵裂,为经裂,有两个分裂面,动物极被分裂成8个分裂球	5.5	2.1-6-1 2.1-6-2
7	16细胞期	第4次卵裂是纬裂,动物极被分裂成16个分裂球	6.5	2.1-7
8	32细胞期	第5次卵裂,动物极被分为32个分裂球	7.5	2.1-8
9	多细胞期	细胞变多、变小,形成多细胞胚体,植物极被完全分裂	8.5	2.1-9
10	囊胚初期	动物极分裂球变小,分裂仍是同步的	9.5	2.1-10
11	囊胚中期	动物极细胞核分裂不同步,细胞间有明显间隙	13	2.1-11
12	囊胚晚期	细胞越来越小,界限模糊	16	2.1-12
13	原肠初期	赤道附近有一深色的色素带出现	20	2.1-13
14	原肠早期	色素带处产生一个短而不深的狭缝状胚孔	22	2.1-14
15	原肠中期	动物极覆盖胚胎表面的2/3	28	2.1-15
16	大卵黄栓期	大卵黄栓的形成	32	2.1-16
17	小卵黄栓期	小卵黄栓的形成	36	2.1-17
18	隙状胚孔期	卵黄栓消失,胚孔两侧唇靠近,呈隙状	41	2.1-18
19	神经胚早期	早期神经胚,脑部周围出现神经褶	44	2.1-19
20	宽神经板期	宽神经板明显,并分为内外两部分	45	2.1-20
21	神经褶靠拢期	头部神经褶开始靠近,排泄系统原基出现	47	2.1-21
22	神经胚晚期	神经板闭合成神经管	49	2.1-22
23	神经管闭合期	神经管闭合,胚胎头部三个脑泡形成	50	2.1-23
24	眼囊形成期	眼原基形成,在中脑两侧可见上突呈弧形的第一对咽弧的原基	52	2.1-24
25	尾芽形成期	脑室稍有隆起,侧板达到头部前端	58	2.1-25-1 2.1-25-2
26	尾芽分离期	心脏原基在侧板融合的一侧形成,尾芽突出呈棒状	65	2.1-26-1 2.1-26-2
27	短管心脏期	心脏呈短管状,尾芽略游离于卵黄囊	71	2.1-27-1 2.1-27-2
28	长管心脏期	心脏呈长管状,视泡明显	76	2.1-28
29	听板形成期	心脏变形,呈小"c"形,听板出现	85	2.1-29
30	肌肉效应期	尾的末端接近心脏,眼的前下方嗅板形成,听板内陷形成听泡	91	2.1-30-1 2.1-30-2
31	心跳期	尾的末端达到心脏,心脏呈大"C"形,尾的末端开始变得扁平	99	2.1-31-1 2.1-31-2
32	尾达头部期	尾的末端接触头部,尾部鳍褶变宽	112	2.1-32-1 2.1-32-2
33	出膜前期	尾的末端略过头部,卵黄囊上血管明显	125	2.1-33
34	出膜期	尾的末端达到间脑,鳃盖形成,仔鱼大量出膜	133~145	2.1-34-1 2.1-34-2

表 2.3　西伯利亚鲟胚胎发育各阶段所经历时间和积温

项　　目	合子阶段	卵裂阶段	囊胚阶段	原肠胚阶段	神经胚阶段	器官发生阶段	出膜阶段
所经历时间/h	3.5	6	10.5	21	11	73	8
平均水温/℃	16.5	16.4	16.2	16.0	16.5	15.6	17.2
积温/(℃·h)	57.75	98.4	170.1	336	181.5	1 138.8	137.6

2.2.1.1　合子阶段

成熟西伯利亚鲟卵呈球形,黑色,不透明;平均卵径为 2.9 mm,卵膜紧贴于卵的表面;卵的密度大于水,为沉性卵。刚受精的卵,动物极集中多数细胞质,中央出现暗色的色素环,包围着明亮的极性斑,植物极色素均匀(图 2.1-1)。受精后约 50 min,受精卵入水后迅速吸水膨胀,卵径增大为 3.2 mm,形成较大的卵周隙,此时受精卵具有弱黏性;细胞质从植物极向动物极流动,在动物极中心形成一个暗斑,暗斑周围有一宽的明亮带(图 2.1-2);胶膜吸水膨胀过程中不断吸附水中的悬浮颗粒而变得浑浊,致使观察困难;胶膜的弹性强度变大,用解剖针不易剥离。受精后约 2 h 20 min,动物极出现一个较大的新月区即胚盘,胚盘隆起不明显,色素在偏心的动物极积累形成暗色区(图 2.1-3)。

2.2.1.2　卵裂阶段

受精后 3 h 30 min,受精卵发生第 1 次卵裂,为经裂。首先动物极出现一条暗色的裂缝,逐渐加深形成分裂沟,分裂沟与胚盘垂直,将动物极一分为二,形成两个基本相等的分裂球,此时胚胎进入 2 细胞期(图 2.1-4)。受精后 4 h 30 min,当第 1 次的分裂沟到达卵细胞的赤道时,第 2 次分裂开始,仍为经裂;第 2 次卵裂与第 1 次相垂直,并逐渐加深加大,将受精卵分割成 4 个大小相差不大的分裂球(图 2.1-5)。受精后 5 h 30 min,开始第 3 次卵裂,仍然为经裂,受精卵被分裂成 8 个大小不等的分裂球(图 2.1-6-1);同时第 1 次分裂沟在植物极闭合,把植物极分为两部分(图 2.1-6-2)。受精后 6 h 30 min,开始第 4 次卵裂,为纬裂,把动物极分成 16 个大小不等的分裂球(图 2.1-7);同时第 2 次分裂沟延伸至赤道下方,但大多数并未在植物极形成完全闭合。受精后 7 h 30 min,开始第 5 次卵裂,动物极被分成 32 个大小不等的分裂球(图 2.1-8);第 2 次分裂沟已在植物极闭合。受精后 8 h 30 min,动物极分成越来越小的不规则细胞,植物极也完全分裂,在动物极中心出现较深的色素(图 2.1-9)。

2.2.1.3　囊胚阶段

受精后 9 h 30 min,囊胚开始形成,动物极色素变浅并逐渐变得明亮,中间出现深色色素,分裂球变小,细胞核分裂仍是同步的(图 2.1-10);植物极色素较深,分裂球仍较大。受精后 13 h,胚胎进入囊胚中期,动物极细胞核分裂不同步,分裂球变小,分裂延续到赤道附近,整个受精卵的分裂球之间有明显的间隙(图 2.1-11)。受精后 16 h,胚胎进入囊胚晚期,动物极分裂球继续变小且细胞间的界线变得模糊,难以辨认单个细胞,在动物极逐渐形成囊胚腔;植物极分裂球减小,但是它们还是比动物极分裂球大,此时动物极产生下包作用(图 2.1-12)。

2.2.1.4　原肠胚阶段

受精后 20 h,胚胎进入原肠初期,此时胚层开始下包,在赤道附近形成一深色的色素带(图 2.1-13)。受精后 22 h,胚胎进入原肠早期,色素带处产生一个短而不深的狭缝状胚孔,动物极细胞在下包的同时,部分细胞向胚孔背唇处集结,卷入胚胎内部(图 2.1-14)。受精后 28 h,胚胎进入原肠中期,随着胚孔处细胞不断形成和内卷,胚唇向侧面和腹面延伸,先后形成侧唇和腹唇,外胚层细胞通过侧唇和腹唇继续内卷,使胚孔形成一环形的带,称为胚环;动物极和植物极界限明显,动物极覆盖胚胎表面的 2/3(图 2.1-15)。受精后 32 h,胚胎发育至大卵黄栓期,被胚孔包绕的内胚层细胞仍然暴露在植物极外面,形似栓状,故称为"卵黄栓",较大的卵黄栓像一个大塞子嵌在胚环内,此时动物极呈明亮的黄色,植物极色素很深,呈黑色,仍然可见分裂球,两者的界限清晰(图 2.1-16)。受精后 36 h,此时除在植物极有一个很小的卵黄栓外,整个卵均被明亮的动物极所覆盖(图 2.1-17)。

2.2.1.5　神经胚阶段

受精后 41 h,卵黄栓逐渐消失,胚孔两侧唇相互靠拢,胚孔边缘接近闭合,只留下极其狭窄的裂隙,此时为隙状胚孔期(图 2.1-18)。受精后 44 h,胚胎背部开始形成神经板,从隙状胚孔开始形成神经沟,向前终止于头部神经板最宽的地方,最宽的部位形成未来的脑部,同时脑部周围增厚,出现神经褶(图 2.1-19)。受精后 45 h,明显的宽神经板出现,在神经板脑部周围有清楚的呈马蹄形的神经褶(图 2.1-20);神经板向下增长,并分为内、外两部分;神经板中央有向下增长的呈纵行的神经沟。受精后 47 h,脑部处的神经褶边缘升高,增厚并逐渐靠拢。神经板下陷、变窄,同时排泄系统原基在躯干部的两侧出现(图 2.1-21)。受精后 49 h,脑部神经褶继续靠拢,神经板最后闭合成神经管;而躯干部的神经褶也开始靠近,排泄系统原基加长(图 2.1-22)。受精后 50 h,神经管闭合,明显可见沿神经褶融合线的缝合;头部逐渐膨大加长,胚胎头部分化为前、中、后三个脑泡(图 2.1-23);胚胎的头部和尾部已经很明显,胚体位于背面,卵黄囊位于腹面;排泄系统原基也显著加长,但没有达到神经管末端;在躯体上可见直线肌节,此后就开始了各器官的形成。

2.2.1.6　器官发生阶段

胚胎发育至 52 h 进入视泡形成期,前脑两侧有一对略增厚并向外突出的细胞团,为眼原基雏形,在中脑两侧可见上突呈弧形的第一对咽弧的原基(图 2.1-24)。受精后 58 h,脑室稍有隆起,但不明显;侧板达到头部前端,排泄系统原基前部增厚,并分化成向前和向外侧伸展的肾小管原基(图 2.1-25-1),尾部扁平(图 2.1-25-2)。受精后 65 h,侧板从接近到完全联合,在头部可见到心脏的原基和三对新月形的咽弧原基(图 2.1-26-1);排泄系统从身体中部一直延伸至尾端;胚体继续向上隆起,高出球面,尾芽突出,呈棒状,尾尖略游离于卵黄囊,肌节 11 对(图 2.1-26-2)。受精后 71 h,心脏开始呈短管状,位于头部的前下方(图 2.1-27-1);头部开始稍稍抬起,尾芽开始变窄并逐渐变长,略游离于卵黄囊(图 2.1-27-2)。受精后 76 h,心脏原基呈长管状(图 2.1-28),躯干部肌肉对刺激没有收缩反应;视泡明显,头明显抬高。受精后 85 h,头部继续抬高,心脏变形,从略有弯曲的直长管变成小"c"形;在眼囊后方脑的第三膨大部分的两侧出现一对椭圆形听板(图 2.1-29)。受精后 91 h,胚胎开始扭动,尾向腹面弯曲加长,尾的末端接近心脏,心脏开始有微弱搏动,约 47 次/min,肌肉也开始颤动,头尾都能在膜内小幅左右摆动,在眼的前下方出现颜色稍暗浅窝状的嗅板,听板内陷形成听泡(图 2.1-30-1,30-2)。受精后 99 h,尾的末端达到心脏,并可做大幅左右摆动,此时,心脏膨大呈大"C"形,心脏开始有节律性地搏

动,心跳达 60 次/min,血液为乳白色;外界刺激能引起肌肉收缩;尾部继续伸长向头部弯曲,并且周围出现鳍褶原基,尾的末端开始由棒状变得扁平,离开球体的长度约为胚胎的 1/3,尾部开始扭动;此时卵膜极易剥离(图 2.1-31-1,31-2)。受精后 112 h,尾末端接触头部,尾部鳍褶变宽,并可见肛门原基;胚胎在卵膜内经常转动;卵黄囊的背面与胚体之间有黑色素细胞颗粒出现;眼囊内有黑色色素沉着,使眼呈"新月形"(图 2.1-32-1,32-2)。

2.2.1.7　出膜阶段

受精后 125 h,尾的末端略过头部,尾部鳍褶更宽;卵黄囊上血管明显,心脏移至头部正下方,心跳明显加快,达 110 次/min;胚体头尾都能做剧烈运动,使得整个胚体能在膜内自由地扭动,此时稍微给予一定的外力(如水浪冲击等),卵膜很容易破裂而释放出胚胎,释放的胚胎可在水中自由地游动(图 2.1-33)。受精后大约 133 h,尾的末端达到间脑,色素颗粒除集中分布在卵黄囊背面和胚体之间外,也散见于卵黄囊腹下侧,仔鱼大量出膜(图 2.1-34-1);刚孵出的仔鱼全长 8.9~9.5 mm,血液循环到达尾部(图 2.1-34-2);同一批卵胚胎出膜时间相差十几小时,迟孵出的胚胎在卵膜内正常发育。

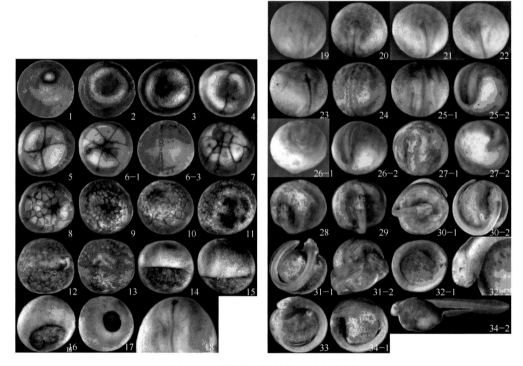

图 2.1　西伯利亚鲟早期胚胎发育图

1. 刚受精的卵(0 h);2. 卵周隙形成期(0.8 h);3. 胚盘隆起期(2.3 h);4. 2 细胞期(3.5 h);5. 4 细胞期(4.5 h);6-1,6-2. 8 细胞期(5.5 h);7. 16 细胞期(6.5 h);8. 32 细胞期(7.5 h);9. 多细胞期(8.5 h);10. 囊胚初期(9.5 h);11. 囊胚中期(13 h);12. 囊胚晚期(16 h);13. 原肠初期(20 h);14. 原肠早期(22 h);15. 原肠中期(28 h);16. 大卵黄栓期(32 h);17. 小卵黄栓期(36 h);18. 隙状胚孔期(41 h);19. 神经胚早期(44 h);20. 宽神经板期(45 h);21. 神经褶靠拢期(47 h);22. 神经胚晚期(49 h);23. 神经管闭合期(50 h);24. 眼囊形成期(52 h);25-1,25-2. 尾芽形成期(58 h);26-1,26-2. 尾芽分离期(65 h);27-1,27-2. 短管心脏期(71 h);28. 长管心脏期(76 h);29. 听板形成期(85 h);30-1,30-2. 肌肉效应期(91 h);31-1,31-2. 心跳期(99 h);32-1,32-2. 尾达头部期(112 h);33. 出膜前期(125 h);34-1,34-2. 出膜期(133~145 h)。括号内为受精后时间

2.2.2　西伯利亚鲟胚胎发育特征

西伯利亚鲟卵为沉性卵,在卵膜外还有一层胶膜,遇水后产生黏性。西伯利亚鲟的卵径为 2.9～3.2 mm,长于一般硬骨鱼(1.0～1.5 mm),而短于黄鳝(3.0～4.0 mm)和鲑鳟鱼(5.0～5.5 mm)。与其他鲟鱼相比,西伯利亚鲟的卵是比较小的一种(表 2.4)。

西伯利亚鲟与其他鲟鱼一样,它们卵裂过程中分裂球在胚胎中呈放射状排布,同为辐射裂(Dettlaff et al.,1993;Hochleithner and Gessner,2001)。与其他硬骨鱼类相比,西伯利亚鲟卵中的卵黄相对较少,因此这种卵裂方式与两栖类一样,是完全的,但西伯利亚鲟卵的卵黄主要集中在植物极,因此卵裂又是不均等的,结果植物极的分裂球要比动物极分裂球大很多。同时西伯利亚鲟前 4 次卵裂分别为经裂—经裂—经裂—纬裂,这又和其他硬骨鱼的端黄卵的盘状卵裂十分相似。因此可以认为西伯利亚鲟的卵裂是一种特殊的辐射裂,是介于鱼类和两栖类的过渡类型,可能是鱼类中一种比较原始的卵裂方式。

西伯利亚鲟与其他鲟鱼相比存在一些不同(表 2.4),但总体情况来看,都是大同小异,发育特点差异主要与个体和生存环境、在观察时对胚胎发育时期的确定标准不一样有关。

表 2.4　西伯利亚鲟与其他鲟科鱼类胚胎发育特点的比较

项　目	西伯利亚鲟	史 氏 鲟	中 华 鲟	匙 吻 鲟
卵径/mm	2.9～3.2	3.15～3.75	4.3～4.8	3.82～4.11
8 细胞期	第一次卵裂沟在植物极闭合	第一次卵裂沟在植物极闭合	第一次分裂沟仅达赤道下方	第一次卵裂沟在植物极闭合
原肠中期	动物极覆盖胚胎表面的 2/3	动物极覆盖胚胎表面的 3/4	动物极覆盖胚胎表面的 2/3	动物极覆盖胚胎表面的 2/3
心跳期	心脏呈大"C"形,尾芽变得扁平,与球面分离	心脏呈大"S"形,尾芽分离变细,未与球面分离	心脏呈大"S"形,尾芽分离变细,未与球面分离	心脏呈大"C"形,尾芽变得扁平,与球面分离
出膜期	尾的末端达到间脑	尾的末端达到或略过头部	尾的末端超头部,达到听泡	尾的末端已略超过头尖
出膜仔鱼大小/mm	8.9～9.5	9.4～11.0	12.0～14.0	7.05～7.32

资料来源:西伯利亚鲟(宋炜,2010);史氏鲟(刘洪柏等,2000);中华鲟(陈细华,2004);匙吻鲟(陈静等,2008)

2.2.3　西伯利亚鲟胚胎发育的积温

在水体中,一定范围的水温分布是鱼类产卵和胚胎发育必须具备的主要生态条件之一(殷名称,1991a)。鲟鱼类正常孵化水温一般为 14～20℃(Dettlaff et al.,1993;Hochleithner and Gessner,2001)。西伯利亚鲟胚胎发育过程中平均水温是 16.3℃,正常孵出率达 80%,属正常孵化温度范围。西伯利亚鲟胚胎发育过程中所需积温为 2 173～2 369℃·h,略高于史氏鲟、中华鲟、达氏鲟、闪光鲟(表 2.5),孵化期相对较长,这可能是因为西伯利亚鲟长期生活在寒冷的西伯利亚地区(Ruban,1997),其最适的胚胎发育温度更低,造成其发育速度较慢。西伯利亚鲟胚胎发育各阶段中器官发生阶段所需积温最多,占总积温的53.7%;其他依次为原肠胚阶段占15.8%;神经胚阶段占8.6%;囊胚阶段占8%;出膜阶段占6.6%;卵裂阶段占4.6%;合子阶段最少,仅占总积温的2.7%。胚胎发育所需积温在规模化苗种培育中,对合理培养温度的确定、育苗的关键期、节约培养水预热的能源消耗和节省人力投入具有一定的指导意义。

表 2.5　几种鲟形目鱼类胚胎发育情况

种　类	发育水温/℃	发育时间/h	积温/(℃·h)	发育分期	参 考 文 献
西伯利亚鲟	15.6~17.2	133~145	2 173~2 369	34	宋炜等,2010
史氏鲟	17.0~19.0	95~104	1 710~1 872	9	刘洪柏等,2000
匙吻鲟	18.0~22.0	119~138	2 266~2 617	31	杨明生等,2005
中华鲟	16.6~18.0	113~130	1 921~2 210	24	陈细华,2004
达氏鲟	17.0~18.0	115~117	2 012~2 047	34	刘洪柏等,2000
闪光鲟	16.0~18.0	106~126	1 802~2 142	5	Dettlaff *et al.*,1993

2.3　鲟鱼胚后发育

　　鱼类的仔鱼从卵膜内孵出,便进入仔鱼期。胚后发育是指由卵孵化后的发育过程,也可称其为早期生活阶段。鱼类属于卵生类型,出膜后的仔鱼均先以卵黄作为营养来源,此时期持续时间长短主要取决于不同的种类仔胚孵化时的分化程度、卵黄囊大小和环境条件,主要是温度因子(殷名称,1991a)。

　　鲟鱼的卵较大,属于沉性卵。初孵仔鱼通常呈正趋光性,无持续游泳能力,常以摆动尾部游向水体的上层,尾部短暂停止摆动,身体则下沉,接着又靠尾部不断的摆动使身体保持在水面上层,往复循环,仔鱼用这种早期游泳模式来改善呼吸条件和更换栖息点。仔鱼在卵黄囊期完成口、消化道、眼、鳍、鳔等功能的初步发育,使仔鱼的游泳能力、浮性都不断增强,逐渐建立巡游模式,从而具备条件从内源性营养转入外源性营养。多数卵黄囊期仔鱼在卵黄耗尽前的短期内开始转向外界摄食,出现一个内源性营养和外源性营养共存的混合营养期。进入初次摄食期的鲟鱼类仔鱼主要摄食浮游动物、底栖无脊椎动物等(马境,2007)。

2.3.1　中华鲟胚后发育观察

　　中华鲟卵黄囊仔鱼期,从仔鱼出膜开始至 10 日龄仔鱼开口摄食;晚期仔鱼期,从仔鱼开口至器官基本发育完善,约至 40 日龄。

2.3.1.1　卵黄囊期仔鱼
　　0 日龄:刚孵出的中华鲟全长(14.10±0.79)mm,肌节 52~60 个,卵黄囊长径

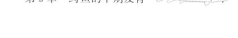

(5.68±0.24)mm(图 2.2-1)。刚出膜的仔鱼纤细透明、呈淡青色,卵黄囊很大、呈椭圆形,卵黄囊的背面色素深,向下逐渐变淡,腹面呈黄色。仔鱼头部较小,向腹面弯曲,靠近卵黄囊。眼囊部位颜色较淡,仅有较少的色素沉积。后方可见鳃原基,已出现鳃弓。刚孵出的仔鱼尾部发达,有宽大的鳍褶,呈正形,是主要的运动器官。

1 日龄:仔鱼全长(15.67±0.70)mm,肌节 54~62 个,卵黄囊长径(5.75±0.14)mm(图 2.2-2)。圆形嗅囊上出现长方形鼻孔,听囊不明显,头部眼睛部位色素沉积增多(图 2.2-2-a),鳃分化出鳃盖,三角形口凹出现。卵黄囊腹面分化出肝脏细胞团。胸鳍隆起,背鳍稍有隆起。血液淡红色。卵黄囊上可见发达的毛细血管网,除此之外,血管还分布于鳍褶基部和尾部基节间,体表毛细血管是仔鱼鳃呼吸前的主要呼吸器官。瓣肠中从后开始积累黑色胎粪。

2 日龄:仔鱼全长(16.88±0.69)mm,肌节 55~60 个,卵黄囊长径(5.95±0.15)mm(图 2.2-3)。仔鱼整个眼睛呈黑色,视网膜全部着色(图 2.2-3-a),出现哑铃形状鼻孔,中间部分已变得很细。口前形成 4 根呈圆片状的须,周围有颗粒状的小点分布。口部已分化出上下颌。胸鳍扩展为半月形。瓣肠处黑色的早期胎粪累积得更多。尾部鳍褶下方同时出现凹陷。

3 日龄:仔鱼全长(19.02±1.23)mm,肌节 56~63 个,卵黄囊长径(6.00±0.63)mm(图 2.2-4)。眼部增厚,眼上方、头上、鳃盖上出现少许色素,尾鳍也有少数色素沉积。须增长,呈椭圆形,须表面及周围的颗粒状小点仍明显。血液呈红色,鳃盖边缘可见血管。肝脏开始形成两叶,并逐步向躯干方向移动。卵黄囊后方开始由上出现凹陷,后部开始发育为十二指肠。背鳍出现支鳍软骨,14~16 根,腹鳍出现。

4 日龄:仔鱼全长(20.67±1.50)mm,肌节 57~63 个,卵黄囊长径(5.76±1.11)mm(图 2.2-5)。圆形嗅囊上的鼻孔仍呈哑铃状(图 2.2-5-a),上下颌上出现齿。肝两叶增大很多,白色,位于躯干下方。卵黄囊后方十二指肠部位变小。臀鳍出现支鳍软骨,9~12 根。瓣肠中螺旋形的黑色物质积累增多。

5~6 日龄:仔鱼 5 日龄全长(21.83±0.78)mm(图 2.2-6),卵黄囊长径(4.71±0.29)mm,6 日龄全长(23.16±0.97)mm,卵黄囊长径(4.64±0.35)mm(图 2.2-7);肌节 57~60 个。眼睛的视网膜部分开始分化出现金黄色色素(图 2.2-6-a)。吻板上的罗伦氏囊开始逐渐形成。胸鳍增大逐渐移至鳃正后方,呈扇状。肝两叶仍位于腹面,继续增大,并向前移。十二指肠完全分离出来,可见其内金黄色的油滴。胃内仍含较多的卵黄物质,但很多转化成脂肪滴,此时肛门形成,肛门前段肠道无螺旋瓣,为直肠。直肠短小,向下弯曲。

8 日龄:仔鱼 8 日龄全长(24.90±1.13)mm(图 2.2-8),卵黄囊长径(5.56±0.53)mm。鼻孔未愈合,但哑铃形的上鼻孔中间部分向下突出并继续向下生长,头部色素增多,胸鳍移向腹面,胸鳍、腹鳍都出现支鳍软骨,身体两侧的肝脏均移至背侧躯干部位。仔鱼背部鳍褶中开始出现背骨板的原基。臀鳍和尾部完全形成。尾鳍鳍褶后部分开始出现凹陷,呈"y"形。

10 日龄:仔鱼全长(27.86±1.06)mm(图 2.2-9),鼻孔上方向下突出的部分已成小长条形(有的愈合,有的未愈合),吻板上罗伦氏囊增加(图 2.2-9-a),卵黄囊继续减少,

腹部基本变平,肌节部位开始大量沉积色素,身体上色素增加。10 日龄开始开口摄食。

2.3.1.2　晚期仔鱼

开口后的仔鱼进入晚期仔鱼阶段。

12～17 日龄:身体上色素增加,罗伦氏囊布满吻板,背骨板开始露出鳍褶并向后生长,背骨板 11～12 个(图 2.2 - 10～12)。

21 日龄:侧骨板、腹骨板开始出现(图 2.2 - 13)。

27～34 日龄:仔鱼背、侧、腹骨板继续发育,骨板逐渐形成增多,吻部、尾部等部位均基本达到与幼鱼相似;40 日龄仔鱼全长(46.2±4.09)mm,仔鱼肛门前鳍褶完全消失,背骨板 12～13 个,侧骨板达 33～36 个,腹骨板 8～9 个,此时仔鱼器官分化完全,外形向成体过渡,此后晚期仔鱼阶段结束,进入稚鱼期(图 2.2 - 14～15)。

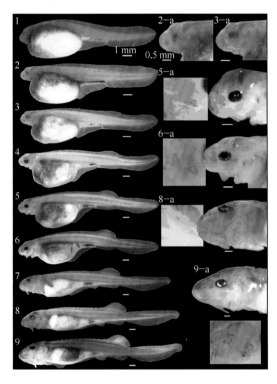
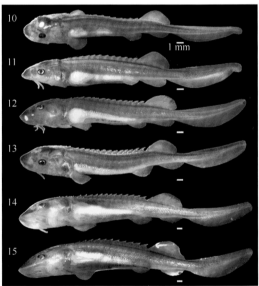

图 2.2　中华鲟胚后发育图

1. 0 日龄;2. 1 日龄;2 - a. 头部放大;3. 2 日龄;3 - a. 头部放大;4. 3 日龄;5. 4 日龄;5 - a. 头部放大;6. 5 日龄;6 - a. 头部放大;7. 6 日龄;8. 8 日龄;8 - a. 头部放大;9. 10 日龄;9 - a. 头部放大;10. 12 日龄;11. 14 日龄;12. 17 日龄;13. 21 日龄;14. 27 日龄;15. 34 日龄;1～15 标尺 1 mm,a 标尺 0.5 mm

2.3.2　史氏鲟胚后发育观察

史氏鲟卵黄囊仔鱼期,从仔鱼出膜开始至 9 日龄仔鱼开口主动摄食;晚期仔鱼期,从卵黄囊消失至器官基本发育完善,此时期包括内外源混合营养期和外源营养期,大约至 40 日龄。

2.3.2.1 卵黄囊期仔鱼

0 日龄：仔鱼全长(10.17±0.63)mm,卵黄囊长径(3.70±0.41)mm(图 2.3-1)。刚出膜的仔鱼纤细透明、呈淡青色,卵黄囊呈椭圆形。仔鱼头部较小,眼囊部位仅有少量的色素沉积,后方可见已分化的鳃弓(图 2.3-1-a)。口裂部位色素沉积呈线形(图 2.3-1-b)。胸鳍背部呈脊状。尾部鳍褶宽大,呈正形,是刚出膜仔鱼主要的运动器官。

1 日龄：仔鱼全长(11.35±0.35)mm,肌节 53～56 个,卵黄囊长径(3.83±0.33)mm(图 2.3-2)。圆形嗅囊突起,听囊凹陷,眼睛晶状体部位色素沉积增多,视网膜的外圈边缘处形成一色素圈,鳃已开始分化,第一鳃囊前缘增高(图 2.3-2-a)。线状的口部从中间开始凹陷,口裂前方的凸起部分变平,并有少许色素沉积(图 2.3-2-b)。背部可见突起的胸鳍原基。卵黄囊腹面分化出肝脏细胞团,瓣肠中开始聚集黑色物质。

2 日龄：仔鱼全长(12.69±0.48)mm,肌节 53～56 个,卵黄囊长径(3.94±0.23)mm(图 2.3-3)。仔鱼视网膜着色,整个眼睛呈黑色,嗅囊、听囊均扩大,鳃丝露出鳃盖,眼上方和后方鳃盖上有零散少许色素点(图 2.3-3-a)。口部形成三角形口凹,口前形成 4 根圆片状的须,须表面及其周围出现许多颗粒状的小点(图 2.3-3-b)。血液呈淡红色。胸鳍扩展为半月形。卵黄囊后方出现凹陷,将卵黄囊分为前、后两部分。瓣肠处,可见黑色早期胎粪盘旋于螺旋瓣中。鱼体尾部开始出现黑色素沉积。

3 日龄：仔鱼全长(14.01±0.20)mm,肌节 54～56 个,卵黄囊长径(3.91±0.20)mm(图 2.3-4)。眼晶体明显,眼部增厚,嗅囊中间部位出现哑铃状鼻孔(图 2.3-4-a)。须增长,呈椭圆形,须表面及周围的颗粒状小点仍明显(图 2.3-4-b)。血液呈淡红色,可见鳃中有血液循环,说明鳃开始行呼吸机能,鳃丝露出鳃盖。卵黄囊两侧的凹陷继续加深,后部开始分化出十二指肠,瓣肠形成 7 个螺旋。此时背鳍隆起。

4 日龄：仔鱼全长(14.83±

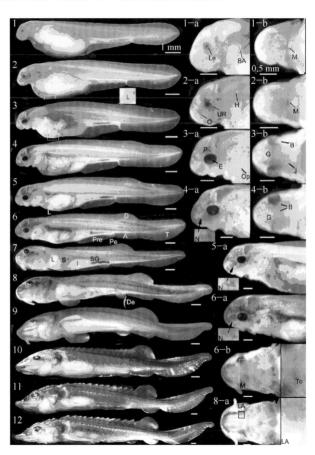

图 2.3 史氏鲟胚后发育图

1. 0 日龄;2. 1 日龄;3. 2 日龄;4. 3 日龄;5. 4 日龄;6. 5 日龄;7. 7 日龄;8. 9 日龄;9. 13 日龄;10. 16 日龄;11. 25 日龄;12. 38 日龄;1～12 标尺 1 mm;a,b 标尺 0.5 mm

A. 臀鳍;B. 须;BA. 鳃弓;D. 背鳍;De. 粪便;E. 眼睛;G. 颗粒物质;H. 听囊;I. 肠;J. 颚;L. 肝脏;LA. 罗伦氏囊;Le. 晶状体;M. 口;N. 鼻孔;O. 嗅囊;Op. 鳃盖;SG. 瓣肠;To. 齿;P. 色素;Pe. 腹鳍;Pre. 肛前鳍褶;S. 胃;T. 尾鳍;UR. 未分化视网膜

0.72)mm,肌节 52~55 个,卵黄囊长径(3.75±0.09)mm(图 2.3-5)。仔鱼哑铃状鼻孔中间部分逐渐变细(图 2.3-5-a),头盖骨上色素沉积增多,体侧可见增大的肝两叶,位于躯干前下方。卵黄囊后方十二指肠部分明显变小,可见其内金黄色的油滴。瓣肠可见 8 个螺旋。胸鳍逐渐前移至鳃后方并逐渐增大。背鳍出现支鳍软骨,13~14 根。腹鳍出现。尾部鳍褶下方出现凹陷,区分臀鳍和尾鳍,尾部色素沉积增加。

5 日龄:仔鱼 5 日龄全长(16.80±0.18)mm(图 2.3-6),6 日龄全长(17.30±0.57)mm;肌节 57~60 个。仔鱼鼻孔中间部位愈合,嗅板上只留两个鼻孔(图 2.3-6-a)。口的上下颌开始出现齿,上下各约 10 个(图 2.3-6-b)。肝两叶增大,并逐渐移向身体两侧。胸鳍移至腹面,呈扇状。臀鳍出现支鳍软骨,此时背鳍、臀鳍、尾鳍可明显区分。

7 日龄:仔鱼 7 日龄全长(17.66±0.70)mm(图 2.3-7)。尾鳍鳍褶后部分开始出现凹陷,呈"y"形。此时身体后半部分色素较多,肠内有金黄色油滴,肛门畅通,胎粪开始排出。

9 日龄:仔鱼全长(18.93±0.74)mm(图 2.3-8),积温 162.5℃·h。史氏鲟 9 日龄开口摄食。整个眼睛的视网膜部分呈金色,胃内可见消化中的食物,肠内仍有卵黄油滴。头部、背部、肌节部位色素增加,臀鳍和尾鳍完全形成。

2.3.2.2 晚期仔鱼

开口后的仔鱼进入晚期仔鱼阶段。

13 日龄:仔鱼身体变化不大(图 2.3-8~9),吻板上的颗粒状物质已经模糊消失,小孔状凹陷的罗伦氏囊逐渐在吻板上分化出来,须的四周至吻板边缘分布较多,须之间即吻板中间部位分布较少。13 日龄的仔鱼背部鳍褶中开始出现背骨板的原基,它是一系列骨质沉淀物,侧线部位也开始有色素沉积。

16 日龄:背骨板开始露出鳍褶并向后生长,有 11~13 个,此时头部骨板也开始出现(图 2.3-10)。

25 日龄:可见侧骨板、腹骨板突出,侧骨板沿侧线由前向后长出 20~27 个骨板。吻部、尾部等部位均基本达到与幼鱼相似(图 2.3-11)。

38 日龄:仔鱼全长(41.89±5.09)mm,36~40 日龄仔鱼肛门前鳍褶基本消失,背骨板 11~13 个,侧骨板达 32~38 个,腹骨板 6~8 个(图 2.3-12),此时仔鱼器官分化完全,外形向成体过渡,此后晚期仔鱼阶段结束,进入稚鱼期。

2.3.3 西伯利亚鲟胚后发育观察

2.3.3.1 形态学特征

1. 卵黄囊期仔鱼

0 日龄(图 2.4-1):全长(9.05±0.14)mm,刚出膜的仔鱼纤细透明,躯干部为淡灰白色;头部较小,弯向卵黄囊;眼部仅有少量的色素分布,后方可见鳃原基,嗅囊椭圆形(图 2.4-1-a,O),听囊凹陷呈窝状(图 2.4-1-a,OV);卵黄囊很大,椭圆形,黄色,未见油球,卵黄囊上布满网状血管网;尾部鳍褶宽大,是刚出膜仔鱼的主要运动器官,尾不停地摆动,斜向窜向水面,然后被动地掉落到水槽底部。

1 日龄(图 2.4-2):全长(11.06±0.35)mm,头部抬起,眼部中间色素增多,外圈边

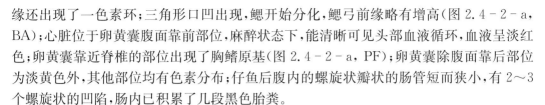

缘还出现了一色素环;三角形口凹出现,鳃开始分化,鳃弓前缘略有增高(图 2.4 - 2 - a,
BA);心脏位于卵黄囊腹面靠前部位,麻醉状态下,能清晰可见头部血液循环,血液呈淡红
色;卵黄囊靠近脊椎的部位出现了胸鳍原基(图 2.4 - 2 - a,PF);卵黄囊除腹面靠后部位
为淡黄色外,其他部位均有色素分布,仔鱼后腹内的螺旋状的瓣状的肠管短而狭小,有 2~3
个螺旋状的凹陷,肠内已积累了几段黑色胎粪。

　　2 日龄(图 2.4 - 3):全长(12.55±0.42)mm,头部伸长,整个眼睛呈黑色,晶状体着
色较深(图 2.4 - 3 - a,LE);嗅囊呈长方形,口前出现 4 根椭圆片状的须;鳃丝外露
(图 2.4 - 3 - a,GF),鳃内可见血液流动,说明鳃具有了呼吸能力;鳃盖前方及眼部上方
有零散的色素分布;卵黄囊侧面前端有一对粗血管,卵黄囊背部后端有一斜向前方的凹
陷,将卵黄囊分为前后两个部分,前一部分将来发育成胃,后一部分将发育成十二指肠;瓣
肠处的胎粪聚集成大段,这时仔鱼有较强的趋光性。

　　3 日龄(图 2.4 - 4):全长(13.35±0.36)mm,眼部开始增厚,高出头平面,晶状体明
显,眼部前方嗅囊中间靠拢,呈"哑铃状"(图 2.4 - 4 - a,N);鳃盖增长,鳃丝外露增多;口
部已移至吻部腹面,口裂开(图 2.4 - 4 - a,M),口前触须增长,呈椭圆形(图 2.4 - 4 - a,
B);卵黄囊后半部分凹陷,并有金黄色油滴在其后方出现,瓣肠形成了 7 个螺旋;吻部腹
面前端及尾部脊椎两侧开始沉积色素;仔鱼游动仍不能控制平衡,尾部不停地摆动,
身体往上窜至水面,自由沉落后侧卧片刻,然后又上窜,仔鱼就如此有规律地做上下
垂直运动。

　　4 日龄(图 2.4 - 5):全长(13.94±0.19)mm,眼突出,视网膜部分着金色(图 2.4 - 5 -
a,R);鼻孔中间变细靠拢;胸鳍下移,呈扇状;口裂加深增大(图 2.4 - 5 - a,M),但上下颌
不能张合,口前 4 根触须呈长圆柱形(图 2.4 - 5 - a,B);卵黄囊明显减小;头部和尾部色
素沉积明显增多;尾部鳍褶下凹明显,能区分臀鳍和尾鳍。

　　5 日龄(图 2.4 - 6):全长(15.31±0.53)mm,仔鱼头部开始变宽,脑部增大,吻端略
向前突,鼻孔中间缝合,形成前后两鼻孔;胸鳍增大,移至鳃正后方;口边缘增厚(图 2.4 -
6 - a,M),触须继续伸长,并可见其周围有小颗粒物质分布(图 2.4 - 6 - a,G);卵黄囊上
的血管网不太明显,其后十二指肠部分变小,金黄色油滴聚集并增多;仔鱼开始在孵化槽
底部边聚成一群,并且平游,晚间鱼群有明显的趋光性。

　　6 日龄(图 2.4 - 7):全长(16.00±0.27)mm,眼突出明显,吻部腹面的 4 根触须间距
增大,从头部背面就可见向外伸展的触须(图 2.4 - 7 - a,B);颌及鳃盖运动自如,胸鳍增
大呈翼状(图 2.4 - 7 - a,PF);卵黄囊变得扁平,其腹面透明;鱼体均有色素分布,头部及
躯干后部色素聚集相对更多;肛门与外界相通,胎粪开始排出体外,排出的粪便呈螺旋状。

　　7 日龄(图 2.4 - 8):全长(17.40±0.24)mm,吻端前突明显,吻部腹面两侧出现壶腹
器官原基,口内上下颌出现齿(图 2.4 - 8 - a,T);胸鳍移向腹面,并且出现支鳍软骨,背鳍
后部分鳍褶消失,臀鳍和尾鳍完全形成,尾鳍鳍褶凹陷呈"y"形(图 2.4 - 8 - b,t);卵黄囊
继续缩小,腹部变得扁平;色素覆盖全身,仔鱼没有集群,不停地游动,仔鱼开口摄食。

　　从表 2.6 可以看出,0~1 日龄,由于腹部鳍褶和尾部鳍褶连在一起(图 2.4 - 1,2),很
难区分臀鳍和尾鳍,故难以辨别体长;卵黄囊期仔鱼借助丰富的卵黄囊营养,全长、体长、
肛前距、体高、头长等增长快速,有利于仔鱼快速适应外界环境。

表 2.6　西伯利亚鲟早期仔鱼形态　　　　　　（单位：mm）

项　目	日　龄							
	0	1	2	3	4	5	6	7
全　长	9.05±0.14	11.06±0.35	12.55±0.42	13.35±0.36	13.94±0.19	15.31±0.53	16.00±0.27	17.40±0.24
体　长	难以辨别	难以辨别	8.68±0.50	10.33±0.33	10.66±0.38	13.23±0.45	14.61±0.21	15.21±0.38
肛前距	6.24±0.12	7.11±0.30	7.86±0.27	8.36±0.22	8.55±0.19	9.57±0.22	10.43±0.28	11.69±0.19
体　高	1.47±0.14	1.82±0.08	2.07±0.11	2.20±0.09	2.38±0.07	2.49±0.04	2.68±0.05	2.82±0.05
头　长	1.67±0.10	2.14±0.13	2.62±0.10	2.83±0.06	3.00±0.06	3.19±0.08	3.29±0.04	3.51±0.07
卵黄囊长径	3.61±0.12	3.51±0.15	3.34±0.11	3.02±0.12	2.87±0.12	2.44±0.17	1.52±0.13	0.77±0.10
卵黄囊短径	2.18±0.07	2.07±0.11	2.01±0.10	1.91±0.11	1.64±0.05	1.48±0.10	0.73±0.08	0.35±0.44

2. 晚期仔鱼

晚期仔鱼完全依靠外源物质获取能量,主要以各鳍及其支鳍软骨发育形成,食道、胃、视网膜、味蕾、嗅囊和壶腹等器官的分化基本完成为主要标志。8～10 日龄属于晚期仔鱼

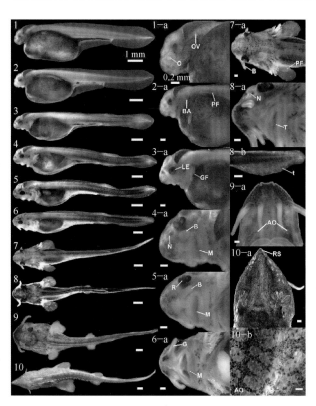

图 2.4　西伯利亚鲟胚后发育图

1. 0 日龄仔鱼;2. 1 日龄仔鱼;3. 2 日龄仔鱼;4. 3 日龄仔鱼;5. 4 日龄仔鱼;6. 5 日龄仔鱼;7. 6 日龄仔鱼;8. 7 日龄仔鱼;9. 17 日龄仔鱼;10. 57 日龄稚鱼　1～15 标尺 1 mm,a、b 标尺 0.2 mm
O. 嗅囊;OV. 听囊;BA. 鳃弓;PF. 胸鳍;LE. 晶状体;GF. 鳃丝;B. 吻须;M. 口;N. 鼻孔;R. 视网膜;G. 颗粒物质;T. 齿;t. 尾部;AO. 壶腹器官;RS. 吻端

的混合营养阶段,卵黄囊虽然已消失,大量胎粪排出体外;仔鱼散布于水槽底部并表现为贴底游动,仔鱼开始营底栖生活,有少量仔鱼开始摄食;整个眼睛的视网膜着金黄色,胸鳍已移至腹面,腹鳍辐状;吻的最前端出现由角质增生的平垫,可能与仔鱼在游动过程中,吻部经常撞到水箱壁上有关。11～22 日龄属于晚期仔鱼的外源营养阶段,仔鱼摄食旺盛,多数在底层不停地游动;吻部腹面内侧触须间长出一个与口垂直位的颗粒状小突起,可能与仔鱼摄食有关;体表色素进一步增加,色素在触须上累积,触须继续增长及须上味蕾小颗粒增多,壶腹器官发育快速。例如,11 日龄[全长(19.79±1.34)mm],吻部前端、眼眶周围、后鳃盖处出现壶腹器官原基;17 日龄[全长(24.58±1.56)mm](图 2.4-9),吻部腹面两侧部分壶腹器官由凹穴状逐渐开口成小孔状,并且逐渐在吻部腹面中间部位出现(图 2.4-9-a,AO);21 日龄[全长(27.38±1.40)mm],吻部最前端的

角质增生的平垫消失,吻端开始变尖。

3. 稚鱼

23～57 日龄为稚鱼期,主要从骨板开始生长到骨板发育完全及各器官的发育完善与成鱼基本一致为止。吻端变尖(图 2.4-10-a,RS),头部变得扁平,触须及眼的发育变得缓慢,触须间的颗粒状小突起逐渐增厚成长柄状;口腔皮齿发达,口能伸缩,对于大小适口的食物,能通过吸吮将食物一口吞下;背骨板从靠近背鳍基部前端的部位由后向前生长,侧骨板从靠近头部由前向后生长,腹骨板从靠近腹鳍基部前端的部位由后向前生长,各骨板逐渐形成,数量逐渐增加;体表色素聚集变得致密,吻部腹面、躯干腹面两侧出现一些金黄色色素,壶腹器官及侧线管道逐渐发育完善,身体各部分比例、体形及体色基本上与成鱼相似。例如,26 日龄[全长(33.02±2.76)mm],壶腹器官开口增多、增大,吻部腹面中间部分壶腹器官数量明显增多;29 日龄[全长(36.11±4.08)mm],壶腹器官布满整个吻部腹面;33 日龄[全长(40.30±4.32)mm],眼部向内侧凹陷,黑色色素布满整个吻部腹面;49 日龄[全长(50.30±3.71)mm],侧线眶下管头部腹面延伸段在表皮的开口小孔清晰可见;57 日龄[全长(61.95±2.59)mm](图 2.4-10),骨板发育完全,背、侧、腹骨板数分别达到 14～16 个、45～47 个、7～9 个;吻部腹面可见 3～4 个壶腹器官聚集在一起,呈"梅花状"(图 2.4-10-b)。

2.3.3.2 组织学特征

1. 食道和胃

0 日龄,食道细胞排列紧密,未分化。7 日龄,食道上皮发生分化,出现分泌细胞,食道开始贯通,食道前部上皮为多层扁平上皮细胞,食道后部上皮多为纤毛柱状上皮细胞,核位于基部,纤毛发达,呈火焰状(图 2.5-1,CCE);胃腔中可见未吸收的卵黄物质及黑色素。9 日龄,食道内黏液细胞增多,黏膜下层增厚,具 5～6 条纵褶,食道宽度明显增加(图 2.5-2);胃腔内卵黄物质吸收完毕,胃已分化为贲门胃及幽门胃。

2. 视网膜

0 日龄,初孵仔鱼视网膜没有分化,各层细胞结构均匀一致(图 2.5-3)。2 日龄,视网膜上出现单视锥细胞,排列紧密。6 日龄,外网状层、内网状层、外核层及内核层均已形成,至此视网膜分化完毕;视细胞层仍以单视锥细胞为主,视杆细胞开始出现(图 2.5-4)。15 日龄,视杆细胞的数量已明显多于单视锥细胞的数量,外核层颜色变深,厚度增加,层内主要为排列紧密的视杆细胞核。33 日龄整个视网膜发育完善(图 2.5-5)。

3. 嗅囊

5 日龄,在头部两侧形成由皮褶隔开的前、后两鼻孔,嗅觉上皮底部出现黑色素细胞,排列紧密,嗅黏膜未突起。10 日龄,嗅黏膜从底部向上隆起形成第一次初级嗅板(图 2.5-6,OL)。13 日龄,初级嗅板数量逐渐增多,但隆起高度还较低,黑色素细胞增多,染色加深(图 2.5-7,OL)。21 日龄,嗅板数量增多,隆起高度也明显增大(图 2.5-8,OL)。36 日龄,嗅囊发育基本完善,嗅板数量较多,排列紧密。

4. 味蕾

5 日龄,仔鱼须表皮底层出现小颗粒物质,即味蕾原始细胞团,细胞较少且形状不规则。9 日龄,仔鱼须部、上下唇、舌、鳃耙等部位均有味蕾出现,其中须部、上下唇味蕾向上隆起明显,顶端有感觉毛伸出味孔,味蕾呈椭圆形,大部分都埋在表皮组织中,主要由感觉

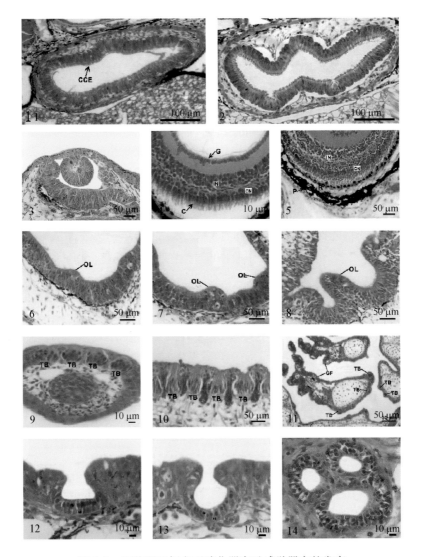

图 2.5　西伯利亚鲟主要消化器官及感觉器官的发育

1. 7 日龄食道横切；2. 9 日龄食道横切；3. 0 日龄眼球结构；4. 6 日龄视网膜结构；5. 33 日龄视网膜结构；6. 10 日龄嗅囊；7. 13 日龄嗅囊；8. 21 日龄嗅囊；9. 9 日龄须部附近味蕾；10. 13 日龄口腔内味蕾；11. 13 日龄鳃耙部味蕾；12. 9 日龄头部腹面壶腹；13. 23 日龄头部腹面壶腹；14. 57 日龄头部腹面壶腹

CCE. 纤毛柱状上皮细胞；C. 视锥细胞；G. 神经节细胞；IN. 内核层；ON. 外核层；P. 色素层；R. 视杆细胞；OL. 嗅板；TB. 味蕾；GF. 鳃丝；rc. 感觉细胞；sc. 支持细胞

细胞、支持细胞和基细胞组成，部分味蕾已发育完全（图 2.5 - 9，TB）。13 日龄，须部、上下唇、舌、鳃耙等部位味蕾数量都有明显增加，感觉细胞数量增多，染色变深，味蕾的高度、宽度也在增加（图 2.5 - 10，TB）；鳃耙中的味蕾主要集中分布在鳃耙的顶部（图 2.5 - 11，TB）。41 日龄，须部、上下唇、舌、鳃耙等部位味蕾形态变化不大，数量继续增多，其中舌部、唇部、须部味蕾数量较多。

5. 壶腹器官

7 日龄，感觉上皮开始下陷，含少量感觉细胞和支持细胞。9 日龄，感觉上皮下陷明显,感觉细胞和支持细胞数量增加,感觉细胞核染色较深(图 2.5 - 12,rc),吻部腹面出现发育完善的单个壶腹器官,吻部前端、眼眶周围及鳃盖等处出现壶腹器官。23 日龄,壶腹器官的宽度和下陷深度都有明显增加,感觉细胞较支持细胞数量多,排列紧密(图 2.5 - 13,rc,sc)。57 日龄,吻部腹面 3～4 个壶腹器官聚集在一起,分布紧密(图 2.5 - 14),壶腹管内充满黏液。

2.3.4　三种鲟鱼胚后发育时程的比较

对中华鲟、史氏鲟和西伯利亚鲟这 3 种鲟鱼胚后发育的时程进行了对比(表 2.7),其仔鱼的胚后发育基本相似,其中中华鲟仔鱼口部和鳍的起始分化都较史氏鲟、西伯利亚鲟稍早一些,这可能是由于种间差异造成的,也有可能是由于孵化、发育的水温条件不同所导致的。

表 2.7　3 种鲟鱼仔鱼部分发育事件时程表(日龄)

发 育 事 件		中 华 鲟	史 氏 鲟	西伯利亚鲟
眼睛全着色		2	2	2
须原基出现		2	2	2
三角形口凹出现		1	2	1
鼻孔出现		1	3	4
鼻间隔形成		8～10	5～6	5
鳃盖出现血管		3	3	2
开口摄食		10	9	7
胸鳍原基出现		0	0	0
背鳍原基出现		2	3	3
腹鳍出现		3	4	—
臀鳍尾鳍中间凹陷		2	4～5	4
胸鳍移至腹面		7～8	5～6	7
背、臀、尾鳍完全形成		7～8	9	8～10
支鳍软骨出现 *	胸鳍	7～8	—	7
	背鳍	3	4	—
	腹鳍	7～8	—	—
	臀鳍	4	5～6	—
	尾鳍	—	13	—
骨板出现	背骨板	8	13	—
	侧骨板	21	16～25	—
	腹骨板	21	16～25	—
骨板发育完全 (40 日龄)	背骨板	12～13 个	11～13 个	14～16 个
	侧骨板	33～36 个	32～38 个	45～47 个
	腹骨板	8～9 个	6～8 个	7～9 个

注：＊鲟鱼的胸鳍、腹鳍骨骼分为三部分,分别为鳍基软骨、辐状软骨和鳍条,背鳍、臀鳍和尾鳍只具有辐状软骨和鳍条,由于对仔鱼的观察不易区分,因此在此都用支鳍软骨统称在各鳍中出现的鳍条等

2.3.5　胚后发育特征的生态学意义

对鲟鱼仔稚鱼的形态观察可见,卵黄囊期仔鱼没有摄食能力,以防御敌害摄食为主;仔鱼利用卵黄营养,一方面迅速完成了运动相关器官的功能发育,如初孵仔鱼仅能靠宽大的尾鳍摆动做垂直运动,以躲避敌害;仔鱼的呼吸完全靠卵黄囊上密布的毛细血管网作用,随着鳃的出现并生长,卵黄囊减小及胸鳍不断扩大,促使仔鱼携氧能力增强,平衡性提高,游泳能力增强。另一方面迅速完成了摄食相关器官的功能发育,如嗅囊、触须、口裂、齿等。

在晚期仔鱼和稚鱼期,各鳍及其支鳍软骨发育逐渐完善,这使其游泳能力大大提高,躲避敌害,主动摄食的能力也随之提高。吻须上味蕾小颗粒数量逐渐增多,这可能与其摄食方式密切相关,仔鱼开口摄食后,逐渐转为底栖生活,口腹位,吻须上的味蕾小颗粒能够帮助其感知底部食物。壶腹器官逐渐由凹穴状逐渐开口成小孔状,并在稚鱼期时可见吻部腹面3～4个壶腹器官聚集在一起,呈"梅花状",吻部腹面侧线下颚管表皮开口清晰可见,这一形态特点与中华鲟相似(梁旭方,1996),这些形态变化说明了侧线系统不断发育完善,丰富了鲟鱼的感觉功能,提高了稚鱼适应环境的能力,生存能力大大提高。

对西伯利亚鲟仔稚鱼组织学观察表明(宋炜和宋佳坤,2012a),5日龄以前视网膜上以光感受细胞为高密度的单视锥细胞为主,适于感受强光,此时仔鱼处于垂直游泳阶段和水平游泳阶段,都在水体中上层。6日龄出现视杆细胞,适于感受弱光,仔鱼也开始转为底栖生活,15日龄后,视杆细胞数量逐渐多于视锥细胞,仔鱼也逐步适应弱光环境。由此可见,西伯利亚鲟视网膜中光感受细胞的发生发育与其由水体中上层生活转至底栖生活的生态习性是相适应的,这也与大多数鲟鱼类研究结果是一致的(Gisbert et al.,1999a;柴毅等,2007;王念民等,2006),但与闪光鲟、阿姆河大拟铲鲟不同,它们的视网膜中仅有视锥细胞(王念民等,2006)。从西伯利亚鲟视网膜发育可以看出,视觉细胞在早期仔鱼阶段已具备较好的感光能力,此时其他感觉器官尚未发育完善,可以认为视觉在卵黄囊期及混合营养期中有利于仔鱼感知和躲避敌害,减少早期被捕食几率。随着仔鱼转为底栖生活逐渐适应了黑暗环境,与此同时,其他感觉器官不断完善,而眼的发育变得缓慢,这些都表明视觉在防御、觅食和定向时已不是主要的感觉器官。

仔鱼开口摄食时,功能性的消化系统已形成,嗅囊、味蕾、壶腹等感觉器官相继发育成熟,保证了仔鱼具备向外界搜索和摄取饵料生物的能力。随着仔鱼的开口摄食,稚鱼期感觉器官陆续发育完全,使仔鱼拥有更复杂的辅助摄食系统,提高了仔鱼在各种环境下的摄食能力。

仔稚鱼发育是鱼类早期生活史的重要组成部分,是鱼类自然资源繁殖保护和养殖业苗种培育的基础(殷名称,1991a)。鲟鱼仔稚鱼外部形态和内部器官组织的变化,均与其早期对环境适应性密切相关,具有较为重要的生态学意义。

2.4　鲟鱼胚后发育的异速生长

鱼类仔鱼生长阶段具有其特定的生长特征。仔鱼期的生长比较复杂,包括发育和生长,刚出膜的仔鱼与稚鱼在形态上也存在很大差别,根据这种仔鱼的转变,仔鱼发育期的生长为与分化相关的生长,称为异速生长(不等速生长)(Fuiman,1983)。

以幂函数方程($y = ax^b$)作为异速生长模型:以仔鱼全长作为自变量 x,y 为 x 相对应的各种器官长度,a 为 y 轴截距,b 为异速生长指数。$b = 1$ 时为等速生长,此时仔鱼器官的生长与全长等比例增长;$b > 1$ 时为快速生长,此时器官的生长要比全长增长快;$b < 1$ 时为慢速生长。

生长模型中若含有不同生长阶段,以拐点分开,不同生长阶段由不同方程表达:$y = a_1(x)^{b_1}$,$y = a_2(x)^{b_2}$,拐点以两方程被分开时的 x 值,图 2.6 拐点处标示出仔鱼的全长和仔鱼的日龄。对 b_1、b_2 进行 t 检验,检测两个 b 值是否差异显著;对 b_2 是否等于 1 做 t 检验。

2.4.1　中华鲟仔鱼异速生长模型

中华鲟仔鱼随日龄增长,发育个体差异也逐渐增大,日龄-全长拟合方程为 $y = 13.41x^{0.33}$,$R^2 = 0.949$(图 2.6)。

2.4.1.1　头部器官的异速生长

眼径(图 2.7-a):中华鲟仔鱼眼径从 0 日龄晶状体部位沉积黑色素开始,到 2～3 日龄、全长 17 mm 的拐点处,表现出极为明显的异速生长,$b_1 = 5.429$,此时眼径相对于全长增长非常快;相应的拐点之后 $b_2 = 1.203 > 1$ ($P < 0.05$),也为快速生长,但生长指数明显减小。

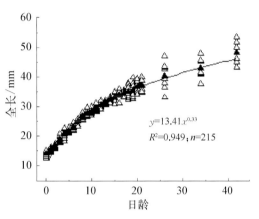

图 2.6　中华鲟仔鱼日龄与全长的关系

口宽(图 2.7-b):从仔鱼 2 日龄形成可测量的口凹开始,至 10 日龄、全长 28.4 mm 的拐点期间,口宽进行快速生长,$b_1 = 1.520 > 1$ ($P < 0.05$),其后的发育阶段 $b_2 = 0.906 < 1$,为慢速生长。

吻长(图 2.7-c):眼前吻长的异速生长拐点在 7 日龄左右、仔鱼全长 24.9 mm 处,拐点前后均为快速生长,但拐点前的生长指数($b_1 = 1.364$)显著小于拐点后的生长指数($b_2 = 1.643$)。

头长(图 2.7-d):头长的异速生长拐点出现在 14 日龄左右、仔鱼全长 32.3 mm 处,拐点前后均为快速生长,但与吻长相反,拐点前的生长指数($b_1 = 1.677$)明显大于拐点后的生长指数($b_2 = 1.274$)。

2.4.1.2　仔鱼身体其他部分的异速生长

肛门前体长、肛门后体长(图 2.8-a):异速生长拐点分别出现在仔鱼全长为 27.9 mm 和 27.8 mm 处,为 9 日龄仔鱼开口时期。肛门前体长由图 2.8-a 可见,拐点之前的异速生长指数 $b_1 = 0.665$,肛门前体长增加比全长增长慢,为慢速增长;拐点之后的异速生长指数 $b_2 = 1.131$,肛门前体长增长比全长增长块,为快速增长。肛门后体长在拐点之前 $b_1 = 1.400$,为快速生长;拐点之后的异速生长指数 $b_2 = 0.878$,变为慢速增长。

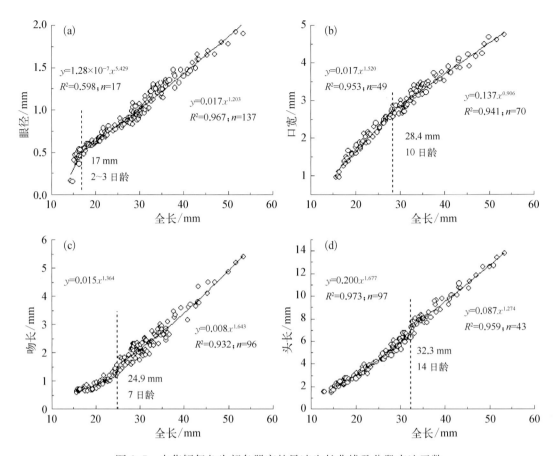

图 2.7　中华鲟仔鱼头部各器官的异速生长曲线及分段表达函数

虚线为生长拐点值

体高(图 2.8 - b):刚出膜的仔鱼,体高随日龄的增长逐渐增加,直至 4~5 日龄全长 20 mm 左右,之后体高下降,并随全长的增加反而缩小,直至 9 日龄、全长 27.9 mm 时,体高重新开始逐渐增加,此时异速生长指数 b 为 $1.099 \approx 1$,体高随仔鱼全长进行等速生长。在对体高进行分段曲线拟合时,前段使用二元一次方程、后段使用异速生长方程,得到的 R^2 值最小。拟合得到拐点值为 27.9,即全长为 27.9 mm。

尾鳍长(图 2.8 - c):从 2 日龄臀鳍、尾鳍中间出现凹陷开始测量尾鳍长,至 12 日龄期间为快速生长,$b_1 = 1.396$;生长拐点之后 $b_2 = 0.710$,生长缓慢。

胸鳍长(图 2.8 - d):胸鳍从 1 日龄开始测量,至 9 日龄、全长 27.8 mm,为快速生长,$b_1 = 2.274$;生长拐点之后 $b_2 = 1.512$,也为快速生长。

2.4.2　史氏鲟仔鱼异速生长模型

史氏鲟仔鱼随日龄增长,发育个体差异也逐渐增大,日龄-全长拟合方程为 $y = 0.85x + 11.3$,$R^2 = 0.966$(图 2.9)。

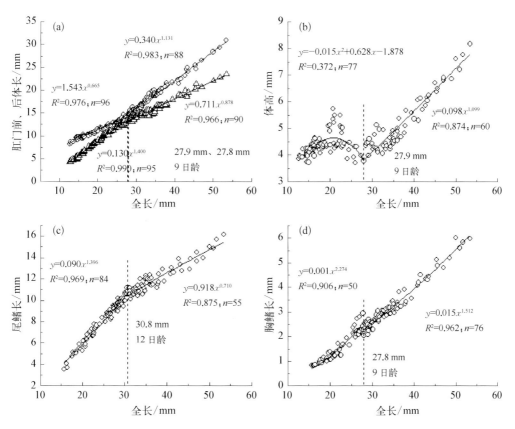

图 2.8　中华鲟仔鱼身体部位和游泳器官的异速生长曲线及分段表达函数

○. 门前体长；△. 肛门后体长

2.4.2.1　头部器官的异速生长

眼径(图 2.10 - a)：史氏鲟仔鱼眼径从 0 日龄晶状体部位沉积黑色素开始，到 2 日龄、全长 12.3 mm 的拐点处，表现出极为明显的异速生长，$b_1 = 8.292$，此时眼径相对于全长增长非常快；相应的拐点之后 $b_2 = 1.082 \approx 1$ ($P > 0.05$)，近似于等速生长，眼径随全长的增长等比例增加。

口宽(图 2.10 - b)：从仔鱼 2 日龄形成可测量的口凹开始，至 8~9 日龄、全长 18.1 mm 的拐点期间，口宽进行快速生长，$b_1 = 2.510 > 1$ ($P < 0.05$)，其后的发育阶段 $b_2 = 1.108 > 1$

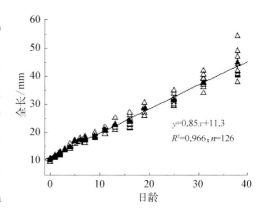

图 2.9　史氏鲟仔鱼日龄与全长的关系

($P < 0.05$)，也为快速生长，但生长指数明显减小。

吻长、头长(图 2.10 - c,d)：眼前吻长和头长的异速生长拐点均在 16 日龄、仔鱼全长 23.1 mm 和 23.5 mm 处，拐点之前均为快速生长，其后生长特点与口宽相似，仍为快速生长，但生长指数明显减小。

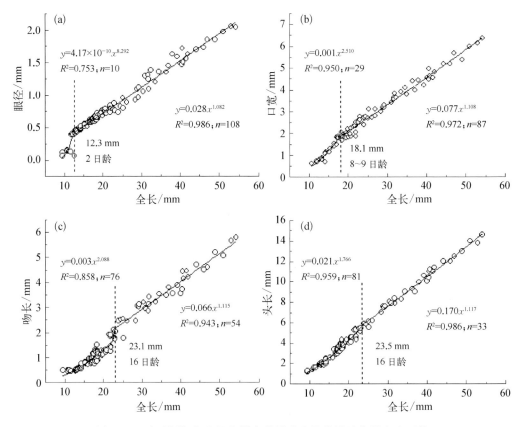

图 2.10　史氏鲟仔鱼头部各器官的异速生长曲线及分段表达函数

2.4.2.2　仔鱼身体其他部分的异速生长

肛门前体长、肛门后体长(图 2.11 - a)：异速生长拐点分别出现在仔鱼全长为 19 mm 和 19.8 mm 处，为 10 日龄，即卵黄囊期仔鱼向晚期仔鱼过渡的时期。肛门前体长由图可见，拐点之前的异速生长指数 $b_1 = 0.648$($P < 0.05$)，肛门前体长增加缓慢；相对地，肛门后体长 $b_1 = 1.572$，为快速生长。两者生长拐点之后的 b_2 值均约等于 1($P > 0.05$)，近似于等速生长。

体高(图 2.11 - b)：刚出膜的仔鱼体高随日龄的增长逐渐增加，直至 4 日龄全长 15 mm 左右，之后体高下降，并随全长的增加反而缩小，直至 11 日龄、全长 20.5 mm 时，体高重新开始逐渐增加，此时异速生长指数 $b = 0.998 \approx 1$，体高随仔鱼全长进行等速生长。在对体高进行分段曲线拟合时，前段使用二元一次方程、后段使用异速生长方程，得到的 R^2 值最小。拟合得到拐点值为 20.5，即全长为 20.5 mm。

尾鳍长、胸鳍长(图 2.11 - c、d)：从 4 日龄臀、尾鳍中间出现凹陷开始测量尾长，至 10 日龄期间，为快速生长，$b_1 = 2.181$；胸鳍从 1 日龄开始测量，至 11 日龄、全长 20.9 mm，为快速生长，$b_1 = 2.631$。其后两者发育均近似等速生长 $b_2 \approx 1$($P > 0.05$)。

2.4.3　中华鲟和史氏鲟仔鱼异速生长的比较

对中华鲟和史氏鲟生长拐点出现时的日龄、积温、体长和拐点前后的异速生长指数进

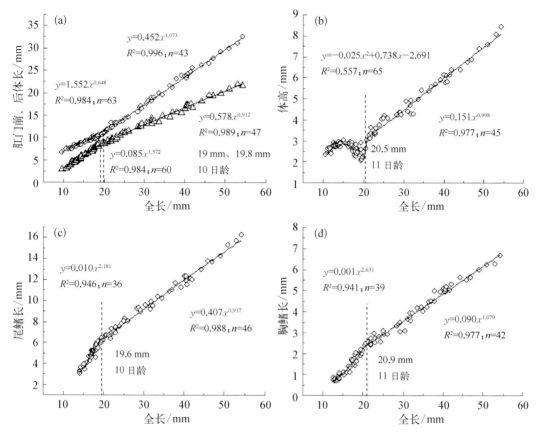

图 2.11　史氏鲟仔鱼身体部分和游泳器官异速生长曲线及分段表达函数

○. 肛门前体长；△. 肛门后体长

行了比较(表 2.8)。其中史氏鲟仔鱼 b_2 值基本接近于 1，说明各部分经过异速生长后到达生长拐点，此时其各部分比例已基本达到与稚、幼鱼相近，因此此后都进入近似等速生长。而中华鲟的 b_2 值只有口宽和体高约等于 1，其他都不等于 1，这就说明了中华鲟的部分器官先进行了异速生长，以适应其生理需要，而后眼径、吻长、头长、肛门前体长、胸鳍长都继续以快速生长增长，肛门后体长和尾鳍长的 b_2 值都小于 1，说明相对仔鱼全长的增长，肛门后体长和尾鳍长增长速度较慢。这在生理上可能说明了中华鲟仔鱼孵化后基本随长江径流向下洄游，在幼鱼阶段入海育肥，这对其尾鳍的游泳能力的压力不是很大，相反，胸鳍调控鱼体游泳方向的能力需要进一步的提高，因此出现了肛门前身体各器官都在晚期仔鱼时期进一步快速生长，而肛门后的长度则在减小。

表 2.8　中华鲟和史氏鲟仔鱼异速生长系数和拐点比较

		中　华　鲟				史　氏　鲟			
	拐点处/日龄	拐点处积温/(℃·h)	拐点处体长/mm	b_1	b_2	拐点处/日龄	拐点处积温/(℃·h)	拐点处体长/mm	b_1	b_2
眼　径	2～3	44.5～67	17	5.429	1.203	2	36.1	12.3	8.292	1.082
口　宽	10	221	28.4	1.520	0.906	8～9	126.3～144	18.1	2.510	1.108

	中　华　鲟					史　氏　鲟				
	拐点处/日龄	拐点处积温/(℃·h)	拐点处体长/mm	b_1	b_2	拐点处/日龄	拐点处积温/(℃·h)	拐点处体长/mm	b_1	b_2
吻　　长	7	27.8	24.9	1.364	1.643	16	285	23.1	2.088	1.115
头　　长	14	305.5	32.3	1.677	1.274	16	285	23.5	1.766	1.117
肛门前体长	9	198.5	27.9	0.665	1.131	10	180.5	19	0.648	1.073
肛门后体长	9	198.5	27.8	1.400	0.878	10	180.5	19.8	1.572	0.912
体　　高	9	198.5	27.9		1.099	11	198	20.5		0.998
尾鳍长	12	262	30.8	1.396	0.710	10	180.5	19.6	2.181	0.917
胸鳍长	9	198.5	27.8	2.274	1.512	11	198	20.9	2.631	1.079

2.4.4　仔鱼异速生长的生物学意义

　　仔鱼异速生长普遍存在于仔鱼的早期发育中,在仔鱼生长期间,许多器官的发育都存在不同的生长阶段,这些器官在仔鱼的早期发育中都具备比仔鱼本身更快的生长速度,直至器官发育完全或发育至某一阶段后,生长明显减慢或对比整体进行等速生长。这种异速生长特征确保最重要的器官优先发育,因此,通过研究仔鱼早期发育和生长模型,对探讨器官发育的优先性,推测各器官在不同的发育阶段所起的重要作用,解释其在生存环境中某些行为出现的原因,具有重要的生态学意义。

　　在本研究中,中华鲟和史氏鲟仔鱼在40日龄内,与感觉、摄食、游泳相关的器官都分别存在两个生长阶段,在不同生长阶段中表现出的不同生长力显示了器官发育的优先性。在前一阶段有较大异速生长系数的,说明在这一阶段仔鱼为了提高其某种能力而自身使这一器官快速发育,使这一器官尽早达到可以行使功能的程度,这对仔鱼提高生存能力有着重要意义。

2.4.4.1　眼径的异速生长在早期生活史中的作用

　　中华鲟和史氏鲟器官发育最早达到平衡的是眼睛,眼径的异速生长拐点均出现在2~3日龄,表明眼睛(即视觉)的发育在仔鱼早期生活史中的重要作用。已有研究表明,眼径的异速生长与仔鱼的趋光性行为,以及视网膜的发育是紧密联系的。鲟科鱼类的初孵仔鱼均具有强烈的趋光性行为,此阶段也是眼睛晶状体发育,以及视网膜感受强光的视锥细胞分化发育的阶段(柴毅等,2007;王念民等,2006),此时视觉细胞已具备较好的感光能力,而其他感觉器官尚未发育完善,表明视觉在仔鱼摄食初期中作用较大。在仔鱼发育的后期,中华鲟和史氏鲟视网膜感受弱光的视杆细胞数量占绝对优势,仔鱼也进入底栖生活并表现出避光性,与此同时其他感觉器官(如陷器)不断完善,表明在完成了早期视网膜的迅速发育后,视觉在摄食时已不是主要的感觉器官。

2.4.4.2　口宽的异速生长及其与摄食行为的相关性

　　中华鲟仔鱼口宽的生长拐点发生在10日龄,史氏鲟仔鱼口宽的生长拐点发生在8~9日龄,均发生在开口附近,口宽在此时的转变具有重要意义,说明仔鱼在此时已具有相

对足够大的摄食器官,为开口摄食做好准备。开口摄食后,仔鱼进入混合营养阶段,此时仔鱼向外界摄食的压力随着体内卵黄的逐渐消失而增大,口宽在此期间仍继续生长,以适合食物大小,直至卵黄完全消化(Fuiman,1983;Gisbert,1999b)。

2.4.4.3 头长的异速生长及其与感觉器官的发育相关性

头部的生长包括吻的增长、鳃的增长,以及其他嗅觉、触觉、味觉等感官系统的发育。中华鲟和史氏鲟仔鱼头长的生长拐点分别出现在 14 日龄和 16 日龄,均为拐点之前的生长系数大于拐点后的生长系数。两种鲟鱼出现生长拐点时卵黄囊基本已消化完全,仔鱼此时已完全需要依靠外源摄食,早期仔鱼的摄食基于视觉、嗅觉、触觉、味觉等各感官的辅助,这些器官在仔鱼期的迅速发育,形成了复杂的辅助摄食系统,使仔鱼在各种环境下都能捕捉到食物,提高生存机会,因此感官的发育对于提高早期摄食能力起到了重要作用。

鱼类鳃的发育和完善是在仔鱼孵化后经过一段时间才完成的。在鳃发育未开始或完善之前,仔鱼依靠鳍褶、皮肤和卵黄囊上分布的丰富微血管吸收氧气,从 2~3 日龄起仔鱼分化出鳃丝,并露于鳃盖之外,鳃盖边缘也在此时可见红色的血管通过,此后鳃继续分化增长,直到开口后 20 日龄前鳃盖完全盖过鳃丝。

2.4.4.4 鳍的异速生长及其与游泳能力的相关性

中华鲟和史氏鲟两种鲟鱼胸鳍生长拐点分别出现在 9 日龄和 11 日龄,均发生在开口摄食附近,因此胸鳍生长拐点的出现可能与开口相关(马境等,2007)。鲟鱼通过抬高或降低平展的胸鳍以形成一定角度来控制在水流中运动的身体,这种作用对于仔、幼鱼的游泳和摄食都起到了重要作用(Osse and Boogaart,1999)。中华鲟和史氏鲟两种鲟鱼胸鳍长在开口摄食日龄附近具备了足够可以控制身体的胸鳍,提高了仔鱼控制身体的能力。

仔鱼尾鳍的异速生长拐点出现在仔鱼开口后,分别在中华鲟 12 日龄和史氏鲟 10 日龄。此时仔鱼游泳能力已经有了极大的提高,躲避敌害、主动寻找食物和攻击被捕食者的能力均随之提高(Webb and Weihs,1986)。

2.5 鲟鱼骨骼系统发育

鲟鱼类的骨骼和其他硬骨鱼一样分为外骨骼和内骨骼。外骨骼指的是骨板、真皮颅骨、骨质鳍条等;内骨骼多为软骨,有局部骨化现象,也有少数膜质硬骨(Hilton et al.,2011;Ma et al.,2014)。

对鲟鱼骨骼研究一般限于成鱼骨骼,国内外对中华鲟、白鲟(四川长江水产资源调查组,1988)、匙吻鲟、短吻鲟(Hilton et al.,2011)等的成鱼骨骼进行了研究,但对于仔鱼骨骼发育的研究较少(Ma et al.,2014)。

采用骨骼染色的方法(Wassersug,1976),研究了中华鲟和史氏鲟仔鱼的骨骼发育。软骨被染液染为浅蓝色,硬骨被染液染为紫红色。

2.5.1　中华鲟骨骼发育

0日龄(图2.12-1)和1日龄的仔鱼染色不明显,说明骨骼系统未发育。但1日龄的仔鱼已出现三角形口凹,口腔处已出现空腔(图2.13-2)。

2日龄仔鱼头部及肌节部位都被阿尔新蓝染料染成浅蓝色,说明软骨已开始分化发育(图2.12-2)。口部分的上颌和下颌分化比较明显(图2.13-3)。3日龄开始可区分上、下颌和舌颌骨(图2.13-4)。

4日龄仔鱼的齿首先骨化,被茜素红染成紫红色,上颌的前颌齿14个,下颌齿10个。5日龄仔鱼(图2.12-3)前颌齿20～22个,下颌齿12～14个(图2.13-6-2)。

7日龄仔鱼上下颌开始出现上颌骨和齿骨(图2.13-7-2)。

8日龄仔鱼鳃盖上出现三角形骨化区(图2.12-4),另外胸鳍的肩带软骨开始出现硬骨化的上匙骨(图2.13-8)。

9日龄仔鱼肩带上匙骨下方的匙骨也开始骨化(图2.13-9-1)。上颌内表面的上颌骨和上颌齿出现骨化,与上颌齿相对位置的舌齿也开始骨化。

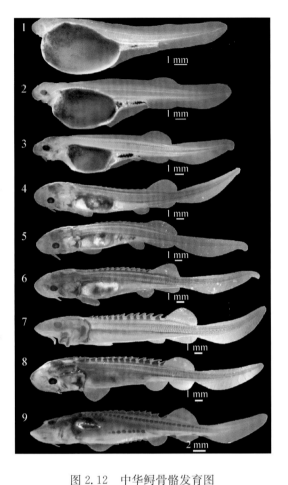

图2.12　中华鲟骨骼发育图

1. 0日龄仔鱼;2. 2日龄仔鱼;3. 5日龄仔鱼; 4. 8日龄仔鱼;5. 10日龄仔鱼;6. 11日龄仔鱼;7. 14 日龄仔鱼;8. 18日龄仔鱼;9. 40日龄仔鱼

10日龄仔鱼开口摄食,进入晚期仔鱼(图2.12-5)。仔鱼的一对顶骨和一对翼耳骨上开始出现较淡的线形的骨化带,上匙骨前方与其相连的后颞骨出现骨化(图2.13-10-1)。上匙骨和匙骨骨化增加,并已相互连接呈线形,贴近鳃边缘。背骨板区域的骨板鳍褶已开始分化出来,但只有3～4个骨板由中间开始骨化。前颌齿增至22～24个,下颌齿14个。

11日龄仔鱼背骨板已全部骨化(图2.12-6),并且头部顶骨、翼耳骨、后颞骨、上匙骨和匙骨骨化都有所增加(图2.13-11-1,11-2)。

12日龄仔鱼肩带腹面的锁骨骨化开始出现,吻腹面软颅最前端出现两个原点状的骨化(图2.13-12-1)。一对额骨开始骨化(图2.13-12-2),背骨板伸出鳍褶外向后延伸,背鳍最前端的一小块骨板骨化。

14日龄仔鱼(图2.12-7)眶上骨、眶下骨、间鳃盖骨开始骨化(图2.13-13-1)。锁骨骨化继续增加,胸鳍上出现一点骨化(图2.13-13-2)。

18 日龄仔鱼侧线部位开始出现侧骨板骨化，只有 8～10 个侧骨板有少量骨化（图 2.12-8）。腹面吻板的软颅"凸"形部位开始每隔一小段出现硬骨细胞，呈小圆点状，眶下骨骨化继续增加，腹面的左右锁骨相夹的中间区域开始出现硬骨化的间锁骨（图 2.13-14-1～3）。胸鳍鳍条开始骨化。

20 日龄仔鱼眶后骨开始骨化（图 2.13-15-2）。腹面吻板上基吻骨骨化，位于"凸"形软颅的中间，呈水滴状。鳃盖骨下方延伸到腹面的下鳃盖骨出现骨化。两锁骨延长与间锁骨相连（图 2.13-15-3）。侧骨板骨化增多，25～27 个，腹鳍、臀鳍的前端出现一点骨化，尾柄上下的第一节棘状鳞骨化。

40 日龄骨化程度继续增加（图 2.12-9）。40 日龄额骨、顶骨骨化较宽。眶上骨、眶后骨、眶下骨相连组成外眶骨。侧骨板 24～26 个、腹骨板 7～8 个，背鳍最前端的一小块骨板骨化。臀鳍和尾柄下前端均出现一点骨化，尾柄上的第 3、第 4 节棘状鳞骨化。腹鳍、臀鳍、背鳍、尾鳍鳍条均骨化。

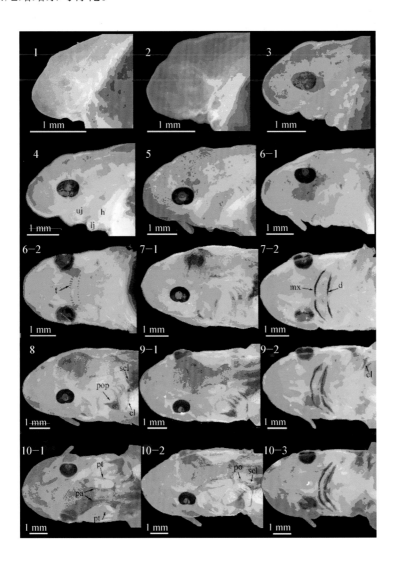

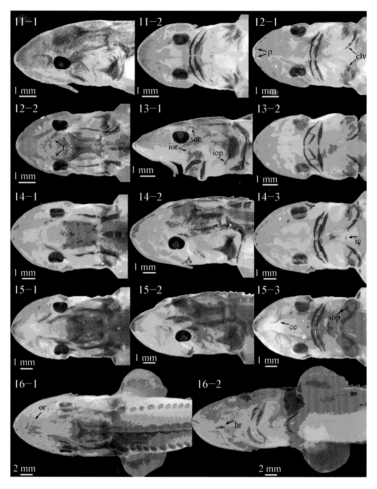

图 2.13　中华鲟头部骨骼发育图

1. 0 日龄仔鱼;2. 1 日龄仔鱼;3. 2 日龄仔鱼;4. 3 日龄仔鱼;5. 4 日龄仔鱼;6-1、6-2. 5 日龄仔鱼;7-1、7-2. 7 日龄仔鱼;8. 8 日龄仔鱼;9-1、9-2. 9 日龄仔鱼;10-1、10-2、10-3. 10 日龄仔鱼;11-1、11-2. 11 日龄仔鱼;12-1、12-2. 12 日龄仔鱼;13-1、13-2. 14 日龄仔鱼;14-1、14-2、14-3. 18 日龄仔鱼;15-1、15-2、15-3. 20 日龄仔鱼;16-1、16-2. 40 日龄仔鱼

br. 基吻骨;cl. 匙骨;clv. 锁骨;cc. 软颅边缘;d. 齿骨;f. 额骨;h. 舌颌骨;ic. 间锁骨;iop. 间鳃盖骨;ior. 眶下骨;lj. 下颌;mx. 上颌骨;or. 吻部一系列小骨片;p. 腹面软颅最前方两点骨化;pa. 顶骨;pmx. 前颌骨;po. 后颞骨;pop. 前鳃盖骨;pt. 翼耳骨;scl. 上匙骨;sop. 下鳃盖骨;sor. 眶上骨;t. 齿;uj. 上颌

2.5.2　史氏鲟骨骼发育

0 日龄(图 2.14　1)和 1 日龄的仔鱼染色不明显。2 日龄仔鱼(图 2.14-2)头部及肌节部位都被阿尔新蓝染料染成浅蓝色,仔鱼此时已出现三角形口凹部分,头部的眼睛上方和鳃盖位置出现少量色素。3 日龄开始可区分上颌和下颌。

4 日龄仔鱼(图 2.14-3)头部色素增多、尾部开始出现少量色素。

7 日龄仔鱼(图 2.14-4),上下颌开始出现上颌骨和齿骨,同时硬骨的齿也开始出现,上颌的前颌齿 8~10 个,下颌齿 8 个(图 2.14-4-2)。

9 日龄仔鱼(图 2.14 - 5)上颌骨和齿骨增厚,上下颌齿各 10 个。上颌骨、上颌齿及舌齿均出现骨化(图 2.14 - 5 - 2)。9 日龄开始开口摄食。

　　11 日龄鳃盖上出现三角形骨化区,另外胸鳍的肩带软骨开始出现硬骨化的上匙骨(图 2.15 - 1 - 1,1 - 2)。身体上的色素普遍增多。

　　13 日龄仔鱼(图 2.14 - 6),仔鱼上匙骨骨化增多,其前方出现后颞骨,下方延鳃边缘出现匙骨。头顶的顶骨和翼耳骨线形骨化(图 2.15 - 2 - 1,2 - 2)。14 日龄背骨板开始骨化。

　　16 日龄仔鱼(图 2.14 - 7),仔鱼额骨开始形成线形骨化。顶骨两行骨化变宽,翼耳骨仍呈线形,后颞骨与上匙骨骨化增多、变宽(图 2.15 - 3 - 1,3 - 2)。锁骨在腹面沿鳃边缘形成线形骨化(图 2.15 - 3 - 3)。17 日龄背骨板骨化完全。

　　19 日龄仔鱼(图 2.14 - 8),仔鱼眶上骨和眶下骨开始骨化(图 2.15 - 4 - 1,4 - 2)。间锁骨也在此时形成骨化,胸鳍最前方和鳍条均开始骨化(图 2.15 - 4 - 3)。齿在此时期开始退化。侧线部位开始出现侧骨板骨化,只有 9～12 个侧骨板有少量骨化。腹骨板骨化 3～4 个。鳃盖骨下方延伸到腹面的间鳃盖骨出现骨化。

　　25 日龄仔鱼(图 2.14 - 9),仔鱼吻板的"凸"形软颅边缘开始形成断续的骨化点,基吻骨骨化,锁骨和间锁骨相连,并且骨化增加(图 2.15 - 5 - 2)。眶后骨开始骨化。

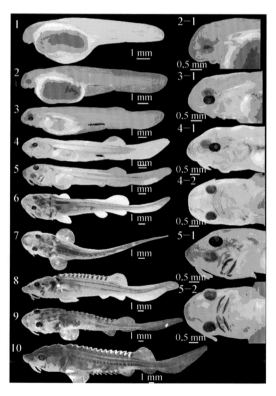

图 2.14　史氏鲟骨骼发育图

1. 0 日龄仔鱼;2,2 - 1. 2 日龄仔鱼;3,3 - 1. 4 日龄仔鱼;4,4 - 1,4 - 2. 7 日龄仔鱼;5,5 - 1,5 - 2. 9 日龄仔鱼;6. 13 日龄仔鱼;7. 16 日龄仔鱼;8. 19 日龄仔鱼;9. 25 日龄仔鱼;10. 38 日龄仔鱼

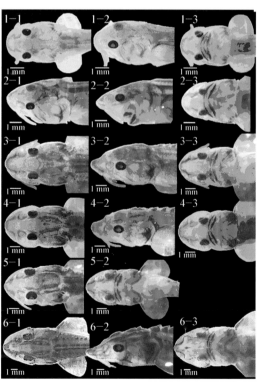

图 2.15　史氏鲟头部骨骼发育图

1. 11 日龄仔鱼;2. 13 日龄仔鱼;3. 16 日龄仔鱼;4. 19 日龄仔鱼;5. 25 日龄仔鱼;6. 38 日龄仔鱼

38 日龄仔鱼吻部出现一些吻部小骨片,额骨、顶骨骨化较宽,眶上骨、眶后骨、眶下骨相连组成外眶骨(图 2.15 - 6 - 1,6 - 2)。仔鱼吻板腹面的"凸"形软颅边缘形成的断续的骨化点已与眶下骨相连接(图 2.15 - 6 - 3)。背骨板 12~13 个、侧骨板 33~36 个、腹骨板 7~9 个,背鳍最前端的一小块骨板骨化。臀鳍和尾柄下前端均出现 一点骨化,尾柄上的第 3、第 4 节棘状鳞骨化。腹鳍、臀鳍、背鳍、尾鳍鳍条均骨化(图 2.14 - 10)。

2.5.3　仔鱼软骨发育及其硬骨化的发育特征

鲟鱼内骨骼多为软骨,内骨骼中也有局部骨化现象,也有少数膜质硬骨,染色时呈现出紫红色。中华鲟和史氏鲟仔鱼都从 1 日龄开始身体即染为浅蓝色,而此后一直至稚鱼,说明软骨细胞的分布很广,主要为头部和身体躯干部分,头部的软骨主要为脑颅和咽颅(包括颌弓、舌弓、鳃弓),身体的躯干部分则为脊柱和部分鳍骨部分(表 2.9)。

表 2.9　中华鲟和史氏鲟仔鱼内骨骼中软骨硬骨化的骨骼发育时程表

发 生	事 件	中华鲟/日龄	史氏鲟/日龄
咽颅	前颌齿和下颌齿开始骨化	4	6~7
	前颌齿和下颌齿骨化完全	10	8~9
	上颌骨、齿骨	6~7	6~7
	上颌骨及上颌骨、舌颌骨骨化	9	8~9
	前颌齿和下颌齿开始退化	25	18
	前颌齿和下颌齿退化完全	40	25
脑颅	脑颅腹面边缘"凸"形处逐渐骨化	18	25
附肢骨骼——肩带	肩带上匙骨	8	10~11
	匙骨	9	13~14
	锁骨	12	16
	间锁骨	18	19
	锁骨与间锁骨相连	20	25
附肢骨骼——鳍骨	背鳍的钙化支鳍骨	12	19
	胸鳍的钙化支鳍骨	14	19
	腹鳍的钙化支鳍骨	20	25
	臀鳍的钙化支鳍骨	20	38

2.5.3.1　口部骨化特征

中华鲟 1~4 日龄仔鱼咽颅逐渐形成,2 日龄的上颌和下颌及起支持舌和悬系颌弓功能的舌弓已分化出来,中华鲟的前颌齿和下颌齿从 4 日龄开始先出现,其附着的前颌骨和齿骨则在 6~7 日龄才开始骨化,而史氏鲟的齿和骨则基本同时在 6~7 日龄开始骨化。史氏鲟大约从 18 日龄下颌齿开始退化,之后前颌齿也开始变得不明显,25 日龄的仔鱼上下颌齿已经都消失。中华鲟 25 日龄仔鱼下颌齿开始退化,至 40 日龄时上下颌齿已经都消失。在时间上中华鲟齿出现早消失晚,比史氏鲟齿存在的时间要长,而在数量上上颌齿和下颌齿也要多于史氏鲟。这种差别可能是自然选择保留下来的特征,虽然现有资料都显示自然界中华鲟和史氏鲟的开口饵料都为浮游动物、底栖寡毛类、摇蚊幼虫等,但由于两种鲟鱼分别处于长江和黑龙江不同的水系,千百年甚至更长时间的自然选择结果造就了两种鲟鱼之间的不同。

中华鲟和史氏鲟的齿、前颌骨、齿骨、上颌骨、舌颌骨的硬骨化都出现在开口前(表2.9),因此推测仔鱼口部分骨化对仔鱼开口摄食是有一定辅助作用的,前颌骨和齿骨的硬骨化使仔鱼口唇部分有了很好的支撑,鲟鱼的下位口在摄食时会向外伸出将食物吸入,仔鱼在刚开始摄食的阶段,对这一摄食技术的掌握可能并不熟练,因此齿的发育可能起到了帮助仔鱼抓牢、固定食物的作用。

2.5.3.2 仔鱼脑颅骨化特征

脑颅主要是包围脑和感觉器官的软骨脑盒,位于前述头部外骨骼的各骨板之下,去掉这些骨板便可见整个脑颅呈锥形,可划分为若干区域,脑盒最前端为吻软骨,其后又包括嗅囊、眼囊、耳软骨囊等,由于头部基本全部着色为浅蓝色,说明软骨细胞分布于整个头部,中华鲟脑颅腹面的边缘是在吻尖部先出现两点骨化,而后沿脑颅边缘形成点状断续的硬骨化,向口部延伸,最后与下眶骨相连,至 40 日龄时清晰可见其形状呈锥形(更确切地说像松树顶形)。虽然对成鱼解剖骨骼的报道未见其脑颅边缘的骨化,但对中华鲟和史氏鲟的骨骼染色发现,确实在吻的腹面吻沟中形成了硬骨质的脑颅边缘。

2.5.3.3 仔鱼肩带骨化特征

根据对两种鲟鱼骨骼发育的观察,发现肩带骨的发育特征是由背侧的上匙骨最早开始硬骨化的,随后出现匙骨的骨化。随着上匙骨和匙骨骨化的增加,腹面的锁骨开始硬骨化,在其将近结束时,间锁骨骨化,之后锁骨与间锁骨相连。

2.5.3.4 仔鱼鳍骨化特征

鲟鱼的胸鳍、腹鳍骨骼分为三部分,分别为鳍基软骨、辐状软骨和鳍条,而背鳍和臀鳍只具有辐状软骨和鳍条,其中鳍条属于外骨骼,为硬骨,而胸鳍、腹鳍、背鳍和臀鳍都在鳍基部的最前方出现软骨硬骨化,其骨化的形成增加了仔鱼在向前游泳时鳍对水的抵抗作用,能更好地保护鳍褶。

2.5.4 外骨骼发育特征

鲟鱼外骨骼为硬骨,包括头部颅骨的一些骨片、鳃盖、骨板、鳍条,其发育的时程见表2.10。除了软骨发育中的两种鲟鱼口部分的硬骨骨化和中华鲟的上匙骨、匙骨骨化在开口前以外,硬骨的骨骼只有中华鲟的前鳃盖骨出现三角形的骨化,其他所有硬骨骨化大都出现在开口后,这也进一步说明了仔鱼开口前重要的功能器官优先分化的特性。

表 2.10 中华鲟和史氏鲟仔鱼外骨骼部分发育事件时程表

	发 生 事 件	中华鲟/日龄	史氏鲟/日龄
颅 骨	顶骨	10	13~14
	翼耳骨	10	13~14
	额骨	12	15~17
	后颞骨	10	13~14
	眶下骨	14	19

	发 生 事 件	中华鲟/日龄	史氏鲟/日龄
颅 骨	眶上骨	14	19
	眶后骨	25	25
	基吻骨骨化	20	25
	吻骨		
鳃盖骨	前鳃盖骨	8	10～11
	间鳃盖骨	14	19
	下鳃骨	20	27
骨 板	背骨板开始	10	14
	背骨板完全骨化	11	17
	侧骨板开始	18	19
	腹骨板开始骨化	20	19
鳍 条	胸鳍鳍条	18	19
	背鳍鳍条		19
	臀鳍鳍条		
	尾鳍鳍条	20	
鳞	棘状鳞	20	30～40

头顶颅骨的发育顺序依次为后颞骨、顶骨、翼耳骨、额骨,其中随着骨骼的发育翼耳骨始终保持较细的状态,而顶骨则较宽。

2.6　鲟鱼侧线系统发育

侧线系统(lateral line system)是皮肤衍生的感觉器官,为鱼类和水生两栖类所特有,有感受水流、水压、水温、微弱电场变化的功能,在鱼类的摄食、避敌、生殖、集群、洄游等方面有着较为重要的作用(Hofmann et al.,2005;宋炜,2010;朱元鼎和孟庆闻,1980)。侧线系统由机械感受器和电感受器组成,机械感受器能感受水流、水压的变化,包括表面神经丘(superficial neuromasts)和管道神经丘(canal neuromasts),都由毛细胞、支持细胞和套细胞所构成,其基本结构及胚胎起源与内耳同源,因此又把这两器官合称为听觉侧线系统(acoustico-lateralis system),神经丘主要是水流感受器,趋流性定向辅助器(Montgomery et al.,1995)。电感受器能检测周边微弱电场的变化,包括壶腹型(ampullary organs)电感受器和结节状(tuberous organs)电感受器,仅存在于软骨鱼类、少数硬骨鱼类及部分两栖动物的水生阶段,主要功能是能检测周边微弱电流。不同于机械感受器,电感受器在硬骨鱼类中经历了二次进化,如部分辐鳍亚纲鱼类(多鳍鱼和鲟形目等)存在与软骨鱼类相似的壶腹型电感受器,而新鳍亚纲中的雀鳝目、弓鳍鱼目电感受器缺失,仅有机械感受器;在部分现代真骨鱼(骨舌鱼类和个别鲇形目鱼类等)中又出现了新型的壶腹型和结节状电感受器,电感受器的这个进化历程,尚未能完全理解(Gibbs,2004)。

鲟形目是软骨硬鳞下纲中现存的唯一一目,素有"活化石"之称。其侧线系统不仅包括机械感受器,而且还含有与软骨鱼类相似的壶腹型电感受器,在电感受器进化中占据着极为重要的地位(Gibbs and Northcutt，2004；Hofmann et al.，2002)。国内外学者对鲟鱼类侧线系统结构、壶腹器官结构、侧线神经中枢投射等进行了较为细致的研究(Camacho et al.，2007；New and Northcutt，1984；宋炜，2010；宋炜和宋佳坤，2012b)，相关研究为探讨电感受器的起源与进化、侧线功能与环境及习性的适应等提供了参考依据。

　　以西伯利亚鲟为研究对象，对西伯利亚鲟侧线感受器的结构及侧线外周神经分布进行了研究，同时对西伯利亚鲟仔鱼侧线系统发育进行了观察。西伯利亚鲟侧线系统早期发育过程主要包括侧线基板发育及感觉脊的形成、侧线感受器的发育及侧线管道的形成。

2.6.1　侧线系统结构

　　采用 Song 和 Northcutt(1991)的方法对西伯利亚鲟表皮中侧线的形态学与组织学进行了观察。研究结果表明，西伯利亚侧线器官有神经丘和壶腹器官两类，神经丘包括管道神经丘和陷器。这三类感受器都由三种细胞组成：周围的套细胞、底部的支持细胞及中央的毛细胞或壶腹感觉细胞(图 2.16)。毛细胞或壶腹感觉细胞极易与其他细胞区分，因为它们染色较深，而且位于感受器中间表面(图 2.17，图 2.18 - D、E、F，图 2.19 - A)。

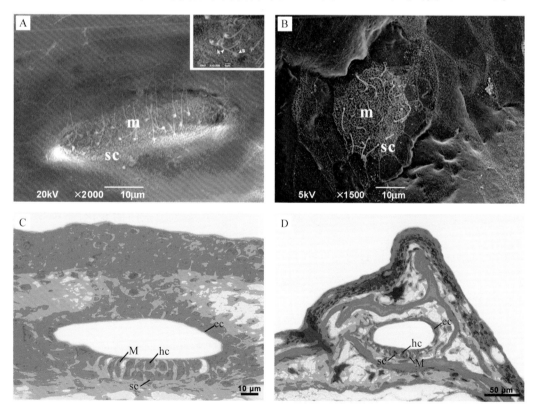

图 2.16　西伯利亚鲟管道神经丘和表面神经丘的显微结构
　　A. 眶下管吻部腹面延伸段管道神经丘扫描电镜图，内插图可见毛细胞的游离面有一根动纤毛和数根静纤毛；
B. 前陷器线表面神经丘扫描电镜图；C. 颊管道神经丘纵切图；D. 躯干侧线管道神经丘纵切图
　　m. 神经丘感觉极性区域；M. 套细胞；sc. 支持细胞；hc. 毛细胞；ec. 上皮细胞

2.6.1.1　神经丘

管道神经丘和陷器都比壶腹器官要大,这两种神经丘都呈椭圆形,中间由毛细胞形成感觉极性区域(图2.16-A、B)。神经丘的感觉极性区域呈长条形,与神经丘的长轴平行。支持细胞位于神经丘的基部,组成器官的大部分,其细胞质延伸至神经丘的顶端,毛细胞就散布在支持细胞的延伸之中(图2.16)。套细胞呈长梭形,形成神经丘的外侧缘,通常细长。支持细胞和套细胞形成神经丘的非感觉外围区域。这两种神经丘毛细胞的游离面均有一根动纤毛和数根静纤毛,动纤毛较粗且长,总是位于细胞的一侧;静纤毛数多而细短,位于另一侧且排列成排,使细胞具有极性(图2.16-A、B)。管道神经丘中毛细胞的数量约为22,而陷器的毛细胞的数量约为14。未见神经丘顶部表面胶质覆盖物的存在。

西伯利亚鲟侧线管道包括头部侧线管和躯干侧线管两部分。侧线管道由上向下,由前向后,侧线管直径逐渐变小,头部侧线管直径为50～85 μm,躯干侧线管直径约为46 μm。头部侧线管主要分成眶上管、眶下管、听侧线管、颞管、横枕管等5支,前鳃盖下颌管缺失。眶上管位于眼部背面,管道向前延伸至鼻前吻端;眶下管位于眼部后面并延伸到吻部腹面,眶上管和眶下管在眼后汇合;听侧线管和颞管连接成一条线,听侧线管前端与眶上管和眶下管的交汇处相连,颞管后端与横枕管、躯干侧线管相连,横枕管在翼耳骨和后颞骨间向背上侧延伸将头部两侧管道连接在一起;在头部侧线管中,只有眶下管吻部腹面延伸段管道有与外界相连的小孔,而其他管道均埋入膜骨中,通过眶上管鼻端开口与外界相通(图2.17-A,B,C)。躯干侧线管为单一管道,呈弧形,与背缘平行,埋于骨板中,通过骨板中的穿孔与外界相通(图2.17-D)。

陷器数量较少,仅在头部听侧线管背侧有4个陷器分布,前、后各2个陷器组成一条线,分别为中间陷器线(pit line)和后陷器线(图2.17-A),这两组陷器线由不同的侧线神经支配。

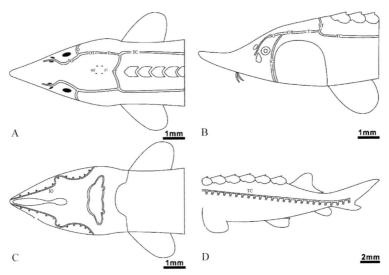

图2.17　西伯利亚鲟侧线管道及陷器分布示意图

A. 头部背面观;B. 头部侧面观;C. 头部腹面观;D. 躯干侧线面观
SO. 眶上管;IO. 眶下管;OT. 听侧线管;T. 颞管;TC. 躯干侧线管;ST. 横枕管;ml. 中间陷器线;pl. 后陷器线

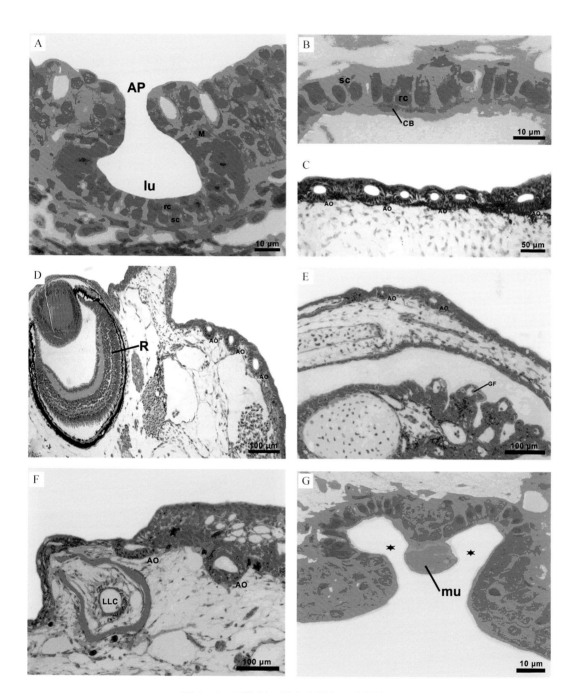

图 2.18　西伯利亚鲟壶腹器官显微结构图

A. 壶腹器官纵切图；B. 壶腹器官感觉上皮纵切图；C. 4 个成熟的壶腹器官线状排列；D. 眼眶周围有少量壶腹器官分布；E. 鳃盖处有少量壶腹器官分布；F. 壶腹器官常分布在神经丘的两侧；G. 2 个壶腹器官（星号标识）共同通过一个短管与外界相连

AP. 壶腹器官表皮开口；lu. 壶腹腔；AO. 壶腹器官；CB. 细胞质带；LLC. 侧线管道；R. 视网膜；GF. 鳃丝；M. 套细胞；sc. 支持细胞；rc. 感觉细胞；mu. 黏液

2.6.1.2　壶腹器官

壶腹器官在表皮开口,直径为26～37 μm。壶腹器官开口下方呈短管状,管壁规则,管壁上部由上皮细胞围成(图2.19 - B),管深约65 μm,管道基部呈膨大的囊状(图2.18 - A),管内充满透明的黏液(图2.18 - G,图2.19 - A)。延长的套细胞与神经丘相似,环绕在器官的外围(图2.18 - A)。管道基部由两种细胞组成:感觉细胞和支持细胞。感觉细胞呈梨形,围腔排列紧密,椭圆形的细胞核染色较深,位于细胞中央(图2.18 - A)。支持细胞位于底部基膜之上,细胞核染色较浅,支持细胞和感觉细胞都有细胞质通向腔内(图2.18 - A、B)。在扫描电镜下,可见壶腹器官底部有大量微绒毛存在(图2.19 - B)。

壶腹器官主要分布在吻部腹面,在吻前端、眼眶周围、听侧线管背侧、横枕管前端及鳃盖处有零星分布(图2.18 - D,E,图2.19 - A),躯干没有壶腹器官分布。除鳃盖壶腹器官外,大多数壶腹器官都分布在神经丘两侧(图2.18 - F)。壶腹器官常2～7个形成一簇,呈"梅花样"聚集在一起,并且该部分皮肤表面凹陷,形成"花朵状"凹穴(图2.19 - C、D);吻部腹面两侧常有壶腹器官线状排列(图2.18 - C);而吻部腹面中央壶腹器官分布非常密集,簇间距离小,肉眼不易观察到。从器官的纵切片观察,发现有少数壶腹器官共同通

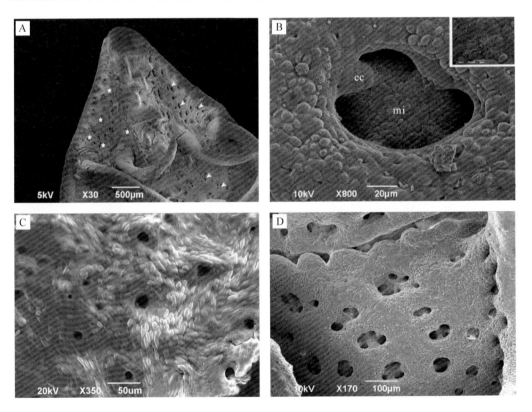

图2.19　西伯利亚鲟壶腹器官扫描电镜图

A. 头部腹面扫描电镜图,箭头,壶腹器官;星号,壶腹管内充满大量的黏液物质;B. 壶腹底部存在大量的微绒毛,内插图为微绒毛分布放大图;C. 成熟的壶腹器官在表皮单个开口;D. 成熟的壶腹器官常2～7个形成一簇
ec. 上皮细胞;mi. 微绒毛

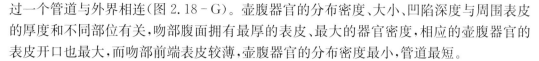

过一个管道与外界相连(图 2.18 - G)。壶腹器官的分布密度、大小、凹陷深度与周围表皮的厚度和不同部位有关,吻部腹面拥有最厚的表皮、最大的器官密度,相应的壶腹器官的表皮开口也最大,而吻部前端表皮较薄,壶腹器官的分布密度最小,管道最短。

2.6.1.3 侧线感受器的结构与功能

1. 鲟鱼侧线系统结构特点

西伯利亚鲟侧线系统由三种感受器组成:管道神经丘、陷器和壶腹器官。管道神经丘和陷器为机械感受器,而壶腹器官为电感受器。它们都由毛细胞或壶腹感觉细胞、支持细胞和套细胞组成,这些细胞在不同的感受器中大小和结构略有差异(表 2.11)。

表 2.11 西伯利亚鲟三种侧线感受器的比较

管道神经丘	陷 器	壶 腹 器 官
按路线排于全身	仅在头部听侧线管背侧有 4 个神经丘	分布于头部
位于膜骨包围的管道内,顶部略有凹陷	陷在表皮中,周边由上皮细胞围成	呈瓶颈状,由一管道与外界相连,管壁上部由表皮细胞围成
约 22 个毛细胞散布在支持细胞的延伸之中	约 14 个毛细胞散布在支持细胞的延伸之中	14~20 个梨形感觉细胞围腔排列紧密,距支持细胞较近,其细胞核染色较深
每一毛细胞具一根长的动纤毛和数根静纤毛伸向顶部	同管道神经丘	具有伸向腔面的微绒毛突起
套细胞较多	同管道神经丘	套细胞较少

不同的动物由于它们的体形、生活习性及摄食行为的不同,它们的侧线结构会有差异(Gibbs,2004),其中神经丘结构表现的差异性,能反映侧线系统进化过程中的变化(Song and Northcutt,1991)。西伯利亚鲟头部背面,分布着由 4 个陷器组成的中间陷器线和后陷器线,陷器呈椭圆形,周边由表皮细胞围成,在形态结构和分布位置上与全骨鱼类中的中间陷器线和后陷器线相似(Song and Northcutt,1991),而且这与软骨硬鳞鱼类仅有少量表面神经丘的结论相吻合(Gibbs and Northcutt,2004)。西伯利亚鲟侧线管道与大多数硬骨鱼类相比,管道结构基本相同,不同的是前鳃盖下颌管缺失。在西伯利亚鲟侧线管道中,仅有眶下管的吻部腹面延伸段和躯干侧线管有小孔与外界相通,其他管道都埋入膜骨中;管道神经丘和陷器都具有极性的毛细胞,毛细胞形成神经丘的极性区,这与其他硬骨鱼类结构类似(Song and Northcutt,1991)。

与软骨鱼类相似,壶腹器官仅在西伯利亚鲟头部有分布,且分布在神经丘两侧,只有鳃盖处的壶腹器官是个例外,这是因为西伯利亚鲟前鳃盖下颌管缺失。与鲟形目其他种类一样,西伯利亚鲟壶腹管道较一般软骨鱼类短,这可能是因为淡水导电率较海水低,鲟鱼类对淡水或洄游生活习性的一种适应(Webb,1989)。生活于淡水中的河魟,也发现存在这种现象,其罗伦氏囊管道短,与鲟鱼类相似(梁旭方,1996)。

2. 鲟鱼侧线系统功能

鱼类侧线感受器的存在及其发达程度是与其生活习性相适应的(Webb,1989)。鱼

类的表面神经丘主要功能是能检测水流的速度,且游泳速度慢的鱼表面神经丘的数量要比游泳速度快的鱼少,西伯利亚鲟属底栖鱼类,口下位,游动缓慢,仅在头部背面有 4 个表面神经丘分布。西伯利亚鲟头部背面管道均埋入膜骨中,没有小孔与外界相连;这种无孔管道的结构不但在软骨鱼类中存在,而且有研究表明软骨鱼类中无孔管道神经丘能检测水流速度的变化(Wueringer and Tibbetts,2008)。

西伯利亚鲟壶腹器官主要集中在吻部腹面,而且数量由两侧向中间逐渐增多,这可能与其摄食方式密切相关。西伯利亚鲟营底栖生活,是以动物性食物为主的杂食性鱼类,主要食物为一些底栖鱼类(Ruban,1997),集中在吻部腹面的大量壶腹器官可帮助西伯利亚鲟感知底部食物。

软骨鱼类中壶腹器官内的黏液具有阻止异物和病源侵入、保持体内渗透压、增强导电性的功能(Camacho et al.,2007)。西伯利亚鲟壶腹内也存在大量的黏液,这些黏液除具有上述作用外,由于西伯利亚鲟大多数壶腹器官位于吻部腹面,口下位,常在河底泥沙中穿行摄食,极易损伤吻部腹面皮肤;壶腹内的黏液可覆盖到表皮,从而对吻部腹面的壶腹器官及表皮起到极其重要的保护作用。因此,西伯利亚鲟壶腹内的黏液是与其生活习性相适应的。

2.6.2　侧线外周神经分布

采用 Song 和 Parenti(1995)中所述的苏丹黑神经染色法对西伯利亚鲟侧线外周神经分布进行了研究。根据对外周神经染色观察及其脑中枢神经系统解剖观察(图 2.20,图 2.21),绘制了西伯利亚鲟侧线系统外周神经分布图(图 2.22),侧线系统受两条独立的侧线神经支配,分别为前侧线神经和后侧线神经;壶腹器官只由一条传入神经纤维支配(图 2.23),而管道神经丘及陷器都由两条传入神经纤维和一条细的传出神经纤维支配。

2.6.2.1　前侧线神经

前侧线神经由浅眼支、口部支、听侧线支、前腹侧支等 4 分支组成(图 2.22)。浅眼支主要支配眶上背、腹面的壶腹及眶上管;眶下管及其两侧的壶腹器官受口部支的支配;听侧线支主要支配听侧线管、听侧线管背部及横枕管前端的壶腹器官。前腹侧支主要支配鳃盖处的壶腹器官。经苏丹黑神经染色后可见,支配壶腹器官的神经纤维的数量明显少于壶腹器官的数量(图 2.23)。

2.6.2.2　后侧线神经

后侧线神经包括中间支、横枕支及躯干支(图 2.22)。中间支分成侧面和背面两分支,侧面分支主要支配颞管,而背面分支支配中间陷器线。横枕支分成若干分支,支配横枕管及后陷器线。躯干支延伸至尾部,主要支配躯干部侧线管。

2.6.2.3　侧线外周神经的发育

侧线感受器及其支配的神经纤维由侧线基板发育而来,对密西西比铲鲟的侧线系统发育的研究表明,胚胎早期发育阶段听囊前后增厚区出现 6 对侧线基板,听囊前分布三对(前背侧基板、前腹侧基板和听侧线基板),听囊后分布三对(中间基板、横枕基板和后侧线基板)(Gibbs and Northcutt,2004)。基于密西西比铲鲟的侧线发育模式,并且参考两栖

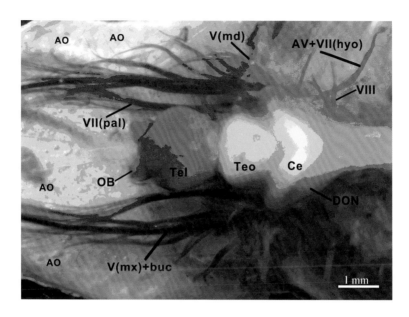

图 2.20　西伯利亚鲟外周神经苏丹黑染色图(背面观)

AO. 壶腹器官;AV. 前侧线神经前腹侧支;OB. 嗅球;Tel. 端脑;Teo. 中脑盖;Ce. 小脑;DON. 背部听侧核;VII(hyo). 面神经舌颌支;V(md). 三叉神经下颌支;V(mx). 三叉神经上颌支;VII(pal). 面神经腭骨支;VII(hyo). 面神经舌颌支;VIII. 听神经;buc. 前侧线神经口部支

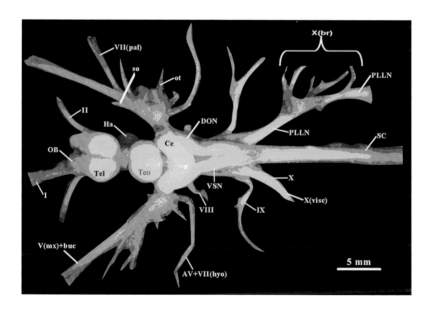

图 2.21　西伯利亚鲟中枢神经系统解剖结构图(背面观)

AO. 壶腹器官;OB. 嗅球;Tel. 端脑;Teo. 中脑盖;Ce. 小脑;DON. 背部听侧核;VSN. 内脏感觉核;SC. 脊髓
I. 嗅神经;II. 视神经;IIa. 视盖前区;VII(hyo). 面神经舌颌支;V(mx). 三叉神经上颌支;VII(pal). 面神经腭骨支;VIII. 听神经;buc. 前侧线神经口部支;so. 前侧线神经浅眼支;ot. 前侧线神经听侧线支;AV. 前侧线神经前腹侧支;PLLN. 后侧线神经;X. 迷走神经;X(br). 迷走神经鳃部支;X(visc). 迷走神经内脏支;IX. 舌咽神经

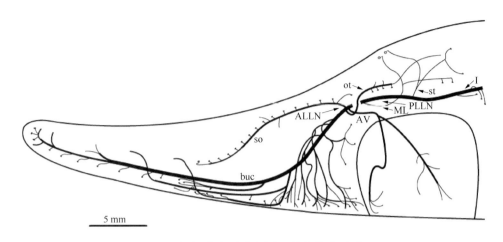

图 2.22　西伯利亚鲟侧线外周神经分布模式图（侧面观）

实心圆点. 管道神经丘；空心圆点. 陷器

ALLN. 前侧线神经；PLLN. 后侧线神经；AV. 前侧线神经前腹侧支；ML. 后侧线神经的中间支；so. 前侧线
神经浅眼支；buc. 前侧线神经口部支；ot. 前侧线神经听侧线支；st. 后侧线神经横枕支；I. 嗅神经

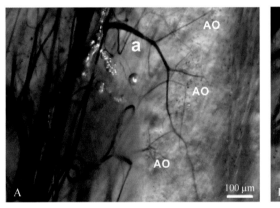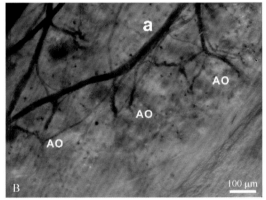

图 2.23　西伯利亚鲟支配壶腹器官的外周神经结构图

壶腹器官只有一条传入神经纤维支配；支配壶腹器官的神经纤维的数量明显少于壶腹器官的数量

a. 壶腹器官传入神经；AO. 壶腹器官

类蝾螈及其他鱼类的侧线神经外周分布（Northcutt et al.，1994；Song and Northcutt，1991），西伯利亚鲟的前侧线神经和后侧线神经可能是在侧线发育过程由 5～6 条侧线神经融合形成的；另外西伯利亚鲟和其他的鱼类及有尾两栖类一样，壶腹器官只由一条传入神经纤维支配，神经丘由两条传入神经纤维和一条细的传出神经纤维支配（Northcutt et al.，2000）。

　　在密西西比铲鲟侧线系统发育过程中，侧线基板延长形成感觉脊结构，神经丘在感觉脊的中央形成，而壶腹器官在感觉脊的两侧形成（Gibbs and Northcutt，2004）。西伯利亚鲟壶腹器官主要分布在神经丘两侧这一特点与密西西比铲鲟壶腹器官发育形成的特点相似。神经丘和壶腹器官一般受同一侧线基板产生的侧线神经支配（Northcutt et al.，1994；Northcutt et al.，2000）。西伯利亚鲟横枕管前端壶腹器官受听侧线神经支配，而不是横枕侧线神经。

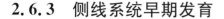

2.6.3　侧线系统早期发育

2.6.3.1　侧线基板发育及感觉脊的形成

1 日龄,刚出膜的仔鱼头部较小,弯向卵黄囊;嗅囊呈椭圆形,触须原基和鳃原基形成,听囊凹陷呈窝状(图 2.24 - A)。在听囊前后外胚层增厚区域已出现 6 对侧线基板,听囊前有三对分布,分别为前背侧基板、前腹侧基板、听侧线基板;听囊后的三对分别为中间基板、横枕基板、后侧线基板(图 2.24 - B);侧线基板成神经细胞已形成(图 2.25 - A,B);前背侧基板、前腹侧基板、听侧线基板、中间基板、横枕基板开始延长形成过渡性结构——感觉脊,神经丘原基在所有的感觉脊上形成,并且在听侧线基板感觉脊中央区域已有 3 个神经丘出现(图 2.25 - C);后侧线基板没有形成感觉脊结构,而是开始向躯干部迁移,在躯干部特定的位置遗留下部分细胞,这群细胞最终能发育成神经丘(图 2.25 - D)。

5 日龄,仔鱼头部抬起并伸长,嗅囊中间内侧靠拢,呈"哑铃状",鳃丝外露,触须增长,呈圆柱状(图 2.24 - C)。前背侧基板感觉脊分别向眶上和眶下延伸,形成眶上感觉脊和眶下感觉脊;眶上感觉脊出现 4 个神经丘,眶下感觉脊出现 1 个神经丘;前腹侧基板感觉脊向背部略有延长,听侧线基板感觉脊和中间基板感觉脊在同一直线上,听侧线基板出现 4 个神经丘,中间基板出现 1 个神经丘;横枕基板感觉脊向背部的中线迁移,出现 1 个神经丘;后侧线基板已迁移至胸鳍后端,并有 5 个神经丘形成;此外,在中间陷器线和后陷器线的位置有 1 个神经丘出现;壶腹器官原基在前背侧基板中形成(图 2.24 - C、D)。

9 日龄,仔鱼头部扁平,鼻孔中间缝合,形成前后两鼻孔,口呈水平位(图 2.24 - E),此时仔鱼开始营底栖生活,营养从内源向外源转换,仔鱼各器官快速发育。眶上感觉脊和眶下感觉脊的后端连接处已与听侧线基板感觉脊相连接;中间基板感觉脊向前后轴伸长,前端与听侧线基板感觉脊融合,后端与横枕基板感觉脊、后侧线基板融合,此时侧线管道开始形成;神经丘在所有感觉脊中央出现,其中眶上管 10 个,眶下管 17 个,听管 4 个,颞管 2 个,横枕管 3 个,后侧线基板已迁移至尾部;壶腹器官在前背侧基板、前腹侧基板、听侧线基板、横枕基板中出现,并且在前背侧基板中有少数壶腹器官发育完全(图 2.24 - E、F)。

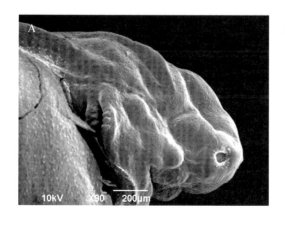

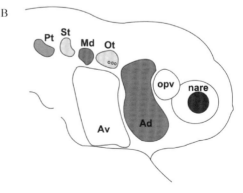

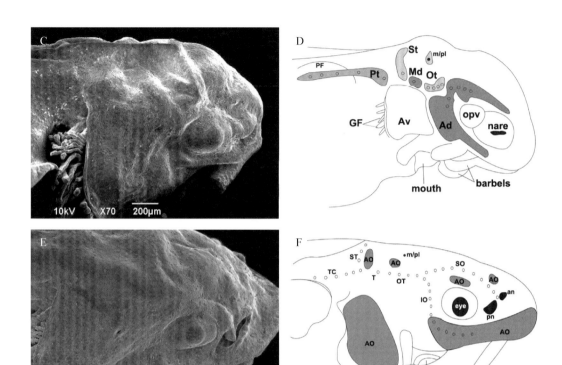

图 2.24　西伯利亚鲟头部扫描电镜图(A，C，E)及相关侧线发育模式(B，D，F)

A,B. 1 日龄仔鱼头部侧面；C,D. 5 日龄仔鱼头部侧面；E,F. 9 日龄仔鱼头部侧面

Ad. 前背侧基板；Av. 前腹侧基板；ot. 听侧线基板；M. 中间基板；st. 横枕基板；P. 后侧线基板；opv. 视泡；m/pl. 中间或后陷器线；barbels. 触须；mouth. 口；PF. 胸鳍；GF. 鳃丝；SO. 眶上管；IO. 眶下管；OT. 听侧管；T. 颞管；ST. 横枕管；an. 前鼻孔；pn. 后鼻孔；AO. 壶腹器官(深灰色阴影部位)

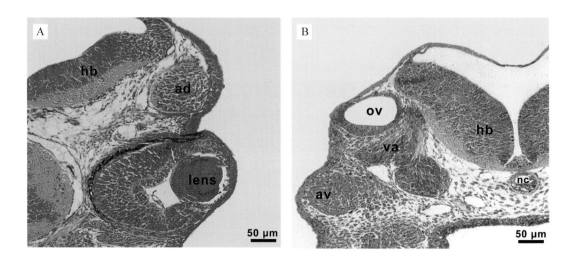

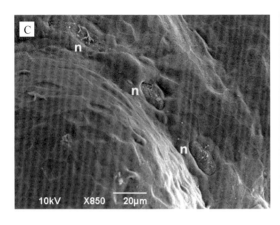
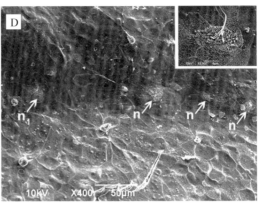

图 2.25　西伯利亚鲟头部横切及相关侧线发育模式图

A，B. 1 日龄西伯利亚鲟头部横切图；C. 1 日龄听侧线神经丘扫描电镜图；D. 5 日龄后侧线基板向躯干部迁移，在躯干部特定位置遗留下部分细胞，发育成神经丘，内插图为神经丘（n_1）放大图

ad. 前背侧基板神经节；av. 前腹侧基板神经节；lens. 晶状体；hb. 后脑；va. 听神经中枢；nc. 脊索；ov. 听囊；n. 神经丘

2.6.3.2　侧线系统感受器的发育

1. 神经丘的发育

扫描电镜下，0 日龄，神经丘在听侧线基板感觉脊中出现，呈椭圆形，外层为套细胞，形成椭圆形带，中央可见 2～3 束感觉毛细胞的纤毛延伸突出于神经丘表面（图 2.26 - A）。5 日龄，神经丘呈椭圆形凹陷，凹陷周围由套细胞的延伸组成，感觉毛细胞的纤毛束数量增多，并且延长突向表面，因黏液的分泌使纤毛黏成多束（图 2.26 - B）。29 日龄，神经丘表面胶质覆盖物形成，毛细胞和支持细胞继续生长，毛细胞和支持细胞的数量也不断增加。49 日龄，神经丘呈长椭圆形，长径约 47 μm，短径约 20 μm；神经丘中央形成由约 22 个毛细胞组成的感觉极性区域，每一个毛细胞均有一根动纤毛和数根静纤毛，动纤毛总是位于细胞的一侧，静纤毛群则位于另一侧且排列成排，使得细胞具有极性；其周围由大量的支持细胞和套细胞组成（图 2.26 - C）。此时，部分神经丘正被管道覆盖（图 2.26 - D）。52 日龄，神经丘已完全被骨化的管道所包埋，并且在侧线管内有规律地按一定距离分布。

2. 壶腹器官的发育

7 日龄，感觉上皮开始下陷，含少量感觉细胞和支持细胞，形状不规则，染色较浅（图 2.27 - A）。9 日龄，感觉上皮下陷明显，感觉细胞和支持细胞数量增加，感觉细胞核染色较深（图 2.27 - B）。29 日龄，壶腹器官在表皮开口的宽度及下陷的深度明显增加，感觉细胞和支持细胞数量继续增加。在吻部腹面两侧可见少数个别的壶腹器官表皮细胞，覆盖壶腹器官中央区域留下 3～4 个小的开口（图 2.28）。36 日龄，感觉上皮继续下陷，感觉细胞数量较支持细胞多，排列紧密（图 2.27 - C）。57 日龄，大部分壶腹器官发育成熟，呈长颈瓶状，瓶结构内部充满黏液，瓶口开口于皮肤表皮，与外环境相接触，瓶的底部埋在真皮层内，感觉细胞和支持细胞位于瓶底内部，感觉细胞呈卵圆形，围腔排列，球形的细胞核染色较深，支持细胞位于底部基膜之上，细胞质延伸通向腔内，将感觉细胞隔开（图 2.27 -

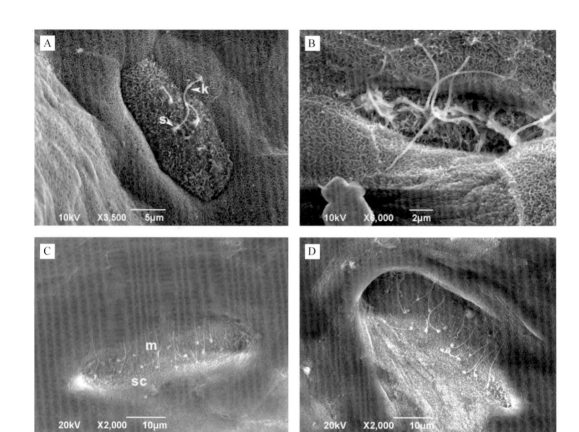

图 2.26　西伯利亚鲟头部神经丘发育图
A. 0 日龄管道神经；B. 5 日龄管道神经；C，D. 49 日龄管道神经
k. 动纤毛；s. 静纤毛；m. 神经丘感觉极性区域；sc. 支持细胞

D)；大部分壶腹器官分布在神经丘两侧(图 2.27 - E)，也有单侧分布，如它们只单侧存在于听侧线管背部；鳃盖处壶腹器官除外，鳃盖处未发现神经丘的存在。

　　扫描电镜下，7 日龄，壶腹器官原基已在前背侧基板、前腹侧基板、听侧线基板、横枕基板中形成(图 2.29 - A)。9 日龄，壶腹器官主要分布在吻部腹面两侧(图 2.29 - B)，并且出现单个发育完善的壶腹器官，吻部两侧及背面、鳃盖等处陆续有壶腹器官原基形成。15 日龄，吻部腹面中央壶腹器官表皮开口增多(图 2.29 - C)，从开口处可见管内有大量的黏液物质存在；有少量壶腹器官在吻部两侧及背面、鳃盖等处出现。29 日龄，壶腹器官布满整个吻部腹面(图 2.29 - D)，从壶腹器官表皮开口可见管底有大量微绒毛分布(图 2.29 - E)。36 日龄，吻部腹面开始出现多个壶腹器官聚集成簇，初具"梅花状"。57 日龄，吻部腹面可见 3～4 个壶腹器官聚集在一起，呈"梅花状"，分布紧密，并且该部分皮肤表面凹陷，形成"花朵状"凹穴(图 2.29 - F)。

2.6.3.3　侧线管道的形成

　　头部侧线管道的形成。9 日龄，管道神经丘全部出现在皮肤表面，神经丘下的表皮略有凹陷，侧线管道开始形成(图 2.30 - A)。15 日龄，管道上皮继续下陷，呈沟状，形成开放式管道(图 2.30 - B)。36 日龄，管道下陷明显，周围有软骨组织生成(图 2.30 - C)。49 日

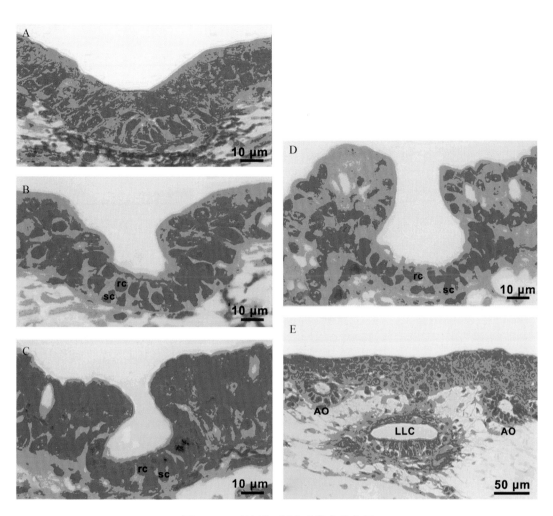

图 2.27　西伯利亚鲟壶腹器官发育图

A. 7 日龄壶腹器官；B. 9 日龄壶腹器官；C. 36 日龄壶腹器官；D. 57 日龄壶腹器官；E. 57 日龄,可见大多数壶腹器官常分布在神经丘两侧

rc. 感觉细胞；sc. 支持细胞；AO. 壶腹器官；LLC. 侧线管道

龄,管道底部变宽,神经丘位于底部中间,管道上方开始闭合(图 2.30 - D)。52 日龄,侧线管道完全封闭,并被软骨包围,近圆形,周围有少量黑色色素分布(图 2.30 - E)。眶上管、听管、颞管、横枕管的形成较眶下管略早些。随着仔鱼的生长,侧线管道直径不断增大。

躯干侧线管道与头部管道发育相似(图 2.31),躯干侧线管道直径比头部要小。57 日龄,侧骨板发育完全,躯干侧线管道已完全埋于侧骨板中,并且被软骨包围(图 2.31 - E),在每一骨板鳞片上都有一小孔与外界相连。

2.6.3.4　侧线系统发育特征

从胚胎发育的观点看,神经系统的组成成分主要来源于神经胚的两部分：神经嵴(neural crest)和外胚层板(ectodermal placode)；神经嵴起源于神经管最靠背部的区域,能迁移至身体不同部位,产生各种类型分化细胞,主要包括感觉交感和副交感神经系统的神

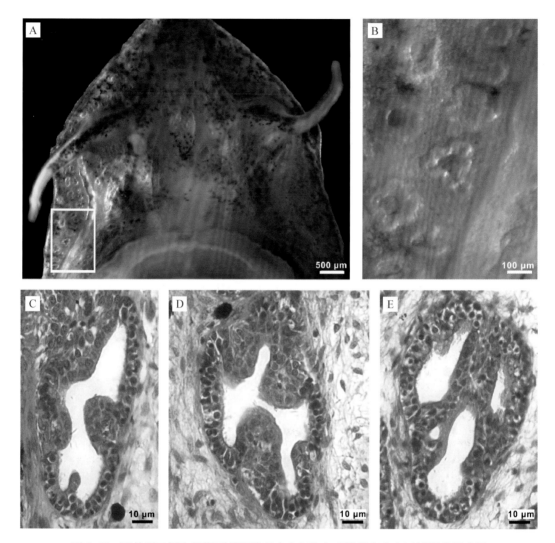

图 2.28　西伯利亚鲟吻部腹面壶腹器官表皮细胞向壶腹器官中央区域覆盖示意图

A. 29 日龄头部腹面；B. A 中白色方框放大图；C, D, E. 29 日龄，壶腹器官横切图

经元、胶质细胞，肾上腺的髓质细胞，表皮中的黑色素细胞，以及头部的骨骼和结缔组织成分；外胚层板是由胚胎头部特定区域的外胚层增厚单独形成的，能发育形成各种感觉细胞及其神经节，主要包括嗅基板、听基板、三叉基板、深基板及侧线基板等。Northcutt 等（1995）运用组织嫁接和组织切除等实验手段，证实美西钝口螈（*Ambystoma mexicanum*）侧线系统由侧线基板发育而来；侧线基板分布在听囊前后外胚层增厚区域；神经丘在侧线基板的中央区域形成，壶腹器官在侧线基板的两侧区域形成。O'Neill 等（2007）从分子生物学方面证明在小点猫鲨（*Scyliorhinus canicula*）中转录辅助因子 *Eya4* 能在侧线系统发育的整个过程中表达，包括在所有的侧线基板中和感觉脊阶段；而壶腹器官是在感觉脊阶段形成，证明了鲨鱼的电感受器起源于侧线基板；并且发现转录因子 *Tbx3* 是鲨鱼侧线神经系统的特定标记（O'Neill *et al.*，2007）。对西伯利亚鲟的研究表明（宋炜和宋佳坤，2012b），西伯利亚鲟仔鱼听囊前后外胚层增厚区域存在 6 对侧线基板，除后侧线基板细胞

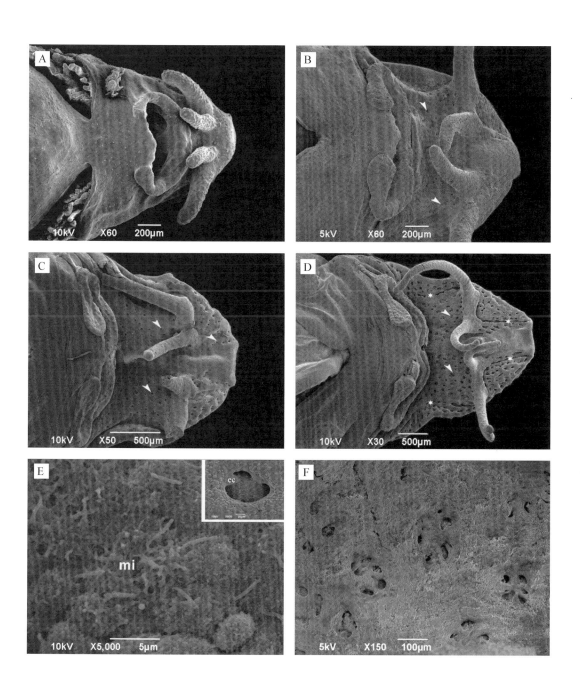

图 2.29　西伯利亚鲟头部腹面壶腹器官发育图

A. 7 日龄头部腹面；B. 9 日龄头部腹面，箭头，壶腹器官；C. 15 日龄头部腹面，箭头，壶腹器官；D. 29 日龄头部腹面，箭头，壶腹器官；星号，侧线管；E. 29 日龄壶腹底部存在大量的微绒毛，内插图为壶腹开口低倍放大图；F. 57 日龄，吻部腹面可见 3~4 个壶腹器官聚集在一起

ec. 上皮细胞　mi. 微绒毛

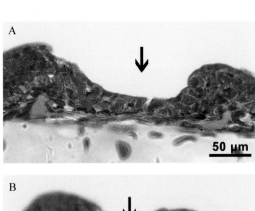

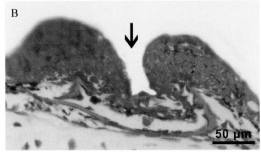

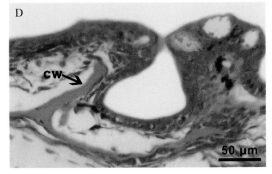

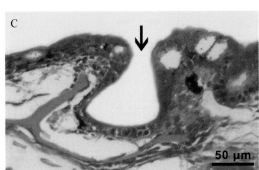

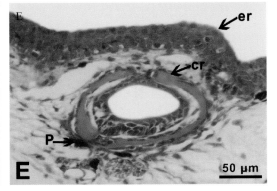

图 2.30　西伯利亚鲟头部管道发育图

A. 9 日龄管道纵切；B. 15 日龄管道纵切；C. 36 日龄管道纵切；D. 49 日龄管道纵切；E. 52 日龄管道纵切
cw. 骨化的管道壁；er. 上皮细胞顶；cr. 固化的管道顶部；P. 色素

向躯干迁移外,其他侧线基板都形成过渡性存在的感觉脊结构;神经丘在感觉脊的中央区域形成,壶腹器官在感觉脊的两侧形成;壶腹器官的发育比神经丘晚一周左右,这与蝾螈侧线发育模式相似(Northcutt et al.,1995)。目前也有学者通过研究认为神经嵴细胞也参与侧线系统的发育,例如,Collazo 等(1994)运用胚胎预定命运图绘制技术,研究表明斑马鱼(Danio rerio)、五彩搏鱼(Betta splendens)、爪蟾(Xenopus laevis)侧线系统具有双重起源,既起源于外胚层板,又起源于神经嵴,但是由于在神经胚期神经嵴细胞和外胚层板细胞混合在一起,通过向胚胎注射 DiI 难以区分细胞的种类。基于电感受器中基因Sox8 和 HNK1 抗体的交叉反应,Freitas 等(2006)认为鲨鱼的电感受器起源于神经嵴细胞,但是该实验所用都不是神经嵴细胞特定的标记物。对西伯利亚鲟侧线系统的组织学和扫描电镜观察,为西伯利亚鲟侧线发育的研究提供形态学方面证据。为进一步认识侧线发育过程,需要运用分子生物学和细胞生物学等手段,对侧线发育相关功能基因表达及

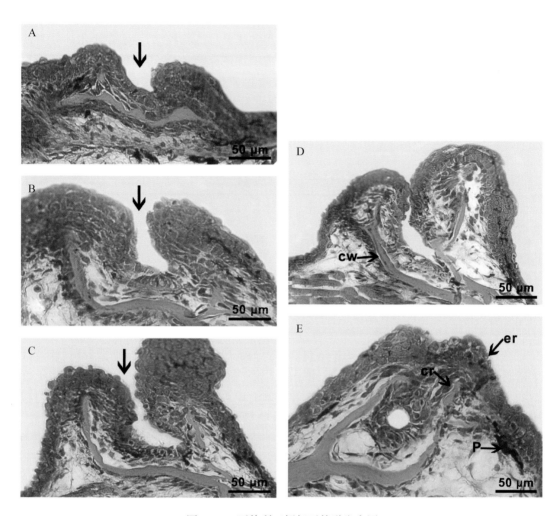

图 2.31　西伯利亚鲟躯干管道发育图

A. 9 日龄管道纵切；B. 15 日龄管道纵切；C. 36 日龄管道纵切；D. 49 日龄管道纵切；E. 57 日龄管道纵切
cw. 骨化的管道壁；er. 上皮细胞顶；cr. 固化的管道顶部；P. 色素

细胞迁移等进行研究。

　　前腹侧基板一般能发育形成前鳃盖下颌管。密西西比铲鲟的前腹侧基板虽没有形成管道结构，但在鳃盖处出现 5 个神经丘(Gibbs and Northcutt，2004)；在西伯利亚鲟中前腹侧基板仅发现有少量的壶腹器官，没有神经丘的结构出现。壶腹器官一般在神经丘的两侧都有分布(Northcutt *et al.*，1994)，在西伯利亚鲟及其他鲟科鱼类中，听侧线管的腹侧没有壶腹器官分布，仅在其背侧有壶腹器官分布(Gibbs and Northcutt，2004)。这些发育特点差异性可能与个体及其生存环境适应性有关，也可能是侧线系统进化的表现。

　　29 日龄西伯利亚鲟仔鱼，在吻部腹面两侧可见少数的壶腹器官表皮细胞，覆盖壶腹器官中央区域留下 3~4 个小的开口。壶腹器官这种特殊的迁移尚未在国内外相关研究文献被报道。壶腹管内可见大量的微绒毛存在，在其他鲟形目鱼类、多鳍鱼、软骨鱼类中也存在类似的结构(Camacho *et al.*，2007)。

2.6.3.5　在养殖中的应用

在鲟鱼仔鱼的培育阶段,必要时仍需要使用加热装置进行控温,一般在小水体中常使用加热棒控温,加热棒一般分为金属加热棒和玻璃加热棒两种,由于鲟鱼类壶腹器官能检测水环境下周边微弱电流,对金属极为敏感,产生逃避行为(Gurgens et al.,2000)。西伯利亚鲟仔鱼在 9 日龄初次摄食阶段已有壶腹器官发育成熟,用金属加热棒可能会使西伯利亚鲟出现慌乱逃窜行为,影响其摄食及正常生长,导致大批量死亡。

2.7　鲟鱼其他器官发育

2.7.1　感觉器官发育

鲟鱼的感觉器官与其他硬骨鱼类相比表现出一定的差异,这种差异性恰恰反映了鲟鱼类是硬骨鱼纲中现存的最古老的软骨硬鳞鱼类,在生物进化中占据着极其重要的地位,对研究鱼类的起源与演化有重要的动物学意义。

2.7.1.1　眼睛的形成

在许多鱼类中,眼睛被认为是仔鱼期主要的感觉器官,是仔鱼摄食、确定方向、躲避敌害所必备的(Gisbert et al.,1999a)。由于鲟鱼属于底栖鱼类,而自然界中河水的能见度都较差,因此鲟鱼类的眼睛在捕食和感光等功能上均有退化,据研究鲟鱼类眼睛的发育程度也较低。尽管眼睛在鲟鱼中不起主要作用,但是在其仔鱼期对于辨别光强、初次摄食、躲避敌害,眼睛还是起着主要作用(柴毅等,2007)。同许多硬骨鱼类一样,鲟鱼视网膜中光感觉细胞最先发育成视锥细胞,然后出现视杆细胞,但在视网膜结构上,鲟鱼视网膜的结构较大部分硬骨鱼简单,其感光细胞仅有视杆细胞和单视锥细胞,而高等硬骨鱼类的视网膜中存在单视锥细胞和双视锥细胞两种细胞(王念民等,2006)。

中华鲟和史氏鲟出膜 0～1 日龄仔鱼,眼睛部位都只有晶状体部分有着色,而从 2 日龄时视网膜部分也开始着色,整个眼睛均呈黑色。在行为学上中华鲟 0～20 日龄内大部分时间都表现为趋光行为,只有 7～10 日龄出现部分负趋光行为。而史氏鲟 0～2 日龄有趋光行为,从 3 日龄开始,出现负趋光行为,此后一直维持直至完全避光,这种趋光和负趋光行为证明了仔鱼眼睛在早期生活史中起到了感光的作用,而且在刚出膜时虽然眼睛只有较少部分的分化,但此时眼睛也已具有感光性。此时期的眼睛视网膜未分化,眼睛只有一些简单的色素细胞和一些成神经细胞,具有较弱的感光作用。中华鲟 3 日龄起视网膜开始分化,至 9 日龄视网膜各层均分化完全,只有视锥细胞、视杆细胞数量上和直径上的变化,至 30 日龄保持稳定(柴毅等,2007)。史氏鲟从 3～5 日龄视网膜和晶状体初步分化,至 12 日龄分化完全(王念民等,2006)。

2.7.1.2　鼻孔的形成

鲟鱼类头部背侧有一对嗅窝,每个嗅窝的开口被表皮组织包裹的软骨分隔为前后两部,前部进水而后部出水。传送嗅觉的水流可以通过鱼类的向前游动或者嗅窝内的纤毛活动及颚部的肌肉活动由前鼻孔进入嗅窝,然后由后鼻孔流出。嗅觉信号由嗅球通过嗅束而传送到脑。研究发现鲟鱼鼻孔的形成是在仔鱼期,先是嗅窝向内凹陷,外观上出现长方形或哑铃形的鼻孔,之后哑铃形鼻孔的细部相互愈合形成前后两个鼻孔。

史氏鲟仔鱼 3 日龄嗅板上出现小哑铃形鼻孔,到 5~6 日龄时,实验观察到大部分史氏鲟仔鱼哑铃形鼻孔的细部均已愈合,鼻间隔形成。

相对的中华鲟仔鱼鼻孔愈合过程并不是很顺利,中华鲟仔鱼在 1 日龄时,在嗅板上出现近似长方形的鼻孔,2 日龄时长方形开始逐渐转变成哑铃形,之后哑铃形的中间部分逐渐变细,两面逐渐接近,于 7 日龄哑铃细部的上方组织开始向下突出生长,9 日龄时逐渐形成小长条形的鼻间隔,与哑铃细部的下方表皮组织接触,软骨细胞随着连接其表皮组织生长,形成结实的鼻隔。但据本实验观察,中华鲟仔鱼哑铃细部的上、下组织大部分都未能愈合,随着鱼体的生长,未愈合的鼻孔也逐步扩大,突出鼻间隔组织再也无法与下方组织接触上,因此它们的鼻间隔无法形成,鼻孔均为单鼻孔。

通过野生中华鲟的资料显示,野生中华鲟两侧鼻孔都多为双鼻孔,而近几年发现一些人工养殖的中华鲟有很大部分都为单鼻孔(图 2.32),此实验的发现解释了一些人工养殖的中华鲟单鼻孔形成的过程,但阻隔哑铃形鼻孔中间不愈合而不能形成双鼻孔的原因仍不太清楚。而国外研究表明,同样的情况也出现在一些其他人工养殖的鲟鱼上,如小体鲟、西伯利亚鲟中均存在(Hansen *et al*., 2003)。

图 2.32　中华鲟鼻孔
A. 野生中华鲟幼鱼(6 月龄);B. 人工养殖中华鲟(6 龄)

相比史氏鲟形成双鼻孔的时间非常短,而中华鲟却经过了 8~9 d,因此推测其不易愈合的原因可能是时间的增长增强了环境对仔鱼的影响作用,包括养殖密度较大,仔鱼之间互相碰撞或摩擦使得鼻孔间隔不易形成。

2.7.1.3 其他感觉器官的形成

中华鲟和史氏鲟仔鱼 2 日龄后须上及吻部腹面上出现许多小颗粒状物质,这些颗粒状物质在发育过程中一直存在,推测可能与 Gisbert 和 Ruban(2003)描述的西伯利亚鲟吻腹面上的神经滤泡细胞相似,主要为感官细胞,在发育过程中,至 8~10 日龄开始,在吻部腹面上的颗粒变得不明显,逐渐转化为罗伦氏囊的小凹陷,须上的颗粒状物质可能主要分化为味蕾和其他感觉细胞。卵黄囊期仔鱼感觉器官眼睛、嗅觉、触觉、味觉这些器官的迅速发育,使仔鱼的感觉更加敏锐,感光、感知水流等功能的实现赋予了仔鱼改变行为的可能,如摄食行为要基于各种感觉器官组成的复杂辅助摄食系统,使仔鱼在各种环境下都能捕捉到食物,提高生存机会,因此感官的发育对于提高早期摄食能力起到了重要作用。

2.7.2　呼吸器官发育

鱼类鳃的发育和完善是在仔鱼孵化后经过一段时间才完成的。在鳃发育未开始或完善之前,仔鱼依靠鳍褶、皮肤和卵黄囊上分布的丰富微血管吸收氧气,从2～3日龄起仔鱼分化出鳃丝,并露于鳃盖之外,鳃盖边缘也在此时可见红色的血管通过,此后鳃继续分化增长,直到开口后20日龄前鳃盖完全盖过鳃丝。仔鱼转为外界摄食前后时呼吸器官仍未发育完善,因此仔鱼对环境水体的溶氧变化特别敏感。

2.7.3　摄食器官发育

2.7.3.1　口的形成

鲟鱼的口位于腹面,为下位口,中华鲟和史氏鲟的口裂均呈一横裂,其仔鱼口的形成是先在口的部位出现线形的色素沉积,然后由口中间开始向内凹陷,逐渐形成三角形的口凹,再形成上下颌。中华鲟仔鱼口裂较快,在1日龄出现三角形口凹,史氏鲟则在2日龄才分化出。6～7日龄的仔鱼口已可动。中华鲟颌齿出现在4日龄,史氏鲟颌齿出现在6日龄。

2.7.3.2　消化器官的发育

刚孵出的仔鱼消化道处于原始状态,消化腺也未发生,营养物质全靠卵黄供给。卵黄囊是消化道中间的一段,在发生上属于中肠,形状稍呈椭圆形,含有大量的卵黄细胞。卵黄囊前方有一小孔与食道相通,食道短而细,与口咽腔相接。卵黄囊后方缩小成细长的肠道,也含卵黄细胞,肠壁上有螺旋形的白色间隔,缩小的这段肠道称为瓣肠。此时肛门还未形成,瓣肠和其后的泄殖腔并不相通。

中华鲟和史氏鲟仔鱼均在2日龄时在卵黄囊后方两侧开始发生凹陷,此凹陷逐渐向前下方发展,而将卵黄囊分隔为前后两部分,前部逐渐发展为胃,后部以后发育为十二指肠。瓣肠中的螺旋瓣相当发达,并可以看到排列成螺旋形的黑色物质,它是卵黄物质的代谢产物。十二指肠的发育较快,从3～4日龄开始在整个卵黄囊中所占的比例逐渐缩小,十二指肠中可见消化中的金黄色油球。瓣肠的螺旋瓣逐渐变得紧密,6～7日龄胎粪充满瓣肠,此时肛门逐渐形成,开始排胎粪。

肝脏的发育均由卵黄囊腹面分离出来,后端与卵黄囊相接。1日龄开始在仔鱼腹面分化出白色团状肝脏物质,至4日龄逐渐变大至侧面可见,此后肝脏两叶逐渐前移,并增大向左右体侧移动,在开口前已移至背面体侧。

对史氏鲟消化道的组织学研究显示(叶继丹等,2003),史氏鲟5～10日龄发育变化最为明显,其颌齿的发生、肝脏迅速增大、胃的明显分化等特点及咽后部消化道肌肉组织的发生和黏液分泌细胞的出现都在这个阶段,这一阶段正是卵黄囊逐渐消失、各个消化器官不断发育完善的剧烈变化时期,表明史氏鲟的消化器官在此阶段已初步具备从内源营养向外源营养过渡的组织结构基础。由此可见,仔鱼开口摄食与其消化器官的发育之间在时间上存在较为明显的同步性关系。

2.7.4　游泳器官发育

2.7.4.1　鳍的分化

早期仔鱼的游泳依靠尾部不停地摆动,是类似鳗鱼游泳的形式,身体弯曲的幅度很大,而且身体的大部分参与摆动。随着仔鱼形态的转变——鳍的分化,晚期仔鱼的游泳形式开始转变为只靠尾鳍左右大幅度摆动而身体大部分不动(Osse,1990)。这种游泳形式的转变与尾鳍的发育、胸鳍的发育有很大关系。尾鳍的增长增加了尾鳍摆动的作用力,胸鳍增加了推力,并减少了由尾部摆动所产生的反作用力(Gisbert et al.,1999a)。

中华鲟和史氏鲟的胸鳍在 0～1 日龄从背部看是脊状突起,位于卵黄囊上方,2 日龄时扩大为半月形,以后逐渐扩大的同时,胸鳍移向鳃后方,在 5～6 日龄时移至腹面,呈扇形。鲟鱼通过抬高或降低平展的胸鳍以形成一定角度来控制在水流中运动的身体,这对于仔鱼、幼鱼的游泳和摄食都起到了重要作用,因此胸鳍由背侧移至腹面,提高了仔鱼控制身体的能力,使仔鱼具备了转为平游及底栖的能力。

仔鱼的尾部从 2～3 日龄开始背鳍隆起,并在背鳍和尾鳍、臀鳍和尾鳍中间形成凹陷,之后 4～9 日龄内背鳍逐渐增高、尾鳍逐渐增长,在开口之前背鳍、臀鳍和尾鳍三个鳍的鳍褶完全断开,标志着分化完全。这也说明尾部鳍的分化对提高游泳能力起到了重要作用。

2.7.4.2　尾鳍鳍褶的发育

中华鲟和史氏鲟刚出膜时尾部鳍褶宽大,背侧由头部后方开始一直延伸至尾尖,腹侧由卵黄囊向后延伸至尾尖,中间以肛门相隔。仔鱼在刚出膜的几天里,游动主要依靠尾部不停地摆动,进行垂直运动,宽大的鳍褶成为其运动能力的基础,这是因为早期各鳍不发达,而且巨大的卵黄囊使整个身体重心向前。这种行为一方面使其尽量处于水面可以躲避敌害,另一方面有研究者认为此时仔鱼呼吸完全靠体表毛细血管网,而此时血液颜色不明显,红细胞数量少,携氧能力弱,因此不停地运动可以使周围的水体不断交换,增加含氧量(Fuiman,1983)。

2.7.4.3　肛门前鳍褶的发育

肛门前鳍褶在仔鱼发育中似乎没有明显的生理作用,其宽大的鳍褶随着仔鱼的发育最终完全时退化。有学者认为它的作用可能是平衡早期仔鱼的身体,卵黄囊期仔鱼的肛门前鳍褶前面连接卵黄囊,后面通过肛门与尾鳍相连,平衡了整个身体。在力学上肛门前鳍褶的连接作用是解决仔鱼身体拖动尾部摆动最节省能量的方法,它的连接使尾鳍的摆动更加省力(Osse and Boogaart,1999);同时又增大了仔鱼对水的表面积,摆动作用更强。随着仔鱼的不断发育生长,肛门前鳍褶不断变小,最后在进入稚鱼期时最终消失。

第3章 环境因子对鲟鱼
早期发育的影响

　　鱼类早期生活史的研究,主要涉及卵和仔鱼发育,仔鱼最佳饲养条件、饵料密度、营养、生长、临界期、饥饿、捕食、环境耐力及毒性反应等和渔业密切相关的诸因子,是鱼类自然资源繁殖保护和养殖业苗种培育的基础(殷名称,1991a)。

3.1 环境对鲟鱼胚胎发育的影响

　　鱼类早期生活史阶段是死亡率最高的阶段,正常胚胎的发育受环境条件的制约,温度、盐度、溶解氧及污染物等是影响早期发育最敏感的几个环境因子。国内外对鲟鱼类早期发育阶段(胚胎)与环境因子之间的关系进行了深入的研究,相关研究成果对发育生物学、生态生理学及鲟鱼类增养殖实践均提供了有意义的资料。

3.1.1 温度对卵裂间隔的影响

　　温度是影响鲟鱼胚胎发育的重要因素,在适宜温度范围内,胚胎发育速度随温度的上升而加快,温度过低发育将受到抑制,温度过高畸形率和死亡率将上升。以杂交鲟(史氏鲟♀×鳇♂)为研究对象,研究了不同温度下(14℃、16℃、18℃、20℃、22℃)杂交鲟卵子卵裂间隔的变化。

　　温度相关系数——卵裂间隔(mitotic interval),单位为"Dettlaff unit"(τ_0),为早期胚胎同步卵裂时第一次有丝分裂持续的时间或连续两次细胞分裂的时间间隔。卵裂间隔 $\tau_0 = \tau_{II} - \tau_{I}$,$\tau_{I}$ 为受精卵从受精到第一次卵裂(二细胞期)的时间,τ_{II} 为受精卵从受精到第二次卵裂(四细胞期)的时间,根据温度与 τ_0 间的回归关系($\tau_0 = a + bT$)可预测特定温度下的发育情况(Dettlaff,1986;Shelton et al.,1997)。

　　τ_0 不仅可以用来描述胚胎发育的进程,估测产卵繁殖和胚胎发育所需要的适宜温度,还可以用于评估雌核发育最适染色体的操作时间上,并在匙吻鲟(Mims et al.,1997)、密西西比铲鲟(Mims and Shelton,1998)、西伯利亚鲟(Gisbert and Williot,2002a)等鲟鱼类雌核发育研究上进行了应用。

3.1.1.1 杂交鲟卵裂间隔与温度的关系
杂交鲟受精卵在实验温度范围(14~22℃)均能正常卵裂,但22℃温度组正常卵裂比例较低($<$60%)，其余几个温度组胚胎发育较为正常（85%～90%）。高水温条件下胚胎发育更快，在不同的水温条件下，τ_I/τ_0 为 2.77～2.97（表 3.1），且 τ_I/τ_0 随温度的上升而显著下降（$P<0.05$）。

表 3.1　不同温度下杂交鲟 τ_0、τ_I、τ_{II} 和 τ_I/τ_0

温度/℃	τ_0/min	τ_I/min	τ_{II}/min	τ_I/τ_0
14	85.0 ± 1.3^a	252.5 ± 3.8^a	337.5 ± 5.1^a	2.97 ± 0.00^a
16	76.1 ± 1.5^b	222.1 ± 4.4^b	298.2 ± 5.9^b	2.92 ± 0.00^b
18	64.9 ± 1.7^c	186.0 ± 4.8^c	250.9 ± 6.5^c	2.87 ± 0.00^c
20	55.6 ± 1.8^d	156.5 ± 5.2^d	212.1 ± 7.1^d	2.81 ± 0.00^d
22	45.8 ± 2.2^e	126.7 ± 6.1^e	172.5 ± 8.3^e	2.77 ± 0.00^e

注：表中数据右上角的不同字母表示差异显著（$P<0.05$）。

τ_0、τ_I 和 τ_{II} 与 T 间均呈显著的负线性回归关系（表 3.2），且卵裂间隔 τ_0 随着温度的上升呈下降趋势（表 3.1，图 3.1），在 14℃ 下为（85.0 ± 1.3）min、16℃ 下为（76.1 ± 1.5）min、18℃ 下为（64.9 ± 1.7）min、20℃ 下为（55.6 ± 1.8）min、22℃ 下为（45.8 ± 2.2）min，利用线性回归方程能很好地拟合：$\tau_0=-4.95T+154.54$（$R^2=0.9990$，$P<0.001$）。

表 3.2　杂交鲟 τ_0、τ_I 和 τ_{II} 与温度间的线性回归关系

τ_n/min	$a(\pm SE)$	$b(\pm SE)$	n	R^2	P
τ_0	154.54 ± 1.63	-4.95 ± 0.09	5	0.9990	<0.001
τ_I	474.28 ± 5.81	-15.86 ± 0.32	5	0.9988	<0.001
τ_{II}	628.82 ± 7.19	-20.81 ± 0.40	5	0.9989	<0.001

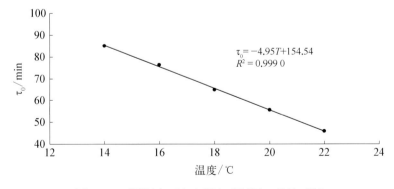

图 3.1　不同温度下杂交鲟卵裂间隔 τ_0 持续时间

3.1.1.2　温度对胚胎发育速度的影响

温度是影响鲟鱼胚胎发育的重要因素，Dettlaff 等（1993）对俄罗斯鲟、小体鲟、闪光鲟和欧洲鳇等鲟鱼的研究表明，某一温度下特定发育时期 τ_n/τ_0 在正常孵化温度内基本保持不变，几种鲟鱼的 τ_I/τ_0 在 2.6～3.0。当在不同的恒定水温下孵化时，用占总胚胎发育时间比例的表示方法较用时间单位，能更好地表示不同发育时期的持续时间。

胚胎的发育速度直接取决于卵裂速度,因此不同种类间 τ_I/τ_0 有所不同,在相似的温度条件下,杂交鲟卵裂间隔 τ_0 与俄罗斯鲟、闪光鲟等鲟鱼类较为相似(Shelton $et\ al.$,1997),但显著高于其他硬骨鱼类(Rubinshtein $et\ al.$,1997),如鲤科和鲱科鱼类的 τ_0 值(表 3.3)。这种发育速度上的差异可能与卵子大小和硬骨鱼类的不完全卵裂(meroblastic cleavage)等有关,鲟鱼类的卵裂与两栖类等相似,为辐射型完全卵裂(radial holoblastic cleavage),植物极由于含有大量的卵黄而分裂较慢,从而影响了卵裂速度。

表 3.3　不同鲟鱼类和硬骨鱼类有丝分裂间隔 τ_0 的比较

种　类	τ_0/min							参　考　文　献
	10℃	12℃	14℃	16℃	18℃	20℃	22℃	
杂交鲟	105.0*	95.1*	85.0	76.1	64.9	55.6	45.8	张涛等,2008a
匙吻鲟	146.6	111.7	88.8	72.8	61.0	52.2	45.3	Shelton $et\ al.$,1997
西伯利亚鲟	123.0	89.1	64.6	58.9	53.7	49.0	44.7	Gisbert and Williot,2002a
闪光鲟	119.9	88.8	68.8	55.2	45.5	38.2	32.6	Rubinshtein $et\ al.$,1997
俄罗斯鲟	106.2	84.8	70.1	59.4	51.4	45.1	40.1	Rubinshtein $et\ al.$,1997
密西西比铲鲟	111.4	94.1	78.8	65.6	54.5	45.5	38.9	Rubinshtein $et\ al.$,1997
鲤	162.2	103.9	71.4	51.5	38.6	29.9	23.7	Rubinshtein $et\ al.$,1997
纵带泥鳅	119.7	87.6	67.3	53.5	43.7	36.5	31.0	Rubinshtein $et\ al.$,1997
丁鲅	112.2	78.1	57.4	44.0	34.8	28.2	23.4	Rubinshtein $et\ al.$,1997

注:* 为根据上文线性回归方程推算而来。

3.1.1.3　鲟鱼适宜孵化温度

鱼类在对环境的长期适应过程中,形成对环境条件的特定要求。在该种类特有的产卵水温条件下,鲟鱼卵的孵化效率能显著提高。胚胎各个时期的敏感性和对外界不利因素的抵抗力有所不同,这一方面与代谢过程的周期性有关,另一方面也与整个发育过程中生长与分化活动的交替有关。一般来说,鲟鱼胚胎发育的卵裂期、原肠期、神经胚期和器官发生早期等敏感期,对温度更加敏感(Saat and Veersalu,1996)。当温度超过临界温度时,高温会降低渗入卵内的氧气量,而卵在高温下耗氧量会升高,从而影响胚胎的生存和发育能力(Kamler,1992)。

对西伯利亚鲟的研究表明,在一定的温度范围(8.5～20.0℃)内 τ_0 随温度的上升而下降,但当温度超过其阈值(23℃)时,τ_0 将停止下降,并有上升的趋势(Gisbert and Williot,2002a)。杂交鲟在适宜的温度范围(14～20℃)内,不同发育时期持续时间的变化较为一致。22℃时 τ_0 值虽仍呈下降趋势,但正常卵裂比例(<60%)较 14～20℃(85%～90%)已有明显下降,表明 22℃ 可能为杂交鲟胚胎发育的临界温度(张涛等,2008a)。最适温度范围在不同种间存在差异,且同一种类的种群也可能存在差异(Wang $et\ al.$,1985)。史氏鲟的最适孵化温度为 17～19℃,22℃ 为其温度上限(刘洪柏等,1997);西伯利亚鲟的最适孵化温度为 12.5～20℃,此温度范围与其在自然环境中的繁殖温度(9～18℃)相近(Gisbert and Williot,2002a);俄罗斯鲟、小体鲟、欧洲鳇和高首鲟胚胎最高耐受温度为 20℃(Wang $et\ al.$,1985)。

3.1.1.4　最适染色体操作时间的确定

τ_0 值不仅可作为判断杂交鲟在适宜孵化温度发育速率和发育所经历时间的可靠指

标,确定最适孵化温度范围,还被广泛用于确定最适染色体操作时间。在进行三倍体及雌核发育育种时,适合的染色体操作时间是影响诱导效果的重要技术参数,只有将诱导处理时间准确定位在第二次成熟分裂后期第二极体排出之前,才能获得较好的诱导率,处理时间过早或过晚均不能达到最佳效果(胡则辉和徐君卓,2007)。国外学者对匙吻鲟(Mims et al.,1997)、密西西比铲鲟(Mims and Shelton,1998)、欧洲鳇♀×小体鲟♂、闪光鲟(Omoto et al.,2005)、小体鲟和俄罗斯鲟(Recoubratsky et al.,2003)等鲟鱼类雌核发育的研究表明,最适的雌核发育二倍体诱导时间均为($0.25\sim0.35$)τ_0,在此时间范围内利用热冲击或静水压处理均能获得较高的诱导率。以上研究结果表明,τ_0作为一个无量纲单位(dimensionless unit),较时间单位来说更适宜作为确定最适染色体操作时间的指标,从而使染色体操作更标准化,提高育种效率。

3.1.2　保存介质和温度对鲟鱼卵子短期保存的影响

鱼类生殖配子一经排出,其生存能力就会随时间的延长而迅速下降(Sohrabnezhad et al.,2006)。光照、温度、氧气、保存介质、pH 等多种因素均会影响鱼类卵子短期保存的效果(Billard et al.,2004)。卵子排出之后,选择和利用最佳保存时间对提高卵子的生存能力至关重要(Rothbard et al.,1996)。

以西伯利亚鲟卵子为实验材料,研究了不同保存介质[体腔液(coelomic fluid,CF);Hepes 液;RMS 液(ringer solution modified for sturgeons,RMS)]、温度(4℃、16℃)和保存时间(4 h、8 h、16 h、24 h)对西伯利亚鲟卵子的受精率、孵化率及仔鱼畸形率的影响(张涛等,2010a)。

体腔液:采集卵子时体腔液随卵子一起排出体外,用双层纱布过滤后将得到的体腔液分成两部分,其中 5 ml 体腔液 4℃下 7 000 g 离心 10 min,取上清液加入青霉素 20 万 IU/L 和链霉素 0.2 g/L。

Hepes 液:参照体腔液的生化成分配制 Hepes 液,包含 120 mmol/L NaCl、5.67 mmol/L KCl、0.78 mmol/L $MgSO_4 \cdot 7H_2O$、0.65 mmol/L $CaCl_2$、4.24 mmol/L 葡萄糖、1 g/L 牛血清白蛋白、20 mmol/L $NaHCO_3$、20 mmol/L Hepes。最终 pH 用 1 mol/L NaOH 调至 7.5,加入青霉素 20 万 IU/L 和链霉素 0.2 g/L。

RMS 液:6.5 g/L NaCl、2 g/L $NaHCO_3$、300 mg/L $CaCl_2$、250 mg/L KCl,加入青霉素 20 万 IU/L 和链霉素 0.2 g/L。

3.1.2.1　体腔液生化成分及其生物学意义

西伯利亚鲟体腔液的主要生化成分与血浆较为接近(表 3.4),表明体腔液主要来源于对血浆的过滤,是由体腔上皮细胞和卵巢的分泌作用形成的。体腔液 pH 呈弱碱性,其中 Na^+、Cl^-为体腔液的主要离子成分,K^+、Ca^{2+}、Mg^{2+} 和 P^- 含量较低。弱碱性的体腔液对鲟鱼类的产卵具有重要作用,因为这样可以维持卵子周围小环境的稳定,保证卵子的正常受精;同时,体腔液具有一定的黏性,此黏性可以保护产出的卵子被流水冲散,并维持卵子周围较高的离子浓度,从而提高卵子的受精能力(Hirano et al.,1978)。

表 3.4　西伯利亚鲟雌亲鱼体腔液和血浆生化成分比较

指　　标	体 腔 液	血　　浆
钠 Na$^+$/(mmol/L)	120.97±0.32	136.00±0.94
钾 K$^+$/(mmol/L)	5.67±0.17	2.68±0.44
钙 Ca^{2+}/(mmol/L)	0.65±0.04	3.25±0.38
镁 Mg^{2+}/(mmol/L)	0.78±0.02	1.58±0.12
氯 Cl$^-$/(mmol/L)	101.40±0.52	110.12±2.48
无机磷 P$^-$/(mmol/L)	1.41±0.13	2.26±0.30
葡萄糖 GLU/(mmol/L)	4.24±0.13	3.46±0.29
总胆固醇 TC/(mmol/L)	1.41±0.13	4.79±1.48
总蛋白 TP/(g/L)	7.60±0.21	35.56±8.36
pH	7.92±0.12	7.85±0.01
渗透压/(mosm/L)	202.11±3.51	278.70±2.20

3.1.2.2　短期保存对卵子受精率、孵化率和畸形率的影响

保存介质、温度及时间对卵子受精率、孵化率和初孵仔鱼畸形率有显著影响（$P<0.05$），受精率、孵化率均随保存时间的延长而下降,畸形率上升。16℃条件下保存卵子受精率、孵化率和畸形率均高于 4℃,但 4℃下卵子的保存时间较 16℃下长（表 3.5）。

表 3.5　不同保存介质及温度下保存时间对西伯利亚鲟卵子受精率、孵化率和畸形率的影响

保存介质	温度/℃	保存时间/h	受精率/%	孵化率/%	畸形率/%
对照			94.00±1.95	90.00±2.84	1.00±0.81
CF	4	4	51.61±0.47	73.75±7.81	0.00±0.00
CF	4	8	35.23±3.03	70.49±4.56	2.08±0.39
CF	4	16	28.93±2.34	55.71±3.92	3.85±0.50
CF	4	24	24.80±2.07	52.95±2.83	7.69±0.57
CF	16	4	92.11±11.73	78.69±6.11	2.56±0.96
CF	16	8	70.93±11.00	77.84±3.22	4.65±0.58
CF	16	16	24.08±2.44	74.29±4.26	11.11±0.84
CF	16	24	0.00±0.00	—	—
Hepes	4	4	38.98±3.17	56.32±5.00	0.00±0.00
Hepes	4	8	35.62±2.62	52.17±5.71	2.35±1.35
Hepes	4	16	30.74±9.43	50.21±6.02	5.21±0.25
Hepes	4	24	27.21±4.86	44.59±3.93	9.55±0.57
Hepes	16	4	86.36±16.53	94.74±7.45	0.00±0.00
Hepes	16	8	51.02±5.40	88.00±7.41	4.55±1.00
Hepes	16	16	0.00±0.00	—	—
Hepes	16	24	0.00±0.00	—	—
RMS	4	4	51.55±4.95	82.35±3.81	0.00±0.00
RMS	4	8	14.41±4.44	76.00±4.67	2.63±0.89
RMS	4	16	12.23±6.14	62.50±5.48	5.00±0.47
RMS	4	24	0.00±0.00	—	—
RMS	16	4	87.72±5.56	88.00±3.04	6.82±0.50
RMS	16	8	32.00±6.97	87.50±3.20	7.14±0.82
RMS	16	16	0.00±0.00	—	—
RMS	16	24	0.00±0.00	—	—

以上研究表明,采用根据西伯利亚鲟体腔液生化成分配制的 Hepes 液作为保存介质,于 16℃下保存 4 h 为西伯利亚鲟卵子的最佳保存条件,此时受精率、孵化率和畸形率分别为 86.36%、94.74%和 0.00%。

1. 温度对卵子短期保存的影响

适宜的保存温度是鱼类卵子短期保存的重要因素之一。排出体外的卵子会因皮质反应而逐渐降低活力(Rizzo et al.,2003),温度主要通过影响卵子的自身代谢起作用,鱼类卵子排出体外后会因生化及形态变化而过熟,这些变化会对卵子的活力产生负面作用(Formacion et al.,1993)。

18℃下保存的波斯鲟卵子受精率显著高于 4℃(Sohrabnezhad et al.,2006),4℃下西伯利亚鲟卵子的保存时间较长,保存 16 h、24 h 时仍能受精,而 16℃下卵子的短期保存(8 h 内)效果较好。其原因可能是 16℃处于西伯利亚鲟卵子最适孵化温度范围内,而 4℃条件下卵子的生理活动减弱(张涛等,2010a)。对中华鲟的研究结果表明,高温(24℃、28℃)、低温(8℃、12℃)都会造成中华鲟卵子活力的降低,前者是由于促进卵子生理活动引起的,后者则主要是通过物理损伤引起的(郑跃平等,2006)。

2. 保存时间对卵子短期保存的影响

保存时间也是影响鱼类卵子短期保存的重要因素之一。受精率、孵化率和畸形率是用来判断卵子质量的重要指标,一般认为受精率高于 60%时的卵子孵化率较高,低于 60%时的卵子孵化率较低(Gisbert and Williot,2002b)。对西伯利亚鲟(张涛等,2010a)、小体鲟(Gisbert and Williot,2002b)、波斯鲟(Sohrabnezhad et al.,2006)等鲟鱼卵子保存的研究显示,受精率和孵化率随保存时间的延长而逐渐降低,而仔鱼畸形率随保存时间的延长而逐渐升高。受精率和孵化率的下降可用来判断卵子是否出现过熟现象(Formacion et al.,1993),西伯利亚鲟卵子在保存液中保存 4~8 h 时的受精率和孵化率均较高,保存时间延长至 16~24 h 时受精率和孵化率显著下降,可能与西伯利亚鲟卵子保存到 16 h 后开始过熟有关(张涛等,2010a)。

3. 保存介质对卵子短期保存的影响

不同保存介质会对卵子保存效果产生显著影响,有些学者的研究结果显示,人工配制保存液对卵子的保存效果优于体腔液的保存效果,他们认为人工配液较稳定的 pH,以及体腔液某些不利因素的影响,是造成人工配液的保存效果优于体腔液的原因之一(Sohrabnezhad et al.,2006)。但有些学者的研究结果与之相反,他们认为体腔液中某些生化成分对维持卵子的受精率起重要作用,尽管人工配液的 pH、渗透压等与体腔液相似,仍会导致卵子受精率和发育能力的下降(Niksirat et al.,2007)。鲟鱼类与硬骨鱼类的差异可能是造成这一差异的主要原因,如硬骨鱼类精子无顶体,鲟鱼类精子有顶体,人工配液黏附于卵子的卵孔区,可能影响了精子的方向性和活力。同时,体腔液采集时受血液、尿液和粪便等的污染,以及由此造成的细菌感染也是体腔液保存卵子的一个限制因子(Sohrabnezhad et al.,2006)。

采用体腔液、Hepes 液、RMS 液 3 种保存介质来保存西伯利亚鲟卵子的研究表明,体腔液保存的卵子平均受精率最高,Hepes 液保存的卵子平均孵化率最高。RMS 液保存西伯利亚鲟卵子的效果稍逊于 Hepes 液,其原因可能为 RMS 液是针对所有鲟鱼而配制的一种通用缓冲液,而本实验所用 Hepes 液是根据西伯利亚鲟体腔液生化成分而配制,更适合于西伯利亚鲟卵子受精发育的需要(张涛等,2010a)。

3.2　环境对鲟鱼胚后发育的影响

3.2.1　仔鱼初次摄食时间对生长及存活的影响

鱼类早期生活史阶段的初次摄食期是一个可能导致仔鱼大量死亡的临界期(critical period)。仔鱼孵出后主要依靠消耗吸收卵黄囊营养物质,为内源营养期(endogenous feeding phase)或卵黄营养期(lecithotrophic stage),卵黄囊期仔鱼在内源营养期完成一系列与摄食、消化相关的器官功能发育,从而具备条件从内源卵黄营养转入外源摄食营养。卵黄囊期仔鱼大多在卵黄耗尽前的短期内开始向外界摄食,仔鱼初次摄食后一般要经历一段时间的混合营养阶段(mixing feeding stage),直到卵黄物质全部吸收完后才进入外源性营养期(exogenous feeding phase)。抵达初次摄食期的仔鱼,如不能建立外源摄食,便进入饥饿期(starvation stage)。短暂的饥饿会影响仔鱼的行为和发育,降低对摄食的活力和对饵料的利用效率,当持续饥饿一段时间后,仔鱼将丧失摄食能力而达到饥饿的不可逆点(point of no return,PNR),并因无法恢复摄食能力而死亡(殷名称,1995a,b)。因此,在人工养殖条件下,仔鱼初次摄食时间是仔鱼培育期应关注的重要问题。

3.2.1.1　初次摄食时间与不可逆点

判断鲟鱼仔鱼开口摄食时间有两个方法:一是以仔鱼瓣肠末端的黑色素栓(melanin plug)即胎粪排出为标志(Gisbert and Williot,1997);二是通过仔鱼的行为特征,即集群行为(schooling behaviour)消失,仔鱼散布在池底并表现出显著的索饵行为,作为仔鱼开口摄食的标志(Gisbert *et al.*,1999b;Gisbert and Williot,1997;庄平,1999;庄平等,1999a,1999b)。组织学的观察表明,此时食道已贯通,胃腔中的卵黄物质吸收完毕;视网膜的视锥细胞密度虽有所下降,但数量上仍多于视杆细胞;须部、上下唇、舌、鳃耙等部位都已有味蕾发育完全;鼻孔内有初级嗅板形成;头部腹面出现多个发育完全的壶腹器官,这些都说明消化系统基本发育完成,眼睛的感官功能发育完善,以及味觉、嗅觉、电感觉等功能初步形成,提高了仔鱼的外源性摄食的能力(宋炜,2010;宋炜和宋佳坤,2012a,b)。

PNR 点是指饥饿仔鱼抵达该点时,尽管还能生存较长一段时间,但已虚弱得不可能再恢复摄食能力,故也称"不可逆转饥饿"或"生态死亡"(殷名称,1991a)。一般以所测定的饥饿组仔鱼的摄食率低于最高摄食率一半时的日龄为 PNR 点的时间(殷名称,1991b),也有学者以饥饿组仔鱼存活率为零时的日龄为 PNR 点(庄平等,1999a)。

对中华鲟(庄平等,1999a)、史氏鲟(黄晓荣等,2007)和俄罗斯鲟(张涛等,2009a)仔鱼的研究结果表明,3 种鲟鱼仔鱼的初次摄食时间及 PNR 点有所差异(表 3.6)。

表 3.6　3 种鲟鱼仔鱼初次摄食时间与 PNR 点的比较

种　类	开口时间/日龄	PNR 点/日龄	水温/℃	开口仔鱼全长/mm	参 考 文 献
中华鲟	11～12	24	19.5	30.45	庄平等,1999a
史氏鲟	7	16	25.0	32.19	黄晓荣等,2007
俄罗斯鲟	9～10	24	17.4	29.82	张涛等,2009a

仔鱼初次摄食时间(表 3.7)及抵达 PNR 点时间的长短,种间和同种不同种群的差异很大,其中卵黄囊体积大小、水温和孵化时间影响最大。孵化时间长、卵黄囊体积大、温度低、代谢速度慢的种类初次摄食时间和 PNR 点出现晚,相反则出现早。对西伯利亚鲟的研究表明,初孵仔鱼的全长、体重、卵黄囊体积间存在显著的正相关关系,并对仔鱼初次摄食时间有显著性的影响,两者之间关系式为:初次摄食时间 $= 4.08 + 1.68 \times$ 卵径$(r^2 = 0.39, P = 0.003)$ (Gisbert et al.,2000)。

表 3.7　几种鲟鱼的初次摄食时间的比较

种　类	水温/℃	初次摄食时间/日龄	参 考 文 献
俄罗斯鲟	17.4	9～10	张涛等,2009a
中华鲟	18～21	11～12	庄平等,1999a
史氏鲟	23～27	7	黄晓荣等,2007
杂交鲟	17	10	宋兵等,2003
高首鲟	16～18	8～11	Gisbert and Williot,1997
西伯利亚鲟	17～18	9～10	宋炜,2010
匙吻鲟	19.5～20.5	6	徐连伟等,2008

较高的水温加速仔鱼发育,较低的水温使仔鱼发育延缓。对短吻鲟、大西洋鲟(Hardy and Litvak,2004)、高首鲟和湖鲟(Wang et al.,1985)等鲟科鱼类及其他一些硬骨鱼类(May,1974)的研究都证实,卵黄完全吸收的时程与温度呈负相关。在较低的水温下,新陈代谢速度减慢,卵黄囊完全吸收和仔鱼发育的时程均增长。而同时在不同水温条件下,达到同一发育阶段时,仔鱼达到的体长和所积累的积温均相似(Hardy and Litvak,2004)。

初次摄食到 PNR 点的时距代表着仔鱼的耐饥饿能力,一般来说,从初次摄食到 PNR 点的时距越长,仔鱼建立外源摄食的可能性越大,耐饥饿能力越强,反之则越低。有学者提出了 PNR-Temperature 积这一参数,即水温与从卵黄囊吸收完毕到 PNR 天数的乘积,该参数可较客观地比较不同鱼种间的饥饿耐受能力(Dou et al.,2002),鲟鱼类的 PNR-Temperature 积为 150 左右(张涛等,2009a),远高于海水鱼类仔鱼的平均值(50)(单秀娟和窦硕增,2008)。鲟形目鱼类仔鱼具有较大的卵黄囊,在卵黄物质被吸收完毕后,尚有一部分残留的油滴可以为仔鱼提供一段时间的内源营养,其混合营养期可达 4 d 左右(Dettlaff et al.,1993),同时脂肪也在其前肠、中肠和肝脏中大量储存,应该是其具有较强饥饿耐受能力的主要原因(Gisbert et al.,1998)。同时,鲟形目性成熟时间晚,产卵间隔长(Dettlaff et al.，1993)，其较强的饥饿耐受能力可能会增加早期仔鱼存活率,以维持其种群数量的稳定。

3.2.1.2　初次摄食对仔鱼生长和存活的影响

已有的研究表明,延迟投饵会造成仔鱼的生长速度和存活率下降(殷名称,1995a,b),长期饥饿则会造成仔鱼丧失摄食能力,引起饥饿鱼生长停止,身体消瘦,直至死亡。对中华鲟(庄平等,1999a)、史氏鲟(黄晓荣等,2007)和俄罗斯鲟(张涛等,2009a)仔鱼的研究结果表明,初次摄食时间对仔鱼的生长和存活有显著的影响,随着初次摄食时间的延迟,会造成仔鱼消化功能衰退和营养状况恶化,从而引起生长速度减缓和死亡率上升的现象。但研究还发现,在仔鱼初次开口摄食后短期(2～4 d)投喂,并不会明显影响仔鱼的存活和生长,随着延迟投饵天数的增加,仔鱼的生长反而增加且死亡率降低(表3.8)。短期的延迟投饵后的仔鱼经过一段时间的持续喂养后,全长和体重与持续投喂的仔鱼无显著差异,表明在恢复生长中出现了补偿生长现象。当延迟投饵天数超过一定天数,仔鱼生长减慢且死亡率增加,此时仔鱼已不具有补偿生长能量。以上结果表明,过早或过迟投喂仔鱼,对仔鱼存活率和生长都会造成不同程度的不利影响。

表 3.8　延迟投饵对鲟鱼仔鱼存活率和生长的影响

延迟投饵天数	中 华 鲟		史 氏 鲟	
	存活率/%	全长/mm	存活率/%	全长/mm
0	56.67±15.28	65.32±3.85	93.00±3.61	32.19±2.03
1	53.33±11.55	66.14±4.38	90.00±10.00	32.51±2.81
2	66.67±5.77	64.18±3.52	100.00±0.00	34.43±1.70
3	40.00±34.64	67.07±3.63	100.00±0.00	34.66±3.47
4	53.33±5.77	62.29±4.19	70.00±10.00	35.40±3.82
5	80.00±20.00	60.46±4.20	56.67±5.77	33.56±2.16
6	73.33±5.77	61.54±4.39	73.33±5.77	34.36±2.34
7	50.00±30.00	66.09±3.72	56.67±5.77	33.39±2.99
8	63.33±5.77	62.56±3.40	43.33±5.77	33.90±4.63
9	53.33±5.77	58.58±4.29	53.33±15.28	28.17±2.21
10	46.67±5.77	56.40±4.54	46.67±5.77	24.18±3.13

生产中一般认为应提早投喂,可以使仔鱼获得足够的摄食经验,从而提高其生长速度和存活率。但对鲟鱼仔鱼的研究结果表明,在仔鱼初次摄食前投喂饵料并不能提高仔鱼的存活率和生长速度,因为在仔鱼初次摄食前的内源营养末期,消化系统发育尚不完全,卵黄颗粒集中在食道和贲门胃处,阻碍了食物的吞咽,直到这些卵黄颗粒吸收完全后,仔鱼才能开口摄食。过早投喂饵料,一方面饵料会堵塞在消化道中无法消化吸收,造成提前投喂仔鱼的大量死亡(Gisbert et al.，1998;Gisbert and Williot，1997);另一方面仔鱼可能会因有机污染物过多而造成细菌性疾病的发生(Gisbert and Williot，1997)。鲟鱼类仔鱼的消化道发育比其他受精卵较小的鱼类慢,随着初次摄食时间的延迟,会造成仔鱼消化功能衰退和营养状况恶化,从而引起生长速度减缓和死亡率上升的情况(Gisbert and

Williot，1997)。

3.2.1.3　在人工苗种培育实践中的应用

实际生产中，在保证苗种质量的前提下，存活率是人工育苗的关键。通过观察仔鱼的生长和行为变化，可以估计仔鱼的发育阶段，从而为提高育苗存活率提供依据。确定仔鱼初次摄食的"时间窗口"，即对仔鱼生长存活不会产生显著影响的初次摄食时间范围是至关重要的。根据对俄罗斯鲟(张涛等，2009a)、裸腹鲟(Kamali et al.，2007)、西伯利亚鲟(Gisbert and Williot，1997)等的相关研究结果，一般在仔鱼胎粪排出或仔鱼集群行为消失，即开口后 2 d 进行投喂。此时仔鱼消化系统发育完善，摄食及运动能力较高，能顺利地适应外源性营养，此时投喂仔鱼存活率较高且生长较为迅速。在投喂早期应投喂仔鱼喜食和易得的饵料，并严格控制投饵量。

3.2.2　开口饵料对仔鱼生长存活和体成分的影响

鱼类仔鱼的开口摄食阶段，即由内源营养向外源营养转换的阶段是鱼类早期生活史中的关键时期(殷名称，1991a)，开口饵料是影响其生长、存活的关键因子，因此这一时期的开口饵料选择和投喂技术是鱼类早期生活史的主要研究内容之一(殷名称，1995a，1995b)。人工养殖条件下鲟鱼仔鱼主要的开口饵料有水生寡毛类、浮游动物及水生昆虫幼虫等天然饵料和人工配合开口饲料。以水丝蚓、卤虫无节幼体、枝角类及人工配合饲料作为史氏鲟(庄平等，1999b)和西伯利亚鲟(张涛等，2009b)的开口饵料，比较了不同开口饵料对仔鱼生长速度、存活率及体成分的影响。

3.2.2.1　饵料的适口性和可得性

鱼类摄食遵循着"最小的摄食能量消耗获得最大的食物能量"这一经济学法则(解涵和解玉浩，2003)，其中饵料的颗粒大小和可得性是决定饵料能否被鱼类喜好的主要指标。不同种类和大小的鱼类摄食的最适饵料大小不同，最适饵料是指净能量收益大于平均值的那些大小适中的饵料，当饵料颗粒大小超出临界值时，摄食概率将下降，适口饵料大小的上限主要受口宽的限制(Pitcher and Hart，1982)。鲟鱼类仔鱼在早期发育阶段口宽存在着异速生长的现象，即在发育早期口宽增长速度快于全长，当到达某一生长拐点后，口宽增长速度减缓(Gisbert，1999；马境等，2007)。口宽的生长拐点(史氏鲟 8~9 日龄，西伯利亚鲟 7~8 日龄)一般出现在开口摄食附近，表明仔鱼在此时已具有相对足够大的摄食器官，为开口摄食做好准备。仔鱼进入混合营养期后，仔鱼向外界摄食的压力随着体内卵黄的逐渐消失而增大，口宽在此期间仍需生长，以适合食物大小，直至卵黄完全吸收。根据一般的要求，饵料颗粒的大小应小于口裂的 1/2(庄平等，1999b)，鲟科鱼类开口仔鱼的口裂宽一般为 1.8~2.0 mm，即开口仔鱼的开口饵料颗粒大小的上限应为 0.9~1.0 mm，而下限主要受鳃耙间距和视觉分辨率的限制(Dunbrack and Dill，1983)。

饵料的可得性主要受饵料密度、活饵料的运动速度及鱼类的摄食方式影响。西伯利亚鲟等鲟科鱼类开口仔鱼的游泳速度慢，摄食时为贴底缓慢游动，依靠视觉、味觉、触觉、嗅觉来寻找食物，且在开口摄食的混合营养阶段的觅食行为主要依靠味觉，而嗅觉在后期仔鱼及以后阶段的幼体中显得非常重要(Jatteau，1998)。

不同的开口饵料对史氏鲟和西伯利亚鲟仔鱼的生长和存活有显著影响(表3.9)。总体看来,投喂水丝蚓生长速度最快,其次为卤虫无节幼体和枝角类,投喂人工配合饲料仔鱼生长速度缓慢。从全长、体重的变异系数(CV)中也可以看出,水丝蚓组最小,人工配合饲料组最大。但在投喂早期(史氏鲟12 d内,西伯利亚鲟5 d内)卤虫无节幼体组生长最为迅速,存活率最高,这是因为卤虫无节幼体个体较小(0.5 mm左右),游泳能力较弱且在水体中喜聚集在水底部游动,适合初次开口摄食的鲟鱼仔鱼捕食;枝角类因游泳速度较快,且喜在水体中上层聚集,不利于贴底游动的仔鱼摄食;水丝蚓碎段虽无游泳能力,但由于有喜聚团的习性,也不利于仔鱼摄食,所以初期(投喂10 d时)水丝蚓组存活率较低。

表3.9　不同开口饵料下西伯利亚鲟和史氏鲟仔鱼生长的差异

饵　料	西伯利亚鲟			史　氏　鲟		
	全长/cm	全长CV/%	存活率/%	体重/g	体重CV/%	存活率/%
水丝蚓	47.86±3.51	7.25±1.93	95.33±4.16	2.48±0.44	17.70	82.50
卤虫无节幼体	38.30±5.39	11.84±2.75	96.67±2.31	0.94±0.26	28.00	95.00
枝角类	35.15±3.23	8.50±3.93	87.33±3.06	0.72±0.22	30.56	82.50
人工配合饲料	32.88±4.42	13.45±4.02	55.33±7.02	0.18	—	7.50
混合投喂	—	—	—	2.53±0.46	18.02	85.00

随着鱼体的增长,后期水丝蚓组生长速度明显加快,超过其余各组。此时卤虫无节幼体因个体较小,适口性变差,导致卤虫无节幼体组生长速度变慢;而随着仔鱼口内齿的发育(Gisbert,1999),此时仔鱼已具有咬断和吞食整条水丝蚓的能力,因此水丝蚓组的生长速度明显高于其余组。

人工配合饲料组的生长和存活率均最低,且史氏鲟在开口后12~17 d、西伯利亚鲟在10 d后存在明显的死亡高峰。这可能与适口性和营养成分有关,对仔鱼体成分的研究结果表明(表3.10),人工配合饲料组西伯利亚鲟仔鱼粗蛋白和粗脂肪含量均较低,其中粗蛋白含量显著低于其余3组,这一方面可能是由于人工配合饲料的适口性差而导致仔鱼摄食量较少,另一方面可能也反映出该种人工配合饲料的营养不够均衡,不能满足仔鱼生长的营养需求。

表3.10　不同开口饵料下西伯利亚鲟仔鱼体成分的差异

饵　料	水分/%	粗蛋白/%	粗脂肪/%	粗灰分/%
水丝蚓	90.33±0.35[a]	7.39±0.06[a]	0.50±0.01[a]	1.12±0.03[a]
卤虫无节幼体	91.34±0.33[b]	6.28±0.07[b]	0.89±0.02[b]	1.06±0.03[a]
枝角类	91.64±0.25[b]	6.15±0.04[b]	0.56±0.02[a]	1.05±0.01[a]
人工配合饲料	92.96±0.42[c]	5.33±0.10[c]	0.54±0.03[ac]	0.89±0.03[b]

注:同一列中参数上方字母不同代表有显著性差异($P<0.05$),相同则无显著性差异($P>0.05$)

3.2.2.2　最适开口饵料的选择

自然环境中,鲟鱼是以摄食底栖动物为主的肉食性鱼类,食性较广,主要摄食摇蚊幼虫、软体动物、甲壳类和小型鱼类等。传统的鲟鱼仔稚鱼培育阶段主要使用水生寡毛类中的水丝蚓和颤蚓,以及浮游动物中的裸腹溞、溞及卤虫无节幼体等活饵料(Buddington and Doroshov,1984;张胜宇,2002)。但在大规模鲟鱼商业养殖中活饵料的培育和获得较为困难,而且活饵料的营养也不能完全满足仔鱼生长的需要。特别是目前鲟鱼仔鱼培育中常采用投喂单一的水丝蚓和颤蚓的方法,一方面会导致鱼体代谢紊乱(Buddington and Doroshov,1984),西伯利亚鲟体成分分析的结果也表明,水丝蚓组体成分粗蛋白含量最高,但粗脂肪含量最低(表 3.10),表明水丝蚓的营养不均衡(张涛等,2009b);另一方面,由于水丝蚓来自污染严重的排污沟渠和河道,体内富集大量的有机磷、有机氯和重金属等毒害物质,也会导致幼鱼阶段某些疾病的发生(Lindberg and Doroshov,1986)。因此,根据鲟鱼仔鱼的摄食习性和营养需求,研制适合的人工开口饲料,不但可提高苗种生长速度和存活率,而且可避免鲟鱼苗种培育后期进行由天然饵料向人工饲料的食性驯化时,部分幼鱼因拒绝摄食人工饲料而导致生长速度减缓、死亡率增加的情况(Lindberg and Doroshov,1986),可简化培育环节,提高苗种培育效果。

国内外对鲟鱼早期发育阶段营养需求和摄食机制的研究较少,但通过对鲟鱼仔鱼摄食天然和人工饵料的营养生理学(Fauconneau et al.,1986)、氨基酸吸收和能量代谢(Dabrowski et al.,1987),以及游离氨基酸等诱食剂对仔鱼摄食影响(Kasumyan,1999;Kasumyan and Taufik,1994)等的研究发现,理想的鲟鱼仔鱼人工开口饵料应该具备以下几个特点,首先应是较小粒径(0.5~1.4 mm)的球形软颗粒,同时能较快地沉到水底并能保持较好的稳定性,且易被仔鱼发现和摄食(Gawlicka et al.,1998)。人工配合饲料作为鲟鱼开口饵料已在史氏鲟、中华鲟(张胜宇,2002)和高首鲟(Gawlicka et al.,1996)等鲟鱼上进行了应用,并取得了一定的效果,但苗种的生长和存活率仍不十分稳定。相信通过更为深入的研究,人工饲料一定能替代活饵料成为鲟鱼仔鱼的开口饵料。

3.2.2.3　食性驯化

从商业养殖的角度出发,如进行规模化的养殖,必须要使用人工配合饲料。然而在自然条件下,鲟鱼是以摄食底栖动物为主的肉食性鱼类,由摄食底栖动物到摄食人工配合饵料就有一个食性驯化的转换过程。何时进行食性驯化,是能否获得高驯化率和成活率的关键。驯化时期太晚,则会形成一定数量的"食性顽固者",最终难以驯化摄食人工饵料;驯化开始太早,在目前还没有成熟的鲟鱼仔鱼人工开口饵料技术的情况下,又会造成高死亡率。

鲟鱼仔鱼开口摄食关键在于仔鱼对食物的选择性和与食物的相遇频率。卤虫无节幼体作为鲟鱼仔鱼的开口饵料有高度的选择性和相遇频率,即卤虫无节幼体的游泳速度与史氏鲟仔鱼的游泳能力相适应。而鲟鱼仔鱼对于人工饵料的选择性差和相遇频率低(人工饵料静止不动,相遇频率相对降低),致使大多仔鱼不能顺利地建立初次外源摄食,引起高死亡率。使用卤虫无节幼体为初次摄食的开口饵料,然后使用水丝蚓进行强化培育,再进行水丝蚓与人工配合饲料的混合投喂,既能获得较好的生长速度和存活率,又能提高食性驯化率(庄平等,1999b)。

第4章 鲟鱼个体发育行为生态学

行为生态学(behavioral ecology)是生态学和行为学的交叉学科,主要研究生态学中的行为机制、动物行为的生态学意义和进化意义。鱼类行为生态学研究领域主要涉及鱼类生存和繁衍的适应性行为,包括鱼类的洄游、栖息地的选择、领地行为、索饵行为的机制和策略、食性的选择、逃避和侦探敌害、交配行为和性比、护幼行为等内容。

动物的行为有先天行为和后天行为之分,其中先天行为包括趋性行为、非条件反射和本能3种行为方式,这些行为是定型的,是由神经系统的遗传性所决定的,是不随经验和学习过程而变化的;后天行为包括学习和推理2种行为方式,这些行为是在有机体生活过程中形成的,是随经验和学习过程而变化的。鱼类作为低等脊椎动物,推理完全不存在,学习行为已有一定的发展,起主要作用的是本能行为,趋性和非条件反射有明显的表现。因此鱼类主要以先天行为为主,在鱼类的早期发育阶段,基本上全部是先天行为(何大仁和蔡厚才,1998)。

鱼类个体发育行为(ontogenetic behavior of fishes)是一门新兴的交叉学科,涉及鱼类行为学和早期生活史研究两个领域,其研究对象的生活史时期是处于早期发育阶段,但研究方法和原理是行为学的范畴。这一时期鱼类行为的最大特征在于行为是随着发育阶段而动态变化的,鱼类的行为模式在快速动态地变化,变化的时间是以天或小时计算的。鲟鱼个体发育行为学主要的研究时期为早期生活史阶段,即仔鱼(卵黄囊期仔鱼、晚期仔鱼)、幼鱼阶段。

全世界现存鲟鱼27种当中,目前大多已开展过个体发育行为学研究。例如,中吻鲟(Kynard *et al.*,2005)、鳇、史氏鲟(Zhuang *et al.*,2003)、俄罗斯鲟(Kynard *et al.*,2002b)、密苏里铲鲟、密西西比铲鲟(Kynard *et al.*,2002a)、墨西哥湾鲟(Kynard and Parker,2004)、达氏鲟(Kynard *et al.*,2003)、中华鲟(Zhuang *et al.*,2002)、大西洋鲟、短吻鲟(Kynard and Horgan,2002)、高首鲟(Bennett *et al.*,2005;Kynard and Parker,2005)、西伯利亚鲟(Gisbert *et al.*,1999a;Gisbert and Ruban,2003)等。

4.1 鲟鱼早期发育阶段栖息地选择行为

自由运动的动物受到外界物理或化学因素的刺激,朝向一定方向运动,这种反应称为趋性(taxis)。趋性是适应性行为的最简单方式。趋性有两种,一种是目标比较明确的趋性运动,另一种是无定位性的趋性运动。通常所说的趋性运动,一般是指后者。由于刺激因素不同,趋性有多种类型,如趋光性、趋化性、趋触性、趋动性、趋温性、趋流性、趋音性、趋电性等。根据趋性的方向,又可把趋性分为两种,向着刺激源运动的称为正向趋性,背离刺激源运动的称为负向趋性(何大仁和蔡厚才,1998)。

鱼类的趋性行为在栖息选择方面起着重要的作用,鲟鱼早期生活史阶段栖息地环境因子的选择主要涉及底质类型选择、底质颜色选择、光照强度选择、隐蔽物选择、水深选择等。对趋性的研究通常采用选择(choice)或称为喜好(preference)实验进行。

4.1.1　趋光性

鱼类在水中生存,在适应这一特定的外界环境时,鱼的光感觉器官(视觉)眼的构造和机能有相应的变化。鱼眼不仅能感觉光的明暗和颜色,而且还能感知物体的形状和大小及运动。鱼类的视觉运动反应,如趋光反应、发光现象、体色改变及摄食、集群、生殖、防御等行为均与光感觉具有密切的关系。鱼类的趋光反应特性对于探讨鱼类的行为机制和生态适应机制,以及解决鱼类养殖过程中的养殖存活率等问题具有重要意义。鱼类的趋光性是指鱼类对光刺激产生的定向运动的特性。趋光性分为正趋光(通常简称为趋光)和负趋光(或避光)(何大仁和蔡厚才,1998)。

4.1.1.1　鲟鱼早期生活史阶段对光照强度的选择

鲟属、鳇属和铲鲟属的卵黄囊期仔鱼都有选择明亮的环境的特征。晚期仔鱼对明亮环境的选择主要取决于其摄食策略,依靠视觉摄食的仔鱼多具有选择明亮栖息地的行为,铲鲟属、鳇属中的鳇及鲟属的多数种类(中华鲟、短吻鲟、大西洋鲟)的仔鱼都选择明亮的栖息环境。而依靠嗅觉摄食的仔鱼不会选择明亮的环境,如中吻鲟、俄罗斯鲟等(表 4.1)。

表 4.1　鲟鱼早期生活史阶段趋光行为

种　　类	卵黄囊期仔鱼	晚期仔鱼	幼　　鱼
中吻鲟 Acipenser medirostris	−	−	−
中华鲟 A. sinensis	+	+	+
史氏鲟 A. schrenckii	+	−	−
俄罗斯鲟 A. gueldenstaedtii	?	−	?
短吻鲟 A. brevirostrum	−	+	?
大西洋鲟 A. oxyrinchus oxyrinchus	+	+	+
墨西哥湾鲟 A. oxyrinchus desotoi	+	+	?
高首鲟 A. transmontanus	−	±	?
西伯利亚鲟 A. baerii	+	+	?
密苏里铲鲟 Scaphirhynchus albus	+	+	?
密西西比铲鲟 S. platorynchus	+	+	?
鳇 Huso dauricus	+	+	?

注:"+"表示正趋光;"−"表示负趋光;"±"表示对光线无明显反应;"?"表示无数据

4.1.1.2　鲟鱼早期生活史阶段趋光性的生态策略比较

鱼的趋光性受许多内外因子的影响,其中个体发育时期是影响趋光性内在因子之一,

鱼的不同生活史阶段对生态条件的需求不同,因此其适应的意义并不相同。

1. 卵黄囊期仔鱼趋光行为的适应意义

卵黄囊期仔鱼趋光行为有利于仔鱼孵化后迅速离开水底进入水层中,随水流向下游扩散,其意义在于躲避此时集中在产卵场的许多以鱼卵为食的鱼类。研究证明,在中华鲟等鲟鱼的产卵场常有多种以鱼卵为食的鱼类存在(危起伟,2003),这也证明了,其仔鱼孵化后,立即进行洄游的意义是离开产卵场,避免被食。这种情况在其他多种鲟鱼中也存在,如史氏鲟、鳇、密西西比铲鲟、密苏里铲鲟、俄罗斯鲟等(Kynard et al.,2002a,2002b;Zhuang et al.,2003)。

2. 晚期仔鱼趋光行为的适应意义

晚期仔鱼趋光行为与其利用视觉摄食有关。鲟鱼仔鱼主要依靠视觉摄取活的饵料生物,没有光照就不能产生视觉,就不能摄食,明亮的环境会增强仔鱼在环境中利用视觉发现运动的猎物的能力。另外,对仔鱼胚后发育的研究也发现,鲟鱼在仔鱼期器官的发育是异速的,仔鱼眼睛的发育快于其他感觉器官,这也证明了,仔鱼期视觉在摄食和逃避捕食者的过程中起主要的作用。

3. 幼鱼趋光行为的适应意义

一些底栖鱼类由浮游生活转向底栖生活时,嗅觉成为主要的摄食感觉,而视觉的捕食作用减弱,此时趋光行为会减弱或消失。但某些鲟鱼幼鱼种类,如中华鲟的幼鱼在转为底栖生活后仍然有趋光行为。关于鲟鱼幼鱼趋光的适应意义,目前研究很少,早期幼鱼选择明亮的环境与利用视觉摄食行为相关(Kynard et al.,2002b)。对中华鲟幼鱼捕食行为的研究表明,在完全黑暗条件下,中华鲟幼鱼捕食子陵吻虾虎鱼(Rhinogobius giurinus)的效率并没有降低,这说明其捕食可以不依靠视觉。对中华鲟幼鱼感觉器官在摄食行为中的作用的研究结果也表明,嗅觉、触觉,以及电感觉(梁旭方,1996)在中华鲟幼鱼觅食过程中起着主要的作用,而视觉所起作用不大。因此,鲟鱼幼鱼趋光的意义可能与利用视觉捕食无关,其意义在于明亮的水域意味着水层较浅,水底光线充足,这样的水域生产力高,食物的种类和数量丰富。在食物作为选择因子的作用下,使其在进化过程中形成了以光线(或明亮的环境)作为线索,来寻找食物丰富的栖息环境。通过上述分析可以看出,鱼类不同的生活史阶段对某一生态因子的需求虽然相同,但其生态策略的适应意义可能有很大的差别。

4.1.2 底质颜色选择性

物体的颜色和亮度这两个特征是以一定的形式相联系的,所以鱼类的趋光和对颜色的选择也是有联系的(何大仁和蔡厚才,1998)。除极少数鱼类是色盲外,大多数硬骨鱼类都有区别颜色的能力,这些鱼类能感觉的光谱有3段,即色觉段(中段)和2个色盲段(感受光谱的边缘段)。中段的光波波长可以变化,并与边缘段的波长有所差异,边缘段的光波波长彼此没有差别。不同鱼类对光的强度及光谱的组成反应不同,栖息地底质颜色作为栖息地的重要特征,鱼类在行为上保留着先天的对栖息地底质颜色的选择性。

4.1.2.1　鲟鱼早期生活史阶段对底质颜色的选择

鲟鱼早期生活史阶段对底质颜色(黑色、白色),一般对白色具有较强的选择性,如中华鲟、鳇、俄罗斯鲟等,或对底质颜色无明显反应,如中吻鲟、高首鲟等(表4.2)。

表 4.2　鲟鱼早期生活史阶段对底质颜色的选择

种　　　　类	卵黄囊期仔鱼	晚期仔鱼	幼　　鱼
中吻鲟 *Acipenser medirostris*	±	±	±
中华鲟 *A. sinensis*	+	+	+
史氏鲟 *A. schrenckii*	?	±	?
俄罗斯鲟 *A. gueldenstaedtii*	+	+	?
短吻鲟 *A. brevirostrum*	?	?	?
大西洋鲟 *A. oxyrinchus oxyrinchus*	+	+	?
墨西哥湾鲟 *A. oxyrinchus desotoi*	—	+	?
高首鲟 *A. transmontanus*	±	±	?
西伯利亚鲟 *A. baerii*	?	?	?
密苏里铲鲟 *Scaphirhynchus albus*	+	?	?
密西西比铲鲟 *S. platorynchus*	+	±	?
鳇 *Huso dauricus*	+	+	?

注:"+"表示选择白色;"—"表示选择黑色;"±"表示对黑白无明显反应;"?"表示无数据

4.1.2.2　鲟鱼早期生活史阶段底质颜色选择的适应意义

鲟鱼早期生活史的不同阶段选择白色底质的适应意义并不完全相同。卵黄囊期仔鱼选择明亮的环境(白色底质或趋光)有利于仔鱼孵化后迅速离开水底进入水层中,随水流向下游扩散,其意义在于躲避此时集中在产卵场的许多以鱼卵为食的鱼类。而晚期仔鱼和早期幼鱼选择白色底质可能与摄食行为有关,这种选择可能会增强仔鱼在环境中利用视觉发现运动的猎物的能力。鲟鱼的视力不发达,但它们能够区分那些亮度和对比度不同的运动的物体(Gisbert and Ruban,2003;Kynard and Horgan,2002)。

野外监测的结果也表明,鲟鱼幼鱼主要栖息于沿岸浅水区,其生态意义在于这样的水域光线充足,初级生产力较高,饵料生物的种类和数量丰富。水域环境的亮度(白色底质和亮度)选择行为的适应意义是鲟鱼幼鱼以光线作为寻找食物的线索,这种行为是在食物作为选择因子的作用下,在进化过程中形成的。

一般来说,白色底质选择行为会与趋光行为同时发生,选择白色底质的鲟鱼通常也有趋光行为,这种情况在已研究过的鲟鱼中也存在,如中华鲟(Zhuang *et al.*,2002)、史氏鲟、鳇(Zhuang *et al.*,2003)、大西洋鲟、短吻鲟(Kynard and Horgan,2002)等。已有的研究表明,选择白色底质(或趋光行为)往往和藏匿行为不能同时发生(Kynard and Horgan,2002),而选择黑色底质(或负趋光行为,或对黑白底质没有明显的选择性)往往会和藏匿行为同时发生,在已研究过的鲟鱼中,中吻鲟生活史中没有明显的趋光时期(Kynard *et al.*,2005),中吻鲟的卵黄囊期、晚期仔鱼和幼鱼存在着明显的藏匿行为。

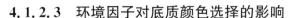

4.1.2.3　环境因子对底质颜色选择的影响

鲟鱼类栖息地的选择行为是内在的遗传行为,不受水流、温度和光照强度等因素的影响。鲟鱼对白色底质的选择是与光照强度相关的,对白色底质的选择实质上可能是对环境亮度的选择。对越冬中吻鲟幼鱼对于光照反应的研究表明(Kynard *et al.*,2005),中吻鲟在夜间活动性强,很暗的光线(<1.0 lx)即可抑制其白天的活动。这说明,鲟鱼可能能够区分非常微弱的亮度的差异。对于中华鲟的幼鱼来说,低亮度(1.4 lx)可能已经亮到足够使其能分辨出黑白底质区域内的亮度差异。至于在完全黑暗条件下中华鲟的幼鱼是否存在对白色底质的选择性需要进一步的研究。

4.1.3　底质选择性

底质类型对底栖鱼类的行为和分布有一定的影响。鲆、鲽、鳎等底栖鱼类常埋藏或潜伏于水底,它们大多适应、选择较细的粉砂质和由泥沙混合组成的沙泥质。下层或近底层鱼类常为摄食而在某些时期潜伏于水底,这些鱼类喜好选择的底质与底栖饵料生物的分布有密切的关系。另外一些鱼类为生殖必须洄游到一定的底质,如鲟鱼一般要在有卵石的环境中产卵(四川长江水产资源调查组,1988;危起伟,2003)。

4.1.3.1　鲟鱼幼鱼对底质类型的选择

对中华鲟幼鱼对沙(Φ<0.2 cm)、小砾石(Φ1~2 cm)、中砾石(Φ4~5 cm)和大砾石(Φ13~15 cm)4种底质类型选择的实验表明,单尾实验(从时间角度)和群体实验(从数量角度)结果均显示中华鲟幼鱼明显地选择沙底质(图4.1,图4.2)。对长江口中华鲟幼鱼主要集中分布区崇明岛东滩团结沙的调查也表明,该区域内的底质主要以沙泥为主,中华鲟幼鱼集中分布区域与中细粉砂(Φ0.004~0.03 mm)底质类型的分布区基本一致。

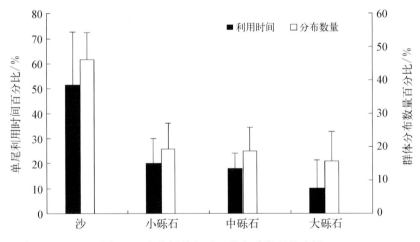

图4.1　中华鲟幼鱼对4种底质类型的选择

已有的研究也表明,除中吻鲟外,高首鲟、俄罗斯鲟、湖鲟、短吻鲟、密苏里铲鲟等鲟鱼幼鱼均喜欢利用沙底质,沙底质与深水环境可能是许多鲟鱼典型的越冬环境(Kynard *et al.*,2005)。

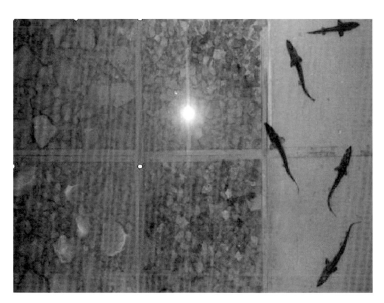

图 4.2 中华鲟幼鱼在沙、小砾石、中砾石和大砾石 4 种底质类型中的分布

鲟鱼对底质类型的选择还可能受其他环境因子的影响,如对墨西哥湾鲟(Chan *et al.*,1997)的研究表明,水流条件能影响幼鱼对底质类型的选择,单尾实验时幼鱼在低水流速度(4~6 cm/s)时对底质无选择性,而在高水流速度(5~17 cm/s)时中等程度选择卵石;群体实验时幼鱼在低水流时中等程度选择沙,中等程度回避卵石,在高水流速度时群体对底质无选择性。但对密苏里铲鲟和密西西比铲鲟(Allen *et al.*,2007)的研究结果显示,流速并不能改变幼鱼对底质的选择性。底质选择与水流速度的关系尚不清楚。

4.1.3.2 底质类型选择的生态适应意义

下层或近底层鱼类常为摄食而在某些时期潜伏于水底,这些鱼类喜好选择的底质与底栖饵料生物的分布有密切的关系,因此底质类型通过影响食物的分布间接影响鱼类的分布。对鲟鱼食性的研究表明,中华鲟、大西洋鲟、闪光鲟、短吻鲟等鲟的食物主要是寡毛类、多毛类、甲壳类、虾虎鱼类等底栖小型的身体柔软的生物,这些生物通常分布在沙底质上或栖息于沙底质中。因此,鲟鱼显著选择沙底质与其食物分布在沙底质中有关。

另外,鲟鱼选择沙底质可能与其摄食方式有关。鲟鱼的口下位,摄食时必须以吻部触须接触底质进行缓慢的搜索,然后"吮吸式"摄入,只能摄食底质上食物而不能摄食水层中的食物,鲟鱼很少进行主动的快速追击,其摄食行为属于探索类型。贴底是摄食的条件,中华鲟底质类型选择群体实验中,沙底质中不活动鱼(表现为贴底游动或静止)的数量显著高于其他 3 种底质,与其摄食行为方式有关。

沙底质相比于砾石更平坦和柔软,在沙底质中贴底觅食可以避免鱼体擦伤,因此由于只在砾石等 3 种底质的水层中游动,而不贴底觅食,这可能也是鲟鱼幼鱼选择沙底质的另一个原因。对养殖在不同底质上庸鲽(*Hippoglossus hippoglossus*)的生长、发育和皮肤的异常的研究发现,在所有的底质中,沙底质上的鱼的身体损伤和皮肤异常的个体数量最低(Ottesen and Strand,1996),这说明底栖鱼类选择沙底质有利于皮肤和身体的完整性。

对沙底质的选择是鲟鱼在长期进化过程中,在食物的作用下形成的,因此,鲟鱼将沙底质作为寻找食物的线索,所以沙底质的保护对于鲟鱼的生存具有重要意义。底质的破坏会加剧鲟鱼的濒危状况,对湖鲟的野外研究已经证明了这一点。湖鲟幼鱼主要利用沙底质,沙底质在湖鲟分布的河流中呈斑块状分布,且沙底质面积日益缩小,这种情况导致了湖鲟的濒危状况更加严重(Kempinger,1996)。因此,在鲟鱼的物种保护过程中,应该重视自然栖息地的底质保护,禁止在此区域内进行挖沙作业等人为破坏行为。在人工救护和养殖时,也应尽量使用沙底质,以减少环境胁迫造成的应激反应。

4.1.4　趋流性

生活在流水中的鱼类大多具有趋流性,它们能够根据水流方向、流速随时调整自身的游泳方向和游速,使自身保持逆流游泳状态或长时间地停留在某一特定位置。同时,游泳能力还能够反映它们的生存状况,影响着鱼类的觅食、求偶、避险、摆脱不适环境等能力。研究鱼类趋流性及游泳能力对于了解和分析鱼类的习性特征,尤其是对于洄游性鱼类,具有重要意义。鲟鱼多为洄游性鱼类,对水流速度敏感,研究鲟鱼的趋流行为,对于了解其生活习性、指导人工养殖条件的改善、鱼道的设计和建造等具有重要的指导意义。

采用垂直循环水流装置(图4.3)对中华鲟幼鱼(25.7～37.1 cm)的感应流速、喜爱流速和最大克流速度进行了研究。其中感应流速又称起点流速,是指鱼类刚刚能够产生反应的流速值;最大克流速度是指鱼类所能克服的最大流速;喜爱流速为幼鱼顶流游泳时在水槽内相对静止的位置及该处水流速度(何大仁和蔡厚才,1998)。

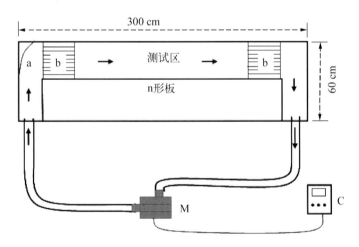

图4.3　垂直循环水流装置(侧视图)

C. 变频器;M. 调频水泵;a. 导流板;b. 整流栅

根据幼鱼游泳方向与水流方向的关系及运动情况,可以将其在水流中游泳行为划分为4种类型(图4.4)。

类型1:幼鱼顶流游泳,游泳速度大于水流速度,幼鱼在水中顶水前进。

类型2:幼鱼顶流游泳,游泳速度与水流速度相等,幼鱼在水流中保持静止。

类型3:幼鱼顶流游泳,游泳速度小于水流速度,幼鱼被动随水流后退。

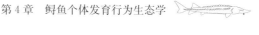

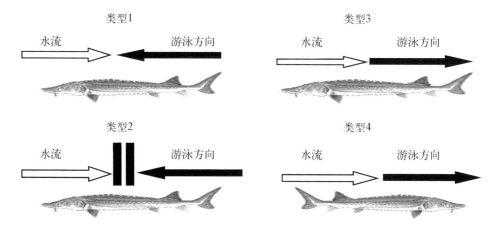

图 4.4　中华鲟幼鱼在水流中的游泳行为类型

类型 4：幼鱼顺流游泳，随着水流向下游游动。

测定了中华鲟幼鱼在不同流速条件下的趋流率（$F\%$，顶流游泳时间占全部实验时间的百分比）及尾鳍摆动频率。

实验鱼体长分别为：A 组[(25.73 ± 0.39)cm]、B 组[(27.90 ± 0.70)cm]、C 组[(30.64 ± 1.25)cm]、D 组[(35.64 ± 1.47)cm]、E 组[(37.44 ± 1.13)cm]。

4.1.4.1　中华鲟幼鱼的感应流度、喜爱流速和最大克流速度

中华鲟幼鱼的感应流速为 $20\sim25$ cm/s，且感应流速与幼鱼体长相关性不显著（$P>0.05$）。

喜爱流速研究结果表明，当实验鱼进入流速范围 $26\sim29$ cm/s 的梯度水槽后，鱼会顶水或顺水在梯度槽内游动；当到达 $30\sim40$ cm/s 的流速区域内时，会顶流保持较长时间的相对静止，因此这一流速范围是幼鱼的喜爱流速。

当水流速度增大到幼鱼不能顶流游泳超过 10 s 而掉头顺流游泳时的速度作为幼鱼的最大克流速度。测定结果表明，中华鲟幼鱼的最大克流速度为 $150\sim230$ cm/s。

4.1.4.2　趋流率和尾鳍振动频率的变化

实验鱼在无水流时，各组幼鱼的趋流率在 50% 左右；当水流速度达到 20 cm/s 时，各组幼鱼的趋流率超过 60%；流速达 25 cm/s 时，趋流率达到 70% 以上；流速达 40 cm/s 时，趋流率达 80%～90%；流速达到 60 cm/s，各组趋流率超过 90%；流速达 85 cm/s 时，趋流率全部达 100%。

流速达 135 cm/s 时，体长最小的 A 组趋流率下降为 65%，表明水流速度达一定程度后，中华鲟幼鱼顶流游泳能持续的时间随流速增加而下降，幼鱼被动顺流游泳时间增加，导致趋流率下降。其他四组在速度超过 135 cm/s 后，表现出和小个体 A 组相同的趋流率下降趋势，说明体长较小的幼鱼的持续顶流能力首先下降而顺流游泳时间增加（图 4.5）。

在水流速度达到 15 cm/s 以前，各组的幼鱼尾鳍振动频率均在 1 次/s 以下，随着流速增加，尾鳍振动频率开始增加，体长较小的组振动频率增加较快。体长最小的 A 组在水流速度达到 230 cm/s 时，尾鳍振动频率可达 4 次/s。体长最大的 E 组在水速达 230 cm/s 时，尾鳍振动频率为 3 次/s（图 4.6）。

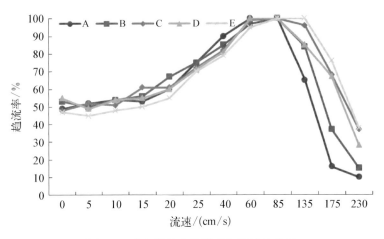

图 4.5　中华鲟幼鱼趋流率与流速的关系

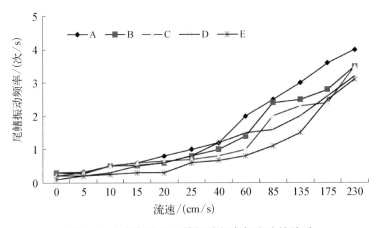

图 4.6　中华鲟幼鱼尾鳍振动频率与流速的关系

4.1.4.3　流速选择的生态适应意义

即使同种鱼类,由于体长不同顶流能力也不尽相同(何大仁和蔡厚才,1998)。对中华鲟幼鱼的研究结果表明,中华鲟幼鱼具有较强的趋流性,其感应流速为 20～25 cm/s;当流速达到感应流速时中华鲟幼鱼开始趋流,且随着流速的增加趋流率由 50%(0 cm/s)增加至 100%(85 cm/s);当流速继续增加时,趋流率呈下降趋势。中华鲟幼鱼尾鳍的摆动频率也随着水流速度的增加而提高,由<1 次/s(<15 cm/s)增加至 3～4 次/s(>230 cm/s),以提高游泳速度来保持幼鱼的趋流性。

当水流速度增大到幼鱼不能顶流游泳超过 10 s 而掉头顺流游泳时的速度作为幼鱼的最大克流速度。中华鲟幼鱼的最大克流速度为 150～230 cm/s。有学者认为幼鱼能够承受的最大克流速度值可以用公式 $V=(2\sim3)L$ 或 $V=1.98\,L^{0.5}$(式中,V 为最大克流速度,L 为体长);Wendy 认为幼鱼游泳所能承受的最大克流流速可以用公式 $V=(6\sim7)L$ 来计算(何大仁和蔡厚才,1998),本实验最大克流速度和后者相近。

喜爱流速实验结果表明,幼鱼进入 26～29 cm/s 的梯度水槽后,鱼会顶流或顺流在梯度槽内游动;当到达 30～40 cm/s 的流速区域内时,会顶流保持较长时间的相对静止,因此这一流速范围是幼鱼的喜爱流速。中华鲟幼鱼的喜爱流速与长江口中华鲟幼鱼分布区涨潮时底层水流速度(40 cm/s)较接近,最大克流速度大于长江口高流速区流速(夏季 103 cm/s 左右),表明中华鲟幼鱼喜欢在流速较低的水域栖息。根据对中华鲟幼鱼游泳能力的测定,结合长江口区的水流速度资料,可以看出中华鲟幼鱼的游泳能力可以使其在长江河口区的不同区域内进行移动,这保证了幼鱼对其适合的水温与盐度区域的选择。

国外对鲟鱼栖息地水域流速的研究表明,短吻鲟成鱼(叉长 62.2～80.4 cm,体重 0.91～2.5 kg)在密西西比河上游水库中的春季栖息地底层平均流速为 23 cm/s(0～52 cm/s),大多栖息于底层流速在 20～45 cm/s;高首鲟幼鱼主要在河湾处分布,水流多向,底层流速为 5～31 cm/s(Curtis et al.,1997);密苏里铲鲟在栖息地黄石河底层流速为 65 cm/s,短吻鲟为 78 cm/s(Bramblett and White,2001)。

对其他鲟鱼类在河口游泳行为的研究表明,幼鲟的移动与潮汐方向有关。例如,研究表明大西洋鲟在 Gironde 河口的移动方向主要取决于潮汐方向,退潮时幼鲟顺流游泳,涨潮时顶流游泳;无论昼夜幼鱼似乎保持相对静止,当潮水涨至一半时潮流速度增强,幼鱼会被动随着水流漂流;幼鱼在一个潮汐过程中被动漂流距离 12～16 km,而实际移动距离在 6 km 左右(Taverny et al.,2002)。在加拿大 Montsweag 河口的短吻鲟的移动也以潮水方向定向,或顶流游动,或随水漂流(Benson et al.,2011),顶流的作用是保证幼鱼不会被潮水带离觅食地。

4.1.5　水深选择性

在影响鱼类行为的各种环境因子中,水深直接影响水的温度、盐度、水色、透明度、水系分布、流向、流速等生态因子,从而间接影响鱼类的分布和聚集行为。许多鱼类在早期发育阶段都有一个栖息水层变化的过程,一般认为,刚出膜的仔鱼是被动地随水流而上下漂游,仔鱼可通过身体与水相对密度的关系,控制在某一垂直分布位置。仔鱼栖息水层的选择可能一方面是通过向上游动来达到水平移动,从而达到另一栖息地;另一方面可能是为了寻找食物或逃避敌害。

4.1.5.1　鲟鱼早期生活史阶段对栖息水层的选择

水深选择实验装置为一个 160 cm 高,直径 15 cm 的透明有机玻璃圆筒,在圆筒的中央套有一根同样是 160 cm 高的,直径为 2.5 cm 的有机玻璃轴,轴上纵向对称地安装了 2 片宽为 2 cm 的叶片,轴的下端与圆筒底部相连。另一端(圆筒的上部口端)安装一个变速马达,当马达转动时,带动轴和叶片转动,使圆筒内的水形成水流。在叶轮轴上附加一根内径 5 cm 的软塑料管,一直延伸到底部,在圆筒的外部从上至下划出尺寸刻度标记,以便观察记录实验鱼的位置。每次实验时将 1 尾实验鱼通过软塑料管中放入圆筒的底部,然后开始转动叶轮,使圆筒中形成水流,实验鱼适应 1 min 后,记录实验鱼在第 9～10 min 内的栖息水层和停留时间。

对中华鲟、史氏鲟、俄罗斯鲟、达氏鲟、西伯利亚鲟和鳇等 6 种鲟鱼早期生活史阶段仔鱼对栖息水层的选择进行了研究(图 4.7)。除达氏鲟一直栖息于水体底层外,其余 5 种

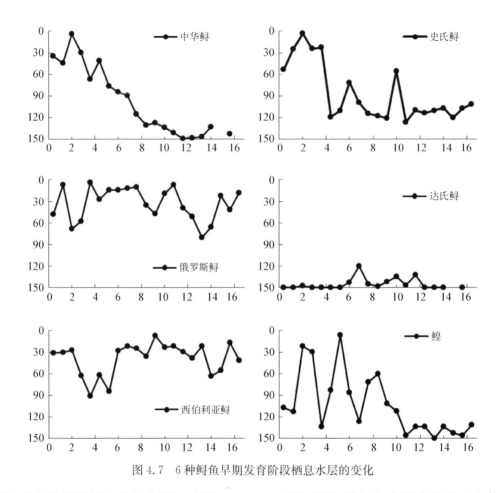

图 4.7　6 种鲟鱼早期发育阶段栖息水层的变化

鲟鱼的卵黄囊期仔鱼多具有"向上游泳(swim up)"的习性,其栖息水层多接近于水体表层,随着仔鱼的发育,栖息水层逐渐下移,晚期仔鱼多栖息于水体底层。

　　一般认为,趋光性、穴居行为、向上游泳(水深选择)和洄游是一些鲟科鱼类早期发育阶段最典型的基本行为特征。一般来讲,趋光与向上游泳是有关系的,趋光可能是向上游泳的一个诱导因素,而向上游泳是导致被动顺水洄游的前提条件,因此这 4 个行为特征都是相互关联的(表 4.3)。卵黄囊期仔鱼具有洄游性的种类有向上游泳的行为,如高首鲟、史氏鲟、中华鲟、俄罗斯鲟等。卵黄囊期仔鱼不洄游的种类无向上游泳的行为,如中吻鲟(游泳高度<25 cm)、短吻鲟(偶尔向上游泳,大部分时间在底质上)、达氏鲟(游泳高度<15 cm)。

表 4.3　几种鲟科鱼类早期个体发育行为学特征比较

种　类	行　为　特　征					
	卵黄囊期仔鱼				晚期仔鱼	
	P-P	S-U	D-M	C-P	D-M	C-P
中华鲟	Y	Y	Y	N	Y(8)	Y(11)
史氏鲟	Y	Y	Y	N	Y(3)	Y(7)

续 表

种 类	行 为 特 征					
	卵黄囊期仔鱼				晚 期 仔 鱼	
	P－P	S－U	D－M	C－P	D－M	C－P
俄罗斯鲟	Y	Y	Y	Y?	Y(7)	Y(9)
西伯利亚鲟	Y	Y	Y	N	N	N
达氏鲟	Y	N	N	N	N	Y(6)
鳇	Y	N	N	N	Y(7)	Y(2)
短吻鲟	N	N	N	Y	Y(4)	Y(13)
高首鲟	N	Y	Y	—	Y(5)	Y(6)
闪光鲟	Y	Y	Y	—	Y(—)	Y(—)
大西洋鲟	—	—	N		Y(18)	—
湖鲟	—	—	Y		Y(—)	—
欧洲鳇	Y	Y	Y	N	Y(8)	—
密苏里铲鲟	N	N	Y?	N	Y(13)	N
密西西比铲鲟	—	—	Y		Y(7)	

注：P－P(positive phototaxis)，趋光性；S－U(swim up)，向上游泳；D－M(downstream migration)，顺流洄游；C－P (cover preference)，选择洞穴；Y(Yes)，表示具备此行为，括号中数字为此行为持续的天数；N(No)，表示不具备此行为；—表示无资料；? 表示数据可切磋

最初的研究认为鲟科鱼类的早期发育阶段向上游泳是因为水体底层没有隐蔽场所 (Richmond and Kynard，1995)，后来的研究则表明即使提供充足的隐蔽场所，鲟鱼卵黄囊期仔鱼仍然有向上游泳的特性，因此向上游泳并不是由于水体缺乏隐蔽场所。

卵黄囊期仔鱼和晚期仔鱼的游泳高度也有所不同，顶流游泳和顺流游泳时的高度也不同，鲟鱼仔鱼对游泳的高度存在先天的选择性。俄罗斯鲟、中华鲟、史氏鲟、高首鲟等降河洄游的卵黄囊期仔鱼，远离水底游泳，其适应意义是可能躲避捕食者和向下游扩散；晚期仔鱼降河洄游时远离水底的种类是短吻鲟、史氏鲟和大西洋鲟，这些种类的仔鱼游泳高度在 30～100 cm。俄罗斯鲟仔鱼洄游，没有稳定的游泳高度。对于仔鱼降河洄游的种类，在水底附近洄游（不是贴在水底）是在最大限度地向下游扩散和摄食之间的一种妥协。鳇白天顶流游泳时离水底高度 15 cm 以内，顺流游泳离水底远（30～100 cm）。

鲟科鱼类仔鱼的行为学特性表现在对于水体纵深方向的运动十分活跃，尤其是在仔鱼最需要呵护的脱膜期。脱膜期是鱼类生活史中最易受到伤害的时期，一方面由于缺少卵膜的保护对外界环境因子的反应较脱膜前敏感，另一方面由于初孵仔鱼的运动受到伤害的概率也较脱膜前大。鲟科鱼类的脱膜仔鱼与其他鱼类有较大的差别，许多种类的鱼类在仔鱼脱膜后大多是在水体底部停留相当一段时间，待仔鱼进一步发育完善，有较强的游泳能力后再离开底部游动。而大多数鲟科鱼类的仔鱼几乎没有其他鱼类仔鱼在水底"静卧"的现象，而是在脱膜后就显示出较高的活动频率，尤其是向水体表层的向上游泳。因此，对于鲟鱼的自然繁殖保护，不仅要注重平面上的保护，保护好产卵孵化（如保护产卵亲鱼、产卵活动、鱼卵孵化等），还应该关注纵深方向的保护问题，保护好仔鱼向上游泳的水层，注重立体保护。

4.1.5.2 中华鲟幼鱼对水层的选择

采用 2 m×1 m×1.3 m，水深 1.2 m 的水箱研究了中华鲟幼鱼对水层的选择。将水

层从底部向上均匀分为 3 层,即底层、中层和表层。在水箱中每次放入 1 尾幼鱼适应 5 min 后,连续记录观察 5 min 内幼鱼在各水层中的游泳时间,每组测试 10 尾,共 3 组。经研究发现,中华鲟幼鱼在底层、中层和表层的时间百分比分别是 $(69.18\pm40.36)\%$、$(8.91\pm11.47)\%$ 和 $(21.83\pm38.25)\%$。经 Kruskal-Wallis Test 检验 $\chi^2=19.735$,$P=0.00$,表明中华鲟幼鱼在底层水域的时间多于中层和表层,且差异极显著。

中华鲟幼鱼绝大部分时间是在水底层生活,这与大多鲟鱼种类相同。鲟鱼是底栖鱼类,口下位,只能摄食底质上的食物,而不能摄食水层中的食物。Curtis 等(1997)研究了短吻鲟在密西西比河上游水库中的栖息地选择,指出短吻鲟春季栖息水深平均 5.8 m(2.7~8.2 m)。在 Fraser 河的高首鲟幼鱼主要栖息于水深≥5 m 的河湾处(Bennett et al.,2005)。密苏里铲鲟在黄石河和密苏里河栖息水深为 14.5 m,而密西西比铲鲟栖息水深为 10.1 m(Bramblett and White,2001)。欧洲大西洋鲟在 Gironde 河口栖息于 7 m 深水域(Taverny et al.,2002)。这些报道说明鲟鱼的幼鱼大多栖息于较浅的水域。Kynard 和 Parker(2004)研究发现,生活于 Suwannee 河中墨西哥湾鲟幼鱼除了主要在水底摄食以外,也在水层中度过很多的时间来进行摄食。这种非正常的摄食方式是对其生活河流的特殊环境的适应,它们分布的河流是该物种分布区的最南界,那里夏季水温高,条件恶劣,缺少底栖的食物,由于底栖的食物短缺,它们已进化出来在水层中摄食的行为(drift feeding)。中华鲟幼鱼主要利用水的底层说明其野外生存条件下食物资源丰富,而没有像墨西哥湾鲟那样进化出来在水层中摄食的行为。

对中华鲟幼鱼的摄食行为的研究发现,中华鲟幼鱼的摄食是依靠其口膜的伸缩进行"吮吸式"的摄食模式,这与其口下位形态学结构有关(梁旭方,1996)。中华鲟的食性研究也表明其食物主要是底栖生物。结合对中华鲟幼鱼光照强度和白色底质的选择行为,综合分析表明中华鲟幼鱼在长江口自然条件下分布在水层较浅的滩涂区域,且主要栖息于水体的底层。这与易继舫(1994)调查的中华鲟幼鱼在长江口区域内主要分布在 3~5 m 深的潮间带水域内的结果一致。中华鲟幼鱼在长江口停留的时间为 5~8 月,这段时间是长江口一年中水温最高的季节,高达 30℃。对于起源于冷水的鲟科鱼类来说,这样的水温已接近其耐受的上限,其正常的行为将受到影响。由于洪水期水体温度的层化现象,在冲淡水舌的底层水温最低可达 18℃。因此,底层生活可以使中华鲟幼鱼避免高温。在插网监测时也发现,中华鲟幼鱼在白天的捕获量较晚间低,推测主要是由于白天水温过高所致,中华鲟幼鱼白天在较深的水域停留,夜晚随着涨潮到浅水区摄食,然后顺着退潮的潮水返回水温较低的深水区。

4.1.6　盐度选择性

对盐度的主动选择反映了鲟鱼不同生活史阶段对栖息水域盐度条件的需求,研究盐度选择行为及其变化规律,不但有助于我们更好地认识鲟鱼是如何适应盐度环境的,掌握其洄游习性,而且也有助于我们更好地保护鲟鱼资源。

4.1.6.1　实验装置

实验装置的研制是研究鱼类盐度选择行为的基础和保障,也是目前限制鱼类盐度选择行为研究的主要决定因素,其难点是装置内难以形成连续稳定的盐度梯度。何绪刚(2008)在研究盐度扩散规律的基础上,发明了一种"六分室"盐度选择实验装置(图 4.8)。该装置为圆形,高 1 m,直径 6 m;分室之间的隔墙长 2 m,高 1 m。中央区域为六边形,中间为圆锥体(坡度 50°),以利于实验鱼上浮和下潜。中央区域墙高 50 cm,各分室与中央区域的通道(门)高 40 cm。各分室外侧底部设一出水口,下接 PP 水管,管道末端安装活动的限水位的垂直水管,用于各分室排水。在各分室通往中央区域的门前设活动隔板,用于各分室配制不同盐度梯度时关闭通道。盐度配好后,去掉此活动隔板,使各分室与中央区域相通。

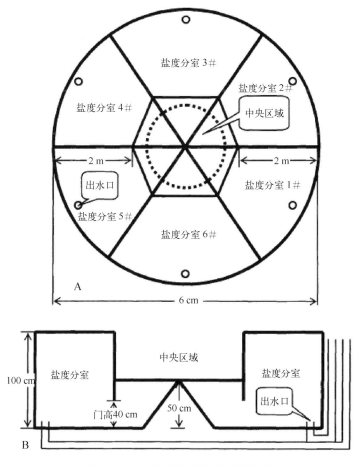

图 4.8　"六分室"盐度选择实验装置

A. 俯视图;B. 侧视图

　　运行该实验装置,首先用活动隔板将各分室通向中央区域的通道门全部封闭,然后向各分室分别注入实验设定的不同盐度的水,向中央区域注入实验设定的最低盐度的水,并保持各分室及中央区域水位高度相同,且水位高度大于中央区域圆锥体高度,然后去掉封闭各分室与中央区域之间门的活动隔板,使各分室与中央区域相通。经数分钟扩散,便形成具有六个稳定的不同盐度的区域分室。中央区域为过渡区域,水体盐度呈垂直分层状态:从门顶水平面起以上水体盐度最低,等于实验要求的六个盐度梯度中的最低盐度;门顶水平面以下水体盐度,等于各分室的盐度。在这个过渡区域里,实验鱼只要下潜至门前,即使没有进入盐度分室,就能在各分室门前感觉到盐度的不同。实验开始时,可将实验鱼从中央过渡区域放入实验装置,也可以在各盐度分室中分别放入数量相等的实验鱼。一定时间后,从实验鱼主动选择的盐度分室(或者在各盐度分室里活动频率、时间上的差异)即可直观地了解鱼类喜好的盐度为多少。该装置在静态下可维持各分室盐度 10 d 以上不变,具有很强的盐度稳定性,并具有较高的均匀性。在人工不间断曝气和实验鱼活动情况下,一次实验的持续时间以不超过 1 d 为宜。

该实验装置形成稳定盐度分室的关键在于各分室通往中央区域的门高度小于中央区域圆锥体及隔墙高度。由于各分室水体盐度大于或等于中央区域水体盐度,因此各分室水的密度大于或等于中央区域。在打开通向中央区域的门之后,各分室较高密度的水便分别经各自的门向中央区域扩散,并形成垂直分层,其界面位于门顶水平面。因为门的高度小于中央区域圆锥体及隔墙高度,从分室中扩散过来的较重水便被局限于中央区域圆锥体及隔墙所构成的狭小区域,而不能继续扩散到其他分室中;同样,由于门顶部墙体的阻止,中央区域较低密度的水不能扩散进入任何一个分室中,由此最终形成了每个分室一种盐度的盐度选择实验装置。中央区域的圆锥体结构形成了一定的坡度,坡面结构有利于从分室方向进入中央区域的受试鱼上浮到高于中央区域隔墙的水体中,也利于实验鱼下潜进入其他分室。这种构造有助于实验鱼自由活动于各分室及中央区域,便于实验动物选择喜好的盐度区域。

4.1.6.2　中华鲟幼鱼的盐度选择行为

为比较不同月龄及偶然的盐度刺激是否会引起盐度喜好性的改变,实验选取 8 月龄和 11 月龄人工繁养中华鲟幼鱼及盐度 10 驯养 20 天的幼鱼进行研究。如图 4.9 所示,8 月龄和 11 月龄幼鱼在淡水中的出现率分别极显著地高于同龄幼鱼在其他盐度中的出现率。这说明,一直生活在淡水环境中的中华鲟幼鱼是喜好淡水的,并不喜好咸水。人工繁养的淡水中华鲟幼鱼在盐度 10 环境中驯养 20 天以上,其在盐度 10 分室中的出现率极显

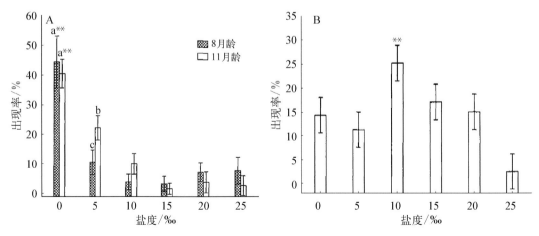

图 4.9　中华鲟幼鱼的盐度喜好性

A. 淡水养殖;B. 盐度驯养 20 d 以上
柱上的不同字母,表示差异显著($P < 0.05$);＊＊表示差异极显著($P < 0.01$)

著地高于其他盐度分室中的出现率,表明咸化幼鱼最喜好的盐度是 10。而这个盐度正好是其咸化环境的盐度,并且咸化幼鱼在进行咸化之前是喜好淡水环境的。这说明幼鱼生活的水环境盐度可以改变其原有盐度喜好性,并使之建立起新的与环境盐度相适应的盐度喜好性。从图 4.9-B 还可以看出,咸化幼鱼盐度喜好性排序为盐度 10>盐度 15>盐度 20>淡水>盐度 5>盐度 25。虽然咸化幼鱼在对盐度 15、盐度 20 和淡水的盐度喜好性上并未表现出显著性差异,但这一现象已经显示出了咸化幼鱼喜好更高盐度的趋势。

图 4.10 为长江口天然水域野生中华鲟幼鱼在不同盐度下的出现率。野生中华鲟在盐度 5 分室中的出现率极显著地高于其他盐度分室中的出现率,其盐度喜好性排序为盐度 5>淡水>盐度 10>盐度 25>盐度 15=盐度 20。表明野生幼鱼最喜盐度为盐度 5,次好盐度为淡水和盐度 10。野生幼鱼在次好盐度中的出现率均极显著地高于其他高盐度环境中的出现率。这一结果表明,在长江口活动的中华鲟幼鱼正在改变着原有喜淡水的习性,其盐度喜好性朝着喜咸水的方向转变。

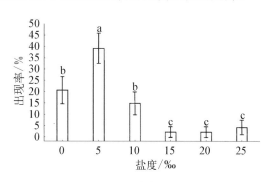

图 4.10　长江口野生中华鲟幼鱼的盐度喜好性
柱上的不同字母表示差异显著($P<0.05$)

中华鲟幼鱼盐度喜好性并不是一成不变的,存在着明显的变化规律,即随着外界盐度增加,喜好盐度也随之增加;从未接触过咸水的淡水幼鱼,极其显著地表现为趋淡水行为;生活在长江口,还未完成渗透生理转变的野生中华鲟幼鱼,最喜好盐度为 5;而驯养于盐度 10 环境中一定时间的中华鲟幼鱼,最喜好驯化盐度为 10。

4.1.6.3　盐度选择行为的生态学意义

鱼类的盐度喜好性是其渗透生理状态的外在表现。对盐度的主动选择,可以限制鱼类生活于适宜渗透环境中,免受不良渗透环境对鱼类内环境稳定性的破坏,以利于鱼类的生存。

中华鲟幼鱼刚从长江干流洄游到长江口时,无一例外都表现为趋淡水行为,并不喜好咸水。但在长江口摄食肥育过程中,中华鲟幼鱼接触到咸水,在外界盐度的刺激下,引起体内渗透调节器官和组织发生结构、功能上的调整。在组织器官调整期间,幼鱼基本不具备适应过高渗透压力环境的能力。幼鱼的趋淡水行为此时正好为机体提供必要的保护,它保证了幼鱼被局限在较低的盐度水域中,回避高盐度海水区域,从而避免了过高盐度水环境给身体带来的危害。当渗透调节器官和组织完成了调整后,机体对栖息水环境的盐度要求随之发生了相应转变,其盐度喜好性也发生了根本转变,表现为主动选择不同渗透压力的水环境。也就是说,随着渗透调节器官由适应淡水低渗环境逐渐转变为适应咸水高渗环境的过程中,幼鱼的盐度喜好性也从喜好淡水逐渐转变为喜好不同盐度的咸水。正是这种盐度喜好性的转变驱动着中华鲟幼鱼最终从河口半咸水水域进入大海之中。

因此我们认为,中华鲟幼鱼入海洄游机制之一是其盐度喜好性发生了根本变化,从原有的趋淡水性转变为趋咸水性,喜好咸水驱使幼鱼主要选择了海水,从而离开有着丰富食物种类和数量的河口半咸水水域。这也是中华鲟盐度喜好性的第二个重要生态学意义。

总之,中华鲟盐度喜好性主要有以下两个方面的生态学意义:一是将幼鱼限制于适宜渗透环境中,有利于其生存;二是驱动幼鱼离开河口半咸水水域洄游到大海。

4.1.7 藏匿行为

藏匿于砾石的缝隙中,是鲟科鱼类早期生活史阶段行为学的典型特征之一,这一特征在其整个漫长的生活史中有着重要的地位和意义。藏匿在石块缝隙或洞穴中,不易被敌害鱼类发现而被捕食,能有效提高早期生活史阶段的存活率。

4.1.7.1 鲟鱼早期生活史阶段的藏匿行为

目前已有的研究中,对于鲟鱼的藏匿行为研究主要集中于早期仔鱼期和晚期仔鱼期。已有的研究表明,鲟鱼的藏匿行为主要存在于某些种类的早期仔鱼期(表4.3)。对中华鲟早期发育阶段藏匿行为的研究发现,0~6日龄的中华鲟早期仔鱼100%无藏匿行为;第7日龄少量藏匿,比例为15%;第8~10日龄选择隐蔽物,为藏匿行为的高峰期;第11日龄藏匿比例为50%;第12(此时开口摄食进入晚期仔鱼期)、13、14日龄约为35%;15~17日龄持续下降;18日龄以后至实验结束的30日龄之间已完全无藏匿行为(图4.11)。

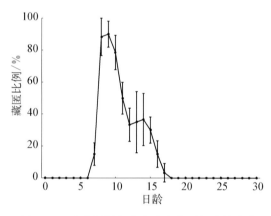

图 4.11 中华鲟早期发育阶段藏匿行为的变化

一般来说,早期仔鱼的藏匿行为往往与其洄游行为模式有关,如果早期仔鱼具洄游习性,则此时期一般不存在藏匿行为。如果早期仔鱼不洄游,晚期仔鱼期以后洄游,则早期仔鱼往往会具藏匿习性。洄游开始的时期一般与自由胚在产卵场被其他鱼类捕食的压力大小有关,如果早期仔鱼在产卵场的被捕食压力较大,早期仔鱼会进行向产卵场下游的扩散洄游,则早期仔鱼就不会存在藏匿行为。相反,早期仔鱼在产卵场被捕食的压力较小,其早期仔鱼一般不会洄游,开始洄游的时间往往会先后延迟到晚期仔鱼期或更晚,则在产卵场不洄游的早期仔鱼会发生藏匿行为。因此,在产卵场被捕食的压力大小决定了其早期仔鱼是否会发生藏匿行为,当产卵场被捕食的压力较大时,自然选择有利于那些先洄游的行为模式,先洄游会消耗自由胚用于个体发育的能量,这种能量消耗带来的益处将大于被捕食者捕食带来的不利。如果早期在产卵场被捕食的压力较小时,自然选择有利于那些先进行个体发育的行为模式,不进行洄游节省下来的能量以使个体迅速发育所带来的好处,将大于其洄游而受到被捕食的风险。

藏匿行为与趋光性、底质颜色选择性、水深选择性及洄游习性之间存在着相互的关联,藏匿比例的提高往往伴随着趋光性的减弱、选择黑色底质比例的增加、栖息水深接近底部及洄游习性的停止(表4.3)。仔鱼藏匿于洞穴中,生活到离开隐蔽物到开阔水域栖息的这几天也是身体快速发育的时期。鲟鱼具藏匿行为的时期正是从卵黄囊期仔鱼发育到晚期仔鱼的时期,这个时期仔鱼的感觉、摄食和游泳器官得到快速的发育,仔鱼具备了发育良好的眼睛、开放的电感觉器官(吻部腹面的罗伦氏囊)、长出牙齿的口部及能够维持正常游泳的鳍条。当仔鱼出洞时便是其开口摄食的时期,当仔鱼摄食后,其体质和游泳能力便得到了质的飞跃,逃避敌害的能力大为增强,自身所需的活动空间也更大,藏匿行为逐渐消失。

鲟科鱼类不同属及不同种类之间藏匿习性具有较大差异(表 4.3)。鲟属的卵黄囊期仔鱼洄游期间一般不会选择隐蔽物,但洄游停止后一般会选择隐蔽物。例如,史氏鲟和中华鲟的卵黄囊期仔鱼洄游停止后强烈选择隐蔽物。鳇卵黄囊期仔鱼洄游停止后不选择隐蔽物,这可能是鲟属和鳇属的区别。铲鲟属的卵黄囊期和晚期仔鱼期是连续进行洄游,因此一直无藏匿行为发生(Kynard *et al*.,2002a)。

4.1.7.2　中华鲟幼鱼的藏匿行为

对中华鲟幼鱼(9 月龄野生幼鱼)的研究结果表明,中华鲟幼鱼不存在藏匿行为,其选择开阔水域和隐蔽物的时间百分比分别为(98.8±2.2)%和(1.2±2.2)%($P > 0.05$)。中华鲟幼鱼没有躲避于隐蔽物下的藏匿行为,这说明在长江口区的水域内,中华鲟幼鱼可能不存在或很少有捕食的天敌。中华鲟幼鱼在长江口的主要栖息地——崇明岛东滩是长江口最大的滩涂湿地,大量的有机碎屑、底栖藻类、有机腐殖质和潮间带的无脊椎动物等成为鱼类良好的饵料基础,而且除中国花鲈(*Lateolabrax maculatus*)外,几乎不存在其他凶猛鱼类,所以崇明岛东滩为鱼类的繁殖和生长提供了良好的环境(庄平等,2006)。没有被捕食的选择压力,因此,自然选择没有使其进化出躲避的行为。

4.1.8　洄游习性

一般认为鱼类的洄游目的有 3 个,即索饵、生殖和越冬,这只是笼统地归纳。追寻历史原因,鱼类在某个发育阶段也会发生生境的改变,如一些胚胎和仔稚鱼的被动洄游,其方向和路线是由水流影响的,但这种洄游又常常是成鱼期主动洄游的根源,多种鲟鱼类即是这样。

4.1.8.1　鲟鱼早期生活史阶段的洄游习性

鲟鱼类早期有许多种洄游的类型。就洄游开始的时间来看,有些种类卵黄囊期仔鱼即开始洄游,如西伯利亚鲟(黄晓荣,2003)、史氏鲟、鳇(Zhuang *et al*.,2003)、高首鲟(Richmond and Kynard,1995)、俄罗斯鲟(Kynard *et al*.,2002b)、中华鲟(Zhuang *et al*.,2002)(图 4.12)、密苏里铲鲟、密西西比铲鲟(Kynard *et al*.,2002a)。有些种类晚期仔鱼开始洄游,如墨西哥湾鲟(Kynard and Parker,2004)、大西洋鲟、短吻鲟(Kynard and Horgan,2002)、中吻

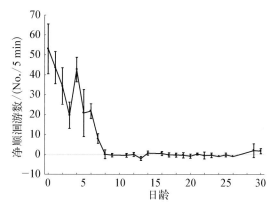

图 4.12　中华鲟早期发育阶段洄游行为的变化

鲟(Kynard et al., 2005)、湖鲟(Kempinger, 1996)等。有些幼鱼期开始洄游,如达氏鲟(Kynard et al., 2003)。

就洄游的次数来看,有些种类是一次洄游,如大西洋鲟(仔鱼期洄游)、达氏鲟(幼鱼期洄游)、墨西哥湾鲟(仔鱼幼鱼连续性一次洄游)。有些种类是二次洄游,根据两次洄游时间的不同,又可以分成以下类型:① 卵黄囊期仔鱼和晚期仔鱼二次洄游,如史氏鲟、鳇(Zhuang et al., 2003);② 晚期仔鱼和幼鱼二次洄游,如中吻鲟(Kynard et al., 2005)、短吻鲟(Richmond and Kynard, 1995);③ 卵黄囊期仔鱼和幼鱼二次洄游,如高首鲟(Kynard and Parker, 2005)、俄罗斯鲟(Kynard et al., 2002b)、中华鲟(Zhuang et al., 2002)。铲鲟属的两种鲟都是从卵黄囊期仔鱼开始洄游,并延续至晚期仔鱼期继续洄游(Kynard et al., 2002a)。

4.1.8.2　洄游习性的生态适应意义

研究表明,鲟鱼早期生活史阶段开始洄游的时间与产卵的被捕食压力有关,如果来自产卵场的被捕食压力大,则卵黄囊期仔鱼开始洄游(孵化后即开始洄游);若来自产卵场的被捕食压力小,则卵黄囊期仔鱼会停留一段时间,晚期仔鱼期或幼鱼期才开始洄游。

鲟鱼早期生活史的行为主要是洄游和摄食。中吻鲟洄游全部在夜间进行,其摄食行为昼夜都发生,但夜间具有一个摄食高峰(Kynard et al., 2005);大西洋鲟早期洄游是夜间进行的,洄游后期白天进行(Kynard and Horgan, 2002);短吻鲟白天洄游(Richmond and Kynard, 1995);高首鲟仔鱼和幼鱼的扩散期间的昼夜行为相同,即白天和夜间都扩散,但夜间具有一个活动的高峰(Kynard and Parker, 2005)。

Kynard等研究了几种鲟鱼的体色和洄游类型之间的关系,发现体色与洄游类型之间有关系(Kynard et al., 2002a, 2002b, 2003, 2005;Kynard and Parker, 2004, 2005)。鲟鱼类卵黄囊期仔鱼和晚期仔鱼的体色有3种颜色的组合:深色的体色和尾色,浅色的身体带有黑色的尾,浅色身体和尾。中吻鲟自由胚期不洄游,具有浅灰色的身体,但仔鱼具有中等灰色的身体和黑色的尾。北美的鲟鱼中仔鱼洄游的都具有深色的体色(灰色或深灰色、棕色、黑色):短吻鲟、大西洋鲟、墨西哥湾鲟和湖鲟。中吻鲟洄游的仔鱼具有和其他鲟鱼洄游仔鱼相同的颜色。中吻鲟自由胚期只是尾尖处呈黑色,但在仔鱼洄游期和仔鱼开始摄食时,其体后部三分之一呈深黑色。黑色尾型在洄游停止时又逐渐消失。早期仔鱼出现的黑色尾型表明这种形态特征和行为特征是相联系的,也是对早期摄食和洄游行为的适应。这种黑色尾的摆动可能是群体内个体间联系的信号,或避敌的信号,或二者兼有。但中吻鲟仔鱼在椭圆形的洄游槽内随机分布,这一结果表明它们不具有社群性,黑色尾在中吻鲟中不具有个体间的信号作用。黑色尾型出现在许多鲟鱼的卵黄囊期仔鱼的晚期和晚期仔鱼的早期,表明这个特征在这些鲟鱼之间具有普遍的适应作用。

4.2　鲟鱼早期发育阶段摄食行为

摄食(feeding)是包括鱼类在内的所有动物的基本生命特征之一。鱼类通过摄食活动获得能量和营养,为个体的存活、生长、发育和繁殖及种群的增长提供物质基础。鱼类的摄食是鱼类行为学和鱼类生态学的重要研究内容(何大仁和蔡厚才,1998;殷名称,1995a,1995b)。

　　鱼类摄食行为生态学主要研究鱼类的摄食行为策略,最适索饵理论(optimal foraging theory)是其中重要的理论,该理论认为,鱼类索饵过程中所表现出来的一系列形态、感觉、行为、生态和生理特性是长期自然选择造成的,这些特性保证了鱼类具有最大的摄食生态适应性,而这种适应性总是倾向于使鱼类获得最大的净能量收益(net energy gain)。

4.2.1　中华鲟幼鱼摄食行为感觉机制

　　鱼类摄食是一些单独的行为时相或动作依次交替的复杂过程。它由机体获得环境中的食物信号开始,终止于最后将其吞食或摒弃。摄食行为的特殊之处是鱼类的感觉器官无一例外地全部参与其中,鱼类的摄食行为是视觉、震觉(侧线)、嗅觉、味觉、触觉、听觉、电感觉等多种感觉器官综合作用下完成的。

　　中华鲟幼鱼眼睛小而成椭圆形,无眼睑及瞬膜(四川长江水产资源调查组,1988)。中华鲟幼鱼头部腹面及侧面有大量梅花状的陷器,称为罗伦氏囊,囊内有梨形的感觉细胞,罗伦氏囊除具有触觉功能外还具有电感受器的功能,能感觉到水底的底栖生物由运动而产生的微弱生物电(梁旭方,1996)。中华鲟幼鱼躯干部左右体侧的两行侧骨板内,有一条从前到后贯通的直管即侧线管,管内由迷走神经分出的侧线支由前至后沿管壁分布。中华鲟的嗅觉器官为一对发达的嗅囊,位于鼻孔内。其味觉感受器官是味蕾,味蕾的分布很广,在口腔、舌、体表皮肤及触须都有分布,吻部触须表面也存在少量味蕾,触须有似触觉和味觉的作用(四川长江水产资源调查组,1988)。

　　关于鲟鱼的摄食机制目前还存在多种看法,Moyle 和 Jr. Cech 根据鲟科鱼类的摄食方式,认为它们是依靠触须觅食的。Jatteau(1998)研究认为,鲟科鱼类在开始的混合营养阶段觅食行为主要依赖于味觉,而嗅觉在后期较大的幼体中显得非常重要。Kasumyan(1999,2007)发现鲟鱼对食物化学信号的敏感度很高,嗅觉在鲟鱼摄食过程中是主要的长距离感觉系统。张胜宇(2002)认为仔鱼的摄食感觉主要靠触觉,但触觉、嗅觉、味觉及可能存在的电感受器对发现和确定食物非常关键。但梁旭方(1996)认为中华鲟吻部腹面罗伦氏囊是电觉器官,在中华鲟觅食活动中起作用,而中华鲟触须、味觉在觅食中作用不大。研究鲟鱼摄食行为的感觉机制,对于鲟鱼物种的保护及养殖中的摄食驯化具有重要的意义。

4.2.1.1　选择性封闭感觉器官对野生中华鲟幼鱼摄食的影响

　　利用误捕抢救的野生中华鲟幼鱼,采用特定感官消除或抑制和单一感官刺激方法,研究了中华鲟幼鱼摄食行为中几种相关感觉器官的作用及其相互关系(表4.4)。去视觉组鱼采用外科手术摘除两侧眼球;去嗅觉组鱼两侧鼻孔均用医用凡士林完全堵塞;去触觉组鱼4根触须从根部剪去;去侧线感觉组在水箱中添加 0.1 mmol/L 的 $CoCl_2$ 溶液,以封闭幼鱼的侧线感觉器官(Karlsen et al.,1987);去电感觉组鱼用医用生物粘合胶涂抹在幼鲟头部腹面及侧面以封闭幼鲟的陷器;去嗅觉和触觉组鱼两侧鼻孔均用医用凡士林封堵,且剪去4根触须;对照组鱼不作任何处理。

表 4.4　感觉器官的选择性封闭对野生中华鲟幼鱼摄食的影响

感觉器官工作（＋）或封闭（－）					体重/g	摄食量/g
视　觉	嗅　觉	触　觉	侧线感觉	电感觉		
－	＋	＋	＋	＋	68.5[a]	5.80±1.23[a]
＋	－	＋	＋	＋	70.6[a]	2.17±0.40[c]
＋	＋	＋	＋	＋	72.3[a]	4.60±1.13[b]
＋	＋	＋	＋	＋	69.4[a]	6.07±1.03[a]
＋	＋	＋	＋	－	68.3[a]	5.70±0.97[a]
＋	－	＋	＋	＋	69.9[a]	1.06±0.77[d]
＋	＋	＋	＋	＋	68.7[a]	6.23±1.17[a]

注：同列右上方字母不同表示差异显著（$P < 0.05$）

　　封闭了视觉、侧线感觉、电感觉的实验鱼，单位时间内每尾鱼的平均摄食量与正常鱼无显著差异。表明野生中华鲟幼鱼的视觉、侧线感觉、电感觉在人工驯养条件下，在觅食过程中不起重要作用。

　　封闭嗅觉器官的实验鱼，投饵后幼鱼一直绕水箱贴底游。由于没有嗅觉的感知作用，幼鱼觅食缺乏明确的方向感，只能用触须或其他感觉近距离定位觅食。但幼鱼碰到食物即有摄食动作，其摄食成功率较低，仅为对照组的 34.76%，表明嗅觉在幼鱼觅食过程中起较重要的作用。

　　封闭部分触觉的实验鱼，幼鱼在摄食过程中吻部更贴水箱底层，能感觉食物的大致方位，但不能准确定位。多次观察到幼鱼遇到食物后，连续吞咽几下，以便把食物吞到口中。同时观察到幼鱼从气石上面经过时，因气泡碰到吻部下表皮，中华鲟幼鱼也有吞咽动作。摄食量仅为对照组的 73.80%，说明触须在幼鱼觅食过程中也起一定作用。

　　同时封闭嗅觉和触觉的实验鱼，幼鱼觅食无方向性，且游动更贴近水箱底部，摄食成功率较低，在固定时间内的平均摄食量极低，仅为对照组的 17.01%，表明嗅觉和触须二者在幼鱼觅食过程中起主要作用。

　　结果分析表明，长江口野生中华鲟幼鱼主要依靠嗅觉和触须捕食，电感觉器官在人工驯养环境下野生中华鲟幼鱼的觅食过程中不起主要作用。

4.2.1.2　中华鲟幼鱼感觉器官在摄食行为中的作用

1. 视觉在中华鲟幼鱼摄食中的作用

　　视觉在鱼类摄食过程中起重要作用。很多鱼类必须通过搜索水域，使食物对象落入视野内才能摄食（解涵和解玉浩，2003）。鲟鱼幼鱼的眼睛小而呈椭圆形，无眼睑及瞬膜，且视力退化（图 4.13-a）。现有资料表明，鲟科鱼类仔鱼的视觉在防御、觅食和定向中都不起重要作用。鲟鱼仔鱼的视觉灵敏度很低，在大多数情况下不能够在水流中作有效的视觉定向，这与其视网膜的检波系统不完善有关。尽管鲟鱼仔鱼在转向外源性营养的阶段，就表现出一定的视觉光反应，其视觉灵敏度不足以及时发现食物的存在。

　　中华鲟属于底栖生活的鱼类，自然条件下光线较弱，由于长期进化和选择的结果，使中华鲟的眼径很小，视力退化，视觉对摄食帮助不大。但中华鲟仍存在对光的敏感性，在人工养殖的清水环境下，幼鲟仍有一定视力，特别对上方的活动物体。如果人在养殖池边

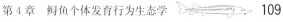

观看或夜间突然开灯时,幼鲟往往会受惊而四处逃避。

2. 侧线感觉在中华鲟幼鱼摄食中的作用

侧线是鱼类及水生两栖类所特有的皮肤感觉器,它是一种埋在皮下的特殊皮肤感觉器官,其主要功能是确定方位、感觉水流、感受低频率声波、辅助趋流性定向等。在水环境中单凭视觉不能正确测得物体的方位,而侧线能协同视觉测定远处物体的位置。侧线对鱼类的摄食、避敌、生殖、集群和洄游等活动都有一定的关系(Karlsen et al.,1987;何大仁和蔡厚才,1998)。

由于中华鲟幼鱼主要摄食水中不大运动或移动缓慢的底栖动物,侧线器官在幼鱼的觅食过程中不起重要作用。但侧线器官在幼鱼的趋流定向行为中起一定的作用。野生中华鲟幼鱼能感受水流,并对一定速度的水流表现出趋流性,主要依靠侧线器官的感觉作用。

3. 电感觉在中华鲟幼鱼摄食中的作用

中华鲟幼鱼头部腹面及侧面体表具罗伦氏囊(图 4.13 - b,c),其许多机能基本上与其他皮肤感觉器官类似,并且还具有感受电刺激的机能。罗伦氏囊能检测出低限达 $0.01\ \mu V/cm$ 的电压(Karlsen et al.,1987)。鱼类的电感觉对食物信号的最大感受距离在 $0.25\ m$ 以下,说明电感觉是一种近距离感觉(梁旭方和何大仁,1998)。中华鲟吻部腹面

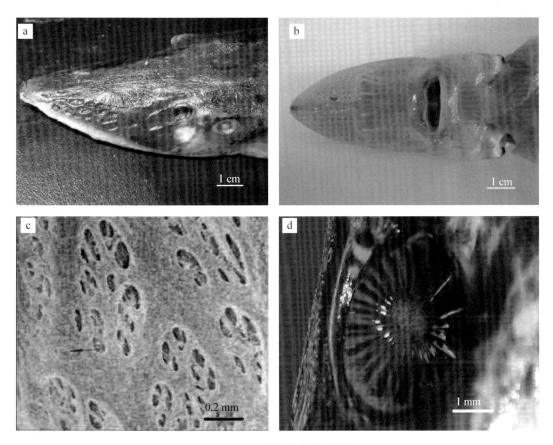

图 4.13 中华鲟幼鱼感觉器官

a. 眼睛,鼻孔;b. 头部腹面罗伦氏囊;c. 罗伦氏囊显微结构;d. 嗅囊显微结构

罗伦氏囊结构的研究表明,中华鲟吻部腹面存在大量罗伦氏囊。罗伦氏囊由开孔、管道和壶腹三部分组成,壶腹具有梨形感觉细胞。其行为学实验显示中华鲟对微弱电刺激异常敏感,且对较小电刺激物有摄食反应,而对水蚯蚓汁化学刺激则没有反应。中华鲟幼鱼饵料生物(如寡毛类、螺类、鱼类等)均已被证实能产生微弱的特异性生物电信号,它们均是理想的较小电刺激物,无疑会诱导中华鲟产生摄食反应。为此他认为中华鲟吻部腹面罗伦氏囊是电感觉器官,在中华鲟觅食活动中起作用,而中华鲟触须味觉在觅食中作用不大(梁旭方,1996)。

但庄平等(2008a)的研究发现在电感觉器官封闭的情况下中华鲟幼鱼摄食量与正常鱼无显著差异。这说明电感觉在人工驯养环境下野生中华鲟幼鱼觅食水蚯蚓的过程中不起主要作用。造成的原因可能是在小水体中,嗅觉的敏感度远大于电感觉而在觅食过程中起主导作用。

4. 嗅觉在中华鲟幼鱼摄食中的作用

嗅觉已证明对许多鱼类特别是鲨鱼类确定食物的位置起重要作用。食物的气味能使许多鱼类开始并保持其摄食行为,但确定食物的方位通常需要通过水流带来的食物气味引起嗅觉,然后朝向水流游动,直到发现食物(林浩然,2011)。鲟科鱼类在混合营养阶段觅食行为主要依赖于味觉,而嗅觉在外源营养阶段较大的幼体中显得非常重要(Jatteau,1998)。嗅觉在鲟鱼摄食过程中是主要的远距离感觉系统,食物中有机物和水中溶解的某些化学物质能够唤起鲟鱼特定的觅食行为,吸引鲟鱼到高浓度的食物化学刺激存在的地方(Kasumyan,1999,2007)。

中华鲟幼鱼的嗅觉器官为一对发达的嗅囊,位于头部两侧,有皮褶将它分隔成前后两部分,分别形成前鼻孔和后鼻孔(图4.13-a)。

中华鲟的嗅觉是比较敏锐的,当长期喂活饵料的鱼转食配合饲料时,用加了活饵料组织液的饲料和对照饲料同时投喂,鲟鱼能凭嗅觉选取前者。对史氏鲟的研究也发现,其嗅觉十分灵敏,对食物的气味具有较强的记忆力,摄食感觉主要靠触觉和嗅觉(张胜宇,2002)。Kasumyan(1999)发现嗅囊被破坏的闪光鲟(全长8~15 cm)、西伯利亚鲟(全长9~20 cm)对10^{-4}~10^{-1} g/L摇蚊幼虫抽提液气味和100 μmol/L的甘氨酸无反应,而嗅囊未破坏的幼鱼则有反应。在本实验研究中,嗅觉封闭造成幼鱼摄食量较大程度的降低,说明嗅觉作为一种远距离化学感觉器官,在幼鱼的觅食中起着较重要作用。中华鲟幼鱼获得食物信号及远距离寻觅阶段主要依靠嗅觉,近距离寻觅及发现信号源阶段也部分依靠嗅觉(表4.5)。

5. 触觉在中华鲟幼鱼摄食中的作用

鲟鱼生活于水底,由于视力退化,为了补救视力的缺陷,其他感觉器官较发达。触须是最重要的触觉器官,鲟鱼在犁状的吻部之下长有一排横列的短须,共有4条,须在口的前面,用来探索泥沙中的食物。在人工养殖条件下,鲟鱼正是通过触须来触觉池底食物而摄食的。鲟鱼能感觉出饲料的软、硬、形状、颗粒大小、表面光洁度等微弱的差别,并有喜好和选择。此外,吻部触须表面也存在少量味蕾,因此触觉、嗅觉、味觉及可能存在的电感受器对发现和确定食物非常关键(张胜宇,2002)。

根据对鲟鱼类摄食方式的观察,一般认为它们是依靠触须觅食的(Moyle and Jr.

Cech，2003)。但梁旭方(1996)对中华鲟触须表面结构的扫描电镜观察结果表明,其表面仅存在极少量味蕾,完全不同于一般利用触须觅食的真骨鱼类,它们的触须均具有大量味蕾,因此认为触须不可能在中华鲟摄食中起很大作用。

研究结果证实触须在幼鱼觅食过程中起着重要作用,起到触觉和外周味觉器官的作用,在近距离寻觅和发现信号源阶段、初步判断食物适口性阶段起着关键的作用(表 4.5)。

6. 不同摄食阶段中华鲟幼鱼感觉器官的作用

鱼类摄食行为分成以下几个时相(梁旭方和何大仁,1998)。

Ⅰ时相：静止时相。

Ⅱ时相：摄食行为出现前的准备时相。

Ⅲ时相：获得食物信号的时相。

Ⅳ时相：寻找和发现信号源时相。它由两个阶段构成：$\mathrm{Ⅳ_1}$ 远距离寻觅阶段；$\mathrm{Ⅳ_2}$ 近距离寻觅及发现信号源阶段。

Ⅴ时相：确定食物适口性时相。该时相也由两个阶段构成：$\mathrm{Ⅴ_1}$ 初步判断食物适口性阶段(咬住)；$\mathrm{Ⅴ_2}$ 最终判断食物适口性阶段(吞入或摒弃)。

根据对中华鲟幼鱼摄食行为感觉机制的研究成果,可将中华鲟幼鱼摄食行为分为以下几个阶段,并分别标出在各个阶段起作用的感觉系统和器官(表 4.5)。

表 4.5　野生中华鲟幼鱼摄食行为不同阶段参与的感觉器官

摄食阶段(时相)	行 为 特 征	感觉系统(起作用的记为＋,不能确定记为－)							
		视觉	嗅觉	听觉	震觉	电感觉	触觉	外周味觉	口腔内味觉
Ⅲ	获得食物信号阶段		＋						
$\mathrm{Ⅳ_1}$	远距离寻觅阶段		＋			－			
$\mathrm{Ⅳ_2}$	近距离寻觅及发现信号源阶段		＋			－	＋	＋	
$\mathrm{Ⅴ_1}$	初步判断食物适口性阶段(咬住)						＋	＋	
$\mathrm{Ⅴ_2}$	最终判断食物适口性阶段(吞入或摒弃)						＋		＋
中华鲟幼鱼相应的感觉器官		眼睛	嗅囊	内耳	侧线	罗伦氏囊	体表及触须		舌

4.2.2　影响中华鲟幼鱼摄食效率的环境因子

特殊的生存环境,使鱼类的生长发育受环境因素的影响较大,特别在早期阶段,由于受到自身发育条件的限制,仔、稚、幼鱼对环境因子的变化更为敏感,环境因素的稍微变化都会极大地影响鱼类的摄食效率。这些环境因子主要包括光照、温度、饵料密度、盐度等。其中,光照和水温是影响仔、稚、幼鱼摄食效率的最重要的非生物因子(王新安等,2006)。

目前,有关鲟鱼摄食的报道主要是食性方面的研究,而环境因子对鲟鱼的摄食效率的影响研究较少。以中华鲟幼鱼的主要饵料生物子陵吻虾虎鱼作为饵料生物,研究了环境因子对中华鲟幼鱼摄食效率的影响。

实验装置为 3 m×0.6 m×0.6 m 的玻璃环形水槽(图 4.14),水槽中央垂直插一隔板,两端各留 30 cm 的距离。水槽一端开 2 个开口连接调频离心水泵,水流速度通过变频器调节离心水泵频率实现。为了避免干扰,实验水槽测试区域周围用不透明幕布与周围隔离。

图 4.14　中华鲟幼鱼摄食效率实验水槽(俯视图)

A. 调频离心水泵;B. 变频器,虚线区域为幕布隔离区

实验时,先将随机选取 10 条中华鲟幼鱼(全长 25.5～37.5 cm)放入实验水槽适应 1 h,然后将 60 尾子陵吻虾虎鱼(1.5～2.0 cm)放入实验水槽内。4 h 后清点剩余饵料鱼数量。采用饵料减量法(李大勇等,1994a)计算摄食量(Fc)、摄食强度(Fi)和摄食效率(Fr):

$$Fc(个) = 投饵量(Ft_0) - 剩余猎物量(Ft_1)$$

$$Fi(个/尾) = 摄食量(Fc)/实验鱼数(N)$$

$$Fr[个/(尾 \cdot h)] = 摄食强度(Fi)/摄食时间(t)$$

4.2.2.1　光照对中华鲟幼鱼摄食效率的影响

对于依靠视觉摄食的鱼类,光照是影响摄食的最重大因素之一。不同生态类型的鱼类摄食与光照都有一定的关系(Morman, 1987)。光对于视觉摄食鱼类是必需的,并存在一个适宜光强范围,在此范围内鱼类摄食最为活跃、摄食效率最高,超出此范围,光照强度过强或过弱鱼类摄食都会受到影响(Batty, 1987)。

一些底栖鱼类由浮游生活转向底栖生活时,嗅觉成为主要的摄食感觉,而视觉相应地变成次要感觉,此时趋光行为会减弱或消失(单保党和何大仁,1995)。对鲟形目鱼类的早期生活史阶段的研究表明,大多数鲟鱼早期具有趋光行为(Zhuang et al., 2002),关于鲟鱼幼鱼趋光与摄食行为的关系,有研究表明,早期幼鱼选择明亮的环境与利用视觉摄食的行为相关(Kynard et al., 2002a)。

然而,对中华鲟幼鱼的研究表明,在完全黑暗(0 lx)的条件下,中华鲟幼鱼的摄食效率[(0.27±0.06)个/(尾·h)]与光照条件(206 lx)下的摄食效率[(0.24±0.05)个/(尾·h)]无显著差异,这说明中华鲟幼鱼摄食可以不依靠视觉(顾孝连等,2009)。因此,中华鲟幼鱼趋光行为的意义,不能简单地以利用视觉摄食来解释。中华鲟在进化过程中,在食物作为选择因子的作用下,形成了以光线(或明亮的环境)作为信号,来寻找食物丰富的栖息环境的趋光行为,其行为的"信号"意义大于"利用视觉摄食"。

4.2.2.2　流速对中华鲟幼鱼摄食效率的影响

大部分鱼类的生活都不同程度地与水流速度有关,河道鱼类洄游和半洄游的鱼类尤

为明显。对中华鲟幼鱼的研究表明,水流速度分别为 0 cm/s、11 cm/s、31 cm/s、41 cm/s 时,摄食效率分别为 0.06 个/(尾·h)、0.18 个/(尾·h)、0.27 个/(尾·h)和 0.34 个/(尾·h),各流速间摄食效率差异显著,且随着流速的增加中华鲟幼鱼的摄食效率提高。

中华鲟一般不主动追击猎物,摄食以触须接触底质探索,遇到食物时以"吮吸式"摄食底质上的生物,不能摄食水层中的食物(梁旭方,1996)。这与其仔鱼期的摄食方式不同,鲟鱼仔鱼期一般采取追逐式捕食的模式来捕食浮游生物。对短吻鲟仔鱼观察发现,其追逐大型浮游动物如枝角类时,表现出了完整的摄食行为序列:相遇、追逐、攻击、捕获,这说明鲟鱼仔鱼期采用追逐式捕食(Kynard and Horgan,2002)。对中吻鲟仔鱼摄食行为的研究也发现,中吻鲟的仔鱼在摄食时,仔鱼总是表现为正趋流行为;当摄食结束时,往往表现出负趋流行为,这也说明,鲟鱼仔鱼摄食效率与水流有一定关系(Nguyen and Crocker,2007)。

中华鲟幼鱼摄食实验结果表明,无论白天还是夜间,在静水中中华鲟幼鱼摄食量极低,甚至多次实验中出现静水中摄食量为 0 的情况。在静水中虾虎鱼游动迅速,而中华鲟幼鱼游泳缓慢,无法捕捉到虾虎鱼;当水流速度增加时,虾虎鱼会表现出趋流性。鱼类克流能力与鱼类的体长有密切的关系,由于虾虎鱼的体长很小(1.5～2.0 cm),其顶水的能力远较中华鲟幼鱼弱,当水中有一定流速时,虾虎鱼因趋流行为而在水流中保持相对静止,而中华鲟幼鱼此时仍可以顶流在水中前进,因此,可以捕获在水流作用下而保持相对静止的虾虎鱼。在实验设计的水流速度范围内(0～41 cm/s),随着水流速度的增加,虾虎鱼的运动能力减弱,而在速度范围内的水流速度对中华鲟幼鱼游泳无明显影响,因此随着水流速度的增加,中华鲟幼鱼的摄食效率也随之提高。本实验证明了流速对于鲟鱼捕食底栖快速运动猎物的重要作用,为鱼类趋流行为的意义增加了新的内容。

4.2.2.3　底质对中华鲟幼鱼摄食效率的影响

鲟科鱼类作为底层鱼类,多喜欢选择沙底质。一般认为鲟鱼选择沙底质和摄食行为相关(Kynard et al.,2005),因此,鲟鱼在沙底质中应该有较高的摄食效率。中华鲟幼鱼虽然喜欢选择利用沙底质,但其在沙底质中的摄食效率[(0.24±0.05)个/(尾·h)]与玻璃钢底质中摄食效率[(0.26±0.01)个/(尾·h)]相比略有降低,差异不显著。

这一结果看似矛盾,但类似的结果在其他的研究中也有发现。对湖鲟的底质(沙、小砾石、大砾石、养殖水箱的塑料板底质)选择的研究表明,尽管实验中食物是均匀投放到各种底质上的,且光滑的塑料板底质更有利于鲟鱼的摄食,湖鲟鱼依然选择沙底质(Peake,1999)。中吻鲟仔鱼在 4 种底质(大砾石、卵石、沙、玻璃)中摄食行为和生长的研究表明(Nguyen and Crocker,2007),沙底质中特定生长率居第三,死亡率排第二;对仔鱼的肠道内容物的分析发现,养殖在沙底质上的仔鱼摄食时沙也随同食物被一同摄入,这可能也是影响其摄食效率及死亡的原因,这种摄食时随同食物而误摄入沙土的现象在许多中华鲟幼鱼食性分析时也有发现。

以上结果暗示鲟鱼选择沙底质的本能行为,是长期进化过程中在食物作用下形成的,是作为寻找食物的线索而被自然选择所保留下来的行为(顾孝连,2007)。在人工养殖时提供沙底质对于满足其对本能需求是有利的,但对于其摄食效率又有不利的影响。如何既能满足其对本能的需求又能有利于其摄食,还需要进行深入的研究。

4.2.2.4　底质颜色对中华鲟幼鱼摄食效率的影响

对于现存鲟形目鱼类早期生活史阶段的自由胚期和仔鱼期的底质颜色的选择及其意义已有一些研究报道。多种鲟鱼在早期生活史阶段选择白色底质,研究认为鲟鱼仔鱼期选择白色底质与趋光行为一样,同属对明亮环境的选择,其意义在于与利用视觉捕食有关。然而,很多研究中发现多种鲟鱼仔鱼或幼鱼具有明显的夜间摄食活动高峰,其摄食又不依靠视觉。因此,鲟鱼选择白色底质的适应意义不能简单地解释为利用视觉捕食,不同的生活史阶段选择白色底质的意义不同。

鲟鱼类仔鱼期一般以浮游生物为食,因此仔鱼期的摄食更多地依赖于视觉(Kynard et al.,2005),这一时期选择白色底质与利用视觉捕食是有关系的。由于早期发育的不同步性(异速生长),鲟鱼仔鱼期的视觉在其感觉器官中相对发达(Gisbert et al.,1999),鲟鱼的仔鱼期选择白色底质被认为是与利用视觉捕食有关的。

随着鲟鱼仔鱼发育至幼鱼,除视觉以外感觉器官也有了较好的发育,嗅觉在摄食中的作用增大;另外,幼鱼的食物也开始主要以底栖生物为主,底栖环境的黑暗使视觉在捕食中的作用降低(梁旭方和何大仁,1998)。中华鲟幼鱼在黑色、白色底质中摄食率分别为(0.27±0.01)个/(尾·h)和(0.25±0.05)个/(尾·h),无显著差异,说明白色底质不能提高其摄食效率,其摄食行为已经可以不依靠视觉。

4.2.2.5　中华鲟幼鱼昼夜摄食节律

摄食节律是摄食行为学研究的重要内容之一,很多鱼类的摄食活动表现出特定的节律,这是对其生活环境的一种主动适应(王新安等,2006)。Helfman将鱼类的摄食归纳为四种类型:白天摄食、晚上摄食、晨昏摄食和无明显节律(Helfman,1986)。

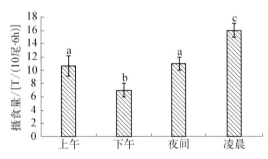

图 4.15　中华鲟幼鱼的昼夜摄食节律
注:柱上不同字母表示差异显著(P < 0.05)

对中华鲟幼鱼昼夜摄食节律的研究表明,凌晨(0:00~6:00)摄食效率极显著高于其他三个时间段;下午(12:00~18:00)摄食效率最低,显著低于其他3个时间段;上午(6:00~12:00)和夜间(18:00~24:00)的摄食效率差异不显著(图4.15)。以上结果表明中华鲟幼鱼具有夜间的摄食高峰,属于夜间摄食类型。

鱼类的摄食是一种内源节律,是对光照、温度、饵料等周期性变动的生态因子的一种主动适应,摄食节律使鱼的摄食活动表现出主动性(王新安等,2006)。影响鱼类摄食节律的原因有多种,其中生态习性的转变对摄食节律有重大的影响。例如,半滑舌鳎(Cynoglossus semilaevis)变态前的摄食高峰出现在白天,营底栖生活后属夜间摄食类型,白天基本不摄食(马爱军等,2004)。真鲷(Pagrosomus major)仔、稚鱼阶段生活于水体上层,表现出近晨昏摄食(6:00~10:00,14:00~18:00)的特点,幼鱼阶段转而生活于深水层,转变为晚上摄食(20:00~2:00),这与幼鱼比仔、稚鱼感觉器官发育较完善有关(李大勇等,1994b)。鲟科鱼类在早期生活史阶段也有生态习性的改变,多数卵黄囊期仔鱼具有趋光和在水体表层活动的习性,稚、幼鱼多营底栖生活。中吻鲟在其所有的生活史阶段和

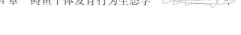

所有的生命活动中(包括摄食、洄游、越冬等行为)均有夜间的活动高峰,仔鱼和早期幼鱼白天摄食,但仍伴有夜间的摄食高峰(Kynard et al.,2005)。湖鲟幼鱼在清早和深夜活动性更强(Peake,1999),高首鲟在所有的生活史阶段均在夜间出现活动高峰,其中摄食行为也具有夜间高峰(Kynard and Parker,2005)。

以上研究表明,多种鲟鱼幼鱼(有些种类还包括仔鱼期)存在夜间摄食高峰,说明鲟鱼幼鱼的摄食行为可以不依赖于光照条件,这是鲟鱼对其生活环境的一种主动适应。

4.3　鲟鱼个体发育行为生态学的实践意义

行为是动物对外界和内部环境变化的外在反应。外界环境条件发生变化,动物的行为也就随之调节与整合,以保证体内环境的稳定。如果缺失某些维持行为,动物就无法通过行为来维持其体内平衡。由此会引起机体应激反应的发生,从而导致机体健康状况和免疫力下降(何大仁和蔡厚才,1998)。在人工养殖条件下,动物的许多行为由于环境条件得不到满足而被抑制,被抑制了的行为被称为弹性行为。例如,一些动物在养殖条件下不能繁殖就是因为其繁殖行为受到了抑制,空间的大小和空间异质性通常是抑制动物弹性行为的重要因素。而养殖条件的改善应该遵循的一个原则是尽量按照其野外自然条件下的生存环境来设置养殖的条件。因此,研究动物的栖息环境的选择及其影响因素对于改善动物的养殖条件和保护动物自然生存环境具有重要的指导作用。本节以中华鲟为例,探讨个体发育行为生态学在物种保护及人工养殖上的指导意义。

4.3.1　鲟鱼个体发育行为生态学与物种保护措施的制订

4.3.1.1　产卵场的立体保护

产卵场的保护重点多集中于产卵亲鱼、产卵活动、鱼卵孵化等方面,较少注意保护仔鱼。鲟鱼类仔鱼行为学特征表现在对于水体纵深方向的活动十分活跃,尤其是在卵黄囊期仔鱼,几乎没有其他鱼类仔鱼在水体"静卧"的现象,而是在脱膜后显示出较高的活动频率,尤其是向上游动,在垂直空间上活动变化频繁。因此针对鲟鱼不同发育时期的个体发育行为学特点,应从立体和平面空间上改进鲟鱼自然繁殖保护措施,不仅要保护好产卵孵化,还应该保护好仔鱼向上游动的水层,尤其应注重立体空间上的保护。另外鲟科鱼类仔鱼早期多具有洄游习性,且脱膜后立即洄游,因此保护的区域应从产卵场开始向下游延伸,更应注意纵深平面空间上的保护。

中华鲟仔鱼离地向上游动持续 7 d,这期间应注重水体中上层的保护。仔鱼脱膜后立即顺水洄游,8 d 后停止洄游,仔鱼的洄游距离长,其保护的区间也应相应地扩大。产卵场的保护时间应根据鱼卵孵化所需要时间来确定,当中华鲟仔鱼脱膜后立即离开了产卵场,此时产卵场的保护也就没有必要了。

4.3.1.2　仔鱼索饵场的保护

鲟鱼类仔鱼开口摄食时的饵料及开口摄食过程对仔鱼的成活至关重要,鲟鱼类开口摄食时多具有趋光、沉底、选择白色底质及开口前洄游的行为习性,其开口索饵场躲在产卵场下游的浅滩、缓流水域,这些水域饵料相对丰富,水流缓慢利于仔鱼的暂时定居。中华鲟仔鱼出膜后有 4～8 d 的顺水漂流洄游时间,根据不同个体会有停止时间的早晚,结合长江的水文特征,推测中华鲟仔鱼开口索饵场应在长江枝城以下江段,尤其是以荆江江段为主。因为这些江段多有洄水浅滩的分布,另外此江段相连的湖泊众多,饵料生物相对丰富,因此中华鲟仔鱼的保护重点应放在这些江段。

4.3.1.3　种群的人工增殖放流

放流地点的选择是人工增殖技术中的一个重要环节。一般来讲,放流地点的选择应考虑两个方面的问题:一是放流鱼类的回归洄游,如有些人工放流的鲑鳟鱼类由于缺少生活史中在产卵场孵化和生活的环节,以至于性成熟后无法回到产卵场进行繁殖;二是放流地点的环境条件,如饵料、温度、水质等。针对中华鲟不同的放流规格,应依据其相应的行为特征确定不同的放流地点。例如,放流对象是还未停止洄游前的卵黄囊期仔鱼,放流场所应在产卵场,或产卵场稍下游的江段,这样有利于日后亲鱼的回归洄游。放流 8 日龄以上的晚期仔鱼或稚鱼,由于此阶段已停止洄游,放流地点应选在仔稚鱼的索饵场,以利于索饵生长。因此,中华鲟仔稚鱼的放流地点,应选在大多数同期仔稚鱼摄食生长的荆江江段,且放流地点也应以分散为佳。

从放流规格来看,就有利于回归洄游的角度考虑,放流规格应越小越好,中华鲟停止洄游前在产卵场放流从理论上是有利的,但此阶段仔鱼尚未开口,放流后成活率会受到一定影响。就提高放流成活率来看,中华鲟放流应选在开口摄食后,最好是在食性由浮游动物转化为底栖生物以后,放流体长应在 10 cm 左右。

4.3.2　鲟鱼个体发育行为学与人工养殖技术的改进

中华鲟幼苗在培育过程中由于其种的特异性,深秋繁殖,冬季培育,苗种抗病力弱,在鱼苗培育过程中出现大批量的死亡,幼苗的成活率仅为 10%～30%,这已成为制约人工培育中华鲟的“瓶颈”因子。虽然对苗种培育设施进行了改造,并采取一些相应的措施,如调整放养苗种的密度、控制培育池的水温、保证充足的溶氧、保持良好的水质条件等,在这些传统的方法中,都只重视苗种培育环节的外在因子,没有从根本上了解其自然环境中的内在行为习性,在苗种培育的不同阶段提供适合特定发育所需要的环境条件,没有从根本上解决幼苗的培育关键问题,使得幼苗的成活率极不稳定,这给中华鲟物种的保护、种质资源量的增殖产生了极大的影响(张胜宇,2002)。

依据中华鲟早期的生活史、早期个体发育行为学特征、形态变化制订苗种培育技术方案,涉及培育池、光照、流水、水深、隐蔽场所、食性驯化等方面,适时提供最佳的栖息环境,建立一套从 0 日龄开始到完成食性转化的培育工艺,提高中华鲟苗种的养殖成活率。具体方案如下。

脱膜后的中华鲟仔鱼在 0～7 日龄有趋光、离底向上游泳和洄游等典型的行为特征,在鱼苗培育池增加适当的光照强度,增加水的水流,光照强度为 1 200～1 500 lx,水的流速为 1～2 cm/s,这时期的仔鱼喜栖息在水的中上层,这期间保持 60～80 cm 稍浅的水位,以减少对苗种的胁迫。

在 8～17 日龄,中华鲟仔鱼有藏匿的行为特征,这期间鱼苗停止了洄游,根据这一习性,减少流水的刺激。中华鲟仔鱼藏匿行为是发育阶段的关键时期,胚后的许多关键发育过程是在这一阶段完成的,因此提供洞穴藏匿场所非常必要。由于藏匿的时间较长,在鱼苗培育池设置支架,用黑布遮光,形成全黑的、宽敞的藏匿场所,满足早期的行为需求,同时避免寻找藏匿场所所造成的大量仔鱼的堆积,产生局部缺氧和挤压造成幼苗的死亡。中华鲟仔鱼从 7 日龄开始出现少量的 15％藏匿行为,到 8～10 日龄全部藏匿,11 日龄仔鱼有 50％从藏匿场所出来,12～14 日龄有 65％的仔鱼从藏匿场所出来,随后出来的仔鱼逐渐增多,18 日龄仔鱼全部从藏匿场所出来。在这个过程中,把盖在培育池上的黑布逐渐地掀开,为先出来的仔鱼提供光照,这是仔鱼发育非常重要的一个环节,对提高幼苗的成活率非常重要。

11～12 日龄,有 50％中华鲟仔鱼从藏匿场所出来,并且仔鱼都有喜好白色栖息地的习性,这一习性与摄食有着直接的关系。这时期及时投喂开口饵料,18 日龄后,待仔鱼全部从藏匿场所出来后,培育池的底色选择浅色或白色,有利于仔鱼发现食物,提高幼苗的摄食率,将培育池的水加深至 130～150 cm。根据仔鱼的昼夜活动节律,开口摄食后白天的活动频率比夜晚强烈,增加白天的投喂量。

26～28 日龄,进行幼苗食性驯化,这期间提高水流速为 15 cm/s。第 1 天,人工饵料占投喂总量的 5％,以后每增加 1 d,人工饵料的比例在原基础上相应增加 5％,第 20 天投喂全人工饵料。经过 20 d 的驯化,转食率达 90％以上,苗种培育成活率 80％以上。

第5章 鲟鱼形态对水流的适应

5.1 中华鲟和西伯利亚鲟形态对游泳能力的影响

自然选择导致了生物对特定生存环境的适应。对大多数鱼类而言,身体形态因其对游泳能力的影响而成为一种重要的适应表型特征(Lauder and Liem,1983)。在没有力学信息的帮助下推断形态的功能并不严谨(Koehl,1996)。因此,观察鱼类游泳过程中的水动力现象是分析其结构功能的最直接方式。目前,硬骨鱼鱼鳍的水动力功能已有报道,为理解形态和功能的进化模式提供了有价值的数据(Lauder and Drucker,2004;Fish and Lauder,2006)。但这些研究中关注的特定器官水动力效能无法揭示不同形态特征对游泳的影响及各自的重要性。考虑到形态与功能之间的不一致性,几何形态测量(geometric morphometrics)和经典游泳测试为研究鱼类形态和运动提供了新的视野(Rohlf and Marcus,1993;Adams et al.,2004)。鱼类最大有氧游泳能力经常以临界游泳速度(critical swimming speed,U_{crit})测定,直接而强烈地影响着其他特性(Drucker,1996)。但是,已有的相关研究仅仅关注体形的作用而忽视了许多局部形态特征的影响(Langerhans et al.,2004;Seiler and Keeley,2007;Duan et al.,2011)。虽然体形与阻力有密切关联,但是鱼鳍作为体表控制器官,对推进功能有着重要影响(Fish and Lauder,2006)。

类似的研究在原始辐鳍鱼类中还未见报道。鲟鱼的水动力学功能研究也仅限于歪尾和胸鳍的作用(Webb,1986;Liao and Lauder,2000)。原始辐鳍鱼类数据的缺乏大大限制了对功能系统进化的解释(Lauder and Liem,1983)。中华鲟和西伯利亚鲟均属原始软骨硬鳞类,具有修长的体形和软鳍条、歪尾等祖征。鲟形目和软骨硬鳞类经常为抵抗高速水流采用附着底质的行为(Webb,1989),而这与一些结构和体形密切相关。这两种鲟鱼对于理解原始辐鳍鱼类功能形态的进化模式是非常好的模式生物。

5.1.1 中华鲟和西伯利亚鲟游泳能力比较

在许多鱼类和其他水生动物中,游泳能力能够反映它们的生存状况。由于大部分鱼类缺少防御捕食者的器官,因此游泳成为逃避攻击的主要生存方式。大量研究表明,最大持续游泳能力强烈影响着鱼类的觅食、求偶、避险、摆脱不适环境等能力。因此,游泳能力是影响达尔文适合度的一个主要表型特征(Drucker,1996)。

我们对鱼类有氧游泳能力的了解很多得益于游泳水槽和呼吸测量仪的发展。游泳水槽是一个常用的装备,Brett(1964)首先发展了一些游泳测试方法来计算鱼类的有氧游泳能力。临界游泳速度 U_{crit} 至今仍然是应用最广泛的计算鱼类有氧游泳能力的方法,它测量鱼类所能达到的最高持续游泳速度。但是已经有大量报道对这种方法提出了质疑和讨论,包括水流增幅的大小和每个流速持续时间的长短对结果的影响,个体实验结果是否具有重复性,以及这种方法是否具有生态相关性(Plaut,2001)。尽管在方法上还有许多问题,但是 U_{crit} 依然被当作一种评价不同因素影响鱼类游泳能力和 U_{crit} 游泳代谢的常用的合适方法(如体长、温度、盐度、溶解气体和污染物)(Kieffer and Cooke,2009)。国外对鲟鱼有氧游泳能力的研究已有报道,因为鲟鱼独特的游泳行为,这些数据也被用来和其他测量游泳能力的方法进行比较,而且也被广泛应用于鱼道设计(Webb,1986;Peake *et al.*,1997;Adams and Adams,2003;Hoover *et al.*,2011;Deslauriers and Kieffer,2012)。

使用改装的 Brett 式游泳水槽(图 5.1)测定鲟鱼的有氧游泳能力(Brett,1964)。水槽包含由聚丙烯树脂制作的长方体水箱(长×宽×高,190 cm×50 cm×50 cm)。实验过程中水箱两端 2 cm×2 cm 网栅将限制鲟鱼活动范围。为了保证层流稳定流经水箱,水箱上下游设置 5 cm 厚整流栅。8 盏日光灯(15 W)固定于距离水箱底部 1 m 高处,提供充分照明。为了记录实验过程中鲟鱼的运动状态以能通过录像逐帧分析运动学数据,在距离水箱的正面 5 m 处和底面上方 3 m 处正中央各设置一个摄像头。

图 5.1　改装的 Brett 式游泳水槽

变频发动机(15 kW)驱动叶轮推进循环水槽中的水体。水箱中的流速可由人为操纵变速发动机频率来控制。为了校正发动机频率和水箱中流速之间的标准方程,距离上游网栅 1/4、1/2 和 3/4 水箱长度处用 Vectrino 点式流速仪测定距底面 10 cm 的水流速度,并与相应的发动机频率建立标准方程(图 5.2):$y = 5.5x$,$R^2 = 0.980$,$P < 0.001$。其中 y 为水箱中距底面 10 cm 处水流速度,x 为变频发动机频率。

对 12 尾中华鲟[体长(57.86±4.66)cm]和 11 尾西伯利亚鲟[(61.82±3.09)cm]各自一组先后进行游泳测试。每次测试前从养殖系统随机选取一尾健壮个体并放入游泳测试水箱,使之适应水箱中的水质和活动空间 18 h。所有实验样本在游泳测试前均饥饿处理24 h。正式测试前设置初始水流速度为 10 cm/s,并持续 30 min 以使鲟鱼适应水流

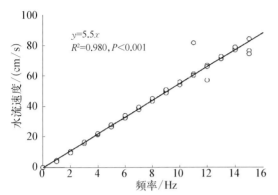

图 5.2　变频发动机频率与水箱中距离底面
10 cm 处水流速度之间的标准方程

方向。随后每 10 min 增加 10 cm/s 流速，直至鲟鱼彻底疲劳停止游泳，并被水流冲至下游网栅持续 1 min 无法运动（Seiler and Keeley，2007）。实验过程中水箱内水温和溶氧分别保持在（24.03±0.32）℃ 和（6.84±0.10）mg/L。

临界游泳速度（U_{crit}，cm/s）由以下公式计算得到：$U_{crit} = U_i + U_{ii}(T_i/T_{ii})$。其中 U_i 为鲟鱼完整完成的最高流速（cm/s），U_{ii} 为流速增幅（10 cm/s），T_i 为鲟鱼在疲劳时流速下所耐受的时间（min），T_{ii} 为预设的每个流速持续时间（10 min）。一般情况下，实验流速和 U_{crit} 用相对体长表示（BL/s）（Beamish，1966）。因为实验过程中，最大的样本横截面积小于水箱水体横截面积的 5%，所以固体阻流效应忽略不计（固体阻流效应发生在相对较小的水道中，会导致鱼体表附近流速增加及体表压力分布不均）（Bell and Terhune，1970）。

表 5.1 为所有实验样本的临界游泳速度。ANOVA 表明西伯利亚鲟临界游泳速度的绝对值 $[U'_{crit} = (105.97 \pm 2.19)\text{cm/s}$，mean ± SE] 及关于体长的相对值 $[U_{crit} = (1.72 \pm 0.05)\text{BL/s}$，mean±SE] 均显著高于中华鲟 $[U'_{crit} = (79.45 \pm 1.83)\text{cm/s}$，mean±SE；$U_{crit} = (1.38 \pm 0.03)\text{BL/s}$，mean ± SE]（$F_{1,22} = 87.715$，$P < 0.001$；$F_{1,22} = 38.602$，$P < 0.001$）。回归分析表明中华鲟的绝对 U_{crit} 和相对 U_{crit} 均与体长无相关性（$R^2 = 0.24$，$P = 0.11$；$R^2 = 0.31$，$P = 0.062$）。西伯利亚鲟的绝对 U_{crit} 与体长无相关性（$R^2 = 0.01$，$P = 0.80$），但是相对 U_{crit} 与体长呈显著的负相关（$R^2 = 0.40$，$P < 0.05$）（图 5.3）。

表 5.1　中华鲟和西伯利亚鲟的临界游泳速度

中华鲟	U'_{crit}/(cm/s)	U_{crit}/(BL/s)	西伯利亚鲟	U'_{crit}/(cm/s)	U_{crit}/(BL/s)
1	72.0	1.17	1	111.5	1.86
2	77.0	1.28	2	106.8	1.64
3	95.0	1.48	3	121.3	1.96
4	82.5	1.31	4	105.2	1.59
5	82.5	1.33	5	111.3	1.83
6	78.7	1.34	6	102.8	1.60
7	75.6	1.50	7	109.8	1.88
8	72.8	1.37	8	94.8	1.49
9	80.6	1.57	9	100.0	1.76
10	75.3	1.39	10	100.8	1.72
11	76.5	1.32	11	101.7	1.59
12	85.0	1.47	—	—	—

注：U_{crit}. 关于体长的相对值（BL/s）；U'_{crit}. 关于体长的绝对值（cm/s）

临界游泳速度在鲟鱼中并未被普遍测量,而且因为游泳测试中流速增幅和每个流速持续时间的设置不同,不同实验得到的结果还无法进行可靠比较。本实验中西伯利亚鲟临界游泳速度的绝对值和关于体长的相对值均显著高于中华鲟,说明西伯利亚鲟的有氧游泳能力要强于中华鲟。

体长是影响鱼类游泳能力的一个重要因素,几种鲟鱼的 U_{crit} 均表现出与体长之间的线性关系(Peake,2004),但也有一些研究中的鲟鱼都未显示 U_{crit} 和体长之间的线

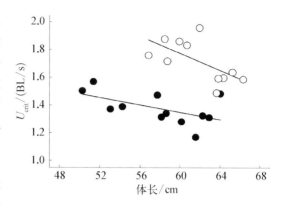

图 5.3　中华鲟和西伯利亚鲟 U_{crit} 与体长的关系
●代表中华鲟;○代表西伯利亚鲟

性关系(Adams et al.,1997;Hoover et al.,2011)。Hoover 等(2011)认为这些研究中这种关系的缺失说明了所有测试的样本均超出了最佳游泳和附底行为的最小体长,因为体长小于 200 mm 的鲟鱼都表现出了游泳速度或者耐受力与体长之间显著关系(Adams et al.,1999),但是体长大于 400 mm 的鲟鱼还缺少数据。400~700 mm 的湖鲟表现出了体长和临界游泳速度之间的正相关,但样本相对小于最小的成鱼体长(Peake,2004)。本实验中测试的鲟鱼均为孵化 20 月幼鱼,但是其中西伯利亚鲟表现出了临界游泳能力与体长之间的显著负相关,中华鲟也表现出了类似的微弱线性关系。但是因为样本量的限制,无法判断该体长范围下中华鲟和西伯利亚鲟的体长是否对有氧游泳能力有影响。另外大多数测量鲟鱼游泳能力的研究说明在某一特定体长时,鲟鱼的 U_{crit} 要低于鲑鱼的预期值(Peake et al.,1997;Adams et al.,1999),但是鲟鱼的游泳能力比一些暖水性种类〔如鼓眼鱼(Stizostedion vitreum)〕要强。

在不同流速下,鲟鱼通过附着、贴底游泳和猝发游泳-随流滑行等不同步态来改变它们的游泳行为(Peake,2004;Hoover et al.,2005;Kieffer and Cooke,2009)。这些行为在本研究中也被观察到。附着是许多鲟鱼用来保持自身在水流中位置的一种行为,而且鲟鱼使用这种策略要比虹鳟更加有效。Adams 等(1999)发现附着行为大多数发生在中等流速,而自由泳大多在低流速(<20 cm/s)和高流速(>50 cm/s)。短吻鲟附底行为的频率在水流速度超过 40 cm/s 时增加(Adams et al.,1997)。史氏鲟和短吻鲟的附底行为可以使它们用较少的能量消耗占据高流速中的微生境以和其他鱼类竞争(Adams et al.,1999)。附底行为没有在白鲟(Counihan and Frost,1999)和墨西哥湾鲟(Chan et al.,1997)的研究中提及,但湖鲟在低流速和中等流速下出现该行为(McKinley and Power,1992;Peake,1999)。McKinley 和 Power(1992)认为湖鲟在面对低流速时无法游泳,因为流速不足以产生上升力去克服负浮力。所以低流速下和较高流速下的附着行为产生的本质或许不同。本实验中的水箱底质由聚丙乙烯制成(与沙土构成的更具附着力的底质相反),在水流速度增加时附着行为会变得更加困难。所以中华鲟和西伯利亚鲟在自然环境下耐受水流的能力会强于本实验所得数据。在高流速下,鲟鱼一旦接触到水箱的上游整流栅,就会附着在底质上停止主动游泳,并随着水流冲击向下游滑行,当尾鳍触

及下游整流栅时便开始主动加速向前摆脱。Deslauriers 和 Kieffer(2012)认为 U_{crit} 方法中较小的流速增幅可能使得游泳能力较弱的鱼(特别是在高流速下主动游泳能力较弱时)能使用附着行为,并且因此提高了它们游泳能力的测量值。因为鲟鱼这种特殊行为的存在,常规的临界游泳速度测量方法和装置也许并不能准确地反映鲟鱼的有氧游泳能力,更准确地说是耐受水流的能力。

对鲟鱼游泳能力的测量也为鲟鱼的保护生物学提供了重要的数据。鱼道是洄游性鱼类穿越迁徙障碍的人为途径,鱼道的设计和建造需要更多准确的鲟鱼游泳能力和行为信息。因为硬骨鱼已经被广泛研究,所以鱼道在提出时一般趋向于考虑它们的体长、游泳行为和游泳能力(Schwalme et al.,1985)。与其他报道类似,中华鲟、西伯利亚鲟的一些独特行为在鱼道设计时应该成为一个重要考量。虽然鲟鱼的形态不利于游泳,但是大体长的鱼类必须被确保能够像体型更小但是自主游泳能力更强的硬骨鱼一样通过高流速的鱼道。这只有在将鲟鱼的体长和行为考虑进鱼道设计时才能应用(Kynard,1998)。

5.1.2　中华鲟和西伯利亚鲟侧视形态的比较

辐鳍鱼类作为脊椎动物中种类最多的鱼类,以其多样性的形态、行为和生态为探索脊椎动物的进化模式提供了非常好的范本(Lauder and Liem,1983)。各种形态测量方法也几乎在发展的同时相继步入鱼类形态学及其相关学科,并大大拓展了鱼类分类、生态、进化等方面的研究思路和提高了相应的量化精度。

鲟形目鱼类因为其漫长的进化史和相对缓慢的进化速度在脊椎动物进化研究中占有重要地位(Bemis et al.,1997)。中华鲟和西伯利亚鲟作为原始辐鳍鱼类,均属于软骨硬鳞鱼,具有修长的纺锤形体形和宽厚的吻,以及诸如软鳍条、歪尾等祖征。对鲟鱼的形态测量分析已有报道,但都采用传统的多元分析法(Mayden and Kuhajda,1996)。几何形态测量方法在鲟鱼上的应用仅限于极少数对头部形态的研究(Loy et al.,1999;Costa et al.,2006),而对于鲟鱼整体形态的测量分析则未见报道。

自制与鲟鱼体形契合的鱼体固定支架将实验鱼固定,以使侧面和腹面均位于同一平面,消除视角误差。利用固定于正上方 1.5 m 处的 Sony H20 数码相机进行拍摄,拍摄背景为 1 m×1 m 蓝色聚苯乙烯薄板。实验过程中所有的实验鱼均用适量丁香油轻度麻醉,拍摄左侧面。利用 tpsDig2 软件数字化标定样本上 13 个标记点(图 5.4)。其中 8 个标记点作为结构点(2、4、6、8、9、10、11 和 13),3 个作为曲线拐点(1、5 和 7),2 个作为极值点(3 和 12)以尽量满足样本间形态特征度量的同源性。连接代表性标记点,得到 11 条线段作为形态特征度量,包括头长 1(head length 1,HL1)、头长 2(head length 2,HL2)、头高(head depth,HD)、体高 1(body depth 1,BD1)、体高 2(body depth 2,BD2)、体高 3(body depth 3,BD3)、尾柄高(caudal peduncle depth,CPD)、尾柄长 1(caudal peduncle length,CPL1)、尾柄长 2(caudal peduncle length 2,CPL2)、背鳍前缘长(leading edge of dorsal fin length,LEDFL)、尾鳍上叶长(dorsal lobo length,DLL)。

通过标记点坐标和比例尺计算出所有形态特征度量实际长度,通过采用 Burnaby 法标准化所有度量,以消除异速生长带来的影响(Burnaby,1966),对标准化的形态特征度

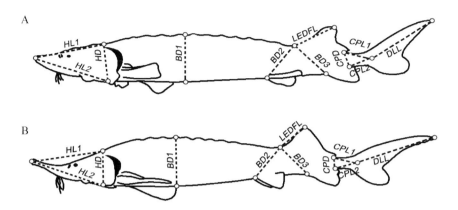

图 5.4　用于形态测量的 13 个标记点布局及 11 个形态特征度量

A. 中华鲟(*Acipenser sinensis*)；b. 西伯利亚鲟(*A. baerii*)

HL1. 头长 1；HL2. 头长 2；HD. 头高；BD1. 体高 1；BD2. 体高 2；BD3. 体高 3；CPD. 尾柄高；

CPL1. 尾柄长 1；CPL2. 尾柄长 2；LEDFL. 背鳍前缘长；DLL. 尾鳍上叶长

量进行主成分分析(principal component analysis，PCA)，并选取特征值大于 1 的主成分概括形态差异。通过 11 个形态特征度量在选取出的主成分中的载荷说明主成分代表的形态特征。用 Hotelling t^2 检验比较各主成分中两种鲟鱼之间的差异，$P<0.05$ 视为差异显著，所有的统计分析均在 SPSS15.0 中进行。

　　使用 tpsDig2 软件数字化标定样本上 26 个标记点(图 5.5)。其中，轮廓上 22 个标记点(图 5.5 中空心点)包含了 12 个结构标记点(2、3、7、9、10、14、15、17、18、20、21 和 22)、8 个曲线上的拐点(1、4、6、8、11、12、13 和 16)和 2 个极端点(5 和 19)。因为鲟鱼躯干较为修长柔软，样本在摆放拍摄时可能出现轻微的非自然弯曲，所以设置标记点 23～26 作为内部标记点，来拟合三次曲线矫正非自然因素导致的躯干弯曲，且在矫正后由 tpsUtil 软件删除以不影响后续计算(Bookstein，1989)(图 5.5 中实心点)。一些标记点在样本间配

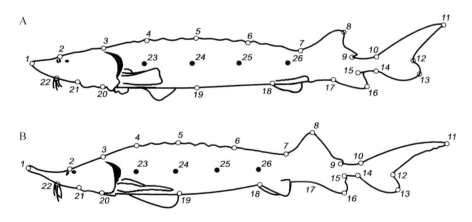

图 5.5　用于几何形态测量的 26 个标记点布局

A. 中华鲟；B. 西伯利亚鲟

　　轮廓上 22 个○标记点包含了 12 个结构标记点(2、3、7、9、10、14、15、17、18、20、21 和 22)、8 个拐点(1、4、6、8、11、12、13 和 16)和 2 个极端点(5 和 19)。一些标记点(4、5、6 和 19)在样本间配对时同源性较弱，我们将其设置为准标记点(semi-landmarks)。内部的 4 个●标记点 23～26 用于拟合三次曲线校正非自然因素的弯曲

对时的同源性较低,使用 tpsUtil 软件将其设置为准标记点(semi-landmark),它们能够在平行于相邻标记点之间的方向上滑动(Sampson *et al.*,1996)。

随后通过广义普鲁克分析(GPA)对齐标记点布局,以最小化所有样本配对标记点间距离平方之和(Rohlf,1990)。所有样本对齐后通过相对扭曲分析(relative warp analysis,RWA)进行比较(Rohlf,1993),相对扭曲(RW)将映射在薄板样条上以可视化结果(Bookstein,1989)。相对扭曲分析是整个形状空间中样本间所有形态变化(包括均质和非均质成分)的主成分分析。我们通过 tpsRelw 软件输出所有样本的相对扭曲可视化结果,并用 Hotelling t^2 检验比较种间相对扭曲得分的差异。

PCA 分析表明,11 个主成分全面概括了中华鲟、西伯利亚鲟的侧视形态差异(表 5.2)。其中,前 4 个主成分(PC)的特征值均大于 1,且对方差的累计解释率达到 88.46%。11 个形态特征度量在前 4 个主成分中较高的载荷(大于 0.6)说明了各主成分所代表的形态特征并能概括所有样本间侧视形态特征度量的差异。PC1 代表头部大小、背鳍前基点之后的躯干高、尾柄高和尾柄长、背鳍前缘长及尾鳍上叶长。除尾鳍上叶长与 PC1 得分成负相关外,其他的形态特征大小均与 PC1 成正相关;PC2 和 PC4 代表体高;而 PC3 无明显表征对象(表 5.3)。

表 5.2 形态特征度量主成分分析的特征值及方差解释率

主 成 分	特 征 值	方差解释率/%	累计解释率/%
PC1	**5.71**	**51.91**	**51.91**
PC2	**1.76**	**15.99**	**67.90**
PC3	**1.18**	**10.75**	**78.65**
PC4	**1.08**	**9.80**	**88.46**
PC5	0.48	4.34	92.80
PC6	0.32	2.90	95.71
PC7	0.25	2.24	97.94
PC8	0.13	1.17	99.11
PC9	0.07	0.66	99.77
PC10	0.03	0.23	100.00
PC11	0.00	0.00	100.00

注:粗体为特征值大于 1 的主成分

表 5.3 形态特征度量在 PC1、PC2、PC3、PC4 上的载荷

特 征	主 成 分			
	PC1	PC2	PC3	PC4
头长 1(HL1)	**0.896**	−0.130	0.186	−0.319
头长 2(HL2)	**0.827**	−0.079	0.426	−0.273
头高(HD)	**0.877**	0.033	0.329	0.043
体高 1(BD1)	0.374	0.588	−0.179	**0.625**
体高 2(BD2)	−0.055	**0.866**	0.331	−0.286
体高 3(BD3)	**0.608**	−0.408	0.058	0.458
尾柄高(CPD)	**0.854**	0.264	−0.081	0.024
尾柄长 1(CPL1)	**0.849**	−0.181	−0.368	−0.140
尾柄长 2(CPL2)	**0.684**	−0.168	−0.573	−0.275
背鳍前缘长(LEDFL)	**0.673**	−0.208	0.379	0.350
尾鳍上叶长(CFDLL)	**−0.754**	−0.546	0.316	0.004

注:粗体为较高的载荷

中华鲟和西伯利亚鲟的前 4 个主成分得分间无显著性差异（Hotelling t^2 检验，$F_{3,19} = 1.233$，$P = 0.332$；图 5.6），单指标分析说明，两种鲟鱼的 PC1 具有显著性差异（$P < 0.05$），而 PC2（$P = 0.812$）、PC3（$P = 0.481$）和 PC4（$P = 0.731$）均无显著性差异。因此，中华鲟头长、头高、背鳍前基点之后的躯干高度、尾柄长、背鳍前缘长均显著大于西伯利亚鲟，而尾鳍上叶长显著短于西伯利亚鲟。

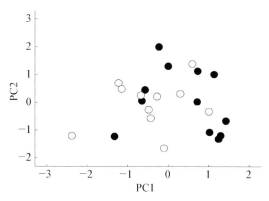

图 5.6 中华鲟(●)、西伯利亚鲟(○)11 组侧视形态特征度量的主成分得分

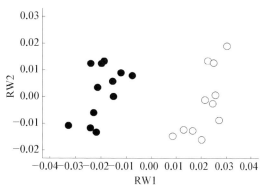

图 5.7 中华鲟(●)、西伯利亚鲟(○)的在 RW1、RW2 上的得分

RW1、RW2 分别解释了 50.47% 和 13.01% 的种间形态差异

图 5.7 为中华鲟、西伯利亚鲟种间形态差异的相对扭曲得分。前 3 个相对扭曲共解释了 72.31% 的种间形态差异。Hotelling t^2 检验说明中华鲟和西伯利亚鲟在前 3 个相对扭曲中具有显著差异（$F_{3,19} = 119.830$，$P < 0.001$），其中单指标分析说明两种鲟鱼仅在 RW1 上具有显著差异（$P < 0.001$），而在 RW2（$P = 0.409$）和 RW3（$P = 0.891$）中均无显著差异。当相对扭曲映射于薄板样条上时，便能可视化其相应形状。图 5.8 为第一相对扭曲中最小值样本（西伯利亚鲟）和最大值样本（中华鲟）在薄板样条上的映射，表明中华鲟的吻厚、吻长、头高、头长、躯干后半段高、背鳍前缘长显著大于西伯利亚鲟，而尾柄长和尾鳍上下叶长显著小于西伯利亚鲟。

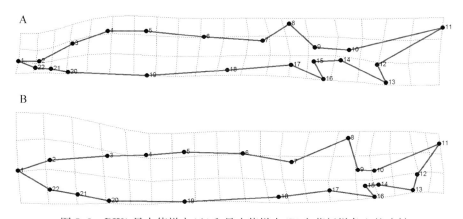

图 5.8 RW1 最大值样本(A)和最小值样本(B)在薄板样条上的映射

5.1.3   中华鲟和西伯利亚鲟侧视形态与游泳能力的关系

中华鲟、西伯利亚鲟种内 RW1、RW2、RW3 分别解释了 62.50% 和 68.15% 的种内形态差异。两种鲟鱼种内 RW1 的最大值和最小值在薄板样条上的映射(图 5.9)表明,随着渐增的 RW1 得分,中华鲟的吻长、吻高和背鳍后缘长减少,而躯干前段高、臀鳍长、尾鳍下叶长和尾叉到尾柄距离增加,以及尾鳍后缘更加垂直,躯干出现背腹向轻微弯曲。与此相比,西伯利亚鲟渐增的 RW1 得分在躯干前段、背鳍后缘、臀鳍长和尾鳍都体现了相反的变化趋势,此外还包括吻上扬角度的增加和尾柄长、尾鳍上叶长的减少,但尾鳍后缘并未出现垂直度的变化。

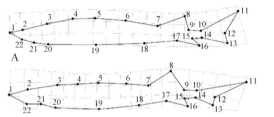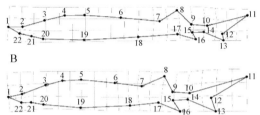

图 5.9   RW1 最大值(上)、最小值(下)在薄板样条上的映射

A. 中华鲟;B. 西伯利亚鲟

多元回归分析表明中华鲟 U_{crit} 绝对值与 RW1 呈显著正相关($F = 14.253$,$P = 0.007$),与体长呈显著正相关($F = 5.720$,$P = 0.048$),而与 RW2、RW3 均无相关性($P > 0.05$)。U_{crit} 绝对值与 RW1、体长(BL)的关系可用如下方程表示:$U_{crit}(\text{cm/s}) = 29.709 + 369.727 \times \text{RW1} + 0.860 \times \text{BL}$,$F = 11.522$,$R^2 = 0.657$,$P = 0.003$。中华鲟 U_{crit} 相对体长值与 RW1 呈显著正相关($F = 15.616$,$P = 0.006$),与 RW2、RW3 和体长均无相关性($P > 0.05$)。而西伯利亚鲟 U_{crit} 绝对值与 RW1 呈显著负相关($F = 10.977$,$P = 0.016$),与 RW2、RW3 和体长均无相关性($P > 0.05$),该线性关系可用如下方程表示:$U_{crit}(\text{cm/s}) = 105.974 - 371.048 \times \text{RW1}$,$R^2 = 0.490$,$P = 0.016$。西伯利亚鲟 U_{crit} 相对体长值与 RW1 呈显著负相关($F = 10.686$,$P = 0.017$),与 RW2、RW3 和体长均无相关性($P > 0.05$)。

回归分析表明两种鲟鱼的 $U_{crit}(\text{BL/s})$ 和 RW1 之间的线性关系可用如下方程表示(图 5.10):中华鲟 $U_{crit}(\text{BL/s}) = -0.114 + 0.082 \times \text{RW1}$,$R^2 = 0.582$,$P = 0.004$;西伯利亚鲟 $U_{crit}(\text{BL/s}) = 0.135 - 0.079 \times \text{RW1}$,$R^2 = 0.740$,$P < 0.001$。考虑到图 5.9 中 RW1 表示的形态变化趋势,以上线性关系表明,中华鲟的吻长、吻高、

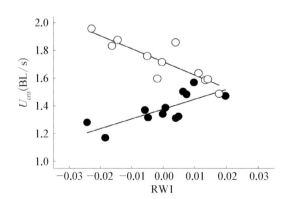

图 5.10   中华鲟(●)、西伯利亚鲟(○)的 U_{crit} 和 RW1 之间的关系

背鳍后缘长和躯干的背腹向轻微弯曲度与游泳能力呈负相关,而躯干前段高、臀鳍长、尾鳍下叶长、尾鳍后缘垂直度和尾叉到尾柄距离与游泳能力呈正相关。西伯利亚鲟的躯干前段高、臀鳍长、尾柄长和尾鳍上下叶长与游泳能力呈正相关,背鳍后缘长和吻上扬角度与游泳能力呈负相关。

更具体的标记点设置展现了中华鲟、西伯利亚鲟包括鱼鳍在内的整体形态变化,种内 RW1 与 U_{crit} 的线性关系表明两种鲟鱼的头部、躯干前段、背鳍、臀鳍、尾鳍的形态变化都影响着各自的游泳能力,有助于对鲟形目形态运动功能的进化模式的理解。这些形态变化包含着简单的生物流体力学原理,也许是西伯利亚鲟较中华鲟在运动相关的形态或结构上的进化优势。西伯利亚鲟的有氧游泳能力比中华鲟高 25%,通过种内形态-游泳的线性关系可知哪些种间形态可能导致了两者的游泳能力差异。中华鲟幼鱼在个体发育过程中不同的结构也出现了异速生长,因此影响了幼鱼的游泳能力。

水生生物不同的形态变化可能会引起相同的效应,这种现象在水生生物中普遍存在(Koehl,1996)。中华鲟、西伯利亚鲟的头部、躯干背腹向弯曲变化趋势并不相同,导致了不同的力学功能,但是体现出了对游泳能力类似的效应。两种鲟鱼的头部形状都影响着附着能力。作为底栖鱼类,鲟鱼能够通过抓附底质而无需主动游泳保持自身在水流中的位置,并以此节约能量(Webb,1989)。对于中华鲟而言,吻腹面的增长增厚导致水流主要作用于头部腹面,因此产生顺时针转矩。作用于前额和躯干前段背面的压力不足以使腹部皮肤、胸鳍与底质产生足够的摩擦力。而西伯利亚鲟吻对附着能力的影响来源于吻上扬角度的变化,上扬角度的增加与中华鲟吻腹面增长增厚的力学效应类似。同时中华鲟头部相对大小的变化表明对摩擦阻力的适应。鱼类暴露在水中的表面积越大,所要克服的摩擦阻力就越多(Vogel,1994)。中华鲟的头部布满骨质突起,因此要远比躯干表皮粗糙,头部相对表面积的增加,也意味着表皮能够分泌黏液减少摩擦阻力的躯干相对表面积的减少。中华鲟躯干的轻微背腹向弯曲使得腹部皮肤与底质的接触面积减少,也限制了附着能力。这两处形态变化及功能并未出现在西伯利亚鲟中。

而两者类似的躯干前段高度、背鳍后缘、臀鳍和尾鳍形态变化趋势导致了类似的力学功能和运动效应。躯干前段高度的增加使得鲟鱼的体形更加接近流线形,以此有效减少压力阻力(Vogel,1994)。虽然因为在推进中的功能被称为"第二尾",但背鳍后缘长度增加导致背鳍更大的相对面积并不利于两种鲟鱼的推进。本研究中,我们通过计算背鳍的斯特劳哈尔数来判断其功能,斯特劳哈尔数(St,$St = fA/U$)是判断推进效率的指标(表 5.4),其中 f 为背鳍摆动频率,单位为 Hz;A 是尾流宽度(即背鳍摆动时后缘的振幅,近似为 0.08 个体长),单位为 cm;U 是实验样本的相对速度(近似为水流速度),单位为 cm/s。只有当 $0.2 < St < 0.5$ 时反向冯卡门涡街可以产生强烈的向后推力(Aderson $et\ al.$,1998),由此可知背鳍仅仅在低流速下起到推进作用。作为一种祖征,软背鳍无法像虹鳟等硬骨鱼一样主动折叠(Drucker and Lauder,2005)避免在无法保持高频率摆尾而斯特劳哈尔数低于下限时成为阻力来源。臀鳍的功能尚无报道。尾鳍上下叶的扩张和垂直度的增加都增加了尾鳍后缘高度,尾鳍所能驱动的水体质量与其后缘高度的平方成正比(Lighthill,1971)。尾鳍后缘的垂直程度影响反作用力的方向(Liao and Lauder,2000),也许与鲟鱼附着时的整体力矩平衡相关。

表 5.4　不同游泳速度(U)下鲟鱼的摆尾频率(f)和背鳍后缘的斯特劳哈尔数 St

中 华 鲟			西伯利亚鲟		
U/(cm/s)	f/Hz	St	U/(cm/s)	f/Hz	St
20	1.25	0.29	30	1.27	0.21
40	2.28	0.26	60	2.21	0.18
60	2.39	0.18	90	2.83	0.16

　　侧视形态研究的结果表明西伯利亚鲟相对于中华鲟的尾柄长和尾鳍上下叶长显著增加，而吻厚、吻长、头高、头长、躯干后半段高、背鳍前缘长则显著减少。其中绝大多形态差异的力学功能均在种内分析中体现。此外，西伯利亚鲟的吻向前延伸且向下轻微凹陷弯曲，使得涡环在吻两侧脱落，避免了前额和躯干前段产生更多的摩擦阻力。而尾柄长度对于游泳能力的有利作用也在硬骨鱼研究中有过报道(Seiler and Keeley，2007)。这些形态差异及其引起的功能差异都是西伯利亚鲟在运动形态上较中华鲟的进化优势。

5.1.4　中华鲟和西伯利亚鲟体型流线性的比较

　　Gayley(约 1800 年)认为海豚的梭形能让身体的阻力最小，但是这个结构直到 1953年 USS Albacore 潜艇之前都未被潜艇所采用。水生生物躯干和附肢的流线形将阻力降到最低，这些器官的流线形轮廓由圆形的前缘和逐渐变细的尾部组成，延迟并使涡脱落发生在接近后缘处，使得尾涡更小且压力阻力更小。

　　硬骨鱼的躯干流线形在形态与游泳的相关研究中被提及(Langerhans *et al.*，2004)，被认为是捕食者驱动的一种形态适应，以获得更好的运动能力。鲟鱼体形的流线型几乎未见报道，Duan 等(2011)认为中华鲟躯干的体高变化有利于形成流线形体形。虽然流线形体形的功能被广泛提及，但是对于鱼类特别是鲟鱼体形的流线性量化分析还几乎未见报道。鱼类体形流线性数据的缺失限制了我们对与运动相关的形态适应的理解。本小节通过和标准流线形的量化比较，以反映鲟鱼在体形上对水中运动的适应。

　　为了检验相对扭曲中鲟鱼躯干流线性程度与 U_{crit} 之间的关系，笔者将前者与标准流线形形状进行比较。首先，笔者通过全程实验中最小体长的样本和最低实验流速计算最小雷诺数，以判断在实验过程中流线形体形对游泳有利(Vogel，1994)。雷诺数(Reynolds number，Re，$Re = \rho U L/\mu$，其中 U 为水流速度，L 为体长，ρ 和 μ 分别为水的密度和动力黏度，为衡量流体运动中惯性力相对于黏性力的大小的无量纲参数。流线形形状选自美国国家航空咨询委员会(NACA)分类的翼型。考虑到标记点 5 和 23 设定时是作为最大体高的端点，所以我们假设标记点 5 对应于流线形形状的最大厚度处。笔者选取NACA 0013 到 NACA 0018 这一系列对称翼型作为参考，可以全面包括所有样本的体形特征。

　　NACA 四位数翼型系列坐标如下公式表示(Ladson *et al.*，1996)：

$$\frac{y}{c} = a_0 \left(\frac{x}{c}\right)^{\frac{1}{2}} + a_1 \left(\frac{x}{c}\right) + a_2 \left(\frac{x}{c}\right)^2 + a_3 \left(\frac{x}{c}\right)^3 + a_4 \left(\frac{x}{c}\right)^4$$

（1）我们通过 NACA Aerofoil Section Generator 软件（www. sydney. edu. au）画出翼形轮廓，并在取轮廓上 5 点坐标代入上式中，该软件生成翼型的弦长 $c = 1$，可求得等式中所有系数。由 tpsRelw 软件导出相对扭曲，选取其可视化结果中的躯干轮廓上的 11 个标记点（标记点 $3\sim7$、9、15、$17\sim20$）用来比较流线性。tpsRelw 软件和 NACA Aerofoil Section Generator 软件输出结果的坐标系标度不同，为了能对两种形状进行比较，需要将 tpsRelw 软件输出相对扭曲可视化结果的坐标系 O 标度缩放到和 NACA Aerofoil section 软件输出翼型坐标系 O' 一致，并对齐标记点布局和翼型轮廓。以 NACA 0014 翼型为例，在 O' 中最大厚度为 t'，而在 O 中最大厚度为 $t = y_5 - y_{23}$，所以可知两坐标系的标度比为 $t'/(y_5 - y_{23})$。O 中所有标记点间的横坐标、纵坐标差在 O' 中均表示为 $(x_i' - x_j') = (x_i - x_j)t'/(y_5 - y_{23})$ 和 $(y_i' - y_j') = (y_i - y_j)t'/(y_5 - y_{23})$。放大 O 到与 O' 标度一致后，在 O' 中平移标记点布局，使得标记点 5 固定在最大厚度处，即坐标为 $(0.3，t'/2)$，所有标记点在 O' 的坐标由它们在 O 中与标记点 5 之间的坐标差求得：$x_i' = x_5' - (x_5 - x_j)t'/(y_5 - y_{23})$，$y_i' = y_5' - (y_i - y_j)t'/(y_5 - y_{23})$。我们设翼形轮廓上的任意点坐标为 $(x_i''，y_i'')$，则根据翼型公式和已求得的系数可知：

$$y_i'' = a_0 x_i''^{\frac{1}{2}} - a_1 x_i'' - a_2 x_i''^2 + a_3 x_i''^3 - a_4 x_i''^4$$

（2）标记点在经过缩放和平移之后，与 NACA $00xx$ 翼型上相同横坐标的对应点之间的距离为 $\Delta y_i = |y_i'' - y_i'|$，所有 11 个标记点与其对应点距离之和为 $\sum \Delta y_i$（图 5.11）。我们将这个值定义为流线性指数（streamlined index，SI）：

$$SI = \sum \Delta y_i = \sum |y_i'' - y_i'|$$

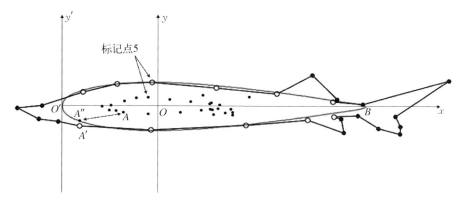

图 5.11　SI 的计算过程

（3）样本的 SI 值越小时，其躯干越接近 NACA $00xx$ 翼型。

本研究中鲟鱼最小体长为 50.3 cm，最低流速为 10 cm/s，24℃时水的动力黏性为 0.914×10^{-3} N·s/m²，且在低流速下鲟鱼的位置在水箱中基本保持稳定。我们求得全实验过程中最低雷诺数为 0.550×10^5，所以所有的鲟鱼都可被认为在惯性环境中运动，所以流线形体形对减少阻力有效。

以 NACA 0016 翼型作为参照时，西伯利亚鲟 RW1 中躯干流线性指数（SI）和 U_{crit} 呈

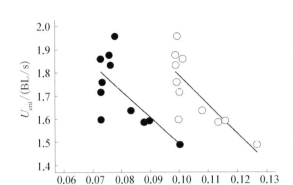

图 5.12   以 NACA 0016(●)和 NACA 0017(○)翼型作为参照时 U_{crit} 和 SI 之间的关系

显著负相关 [$U_{crit} = 2.628 - 11.340 \times SI$, $R^2 = 0.469$, $P = 0.020$, 图 5.12(●)]。以 NACA 0017 翼型作为参照时,西伯利亚鲟 RW1 中躯干流线性指数(SI)和 U_{crit} 也呈显著负相关 [$U_{crit} = 3.038 - 12.490 \times SI$, $R^2 = 0.606$, $P = 0.005$, 图 5.12(○)]然而,中华鲟中并未发现任何显著关系($P > 0.05$)。因为 SI 表示 RW1 中躯干和 NACA $00xx$ 翼型之间的差异,所以当 SI 越小,则可视化结果中的躯干越接近流线形,这说明西伯利亚鲟体形流线形的变化趋势,为游泳能力提供帮助。

中华鲟、西伯利亚鲟幼鱼躯干前段的高度增加都为游泳能力提供了有利作用。躯干前段高度的增加有助于鲟鱼体形形成流线形,这是减少压力阻力最好的方式。而且在高雷诺数条件下压力阻力的作用远比表皮的摩擦作用显著得多(Vogel,1994)。这个形态上的策略在西伯利亚鲟上得到体现,西伯利亚鲟最大体高处接近头部且躯干后段逐渐变细,这些特征形成了流线形体形。本研究中,所有实验样本经检验均处于惯性环境中运动,所以流线形体形在这种条件下可以显著地减少阻力。

工程上"薄片状"的轮廓,最大厚度位置靠后,通过延长有利压力梯度和层流边界流体减少阻力。海豚和海狮的形状接近于 NACA 66 - 018 翼型(Hertel,1966),而金枪鱼则展现了与 NACA 67 - 021 翼型的相似性(Hertel,1966)。事实上,大多数快速游泳的水生动物最大厚度都向后移动(Hertel,1966)。快速游泳鱼类的最大厚度和海洋哺乳动物的最大厚度都位于 0.3~0.7 体长处(Hertel,1966)。本实验西伯利亚鲟中游泳能力更强的样本体形更加接近于 NACA 0016 和 NACA 0017 翼型。与那些最大厚度位置偏后的水生动物不同,西伯利亚鲟的最大厚度位置靠近头部。中华鲟则并未发现与之匹配的 NACA $00xx$ 系列对称翼型,因为其背部骨板影响了躯干的柔韧性,导致不同程度轻微弯曲的出现,推测可能更匹配于其他非对称翼型。

5.2   中华鲟幼鱼的异速生长及形态生态学

生物地理上中华鲟的早期生活史始于葛洲坝下游产卵场。幼鱼 6 个月之后到达长江后并逗留 3~4 个月(即"后幼虫期")以适应咸淡水环境,随后逐步迁徙入大陆架海域(Wei et al.,2009)。类似于一些硬骨鱼类幼虫与幼鱼之间的转变期 Russo et al.,2009),中华鲟在长江口的幼鱼期因其栖息地的变化而对生存十分重要。

异速生长是不同器官贯穿幼虫到成鱼整个过程发育的整合现象(Klingenberg et al.,2001)。硬骨鱼类贯穿生长曲线的个体发育异速生长已有广泛报道(Russo et al.,2009)。近海硬骨鱼类生活史包含了浮游幼虫期和随后的底栖后幼虫期,所以它们的生长曲线体现为两个独立的阶段,甚至不同部位还存在发育异时性(Russo *et al*.,2009)。鲟鱼早期生活史的异速生长已有报道(Gisbert and Ruban,2003),但后幼虫期的生长还未被足够关注,特别考虑到溯河产卵种类幼鱼采样的困难性。

研究异速生长的一个重要目的是揭示生长中形态变化引起的生态意义。生态与形态之间的联系通常以生物力学的方法来证明,即"功能形态学"(Vecsei and Peterson,2004)。个体发育异速生长对运动的影响及生态意义在许多硬骨鱼类中都有报道(Webb,1986;McHenry and Lauder,2006),但还未见对鲟鱼在此方面的研究。对于生长如何影响运动的理解仅限于中吻鲟(*Acipenser medirostris*)体长对游泳能力影响的报道(Allen *et al*.,2006)。对中华鲟形态与游泳能力关系的研究为形态对运动的影响提供了有益的理解(Qu *et al*.,2013)。本节通过几何形态测量揭示中华鲟后幼虫期的个体发育模式及异速生长的生态意义。

5.2.1　中华鲟幼鱼的异速生长

中华鲟幼鱼来自崇明岛东部团结沙(121°59.802′E,31°28.417′N)和东旺沙(122°00.500′E,31°31.300′N)插网误捕。58 尾野生中华鲟幼鱼[体长(26.26±10.76)cm,均值±标准差]麻醉后自然悬垂拍摄形态,并于苏醒后放回长江口。因为入海个体样本采集困难,所以保留并继续喂养 40 尾幼鱼模拟入海阶段发育。共 88 尾幼鱼样本[体长 10.73～68.03 cm,(37.44±18.07)cm]用于形态分析。

22 个标记点用于几何形态测量(图 5.13)。标记点的质心距作为体长度量。关于质心距的多元回归生成广义线性模型预测幼鱼体形的变化。为了表示幼鱼的生长曲线,接近模型中平均体形的两个体形作为样本添加到 88 尾样本中,并进行相对扭曲分析(relative warp analysis)(Rohlf,1993)。样本的相对扭曲(relative warp,RW)得分通过薄板样条可视化(Bookstein,1989)。

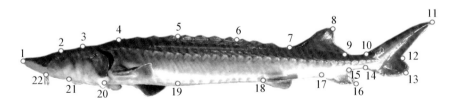

图 5.13　用于几何形态测量的 22 个标记点布局

相对扭曲解释了个体发育的形态变化。前两个相对扭曲(RW1,RW2)分别解释了53.08%和13.53%的总方差,所以能代表大部分个体发育的形态变化(图 5.14 - A)。两个空心圆点为多元回归中接近平均体形的两个附加过渡样本。经过空心圆点的直线表示幼鱼在图 5.14 - A 中从左到右的生长曲线,且因 RW1 的高解释率而几乎平行于横轴。但图 5.14 - A 中样本的分布表明 RW2 并未随体长而单向变化。RW2 得分从正值区域到负值区域,最终回到正值区域。因为 RW2 从正值(图 5.14 - B 上)到负值(图 5.14 - B 下)主要体现了尾鳍相对于体轴的方向变化,所以 RW2 得分的变化趋势表明了因尾鳍下叶发育引起的方向变化。观察发现,早期尾鳍上叶因下叶的开始发育而逐渐转向垂直于体轴方向,并随下叶的逐渐成熟而顺时针回落。薄板样条显示的多元回归预测体形表明,中华鲟幼鱼的头部和尾鳍上叶出现负异速生长,而躯干、背鳍、臀鳍和尾鳍下叶为正异速生长(图5.14-C)。随着体长的增加,幼鱼的吻沿着体轴相对收缩并轻微上扬,尾鳍上叶也相对于体长收缩,而躯干更为丰满,背鳍和臀鳍高度增加,尾鳍下叶发育使尾鳍逐渐接近正尾。

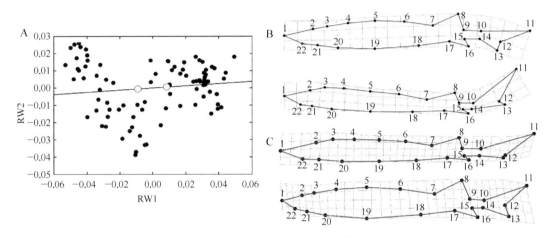

图5.14　长江口中华鲟幼鱼后幼虫期的个体发育异速生长

A. 前两个相对扭曲(RW1,RW2)分别解释了53.08%和13.53%的总方差;经过空心圆点的直线表示幼鱼在图中从左到右的生长曲线。B. RW2正值(上)和负值(下)在薄板样条上的映射。C. 多元回归预测体型在薄板样条上的映射(上为小个体幼鱼,下为大个体幼鱼),中华鲟幼鱼的头部和尾鳍上叶出现负异速生长,而躯干、背鳍、臀鳍和尾鳍下叶为正异速生长

对鲟鱼早期生活史异速生长的研究已有报道(Gisbert and Ruban,2003),但幼鱼期的生长未见关注,特别是溯河洄游种类采集困难。本小节提供了该发育阶段鲟鱼异速生长的信息。作为极少数该生长期被研究的鲟鱼,纳氏鲟的异速生长表现为头部沿体轴方向的相对收缩并在垂直方向上的整体扩张,同时吻尖位置向下转移(Loy *et al.*,1999)。与纳氏鲟类似,中华鲟的吻也表现为沿体轴方向相对收缩,但中华鲟的吻背面收缩导致吻轻微上扬。

硬骨鱼全发育阶段的异速生长已有大量报道(Russo *et al.*,2009)。近海硬骨鱼类的生活史包含浮游幼虫期和随后的底栖成鱼期(Russo *et al.*,2009),所以生长曲线表现为两个独立阶段。一般认为幼虫快速生长期间伴随着显著的异速生长,而转变完成后几乎不存在异速生长(Fuiman,1983)。不过作为一个反例,纳氏臀点脂鲤(*Pygocentrus nattereri*)在后转变期仍然存在实质性的异速生长(Zelditch and Fink,1995)。与硬骨鱼相比,在幼鱼期中华鲟的头部、躯干和奇鳍均仍然存在显著的异速生长现象(图5.14-C)。

样本在生长曲线图(图5.14-A)中的分布表明RW2在幼鱼期内并未随着体长单向变化。RW2得分从正值变为负值,最终又回到正值区间。因为RW2从正值到负值主要解释了尾鳍相对体轴的方向变化(图5.14-B),所以RW2暗示了尾鳍发育所带来的某些变化。与此类似,RW2表达的变化可能与上下叶的骨化相关。尾鳍上叶随着骨化而逐渐

偏向垂直于体轴，直到下叶开始发育。随着下叶的发育和骨化，上叶又重新顺时针回落。这一现象的功能意义还需探索。

5.2.2　中华鲟幼鱼不同部位发育的异时性

通过偏最小二乘回归(PLS)分析不同部位(头部、躯干、尾鳍)的发育异时性(或整体性)。PLS 解释了头部、躯干和尾鳍之间形态变化的关系。在三组两两配对分析中，头部和尾鳍发育形态变化的相关性最为显著($R^2 = 0.818$，$P < 0.001$，图 5.15-A)，其他两组配对的相关性稍弱但依然显著($R^2 = 0.726$，$P < 0.001$，头部 vs 躯干，图 5.15-B；$R^2 = 0.635$，$P < 0.001$，尾鳍 vs 躯干，图 5.15-C)。分段回归表明，躯干表现为两个发育阶段，体长 24.4 cm 为界，分别与头部发育形态存在相关性[图 5.15-B，早期(●)，$R^2 = 0.423$，$P < 0.001$；晚期(○)，$R^2 = 0.545$，$P < 0.001$]；并以体长 22.1 cm 为界，分别与尾鳍发育形态存在相关性[图 5.15-C，早期(●)，$R^2 = 0.209$，$P < 0.05$；晚期(○)，$R^2 = 0.496$，$P < 0.001$]。

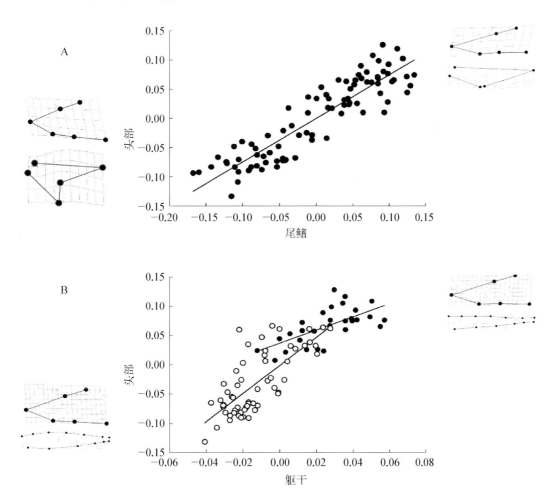

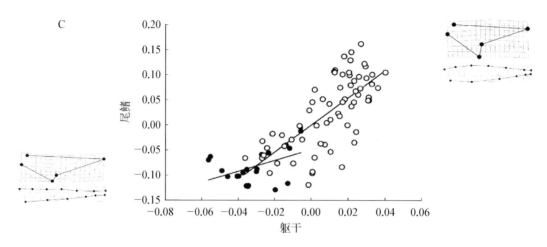

图 5.15　中华鲟幼鱼头部、躯干和尾鳍之间发育形态的相关性

A. 头部与尾鳍发育形态显著相关（$R^2 = 0.818$, $P < 0.001$）。B. 体长 24.4 cm 为界，躯干表现为两个发育阶段，分别与头部发育形态存在相关性[早期(●)，$R^2 = 0.423$, $P < 0.001$；晚期(○)，$R^2 = 0.545$, $P < 0.001$]。C. 体长 22.1 cm 为界，躯干表现为两个发育阶段，分别与尾鳍发育形态存在相关性[早期(●)，$R^2 = 0.209$, $P < 0.05$；晚期(○)，$R^2 = 0.496$, $P < 0.001$]

生物体的形态变化是一个随着体长和不同部位有序变化而变化的整合过程，最终使生物体成为一个功能性整体（Klingenberg *et al.*，2001）。中华鲟幼鱼 3 个部位之间的相关性表现了幼鱼期的发育整合性。头部和尾鳍的发育相关性在硬骨鱼中已有报道（Fuiman，1983；Russo *et al.*，2009）。作为运动功能器官，头部和尾鳍分别与阻力和推进力有关（Qu *et al.*，2013），所以猜想两者之间可能存在力学功能的权衡。头部和尾鳍的发育体现了整合性，而躯干的发育速率不一致则体现了异时性，但这种关系是基因表达模式的结果还是有独立的诱因（如躯干形态很大程度取决于摄食水平）都仍需研究。

5.2.3　中华鲟幼鱼发育中体形的流线形变化

鱼类体形经常与指定翼型比较以评估其流线性（McHenry and Lauder，2006；Qu *et al.*，2013）。这种方法表明了体形匹配某种流线形的程度而不是体形的流线性。本小节将样本与一系列翼型比较以选出每个样本最匹配的流线形。16 个标记点通过平移和缩放与翼型对齐。除尾叉标记点外的所有标记点与翼型上同横坐标点的距离之和作为评价匹配程度的量值，越小则说明体形越接近某一型号翼型（图 5.16）。

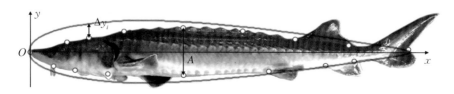

图 5.16　中华鲟幼鱼体型与 NACA $00xx$ 系列翼型的比较

异速生长导致体高的增加,且最大体高处由头部变为躯干中部。这些变化使不同阶段的幼鱼体形分别接近于 NACA 0009~0014 等 6 种不同类型翼型。翼型型号与标记点质心距的对数成正相关($r^2 = 0.503$,$P < 0.001$,图 5.17),表明随着体长的增加,幼鱼的体型更加接近于大厚度对称翼型。

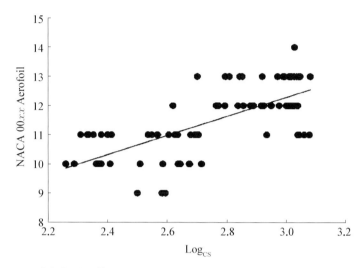

图 5.17　中华鲟幼鱼体形最匹配翼型型号与标记点布局质心距对数的相关性

5.2.4　中华鲟个体发育异速生长的生态意义

鱼类形态发育与运动和捕食密切相关。例如,近海硬骨鱼早期幼鱼的体形更趋于典型的浮游幼虫流线形体形,成鱼需要更丰满的体形利于机动性(Webb,1986)。很多硬骨鱼发育形态的研究也都体现了这点(Russo $et\ al.$,2009)。斑马鱼研究中有着对形态发育对阻力影响的具体讨论(McHenry and Lauder,2006)。鲟鱼发育过程中体长与游泳能力有关,但是未知发育形态和游泳能力的关系(Allen $et\ al.$,2006;He $et\ al.$,2013)。之前研究表明了静态异速生长和游泳的关系(Qu $et\ al.$,2013)。与这些研究相比,中华鲟早期幼鱼更加修长,入海时变得丰满。入海幼鱼因为尾鳍的发育,可能主动游泳和机动性都更强。所以相对于大个体,小个体幼鱼因奇鳍较小而主动游泳能力不足。而大个体的体重在推进时可以更多地提供动量帮助幼鱼远距离巡航(McHenry and Lauder,2006)。同时,发育过程中体形的流线形变化也有重要的力学意义。体形流线形与所受水流的上升力有关,所以对鲟鱼的附着行为产生影响。NACA $00xx$ 系列翼型的风洞实验辨明流线形的阻力系数随其厚度增加而增加,但同时前段顶流部分阻力系数随之减小。所以因更接近小厚度翼型(图 5.17),小个体幼鱼承受了更小的整体阻力,而头部面临更大的阻力,意味着小个体幼鱼易于在更小的整体阻力下有效附着。

中华鲟幼鱼在河口停留期间,因为河口流态同时受到潮汐和河流的强烈影响,所以近底流速可达 2 m/s(郝嘉凌等,2007)。流速远高于中华鲟幼鱼的临界游泳速度(Qu $et\ al.$,2013),所以 U_{crit} 无法预测自然流态中幼鱼耐受水流的能力。附着行为对于高流速下保持位置十分重要。虽然小个体幼鱼的体形接近于低 U_{crit} 的个体,但个体发育异速生长的力学意义表明它们的头部形态和体形利于附着行为,而且较小的体长也是底栖鱼类利用底质边界层流的优势(Carlson and Lauder,2011)。所以小个体幼鱼能够耐受河口的高流速。相反,大个体幼鱼虽然体形接近于高 U_{crit} 的个体,但力学功能上并不适合复杂的河口流态。这可能是幼鱼随着个体增长逐步进入深水水域和大陆架海域的原因之一。东海沿岸海流流速小于 0.4 m/s(连展等,2009),所以大个体幼鱼适于在相对缓慢的水体中游泳和巡航。头部和尾鳍在体长达到 22~24 cm 前的缓慢发育可能是对河口流态在功能上的响应,利于幼鱼在崇明岛东部水域生存和摄食。在河口逗留 3~4 个月再入海,意味着幼鱼期后还存在着明显的栖息地变化。形态适应的需求,可能是幼鱼期仍然存在异速生长的原因。

5.3　中华鲟头部与尾鳍形态的运动功能权衡

已有的形态和运动关系研究存在不足,所以无法准确评估生态意义。运动上,鲟鱼利用各种运动器官变换游泳步态(Peake,2004;Kieffer and Cooke,2009;Hoover *et al.*,2011;Qu *et al.*,2013)。临界游泳速度(U_{crit})定义了给定条件下鱼类耐受水流的综合能力,但无法表明各种步态的运用和效果。在特定水体环境中对步态有特定需求,所以实验条件下的步态运用与野外不同。因为步态差异,U_{crit} 作为实验量值也无法准确评估野外鱼类的游泳能力。形态分析中,相对扭曲分析广泛应用于鱼类形态变化的研究(Russo *et al.*,2009;Qu *et al.*,2013)。U_{crit} 和第一相对扭曲(即第一主成分)的相关性表明了游泳能力如何随整体体形变化而变化。但因为第一相对扭曲无法概括所有形态变化,所以影响游泳能力的局部形态特征或许无法准确判断。而且当影响游泳能力的器官与其他器官存在形态共变时,也可能对那些器官的功能产生误判(Koehl,1996)。

头部和尾鳍影响着各种游泳步态,且在 U_{crit} 相关联的整体形态变化中表现出实质性的变化(Qu *et al.*,2013)。头部背腹面形态的差异关系到对水流的承压面,从而影响附着时对底质的压力。因此头部在补偿游泳能力不足的附着行为中起到重要作用,可能与尾鳍的推进功能相关联。而在形态上,两个器官在许多硬骨鱼中都表现出发育中的共变关系(Fuiman,1983;Russo *et al.*,2009)。基于这些考量,我们猜想中华鲟幼鱼也存在头部和尾鳍的形态共变甚至功能上的权衡。

为了检验头部和尾鳍的功能及相互之间的关系,有必要独立分析器官的形态和对应作用步态下的运动能力,而非鲟鱼的整体形态和综合游泳能力。本小节将讨论 3 个问题:① 头部和尾鳍之间是否存在形态功能上的权衡? ② 如果存在,功能权衡的生态意义是什么? ③ 是否前述的 U_{crit} 误判了野外中华鲟耐受水流的能力?

5.3.1　中华鲟头部和尾鳍形态的运动功能权衡

以临界游泳速度测量实验为基础,记录实验中华鲟的净游泳能力和附着能力。鲟鱼在游泳时使用"主动游泳"、"无摆尾漂流"、"附着"、"抵推下游整流栅"4 种步态。因为漂流中向下游的位移会被后续的主动游泳补偿,且两种步态均无水箱的外力作用,所以定义前两种步态为游泳步态。"附着"步态时鲟鱼利用腹面器官和水箱底质间的摩擦力维持位置,往往伴随着高流速下向下游滑动。"抵推下游整流栅"步态出现在疲劳时,鲟鱼利用尾柄和躯干的柔韧性抵推或支撑下游整流栅以试图摆脱。第四种步态与头部和尾鳍的功能无关,不被记录。一段时间内水流流经实验鲟鱼的总距离作为衡量运动能力的参数。因此游泳步态下的净游泳能力 D_{swim} 和附着能力 D_{hold} 分别用于测定和对应器官形态的相关性。

通过头部和尾鳍各 6 个标记点进行几何形态测量(图 5.18),吻尖标记点同时用于确定尾鳍的相对体轴方向。通过偏最小二乘回归(2B - PLS)检验 D_{hold} 和头部形态之间的相关性及 D_{swim} 和尾鳍形态之间的相关性来确定器官的形态功能,并检验头部和尾鳍之间形态共变。利用薄板样条可视化步态相关的头部和尾鳍形态变化趋势(如果存在),并检验两个器官形态变化趋势之间的相关性以验证形态功能权衡的猜想是否成立。

图 5.18　中华鲟头部和尾鳍的标记点布局

如同个体发育中的现象,前 3 个线性组合中均表明头部和尾鳍存在形态共变($R^2 = 0.853$,$P < 0.001$;$R^2 = 0.590$,$P = 0.004$;$R^2 = 0.388$,$P < 0.05$)。2B - PLS 表明头部形态与 D_{hold} 显著相关($R^2 = 0.703$,$P < 0.001$)。薄板样条可视化头部形态变化,表明具有下压形态吻的个体具有更高的 D_{hold}(图 5.19 - A)。如对尾鳍的研究共识,尾鳍形态与 D_{swim} 呈显著正相关($R^2 = 0.856$,$P < 0.001$)。更宽阔的下叶伴随着更高的 D_{swim}(图 5.19 - B)。D_{swim} 的尾鳍形态变化趋势与 D_{hold} 相关的头部形态变化趋势呈显著负相关($R^2 = 0.549$,$P = 0.006$,图 5.20),表明两者之间形态功能的权衡。当中华鲟的吻轻微下压且尾鳍下叶收缩时,其附着能力更强,但游泳能力更弱,反之亦然。

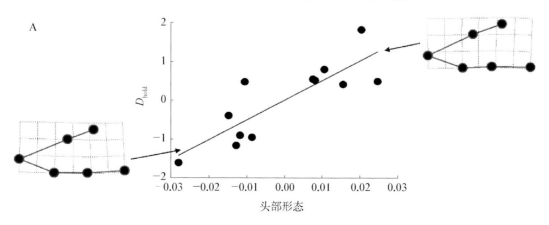

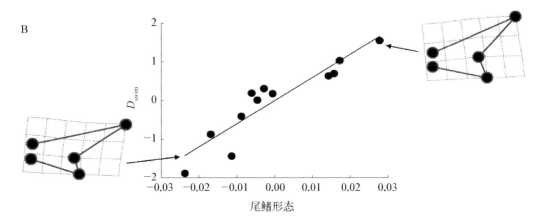

图 5.19　头部和尾鳍形态与对应步态行为能力之间的相关性

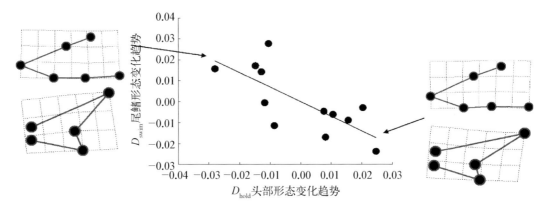

图 5.20　功能相关的头部和尾鳍形态变化趋势之间的相关性

5.3.2　头尾形态功能权衡的生态意义

　　在长江口的逗留对于中华鲟的幼鱼期生活史非常重要。孵化后的中华鲟卵黄囊仔鱼随波漂流和摄食,并于第二年 4～5 月到达长江口,大部分随后于 6 月进入咸淡水域;幼鱼最终逐渐进入更高盐度和水深水域,并于 9 月后迁徙入大陆架海域(Wei et al.,2009)。

　　栖息地的变化引发中华鲟幼鱼随水流流态变化而出现的功能性需求,所以头部和尾鳍的形态功能转变异常重要。与实验鲟鱼相比,小个体野生中华鲟幼鱼形态(图 5.14 - C)接近于拥有较高 D_{hold} 和较低 D_{swim} 的个体。小个体幼鱼的吻和头部沿体轴纵向拉伸,吻略微下压。在长江口近底潮流达到 2 m/s 环境下(郝嘉凌等,2007),这些特征导致头部前额面的承压面积增大,能够提高附着的效率以保持高流速下的位置。尾鳍后缘因下叶未发育而更加接近体轴方向。发育未全的尾鳍及其指向,减小了高流速高斯特劳哈尔数条件下的阻力。

　　大个体野生中华鲟幼鱼头部和尾鳍的特征(图 5.14 - C)则相反,更接近具有较高 D_{swim} 和较低 D_{hold} 的实验个体。大个体幼鱼的头部沿体轴方向收缩,吻略微上扬,躯干和奇鳍显著发育,特别是下叶的生长导致尾鳍接近正尾。中国东部沿岸海流流速小于 0.4 m/s(连展等,2009),对高流速耐受行为-附着的功能性形态需求也随之减少。因为尾鳍后缘高度的平方正比于驱动的水体体积(Lighthill,1971),所以当大个体幼鱼入海后,宽大的尾鳍满足了其在缓流中巡航的需求。

5.3.3 对野外游泳能力的误判

与 U_{crit} 相关联的整体形态变化(Qu *et al.*,2013)表明小个体幼鱼更接近低 U_{crit} 的个体形态,大个体幼鱼则相反。这个推断与养殖中华鲟幼鱼随着发育而 U_{crit} 提高的现象一致(He *et al.*,2013)。然而矛盾的是,如前所述小个体幼鱼所生存的长江口近底水流流速要远高于实验最高流速,而大个体幼鱼所处的流态则相对缓慢。小个体幼鱼的形态如何适应高流速环境值得探讨。

值得注意的是 U_{crit} 可能是一个条件依赖性的量值,因为底质在很大程度上影响着附着能力(Webb,1989)。相比于实验中的平滑钢板底质,河口底质布满淤泥(秦蕴珊和郑铁民,1982),更有利于附着行为。实验中 D_{hold} 只占了水流流经总距离的一小部分(8.63%±1.10%),且与 U_{crit} 和 D_{swim} 均无相关性($P > 0.05$),而 D_{swim} 占据了其中的绝大部分(85.81%±2.14%)。当中华鲟的头部特征利于对耐受河口水流起关键作用的附着行为时,却不利于净游泳能力,因而其 U_{crit} 较低。所以小个体幼鱼虽然游泳能力较弱,但是具备相对强的附着能力以适应潮汐水流。

U_{crit} 的生态相关性因为多方面因素长期充满争议(Plaut,2001)。对于鲟鱼这样的底栖鱼类,U_{crit} 无法表明其在野外环境下耐受水流的实际能力。对运动器官形态和对应步态能力的独立分析解释了器官的功能及器官形态如何影响整体运动能力。头部如何影响附着的机制仍需探索。前述推测前额承压面越大越利于压力的产生,用于附着。

5.4 鲟鱼形态对水流适应性的生态与实践意义

对鲟鱼游泳能力的测量为鲟鱼的保护生物学提供了重要的参考数据,包括对过鱼设施的设计、人工增殖放流地点的选择和养殖环境的建设。

鱼道是洄游性鱼类穿越迁徙障碍的人为途径,其设计和建造需要更多准确的鱼类游泳能力和行为信息。硬骨鱼这方面的数据已经被广泛记载,在针对它们的鱼道提出设计时,一般趋向于考虑鱼类的体长、游泳行为和游泳能力。鲟鱼的体型较一般硬骨鱼更大,游泳行为上也有所区别。必须确保体型较大的鱼类能够像自主游泳能力更强、体型较小的硬骨鱼一样通过高流速的鱼道。只有综合考虑鲟鱼的体长和行为才能很好地应用在类似的鱼道设计中。本章为鲟鱼的保护提供了这方面的关键数据。与其他鲟鱼游泳研究报道类似,本研究也观察到了中华鲟、西伯利亚鲟的一些独特行为,如低流速下利用自重的附着,中等流速下利用水流压力的附着及稳定游泳行为,高流速下利用猝发-滑翔式游泳行为等。这些行为在针对鲟鱼的鱼道设计时应该作为一个重要考量,如对鱼道底质、流速的选择等。

鲟鱼形态与水流的关系还可以为人工增殖放流地点的选择提供参考。人工增殖放流地点的选择需要考量其水文条件是否适合放流对象的行为能力。基于形态和游泳能力的关系,使得通过鲟鱼幼鱼的个体发育形态预判其不同时期行为特征和运动能力具备的可能性。幼鱼早期形态暗示了更强的附着能力和更弱的游泳能力及由此带来的更强的综合耐受水流能力,晚期形态则相反。与此对应,小个体的幼鱼可以投放在水流速度稍高的环境中,以发挥它们的附着潜力;而大个体幼鱼则应投放在水流较缓的区域,以免难以耐受高流速,便于尽快适应当地水文条件,这些信息都将有助于人工增殖放流的效果。

鲟鱼形态与水流的关系为鲟鱼的养殖环境建设提供重要指导。水流作为鱼类面临的一个重要的选择压力,既可以塑造它们的体型,又可以影响肌肉成分。众所周知,任何器官的发育都需要消耗大量能量。当鲟鱼面临更大的水流因子选择压力时,必然需要在鱼鳍等运动器官的形态上作出响应,导致这些器官的发育过程中付出更多的能量。同时,逆流游泳的行为本身也需要很多能耗。这些发育上和行为上的能耗都可能会影响鲟鱼整体形态的塑造,如鱼鳍更加发达时躯干的发育则会稍稍削弱。另一方面,鲟鱼的肌肉成分也会因水流的选择压力而作出响应。白肌的爆发力更强,而红肌的耐力更好。在高流速环境下养殖的鲟鱼可能白肌含量更高,而在相对静水环境下养殖的鲟鱼可能拥有更高的红肌比例。因此,根据养殖实际需求,通过水流既可以在一定程度上塑造期望的体形(如更丰满的躯干、弱化的鱼鳍等),又可以在一定程度上控制红、白肌的比例。

第 6 章　鲟鱼生长的环境调控

生长是保证物种和环境统一的适应性属性之一。鱼类的生长受到诸多因子的影响，主要包括外源性因子和内源性因子。内源性因子主要指对鱼类生长起内在调控的因子，决定着鱼类的生长式型，主要受遗传因素的影响。外源性因子主要是指环境因子，如温度、食物、光照、水流、盐度等，它们主要通过改变环境理化性质对鱼类内在的生理生化状况产生影响，从而产生对生长的影响。我们可以根据鱼类对环境因子的反应程度将这些因子分为几类，如控制因子、指导因子、阻碍因子等。如果单独来看，其中任何一种环境因子都可能成为影响鱼类生命活动的控制因子。环境对鱼类的影响是复杂的，它会因因子的不同对鱼类生长起到不同的调控作用。

6.1　温度对鲟鱼生长的调控

温度是随着时间和空间变化而变化的环境因子，它不仅影响水体的许多理化因子，而且还直接影响鱼类本身的生理活动。温度作为控制因子，主要对鱼类代谢反应速率起控制作用，从而成为影响鱼类活动和生长的重要环境变量。鱼类的存活、发育、摄食、生长和繁殖等活动都受水温的制约与影响。温度变化会对许多变温动物的生理生化进程施加影响，如摄食量（Elliott，1982）、维持需求（Hawkins *et al.*，1985）、代谢率、酶反应、小分子扩散（Sidell and Hazel，1987）、膜功能（Cossins，1983）和蛋白质的合成率（Hazel and Prosser，1974；Cossins and Bowler，1987）等。

鱼类的最适生长水温，是指在生态和营养条件良好的情况下，鱼类生长最快、相对增重最大时的水温（汪锡钧和吴定安，1994）。鲟鱼对水温的适应性比典型的冷水鱼类要强，其存活范围的水温上限可接近 30℃。虽然这样，但是它们在不同的水温条件下表现出不同的生长特性。鱼类的最适生长水温并不是一个绝对的数值，它会因鱼类所处的发育时期、具体环境条件不同而发生一定的波动，所以史氏鲟仔稚鱼期最适生长水温为 20℃，与幼鱼期有所不同。

6.1.1　温度对史氏鲟生长的影响

6.1.1.1　温度对仔稚鱼生长的影响
史氏鲟仔稚鱼在不同水温中的体重呈指数生长（图 6.1），生长差异显著（表 6.1）。

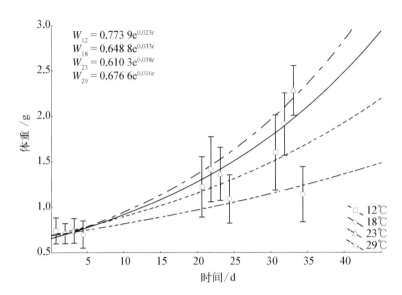

图 6.1　史氏鲟仔稚鱼的体重生长曲线

表 6.1　不同水温中的仔稚鱼生长情况

项　目	水　温			
	12℃	18℃	23℃	29℃
初始体重/g	0.74±0.14	0.71±0.11	0.74±0.13	0.70±0.15
最终体重/g	1.60±0.41	1.91±0.34	2.28±0.27	1.14±0.30
SGR/%	2.97±0.47	3.94±0.53	4.23±0.80	2.18±0.49
RNA/DNA	8.72±0.09	10.55±0.45	13.53±0.44	8.53±0.21

最终体重存在着极显著的组间差异$[F_{(3, 37)} = 20.72, P < 0.01]$,特定生长率(SGR)的组间差异也是极显著的$[F_{(3,14)} = 1.73, P < 0.01]$。23℃时体重生长最为迅速,显著高于其他各组($P < 0.05$);29℃的体重生长最慢,极显著低于其他各组($P < 0.01$)。SGR 是以23℃组最高,显著高于12℃和29℃组($P < 0.05$),但是与18℃组的差异不显著。同时,12℃组的史氏鲟活动能力较低,肉眼观察到的游泳频率较其他温度组低。

在对仔稚鱼全鱼组织的核酸含量进行分析后发现,RNA/DNA 值与生长具有显著的相关性。在史氏鲟的适温范围内,具有较高的 RNA/DNA 值,而低温或高温下的比值都较低。大多数变温动物的组织 RNA 浓度直接与蛋白质的合成相关,因此 RNA 浓度也许能直接反映生长率。由于细胞中的 DNA 含量基本保持不变,RNA/DNA 值更准确直观地反映鱼类的生长情况(Buckley,1979;Wilder and Stanley,1983)和发育情况(Gwak and Tanaka,2002)。所以,史氏鲟在适温范围内生长较快与组织 RNA 浓度的升高有关;RNA/DNA 值的升高也反映了组织蛋白合成率的增加,促进了鱼体生长。

6.1.1.2　温度对幼鱼生长的影响

水温对史氏鲟幼鱼的生长效率(GE)有着极显著影响$[F_{(3, 12)} = 36.15, P < 0.01]$,同时对 SGR 有着显著影响$[F_{(3, 12)} = 3.6596, P < 0.05]$,也对日增重(DWG)有着极显

著影响 $[F_{(3.16)} = 9.405\,3,P < 0.01]$。

试验初期($0 \sim 15$ d),20℃处理组的 SGR 最大(2.13%),26℃处理组的 SGR 最小(0.30%),并极显著地低于其他各处理组,且有负增长的趋势(图 6.2)。随着试验时间的延长,26℃组中的幼鱼在试验中后期($16 \sim 35$ d)生长较初期迅速,SGR 一直在 2.56%以上,而同期中只有 23℃组的 SGR 高于此值,其他组都低于此值,但其最终体重还是小于除变温组之外的其他各组。多重比较表明 23℃组的 DWG、*GE*、SGR 都显著地高于 CT(自然变温组,温度在 $12.5 \sim 16.0$℃的范围内波动)、17℃和 26℃处理组,但与 20℃处理组没有显著性($P > 0.05$)差异;CT 组的生长显著地低于除 17℃组外的所有试验组($P < 0.01$);26℃组和 17℃、20℃组不存在 SGR 上的显著差异(表 6.2)。

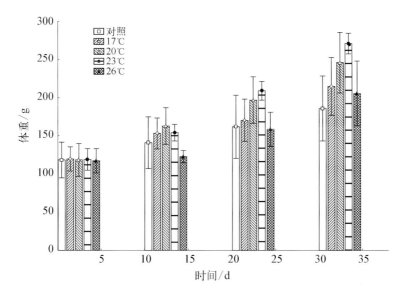

图 6.2　不同温度组的史氏鲟幼鱼体重生长情况

表 6.2　不同温度处理组中的史氏鲟幼鱼生长情况

项　目	水　温				
	CT	17℃	20℃	23℃	26℃
初始体重/g	117.58±23.21	118.86±15.76	117.72±21.38	118.3±14.13	116.58±15.79
初始体长/cm	32.69±2.58	32.22±0.53	32.68±1.90	32.94±1.64	32.62±2.42
最终体重/g	184.78±42.31	213.52±37.41	244.46±39.38	269.44±39.38	204.30±42.06
最终体长/cm	37.20±3.00	38.54±1.70	41.88±2.20	42.18±1.47	37.96±1.30
GE/%	57.04±1.53	72.49±0.78	80.27±2.21	85.09±3.68	65.67±3.65
SGR/%	1.33±0.09	1.81±0.47	2.15±0.16	2.67±0.56	1.91±0.94
DWG/[g/(n·d)]	1.92±0.71	2.70±0.65	3.62±0.58	4.32±0.33	2.50±0.79
FCR	1.75±0.05	1.38±0.01	1.25±0.03	1.18±0.05	1.53±0.08
摄食率/(%BW/d)	2.11±0.05	2.26±0.03	2.57±0.02	2.74±0.04	2.47±0.02

注:CT 代表自然变温组,温度在 $12.5 \sim 16.0$℃的范围内波动

初孵仔鱼的形状和体色类似蝌蚪,仔稚鱼的体色为乌黑色,但是水温的差异造成了仔稚鱼的体色变化,29℃组的稚鱼在试验结束时的体色为深灰色,12℃和18℃组的稚鱼的体色一直为乌黑色,23℃组的体色较29℃组的深,但较12℃和18℃浅。以上现象在幼鱼期也有发现,26℃组的幼鱼体色在所有试验组的颜色中最浅,23℃组的体色也较浅,但是20℃、17℃和CT组的体色较深。

6.1.1.3 不同发育阶段的最适生长水温

史氏鲟的SGR随水温变化趋势呈抛物线形状,并且与水温有着显著的相关性,拟合SGR和温度(T)的回归曲线得出仔稚鱼期的回归方程:$SGR = -4.781\ 9 + 0.92T - 0.023T^2$($r = 0.83$),求得SGR最大时的水温为20.00℃(图6.3);幼鱼期回归方程:$SGR = -12.933 + 1.417\ 75T - 0.032\ 92T^2$ $[F_{(3,13)} = 914.37,\ P < 0.01,\ r = 0.908\ 1]$,求得SGR最大时的水温为21.53℃(图6.4)。利用二次方程拟合GE和温度(T)的回归曲线(图6.5)得出回归方程:$GE = -253.64 + 31.965\ 2T - 0.755\ 5T^2 [F_{(3,13)} = 2\ 140.57,\ P < 0.01,\ r = 0.898\ 6]$,求得$GE$最大时的水温为21.15℃。

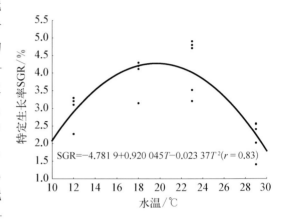

图6.3 史氏鲟仔稚鱼特定生长率与水温之间的相关曲线

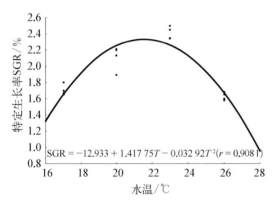

图6.4 史氏鲟幼鱼特定生长率与水温之间的相关曲线

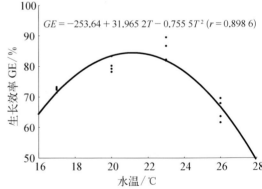

图6.5 史氏鲟生长效率与水温之间的相关曲线

不同温度条件下的史氏鲟幼鱼体重和体长的相关式见表6.3。各温度组的生长指数 b 值各不相同,除了17℃组的 b 值接近3可视为等速生长外,其余各组的生长均处于异速生长,变化的趋势是由低温向高温递进增加。因此,从 b 值的递进趋势来看,高温条件下的史氏鲟生长更倾向于体重的生长。由于鱼类是变温动物,体温只能随外界环境温度的变化而变化,要想维持内环境的适宜温度,鱼类就要不断地选择适温环境或在固定环境中进行热适应,长期进化选择的结果形成了现有的鱼类分布格局。为了尽量减少与外界不适环境的热接触,鱼类生长的一个策略可能就是减少热环境中的体表面积,即在获得相同体重时降低体长的增加,趋向体表面积最小化。因此,与高温相比,史氏鲟更适应较低水温,在试验低温中的幼鱼表现出的生长特性更接近于自然环境中的情况,即在早期发育阶段的 b 值小于或接近 3,倾向于体长生长。

表 6.3　不同温度条件下的史氏鲟幼鱼体重和体长的相关方程式

温度/℃	相关方程式	生长指数(b)	相关系数(r)	概　　率
对照	$W = 0.011\,3L^{2.671\,1}$	2.671 1	0.907 2	$P < 0.01$
17	$W = 0.003\,0L^{3.049\,3}$	3.049 3	0.896 9	$P < 0.01$
20	$W = 0.006\,0L^{2.841\,9}$	2.841 9	0.963 8	$P < 0.01$
23	$W = 0.002\,3L^{3.110\,3}$	3.110 3	0.973 5	$P < 0.01$
26	$W = 0.000\,8L^{3.412\,2}$	3.412 2	0.900 6	$P < 0.01$

6.1.1.4　温度对摄食率和食物转化率的影响

在各温度条件下,史氏鲟的摄食率因温度的不同而发生变化,20℃ 和 23℃ 的幼鱼摄食率要大于其他组,26℃ 组的幼鱼在试验初期(0～15 d)食欲较差,随后保持较旺盛的食欲。在整个试验阶段,各温度的史氏鲟一般都能以较旺盛的食欲来摄食饵料,"残饵"现象很少发生。温度对摄食率有着极显著的影响 $[F_{(3,12)} = 185.5, P < 0.01]$,摄食率(R)与温度之间的相关性可用二次方程拟合得出回归曲线(图 6.6 - A):$R = -5.324\,4 + 0.719\,445T - 0.016\,11T^2 [F_{(3,13)} = 15\,512.72, P < 0.01, r = 0.970\,7]$,求得最大摄食率的理论水温为 22.33℃。

水温对食物转化率(FCR,即饵料系数)有着极显著的影响 $[F_{(3,12)} = 34.09, P < 0.01]$,23℃ 组的史氏鲟幼鱼的 FCR 最低(表 6.2)。利用二次方程拟合 FCR 和温度的回归曲线(图 6.6 - B):$\text{FCR} = 7.111\,38 - 0.563\,97T + 0.013\,403T^2 [F_{(3,13)} = 2\,109.84, P < 0.01, r = 0.903\,0]$,FCR 最小时的温度为 21.04℃。史氏鲟的最低 FCR 和最高 GE 的温度基本一致,并且与 SGR 最大的温度相差不超过 0.5℃。

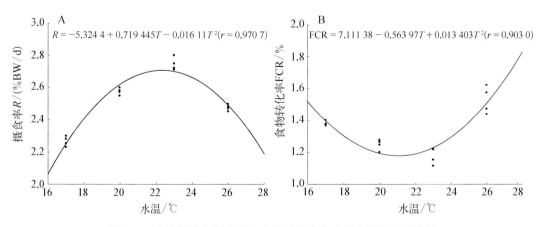

图 6.6　史氏鲟幼鱼摄食率和食物转化率与水温之间的相关曲线

鱼类的生长会随着摄食量的增加而增加,一旦食物不是限制因子时,其生长主要受其他因子的影响。鱼类的摄食率和生长率在一定温度范围内会随着水温的升高而增加,但当超过最适水温时生长率和摄食率会下降。因为维持需求会随着温度的升高而不断升高。史氏鲟也是这样的情况(表6.4),其耗氧率一直随水温升高而升高,反映了基础代谢率的提高,而高温时的摄食在降低,最大摄食温度为22.33℃,所以较高的代谢率和较低摄食率造成了史氏鲟在较高水温时的生长减慢。鱼类的适宜生长水温一般低于摄食的适宜水温;超过最适生长温度后,鱼类的摄食率仍然会继续增加,但此时用于鱼类生长的能量已经开始减少,生长效率开始下降(Diana,1995)。因此,史氏鲟的最适生长温度要低于最大摄食率温度,史氏鲟在达到最高摄食率时,其生长效率和特定生长率却不是最高,并且生长和摄食的最适温度相差0.8℃。

表6.4　不同水温下的史氏鲟的耗氧率(宋苏祥等,1997)

水温/℃	耗氧率/[mg/(g·h)]
5	0.15
12	0.21
15	0.35
20	0.43
25	0.46

大多数研究表明鱼类的生长不可能随着水温的升高而无限制持续增加,每一种鱼都有各自不同的生长温度范围,鱼类的生长与温度之间的关系一般都可以用二次曲线或其他多元回归方程来表示(McCarthy $et\ al.$,1999)。这些研究与本试验的结果基本一致,史氏鲟的生长和摄食的温度关系也遵循二次回归曲线的规律。

6.1.1.5　温度驯化对血清甲状腺激素水平的影响

甲状腺激素(TH)主要包括四碘甲腺原氨酸(T_4)和三碘甲腺原氨酸(T_3),可以调节鱼类的生长、发育、行为和繁殖,温度可以影响鱼类的甲状腺活动(Eales and Brown,1993)。史氏鲟幼鱼不仅在不同水温的驯化中表现出显著的生长差异,其内分泌系统中的甲状腺分泌TH活动还受到了温度驯化的影响,但影响程度因TH的形式不同而各异。

不同温度组间血清总四碘甲腺原氨酸(TT_4)含量水平没有表现出显著差异[$F_{(4, 22)} = 1.132\ 5$,$P = 0.366\ 9$](图6.7-A)。但是,水温对血清总三碘甲腺原氨酸(TT_3)水平产生了显著影响[$F_{(4, 22)} = 2.905\ 2$,$P < 0.05$](图6.7-B)。26℃组的史氏鲟血清TT_3水平最低,显著低于20℃($P < 0.05$)和23℃组($P < 0.01$)的水平,其余各组之间没有显著差异。

水温对血清游离四碘甲腺原氨酸(FT_4)的含量水平影响不显著[$F_{(4, 22)} = 1.190\ 9$,$P = 0.342\ 4$](图6.7-C),但是23℃组的FT_4含量水平显著高于CT组($P < 0.05$)。血清游离三碘甲腺原氨酸(FT_3)含量水平受到了水温的极显著影响[$F_{(4, 22)} = 5.130\ 3$,$P < 0.01$](图6.7-D)。26℃的史氏鲟血清FT_3含量水平最低,均极显著低于17℃、20℃和23℃组的水平($P < 0.01$),其余各组之间没有显著差异。

史氏鲟在适宜温度范围内的血清TT_3水平显著高于高温驯化中的水平,而TT_4水平却未随热驯化的进行而发生改变。TT_4和TT_3在热应激中的变化趋势刚好相反,即此消

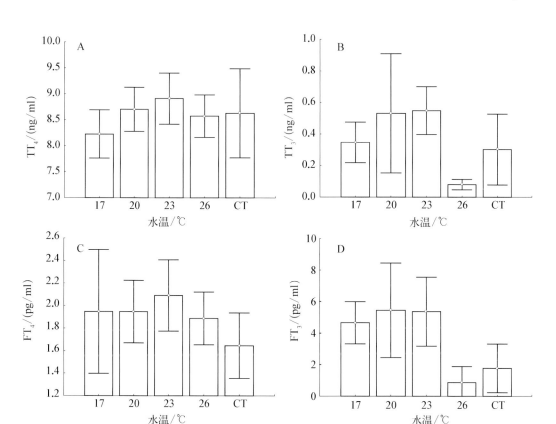

图 6.7　不同水温中的史氏鲟血清甲状腺激素水平

彼长,这说明 T_4 向 T_3 的转化在热应激中仍然保持着一定平衡。TT_4 水平的稳定变化可能对维持史氏鲟正常的生理活动具有重要的意义。毕竟,26℃不是史氏鲟的致死温度,虽然会对其产生应激,但在此水温中鲟鱼仍能比较健康地生长,其生理系统还需维持较稳定的水平。应激初期的 TT_4 水平的升高,也许是甲状腺受到温度的直接影响,而适应性地提高分泌水平以对抗剧烈环境变化,不过这一变化是在较短时间(<24 h)内完成的。

热应激中的脑垂体分泌 TSH 的水平也与 TT_4 相似,但 TSH 会延迟一段时间对甲状腺产生作用。在热驯化中,史氏鲟脑垂体分泌 TSH 的水平保持较稳定的状态,只是在初期的几小时中有显著的波动,随后稳定。由此看来,作为 TH 负反馈调节重要环节的垂体 TSH 分泌细胞能较快地适应生长范围内的水温变化,保证生理活动的正常进行,即首先要保证"甲状腺激素库"的稳定性,然后水温又通过调节 TH 的降解率和 T_4 外环脱碘酶(T_4ORD)活力,控制具有真正 TH 活性的血清 FT_4 和 FT_3 水平,以此来调节生长,适应新环境中的生长策略。

生长试验表明高温不利于史氏鲟的生长,热驯化试验也表明长期高温驯化导致血清 TT_3 水平的降低。所以,具有生物活性的 T_3 水平的降低是高温中的史氏鲟生长减慢的一个主要生理原因。不管水温高低,只要远离适温范围,T_3 水平可能都会降低,导致生长减慢。另外,适温范围外的血清 FT_3 水平的降低也是史氏鲟在较低和较高水温中生长减慢的重要原因。

与 TT_4 水平的变化相似,FT_4 水平也未在热驯化中有明显的波动,FT_3 水平随驯化时间的延长而持续降低。FT_3 是真正进入组织细胞发挥生理作用的甲状腺激素形式,它的降低是史氏鲟高温中生长减慢的最主要原因。

6.1.2　热应激引起的鲟鱼行为和内分泌响应

鲟鱼从适宜温度中被迫转移到较高水温中会表现出应激症状,不但行为上表现出"烦躁"情绪与逃避行为,而且皮质醇("应激激素")和血糖都急剧升高,这些表现与其他鱼类在应激中的表现基本一样(Pickering and Stewart,1984;Stephens et al.,1997;Wedemyer,1976)。

将 30 尾史氏鲟从(22.0±0.4)℃水体中直接转入(26.0±1.2)℃水体中,以此来调查热应激在温度驯化过程中的反应。在热应激开始时,史氏鲟在 26℃水体中表现出极其不适应的活动状态,以体长为直径左右扭摆,以吻部顶击水族缸四壁,上下窜动,并伴随有痉挛症状,肌肉高频颤动,发生短暂昏厥后静伏于水底,呼吸频率显著升高;1 d 后,史氏鲟的游泳开始正常,但还有较少数的幼鱼时常表现出窜游现象,所有幼鱼不摄食,大多数鱼的活动频率较低;5 d 后,史氏鲟游泳行为基本正常;8 d 后,摄食开始正常;16 d 时的摄食率达到 22℃的摄食率水平(3%BW/d);30 d 后,摄食率(2.3%BW/d)低于 22℃的摄食率水平,游泳呈正常的巡游状态。

行为是动物适应环境做出功能性调节的重要表现。在发生应激时,行为的改变往往先于生理系统的反应。史氏鲟在从适温环境转到高温时马上就表现出极不适应的反应,鱼类在热应激中的行为表现是分阶段的:第一阶段,摄食的停止,撞击池壁和窜游;第二阶段,静伏水底,偶有虚弱的窜游,体色发生变化,呼吸频率加快;第三阶段,只发生在达到致死阈的温度应激中,鳃盖停止翕张,最后死亡;前两个阶段的鱼只要重回到较冷的水中仍会恢复自然(Elliott,1982)。史氏鲟的应激行为表现与以上所描述的情况非常相似。看来,鱼类(冷水性或亚冷水性)对水温的反应特性有一定同源性,总是选择在热环境中的逃匿行为。

6.1.2.1　热应激中的史氏鲟血浆皮质醇和血糖的变化

在热应激中的史氏鲟血浆皮质醇水平随暴露时间的变化而出现了极显著的波动[$F_{(10, 13)} = 54.63$,$P < 0.01$](图 6.8 - A)。在热应激前,史氏鲟的血浆皮质醇含量只在(0.12±0.06)ng/ml 水平上;但随热暴露时间的延长,皮质醇水平开始急速显著上升($P < 0.01$);在 4 h 时达到第 1 个峰值[(4.48±0.42)ng/ml],上升幅度达 37 倍之多;随后皮质醇水平开始较快速显著地下降($P < 0.01$),24 h 之后到达平缓变化区,呈下降趋势,直到 4 d[(0.44±0.06)ng/ml]到达波谷底;但是 9 d 时出现了第 2 个峰值[(0.27±0.67)ng/ml],其值高于所有时间点的测定值($P < 0.01$);30 d 时皮质醇水平已降低到初始值(0 d)水平[(0.11±0.002)ng/ml]。

血糖水平也随着热驯化的暴露时间而出现显著的波动[$F_{(10, 14)} = 6.76$,$P < 0.01$](图 6.8 - B)。从血糖的波动趋势来看,总共出现了 3 个峰值,时间分别为 4 h[(5.50±0.28)mmol/L]、2 d[(4.95±0.92)mmol/L]、9 d[(4.60±0.57)mmol/L],但是 3 个峰值之间没有显著差异;曲线出现了 2 个波谷,时间分别为 16 h[(3.70±0.14)mmol/L]和 4 d[(3.95±0.02)mmol/L],两者之间存在显著差异($P < 0.01$),且与 3 个峰值也有极显著

差异($P < 0.01$),同时也极显著高于 0 h 和 30 d 的测定值($P < 0.01$);0 h[(2.73±0.25)mmol/L]和 30 d[(2.70±0.42)mmol/L]的血糖水平基本一致,没有显著差异。

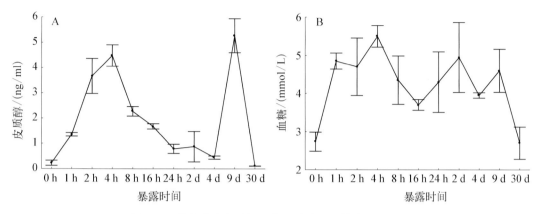

图 6.8　热应激中史氏鲟血浆皮质醇和血糖水平的变化

血糖和皮质醇水平的升高规律在热驯化初期比较相似,高峰值都出现在 4 h 处,但是血糖对环境的变化更敏感,因为血糖的升高速率快于皮质醇。与以往研究有所不同的是,在经历了初期急性应激后,皮质醇下降至应激前的水平,可随后在 9 d 时又出现了一个高峰。对照生长试验比较,26℃组的史氏鲟在 0~15 d 内食欲很差,几乎没有生长,看来皮质醇在机体适应过程中的浓度反弹,影响了史氏鲟生理系统的正常活动,使其长期处于"下丘脑—垂体—肾间腺轴(hypothalamic-pituitary-interrenalaxis,HPI 轴)"的应激反应中。不过长期(30 d)的适应使史氏鲟的 HPI 轴活动又恢复到正常水平,至少皮质醇和血糖水平恢复到正常的情况证明了这一点。

高温和低温均不利于史氏鲟的生长,但是与低温相比,高温应激致使鲟鱼在试验初期具有高达 15 d 的生长停滞,虽然后期的体重生长加速,但也只比低温、变温组的生长快一点。所以,史氏鲟对高温的应激会使其生长产生一定的抑制。也有一些研究认为,应激虽然激活了 HPI 轴的活动使皮质醇浓度升高,但不会对生长造成抑制作用(Bansal et al.,1979)。但我们还是认为皮质醇的升高对生长的影响,可通过降低鲟鱼食欲和增加代谢耗能产生消极作用。

从高温组史氏鲟的特定生长率(SGR)先慢后快的趋势来看,热应激过程中的应激和补偿生长相互作用共同来传递了水温对鲟鱼生长的影响。而鱼类的补偿生长又因补偿后生长情况分为超速补偿、完全补偿、部分补偿和不能补偿。对于史氏鲟来讲,它的适应后生长只能归为部分补偿。这种现象的产生伴随着适应后的摄食量的急速增加,食欲的增强应该是生长加速的一个主要原因。

6.1.2.2　热应激中的血浆甲状腺激素水平的变化

史氏鲟的血浆 TT_4 水平在热应激过程中表现出一定的波动性(图 6.9-A),但是并没有显著的起伏变化[$F_{(10, 13)} = 0.37$,$P = 0.940\,9$]。从趋势来看,只有 1 个波峰和 1 个波谷,分别出现在 4 h 和 16 h 处,两者差异显著($P < 0.05$);并且,显著的 TT_4 水平变化只出现在 4 h 和 16 h 之间的区段,总体变化差异不显著。0 h[(9.74±4.63)nmol/L]和 30 d

[(10.45±0.53)nmol/L]的 TT₄ 水平之间无显著差异。

在热应激中,史氏鲟的血浆 TT₃ 水平出现了显著的波动变化[$F_{(10,14)} = 5.20$, $P < 0.01$](图 6.9-B)。变化曲线基本呈下降趋势,在到达 8 h 第 1 个波谷(0.12 nmol/L)后,只在 24 h 时出现了 1 个高峰,峰值为(1.07±0.32)nmol/L;0 h 时的 TT₃ 水平[(0.76±0.14)nmol/L]显著高于除 4 h 和 24 h 之外的所有时间点的测定值;2 d 后,TT₃ 水平变化走势比较平缓,没有太大的波动;30 d 时的 TT₃ 水平值为(0.17±0.02)nmol/L,显著低于试验前(22℃水温环境)的水平($P < 0.01$)。

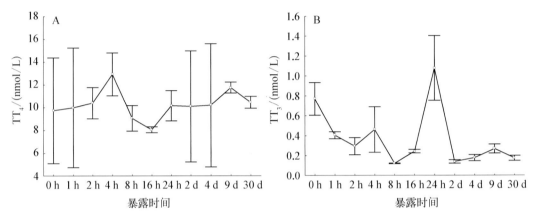

图 6.9　热应激中史氏鲟血浆 TT₄ 和 TT₃ 水平的变化

史氏鲟的血浆游离四碘甲腺原氨酸(FT₄)和游离三碘甲腺原氨酸(FT₃)水平在热应激中表现出不同的波动走势(图 6.10)。血浆 FT₄ 水平基本上波动变化不大,只在 8 h(0.13 pg/ml)时出现了较明显的波谷,没有非常明显的波峰,但是总体水平变化的差异还是极显著[$F_{(10,11)} = 4.99$, $P < 0.01$];在 FT₄ 水平下降的过程中,4 h(0.85 pg/ml)、8 h(0.13 pg/ml)、16 h(0.58pg/ml)时的测定值都显著低于 0 h 时(1.88 pg/ml)的水平;从 24 h 之后,FT₄ 水平波动逐渐平缓,只在 2 d 时有显著下降,以后均保持较稳定的水平;30 d 的FT₄水平(1.51 pg/ml)与 0 h 的水平并无显著差异。

血浆 FT₃ 水平在热应激中一样表现出显著的波动性[$F_{(10,11)} = 4.99$, $P < 0.01$],其走势与 FT₄ 并不一样(图 6.10)。血浆 FT₃ 水平的波动曲线基本上是一直下降的趋势,只在 4 h 时略有升高,但其值(4.84 pg/ml)仍小于 0 h 初始值(5.53 pg/ml);总体变化是以 16 h(1.69 pg/ml)为转折点,16 h 以前,FT₃ 水平的变化趋势没有明显差异;16 h 之后,FT₃ 水平一直平缓地下降,直到 30 d 试验结束其值仍然很低,显著低于初始值($P < 0.01$)。

6.1.2.3　热应激中的血浆促甲状腺素的变化

史氏鲟的血浆促甲状腺素(TSH)水平在热驯化应激中表现出一定的波动性(图 6.11),但是波动不显著[$F_{(10,14)} = 1.26$, $P = 0.34$]。血浆 TSH 水平的变化曲线只在 2 h 时出现了 1 个高峰值(0.099 μIU/ml),但其值与其他时间的测定值并没有显著差异;整个曲线没有很明显的波谷,只在 16 h 时出现了 1 个较低点(0.040 μIU/ml),不过此点测定值与 0 h(0.045 μIU/ml)和 30 d(0.043 μIU/ml)的测定值基本在同一水平上;经过 30 d 的 26℃水温驯化后,血浆 TSH 水平和 22℃水温环境中的水平没有显著差异。

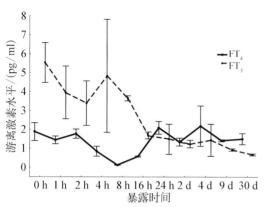
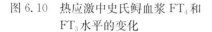
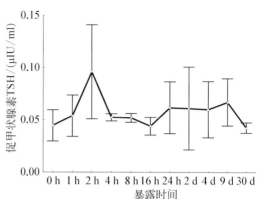

图 6.10　热应激中史氏鲟血浆 FT$_4$ 和　　　　图 6.11　热应激中史氏鲟血浆 TSH 水平的变化
　　　　　FT$_3$ 水平的变化

6.1.2.4　热应激中的血浆 GH、IGF－I 的变化

史氏鲟的血浆生长激素(GH)水平在热应激过程中表现出一定的波动性(图 6.12－A)，尤其是在 0~24 h,总体水平的变化差异性极显著[$F_{(10,30)} = 3.91, P < 0.01$]。从 0 h 开始，血浆 GH 水平急速显著地下降($P < 0.01$)，直到 8 h 到达最低值(0.14 μIU/ml),然后曲线上升到 24 h 达到曲线变化的峰值(0.27 μIU/ml);2 d 时的 GH 水平又是 1 个波谷(0.13 μIU/ml),之后的曲线上升(至 9 d);30 d 的 GH 水平(0.15 μIU/ml)已极显著低于初始 0 d 时(0.28 μIU/ml)的水平($P < 0.01$)。

血浆类胰岛素生长因子－1(IGF－I)水平的变化曲线也具有一定的波动性(图 6.12－B),而且波动的变化性极显著[$F_{(10,30)} = 3.12, P < 0.01$]。在热应激的 24 h 之内,血浆 IGF－I 的水平虽有波动,但差异并不显著;在 16 h 的高峰值(37.88 pg/ml)之后,曲线快速下降(至 2 d),并且从 16 h 后,所有时间点的测定值均显著小于 0 h 的测定值(36.92 pg/ml);30 d 的血浆 IGF－I 水平值(30.89 pg/ml)显著低于 0 h 的测定值($P < 0.01$)。

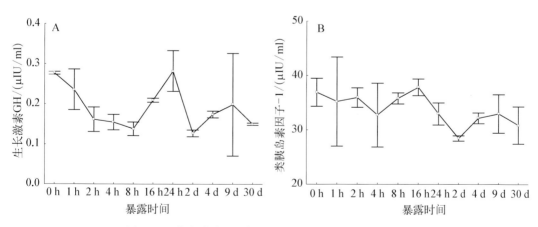

图 6.12　热应激中史氏鲟血浆 GH 和 IGF－I 水平的变化

"垂体—肝脏轴"是鱼类重要的生长调控生理轴。季节的变化可以影响鱼类的血浆或血清 GH 水平的变化(林浩然,2011),而季节变化中最重要的变化因子是温度和光照,GH

的季节变化受到了温度和光照的双重影响。试验结果表明高温驯化中的血浆 GH 和 IGF-I 水平显著低于适温中的水平。在应激过程中,血浆 GH 和 IGF-I 水平的波动趋势相同,都是先低后高再低,最终水平都显著低于初始值,这一变化显示了 GH 和 IGF-I 之间的正相关性。以往的研究已证明了 GH 可以促进肝脏内 IGF-I 的合成,GH 的生理功能也部分通过 IGF-I 来传递(Cao et al.,1989;Duan et al.,1993)。

环境的恶劣变化可以改变垂体分泌 GH 的水平,长期禁食可以提高鱼类血液中的 GH 水平(Gray et al.,1992;Mori et al.,1992)。环境应激可能促使垂体对较慢性的应激(如长期禁食)作出反应,通过提高 GH 水平来动员机体增加脂肪代谢,促使更多的脂肪分解作为能源来平衡较低的能量摄入。但作为温度驯化中出现的急性热应激对史氏鲟垂体分泌和释放 GH 的水平是否与食物应激的反应一样呢?本研究发现血浆 GH 水平在热应激中的总体变化趋势是下降的,长期高温驯化最终导致了血浆 GH 和 IGF-I 水平的降低。究其原因,水温的急剧变化影响着机体各项生理生化进程,这种反应程度往往很剧烈。Houlihan 和 Laurent(1987)发现剧烈的温度变化可导致虹鳟(*Salmo gairdneri*)离体肝细胞中的核糖体转译效率(k_{RNA})、蛋白质合成率和耗氧率的平行增加。从 GH 水平来看,鲟鱼脑垂体 GH 分泌细胞在接受外界的温度变化(生长范围内)刺激时可能会受到一定的抑制,导致 GH 释放水平下降,相应地造成了组织 IGF-I 合成的降低;但这种作用的持续时间应该不长,垂体细胞随后适应性地补偿分泌 GH 达到原有水平,这也是生理系统对抗剧烈环境变化的一个策略。不过,高温毕竟不是史氏鲟自然选择的温度,其生理系统(当然也包括神经内分泌系统)的温度相关反应不如适温条件那样适应生长需要。

GH 可能会促进鱼类的食欲并提高对食物的转化能力,以此来促进鱼类的生长(Collie and Stevens,1985;Sun and Farmanfarmaian,1992)。从生长试验结果看,最佳FCR温度出现在 21.04℃,高温下的 FCR 最高,这正好与血浆 GH 水平的高低情况相对应,即较高水平的 GH 对应较低水平的 FCR。由此看来,GH 对不同水温中史氏鲟的FCR 具有一定的影响,GH 可能在促进食物的消化和吸收方面起到了积极作用。Sun 和 Farmanfarmaian(1992)证实外源 GH 可以促进鱼体蛋白质的合成,增大鱼体组织 RNA/DNA 值。如此看来,史氏鲟在适温内的组织 RNA/DNA 值的升高与此时的较高水平的GH 含量有一定关系,GH 促进了组织 RNA 的合成,加速了鱼体的生长。

IGF-I 的水平更能反映鱼类的生长情况,在 GH 水平还没有变化的时候,IGF-I 含量高低已经可以反映并影响鱼类的生长(Duan et al.,1993)。水温对史氏鲟的生长影响比较显著,除了适温范围内的组织 RNA/DNA 值、TT_3、FT_3 和 GH 水平的升高是重要原因外,外周循环系统中的 IGF-I 的高水平也是促进史氏鲟快速生长的主要原因。

6.1.3　抗氧化体系对温度变化的响应

水温的升降能直接影响鱼体内的抗氧化体系(Martínez-Álvarez et al.,2005)。环境温度的升高可以导致机体耗氧量的增加(Hochachka and Somero,2002)。温度的升高和耗氧量的增加很可能促进活性氧(ROS)的产生、细胞组分的氧化状态(Lushchak and Bagnyukova,2006),引起相关的抗氧化剂和氧化酶体系的反应(Parihar and Dubey,

1995；Lushchak and Bagnyukova，2006)。

在不同温度(12℃、21℃、26℃、31℃)中进行驯化中华鲟 35 d 后，研究表明，水温的升高促使了中华鲟血清中 ROS 含量的显著升高(图 6.13 - A)。31℃水温中的鲟鱼血清 ROS 含量最高，12℃的 ROS 含量最低，并且各温度组之间均具有显著差异。ROS 和水温(T)之间表现出极显著的正相关性($P < 0.01$)(图 6.13 - B)。

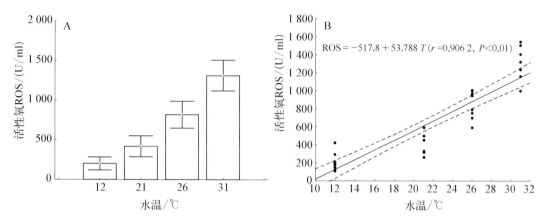

图 6.13　水温与中华鲟血清活性氧(ROS)含量的关系

水温对血清中丙二醛(MDA)含量具有显著的影响，随着水温的升高，MDA 含量显著升高，31℃组中的 MDA 含量最高，除了 21℃和 26℃组中的 MDA 含量之间不具有显著差异外，其他组间的 MDA 含量差异均显著(图 6.14 - A)。根据回归统计，MDA 和水温(T)之间具有显著的直线回归关系(图 6.14 - B)。血清 MDA 含量和血清 ROS 含量之间具有显著的正相关关系，即不同水温中的中华鲟的 ROS 含量的升高和 MDA 的产生具有显著正相关性(图 6.15)。

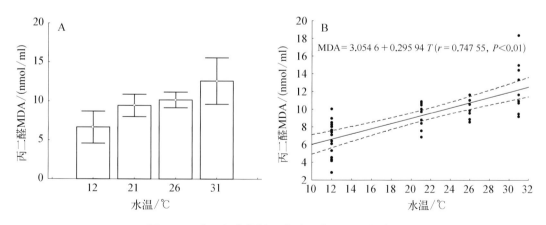

图 6.14　水温与中华鲟血清丙二醛(MDA)的关系

对于中华鲟等鲟科鱼类来讲，水温的变化可以显著地影响其生理状态。一般来讲，21℃的水温是鲟鱼生长的最适水温，超过 26℃后其生长等生理机能会显著下降，当水温超过 33℃时就会造成一些个体的热死亡。因此，试验中的高温(26℃和 31℃)环境对于鲟

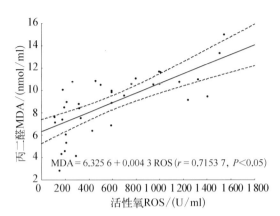

图 6.15　中华鲟血清 MDA 含量和血清
ROS 含量之间的相关关系曲线

$MDA = 6.325\ 6 + 0.004\ 3\ ROS\ (r = 0.715\ 3\ 7, P < 0.05)$

鱼来讲会造成一定水平的热应激反应,产生高温胁迫。而在这种应激过程中,机体氧化应激的水平也在上升,ROS 含量升高,造成 LP 的增加。

　　ROS 大量产生后若不及时清除很可能对机体产生氧化损伤,造成氧化应激,引起脂质的过氧化反应(lipid peroxidation,LP),而 MDA 含量的高低反映了细胞膜 LP 的程度。MDA 是不饱和脂肪酸过氧化终产物之一,已经被作为一种细胞膜氧化损伤的指示物,MDA 的高低可以代表机体或组织的氧化水平的高低。根据试验结果,我们可以看到高温可以显著地使中华鲟血清 MDA 含量增加。这预示着随着水温的升高,鲟鱼体内脂质过氧化反应得到加强,高温状态下的中华鲟处于氧化应激的状态中。以上结果和在金鱼(*Carassius auratus*)(Lushchak and Bagnyukova,2006)、印度囊鳃鲇(*Heteropneustes fossilis*)(Parihar and Dubey,1995)的研究一致,指出某些鱼类的氧化应激水平会在水温升高的过程中加剧,过氧化脂质和硫代巴比妥酸反应底物(TBARS)在热冲击中显著增加。中华鲟的血清 MDA 的产生和 ROS 含量具有显著正相关性,也正好说明,虽然生活的水温有所不同,但高温促进 ROS 的产生,ROS 造成过氧化脂质增加,最终导致 MDA 含量的上升。

　　血清中过氧化氢酶(CAT)活性随水温升高具有微弱的上升趋势,但这种趋势中包含着个体之间 CAT 活性的较大变异,最大个体 CAT 活性出现在 31℃组中,最小个体 CAT 活性出现在 12℃组中,方差分析表明,水温对血清 CAT 活性不具有显著差异(图 6.16)。

　　血清谷胱甘肽(GSH)含量随着温度的升高先上升后下降,21℃组的血清 GSH 含量达到最大值,随后显著下降(图 6.17 - A)。其中,以 12℃组的 GSH 含量最低,显著低于其他各组。不同水温中的 GSH 的变化规律可以用二次回归曲线来表示,呈现为抛物线的规律。

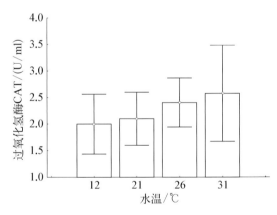

图 6.16　不同水温中的中华鲟血清中 CAT 活性

　　血清超氧化物歧化酶(SOD)活性随着温度的升高而发生显著的变化(图 6.17 - B)。26℃以前,SOD 活性随水温显著升高,在 26℃时 SOD 活性最高,且显著高于 12℃和 21℃组的数值,21℃组的 SOD 活性显著高于 12℃的活性。但 26℃之后,SOD 活性略有不显著的下降,但活性还是显著高于 12℃和 21℃组的 SOD 活性。根据相关统计的结果表明,中华鲟血清 SOD 活性和血清 ROS 含量之间存在显著的正相关关系,即随着血清中的 ROS

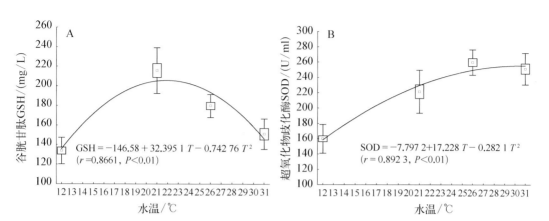

图 6.17　不同水温中的中华鲟血清 GSH 和 SOD 含量及其与水温的回归曲线

含量的升高,SOD 的活性也随之不断升高(图 6.18)。

在以往的研究中,机体发生氧化应激时并不一定会引起 CAT 活性的变化,但是其他抗氧化酶活性或抗氧化剂含量会发生相应变化来应对氧化损伤(Palace et al., 1996;Abele et al., 2001)。在本次试验中,GSH 和 SOD 在不同的水温条件下表现出显著差异,在正常的鲟鱼适温范围内起着调节作用。高温胁迫使中华鲟血清 GSH 含量显著下降,但 ROS 含量显著升高;同时,SOD 活性针对水温的变化虽然也存在

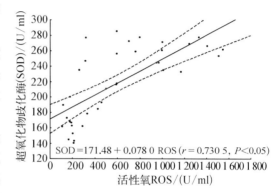

图 6.18　不同水温中的中华鲟血清 SOD 活性和血清 ROS 含量之间的相关关系曲线

抛物线的变化规律,但高温胁迫并没有使 SOD 活性下降。GSH 和相关代谢酶可以对抗 ROS 引起的细胞损伤,起到防御氧化应激的作用(Grisham and McCord,1986)。GSH 可以和 ROS 反应起到抗氧化的作用。中华鲟 GSH 含量在低温和高温中都显著低于 21℃ 时的水平,但从 ROS 的变化规律来看,高温的 ROS 显著升高,这似乎说明为了对抗 ROS 的大量产生而使 GSH 消耗引起 GSH 含量的下降,但高温状态下大量产生的 ROS 超出了抗氧化防御的平衡状态。这种在高温环境下 GSH 含量下降的现象在印度囊鳃鲇的研究中也得到了证实(Parihar et al., 1997)。GSH 含量的逐渐下降有可能加大了机体氧化应激的风险,从而可能引起暴露在高温环境中的鱼体内的 SOD 活性增加和脂质过氧化反应增强(Parihar and Dubey,1995;Parihar et al., 1997)。本次试验也发现,高温胁迫使脂质过氧化的程度增强,高温组 GSH 含量的下降可以看成 LP 增强的一个原因,同时也发现高温组中的 SOD 活性显著增强。SOD 被认为是机体对抗自然水温暴露的保护剂(Filho et al., 1993)。随着 ROS 含量和 MDA 含量的增加,中华鲟的血清 SOD 活性也随之增加,说明 SOD 在高温环境中对抗了鲟鱼体内的一定程度的氧化应激,但 ROS 含量的显著上升还是对高温组的中华鲟产生了氧化应激。而在较低水温环境中,ROS 的产生水平是最低的,相应的 GSH 和 SOD 活性水平也是最低的,MDA 的水平也是最低的,由此

156

可以推测在低温环境中,中华鲟的代谢率虽然低于适温时,但体内的抗氧化防御体系可以维持自由基的代谢平衡,使脂质过氧化程度处于较低的水平。

总之,在鲟鱼存活的水温范围内,中华鲟依靠自身的抗氧化防御体系,可以抵御活性氧含量变化可能产生的损害,但这种抵御作用因水温的不同而表现出不同的特点。高温(尤其是31℃)状态下虽然起到了一定的防御作用,但ROS产生增加而造成的LP程度要显著高于其他温度组,产生一定程度的氧化应激;而低温和适温环境虽然存在ROS随水温升高而升高的规律,但抗氧化剂和抗氧化酶维持着体内自由基的"稳态",使机体的LP处于较低的状态。

6.2　光照周期对鲟鱼生长的调控

光除了作为能量来源进入水域生态系统成为鱼类和其他水生动植物的生命基础,并通过影响温度而间接影响鱼类的生长和活动外,还能独立地直接影响鱼类的发育、行为、生长和繁殖等生命活动(Brett,1979;Imsland *et al.*,1997;Puvanendran and Brown,2002)。因此,光照被认为是引起鱼类代谢系统以适当方式反应的指导因子。

许多研究已经证明鱼类的生长和光照周期有着比较密切的关系,通过延长光照周期可促进鱼类的生长(Manzano *et al.*,1998;Simensen *et al.*,2000;Puvanendran and Brown,2002)。同时光照周期对鱼类早期阶段的器官发育和存活有着明显的作用(Nwosu and Holzlöhner,2000;Fielder *et al.*,2002)。光照因此被认为是指导因子,通过影响鱼类的生理节律性而控制鱼类的生长(Brett,1979)。一些研究表明鱼类外周循环系统中的生长激素水平受光照条件的影响(Björnsson,1997),光照很可能是通过"光—垂体轴"对鱼类的生长进行调控的(Komourdjian *et al.*,1989)。但是也有研究认为生活在不同光照周期下的鱼类不会出现生长上的差异(Fuchs,1978;Hallaråker *et al.*,1995;Nwosu and Holzlöhner,2000)。

本研究设计了3种光照周期,分别为全黑(0L:24D)、全光照(24L:0D)和自然光周期。全黑试验组(PD)保证光照强度为零;全光照试验组(PL)光照强度则一直保持在1 500 lx水平上;自然光周期试验组(PN)直接暴露在自然光周期下。研究以史氏鲟幼鱼为对象,试验历时7个月。

6.2.1　不同光照周期下的幼鱼生长情况

史氏鲟幼鱼在3种光照周期下表现出不同的生长特性。ANOVA统计结果表明,光照周期对史氏鲟幼鱼的体重生长有着极显著的影响[$F_{(2, 48)} = 5.419\,5$,$P < 0.01$],PL组和PD组之间的体重生长无显著性差异,PN组的体重生长要显著低于PL组[$df = 32$,$t = 2.686\,9$,$P < 0.05$]和PD组[$df = 32$,$t = 3.708\,8$,$P < 0.01$]。但光照周期对体重生长的影响是随试验暴露时间的不同而发生改变的(图6.19)。试验初期(0~45 d),体重生长未表现出显著差异;直到试验中期(46~135 d),体重生长才表现出显著差异[$F_{(2, 39)} = 9.164$,$P < 0.01$],并且这种差异及趋势一直维持到试验后期(136~195 d)。

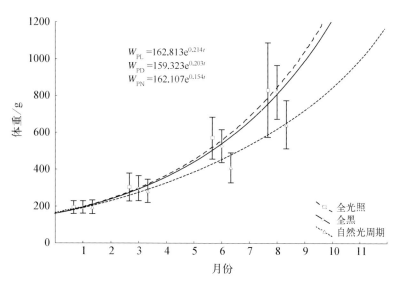

图 6.19　不同光照周期下的史氏鲟幼鱼体重生长曲线

光照周期极显著地影响着试验期间的史氏鲟幼鱼的 SGR$[F_{(2,46)} = 42.901, P <$
$0.01]$。在试验初期($0 \sim 45$ d),体重和体长生长均未表现出显著差异时,此时各组的 SGR
已经存在显著差异,PN 组的 SGR 要显著低于 PL 组$[df = 30, t = 2.4382, P = 0.021]$
和 PD 组$[df = 29, t = 2.2728, P = 0.031]$,PL 和 PD 组无显著差异,此时的光照周期
还未对各组的 SGR 表现出显著影响$[F_{(2,46)} = 3.124, P = 0.0534]$;在试验中后期
($46 \sim 195$ d),光照周期对各组的 SGR 产生了显著影响$[F_{(2,52)} = 4.507, P < 0.05]$
(图 6.20 - A)。

PL 组、PD 组和 PN 组的 SGR 与各组的几何平均体重(geometric mean weight,
GMW)之间存在显著的负相关($P < 0.05$)(图 6.20 - B$\sim$D),SGR 随 GMW 的增大而减
小。从图 6.20 - B$\sim$D 中可以看出 3 条相关直线的斜率(β)的绝对值各不相同:β(PL)$<$
β(PD)$<$$\beta$(PN),以 PN 组的相关直线的倾斜度最大。

$$GMW = [(W_2/n) \times (W_1/n)]^{0.5}$$

式中,W_1、W_2为时间 t_1、t_2时的总体重,n 为个体数量。

从图 6.20 中的散点分布可以看出,在 $200 \sim 300$ g 体重水平上,以 PN 和 PD 组的
SGR 水平较高,而 PL 组的 SGR 水平较低;但随着体重的增加,PL 组的 SGR 保持较缓慢
的下降水平,PD 组的 SGR 的降低水平也较低,而 PN 组的 SGR 却快速降低;在 $500 \sim 600$ g
体重水平上,PN 组的 SGR 已经显著地低于 PD 和 PL 组了,几乎全部散点低于 0.6%。

光照($1\,500$ lx)的有无似乎对史氏鲟生长的影响不是很大,不管是全光照还是全黑
暗;而光照的周期变化与稳定光照周期相比,对其生长没有促进作用。

6.2.2　不同光照周期对摄食率和生长效率的影响

史氏鲟幼鱼在不同光照周期下的摄食率和摄食量都没有显著差异,FCR 也无差异

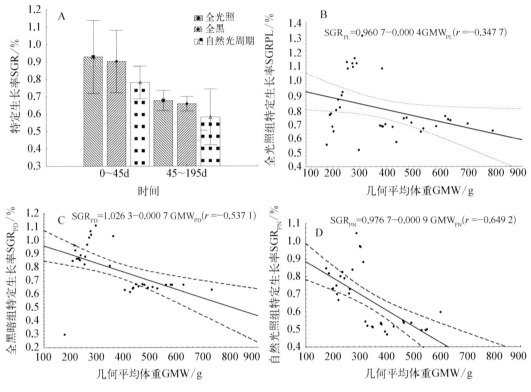

图 6.20　光照周期对史氏鲟幼鱼特定生长率（SGR）的影响

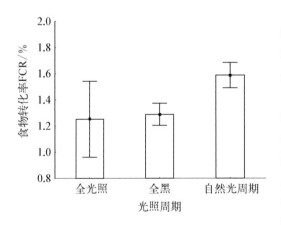

图 6.21　光照周期对史氏鲟幼鱼食物
转化率（FCR）的影响

（图 6.21）。但长期暴露对幼鱼的摄食率与摄食量产生了明显影响。从整个试验过程来看，PL 组和 PD 组的摄食量基本相同，摄食率分别为 1.89% BW/d 和 1.85% BW/d；PN 组的摄食率（1.52% BW/d）显著低于 PL 和 PD 组（$P < 0.05$），总摄食量约占另两组的 83%。光照周期对 FCR 有着极显著的影响 $[F_{(2, 46)} = 14.054, P < 0.01]$，PN 组的 FCR 显著地高于 PL 组 $[df = 30, t = 4.135\ 7, P < 0.01]$ 和 PD 组 $[df = 29, t = 9.146\ 1, P < 0.01]$，PL 组和 PD 组的 FCR 之间无显著差异（图 6.21），这表明 PL 组和 PD 组的生长效率要高于 PN 组。

　　从图 6.22 可以看出，各组的条件系数（CF，又称肥满度）在试验过程中的变化不明显，试验前后 PL、PD 和 PN 组的 CF 比值（CFR）依次为：1.011、1.053、0.961，没有显著的组间差异。

　　通常情况下，鱼类的生长率和体重之间的关系都遵循负相关关系，生长率会随体重增加而降低（Brett，1979；Simensen *et al*.，2000）。史氏鲟的 SGR 和 GMW 的关系也表现

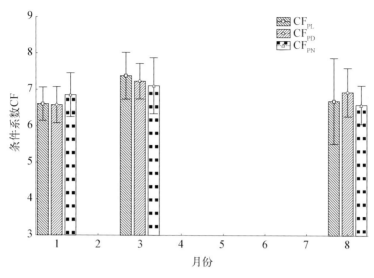

图 6.22　光照周期对史氏鲟幼鱼条件系数(CF)的影响

出了负相关。但是以自然光周期组(PN)的斜率最大,即在同样体重生长水平的情况下,PN 组的生长率下降最快。这种因光照周期而发生的变化在庸鲽(Simensen *et al.*,2000)的研究中也曾被报道,其变化趋势与本试验相同。与自然光周期相比,持续稳定的周期(24L:0D,0L:24D)可以保证史氏鲟幼鱼维持较高的生长率。不过从 CF 的变化趋势来看,光照周期虽对史氏鲟的生长造成了影响,但鱼体的肥满度没有变化。

6.2.3　光照周期引起的内分泌响应

甲状腺在鱼体内的功能和作用方式与哺乳动物大致相同,甲状腺所直接释放的激素多为 T_4,然后在外周循环系统中由 T_4 经脱碘酶(5'-单脱碘酶或 ORD)的作用转化成 T_3,而 T_3 与受体的亲和力远远大于 T_4(Eales *et al.*,1983)。这也就是说,T_3 仍是鱼体内具有主要活性的甲状腺激素形式。生长激素(GH)是由腺垂体分泌的,在鱼类的生长中扮演着重要的角色(林浩然,2011)。Komourdjian 等(1989)提出了"光-垂体轴"的存在,并且 GH 在"光-垂体轴"中担任着重要角色,与鱼类的生长有重要关系。

6.2.3.1　血清甲状腺激素和促甲状腺素水平的影响

不同光照周期组中的史氏鲟幼鱼血清甲状腺激素水平表现出显著的差异(图 6.23,图 6.24)。光照周期对史氏鲟血清 TT_3 水平产生了极显著的影响$[F_{(2,28)}=8.62,P<0.01]$(图 6.23-B);但血清 TT_4 水平没有因光照周期的不同而发生变化$[F_{(2,28)}=0.03,P=0.97]$(图 6.23-A)。从中值分布来看,以 PN 组的 TT_4 水平最低;PL 和 PD 组的 TT_3 水平基本一致,没有组间差异,而 PN 组的水平要显著地低于以上两组($P<0.05$)。

史氏鲟的血清 TT_4 水平要显著高于 TT_3 水平($P<0.01$),PL、PD 和 PN 组的 TT_3/TT_4 值依次为 0.10、0.12、0.03,TT_3/TT_4 值存在显著的组间差异($P<0.01$);PL 和 PD 之间不存在显著差异,但两组的 TT_3/TT_4 都显著高于 PN 组($P<0.01$)。

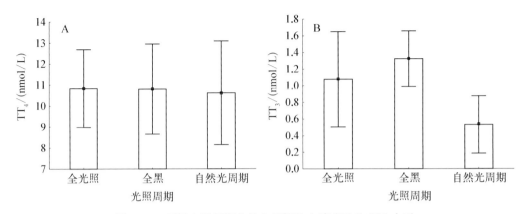

图 6.23　不同光照周期中的史氏鲟的血清 TT_4 和 TT_3 水平

血清 FT_3 水平随光照周期的不同而产生了显著的变化 $[F_{(2,27)} = 4.85，P < 0.05]$，3 种光照周期组中史氏鲟的 FT_4 含量却保持比较一致的水平 $[F_{(2,23)} = 0.90，P = 0.42]$（图 6.24）。PL 和 PD 组的 FT_3 含量保持较高的水平，均显著地高于 PN 组（$P < 0.05$）。

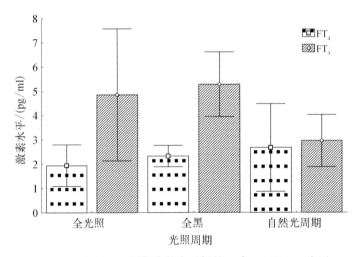

图 6.24　不同光照周期中的史氏鲟的血清 FT_4 和 FT_3 水平

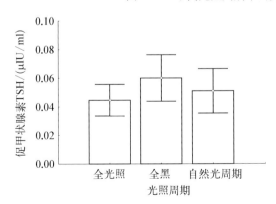

图 6.25　不同光照周期中的史氏鲟的
血清 TSH 水平

研究表明光照周期对史氏鲟血清促甲状腺素（TSH）水平的影响不显著 $[F_{(2,27)} = 2.87，P = 0.074]$（图 6.25），但 PL 和 PD 组之间存在显著差异，PL 组的 TSH 水平显著低于 PD 组（$P < 0.05$）。各组的 TSH 与 T_4 的相关性都不显著（PL：$r = -0.29$；PD：$r = -0.23$；PN：$r = -0.31$）。

我们知道，T_4 的生物活性不如 T_3，但是 T_4 可以通过转化成 T_3 来表达更高的生物活性，并且这一过程的平衡也需要 T_4 的稳态水平。所以，T_4 的参与在 TH 的生理作用中起到了至关重要的作用,因为它可以看作保证 TH 正常运转的一个"仓库"。光照周期对史氏鲟甲状腺释放 T_4 的水平影响不是很显著,因为血液循环系统中的 TT_4 水平并没有发生显著的变化。但是,TT_3 水平因光照周期的不同出现了显著差异,并且 TT_3 水平的组间差异正好与史氏鲟的生长差异相对应,与 SGR 呈正相关。从不同光照周期的血清 FT_4 和 FT_3 水平的不同变化来看,在血清 FT_4 水平未变化的前提下,FT_3 水平却有显著变化,这可能与结合型 TH 向游离型 TH 转变的速率有关。同时,血清 FT_3 水平与史氏鲟的 SGR 之间也具有显著相关性。因此,TT_3 和 FT_3 水平的升高与持续稳定光周期组的鲟鱼较快生长具有相关性。

6.2.3.2　血清 GH 和 IGF-I 水平

史氏鲟在不同光照周期组中的血清 GH 水平没有显著的组间差异(图 6.26-A)。史氏鲟的血清 IGF-I 水平同样也未随光照周期的变化而发生显著改变(图 6.26-B)。自然光周期组中的史氏鲟经历了自然日照时间的长短变化,但是 GH 水平最终还是和全光照周期的水平一致。从研究结果来看,史氏鲟的血清 IGF-I 水平也和 GH 一样没有受到光照周期的影响。光周期对稚幼鱼生长的直接影响是降低或提高其食欲,本试验结果表明光照周期确实对史氏鲟的摄食及 FCR 产生了影响,PN 组的摄食量最少且 FCR 最高。GH 在提高食物转化效率上具有重要作用,内源 GH 控制着肠内氨基酸的转运并可提高一些鱼类的肠质量(Collie and Stevens,1985;Sun and Farmanfarmaian,1992)。但试验中并未发现 GH 水平的差异,反而发现 TH 水平存在显著差异,所以,我们推断内源 TH 对史氏鲟摄食的影响可能要强于 GH 的作用。不过值得注意的是,由于受到肠内 GH 受体和结合位点的影响,血浆或血清中的 GH 水平的高低并不一定能反映出消化系统的实际吸收能力(Yao et al.,1990)。也许在血清 GH 水平没有显著变化的情况下,史氏鲟消化系统中的 GH 受体数量因光照周期的不同而发生了变化,从而影响了史氏鲟对营养物质的吸收。

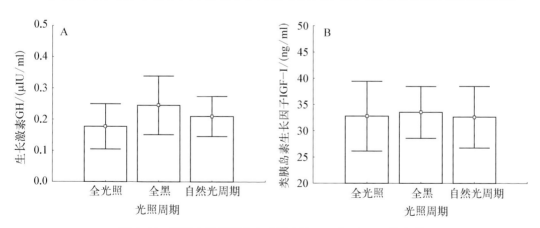

图 6.26　不同光照周期中史氏鲟血清 GH 和 IGF-I 的水平

6.3　水流对鲟鱼生长的调控

鱼类的游泳可分为两种主要状态:一种是自发的活动;另一种是被迫游泳。微水流环境下,鱼类一般保持天然的活动习性;而在急流环境下,大多数鱼类有对抗水流而保持原有位置的习性。水流作为鱼类生活环境的一种非生物性因子,能够刺激鱼类的感觉器官,使其产生相应的活动方式及反应机制。水流刺激可对鱼类的新陈代谢系统产生作用,影响鱼类的生长与发育。不管是研究水流刺激还是游泳状态对生长的影响,都不可避免地要研究水流对鱼体行为及本身理化状况的影响。因为实验室研究游泳速度或持续运动对生长的影响,通常是将被研究鱼类放置在流水槽中,通过调节水流速度来控制鱼类的游泳。因此对这两者的研究可归为一类系统中。

我们以史氏鲟稚鱼和幼鱼作为试验对象,研究不同水流速度对鲟鱼生长的影响作用。在稚鱼期研究中,研究了流速依次为 0.06 m/s(V_1)、0.09 m/s(V_2)、0.12 m/s(V_3)和 0.18 m/s(V_4)条件下对稚鱼生长的影响,历时 35 d。在幼鱼期研究了高流速组(HWV)0.10 m/s、低流速组(LWV)0.06 m/s 和无流速组(NWV)0 m/s 对幼鱼生长的影响,历时 8 个月。

6.3.1　水流刺激对稚鱼生长的影响

殷名称(1995b)认为水流对鱼类的生长是一种阻碍因子,它通过强加给鱼类新陈代谢一个额外负担,从而阻碍了代谢系统对温度、食量等其他环境因子的充分反应。但也有较多研究发现,有些鱼类在流水状态中的净增重率要显著高于净水环境。史氏鲟稚鱼在高流速组中的生长效率要显著高于低流速组,其生长效率和 SGR 与流速存在一定的正相关。

不同的水流刺激对史氏鲟的活动会产生不同的影响。生活在 0.18 m/s 流速中的稚鱼几乎都聚集逆水游动,很少有分散活动的个体;生活在 0.09 m/s 和 0.12 m/s 流速中的稚鱼也有逆水游动的现象,但聚集性和顶水性都不如前者强烈;而生活在 0.06 m/s 流速中的稚鱼对水流感知不明显,呈分散活动状态,很少见到逆水游动的聚集现象。

生活在不同流速中的史氏鲟稚鱼在生长 35 d 后,其生长表现出显著差异(表 6.5)。在试验期间,其体重随着时间的延长而呈指数生长(图 6.27)。生活在流速为 0.18 m/s 中的史氏鲟稚鱼的最终体重显著高于生活在 0.06 m/s 中的稚鱼,前者的 SGR 是后者的 1.28 倍,NY 为后者的 1.44 倍。而且,前者的生长效率显著高于后者,FCR 显著低于后者。但是,0.09 m/s 和 0.12 m/s 流速中的史氏鲟稚鱼生长基本一致,从图 6.27 的生长曲线来看,两者的曲线几乎合二为一,并且与 0.06 m/s 和 0.18 m/s 流速的史氏鲟稚鱼生长都未表现出显著差异。对数据进一步统计后发现,史氏鲟稚鱼的生长效率与流速存在一定的相关关系($P < 0.05$),即稚鱼的生长效率与流速间的相关关系显著,也就是生长效率与流速的回归关系已达到了显著水平($P < 0.05$),从拟合的相关曲线(图 6.28)来看,稚鱼的生长效率随流速的增大而提高。

不断增加的证据表明,当鲑科鱼类被迫以控制的游速延长游泳时,其生长率会随之增加(Christiansen and Jobing,1990)。史氏鲟同样具有这种生长特性,较高流速的水流刺激了生长的加快。这种运动使鱼类生长加快的原因首先不是摄食量的增加,而是源于这些鱼类所表现出的更高的食物转化率(Christiansen and Jobing,1990)。换句话讲,以一定游速游泳的鱼类与饲养在静水中的同种类的鱼相比,每单位食物消耗量会产生更多的

表 6.5　不同水流刺激下的史氏鲟稚鱼生长参数(均值±标准差)

项　目	流速/(m/s)			
	0.06	0.09	0.12	0.18
初始体重/g	46.5 ± 9.7^a	46.1 ± 10.6^a	46.4 ± 7.8^a	46.3 ± 12.8^a
最终体重/g	96.9 ± 16.5^a	106.4 ± 19.8^{ab}	107.3 ± 18.7^{ab}	119.1 ± 27.9^b
$GE/\%$	53.8 ± 10.7^a	61.5 ± 10.7^{ab}	62.3 ± 15.4^{ab}	71.4 ± 7.2^b
$NY/[g/(m^2\cdot d)]$	48.0 ± 13.0^a	57.5 ± 14.8^a	58.0 ± 17.0^a	69.3 ± 21.8^a
$SGR/\%$	2.10 ± 0.88^a	2.39 ± 0.88^a	2.39 ± 0.94^a	2.70 ± 0.68^a
$DWG/[g/(n\cdot d)]$	1.44 ± 0.39^a	1.72 ± 0.44^a	1.74 ± 0.51^a	2.08 ± 0.65^a
FCR	1.94 ± 0.33^a	1.67 ± 0.31^{ab}	1.69 ± 0.45^{ab}	1.41 ± 0.16^b

注：DWG. 日增重，$DWG=(W_2-W_1)/[n(t_2-t_1)]$；NY. 净增重，$NY=(W_2/n-W_1/n)/(t_2-t_1)$；SGR. 特定生长率，$SGR=100[\ln(W_2/n)-\ln(W_1/n)]/(t_2-t_1)$；FCR. 食物转化率，$FCR=F/(W_2-W_1)$；GE. 生长效率，$GE=[(W_2-W_1)/F]100$。式中 W_1、W_2 为时间 t_1、t_2 时的总体重，F 为食物摄入量，n 为试验个体数量

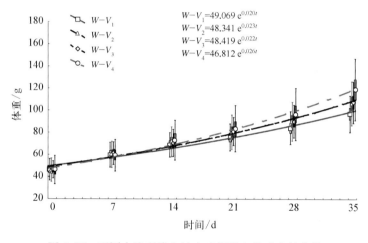

图 6.27　不同水流环境中的史氏鲟稚鱼体重生长曲线

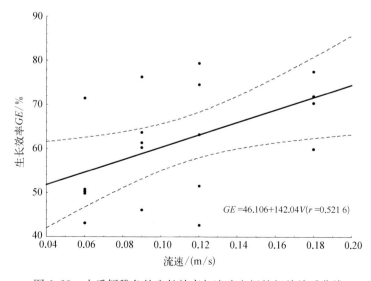

图 6.28　史氏鲟稚鱼的生长效率与流速之间的相关关系曲线

增重。高流速组的 FCR 显著低于低流速组的 FCR,即高流速组的鲟鱼具有更高的生长效率。这很可能在高流速环境中,为了克服水流的冲击,鱼类活动比在低流速或静水环境中要大,耗氧量不断增加,体内各项代谢活动加强,在增大活动的大水流环境中,鱼类的肠道功能也得到增强,对饵料的消化吸收率提高,能量转化率增大,所以饵料转化率降低,生长效率提高。

6.3.2 水流刺激对幼鱼生长的影响

HWV 中幼鱼的游泳表现为比较集中的逆水行为;LWV 中幼鱼游泳也为逆水方向,但游泳较分散,有时顺水游泳;NWV 中史氏鲟呈完全分散游泳,沿池壁及池底游动,相互间碰撞较多。所有流速组中的史氏鲟不管有无水流刺激都表现出游泳的特性,只是游泳速度存在差异而已。

史氏鲟幼鱼在试验初期(0~90 d)的生长差异较小,经过长期(240 d)暴露后,水流才对幼鱼生长表现出显著差异(图 6.29)。体重生长存在显著的组间差异[$F_{(2, 21)} = 5.36$, $P < 0.05$],生长随水流的增大而加快,HWV 的最终体重要高于 LWV($P < 0.05$)和 NWV($P < 0.01$),但 LWV 和 NWV 组之间没有差异($P > 0.05$)。

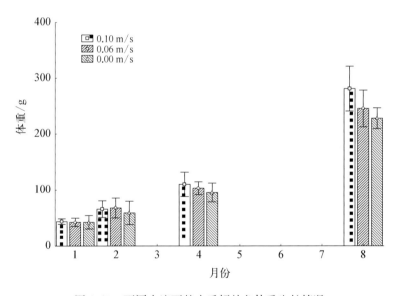

图 6.29 不同水流下的史氏鲟幼鱼体重生长情况

史氏鲟的 SGR 随着水流的增大而显著增加(图 6.30),HWV、LWV 和 NWV 组的幼鱼的 SGR 两两之间均存在显著差异($P < 0.05$)(图 6.30 - A),SGR 与水流之间存在显著的相关性(图 6.30 - B)。

不同水流试验组中的史氏鲟的 SGR 与几何平均体重(GMW)之间都存在着显著的负相关,3 条相关直线的斜率(β)各不相同,以 NWV 组的相关直线的倾斜度最大:

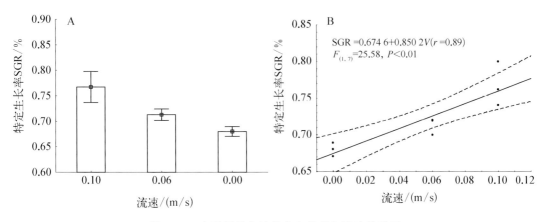

图 6.30　史氏鲟幼鱼的特定生长率与流速的关系

$$HWV: SGR = 1.411 - 0.004\ 9GMW\ [r = -0.96, F_{(1,6)} = 65.41, P < 0.01]$$

$$LWV: SGR = 1.205 - 0.004\ 6GMW\ [r = -0.96, F_{(1,6)} = 80.34, P < 0.01]$$

$$NWV: SGR = 1.547 - 0.006\ 9GMW\ [r = -0.88, F_{(1,6)} = 20.62, P < 0.01]$$

在流速 0.09 m/s 与 0.12 m/s 中的稚鱼各项生长参数比值几乎为 1,两组的生长曲线基本上合在了一起。很可能在流速 0.06 m/s 与 0.18 m/s 之间存在一中间区域,在此流速区域(至少包括 0.09～0.12 m/s)内,稚鱼对水流的感知处于模糊状态,对流速变化的感觉趋于等同。其活动状态似乎也证明了这种推论,在 0.09 m/s 与 0.12 m/s 流速中的稚鱼活动状态相似,聚集性、顶水性没有明显差异。很可能这种对于感觉趋同的外界刺激变化,对鱼类内在生理状况的短期(30 d)影响也将近似一致,由于鱼类的生长是其内在生理状况的外在反映,所以这种刺激变化对鱼类生长的短期(30 d)影响也将近似相等。

幼鱼生长对水流的反应时间较长,经过了长达 8 个月的时间才显现出体重生长的差异。其实,对比稚鱼期的水流设计,不难发现幼鱼期的试验水流速度比较低,基本处于史氏鲟对流速的模糊区,短期暴露尚不能使对外界环境比较敏感的稚鱼发生生长差异,那对于幼鱼来讲,水流作用的效应时间就应相应延长。环境对鱼类的生长或生理系统产生作用需要两个基本条件: ① 足够强度的刺激; ② 足够长的暴露时间。强烈的环境刺激可使鱼类在较短的时间内发生生理系统的反应(如应激)和生长上的变化;反之,则需要较长的时间。因此,在较缓和的水流刺激下,幼鱼对水流的充分反应需要较长的时间。

6.3.3　水流刺激引起的血液学变化

生活在不同水流环境中的史氏鲟的血液细胞分析结果表现出很大的差异性(表 6.6)。史氏鲟的血液白细胞数 $[F_{(2,5)} = 20.27, P < 0.01]$、红细胞数 $[F_{(2,6)} = 12.65, P < 0.01]$、血红蛋白含量 $[F_{(2,6)} = 22.41, P < 0.01]$、红细胞比容 $[F_{(2,6)} = 12.13, P < 0.01]$、平均血红蛋白含量 $[F_{(2,5)} = 10.05, P < 0.05]$、平均血红蛋白浓度 $[F_{(2,6)} = 17.31, P < 0.01]$、平均红细胞血红蛋白含量 $[F_{(2,6)} = 13.25, P < 0.01]$、血红

蛋白含量分布宽度$[F_{(2,6)} = 24.23, P < 0.01]$和淋巴细胞数$[F_{(2,6)} = 23.12, P < 0.01]$的总体水平都表现出显著的组间差异。

表 6.6 不同水流刺激下的史氏鲟血细胞参数

项　　目	试　验　处　理　组		
	HWV	LWV	NWV
白细胞数/(10^9/L)	513.27 ± 49.39^a	482.00 ± 21.21^a	332.40 ± 25.71^b
红细胞数/(10^9/L)	666.67 ± 104.08^a	580.00 ± 70.00^a	363.33 ± 40.41^b
血红蛋白含量/(g/L)	49.33 ± 8.03^a	47.33 ± 1.53^a	24.00 ± 3.61^b
红细胞比容/%	7.53 ± 1.03^a	7.20 ± 1.06^a	4.30 ± 0.35^b
平均血红蛋白含量/fl	78.50 ± 3.78^a	76.60 ± 2.26^a	67.83 ± 2.56^b
平均血红蛋白浓度/(g/L)	674.33 ± 30.24^a	612.67 ± 12.50^b	575.00 ± 15.39^c
平均红细胞血红蛋白含量/pg	38.76 ± 1.30^a	42.50 ± 2.58^a	35.20 ± 0.82^b
红细胞体积分布宽度/%	23.50 ± 3.77	21.60 ± 1.98	21.83 ± 4.62
血红蛋白含量分布宽度/(g/L)	93.70 ± 1.57^a	89.63 ± 1.48^b	86.13 ± 0.80^c
血小板数/(10^9/L)	3.33 ± 1.53	3.50 ± 0.71	3.00 ± 1.41
血小板平均体积/fl	10.00 ± 0.80	9.95 ± 0.21	9.60 ± 0.56
中性粒细胞数/(10^9/L)	5.36 ± 2.49	5.12 ± 2.21	2.07 ± 0.90
中性粒细胞百分比/%	0.90 ± 0.36	0.91 ± 0.40	0.52 ± 0.15
淋巴细胞数/(10^9/L)	431.63 ± 40.59^a	394.50 ± 6.72^a	300.27 ± 9.60^b
淋巴细胞百分比/%	89.03 ± 2.69	88.72 ± 2.94	90.50 ± 2.78

注：同一行中参数上方字母不同代表有显著差异($P < 0.05$)

血液白细胞数、红细胞数、血红蛋白含量、红细胞比容、平均血红蛋白含量、平均红细胞血红蛋白含量和淋巴细胞数的总体水平变化趋势是随着水流的增大而升高；并且，HWV 组的这些指标的参数水平均显著高于 NWV 组（$P < 0.05$），但与 LWV 组的水平无显著差异；同时，LWV 组的这些指标的参数也显著高于 NWV 组（$P < 0.05$）。

HWV、LWV 和 NWV 组的平均血红蛋白浓度（MCHC）和血红蛋白含量分布宽度（HDW）两项指标存在组间的两两差异，即 HWV 组的 MCHC 和 HDW 指标显著高于 LWV（$P < 0.05$）和 NWV（$P < 0.01$）；LWV 组的这两项指标又显著高于 NWV 组水平（$P < 0.05$）。另外，血清铁（SI）的含量随流速的增加而显著升高$[F_{(2,10)} = 398.07, P < 0.01]$，HWV、LWV 和 NWV 组的 SI 值分别为 275 ng/ml、250 ng/ml、125 ng/ml，3 组之间均具有两两间的极显著差异（$P < 0.01$）。

由水流造成的游泳会增加机体的能耗水平，提高耗氧率，较高水平的游泳需要较多的氧气来维持运动需要，而氧气的运输主要靠血液来完成。史氏鲟在高水流中表现出较快的游泳速度，试验发现鲟血中与携氧有关的血细胞指标（如 HGB、HCT、RBC 等）都显著升高，长期驯化的结果是使其血液的携氧能力大大提高。血红蛋白（HGB）是血液中承担输送氧气的直接载体，与鱼类的运动有着较密切的关系（尾崎久雄，1982）。Soivio 等（1980）报道低氧环境可使虹鳟的血红蛋白量升高。因此，鱼类在低氧或大量需氧的时候会促进 HGB 的适应性增加，以保证机体需要。史氏鲟以较高速度游泳时，HGB 含量也就出现了适应性的增加。

6.3.4　水流刺激引起的血液激素水平的影响

经过 8 个月的水流试验,不同水流速度对史氏鲟血清皮质醇水平的长期影响并不显著(图 6.31)。中值分布规律是以 NWV 组的水平最高,LWV 的水平最低;但从离散范围来看,以 HWV 的水平波动最大,最高值 0.997 ng/ml 也出现在 HWV 组。

游泳是一种非常耗能的活动,高速游泳的鱼类的能量消耗可达静止时的 10～15 倍,随游泳活动水平的提高,乳酸也随之产生(Davison,1989)。鱼类应激会引起皮质醇的快速升高和乳酸的慢速升高,而乳酸的大量产生反映了鱼类的能量来源从有氧代谢向无氧代谢转移。

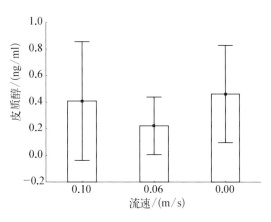

图 6.31　不同水流下的史氏鲟血清皮质醇水平

鱼类在运动时,肾上腺素能增强神经活动性,血液中的儿茶酚胺含量升高,肌肉血管扩张(林浩然,2011)。这些表现都反映出鱼类在从静止向游泳活动时会发生与应激反应相同的生理变化。长期游泳训练的史氏鲟血清皮质醇水平没有升高,除了流速比较平缓的因素外,对水流的适应和自然习性使史氏鲟不但未发生慢性应激,反而使生长加快。

一定流速范围内的水流刺激可以促进史氏鲟的生长,水流在刺激史氏鲟生长的同时也影响着甲状腺的生理活动。3 个试验组的史氏鲟血清 TT$_4$ 和 TT$_3$ 水平虽存在一定的差异,但差异均不显著[TT$_4$:$F_{(2,13)}=0.27$,$P=0.76$;TT$_3$:$F_{(2,12)}=0.06$,$P=0.94$],并且 TT$_4$ 的含量水平要远远高于 TT$_3$($P<0.01$),两者比值可达 8 倍以上。从中值分布来看,以 HWV 的 TT$_4$ 含量水平最高,TT$_3$ 水平最低;LWV 和 NWV 的 TT$_4$、TT$_3$ 水平基本保持一致(图 6.32 - A)。

血液中的 FT$_4$ 和 FT$_3$ 被认为是评价鱼类可利用甲状腺激素含量的最重要因子(Eales and Shostak,1985;Eales et al.,1986)。水流刺激在造成史氏鲟生长显著影响的同时,对其血清 FT$_4$ 含量水平也产生了显著的影响[$F_{(2,12)}=4.76$,$P<0.05$],FT$_4$ 含量随着流速的增大而增加(图 6.32 - B);不同流速间的差异也非常明显,HWV 的 FT$_4$ 含量显著高于 NWV($P<0.05$),LWV 的 FT$_4$ 含量极显著高于 NWV($P<0.01$);但是,HWV 和 LWV 两组之间没有显著差异($P=0.51$)。不同流速也对史氏鲟幼鱼血清 FT$_3$ 含量水平产生了显著影响[$F_{(2,10)}=7.85$,$P<0.01$],FT$_3$ 含量的变化趋势与 FT$_4$ 基本一致(图 6.32 - B),HWV 的 FT$_3$ 含量显著高于 NWV($P<0.05$),LWV 的含量显著高于 NWV($P<0.01$)。但是,HWV 和 LWV 两组之间没有显著差异。虽然研究的结果未能证明高流速可提高血清 TT$_4$ 和 TT$_3$ 含量水平,但是真正对组织行使 TH 作用的 FT$_4$ 和 FT$_3$ 的含量水平随水流的增大而增加,这对史氏鲟的生长具有重要的促进作用。

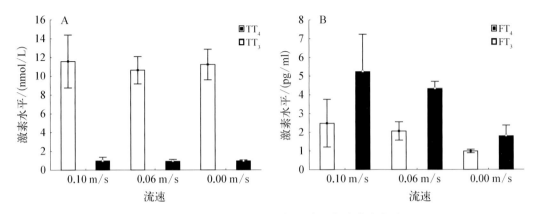

图 6.32　不同水流下的史氏鲟血清甲状腺激素水平

史氏鲟的血清游离甲状腺激素的升高证明水流刺激可通过提高鲟鱼游泳水平来促进 TH 的释放和 TH 形式间的转化。这可能存在这样一条途径：水流刺激鱼类的感觉器官，将刺激信号通过神经系统传递到脑，经脑处理后，一方面，通过中枢神经系统将反馈信息传到肌肉，支配躯体运动产生与水流相应的逆水游泳；另一方面，反馈信息直接传到下丘脑，调控下丘脑中的神经内分泌细胞合成和释放调节激素，并作用于垂体调节其激素（TSH）的释放，以此来控制内分泌腺（甲状腺）的活动，调整生理系统适应新的环境。

生活在不同流速中的史氏鲟的血清 TSH 水平因流速的不同，而出现一定的差异，其中以 LWV 的 TSH 水平最高，HWV 和 NWV 的水平基本一致（图 6.33 - A）。水流对血清 TSH 含量水平没有显著影响 $[F_{(2, 10)} = 1.15, P = 0.35]$，3 个试验组之间也无显著差异。垂体中的 TSH 分泌细胞受到甲状腺激素的负反馈调节，通过减少或增加 TSH 的释放量来调节甲状腺的活动。不同水流中的史氏鲟的血清 TSH 水平变化与 TT_4 的水平变化趋势刚好相反。由此看来，TSH 在水流的刺激下仍维持着对甲状腺的调节作用，保证了 TT_4 水平的稳定释放。

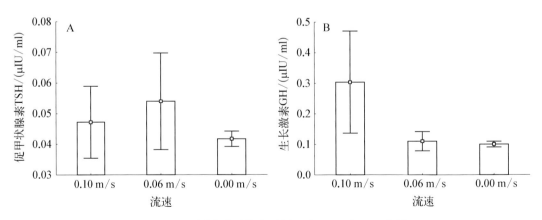

图 6.33　不同水流下的史氏鲟血清 TSH 和 GH 水平

甲状腺激素对鱼类的消化系统的发育有促进作用。高流速环境中的史氏鲟对食物的吸收和转化效率是最高的，这可能是受到血液中较高水平的 FT_4 和 FT_3 影响所致。但是，甲状腺激素却不能使切除垂体的鱼类恢复生长,这暗示着 TH 并不能在组织水平(肝脏、肌肉)直接对生长产生促进作用(Sumpter,1992)。TH 也许在鱼类的生长中扮演着"参与或许可"的角色,它主要靠增强其他促进合成代谢的激素的生理功能来指导生长,尤其可以加强脑垂体对 GH 的分泌和释放,同时也包括增强 IGF-I 的细胞反应。

水流对史氏鲟的血清 GH 含量水平有着显著的影响[$F_{(2,11)} = 6.11$,$P < 0.05$],中值变化趋势是随着水流的增大而升高,HWV 的 GH 水平最高,显著地高于 NWV($P < 0.05$),并且最高值(0.519 μIU/ml)出现在 HWV 组,LWV 和 NWV 组的水平基本一致(图 6.33-B)。

史氏鲟在较高水流中血清 GH 水平的升高是促进生长的重要原因。应该注意的是,史氏鲟具有终生营活动的生活习性(若较长时间停止活动,则说明健康受到了显著影响),只有达到显著加快的游泳才会使其在较短时间内发生生理系统的变化;若水流较缓和,则需较长时间或根本就引不起生理变化。所以,在低流速组中的史氏鲟血清 GH 水平和无流速组的水平相差不多。但是很多研究都发现,虽然外源 GH 可以促进鱼类的生长,但内源 GH 水平的高低并不能很好地解释鱼类的生长情况,组织中的 GH 受体数量的多少限制了 GH 生理作用的发挥(Gray et al.,1992;Mori et al.,1992)。GH 受体几乎存在于鱼体内的各种组织中,通过与 GH 的特异性结合来发挥 GH 对不同组织的不同生理作用(Gray et al.,1992)。以此来推测,高水流组的史氏鲟不仅具有较高水平的血清 GH 浓度,还应该具有较多的组织 GH 受体,只有这样,GH 的生理功能才能发挥出来。

动物研究和临床研究指出 IGF-I 与生长直接相关,鱼类的研究也证明了 IGF-I 与鱼类的生长有着显著的关系(Sun and Farmanfarmaian,1992)。不同水流组中的史氏鲟的血清 IGF-I 含量水平存在明显的组间差异[$F_{(2,11)} = 6.21$,$P < 0.05$](图 6.34),其水平变化趋势类似于 GH。IGF-I 的含量水平还是以 HWV 组最高,并且其水平显著高于 NWV 组($P < 0.05$)。HWV 的 IGF-I 中值水平也很明显高于 LWV,但是未能形成统计意义上的显著差异。LWV 的 IGF-I 水平高于 NWV,无显著差

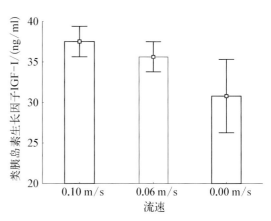

图 6.34　不同水流下的史氏鲟血清 IGF-I 水平

异。史氏鲟在较高水流中表现出的快速生长与其较高的血清 IGF-I 水平是直接相关的。IGF-I 的合成受到 GH 的控制,IGF-I 的 mRNA 广泛存在于鱼体组织中(Cao et al.,1989;Duan et al.,1993)。Scheinowitz 等(2003)进行动物试验时发现,长期运动使心肌中的 IGF-I 的 mRNA 含量提升了 2 倍,同时也促进了 IGF-I 受体的 mRNA 的表达,这说明运动可以促进机体组织中 IGF-I 的合成和功效;运动(水流刺激产生的游泳)可以促进鲟鱼血清 IGF-I 含量水平的升高。血液将 IGF-I 运输到机体各个组织,展现出促进鲟鱼生长的作用。

6.3.5　水流刺激对身体生化成分组成的影响

　　不同水流环境下史氏鲟的肌肉和肝脏的组成成分无显著性差异(表 6.7)。长期运动将导致肌肉异常发达(Davison, 1989),并且还将增加蛋白质合成、转化和降解率(Houlihan and Laurent, 1987)。在较高水流中史氏鲟体重的增加与组织中的蛋白质含量没有很大关系。Houlihan 和 Laurent(1987)发现虹鳟在较低水流中的游泳驯练没有引起肌肉总量(与身体比值)的增加,而红肌比例却显著增加。所以,较低水流刺激不会显著改变肌肉的含量,但会使承担持久游泳任务的红肌的比例增加。史氏鲟幼鱼期的水流刺激是比较轻微的,长期作用可促进生长,但对于组织中的蛋白质含量不会产生显著影响。

表 6.7　不同水流环境下的史氏鲟身体生化组成成分

组　织	项　目	流　速		
		HWV	LWV	NWV
肌　肉	水分/%湿重	78.25±1.58	78.56±2.10	79.55±1.61
	粗蛋白/%干重	74.09±2.02	70.25±2.48	72.49±0.65
	粗脂肪/%干重	17.71±0.61	18.04±0.84	18.87±0.24
	灰分/%干重	3.93±0.42	3.51±4.12	3.69±0.08
肝　脏	水分/%湿重	57.18±2.32	54.32±4.12	58.25±6.10
	粗蛋白/%干重	20.91±3.61	19.16±1.2	18.75±3.49
	粗脂肪/%干重	60.18±11.94	62.67±7.52	60.07±10.48
	灰分/%干重	—	—	—

　　史氏鲟幼鱼在不同水流环境中生活 8 个月后,其肝体系数(HSI)和脾体系数(SSI)表现出不同的组间差异(图 6.35)。HSI 虽然存在着个体差异,但总体水平无显著差异;SSI

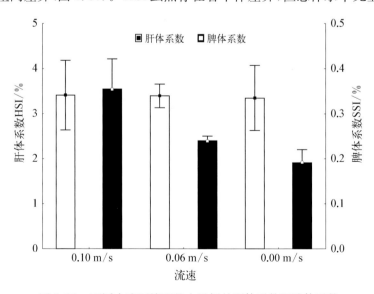

图 6.35　不同水流环境下的史氏鲟的肝体系数和脾体系数

随流速的不同而表现出显著差异 $[F_{(2, 5)} = 7.10, P < 0.05]$。SSI 的变化趋势是随流速增大而升高,HWV 的 SSI 水平最高,显著高于 LWV($P < 0.05$) 和 NWV 组($P < 0.01$);同时,LWV 的水平也显著高于 NWV 组($P < 0.01$)。

6.4　盐度对鲟鱼生长的调控

盐度是鱼类生长发育的重要环境因子之一,对于早期受精卵的发育、卵黄营养的吸收及稚幼鱼、成鱼的生长有着极为重要的影响(Boeuf and Payan,2001)。对于一些狭盐性淡水种类,盐度的变化对其存活及生长产生了极大的影响,若盐度超过其耐受力将导致其死亡。然而,对于广盐性淡水种类,经过适当的盐度驯化,在一定的盐度范围内可以保持良好的生长性能(Suresh and Lin,1992b)。鲟科鱼类大多为洄游性种类,具有较好的渗透压调节能力,能够在海水、淡水两种不同的渗透环境中生存(Martínez-Álvarez *et al.*,2002)。

6.4.1　盐度驯化对幼鱼生长和摄食的影响

研究设计了淡水养殖对照组(CT)和 3 种不同驯化模式组(表 6.8):Ⅰ. 连续升盐组(IG),盐度每天增加 1 个单位,盐度到达 25 后继续养殖 30 d;Ⅱ. 梯度升盐组(IT),每 5 天为 1 个阶段,每阶段盐度增加 5,盐度到达 25 后继续养殖 30 天;Ⅲ. 盐度突变组(IS),直接放入盐度为 10 的水中养殖 10 d,转入盐度 20 的水中养殖 10 d,转入盐度 25 的水中养殖 30 d。

6.4.1.1　存活率与行为

观察 3 种驯化模式下幼鱼的行为变化发现,将幼鱼从淡水驯化到盐度 20,连续升盐组(IG)和梯度升盐组(IT)的幼鱼行为表现没有明显变化。当盐度突变组(IS)的盐度从10 骤升到 20 时,该组幼鱼表现出轻微的呼吸频率加快,躁动不安,摄食量减少,体表黏液增加,2 d 后大多数幼鱼恢复正常。但是各驯化模式均出现数量不同的"大头鱼","大头鱼"较正常幼鱼个体小,体形均表现为头大体小、消瘦(图 6.36),解剖发现"大头鱼"多数伴随肝脏萎缩。而且,连续升盐组(IG)和盐度突变组(IS)出现的死亡个体多数是"大头鱼"。CT 及 IT 组均无死亡;IG 组死亡较多,存活率为 85.33%,IS 组存活率为 93.33%(表 6.8)。IG 和 IS 组幼鱼出现死亡主要集中在从盐度 10 升高至盐度 25 的驯化阶段,当水体盐度升至 25 无死亡。到试验结束时,各试验组均有不同数量的"大头鱼"存在;

图 6.36　盐度试验中出现的"大头鱼"

a、b. 健康史氏鲟幼鱼;c、d. 驯化过程中的"大头鱼"

且各驯化组的"大头鱼"数量比对照组多。

表 6.8 不同盐度驯化模式下史氏鲟的存活及生长

项 目	试 验 组			
	CT	IG	IT	IS
初始体重/g	11.80 ± 2.82^a	12.45 ± 1.95^a	11.38 ± 3.54^a	12.00 ± 2.55^a
初始体长/cm	11.05 ± 0.90^a	10.88 ± 0.57^a	11.05 ± 1.09^a	11.31 ± 0.97^a
最终体重/g	48.11 ± 14.82^a	37.12 ± 9.43^b	29.45 ± 13.41^b	34.54 ± 14.05^b
最终体长/cm	18.38 ± 1.55^a	16.19 ± 1.66^{ab}	15.24 ± 2.18^b	16.2 ± 1.82^{ab}
生长效率/%	81.54 ± 27.97^a	68.32 ± 28.49^{ab}	58.53 ± 26.81^b	67.31 ± 25.65^{ab}
特定生长率/%	3.06 ± 0.28^a	2.44 ± 0.41^{ab}	2.05 ± 0.38^b	2.51 ± 0.46^{ab}
存活率/%	100 ± 0^a	85.33 ± 3.51^b	100 ± 0^a	93.33 ± 1.53^{ab}
摄食率/%	3.14 ± 0.75^a	3.02 ± 0.52^a	2.98 ± 0.26^a	3.10 ± 0.87^a
饵料转化率/%	1.16 ± 0.31^a	1.56 ± 0.72^a	2.12 ± 0.87^b	1.51 ± 0.53^a

注：CT. 对照组；IG. 连续升盐组；IT. 梯度升盐组；IS. 盐度突变组；同一行中参数上方字母不同代表有显著性差异（$P<0.05$）

  驯化模式对于史氏鲟的海水驯化存活率具有较大影响。在 IS、IG 驯化模式中，史氏鲟幼鱼死亡集中在盐度 10 到 25 的驯化阶段，而进入盐度 25 水中养殖 30 d 并未发现死亡，并且驯化中死亡个体均较小。

  分析 3 种驯化模式出现的死亡状况，表明慢性胁迫（IG，较长时间的连续升盐）和急性胁迫（IS，盐度骤升）都能够造成鱼体应激衰竭。在盐度驯化过程中作者观察到，总是较小的史氏鲟个体发生死亡，表明在一定盐度范围内，鲟鱼年龄（或日龄）与升盐驯化的存活率具有相关性。小个体（或低龄个体）首先发生死亡可能与个体发育成熟状况相关（Cataldi et al.，1995；McEnroe et al.，1985），同时较小个体的体表面积与体积比大于较大个体，渗透平衡调节耗能加大，这可能也是小个体死亡的原因之一（McCormick et al.，1989）。史氏鲟幼鱼在盐度 25 下继续养殖不再发生死亡，表明盐度对史氏鲟存活没有长期效应（Jonassen et al.，1997），即经过适当驯化适应某一盐度环境后，幼鱼经过应激警戒，趋向适应，不再发生应激衰竭。

  行为是动物适应环境作出功能性调节的重要表现。鱼类的应激反应首先表现为行为适应，行为适应一般发生在生理性应激反应之前，在行为适应不能保证机体内环境稳定时才进一步引发生理性应激反应。在 3 种不同的驯化模式下驯化到盐度 20 时，IG、IT 驯化模式中的幼鱼表现正常，游泳、摄食无任何影响；IS 转入 20 盐度 2 h 左右时幼鱼表现为鳃盖扇动频率、游泳速度加快，摄食量减少，黏液分泌增加，但 48 h 后恢复正常。驯化到盐度 20 后，史氏鲟的粪便由黑色逐渐变为白色，盐度 25 养殖 15 d 后恢复正常。这说明在盐度 20 以内，缓慢的盐度增加，幼鱼处于盐度耐受范围内，并逐渐调整以适应盐度变化。而盐度突变组（IS）的盐度从 10 骤变到 20 时，幼鱼表现为呼吸频率加快和躁动不安，摄食减少和体表黏液增加；虽然 2 d 后大多数幼鱼恢复正常，但依然表明，环境盐度增幅过大会超出幼鱼的盐度耐受范围，造成恐惧和躲避行为，体表黏液增加，表明幼鱼已经发生生理响应。

6.4.1.2　生长

驯化 10 d 后(养殖水盐度为 10 左右,渗透压约为 300 mmol/kg),对各驯化模式中的幼鱼进行称重,发现 IG、IT、IS 组的平均 SGR 为 2.88,而 CT 组仅为 2.0 左右,各驯化模式在盐度 10 下的生长状况明显优于 CT 组。经测量史氏鲟血清渗透压为(262.73±6.22)mmol/kg($n=5$),略低于盐度 10 的渗透压。由图 6.37 可见,IG 和 IS 组 SGR 在第 10 天时(盐度 10)达到最大值,在随后从盐度 10 驯化到 25 的过程(第 10～30 天)中逐渐下降。驯化结束,养殖在盐度 25 下 SGR 呈逐渐上升趋势。而 IT 组 SGR 自盐度 10 后一直处于下降趋势。从表 6.8 可以看出,CT 组的最终体重、SGR、GE 等均高于各试验组,盐度对于史氏鲟生长具有重要影响。整个试验结束时,IS 组和 IG 组 SGR 与 CT 组无显著差异,IT 组显著($P < 0.05$)低于 CT 组。由此可以看出,尽管盐度对于史氏鲟的生长具有一定的影响,但是通过 IG 及 IS 模式驯化,史氏鲟在盐度 25 下仍然保持一定的生长速度。

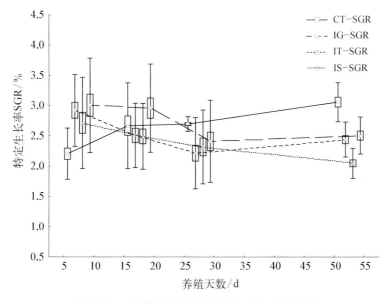

图 6.37　史氏鲟盐度驯化过程中 SGR 变动情况

很多研究表明,应激对鱼的生长具有抑制作用。在应激状态下,鱼体内的肾上腺素和皮质醇分泌增加,机体分解代谢加强,合成代谢降低。此外,应激还抑制鱼的摄食、吸收和利用。应激一方面导致营养物质消耗加剧;另一方面造成机体必需物质合成受阻,从而抑制鱼的生长。多种鱼类在口腔中存在化学受体,使鱼能够感受环境盐度变化,如果盐度升高,则触发其吞水行为。体液离子浓度变化会导致内环境稳态破坏,鱼类为了保证和(或)恢复渗透压平衡,需要消耗能量,因此,盐度导致的能量消耗也间接影响鱼的生长。在不同盐度驯化模式的第 10 天,各组史氏鲟幼鱼的 SGR 均高于淡水对照组,且 IT 和 IS 在此时达到最大值。这似乎表明各驯化组在驯化开始时生长最好。实际上,盐度升高,触发鱼类吞水行为以进行渗透压调节。例如,虹鳟在淡水中基本不饮水,进入海水后每天的饮水量等于体重的 4%～15%;罗非鱼在海水中每天饮水量可达体重的 30%(林浩然,2011)。伴随着盐度的升高,史氏鲟幼鱼也出现了不同程度的吞水表现;解剖后,发现其消化道各段(食管和幽门盲囊除外)均有大量水分,这种吞水伴随年龄(或日龄)增加和在高盐度水体中适应时间的延长,会逐渐减少。因此,毋庸置疑,各驯化模式在驯化第 10 天表现的较高 SGR,是由吞水造成的伪体重增加,而非真实的生长表现。第 10 天以后的驯化过程中,IT 和 IS 组幼鱼 SGR 均有减小趋势。IG 组只是稍微延迟以上变化。以上表明,在盐度驯化阶段,史氏鲟幼鱼生长受到一定程度的抑制。这要归因于盐度胁迫效应所导致的耗能增加(Boeuf and Payan,2001)。然而,与对其他鱼类的研究相比,在盐度 25 条件下的续养阶段,史氏鲟的生长已经得到一定程度的恢复,保持较好的生长速度,其中第 55 天时盐度突变组的 SGR 已经高于第 30 天。

盐度 25 下各种驯化模式,幼鱼 SGR 均显著低于对照组,证明史氏鲟在海水环境下生长受到一定的抑制,主要是由渗透调节所需能量消耗增加导致的。然而,盐度 25 环境下史氏鲟仍保持较良好的生长速度。在盐度 10 时,史氏鲟的 SGR 明显优于淡水及更高盐度时的 SGR。盐度 10 时渗透压略高于史氏鲟血液渗透压,在其等渗点附近。一般鱼类在等渗点盐度时生长速度最快,因为在等渗点盐度时用于渗透调节的耗能最少,能量消耗减少可以显著地促进生长(Morgan and Iwama,1991)。

6.4.1.3　摄食率与饵料转化率

IG、IS、IT 驯化模式与 CT 相比,摄食率(FR)有所下降,但无显著差异(表 6.8)。IS 组在盐度转换后的 2 天内表现为食欲下降,但后来恢复正常,0.5 h 内史氏鲟可以将所投饵料吃完。各驯化组饵料转化率(FCR)均高于 CT 组(表 6.8),对照组 FCR 与 IG、IS 组没有显著差异,与 IT 组差异显著($P < 0.05$)。

史氏鲟的 FR 在盐度条件下比在淡水中有所下降,但未表现出显著差异。Lambert 和 Dutil(1994)通过试验证明,在盐度驯化过程中生长速度与饵料的摄入量之间没有明显相关性,而与饵料转化率及饵料成分(蛋白质、脂肪、水)有关。在不同鱼类中,盐度与FCR 之间的关系主要表现为 3 种情况:一是正相关,即随盐度增加 FCR 也增加(Peterson *et al*.,1999);二是负相关,即随盐度增加 FCR 下降(Watanabe *et al*.,1988);三是 FCR 与盐度变化无关(McCormick *et al*.,1989)。但本试验中的 3 种盐度驯化模式下的 FCR 都高于 CT 组,史氏鲟 FCR 与盐度的关系呈正相关趋势,即随着盐度的增加,FCR 上升。

6.4.2　盐度对新陈代谢率的影响

鱼类生活在不同盐度条件下,需要进行体液的离子和渗透压平衡调节,该调节过程会增加能量消耗。因此,鱼类摄食获得的物质和能量有一部分用于维持内稳态,而不是完全用于生长。所以,盐度对鱼类生长的影响,部分原因是盐度能改变鱼类的能量代谢。一般认为鱼类存在两种代谢模式:其一,当鱼生活的水环境盐度处于其等渗点时,代谢水平最低,耗氧率最低;低于或高于等渗点时,代谢水平均出现升高。其二,代谢水平随盐度升高而增加,在淡水中代谢率最低,在等渗点时并不是最小。因不同品种代谢模式的差异,鱼类的代谢对盐度的反应不同。

耗氧率是鱼类新陈代谢的重要指标,根据耗氧率可以计算代谢率,从而了解鱼体的生理状况;窒息点则是鱼类耐受低氧的极限指标。耗氧率和窒息点能够直接或间接地反映鱼体在不同环境条件下的代谢强度、生理活动规律及其对环境变化的适应能力(Allen and Cech，2007)。

6.4.2.1　耗氧率

通过水生动物流水式呼吸仪(图 6.38)测定耗氧率。在水温(20±0.2)℃条件下,淡水与盐度 28 海水中养殖 14 d 的史氏鲟幼鱼[(74.33±13.46)g]均表现出两个耗氧高峰时刻(8:00、22:00)和两个耗氧低谷时刻(18:00、00:00)(图 6.39)。海水中的昼夜平均耗氧率为(235.10±37.70)mgO_2/(kg·h),高于淡水[(202.20±30.12)mgO_2/(kg·h)],差异达到显著水平($P < 0.05$)。

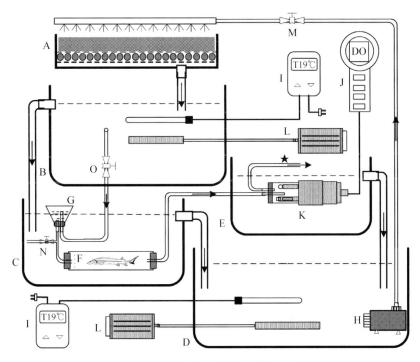

图 6.38　流水式呼吸仪构造图

A. 水处理装置;B. 恒位水槽;C. 水浴槽;D. 储水槽;E. 变位水槽;F. 呼吸室;G. 分流室;H. 水泵;I. 控温仪;J、K. 溶氧测定仪;L. 充气泵;M. 循环阀;N. 水质仪接入阀;O. 流速阀

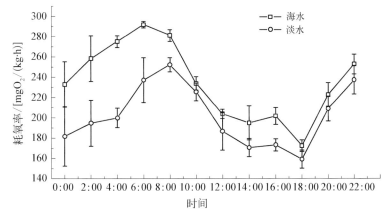

图 6.39　海水和淡水中史氏鲟幼鱼的耗氧率昼夜变化

鱼类的标准代谢为组织的修复更新和维持内环境稳态提供能量,水环境盐度升高会影响鱼体的内环境稳态,造成代谢水平升高和耗氧增加。Jackson(1981)对虹鳟的研究表明,从淡水转移到盐度 28 海水后耗氧率升高。对于广盐性鱼类,伴随其对盐度变化的逐渐适应,内环境失衡会得到恢复(Iwama et al.,1999)。本研究显示,史氏鲟幼鱼在盐度 28 海水中养殖 14 d,其昼夜耗氧变化规律与淡水中趋于一致,但幼鱼的平均耗氧率高出淡水 16.27%,处于较高代谢水平。这表明,幼鱼的生理活动虽已基本稳定,却仍然要消耗一定能量用于调节盐度胁迫造成的内环境稳态失衡。同时,耗氧率试验中的研究对象是史氏鲟 1 龄幼鱼,并在海水中驯化养殖了 14 d。根据测定结果推断,幼鱼在海水中表现的较高代谢水平主要是因为年龄较小、发育尚不完善及在海水中时间较短所致。

将测定值按 6:00~16:00 和 18:00~4:00 划为昼间和夜间两个阶段,幼鱼在淡水中的昼间耗氧率为(207.51±35.15)mgO$_2$/(kg・h),夜间耗氧率为(196.89±26.30)mgO$_2$/(kg・h);在海水中昼间耗氧率为(234.50±42.61)mgO$_2$/(kg・h),夜间耗氧率为(235.70±36.21)mgO$_2$/(kg・h);无论在淡水还是在海水中,比较史氏鲟幼鱼的昼间与夜间的耗氧率,差异均不显著(表 6.9)。

表 6.9　淡水和盐度 28 海水史氏鲟幼鱼的耗氧率比较

盐　度	耗氧率/[mgO$_2$/(kg・h)]			测定尾数	水温/℃
	昼夜平均	昼间平均 (6:00~16:00)	夜间平均 (18:00~4:00)		
淡水组	202.20±30.12[b]	207.51±35.15	196.89±26.30	6	20±0.5
盐度 28 组	235.10±37.70[a]	234.50±42.61	235.70±36.21	6	

注:同一列中参数上方字母不同代表有显著性差异(P<0.05)

史氏鲟幼鱼昼夜间平均耗氧率差异不显著,表明其昼夜代谢水平属于差异不明显类型,符合史氏鲟在自然状态下深水底栖和持续游动的生活习性。而其昼夜耗氧存在两个高峰时刻(8:00、22:00)和两个耗氧低谷时刻(18:00、00:00),这与该鱼的摄食生物学规律基本相吻合,并可能与该鱼趋弱光避强光习性(林小涛等,2000)存在一定关系。

6.4.2.2　窒息点

鱼类的窒息点直接反映其耐低氧能力,主要由鱼类的种类、年龄和环境因子等决定(宋苏祥等,1997)。窒息点测定使用 37 cm×53 cm×30 cm 的聚丙烯塑料水箱作为静水式呼吸室(图 6.40),水深 24 cm(47 L),外置塑料鱼苗运输箱避光,液体石蜡(厚度≥0.7 cm)密封,多参数水质分析仪测定溶解氧(精密度为 0.01 mg/L)。呼吸室水温为(20±0.2)℃条件下,海水组的起始溶氧为(6.36±0.03)mg/L,淡水组的起始溶氧为(6.25±0.08)mg/L。封蜡开始试验时,幼鱼于呼吸室底部正常游动,呼吸频率在 117~120 次/min。随着水中溶氧的减少,呼吸频率加快(137~140 次/min),幼鱼变得躁动不安,进而呼吸受阻,呼吸频率降低,鳃盖开张幅度加大,并且不再完全闭合,游动变得缓慢,随后身体失去平衡发生侧翻,表现出缺氧症状。观察发现,在窒息前会出现间歇呼吸现象,每次连续呼吸 3~5 次后停止呼吸 2~3 s,此时呼吸频率降低至 47~49 次/min。伴随呼吸频率进一步降低,呼吸间歇时间越来越长,逐渐出现窒息现象。如果立即将窒息幼鱼迅速供氧,70%~80%的受试鱼可以继续存活。

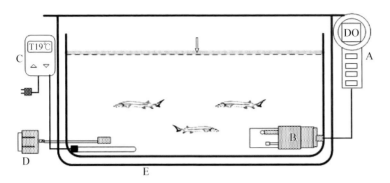

图 6.40　静水式呼吸室构造

箭头. 液体石蜡层;A、B. 溶氧测定仪;C. 控温仪;D. 充气泵;E. 呼吸室

研究表明,海水中幼鱼的窒息点为(0.94±0.02) mg/L,显著高于淡水中的窒息点[(0.84±0.01)mg/L($P < 0.05$)],且与淡水条件下相比,海水中幼鱼的窒息时间缩短近 30 min($P < 0.05$)。研究还发现,无论在海水还是淡水中,50%幼鱼(5 尾)窒息至100%(9 尾)窒息的间隔均很短,仅为 4~6 min(图 6.41)。

从表 6.10 可见,引起史氏鲟幼鱼在淡水中 50%窒息的水体溶解氧浓度为 0.86 mg/L,与宋苏祥等(1997)测定的结果(0.97 mg/L)比较接近,其差异可能是由个体大小和测定方法不完全一致造成的。比较其他一些淡水

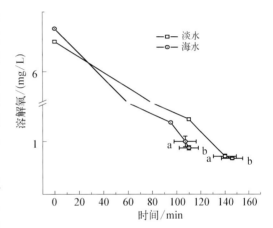

图 6.41　静水呼吸室中窒息过程的溶氧变化

a. 50%(5 尾)窒息;b. 100%(9 尾)窒息

鱼,史氏鲟幼鱼的窒息点(100%窒息)较高,与体重相近的海水底栖种类较为接近(半滑舌鳎窒息点为 0.87 mg/L;犬齿牙鲆为 0.75 mg/L)。这一方面,由于受试鱼年龄较小,代谢旺盛,氧需求高;另一方面,自然条件下史氏鲟具有深水底栖的生活习性,而且几乎始终处于活动状态,因此本身就具有需氧量大和生长迅速的特征。在海水中养殖 14 d,史氏鲟幼鱼的窒息点比淡水中高出 11.90%,表明此时幼鱼在海水中的耐低氧能力比淡水中要差,尚未完全适应海水环境。根据以上研究可知,在海水养殖史氏鲟的驯养期间,应适当选择大于 1 龄的个体,投喂高品质饲料,增加水体溶氧量并适当延长驯养时间,以减少盐度胁迫造成的低成活率,避免给养殖生产造成损失。

表 6.10　海水条件下史氏鲟幼鱼与几种鱼的窒息点比较

种　　类	水温/℃	体重/g	50%窒息溶氧/(mg/L)	100%窒息溶氧/(mg/L)
淡水组史氏鲟	20±0.2	73.56±17.1	0.86±0.02	0.84±0.01
海水组史氏鲟	20±0.2	75.11±9.5	1.00±0.05	0.94±0.02
史氏鲟	20.0	62.1	0.97	—

种　类	水温/℃	体重/g	50%窒息溶氧/(mg/L)	100%窒息溶氧/(mg/L)
海水养殖杂交鲟	10.2	283.5±11.5	0.74	0.63
松浦鲤	18.0±1.0	84.5±1.0	0.12	0.11
白斑狗鱼	23.0	39.7	0.36	—
半滑舌鳎	21.0	63.3±7.9	0.87	—
犬齿牙鲆	22.0	38.4～65.3	0.75	0.57

6.4.3　盐度引起的血液激素水平的变化

在海水驯养过程中,内分泌激素对鱼类的渗透压调控具有十分重要的作用。鱼类由淡水进入海水生活时,为了补偿体内水分流失,通常需要大量吞饮海水,排出体内多余离子。研究表明内分泌激素催乳素(PRL)、皮质醇(Cor)、类胰岛素生长因子-1(IGF-I)、四碘甲腺原氨酸(T_4)、三碘甲腺原氨酸(T_3)和生长激素(GH)在鱼类渗透压调节中都具有一定作用,可引起泌氯细胞及 Na^+/K^+-ATP 酶活性等的相应变化。

本研究将史氏鲟在淡水中暂养 7 d 后,转入盐度为 10、20、25 和 28 的海水中分别养殖10 d、10 d、20 d 和 10 d,测定血液中激素水平的变化。

催乳素是一些广盐性鱼类适应淡水生活的重要调节激素,可防止体内离子流失和外界水分进入,降低体内器官的渗透性,因此在淡水中 PRL 含量一般较高。相反,广盐性鱼类从淡水进入海水后体内的 PRL 含量一般会降低。在盐度驯化初始阶段,史氏鲟刚从淡水转入盐度为 10 的海水时,受海水盐度胁迫作用,血清 PRL 含量略有上升,但两者之间无显著差异。随后进入盐度 20、25 和 28 海水中时血清 PRL 含量持续降低,呈直线下降趋势,在盐度28 海水中血清 PRL 含量明显减小,仅为淡水中的 67.3%(图 6.42)。在盐度 10 海水中血清PRL 含量为(56.34±20.51)μU/ml,在盐度 28 海水中含量最低,为(34.71±5.41)μU/ml。经统计分析,在这两个盐度海水间的史氏鲟血清 PRL 含量具有显著差异($P<0.05$)。

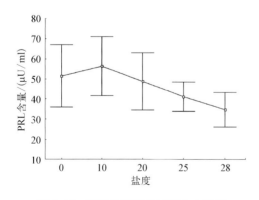

图 6.42　不同盐度驯养过程中史氏鲟
血清 PRL 含量的变化

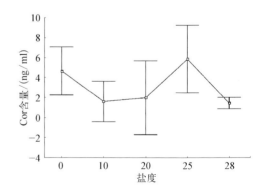

图 6.43　不同盐度驯化过程中史氏鲟
皮质醇(Cor)含量的变化

皮质醇是许多鱼类适应海水环境的重要调节激素,可增强盐度耐受性,保持渗透压平衡。广盐性鱼类从淡水进入海水后体内的皮质醇含量一般会升高。史氏鲟血清皮质醇含量在不同盐度海水中变化较大(图 6.43)。在淡水中史氏鲟血清皮质醇含量为(4.67 ± 0.97)ng/ml,转入盐度 10 和 20 海水时血清皮质醇含量有所下降,但与淡水中的血清皮质醇含量比较无显著性差异。随后转入盐度 25 海水时皮质醇含量又升高至(4.41 ± 1.76)ng/ml,显著高于盐度 10 和 20 海水时的皮质醇含量$(P < 0.05)$。这种皮质醇含量的上升,有助于提高 Na^+/K^+-ATP 酶的活性,促进成熟氯细胞增殖,同时刺激鳃 Na^+/K^+-ATP 酶的表达,提高酶活性。皮质醇含量在盐度 28 海水中明显降低,显著低于盐度 25 海水时皮质醇含量$(P < 0.05)$,与在淡水、盐度 10 与 20 海水中含量比较无显著性差异。史氏鲟在经过 20 d 的适应后,皮质醇含量降低,逐渐恢复到原来水平。

史氏鲟血清 IGF-Ⅰ含量在整个盐度驯化期间的波动较小。史氏鲟盐度 10 和 20 海水驯化的前 20 d,血清 IGF-Ⅰ含量逐渐下降,最低值出现在盐度 20$[(4.02 \pm 1.54)$ng/ml$]$。而进入盐度 20 和 28 海水的后 30 d,血清 IGF-Ⅰ含量逐渐上升,最后趋于平稳(图 6.44),最高值出现在盐度 28 海水中$[(4.49 \pm 0.85)$ng/ml$]$。整个驯化过程中血清 IGF-Ⅰ含量变化较小,在各盐度阶段无显著性差异。

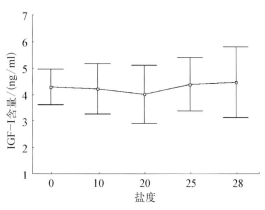

图 6.44　不同盐度驯化过程中史氏鲟
IGF-Ⅰ含量的变化

一般认为,甲状腺激素可能具有促进不成熟泌氯细胞的产生和 Na^+/K^+-ATP 酶 mRNA 合成的作用,从而为广盐性鱼类适应高渗环境做准备。研究表明,大西洋鲑由河流进入海洋过程中 T_4 浓度上升,甲状腺激素在调控适应海水环境中起一定作用。盐度驯化对史氏鲟血清甲状腺激素含量具有显著的影响(表 6.11)。史氏鲟在淡水中的血清 T_3 含量为(0.83 ± 0.17)ng/ml,转入盐度 10、20 和 25 海水后血清 T_3 含量升高,显著高于在淡水中血清 T_3 含量$(P < 0.05)$。随后转入盐度 28 海水时 T_3 含量又降低,显著低于盐度 10、20 和 25 海水时的血清 T_3 含量,与在淡水中时的 T_3 含量无显著性差异。史氏鲟在淡水中的血清 T_4 含量为(8.80 ± 1.27)ng/ml,转入盐度 10、20 和 25 海水后血清 T_4 含量升高,最高值出现在盐度 25$[(12.33 \pm 6.00)$ng/ml$]$。随后转入盐度 28 海水时血清 T_4 含量降低,但与淡水、盐度 10、盐度 20 和盐度 25 海水的血清 T_4 含量无显著性差异。史氏鲟进入海水中后 T_4 和 T_3 的含量都有所升高,表明其在渗透压调节中具有一定的作用,可能有助于增强史氏鲟对海水的适应能力,可促进泌氯细胞产生和增强 Na^+/K^+-ATP 酶活性。

表 6.11　不同盐度驯养过程中史氏鲟 T_3 和 T_4 含量的变化

盐　　度	T_3/(ng/ml)	T_4/(ng/ml)
0	0.83 ± 0.17^a	8.80 ± 1.27^a
10	1.39 ± 0.38^b	9.62 ± 2.77^a
20	1.42 ± 0.57^{bc}	9.20 ± 1.92^a
25	1.42 ± 0.38^{bcd}	12.33 ± 6.00^{ab}
28	0.88 ± 0.22^a	8.42 ± 1.35^{ac}

注:同一列中参数上方字母不同代表有显著性差异$(P < 0.05)$

6.4.4　组织抗氧化酶对盐度变化的响应

在鱼类抗氧化系统中,抗氧化酶对氧化胁迫的清除起着决定性作用。超氧化物歧化酶(SOD)能清除超氧阴离子自由基(O_2^{-})保护细胞免受损伤。过氧化氢酶(CAT)能将H_2O_2转化为H_2O,保护机体细胞稳定的内环境及细胞的正常生活(Martínez-Álvarez et al.,2002)。鱼类从低盐度到高盐度,体内渗透压低于外界环境渗透压,必然经历高渗环境下的渗透压调节过程,消耗大量的能量(Boeuf and Payan,2001)。能量的消耗加速了体内的新陈代谢,产生更多的自由基活性氧,从而引发体内抗氧化酶的积极响应,体内抗氧化酶活力发生适应性变化以应对自由基对机体的胁迫反应。

以史氏鲟幼鱼为研究对象,设计淡水对照组和盐度驯化组。盐度驯化:将史氏鲟在淡水中暂养7 d后直接转入盐度10养殖10 d,然后再转入盐度20养殖10 d,最后在盐度25下养殖10 d,试验总共30 d。

超氧化物歧化酶是生物体中首先对氧自由基作出反应的抗氧化酶,并且对氧化胁迫反应最为强烈(Grisham and McCord,1986)。对照组史氏鲟不同组织中的SOD活力大小是各异的,大小依次为心脏、肝脏、肾脏、脾脏和肌肉(表6.12)。然而,经过盐度驯化后各组织中SOD活力发生了不同程度的改变。在盐度10时,各组织中SOD活力略有下降,除肝脏、脾脏外,均未表现出显著性差异。盐度20时,各组织中SOD活力较盐度10时迅速下降,均呈显著性差异。盐度25时,除心脏和肾脏外,其他组织器官中SOD活力均有所回升,其中以肝脏和肌肉SOD活力显著高于盐度20时的酶活力($P < 0.05$,表6.12)。不同组织器官的SOD活力在不同盐度下也呈现一定的差异(表6.12)。随着盐度的升高,心脏与肾脏的SOD活力呈显著性下降($P < 0.05$)。肝脏和脾脏中SOD活力变化趋于一致,盐度10与对照组SOD活力无显著性差异,盐度20以后SOD活力显著低于盐度10和对照组。肌肉中SOD活力在盐度25下显著回升($P < 0.05$),高于任何盐度组及对照组。

表 6.12　不同盐度下史氏鲟不同组织中 SOD 活力变化(U/mg 蛋白质)

组织器官	盐 度			
	对　照	10	20	25
心脏	148.27±10.47[a]	115.81±4.36[b]	78.47±7.22[c]	63.86±6.84[d]
肝脏	135.10±2.35[a]	122.74±12.91[a]	76.57±9.52[b]	91.59±7.76[c]
脾脏	49.74±7.62[a]	41.43±6.49[a]	24.75±3.34[b]	29.13±6.93[b]
肾脏	99.07±6.48[a]	84.67±5.37[b]	50.98±8.43[c]	37.98+11.36[d]
肌肉	33.28±3.87[a]	25.77±1.71[b]	16.34±4.68[c]	44.33±5.84[d]

注:同一行中参数上方字母不同代表有显著性差异($P<0.05$)

从对史氏鲟不同盐度下的肝脏SOD活力检测来看,盐度10时未见有显著变化,说明盐度10对史氏鲟未产生明显的氧化胁迫反应;而盐度20时,肝脏SOD活力明显受到抑制;盐度25时,肝脏SOD活力有所回升。肾脏是鱼类渗透压调节的关键功能器官之一,对于离子的调节具有非常重要的作用(林浩然,2011),由于高渗的影响,肾脏新陈代谢较为旺盛。从研究结果可以看出,肾脏 SOD 活力要先于肝脏受到抑制,同时随着盐度的升高 SOD 活力逐渐减弱。心脏和肌肉属于渗透压感知的敏感组织器官,在盐度 10 时,其 SOD 活力就明显受到抑制,而随着盐度的升高,SOD 活力积极响应。

　　CAT 主要存在于氧化物酶体中,在动物的主要组织中其含量以肝脏中最多(方允中和郑荣梁,2002)。由于其活性不需要还原性底物及对 H_2O_2 较高的 V_{max} 值和较低的 K_m 值,它对于清除细胞受到胁迫时大量产生的 H_2O_2 是必不可少的。对照组史氏鲟各组织中的 CAT 活性各不相同,其中以肝脏中活性最高,极显著($P < 0.01$)高于其他各组织中 CAT 活性;心脏和肾脏次之;肌肉中活性最低(表 6.13)。

表 6.13　不同盐度下史氏鲟不同组织中 CAT 活性变化(U/mg 蛋白质)

组织器官	盐　　度			
	对　照	10	20	25
心脏	63.11±8.19[a]	27.25±1.37[b]	26.16±3.87[b]	21.38±3.58[b]
肝脏	343.18±31.73[a]	251.10±32.35[b]	426.92±49.19[c]	528.94±53.77[d]
脾脏	50.53±5.32[a]	24.55±3.86[b]	45.27±1.67[ac]	41.34±6.65[c]
肾脏	62.51±9.68[a]	35.10±9.79[b]	68.56±5.62[a]	92.76±3.80[b]
肌肉	26.99±3.21[a]	14.55±1.95[b]	28.83±3.38[a]	10.88±2.46[b]

注:同一行中参数上方字母不同代表有显著性差异($P<0.05$)

　　盐度驯化后,组织中 CAT 活性呈现不同的变化趋势。盐度 10 时各组织中 CAT 活性均显著($P < 0.05$)低于对照组。不同盐度下,心脏中 CAT 活性无显著差异,但均显著低于对照组($P < 0.05$);肝脏和肾脏组织中 CAT 活性变化趋势基本相同,呈先下降后上升的趋势。其中盐度 25 下,肝脏和肾脏 CAT 活性显著高于对照组($P < 0.05$)。肌肉组织中盐度 20 时 CAT 活性最高,与对照组无显著差异。组织器官中 CAT 在不同盐度下的活性变化与 SOD 活性变化趋势基本一致。但是,在盐度 25 时,肝脏和肾脏中 CAT 活性急剧上升,引起 CAT 活性的强烈响应,这对于史氏鲟保护机体细胞稳定的内环境及细胞的正常生活具有重要的作用(Martínez-Álvarez *et al.*,2002)。

6.5　养殖密度对鲟鱼生长的调控

　　高密度养殖是获得水体最大利用率的一种方法。但普遍认为高养殖密度会导致种内对空间和食饵的竞争,使整个鱼群生长率和存活率下降,增大鱼病发生的可能性(Andrews *et al.*,1971;Allen,1974;Suresh and Lin,1992a),个体间生长差异增大,出现所谓的生长级差(size hierarchy)。由于受到饲养空间大小的限制,高养殖密度还会导致仔鱼器官发育异常及感觉和行为反应能力的丧失(殷名称,1995b)。养殖密度作为一种环境胁迫因子能引起鱼类的应激反应,改变鱼类内在生理状况,有些研究者发现了与

养殖密度相关的"垂体—肾间腺轴"和"垂体—甲状腺轴"的生理变化(Leatherland and Cho，1985)。

6.5.1　养殖密度引起的急性拥挤胁迫反应

鱼类的生长总是处于各种环境当中，表现出对环境的依赖性，各种环境因子在一定程度上都可看作是对鱼类的一种"刺激"。Wedemeyer(1976)指出在鱼类受到激烈的环境变化时往往产生应激，会在生理上引起体内产生一系列变化，即适应性综合征，又称应激反应(stress response)。养殖密度可被看作是一种环境胁迫的应激因子(Vijayan and Leatherland，1988)。Pickering(1981)在研究鱼类在胁迫条件下的相关反应后，提出可将鱼类对胁迫的适应性反应分为3个阶段：第一阶段是机体神经内分泌活动的变化；第二阶段是由第一阶段引起的一系列生理、生化、免疫反应的变化；第三阶段是在第二阶段的生理基础上，鱼类的行为出现变化、生长率减慢、抗病力降低等。

本研究中，史氏鲟初始养殖密度为2.08 kg/m²，试验开始取10尾作为对照组，然后将一拦网横向缓慢(推移速度为2 m/min)前推至一定位置，作为试验所需的拥挤状态，拥挤胁迫的密度为7.78 kg/m²，然后在胁迫前后按设定的时间梯度进行采样，研究鲟鱼生理系统对急性拥挤胁迫的响应。

6.5.1.1　急性拥挤胁迫对史氏鲟血液激素水平的影响

皮质醇在鱼类中具有广泛的生理作用，反映着鱼类生理状况的变化。在硬骨鱼类中，皮质醇是一种与应激有关的重要激素(Billard *et al*.，1981；Pickering，1981；Sumpter *et al*.，1986；Wendelaar Bonga，1997)。皮质醇的作用包括促进肝内糖原异生，增加糖原贮存，使血糖升高；抑制肌肉组织对氨基酸的摄取，促进体蛋白质分解；加速脂肪的氧化过程等；过多的皮质醇还会引起生长减缓。皮质醇主要受下丘脑(促肾上腺皮质激素释放激素，CRH)—垂体(促肾上腺皮质激素，ACTH)—肾间腺轴(HPI)的调节。由于皮质醇反应灵敏，被公认为是鱼体的应激信号(Strange *et al*.，1978；Wendelaar Bonga，1997)。

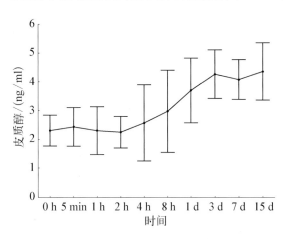

图 6.45　急性拥挤胁迫对史氏鲟血浆皮质醇水平的影响

有学者认为，鱼类在拥挤环境下，血浆皮质醇水平一般在初期都会显著升高，但随着对拥挤环境的长期适应，又会回到原有的水平，与对照组水平相似(Pickering and Stewart，1984)。

拥挤胁迫对史氏鲟血液皮质醇水平有显著影响[$F_{(9,42)} = 4.650\,7$，$P < 0.01$](图6.45)，在拥挤胁迫开始之后(5 min～2 h)，史氏鲟血液皮质醇水平基本保持在同一水平；其后尽管在4 h，8 h有上升趋势，其皮质醇浓度仍与初始值无显著差异；而在1 d时，其值显著高于初始值；在3 d、7 d、15 d时其值则极显著高于初始值。

　　外源因子包括养殖密度会对甲状腺激素产生作用。养殖密度过大造成的拥挤和竞争及其他环境污染物(Stephens *et al.*，1997)限制了甲状腺激素对鱼体生长的积极影响。许多研究在调查养殖密度对鱼类行为、发育和生长的影响的同时，也发现了与密度相关的"垂体—甲状腺轴"的生理变化(Leatherland and Cho，1985；Vijayan and Leatherland，1988)。一般，外周 T_4 和 T_3 水平都会随着养殖密度的增大而降低，并且 T_4 向 T_3 的转化过程会受到养殖密度的影响(Vijayan and Leatherland，1988)。Vijayan 和 Leatherland (1988)研究表明 T_4 水平在高密度试验前期(14 d)是下降的，T_3 水平没有差异。由于 T_3 是由 T_4 在肝脏或其他组织中经 ORD 脱碘而形成的(Eales and Brown，1993)，T_4 可作为 T_3 的前激素(prohormone)。Vijayan 和 Leatherland(1988)指出在高养殖密度下，溪红点鲑(*Salvelinus fontinalis*)的下丘脑—垂体—甲状腺轴(HPT 轴)活性与养殖密度呈负相关，血液中甲状腺激素水平降低，周围组织中 T_4 向 T_3 的转化降低，并指出密度胁迫下血液中甲状腺激素水平下降也许是由于皮质醇分泌增加的缘故，也可能是在高密度下鱼对食物的摄取量降低。

　　在拥挤环境中，史氏鲟幼鱼血浆 T_4 水平呈现出下降的趋势，并在 15 d 时浓度显著低于初始值(图 6.46 - A)。血浆 T_3 水平在 5 min 时显著高于初始值，其后下降到初始水平，保持一定时间的稳定后，呈现出一定的上升趋势，但未表现出与初始值的显著差异(图 6.46 - B)。

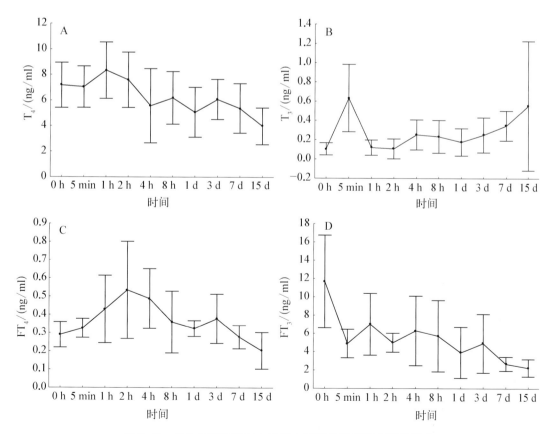

图 6.46　急性拥挤胁迫对史氏鲟血浆甲状腺激素水平的影响

经过急性拥挤胁迫,史氏鲟血浆 FT_4 水平在 5 min～2 h 时呈现出一定的上升趋势,并在 2 h 时显著高于初始值,其后逐渐下降到初始水平,但无显著差异(图 6.46 - C)。拥挤胁迫对史氏鲟幼鱼血浆 FT_3 含量有显著影响 $[F_{(9, 35)} = 2.80, P < 0.05]$,血浆 FT_3 水平呈现下降的趋势,并在各取样点浓度显著低于初始值(图 6.46 - D)。

6.5.1.2　急性拥挤胁迫对血液生化指标的影响

生理状况的检测已成为评价鱼类健康的常规手段之一,多种血液生理生化成分的含量变化已被认为是适应环境变化的敏感指示指标(Bansal *et al.*,1979)。通过所有指标的整体反映可以综合评价鱼体应对环境因子时的适应途径,并得到对鱼体生理状况更为准确的评估。血液生化指标反映了机体所有的生理过程,并作为反映其正常条件或代谢缺陷的指示物。研究者已达成共识,即额外的环境压力导致了很多可察觉并检测出来的血液学和组织学变化。

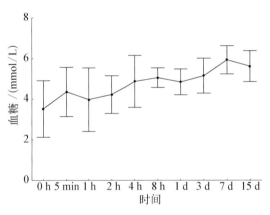

图 6.47　急性拥挤胁迫对史氏鲟
血糖水平的影响

血糖是机体内重要的供能物质,常态下动物体内的血糖含量比较恒定,而随着机体的活动和环境的变化,血糖含量也会发生变化。已有研究表明急性应激能够引起鱼类的高血糖症(Wedemeyer,1976)。拥挤胁迫对血浆血糖浓度有显著影响 $[F_{(9, 38)} = 2.35, P < 0.05]$,史氏鲟血浆血糖水平随时间呈现上升的趋势(图 6.47)。在开始拥挤后的 5 min 时升高,然后到 1 h 时略下降,其后持续升高,在 4 h 后血糖浓度显著高于初始值。血糖的升高表示碳水化合物代谢的活跃。经过拥挤胁迫,鲟鱼幼鱼血糖水平的稳定增加证明史氏鲟在拥挤胁迫中的血糖浓度发生了相应的变化,在应激结束时已显著高于初始值。

胆红素是血红蛋白的降解产物。通常情况下,鱼体暴露于有毒物质中,会产生红细胞数的下降或未成熟红细胞比例的上升,这其中就伴随着血浆胆红素的上升(McLeay,1973)。拥挤胁迫对史氏鲟血浆总胆红素水平的影响趋势见图 6.48 - A。在胁迫 5 min 时,史氏鲟血浆总胆红素含量由初始水平的 162.02 μmol/L 上升至 240.10 μmol/L,差异显著;其后随胁迫时间的延长逐渐下降,至 8 h 降至最低,并保持基本稳定。拥挤胁迫对史氏鲟血浆直接胆红素水平的影响趋势见图 6.48 - B,虽然在胁迫 5 min 时,史氏鲟血液直接胆红素含量由初始水平的 212.27 μmol/L 上升至 279.10 μmol/L,但差异不显著;其后随胁迫时间的延长逐渐下降,并保持基本稳定,整个过程各组间没有出现显著差异。

经过拥挤胁迫,史氏鲟血浆胆固醇水平在开始时为 2.265 mmol/L,拥挤 5 min 时升高到 2.99 mmol/L,然后 2 h 时下降到最低点(2.36 mmol/L),4 h 时上升到 2.788 mmol/L,并在其后保持稳定,整个过程各组间没有出现显著差异(图 6.49 - A)。拥挤胁迫对史氏鲟血浆甘油三酯(TRG)水平的影响趋势见图 6.49 - B,在胁迫 5 min 时,史氏鲟血浆 TRG 含量显著增加,这很可能在试验开始时为适应应激因子的突然出现导致的运动加强所致,是对

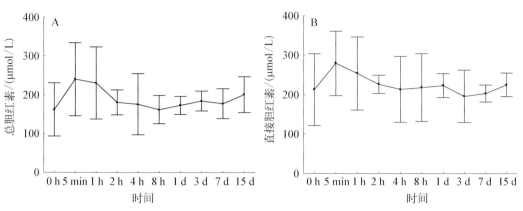

图 6.48　急性拥挤胁迫对史氏鲟血浆总胆红素和直接胆红素水平的影响

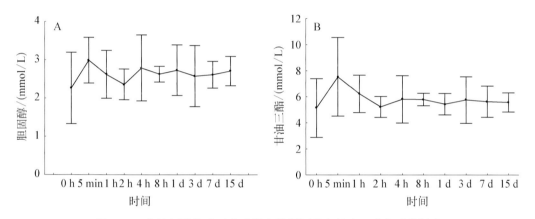

图 6.49　急性拥挤胁迫对史氏鲟血浆胆固醇和甘油三酯水平的影响

能量需求增加的反馈。其后,TRG 逐渐下降,至 2 h 时达到最低水平,其后保持基本稳定且与初始值接近。这说明随胁迫时间的延长,鲟鱼逐渐适应了拥挤环境而重新建立了能量代谢的平衡。

拥挤胁迫对史氏鲟血浆肌酐水平的影响趋势见图 6.50 - A。在胁迫 5 min 时,史氏鲟血浆肌酐含量显著下降,然后 1 h 时值升高,其后随时间延长先下降,然后保持基本稳定。整个过程除 1 h、2 h 肌酐值不显著低于初始值外,其余时间点的测定值均显著低于初始值。

血浆总蛋白(TP)含量和白蛋白及血糖曾被当成鱼体对环境应激因子反应的指示物(Adham et al. ,1997)。史氏鲟幼鱼在拥挤胁迫 5 min 时,血浆总蛋白含量显著增加;至 2 h 逐渐下降,其后保持基本稳定且与初始值接近;试验末期有上升趋势但不显著。TP 可作为肝损伤的指示物。TP 升高可由肝脏结构上的变化引起(如肝硬化),通过转氨酶活力的降低同时伴随着去氨基能力的减弱来起作用。在鱼类中,TP 升高也可通过低 pH 或突然运动引起,TP 降低则可能是因为蛋白质的合成受阻(McDonald and Milligan,1992)。拥挤胁迫对史氏鲟血液 TP 水平的影响趋势仅在胁迫 5 min 时,史氏鲟血液 TP 含量显著增加,其后影响不显著(图 6.50 - B)。总蛋白浓度通常被认为是营养状况的指示物。能量储备的调动在应对应激时是必需的,血中总蛋白含量在机体应对强烈应激时也可作为能量源被动用。本试验中后期未见血液 TP 含量显著变化,表明鱼体营养状况良好,本试验中拥挤胁迫的程度还不足以引起鱼体血浆中总蛋白的动用。

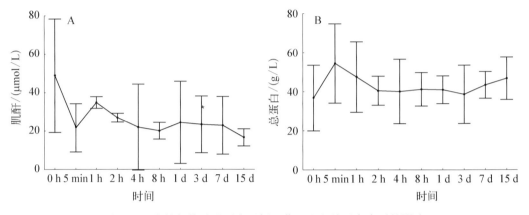

图 6.50　急性拥挤胁迫对史氏鲟血浆肌酐和总蛋白水平的影响

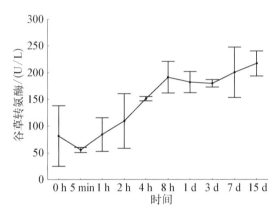

图 6.51　急性拥挤胁迫对史氏鲟血浆
谷草转氨酶水平的影响

谷草转氨酶(AST)是肝脏中连接糖、脂质和蛋白质代谢的重要酶,如果血浆 AST 升高,则意味着肝脏组织受到破坏(尾崎久雄,1982)。所有的肝脏急性损伤和组织坏死首先会引起谷丙转氨酶(ALT)和 AST 的升高。血液生化成分如肌酐和 ALT 可以作为器官功能紊乱的指示物。由图 6.51 可以看出,拥挤胁迫对 AST 有显著影响 $[F_{(9,19)} = 7.95,P < 0.01]$,史氏鲟血浆谷草转氨酶水平呈现先下降后上升的趋势。在开始拥挤后的 5 min 下降,然后持续升高,在试验后期血浆谷草转氨酶浓度显著高于初始值。虽然还未有资料表明鲟科鱼类的血浆转氨酶的正常范围,但是总体血浆 AST 水平的升高说明高密度组中史氏鲟的肝脏细胞的凋亡速度或数量要高于初始养殖环境,才使本应在肝细胞中大量存在的 AST 随细胞受损而进入血液循环系统中。

6.5.2　养殖密度对稚幼鱼生长的影响

稚鱼期研究设计 4 个养殖密度组(D$_1$、D$_2$、D$_3$、D$_4$),初始试验密度分别为 17 尾/m²、50 尾/m²、83 尾/m² 和 183 尾/m² 或 0.232 kg/m²、0.665 kg/m²、1.347 kg/m² 和 2.469 kg/m²,并设一平行组。按照 5.0%BW/d 投喂人工饲料。每隔 7 d 测量一次生长数据,试验历时 28 d。

随着试验时间的推移,各组中的史氏鲟稚鱼体重均呈指数生长(图 6.52)。养殖密度对稚鱼生长有着显著的影响 $[F_{(2,162)}=9.71, P<0.01]$,生活在低养殖密度组中的稚鱼生长最快。最终体重、SGR、DWG、GE 都随着养殖密度的增大而显著性降低,NY 却显著性增大(表 6.14)。虽然高密度组的生长效率显著低于低密度组的生长效率,但是高密度组的 NY 是最高的。

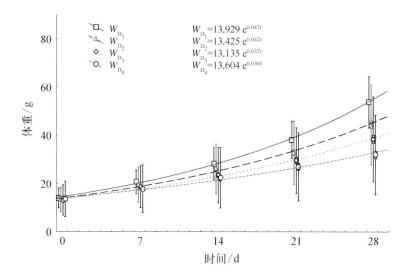

图 6.52　不同密度组中史氏鲟稚鱼的体重生长曲线

表 6.14　不同养殖密度下史氏鲟稚鱼的生长参数(均值±标准差)

项　　目	养殖密度/(尾/m²)			
	17	50	83	183
初始体重/g	13.9±3.9	13.3±5.1	12.9±6.3	13.3±7.3
初始 SV/%	27.3	38.3	48.5	53.7
最终体重/g	53.8±10.8[a]	44.4±16.8[ab]	38.1±18.1[b]	31.9±16.0[c]
最终 SV/%	20.0	37.9	47.2	50.1
GE/%	93.90±0.33[a]	79.84±4.94[ab]	68.14±3.93[b]	53.16±3.39[c]
SGR	4.84±0.33[a]	4.31±0.08[a]	3.82±0.02[b]	3.04±0.23[b]
DWG/[g/(n·d)]	1.43±0.02[a]	1.12±0.02[ab]	0.90±0.07[b]	0.65±0.15[c]
NY/[g/(m²·d)]	24.3±9.1[a]	55.5±12.3[b]	80.8±15.0[c]	118.3±25.1[d]
存活率/%	100	100	100	98.2

注:同一行中参数上方字母不同代表有显著性差异($P<0.05$)

史氏鲟的特定生长率(SGR)与养殖密度(SD)之间存在着显著的负相关(图 6.53),SGR 随着养殖密度的增大而显著降低。史氏鲟稚鱼的体重与全长相关式(图 6.54)中的 b 都小于 3,即此生长阶段的稚鱼在不同密度试验组中的生长均为异速生长,全长的增长快于体重的增长。稚鱼试验表明各试验组的变异系数(SV)在试验前后未发生显著性变化,生长离散并未因养殖密度的增大而加剧,反而最终 SV 比初始 SV 还略小(表 6.14)。

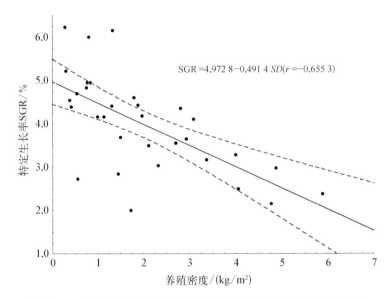

图 6.53　史氏鲟稚鱼的特定生长率与养殖密度间的相关关系曲线

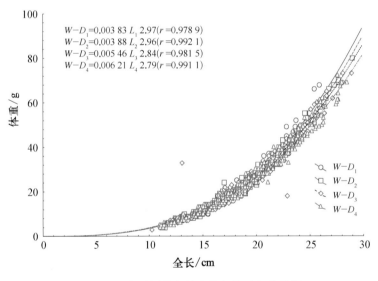

图 6.54　史氏鲟稚鱼的全长与体重相关曲线

养殖密度过大会导致种内对水域空间和食物资源的竞争,使生长优势鱼分割一个不平等的资源百分数,而处于劣势的鱼生长缓慢。当水域空间和食物资源趋于紧张时,由于竞争作用通常使劣势鱼更处于劣势,生长率进一步下降,而优势鱼则受影响较小,因此整个鱼群的平均生长率下降,生长离散加剧。各试验组的 SV 在试验前后未发生显著性变化,生长离散并未因密度的增大而加剧,反而最终 SV 比初始 SV 还略小。这可能是在试验期间提供了充足的饵料,未引起种内对食饵的强烈竞争;也可能因为试验采取流水系统,各试验组均保持了良好的水质,溶氧充足,水温适宜,未检测出氨氮含量,致使高密度组的种内竞争及排泄因子对生长和存活的不良影响被良好的水体环境所减弱。不过,高养殖密度组史氏鲟的体型还是较低密度组的要小。

幼鱼养殖密度设计高、中、低 3 个养殖密度组,在试验缸中分别放养 6 尾、13 尾、25 尾史氏鲟幼鱼,初始试验密度组为 0.525 kg/m²(HSD)、1.139 kg/m²(MSD)、2.189 kg/m²(LSD),试验时间为 60 d。试验期间,各组试验鱼成活率均为 100%。随着试验时间的推移,各试验组中的史氏鲟均呈指数生长(图 6.55)。养殖密度对史氏鲟的生长存在显著影响($P<0.01$),生活在低养殖密度试验组中的史氏鲟生长最快,最终体重、SGR、DWG 都随着养殖密度的增大而显著降低,NY 却显著增大(表 6.14)。试验开始时各试验组的条件系数无显著差异,试验结束时 3 个密度组由低到高条件系数依次显著减小。

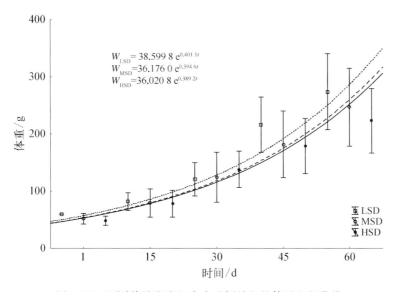

图 6.55　不同养殖密度组中史氏鲟幼鱼的体重生长曲线

各养殖密度组中的史氏鲟幼鱼的 SGR 均随着几何平均体重(GMW)的增大而降低,并且两者之间存在显著负相关($P<0.01$)。在同一 GMW 水平上的 SGR 的变化趋势是:HSD<MSD<LSD($P<0.01$);同时,回归直线的斜率(β)也存在差异,以 HSD 的倾斜度最大,LSD 和 MSD 的斜率基本相同,斜率绝对值的变化趋势为:β(LSD) < β(MSD) < β(HSD)。

Leatherland 和 Cho(1985)证明养殖密度对虹鳟生长的负面效应至少部分是由于高负载而造成的水质恶化引起的。其实,在高密度集约化养殖中,尤其是静水或半静水养殖,水质问题确实是应该值得注意的因素。但因高密度引起的水质恶化对生长的抑制作用往往很容易使人们混淆养殖密度本身作为一种环境因子对生长产生的副作用。本研究过程中,各组的水质指标均达到了鲟鱼养殖的适宜要求(庄平等,2001),与生长有关的环境变量只有"养殖密度"。研究结果表明,养殖密度本身对史氏鲟生长的抑制作用非常显著。所以,除去水质因素,拥挤的养殖环境是不利于鱼类生长的。

Poston 和 Williams(1988)认为通过提高水中溶氧水平可减小养殖密度对大西洋鲑的影响。Blackburn 和 Clarke(1990)也认为充足的溶氧会降低其设计的试验养殖密度的负载对 2 龄银鲑生长的抑制作用。但在本研究中,即使各密度组处于基本一致的良好试验条件下,其生长还是表现出了显著的差异。所以,当养殖密度不足以引起种群内部激烈竞争时,提供良好的水质条件,也许会减少负载对种群生长的影响,使其保持较稳定的生

长率。所以,养殖密度对生长的影响并非是由水质变化而造成的。

6.5.3　养殖密度对摄食和消化率的影响

群居作用对鱼类的生长既有竞争性的一面,又有互利性的一面。群居作用的互利性往往表现在一些集群性鱼类中,将集群性鱼分隔饲养,往往可以看到被分隔的个体产生古怪的不正常的行为,食欲下降,生长减慢;当集群生活在一起时,行动活泼,摄食积极,生长加速。这是因为集群鱼类用于警戒、寻找食物的时间相对较少,而有较多时间用于摄食。

养殖密度对史氏鲟稚鱼的摄食率没有显著影响,但对 FCR 存在着显著性影响 ($P < 0.05$),FCR 随着养殖密度的增大而显著增大(表 6.15)。养殖密度对条件系数的影响非常显著,D_1 和 D_2 的最终条件系数比初期有显著性增加,D_3 和 D_4 的最终条件系数则显著性下降($P < 0.01$),D_1 和 D_2 的最终条件系数显著高于 D_3 和 D_4($P < 0.01$)(表 6.15)。

表 6.15　养殖密度对史氏鲟稚鱼摄食、FCR 和条件系数的影响

项　　目	养　殖　密　度			
	D_1	D_2	D_3	D_4
初始条件系数	3.29	3.39	3.55	3.58
最终条件系数	3.61[a]	3.65[a]	3.39[b]	3.02[c]
总摄食量/g	210	472	852	1 536
FCR/%	1.07±0.01[a]	1.26±0.08[ab]	1.47±0.08[bc]	1.89±0.12[c]

注:同一行中参数上方字母不同代表有显著性差异($P<0.05$)

养殖密度对史氏鲟幼鱼的摄食率存在一定显著影响($P < 0.05$),但并非低密度组和高密度组间差异显著,而是中密度组摄食率显著低于高密度组,低密度组摄食率介于两者之间。养殖密度对史氏鲟的日摄食量有显著影响,日摄食量随密度增加而减小。摄食率差异表现为高密度组、低密度组、中密度组幼鱼的摄食率依次减小。养殖密度对史氏鲟幼鱼的FCR 存在着显著性影响($P < 0.05$),FCR 随着养殖密度的增大而显著增大(表 6.16)。

表 6.16　不同养殖密度下史氏鲟幼鱼的生长参数(均值±标准差)

生 长 参 数	养　殖　密　度		
	LSD	MSD	HSD
初始体重/g	43.94±1.77	45.26±2.30	42.96±0.23
最终体重/g	267.56±2.51[a]	245.34±3.09[b]	221.26±6.39[c]
SGR	3.01±0.05[a]	2.82±0.06[b]	2.73±0.04[c]
DWG/[g/(n·d)]	3.72±0.02[a]	3.33±0.02[b]	2.98±0.10[c]
NY/[g/(m²·d)]	44.51±0.21[a]	86.29±0.34[b]	147.86±5.14[c]
FCR/%	0.84±0.00[a]	0.85±0.00[a]	0.91±0.03[b]
初始条件系数	3.27±0.10[a]	3.32±0.04[a]	3.30±0.05[a]
最终条件系数	4.21±0.01[a]	4.01±0.02[b]	3.93±0.01[c]
摄食率/%	2.01±0.02[ab]	1.95±0.02[a]	2.04±0.04[b]
日摄食量/g	3.13±0.02[a]	2.84±0.02[b]	2.70±0.02[c]

注:同一行中参数上方字母不同代表有显著性差异($P<0.05$)

消化率是影响鱼类生长的重要因素之一,影响消化率的因素还有蛋白质水平、摄食水平、食物颗粒形状及大小、水温、体重、消化酶活性、鱼种特异性及生理状况(Xie et al.,1997)等。养殖密度对史氏鲟幼鱼的消化率产生了显著影响。低密度组、中密度组的消化率极显著地高于高密度组($P<0.01$),其中低密度组均值最高为79.21%,其次中密度组均值为79.20%,高密度组均值最低(70.81%)。这说明低密度和中密度养殖下的史氏鲟幼鱼均处于相对较好的消化生理状况,而高密度组中的史氏鲟可能处于较为不理想的生理状况,导致消化率显著低于低密度组和中密度组。

各密度组食物转化率(FCR)和消化率(D)之间存在显著的负相关,FCR = 1.439 6 − 0.007 5D ($r=-0.905$ 3) (图 6.56 − A),特定生长率(SGR)和消化率(D)之间存在显著的正相关,SGR = 1.179 8+0.021 9D ($r=0.694$ 7)(图 6.56 − B),表明养殖密度不同,食物转化率随消化率的降低而升高,特定生长率随消化率的降低而降低,说明在不同密度下史氏鲟幼鱼生长上的差异部分源于消化率的不同。所以,高养殖密度对史氏鲟幼鱼生长产生消极影响的原因之一,是通过降低史氏鲟对饵料的消化率而实现的。

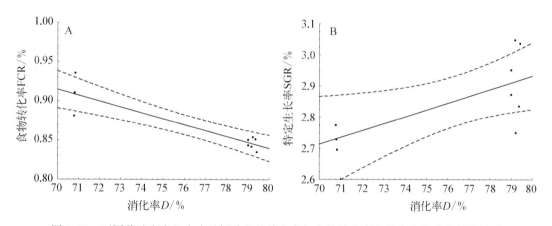

图 6.56　不同养殖密度组中史氏鲟幼鱼的消化率与食物转化率和特定生长率之间的关系

食饵消耗量随养殖密度的增大而减少可能是引起生长率下降的直接原因。Marchand 和 Boisclair(1998)认为由于养殖密度过大而引起的竞争,通过使鱼类活动耗能增加和饵料消耗率下降而对鱼类的生长产生消极的影响。但在本研究中并未发现高密度试验组中的饵料消耗量有减少的现象。各密度组中的稚鱼一直保持良好的食欲,在很短的时间内能吃完所投饵料,不过,高密度组中的 FCR 还是显著地高于低密度组,这说明各养殖密度中的史氏鲟虽然摄入了相对等量的饵料,但低密度养殖的稚鱼比高密度养殖更能有效地吸收利用饵料。然而,Wedemeyer(1976)报道,在高养殖密度环境下虹鳟仍能保持生理方面正常的摄食行为,认为饵料吸收率的降低不足以解释高密度养殖中的鱼类生长减慢的现象。Montero 等(1999)也认为养殖密度对生长的影响并非因摄食量而造成的。而 FCR 随养殖密度增大显著增大,说明随着养殖密度增大,降低了鲟鱼对饵料吸收利用的效率。

生长的结果说明,随着养殖密度的增大,鲟鱼的丰满程度在不断降低。养殖密度作为应激因子影响着鱼类的生长和其他生理进程,通常情况下会导致生长减缓、饵料利用率低,使机体处于应激状态并可能导致死亡(Montero et al.,1999;Suresh and Lin,1992a;Vijayan and Leatherland,1988)。生长上的抑制通常被认为可反映慢性应激的状况,因此高密度养殖的鲟鱼很可能处于慢性应激的状态。

6.5.4 养殖密度对非特异性免疫的影响

鱼类已具备免疫的基本特征,血清中包含多种免疫因子,其中溶菌酶和补体在抵御外来病原菌方面发挥着重要作用。Fevolden 和 Røed(1993)认为溶菌酶活性也可作为鱼类应激的信号,其水平升高所持续的时间依胁迫的方法和强度而定。补体是抵抗微生物感染的重要成分,具有独特的理化性质,激活后具有细胞溶解、细胞黏附、调理、免疫调节、介导炎症反应、中和毒素、免疫复合物溶解和清除等重要的生物学效应,而 C3 和 C4 则是补体系统的主要成分,鱼类的 C3 往往比哺乳动物具有更多的活性形式(Tort et al.,2004)。

养殖密度对史氏鲟幼鱼血浆溶菌酶活性有显著影响(图 6.57)。溶菌酶活性表现为由低密度到高密度依次降低:15 d 时低密度养殖幼鱼血浆溶菌酶活性显著高于高密度($P < 0.01$);30 d 时低密度养殖显著高于中、高密度,中密度养殖显著高于高密度;45 d 和 60 d 时各养殖密度溶菌酶活性之间没有显著差异。15 d 时低、中密度养殖溶菌酶活性显著高于试验前的对照组,30 d、45 d 时低、中密度养殖溶菌酶活性显著高于试验前的对照组,60 d 时各养殖密度溶菌酶活性基本恢复到试验前水平。

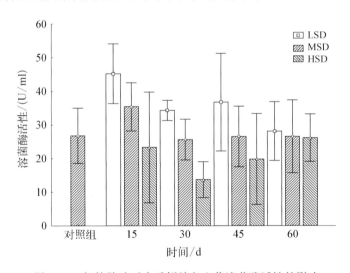

图 6.57　拥挤胁迫对史氏鲟幼鱼血浆溶菌酶活性的影响

养殖密度对 C3 和 C4 的影响随试验时间变化表现出相似性,C3 和 C4 呈现随养殖密度的增加而减小的趋势(表 6.17)。拥挤胁迫在 15 d($P < 0.05$)和 30 d($P < 0.05$)时对史氏鲟幼鱼血浆补体 C3 含量有显著影响,在 15 d($P < 0.05$)和 30 d($P < 0.01$)时对史氏鲟幼鱼血浆补体 C4 含量也有显著影响。各养殖密度在 15 d、30 d 时,血浆补体 C3、C4 含量表现为由低密度到高密度依次降低的趋势,血浆补体 C3、C4 含量的变化规律基本一致:15 d、30 d 时低密度组显著高于中、高密度组,中密度组显著高于高密度组($P <$

0.01)，45 d 和 60 d 时各密度组溶菌酶活性之间没有显著差异。试验开始后 15 d，低、中密度组补体含量显著高于试验前的对照组；30、45 d 时低、中密度组补体含量显著高于试验前的对照组；60 d 时，除了高密度组 C4 显著高于（$P < 0.05$）试验前的对照组外，其余各试验组补体含量基本恢复到试验前水平。

表 6.17　不同养殖密度下史氏鲟幼鱼的 C3、C4 含量

项　　目	养殖密度	胁　迫　时　间				
		0 d (N=12)	15 d (N=8)	30 d (N=8)	45 d (N=8)	60 d (N=8)
C3 含量 /(g/L)	低密度组	0.70±0.21	1.80±0.59[a**]	1.23±0.46[a*]	0.58±0.15[a]	0.92±0.31[a]
	中密度组	0.70±0.21	1.09±0.23[b**]	0.63±0.02[b]	0.53±0.18[a]	0.73±0.14[a]
	高密度组	0.70±0.21	0.96±0.17[c*]	0.54±0.14[c]	0.67±0.34[a]	0.81±0.09[a]
C4 含量 /(g/L)	低密度组	0.18±0.08	0.58±0.22[a**]	0.48±0.09[a**]	0.21±0.05[a]	0.29±0.07[a]
	中密度组	0.18±0.08	0.35±0.08[b**]	0.17±0.01[b]	0.17±0.05[a]	0.23±0.06[a]
	高密度组	0.18±0.08	0.32±0.05[c*]	0.15±0.05[c]	0.23±0.12[a]	0.27±0.03[a*]

注：* 和 ** 分别表示与初始值比较差异显著（$P < 0.05$）或极显著（$P < 0.01$）；N 为受试尾数

硬骨鱼类脾脏具有免疫功能。王文博（2004）报道 60 d 后拥挤胁迫对高、中密度组草鱼的脾脏造成了严重损伤。Schreck（1996）也认为拥挤胁迫会造成鱼类脾脏受损。本研究结果显示，高养殖密度所造成的拥挤环境并没有显著影响鲟鱼脾体系数。试验 60 d 后，低、中、高密度组的脾体系数平均值分别为 0.40%、0.36% 和 0.41%，三者之间没有显著差异（图 6.58）。

高养殖密度造成的拥挤胁迫对史氏鲟幼鱼血浆溶菌酶活性的影响，反映出了在一定的密度范围下，拥挤胁迫对鲟鱼非特

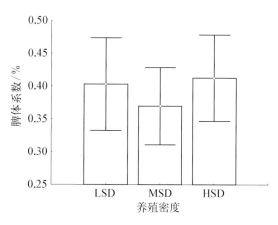

图 6.58　拥挤胁迫对史氏鲟幼鱼脾体系数的影响

异免疫机能产生了一定的不良影响，但其对鲟鱼的免疫机能的不良影响只是暂时的。经过长期适应后，低、中、高密度组的鲟鱼并没有表现出免疫机能的显著差异。

6.6　环境因子对鲟鱼生长的调控机制及实践意义

鱼类的生长受到外界环境的影响，并表现出与环境相关的复杂性。根据鱼类对环境因素的反应程度及作用机制可将这些因素分为限制因子、控制因子、指导因子、阻碍因子等。使生物的生长发育受到限制甚至死亡的生态因子，称为限制因子。在环境因素中，任何一种因素只要接近或者超过鱼类的耐受程度的极限时，就会成为限制因子。例如，当温

度超过一定数值或溶氧降低到窒息点以下,鲟鱼就会发生死亡,温度或溶氧即成为限制因子。但是,在一定环境范围内,每种生态因子对鱼类发育生长的影响程度存在差异性,对生长的调控作用也不相同。有些环境因子,如温度,因通过控制鱼类代谢反应速率而影响鱼类生长被称为控制因子。诸如光照及其周期等环境因素则被认为是鱼类生长的指导因子。盐度等因子会对鱼类代谢造成额外的负担而通常被认为是鱼类生长的阻碍因子。鲟鱼的生长受到外界环境的调控,在不同的养殖密度、光照周期、水流、水温及盐度等生态因子影响下表现出不同的反应特点,同时也表现出生理系统对环境适应的相似性。

6.6.1   鲟鱼适应环境的生长策略

生物生存的环境不但随时间而变化,而且在空间上也是不连续的、不均一的,即是异质的。环境随时间的变化导致生物的适应进化,环境在空间上的异质性导致生物的分异(性状分歧),分异的结果是不同物种的形成。即便是同一物种,也会因为所生存环境空间上的不同而表现出迥异的行为和生长特性,甚至产生遗传性状的改变,出现地理亚种。生物的不连续性是生物对环境异质性的适应对策。鲟鱼在不同的生活环境中表现出相异的生长特性,不但包括身体表观形态的改变,而且内在生理状况也随环境的变化而改变。鲟鱼在环境的变化中需要不断地调整机体功能、改变生长策略以适应不同的生存环境。

6.6.1.1   生长小型化适应拥挤环境

高密度养殖会造成鲟鱼生长环境的拥挤,拥挤环境迫使鲟鱼过度密集地生活在一起,彼此活动空间会不断受到其他个体的侵扰。试验群体中的鲟鱼也会因适应能力的不同出现不同的社会地位。社会地位的改变使处于主导地位的鲟鱼占有更大的资源量,并干扰处于从属地位的个体。高养殖密度中的鲟鱼由于受到整体拥挤环境的影响,体型比同时期的非拥挤环境中的鱼更小。高密度组中的鲟鱼生长离散虽未加剧,但是小个体鱼的生长比大个体鱼的生长要慢,出现了类似"马太效应"的结果,即强者更强,弱者更弱。

为了适应资源量的分配,一种生长策略是,要比其他个体更快地增加身体体积,侵占原本应平均分配给其他个体的食物、空间等资源量,巩固已有的主导地位或试图从从属地位向主导地位过渡;另一种就是被迫降低生长率,以适应资源相对缺乏的环境。

6.6.1.2   依靠补偿生长来克服不良环境

剧烈的环境变化往往会引起鱼类的应激,即使变化后的环境适应鱼类的生长,它也会在初期对鱼类产生消极作用。如果变化后的环境不是适宜环境,那么鱼类受到的消极影响就更大了。虽然在恶劣的环境中鱼类表现出生长抑制,但随着对环境的适应或环境朝着良好的方向发展,鱼类会出现补偿生长。鲟鱼也不例外,尤其在温度驯化中表现非常明显,在较高水温的驯化初期,史氏鲟有长达 15 d 的生长停滞,但随后生长率迅速上升,其生长速度与适温组的鱼几乎相当。与其对应的 TT_4 和 FT_4 水平一直保持稳定,这可能说明了总甲状腺素的稳定水平为史氏鲟的补偿生长提供了生理基础。

6.6.1.3   调整生理机能实现生长对环境的适应性

鱼类通过神经内分泌系统可将感知到的环境变化信号转变成生理系统的响应,通过对生理机能的调整来实现生长对环境变化的适应。综合研究结果来看,"垂体—甲状腺轴"和"垂体—肝脏轴"在鲟鱼环境适应过程中扮演着重要的角色,对生长有显著的调控作用。

甲状腺激素在不同环境对鲟鱼生长的影响过程中都有一个共性,在环境变化过程中,血液中的 TSH 和 TT_4 的含量都保持稳定的水平,但 FT_3 含量总是在最适环境中表现出最高水平。由此看来,不同环境中的生长差异与游离甲状腺激素的含量水平有着直接关系。TT_4 和 TSH 保持稳定的水平对于鲟鱼的生长可能具有重要的意义。因为甲状腺素是 TH 的"资源库",T_4 的生理作用主要靠 T_3 来表达,体内维持稳定的 T_4 水平是为了保证具有生理潜能,以便在适宜环境到来时有充分的 TH 资源可以使用。而环境因素可能主要通过影响脱碘酶活力来控制 T_4 向 T_3 转化的速度,并同时影响着游离甲状腺激素的转化平衡,以此来限制 TH 的生理作用的发挥,达到控制生长的作用。在适宜环境中,甲状腺激素增强了鲟鱼组织 RNA 的合成,这可能是 TH 促进个体发育生长的重要原因。

从研究结果来看,"垂体—肝脏轴"对鲟鱼的生长也起到了重要的作用,但总体情况上来看,"垂体—甲状腺轴"的作用似乎比"垂体—肝脏轴"更明显。在养殖密度、热驯化和水流刺激中 GH 和 IGF-I 水平有较显著和明显的变化。在某些情况下,血液中的 GH 水平不会因环境的变化而发生显著变化,但 IGF-I 的水平变化就比 GH 敏感些。GH 在机体内承担的生理作用比较复杂和多样化,它对生长的促进作用更多是需要 IGF-I 来表达的,并且也和受体数量息息相关。IGF-I 可能是与鱼类生长直接相关的激素,对生长的促进作用可能比 GH 更加纯粹。在环境对鲟鱼生长的调控过程中,"垂体—甲状腺轴"和"垂体—肝脏轴"应该是相互促进的,TH 可能会协助 GH 促进 IGF-I 的合成,同时也增强 IGF-I 的细胞反应(图 6.59)。

6.6.2 养殖环境调控在鲟鱼养殖中的应用价值

6.6.2.1 养殖密度的控制

鲟鱼的生长效率虽然会随养殖密度的增大而降低,但是其净产量会显著性增高,密度越大,净产量越高,这也是高密度养殖所追求的经济高产量。这种高产量并不是以高的生长效率为前提的,而是以较大的群体个体基数为基础的。由于现实条件的限制,在水产养殖中并不一定能保证最适生长密度,但只要从经济角度考虑,其净产量的经济产出相对于饲料消耗量的经济投入有较高的经济收益,就可获得养殖中较高的经济效益。不过,在养殖过程中要注意不断地分级和调整环境负载率。

6.6.2.2 养殖环境的光照控制

相比稳定的光照周期,鲟鱼在变化的自然光照周期下的生长率是较低的。有趣的是,史氏鲟在全光和全黑光照周期下的生长要显著高于自然光周期。但创造全黑条件对于鲟鱼的养殖操作来讲是不方便的,而且全黑环境会引起鲟鱼体色变浅,影响观赏性。在实践中,可以通过延长光照周期或者使用全光照周期来促进鲟鱼生长。同时,鲟鱼对强烈日光产生的过大光照强度采取回避行为,这种高强度光照不利于于鲟鱼的生长。在养殖过程中,要注意避免强光照,可以在养殖池上方搭建遮阳棚以避免高强度光照。不过,我们也应该注意照度的强弱和鲟鱼发育时期的关系。

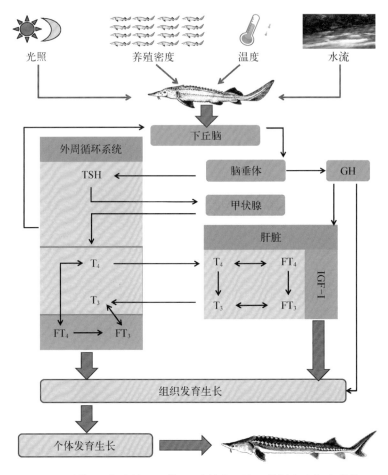

图 6.59　垂体-甲状腺轴和垂体-肝脏轴在环境调控鲟鱼生长中的作用

GH. 生长激素;IGF-1. 类胰岛素生长因子-1;TSH. 促甲状腺素;T$_4$. 甲状腺素;T$_3$. 三碘甲腺原氨酸;FT$_4$. 游离甲状腺素;FT$_3$. 游离三碘甲腺原氨酸;TT$_4$. 总甲状腺素;TT$_3$. 总三碘甲腺原氨酸

6.6.2.3　鲟鱼养殖中的温度控制

在鲟科鱼类的养殖过程中,水温最好控制在 20~23℃,以保持鲟鱼的最大生长率和最高的饲料利用效率。在气温较高的季节里,可适当地增加饲料投喂量以平衡其较高的维持需求;反之,就要适当地减少饲料的投喂。在养殖过程中应尽量避免水温过高,高水温不但会造成生长效率的低下,而且会消耗过多的饲料,如果减少投喂,就可能造成鲟鱼的负生长。与高水温相比,低温也会使生长效率下降,但同时也降低了摄食率,但相比高温节省了饲料,因此不会造成太多的饲料消耗。

6.6.2.4　养殖过程中的盐度控制与水流应用

盐度和水流一般被认为是鱼类生长的影响因子。对于淡水生活史阶段的鲟鱼而言,盐度明显增加了鲟鱼的基础代谢率,导致生长减慢。因此,我们建议使用淡水进行史氏鲟等鲟鱼的养殖,以提高其生长效率。同时,可在鲟鱼养殖过程中提供一定的流水环境。养殖者不需提供很高流速的水流刺激,只要能营造微流水的养殖环境(如提供流速为 0.09 m/s 的水流环境)即可提高鲟鱼的生长效率。

第7章　鲟鱼生长的营养需求

鲟鱼具有很高的经济价值,其养殖在世界范围内快速发展,已达到集约化养殖的规模。在养殖过程中,长期投喂单一的活饵料会造成鲟鱼营养缺乏,出现生长慢和一些非正常症状。要弄清鲟鱼的饲料营养需求,必须结合其生物学特点进行鲟鱼营养生理学的研究,采用营养学、生理学、生物化学、免疫学等学科的理论和方法,辅以电镜和组织学、酶学等学科的技术与手段,探讨各营养素的生理功能、适宜需求量及其缺乏症,营养素与免疫的关系,营养素之间的相互协调和制约关系,以及营养素与代谢关键酶的基因表达之间的作用机制等。通过这些研究,可以了解鲟鱼不同生长阶段的营养需求,从而为优化饲料配方并配制鲟鱼的系列人工饲料,提高蛋白质和饲料的转化率提供参考和指导;这些研究也为提高鲟鱼人工繁殖和培育技术提供理论指导,从而更好地保护和利用鲟鱼资源;另外,比较鲟鱼与现代硬骨鱼类的营养需求的差异,有助于阐明营养对鱼类进化的影响。蛋白质、脂肪、糖类是三大营养物质,是鱼类外源营养物质的基础。对于这些营养需求的研究,有助于深入了解鲟鱼对不同外源营养物质的利用程度和生长特性。

7.1　鲟鱼消化道组织学特征与消化酶活性

消化道是鱼类对食物消化和吸收的重要场所,直接关系到鱼类的生长发育,对消化道形态学和组织学的研究是认识和探讨鱼类摄食、消化和吸收生理机制的基础和途径之一。消化酶主要是消化腺和消化器官分泌的起食物消化作用的酶类。消化酶依消化对象的不同主要划分为蛋白酶、淀粉酶和脂肪酶等。消化酶活性是动物摄食、营养条件、生理状态的良好指标。在消化酶催化作用下,多糖转变为单糖,蛋白质转变为氨基酸,脂肪转变为甘油和脂肪酸,其活性的高低直接反映了动物对营养物质的吸收利用程度,进而影响动物的生长发育。鱼类的食性与消化器官的组织结构和消化功能是相适应的,消化器官不同,所承担的消化功能不同,因而消化酶的活性也不同。一般肉食性鱼类的消化道短,蛋白酶活力强;草食性鱼类的消化道长,淀粉酶活力强。

由于鱼类生活在水中,水环境的理化因子会对鱼类的消化酶产生一定的影响。影响鱼类消化酶活性的环境因子主要包括季节、水温、盐度等。季节的变化主要表现在不同的水温和不同的天然饵料组成。温度是消化酶活性变化的因数,因此温度对鱼类消化酶活性的影响比较明显,它不但直接影响消化酶活性的高低,而且通过影响鱼体代谢等内在反应,间接影响消化酶的活性。消化酶活性的高低又直接影响了鱼类对营养物质吸收利用的程度,因而鱼类在不同的季节会有不同的生长速度。季节交替形成的水温变化对消化酶活性产生显著的影响。盐度对鱼类的消化酶也有一定的影响。通常认为盐度是通过影响动物的生理状态(如渗透压调节等)来影响消化酶的活性的。

以 2 龄西伯利亚鲟(体长 56.5～74.5 cm,体重 1 404.5～1 800.1 g)为研究对象,活体解剖观察消化道结构(图 7.1),并对食道、胃、幽门盲囊、十二指肠、瓣肠和直肠进行采样,观察鲟鱼消化道的显微结构和超微结构,并进行消化酶研究。

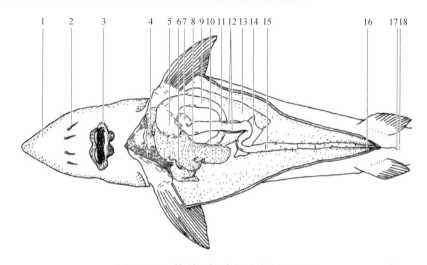

图 7.1　西伯利亚鲟消化系统(腹面观)

1. 吻;2. 口须;3. 口裂;4. 食道;5. 胃幽门部;6. 胆囊;7. 幽门盲囊;8. 肝;9. 胃体部;
10. 胃贲门部;11. 十二指肠;12. 胰;13. 鳔;14. 脾;15. 瓣肠;16. 直肠;17. 肛门;18. 尿殖孔

7.1.1　消化道的形态学结构及组织学特征

鱼类消化道由口咽腔、食道、胃、肠及肛门等五部分组成,有些鱼类肠的起始端还有幽门盲囊;杂食性鱼类消化管细长,肠长与体长之比一般都大于 1,无胃或胃不发达;肉食性鱼类的消化管粗短,肠长一般都小于体长,口咽腔发达,胃比较发达,且分化为贲门部、盲囊部和幽门部。鱼类消化道管壁除口咽腔外,一般均由黏膜层、黏膜下层、肌层和浆膜组成。

7.1.1.1　消化道的形态解剖学观察

口咽腔:口下位,由上下颌所围成,口合时呈横列状,活动时上下颌能伸缩呈圆筒状;口缘有黏膜褶皱,黏膜在口角和下颌两侧形成乳头状突起。上下颌所包围的腔所是口腔,口腔的背壁是腭部,其上有 5 条横向的黏膜褶和由短小的纵褶组成的角质网;口腔的腹面具不发达的舌。咽位于口腔后方,其左右壁上有鳃裂通向体外。

食道:连接咽后的长形管道,食道管壁肥厚,其背壁有肌肉层与体壁相连,内壁有 5～6 条粗大的纵行黏膜褶皱,每条褶皱上又纵行排列着许多分叉的尖端突起的横行褶皱。

食道-胃过渡区:紧接食道后端,管壁较食道明显变薄,管腔增大,纵行褶皱数增多,无横行褶皱,其后端背面有鳔的开孔。

胃:在食道鳔管开孔后,呈"U"形。胃的管壁较薄,从前至后分为贲门部、胃体部和幽

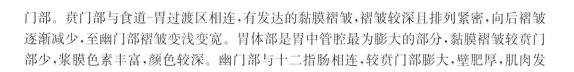

门部。贲门部与食道-胃过渡区相连,有发达的黏膜褶皱,褶皱较深且排列紧密,向后褶皱逐渐减少,至幽门部褶皱变浅变宽。胃体部是胃中管腔最为膨大的部分,黏膜褶皱较贲门部少,浆膜色素丰富,颜色较深。幽门部与十二指肠相连,较贲门部膨大,壁肥厚,肌肉发达,与十二指肠交界处有幽门括约肌;末端缢缩为幽门,与十二指肠相通。

幽门盲囊:位于胃与十二指肠交界处,腹面比较平坦,外观其外形呈肾形,背面隆起呈锥形。边缘呈圆弧形,有 10~12 个不明显的指状突起。盲囊壁厚而坚实,切面可见数个囊腔,集合于共同的孔,开口于十二指肠的起始处。

十二指肠:紧接胃的幽门部,起始端有幽门盲囊与胆管的开口。十二指肠系膜较厚,在中部稍后部位折向前方,形成一个弯曲,弯折处和背侧壁有胰管通入。内壁黏膜褶皱较胃扁平,发达呈网状。

瓣肠:十二指肠后略粗的部分为瓣肠,其内有 8 个螺旋瓣。瓣膜形成一柱,消化物以顺时针方向旋转后行。

直肠:瓣肠之后较细较短的一段,末端以肛门开口于泄殖腔。

7.1.1.2 消化道的显微结构

食道:从内向外分为黏膜层、黏膜下层、肌层和浆膜层。食道前端黏膜褶皱较少,黏膜上皮由复层扁平上皮细胞构成,表层细胞排列整齐,含杯状细胞和黏液细胞较多。基底面不平坦并形成许多凹陷,基底层细胞小且排列整齐、紧密。基膜很薄。固有膜不发达,含有小血管。黏膜下层由疏松结缔组织构成,和固有层的分界不明显,含有很多毛细血管和淋巴细胞。肌层发达,内层环肌较厚,外层纵肌较薄,均为横纹肌。最外层为浆膜,此层很薄,由疏松结缔组织和最外面覆盖的一层间皮构成(图 7.2-1)。

食道-胃过渡区:黏膜层形成较多的纵行褶皱,黏膜上皮由复层扁平上皮过渡到单层柱状上皮,固有层内含有丰富的腺体,黏膜下层中含有成群分布的脂肪细胞和大量的淋巴细胞。肌层为平滑肌,内环行外纵行(图 7.2-2)。

胃:胃壁由内至外分为黏膜层、黏膜下层、肌层和浆膜层。

贲门部:黏膜层向贲门胃的腔内形成许多纵行褶皱,褶皱大小一致,排列紧密;纵行褶皱上形成许多次级褶皱,排列规则,顶端平缓,可见大量胃小凹,有的胃小凹较浅,有的胃小凹处的上皮继续向下凹陷形成腺体,大部分形成分支管状并弯曲的腺体,每一腺泡均由排列较规则的数个腺细胞围成,中间为腺腔。黏膜上皮为典型的单层柱状上皮,不含杯状细胞。固有膜主要被大量密集排列的贲门腺所占据,贲门腺为管状腺体,腺细胞多呈柱状或椎体形,胞质嗜酸性强,染成鲜红色,胞核位于细胞的中央或基底部,多呈圆形;腺体直接开口于胃小凹,有的胃小凹上有两个腺体的开口。无黏膜肌层,黏膜下层与固有层无明显的分界。黏膜下层由疏松结缔组织构成,内含丰富的血管和神经细胞,血管较粗,有成群分布的脂肪细胞,并可见淋巴小结。肌层为平滑肌,内层为环肌,外层为纵肌(图 7.2-3~4)。

胃体部:黏膜层形成许多纵行褶皱,褶皱大小不一。黏膜上皮向管腔内突出,形成乳头状次级褶皱,次级褶皱的排列和形状与贲门部类似;黏膜上皮为单层柱状上皮,细胞排列紧密。上皮向下凹陷形成胃小凹,胃小凹是胃腺的开口,每个胃小凹底部有两条胃腺的开口。次级褶皱的侧面靠近胃小凹处的细胞比较清亮,是一种表面黏液细胞,顶部胞质内含大量黏原颗粒;上皮内不含杯状细胞。固有层中有发达的胃腺,为管状腺体,排列紧密,

与黏膜表面呈垂直方向作平行排列,可以分为颈部、体部和底部,腺腔开口于胃小凹,;从胃腺的横切面看,胃体部的胃腺直径大于贲门部,腺细胞的形状和种类与贲门部类似。黏膜下层由致密的网状纤维组成,含有丰富的血管和脂肪细胞,并有少量的神经细胞。肌层由平滑肌构成,内层为环肌,外层为纵肌。浆膜层较厚(图7.2-5~6)。

幽门部:黏膜层形成许多褶皱,褶皱矮且宽,次级黏膜褶皱发达,细而高,黏膜下层不发达,肌层较厚。黏膜上皮为典型的单层柱状上皮,上皮表面被黏液细胞所覆盖。上皮向下凹陷形成胃小凹;幽门部的胃小凹比贲门部和胃体部的深。固有层中有上皮向下凹陷形成的腺体,数量比贲门部的少,为分支较多且弯曲的管状腺;有少量的血管。黏膜下层由疏松结缔组织构成,含有较多的小血管。肌层发达,为横纹肌,内层环肌较厚,外层纵肌较薄;肌层中脂肪细胞含量较多,并有少量的血管分布(图7.2-7)。

幽门盲囊:可分为黏膜层、肌层和浆膜层,无黏膜下层。幽门盲囊壁上的肌层(环肌)向管腔内深入形成数个完全或不完全的囊腔。黏膜向管腔内突起,形成许多褶皱,褶皱上又形成许多绒毛,褶皱及褶皱上的绒毛纵横交错,形成网状。褶皱之间的上皮或绒毛之间的上皮向固有层内凹陷,形成大量的腺体。黏膜上皮为单层柱状上皮,分布有大量的杯状细胞,一般柱状上皮细胞的游离面有浅层的纹状缘。无黏膜下层。肌层较发达,环肌和纵肌交替排列,并有少量的腺体和血管分布。最外层为很薄的一层浆膜(图7.2-8~9)。

十二指肠:由内向外分为黏膜层、肌层和浆膜层,无黏膜下层。管壁薄,黏膜层发达,黏膜上皮和固有层向管腔内突出形成许多纵行褶皱,褶皱细而高,排列紧密成网状;褶皱上有许多肠绒毛。黏膜上皮为单层柱状上皮,杯状细胞含量丰富,吸收细胞游离面有密集排列的微绒毛组成的纹状缘。固有膜较薄,由疏松结缔组织构成,部分固有膜深入到绒毛内,构成肠绒毛中轴;绒毛中央固有层中有毛细血管,绒毛内的结缔组织中尚可见散在分布的纵行平滑肌及细胞。黏膜褶皱之间的上皮,以及绒毛之间的上皮向固有层中凹陷,形成肠腺。固有膜中分布有许多血管。黏膜肌由一层薄的平滑肌构成,内纵行外环形,有少量血管分布。无黏膜下层。肌层较薄,为平滑肌,内层为环肌,外层为纵肌,分布有血管、神经细胞,并有少量的脂肪细胞。最外层为较薄的浆膜层(图7.2-10~11)。

瓣肠:分为黏膜层、黏膜下层、肌层和浆膜层。黏膜层和黏膜下层向管腔内突出并卷曲,形成螺旋瓣。管壁上和向管腔内突出的相邻两个肠绒毛间相连的部位向固有层凹陷,形成腺体。黏膜上皮由单层柱状上皮细胞组成,杯状细胞含量丰富;上皮细胞游离面有纹状缘。固有膜不发达。黏膜肌主要由纵行肌组成,含有许多血管。管壁上的黏膜下层极不发达,有的部位无黏膜下层,黏膜肌直接与肌层相连或与肌层间有较薄的一个间隙;管壁上的黏膜下层较发达,含有丰富的血管。肌层为平滑肌,内层环肌较厚,外层纵肌较薄,内有血管和脂肪细胞(图7.2-12)。

直肠:由黏膜层、黏膜下层、肌层和浆膜层构成。黏膜层形成许多纵行褶皱,褶皱矮且宽,形状、大小不一;无绒毛。黏膜上皮为单层柱状上皮,含有杯状细胞,杯状细胞的数量较少。上皮细胞游离面具有明显的纹状缘。有一层很薄的基膜。固有膜中含有血管和淋巴组织。黏膜肌层较薄,由平滑肌构成。黏膜下层由疏松结缔组织构成,血管含量丰富(毛细血管、小动脉、小静脉)。肌层较发达,由平滑肌构成,内层为环肌,外层为纵肌。肌层中含有少量血管,并可见成群分布的脂肪细胞(图7.2-13~14)。

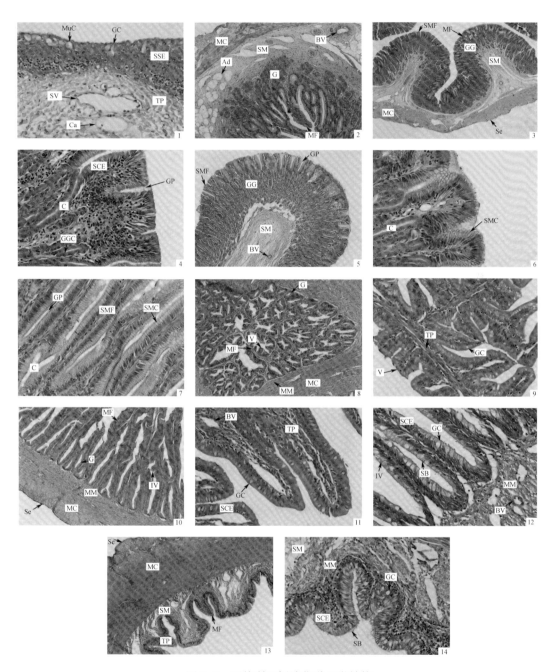

图 7.2　西伯利亚鲟消化道显微结构

1. 食道黏膜，×400；2. 食道-胃过渡区，×100；3. 胃贲门部，×40；4. 胃贲门部黏膜，×400；5. 胃体部，×100；
6. 胃体部黏膜，×400；7. 胃幽门部，×400；8. 幽门盲囊，×100；9. 幽门盲囊，×400；10. 十二指肠，×100；11. 分支的
十二指肠绒毛，×400；12. 瓣肠，×400；13. 直肠，×100；14. 直肠，×400

Ad. 脂肪细胞；BV. 血管；C. 胃腺腔；Ca. 毛细血管；G. 腺体；GC. 杯状细胞；GG. 胃腺；GGC. 胃腺细胞；GP. 胃小
凹；IV. 肠绒毛；MC. 肌层；MF. 黏膜褶皱；MM. 黏膜肌；MuC. 黏液细胞；SB. 纹状缘；SCE. 单层柱状上皮；Se. 浆膜；
SM. 黏膜下层；SMC. 表面黏液细胞；SMF. 次级黏膜褶皱；SSE. 复层扁平上皮；SV. 小静脉；TP. 固有膜；V. 绒毛

7.1.2　消化道黏膜上皮的超微结构观察

7.1.2.1　食道

食道黏膜表面凹凸不平，复层扁平细胞的游离面有微嵴，长短不等，形状盘曲多变，密布在黏膜表面，有的分支交织成网状。黏膜表面还有分泌孔，直径大小不一，分泌孔的周围有颗粒状的分泌物（图 7.3-1～2）。

7.1.2.2　食道-胃过渡区

食道-胃过渡区黏膜表面有许多细长的纵行褶皱，紧密排列在一起，褶皱间缝隙较小，呈细长条状，有的褶皱上又形成次级褶皱（图 7.3-3）。黏膜上皮细胞由复层扁平细胞过渡到单层柱状细胞，靠近食道的一段是复层扁平细胞，细胞轮廓界限不清，表面布满了分泌孔，周围有颗粒状的分泌物（图 7.3-4）；靠近贲门胃的一段是柱状上皮细胞，其中又可分为纤毛柱状上皮细胞和一般柱状细胞，前者的数量大于后者（图 7.3-5）。

7.1.2.3　胃

贲门胃：黏膜表面被纵横交错的回分成大小不一的区域，即胃小区，胃小区表面较平坦。黏膜表面纤毛细胞的数量减少，纤毛较细长，纤毛细胞间散在分布的柱状细胞数量增多（图 7.3-6），相邻的柱状细胞间隙较大，细胞的表面有许多皱褶，形状类似大脑的脑回（图 7.3-7）。

胃体部：胃体部黏膜上皮有几条粗大的纵行褶皱，黏膜褶皱上形成许多胃小区，呈细长形，中间突起，两边下陷（图 7.3-8）。黏膜表面无纤毛，上皮细胞清晰可见，细胞之间排列较整齐和紧密，有细胞间隙；细胞多为多边形、圆形或椭圆形，大小较均一；细胞呈球形突起状，细胞表面除有皱褶外，还有一些白色颗粒状突起（图 7.3-10～11）。黏膜褶皱间的细胞比较清亮，表面有一些分泌物，这些细胞是表面黏液细胞，在 HE 染色中着色浅，呈透明或空泡状。细胞之间有分泌孔，数量较少，直径大小不一（图 7.3-9）。黏膜上皮下陷形成一些较粗大的凹陷为胃小凹，胃小凹是胃腺的开口。上皮表面靠近分泌孔处有乳头状突起，数量较少，未见有微绒毛。

幽门胃：胃小区排列整齐，形状大小较一致，中央平坦外周下陷，呈突起状。胃小区的交界处有上皮下陷形成的胃小凹，数量较多。黏膜上皮细胞多为多边形，表面较平坦，无突起，细胞表面也较光滑无皱，细胞间的界限较清晰，无细胞间隙。黏膜表面的分泌物大小和数量显著增多（图 7.3-12～13）。

7.1.2.4　幽门盲囊

幽门盲囊的黏膜表面形成许多分支状的绒毛，它们紧密排列在一起，数量丰富。绒毛的表面有许多深陷的沟和隆起的回，构成绒毛表面凹凸不平的结构（图 7.3-14）。黏膜上皮细胞无明显的细胞形态，细胞紧密排列在一起，细胞间无明显的界限。黏膜表面分泌孔数量丰富，排列密集；分泌孔的直径大小不一，周围有分泌物存在（图 7.3-15）。

7.1.2.5　肠

十二指肠：黏膜褶皱较平坦，相邻的褶皱连在一起界限不明显，中间无明显的沟（图 7.3-16）。单层柱状上皮细胞间无明显的界限，微绒毛的分布比较特殊，不是分布在细胞的表面，而是长在周围细胞之间的凹陷中，微绒毛紧密聚集在一起，表面无缝隙，构成一个微绒毛簇,每簇微绒毛占据着一个柱状上皮细胞的位置,有的单簇分布,有的与相邻的聚集在一起构成更大的微绒毛簇,星星点点地分布在黏膜上皮(图 7.3 - 17~18)。

瓣肠:黏膜表面分布着密集排列的黏膜褶皱,褶皱呈指状以压缩的蛇形方式紧密排列在一起,中间无间断(图 7.3 - 19)。黏膜表面细胞连接紧密,细胞之间的界限较不清晰,但能看出细胞的形状和大小,细胞多呈多边形。簇状微绒毛的分布方式与十二指肠相似,但数量较少。黏膜表面分泌孔的周围有一些大的颗粒形分泌物(图 7.3 - 20)。

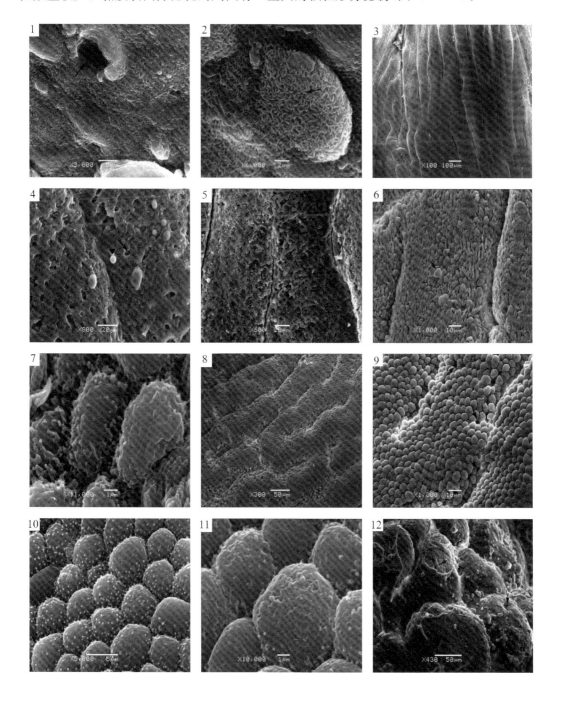

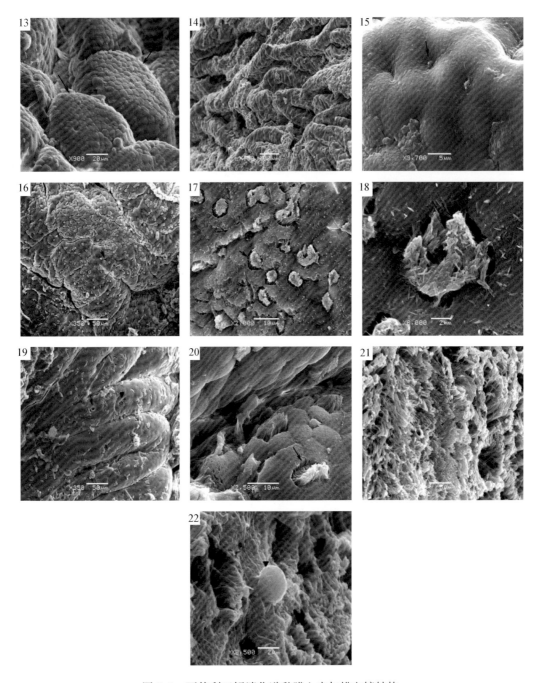

图 7.3　西伯利亚鲟消化道黏膜上皮扫描电镜结构

1. 食道黏膜上皮，示分泌孔(↑)，×3000；2. 食道黏膜上皮，示微嵴(↑)，×6000；3. 食道-胃过渡区黏膜褶皱，×100；4. 食道-胃过渡区前段黏膜上皮，示分泌孔(↑)和乳突(▲)，×800；5. 食道-胃过渡区后段黏膜上皮，示柱状上皮细胞(↑)，×600；6. 贲门胃黏膜上皮，示乳突(↑)，×1 000；7. 贲门胃柱状上皮细胞，×11 000；8. 胃体部黏膜褶皱，×300；9. 胃体部黏膜上皮，示分泌孔(↑)，×1 000；10. 胃体部柱状上皮细胞，×5 000；11. 胃体部柱状上皮细胞，×10 000；12. 幽门胃黏膜上皮，示分泌孔(↑)，×430；13. 幽门胃黏膜上皮，示胃小区(↑)，×900；14. 幽门盲囊黏膜褶皱，×150；15. 幽门盲囊黏膜上皮，示分泌孔和分泌物(↑)，×3 700；16. 十二指肠黏膜上皮，示分泌孔(↑)，×350；17. 十二指肠黏膜上皮，示微绒毛(↑)，×2 000；18. 十二指肠黏膜上皮微绒毛(↑)，×8 000；19. 瓣肠绒毛，示分泌孔(↑)和腺体导管开口(▲)，×350；20. 瓣肠黏膜上皮，示微绒毛(↑)，×2 500；21. 直肠黏膜上皮，×3 500；22. 直肠黏膜上皮，示分泌孔(↑)和乳突(▲)，×8 500

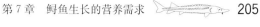

直肠：黏膜表面被微绒毛覆盖，辨别不出细胞形态，微绒毛较短，排列密集，似苔藓状覆盖在黏膜上皮细胞表面（图7.3-21）。绒毛间有杯状细胞的分泌孔，绒毛上分布有乳头状突起（图7.3-22）。

鲟鱼消化道结构具有一定特殊性。在西伯利亚鲟贲门胃柱状上皮细胞的表面发现许多褶皱，胃体部上皮细胞表面除有褶皱外还分布着许多白色颗粒状突起，这种结构与前人报道的胃黏膜上皮表面为角质层有关，在鱼类中很少见，可以起到鸟类砂囊的作用，有助于磨碎食物中难于消化的部分，另外对食物在胃中的停留，延长消化时间也是非常有利的。十二指肠和瓣肠微绒毛的分布比较特殊，不是分布在柱状上皮细胞的表面，而是长在上皮细胞的凹陷中，每簇微绒毛占据一个细胞的位置，有的单簇分布，有的与相邻的聚集在一起构成更大的微绒毛簇，这种微绒毛的分布形式在其他鱼类中未见报道，有关其功能还需要进一步的研究。

同时，鲟鱼的消化道结构具有古老性。在西伯利亚鲟的食道-胃过渡区后段和贲门胃黏膜上皮中均有纤毛柱状细胞，纤毛细胞是一种原始形态，存在于古老鱼类后裔的消化道上皮内，常出现于某些板鳃类及4个月至出生前人胎儿的食道上皮，纤毛细胞在西伯利亚鲟消化道内的存在，说明了其在进化上的古老性，并可通过分子生物学的研究来推断物种间的亲缘关系。鲟鱼既有硬骨鱼类的幽门盲囊，又保留了软骨鱼类所特有的螺旋瓣肠。螺旋瓣作为一种公认的原始形态结构，可以推断物种间的亲缘关系及在进化上的地位，幽门盲囊的数目、大小及排列因种而异，也常作为分类依据之一。在鲟鱼消化道中同时具备这两种结构，表明了其消化道的特殊性及在进化上的重要意义。

7.1.3　消化酶活性及其在消化道内的分布特征

7.1.3.1　消化道指数

对西伯利亚鲟消化道指数的研究发现，其肠长与体长之比（比肠长）小于1，肠长大致接近体长的一半（表7.1）。西伯利亚鲟食道黏膜上皮中黏液细胞、杯状细胞、微嵴的存在，有利于保持管腔的湿润，润滑和吞咽食物，同时可以缓解上皮细胞的机械损伤。食道-胃过渡区中有数量丰富的纤毛细胞，纤毛的作用是将摄入的食物同来自唾液腺、消化腺以及消化道内分泌细胞的各种分泌物混合，沿消化道推进食物。食道-胃过渡区中已有腺体的存在，说明食物的消化开始于此。同时黏膜表面分泌孔数量丰富，其分泌物在纤毛的作用下与食物充分混合，有利于食物的消化。

表 7.1　西伯利亚鲟消化道指数

	体长/cm	体重/g	肠长/cm	比肠长
平均值	66.288	1 681.128	25.794	0.411
标准差	5.416	122.645	3.394	0.044

7.1.3.2　5种消化器官中淀粉酶活性比较

鱼类消化器官淀粉酶活性分布与食性有关，肉食性鱼类明显小于杂食性和草食性鱼类。同一种鱼类不同消化器官的淀粉酶活性不同,以幽门盲囊和肠道活性最高。西伯利亚鲟5种消化器官中淀粉酶活性由高到低依次为:幽门盲囊>十二指肠>瓣肠>胃>肝脏(图7.4),幽门盲囊和十二指肠的淀粉酶活性无显著性差异,瓣肠的淀粉酶活性显著低于十二指肠($P < 0.05$),胃和肝脏的淀粉酶活性最低,且二者之间无显著性差异。若以幽门盲囊淀粉酶活性为100%,则十二指肠淀粉酶活性为96.52%,瓣肠淀粉酶活性为72.52%,而胃和肝脏中淀粉酶活性分别仅为1.98%和1.32%。幽门盲囊中淀粉酶活性最高,十二指肠和瓣肠内也具有较强的淀粉酶活性,而胃和肝脏的淀粉消化活性极低。由此可见,碳水化合物的消化主要在幽门盲囊和肠道进行。

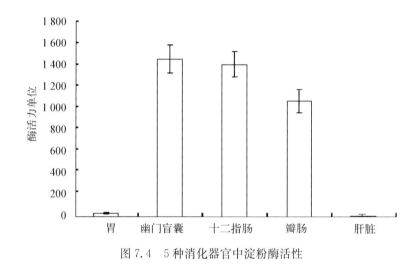

图 7.4　5 种消化器官中淀粉酶活性

7.1.3.3　5 种消化器官中蛋白酶活性比较

西伯利亚鲟5种消化器官中蛋白酶活性由高到低的次序为:胃>瓣肠>幽门盲囊>十二指肠>肝脏(图7.5),胃的蛋白酶活性最高,显著高于瓣肠($P < 0.05$),幽门盲囊和十二指肠的蛋白酶活性无显著性差异,但二者的蛋白酶活性显著低于瓣肠,高于肝脏($P < 0.05$)。若以胃蛋白酶活性为100%,则瓣肠蛋白酶活性为34.25%,幽门盲囊和十二指肠蛋白酶活性分别为7.50%、6.94%,肝脏中蛋白酶活性仅为2.45%。由此可见,胃是蛋白质消化的主要场所,其次是瓣肠,幽门盲囊、十二指肠和肝脏的蛋白酶活性较低。

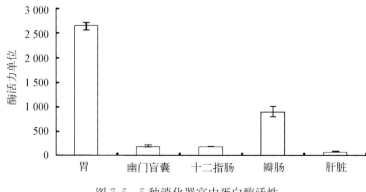

图 7.5　5 种消化器官中蛋白酶活性

西伯利亚鲟胃黏膜表面被分成许多高低起伏的胃小区,柱状上皮细胞表面有褶皱和突起,这种结构的存在延长了食物在胃中的停留时间,增加了食物与胃的接触面积,有利于食物进行充分的消化。同时,胃腔面分布着许多胃小凹,胃小凹上有胃腺的开口,胃腺细胞分泌的胃酸和胃蛋白酶原,使胃处在酸性环境中,这种酸性环境的存在保证了胃蛋白酶发挥活性的 pH,对消化道内消化酶活性分布的研究,证实了西伯利亚鲟胃中具有较强的蛋白酶活性。

7.1.3.4 5 种消化器官中脂肪酶活性比较

西伯利亚鲟 5 种消化器官中脂肪酶活性由高到低分别为:瓣肠＞十二指肠＞幽门盲囊＞胃＞肝脏,瓣肠的脂肪酶活性最高,但和十二指肠间无显著性差异(图 7.6),幽门盲囊的脂肪酶活性显著低于十二指肠($P＜0.05$),但显著高于胃和肝脏($P＜0.05$),胃和肝脏间脂肪酶活性无显著性差异。若以瓣肠脂肪酶活性为 100％,则十二指肠脂肪酶活性为 96.49％,幽门盲囊脂肪酶活性为 47.25％,而胃和肝脏的脂肪酶活性分别为 24.18％和 23.23％。由此可见,西伯利亚鲟对脂肪的消化主要集中在肠道,其次是幽门盲囊,胃和肝脏的脂肪酶活性相对较低。

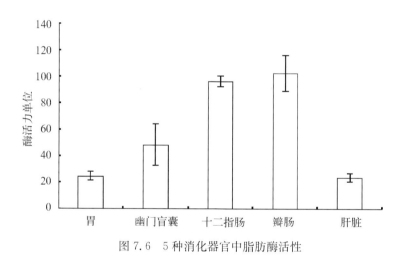

图 7.6 5 种消化器官中脂肪酶活性

西伯利亚鲟肠道丰富的黏膜褶皱、肠上皮细胞游离面密集的微绒毛,以及瓣肠中螺旋瓣结构增加了肠道消化吸收的表面积。十二指肠、瓣肠和直肠不但在形态上差异显著,而且在组织结构上也存在显著性的差异:十二指肠和瓣肠的微绒毛长而密集,直肠的微绒毛短而粗,且微绒毛上有分支;杯状细胞数目由前到后递减;直肠的肌层最厚,收缩功能最强。这些结构差异表明肠道各段功能的不同:十二指肠和瓣肠的主要功能为食物的消化、吸收,直肠侧重于吸收水分和形成并排出粪便。

对西伯利亚鲟幽门盲囊组织学和扫描电镜的研究表明,其结构和肠道相似,具有丰富的消化腺,绒毛发达,黏膜上皮有丰富的微绒毛,分布有大量的杯状细胞,表明幽门盲囊是为了增加肠道表面积所作出的适应性结构,是消化吸收的主要区域。

西伯利亚鲟的胃发达,胃蛋白酶活性较强,胃蛋白酶活性远高于同等条件下消化道中的淀粉酶和脂肪酶活性,平均比肠长仅为 0.411,显示了西伯利亚鲟是偏肉食性的鱼类,

胃是蛋白质消化的主要器官,而幽门盲囊和肠道是淀粉和脂肪消化的主要器官。西伯利亚鲟同时也具有较高的淀粉酶活性,可以在饲料中适当增加碳水化合物含量,添加外源性淀粉酶,提高淀粉的利用率,减少有机物排泄量。

综上所述,鱼类消化道的形态结构是与其对食物的消化吸收功能相适应的,西伯利亚鲟消化道的组织结构特点和消化酶活性分布是与西伯利亚鲟食量大、生长速度较快密切相关的。

7.2　鲟鱼生长发育的最适蛋白质需求量

蛋白质是一切生命的物质基础。蛋白质不但是生物体的重要组成成分,而且还是生命活动过程中调节和控制新陈代谢的物质,它直接关系到鱼类的生长和发育。本研究以中华鲟幼鱼[平均体重(13.15±0.51)g]为试验对象研究鲟鱼对蛋白质的需求,饲料以鱼粉和豆粕作为蛋白源,设计 5 种饲料,饲料配方和营养水平见表 7.2。试验周期为 35 d。

表 7.2　饲料营养组成及营养水平

项　　目	组　　　　别				
	1	2	3	4	5
日粮组成					
鱼　粉	37.0	43.2	49.2	55.4	61.5
豆　粕	15.1	17.6	20.3	20.6	25.3
玉米淀粉	28.9	20.2	11.5	3.0	0.0
营养水平					
干物质	90.00	90.90	91.22	91.89	91.87
粗蛋白	29.57	35.54	44.18	48.89	52.68
粗脂肪	10.00	10.36	11.99	11.61	11.78
粗纤维	1.51	1.25	1.24	1.41	1.72
粗灰分	10.76	11.98	13.34	14.70	16.09
无氮浸出物	38.16	31.77	20.47	15.28	18.82
总　能	19.77	17.41	17.98	17.98	18.82
能量蛋白比	66.86	48.99	40.70	36.78	35.73

7.2.1　饲料中不同蛋白质含量对中华鲟幼鲟生长和饲料利用的影响

鲟鱼的蛋白质需求(35%～55%)比一般的养殖鱼类蛋白质需求(12%～27%)要高(NRC,1993),并且不同科或不同种的鲟鱼,或者同一种鱼在不同的生长发育阶段,对蛋白质的需求量存在差异。随配合饲料蛋白质水平的提高,中华鲟的生长速度加快,但当蛋白质水平超过一定程度(44.48%)后,中华鲟的生长速度反而下降。由此可知,日粮蛋白质水平对中华鲟的生长影响较大,日粮蛋白质水平过高(52.68%)或过低(29.57%)均不利于中华鲟的生长(表 7.3)。当蛋白质水平为 44.18%时,饲料系数最低,较其他各组下降3.19%～26.02%。低蛋白(29.57%)和高蛋白(52.68%)组饲料系数显著高于其他 3 组

（$P < 0.05$）。这表明在一定范围内,饲料蛋白质水平的提高可增加饲料的利用率,而当蛋白质水平高达 48.89％后,将不利于中华鲟对饲料的利用。蛋白质效率比随饲料蛋白质水平提高而下降。第 1、2 组的蛋白质效率比显著高于第 3、4、5 组（$P < 0.05$）,除第 1、2 组间的差异不明显外,其他各组间的蛋白质效率比差异显著。随着饲料蛋白质含量的上升,蛋白质效率比和蛋白质沉积率均逐步下降。这表明在低于最适需求的日粮蛋白质含量时,中华鲟对日粮蛋白质利用率更高。本研究用蛋白质梯度试验法得出,中华鲟幼鱼饲料蛋白质适宜质量分数为 40.00％～43.01％,最高增重率需求为 44.18％。Dabrowski 等（1987）对西伯利亚鲟研究发现,90～400 g 的幼鲟饲料适宜粗蛋白含量是 36％～38％,而（20±2）g 的稚鱼却需（40±2）％的粗蛋白,或者每增重 1kg 需要 300 g 的蛋白质,最佳可消化蛋白/能量值是 20～22 mg 蛋白质/kJ。人工养殖的高首鲟（145～300 g）在饲料粗蛋白为 40％时,生长最好（Hung et al.，1997）。

表 7.3　不同饲料蛋白质水平对中华鲟幼鱼生长的影响

项　目	组　别				
	1	2	3	4	5
蛋白质水平/％	29.57	35.57	44.18	48.89	52.68
初体重/g	13.24±0.23[a]	12.89±0.39[a]	12.60±0.80[a]	13.38±0.95[a]	13.65±0.89[a]
末体重/g	72.89±0.89[b]	78.23±2.73[a]	81.61±1.14[a]	78.20±0.35[a]	63.85±2.26[c]
增重率/％	450.97±16.05[b]	508.06±39.54[a]	549.70±32.16[a]	487.19±39.04[a]	367.45±7.58[c]
日增重/g	1.71±0.03[a]	1.87±0.09[a]	1.97±0.01[a]	1.85±0.02[a]	1.44±0.13[b]
饲料系数/％	1.23±0.03[a]	1.05±0.02[c]	0.91±0.05[c]	0.94±0.02[c]	1.12±0.02[b]
蛋白质效率/％	2.77±0.06[a]	2.68±0.05[b]	2.50±0.01[b]	2.19±0.04[b]	1.71±0.03[c]
蛋白质沉积率/％	31.56±0.58[a]	28.47±0.62[b]	8.74±0.34[b]	25.51±0.50[c]	16.41±0.40[d]

注：同一行中参数上方字母不同代表有显著性差异（$P < 0.05$）

鱼体分析结果表明（表 7.4）,中华鲟鱼体蛋白质含量以第 3 组实验鱼最高,达到 71.33％,显著高于第 5 组（$P < 0.05$）,其他各组差异不显著。由此说明,日粮蛋白质水平对中华鲟体蛋白含量的影响并不十分明显,体脂肪含量以第 4 组最高,除第 5 组显著低于其余各组外,其他各组差异不显著。各组实验鱼体总能含量随着饲料蛋白质水平的增加有上升的趋势,但各组差异不显著。当蛋白质含量过高,幼鲟仅能将摄取的蛋白质的有限部分加以积累,其他部分被代谢用作能量或转化为脂肪,从而导致了蛋白质效率及蛋白质沉积率的下降。这也是随着蛋白质水平的增加,中华鲟鱼体脂肪含量略有增加的原因。

表 7.4　不同蛋白质水平养殖的中华鲟的体成分

项　目	组　别				
	1	2	3	4	5
粗蛋白/％	70.37±0.04[b]	70.96±0.01[b]	71.33±0.32[a]	70.83±0.34[b]	70.21±0.71[c]
粗脂肪/％	13.71±0.43[a]	13.77±0.62[a]	13.51±0.73[a]	14.22±1.19[a]	10.59±0.16[b]
粗灰分/％	12.69±0.69[c]	13.61±0.25[b]	13.22±0.01[b]	12.83±0.12[b]	14.00±0.31[a]
总能/（mJ/kg）	18.63±0.55[c]	19.02±0.02[a]	19.02±0.11[a]	20.08±0.71[a]	20.51±0.50[a]

注：以绝对干物质为基础进行计算；同一行中参数上方字母不同代表有显著性差异（$P < 0.05$）

7.2.2　不同蛋白质含量水平对消化率的影响

从表 7.5 可以看出,投喂第 4 号饲料幼鱼的干物质表观消化率最高,中华鲟对日粮干物质的消化率随日粮蛋白质水平的提高而上升,到第 4 组达到最高,但口粮蛋白质质量分数为 52.68% 时反而下降。第 3、4 组实验鱼干物质表观消化率极显著地高于第 1、2、5 组($P < 0.01$)。粗蛋白的表观消化率也表现出与干物质的表观消化率有相同的规律。第 4 组实验鱼的蛋白质表观消化率显著高于第 1、2、3、5 组,第 1、5 组实验鱼粗蛋白消化率显著低于其他各组($P < 0.05$)。

表 7.5　试验日粮中营养物质的消化率　　　　　　　　（单位：%）

项　目	组　别				
	1	2	3	4	5
干物质	61.09 ± 0.86^b	66.27 ± 0.91^b	69.21 ± 0.11^a	69.38 ± 0.57^a	63.65 ± 0.52^b
粗蛋白	80.86 ± 0.52^c	81.63 ± 0.18^b	82.10 ± 0.52^b	85.67 ± 0.40^a	80.10 ± 0.49^c

注：同一行中参数上方字母不同代表有显著性差异($P < 0.05$)

通常饲料中蛋白质含量越高,蛋白质的表观消化率越高。消化实验表明,在低蛋白质含量时,饲料中蛋白质的表观消化率也较低,随着饲料蛋白质含量的增加(从 29.57% 至 48.89%)。中华鲟的蛋白质表观消化率也提高,其原因是饲料中蛋白质水平较低时,粪氮中内源性氮的比例上升,从而导致表观消化率下降。但当饲料中蛋白质含量过高(52.68%)时,蛋白质的表观消化率反而降低了。这可能是饲料蛋白质含量过高,超过了中华鲟幼鲟的消化吸收能力,使粪便中食物残渣的蛋白质增加。

鲟鱼是肉食性的鱼类,据研究表明它对动物蛋白比对植物蛋白有更好的利用率。例如,史氏鲟仔鱼和幼鱼在人工养殖条件下,饲料总蛋白在 44.01% ～ 47.22% 和鱼粉为 25% ～ 45% 时,随鱼粉比例增加,试验鱼的增重加快,饲料系数降低(曲秋芝等,1997);高首鲟幼鱼根据增重率、饲料效率、蛋白质和能量的利用率,得出其对几种蛋白质源的利用率排序：混合蛋白(酪蛋白：小麦面筋：蛋白质＝62：30：8)＝酪蛋白＞脱脂虾＞脱脂鲱＞大豆浓缩蛋白＞卵清蛋白＞白明胶＞脱脂玉米蛋白。因为不同来源的饲料蛋白质,因其可消化率,适口性,所含氨基酸种类、数量和比例不同,有的还含有诱食剂、拒食剂、抗营养物质,从而影响蛋白质的质量(Hung et al., 1997)。

饲料蛋白质水平不但影响鲟鱼的生长速度,而且也影响鲟鱼的生理状态。Gershanovich 和 Kiselev(1993)在对俄罗斯鲟与欧洲鳇的杂交鲟的研究中发现,粗蛋白从 45% 提高到 52%,同时脂肪含量从 10% 提高到 20%,不但鲟鱼的生长率与饲料和蛋白质的转化率不断提高,而且鲟鱼血液中的白细胞含量相对减少,而淋巴细胞相对增多。根据近年来的研究表明,虽然嗜酸性粒细胞是鱼类主要的吞噬性粒细胞,但中性白细胞同样起着吞噬细胞的作用。因此,中性细胞数量可以作为反映机体,特别是营养疾病方面的一个特征,如果嗜中性白细胞减少,则说明机体营养状况良好。另外,鱼类同其他脊椎动物一样,淋巴细胞是其执行特殊免疫机制的细胞,它们能分泌某种干扰素,提高机体的免疫机能。因此,鲟鱼血液白细胞减少和淋巴细胞增大,表明鲟鱼的生理状况得到改善。

通过对西伯利亚鲟的研究可知,蛋白质代谢产生的含氮废物与大多硬骨鱼一样主要是氨,尿素只占氮排出的 15% 左右,含氮废物主要是通过鳃排泄,而尿排泄只占 2% 左右。但是 Gershanovich 和 Pototskij(1992)发现小体鲟尿素氮在总排泄氮(氨＋尿素)中高达 28%~47%。尿素氮差异如此之大,其原因尚不清楚,有待深入研究。作为哺乳动物肌肉蛋白质分解代谢指标的 3-甲基组氨酸在西伯利亚鲟尿液中也有发现,并且占其游离氨基酸的 1.7%,但在其他鱼类尿液中尚未发现。

鱼体对蛋白质的需要量,实际上是对必需氨基酸和非必需氨基酸混合比例的数量需要,当鱼类对各种氨基酸的所需比例或模式与提供饲料中含有的各种氨基酸的比例或模式相接近时,即达到氨基酸平衡,就能满足鱼类对蛋白质的需要。迄今,有关鲟对氨基酸需求的研究还不多。Dabrowski 和 Kaushik(1987)通过投喂不同饲料后,平均每日鱼体必需氨基酸的增加量来研究西伯利亚鲟的必需氨基酸需要量,结果显示,西伯利亚鲟的必需氨基酸需要量与其他硬鳞鱼的必需氨基酸需要量差异不大,而且饲料的蛋白质水平对西伯利亚鲟鱼体氨基酸组成没有显著影响,但对于体重大于 1kg 的鲟鱼,投喂组与饥饿组之间的氨基酸组成,特别是基础必需氨基酸(如 Arg、His、Lys)有差异。

对于高首鲟,虽然不知道其必需氨基酸的需求情况,但已经测定鲟鱼整体和卵粒的氨基酸组成,被测定的两组高首鲟,年龄和大小不同[分别为 3 个月,(17.3±3.1)g;14 个月,(999.3±41.6)g],但其氨基酸组成很接近(Hung *et al.*,1997)。这在不同规格的西伯利亚鲟(Dabrowski and Kaushik,1987)和斑点叉尾鮰 *Ietalurus punetaus* 中也发现类似的结果。但是西伯利亚鲟和高首鲟之间,其氨基酸组成却有很大的不同,包括几种必需氨基酸(赖氨酸、异亮氨酸、缬氨酸、甲硫氨酸)和非必需氨基酸(酪氨酸、色氨酸、谷氨酸、脯氨酸)。这一现象在鱼类中比较特别,因为即使亲缘关系更疏远的鱼类,如鲤(*Cyprinus carpio*)与斑点叉尾鮰的氨基酸组成也非常接近。

由于鱼体肌肉的必需氨基酸组成与其必需氨基酸需求很相近,因此许多学者通过测定鲟鱼整体和鱼体肌肉的必需氨基酸组成来估算其必需氨基酸需求,也通过测定鱼卵的必需氨基酸组成来估算幼鱼的必需氨基酸需求。陈少莲等(1986)测定了中华鲟和白鲟肌肉及卵粒的氨基酸百分含量,其中可测定的有 17 种常见氨基酸,包括人体必需的 8 种氨基酸、2 种半必需氨基酸和 8 种非必需氨基酸。在两种鲟鱼肌肉中,谷氨酸、天冬氨酸、赖氨酸、亮氨酸含量高;而组氨酸、甲硫氨酸及胱氨酸含量低。鲟鱼整体、组织和卵中的必需氨基酸比有显著的不同:肌肉中组氨酸和赖氨酸含量高;肝中胱氨酸和支链氨基酸含量高;鳃中异亮氨酸、亮氨酸和缬氨酸含量低,而甘氨酸和脯氨酸含量高。

7.3　鲟鱼生长发育的脂肪营养需求

脂肪是鱼体维持生命活动的主要能源物质,它既是脂溶性维生素的媒介体,又是构成机体组织的要素,在机体的生命活动过程中起着极为重要的作用,特别是一些冷水性鱼类对脂肪更有特殊的营养要求,即对长链多不饱和脂肪酸(polyunsaturated fatty acid,

PUFA)的需求量大,而且需要 ω3 的数量大于 ω6 的数量(NRC,1993)。已有研究证实,饲料中脂肪不足或必需脂肪酸不足,均影响鱼的正常生长、发育及繁殖,甚至导致一些代谢性疾病的发生(Brinkmeyer and Holt, 1998),同时研究表明,鱼类对脂肪的利用在很大程度上与饲料中所含必需脂肪酸的质和量密切相关(Stickney and Hardy,1989)。脂类是除了蛋白质、碳水化合物之外的另一类重要的营养物质。它不仅可以提高动物的日增重、饲料转化率,改善饲料的适口性,还能增加动物的能量摄入量。一些研究表明,史氏鲟幼鱼饲料脂肪含量为 8%～10% 时生长最好(陈声栋等,1996)。

饲料中的脂肪及脂肪酸组成是保证鱼类对必需脂肪酸需求的重要指标,不同鱼类对脂肪的利用能力存在差异(NRC, 1993)。饲料中添加脂肪作为能量物质,可以替代用于产能的那部分蛋白质,使之用于生长,从而发挥脂肪对蛋白质的节约效应,这已经在很多种鱼中得到证实(Watanabe,1982;Takeuchi et al., 1992)。适当增加饲料脂肪含量能够提高饲料效率和蛋白质效率,并减少氮、磷排泄(Takeuchi et al., 1992)。虽然饲料中添加脂肪对一些鱼类可以发挥对蛋白质的节约效应,但是增加饲料脂肪含量需要谨慎。首先,饲料中脂肪过多对生长有损害作用(Watanabe,1982);其次,在一些鱼类,饲料脂肪增加会明显增加体脂沉积,而沉积的体脂与其成分改变可能会严重影响鱼肉的感官品质、营养价值、深加工和储存等(Cowey et al., 1971)。

7.3.1　不同脂肪源对史氏鲟幼鱼生长发育的影响

饲料中含有的多不饱和脂肪酸(PUFA)是动物必需的脂肪酸,然而多不饱和脂肪酸很易受光、氧、热、金属离子等因素的影响而氧化,PUFA 氧化可产生大量的化学物质,其中包括游离原子团、过氧化物、氢氧化物、醛、酮等,这些物质与饲料中的蛋白质、维生素或其他脂肪作用,会降低饲料的营养价值或消化利用率(高淳仁和雷霁霖,1999)。鲤摄食氧化酸败的饲料时,会导致鱼体生长不好,肌肉营养不良,对脂肪的吸收少,死亡率高。对五条鰤(Seriola quinqueradiata)的研究还发现,鱼摄食氧化酸败的饲料后,生长减慢、肝肿大,脂肪沉积少(Murai et al., 1998)。

本研究以史氏鲟幼鱼[全长(31.08±1.40)cm,体重(121.43±4.42)g]为对象,研究不同脂肪源(饵料组成见表 7.6,饵料脂肪酸组成见表 7.7)对鲟鱼生长发育、组织细胞结构和鱼体脂肪酸组成的影响,确定鲟鱼养殖与生长的适宜脂肪源。

表 7.6　不同脂肪源的试验饵料组成　　　　　　　　(单位：%)

饲料原料	A 猪油	B 葵花籽油	C 鱼油	D 豆油	E 混合油	F 氧化鱼油
鱼粉	50	50	50	50	50	50
豆粕粉	10	10	10	10	10	10
酵母粉	7	7	7	7	7	7
玉米粉	10	10	10	10	10	10
小麦麸	7	7	7	7	7	7
甜菜碱	0.4	0.4	0.4	0.4	0.4	0.4

饲料原料	A 猪油	B 葵花籽油	C 鱼油	D 豆油	E 混合油	F 氧化鱼油
卵磷脂	3	3	3	3	3	3
复合添加剂	4.6	4.6	4.6	4.6	4.6	4.6
黏合剂	2	2	2	2	2	2
猪油	6					
葵花籽油		6				
鱼油			6			
豆油				6		
混合油					6	
氧化鱼油						6
营养素						
水分	6.69	7.67	7.76	6.69	7.61	8.53
粗蛋白	39.60	39.60	39.60	39.60	39.60	39.60
粗脂肪	14.01	14.75	14.35	14.80	14.60	14.70

注：混合油，1/3 鱼油＋1.2/3 豆油＋0.8/3 猪油(质量比)

表 7.7 不同脂肪源饵料中的脂肪酸组成 （单位：％）

脂肪酸	饲料						
	A	B	C	D	E	F	G
$C_{18:1\omega9}$	36.12	20.73	15.08	21.39	23.21	18.87	27.82
$C_{18:2\omega6}$	10.46	51.37	6.37	44.92	22.88	4.12	18.04
$C_{18:3\omega3}$	0.59	1.63	3.87	7.58	4.48	2.09	3.09
$C_{20:3\omega3}$	2.89	1.98	0.8	1.25	4.43	0.25	2.18
$C_{20:4\omega6}$	0.23	0.11	5.8	0.00	2.22	1.34	1.58
$C_{20:5\omega3}$(EPA)	0.13	0.12	15	0.18	5.24	1.75	5.23
$C_{22:4\omega6}$	1.25	1.43	2.49	0.91	2.78	0.57	1.64
$C_{22:6\omega3}$(DHA)	0.76	0.89	7.45	0.68	3.72	2.29	8.43
$\sum$SFA	35.56	13.73	26.84	15.58	24.66	43.73	24.04
$\sum$MUFA	43.98	26.08	22.99	22.79	28.51	35.30	32.87
$\sum\omega$6PUFA	11.94	52.91	14.66	45.83	27.88	6.03	21.26
$\sum\omega$3PUFA	4.37	4.62	28.37	9.69	18.28	6.82	19.99
$\omega6/\omega3$	2.73	11.45	0.52	4.73	1.53	0.88	1.06
EPA＋DHA	0.89	1.01	22.45	0.86	8.95	4.04	13.66

注：$\sum$SFA＝$C_{14:0}$＋$C_{16:0}$＋$C_{18:0}$＋$C_{20:0}$，$\sum$MUFA＝$C_{16:1\omega7}$＋$C_{18:1\omega9}$＋$C_{20:1\omega9}$，$\sum\omega$6PUFA＝$C_{18:2\omega6}$＋$C_{20:4\omega6}$＋$C_{22:4\omega6}$，$\sum\omega$3PUFA＝$C_{18:3\omega3}$＋$C_{20:3\omega3}$＋$C_{20:5\omega3}$＋$C_{22:5\omega3}$＋$C_{22:6\omega3}$

7.3.1.1 不同脂肪源对史氏鲟幼鱼生长的影响

摄食添加不同脂肪的饲料 7 周,结果各组间幼鱼的生长表现出一定的差异(表 7.8)。从增重率来看,E 组最高,达(59.34±1.10)％,比 G 组[(58.93±6.43)％]略高,且差异不显著;其余各组的增重率都低于 G 组,但 C 组与 G 组只相差 1.79％,以后依次是 D 组、A

组、F 组和 B 组,最低的 B 组增重率只有(33.36±1.82)%;B 组与 D、E 组间均存在极显著性差异($P<0.01$),与 C、G 组间存在显著性差异($P<0.05$);A 组与 C、D、E 和 G 组,以及 C 组与 F 组、F 组与 G 组之间也存在明显差异($P<0.05$),E 组与 F 组之间存在极显著差异($P<0.01$),其余组间没有显著性差异。

表 7.8　饲料脂肪源对史氏鲟幼鱼生长的影响

组别	平均体重/g		增重率/%	饲料系数	蛋白质效率	肝体比/%	脾体比/%
	开始	结束					
A	120.72	169.29	40.28±3.05[b]	2.63±0.38[ab]	0.97±0.14[abcd]	1.56±0.18[d]	0.20±0.04[ab]
B	122.15	162.86	33.36±1.82[c]	3.08±0.10[b]	0.82±0.05[d]	2.01±0.26[bcd]	0.23±0.03[ab]
C	120.00	188.72	57.14±4.44[a]	2.10±0.14[a]	1.21±0.08[ab]	1.75±0.15[cd]	0.19±0.02[b]
D	120.72	180.57	53.79±2.11[a]	2.40±0.28[ab]	1.12±0.03[ab]	2.06±0.19[abc]	0.22±0.01[ab]
E	122.15	188.95	59.34±1.10[a]	1.78±0.24[a]	1.43±0.11[a]	1.69±0.15[cd]	0.20±0.08[ab]
F	120.72	163.01	36.83±2.48[C]	2.95±0.42[ab]	0.86±0.12[cd]	2.15±0.16[b]	0.23±0.00[a]
G	120.00	190.72	58.93±5.02[a]	1.90±0.21[a]	1.34±0.15[abc]	2.73±0.11[a]	0.25±0.03[a]

注:表中同一列数据右上角的不同字母表示差异显著($P<0.05$)

蛋白质效率从高到低的排序与增重率一致,也是 E 组最高,其蛋白质效率高达 1.43±0.11,其次是 G 组,以后依次是 C 组、D 组、A 组、F 组和 B 组。统计分析显示,B 组与 C、D、E 和 G 组之间,E 组与 F 组间都有显著差异($P<0.05$);同时,A 组与 G 组、F 组与 G 组、A 组与 E 组之间也均存在显著性差异($P<0.05$)。

7.3.1.2　不同脂肪源对体色及肝体比和脾体比的影响

正常史氏鲟幼鱼的体色较深,为黑色或灰黑色。试验 7 周后,发现 A 组、B 组和 F 组分别共有 4 尾、8 尾和 11 尾幼鱼体色变淡和偏白,分别占各组试验鱼总数的 13.33%、26.7% 和 36.67%。其余组的幼鱼体色没有发生肉眼可辨的变化。对于内脏器官的颜色,仅 F 组幼鱼,其脾脏由试验前的鲜红色变为暗红色,胆囊由原先的蓝色变为墨绿色,其余各组幼鱼的肝脏、脾脏和胆囊的颜色均没有明显变化。

试验鱼的肝体比,各处理组间差异较大(表 7.8)。肝体比最大的是 G 组,达(2.73±0.11)%,肝体比最小的是 A 组,只有(1.56±0.18)%。统计分析表明,A 组与 D、F 组之间,B 组与 G 组之间,F 组与 E、C 组之间存在显著性差异($P<0.05$),而 G 组与 A、C、E 和 F 组之间均差异极显著($P<0.01$)。脾体比受饲料脂肪源的影响不如肝体比明显,其变化范围为 0.19%～0.25%,统计分析发现,C 组、F 组和 G 组之间有显著性差异($P<0.05$),其余各组间均差异不显著。

7.3.1.3　史氏鲟幼鱼肌肉及肝脏组织中脂肪酸组成

试验结束后,测定各组史氏鲟幼鱼肌肉和肝脏总脂肪酸组成。由表 7.9 和表 7.10 可见,史氏鲟幼鱼肌肉和肝脏组织中,饱和脂肪酸主要是软脂酸($C_{16:0}$)和硬脂酸($C_{18:0}$),并且其含量顺序均是 $C_{16:0}>C_{18:0}>C_{14:0}$;单不饱和脂肪酸主要是棕榈酸($C_{16:1\omega7}$)和油酸($C_{18:1\omega9}$);$\omega6$ 系列不饱和脂肪酸主要是亚油酸;$C_{18:2\omega3}$ 系列不饱和脂肪酸中,主要是 $C_{20:3\omega3}$ 和 $C_{22:6\omega3}$;肌肉和肝脏组织中,均未检测到 $C_{20:0}$、$C_{20:1\omega9}$ 和 $C_{22:4\omega6}$。与饲料的脂肪酸组成对比后可以看出，幼鱼肌肉和肝脏的大部分脂肪酸明显地受饲料脂肪酸组成的影响。例如，添加猪油的 A 组饲料含油酸（$C_{18:1\omega9}$）的水平最高，喂以这种饲料的鲟鱼，其肌肉和肝脏的油酸含量也最高；同样，B 组和 D 组饲料含亚油酸（$C_{18:2\omega6}$）最高，这两组试验鱼的肌肉和肝脏的亚油酸也最高；C 组、E 组和 G 组的饲料含 ω3 系脂肪酸最高，喂以这 3 种饲料的鲟鱼肌肉和肝脏，含 ω3 系脂肪酸也最高。F 组与 C 组相比，其肌肉和肝脏组织含 $C_{18:1\omega9}$ 均较高，而 $C_{20:4\omega6}$、$C_{20:5\omega3}$ 和 $C_{22:6\omega3}$ 含量相对低一些，因此两组试验鱼的肌肉和肝脏的 $\sum$MUFA、$\sum$ω3PUFA 之间有较大差异。

表 7.9 史氏鲟幼鱼肌肉总脂中脂肪酸组成

脂肪酸	饲料						
	A	B	C	D	E	F	G
$C_{14:0}$	2.83	2.15	2.71	1.73	2.88	4.36	2.92
$C_{16:0}$	21.18	20.6	20.4	19.72	20.25	20.56	19.91
$C_{16:1\omega7}$	25.86	12.48	16.71	12.82	14.2	17.47	13.95
$C_{18:0}$	3.92	4.95	5.72	4.82	2.97	4.2	3.71
$C_{18:1\omega9}$	23.71	10.28	16	15.24	18.92	21.38	17.23
$C_{18:2\omega6}$	8.63	32.32	8.23	26.32	12.37	9.26	15.53
$C_{18:3\omega3}$	0.5	1.51	1.4	3.32	1.6	1.13	1.5
$C_{20:3\omega3}$	5.89	1.98	2.8	1.25	2.23	7.72	2.18
$C_{20:4\omega6}$	2.6	3.85	2.9	3.8	2.4	1.01	2.18
$C_{20:5\omega3}$(EPA)	0.92	2	4.68	3	3.7	2	3.74
$C_{22:5\omega3}$	1.09	1.61	3.27	1.98	1.64	1.78	1.01
$C_{22:6\omega3}$(DHA)	1.95	1.82	12.37	3.7	11.25	2.16	11.12
$\sum$SFA	27.93	27.7	28.83	26.27	26.1	29.12	26.54
$\sum$MUFA	49.57	22.76	32.71	28.06	33.12	38.85	31.18
$\sum$ω6PUFA	11.23	36.17	11.13	30.12	14.77	10.27	17.71
$\sum$ω3PUFA	10.35	8.92	24.52	13.25	20.42	14.79	19.55
ω6/ω3	1.09	4.05	0.45	2.27	0.72	4.16	0.91
EPA+DHA	2.87	3.82	17.05	6.70	14.95	0.69	14.86

表 7.10 史氏鲟幼鱼肝脏总脂中脂肪酸组成　　　　（单位：%）

脂肪酸	饲料						
	A	B	C	D	E	F	G
$C_{14:0}$	1.98	1.59	4.5	2.4	1.86	5.64	1.96
$C_{16:0}$	17.2	15.83	17.4	15.04	16.23	19.34	15.86
$C_{16:1\omega7}$	20.96	12.23	12.83	14.07	14.86	15.54	17.84
$C_{18:0}$	5.11	5.05	4.33	4.74	5.11	5.26	7.84
$C_{18:1\omega9}$	37.07	29.7	31.8	28.1	33.09	33.54	29.13
$C_{18:2\omega6}$	5.38	26.27	5.29	25.25	8.24	3.7	8.95
$C_{18:3\omega3}$	0.32	0.89	1.24	1.96	1.59	2.09	3.6
$C_{20:3\omega3}$	0.17	0.98	0.46	0.23	1.19	1.67	1.45
$C_{20:4\omega6}$	0.93	2.06	2.1	1.98	1.4	0.23	2

脂肪酸	饲　　料						
	A	B	C	D	E	F	G
$C_{20:5\omega3}$(EPA)	0.06	0.09	2.08	0.1	0.51	0.06	0.57
$C_{22:5\omega3}$	0.15	1.08	0.77	0.35	0.56	0.36	ND*
$C_{22:6\omega3}$(DHA)	0.17	0.02	7.45	0.34	6.23	5.87	6.26
$\sum$SFA	24.29	22.47	26.23	22.18	23.2	30.24	25.66
$\sum$MUFA	58.03	41.93	44.63	42.17	47.95	49.08	46.97
$\sum\omega$6PUFA	6.31	28.33	7.39	27.23	9.64	3.93	10.95
$\sum\omega$3PUFA	0.87	3.06	12	2.98	10.08	10.05	11.88
$\omega6/\omega3$	7.25	9.26	0.62	9.14	0.96	0.39	0.92
EPA+DHA	0.23	0.11	9.53	0.44	6.74	5.93	6.83

从生长效果来看,混合油和鱼油最适合史氏鲟幼鱼作饲料的脂肪源,相比之下,猪油、葵花籽油效果最差。脂肪源对幼鱼生长的不同影响,是由于脂肪源在质和量(即脂肪酸种类及比例)上的差异造成的。基础营养学研究已证实,必需脂肪酸的缺乏或其组成不平衡,均会导致养殖鱼类的生长及其饲料转化率下降,继而引发多种病理缺乏症而严重影响其养殖效率(Brinkmeyer and Holt,1998)。一般认为,鱼类必需脂肪酸包括亚油酸($C_{18:2\omega6}$)、亚麻酸($C_{18:3\omega3}$)和花生四烯酸($C_{20:4\omega6}$)等(Steffens,1989)。从本研究所用饲料的脂肪酸组成来看(表 7.7),鱼油所含的鱼类必需脂肪酸,尤其是长链高不饱和脂肪酸(包括 $C_{20:4\omega6}$、$C_{20:5\omega3}$ 和 $C_{22:6\omega3}$ 等)特别丰富。豆油和葵花籽油中含有相当高的 $C_{18:2\omega6}$,18碳以上高不饱和脂肪酸含量很少。葵花籽油饲料虽然含有比豆油饲料更高的 $C_{18:2\omega6}$,但该组试验鱼的生长明显更差,这表明在史氏鲟的必需脂肪酸代谢中,对 $C_{18:3\omega3}$ 的需求比 $C_{18:2\omega6}$ 更大一些。国内外许多研究表明,在鱼类的脂肪营养需求中,ω3 系列的长链高不饱和脂肪酸(ω3 PUFA)如 $C_{20:5\omega3}$ 和 $C_{22:6\omega3}$,要比 $C_{18:2\omega6}$ 和 $C_{18:3\omega3}$ 等具有更强的必需脂肪酸效力(Steffens,1989;Stickney and Hardy,1989)。在本研究中富含 ω3 PUFA 的鱼油组和混合油组的总体生长效果最好,也证明了这一点。尤其需要指出的是,混合油组的总体生长效果比鱼油组好,这是由于混合油是由(1/3)鱼油、(1.2/3)豆油及(0.8/3)猪油混合而成的,其中不但 PUFA 含量相当高,而且 $C_{18:2\omega6}$ 也比较丰富,ω6/ω3 的值调整到 1.53,处于鱼油组和豆油组之间。混合油组的幼鱼生长快而耗料少,蛋白质效率高,表明饲料中必需脂肪酸的含量和比例更为适宜,并大大地提高了饲料的营养价值。猪油是兽类硬化油,熔点较高,其特点是饱和脂肪酸含量很高,而 18 碳以上的 PUFA 很少,一般养殖鱼类(包括史氏鲟)对其消化率不如常温下为液态的油脂,但可以与鱼油和植物油(如豆油)适当比例地混合使用,以降低饲料成本。G 组幼鱼的生长性能仅次于混合油组(表 7.8),从其脂肪酸组成来看,该饲料也含有较丰富的 $C_{20:4\omega6}$、$C_{20:5\omega3}$ 和 $C_{22:6\omega3}$,并且 ω6/ω3 值与 E 组较接近,说明 G 组饲料脂肪酸组成也比较适宜史氏鲟幼鱼的生长所需。

鲟鱼对不同脂肪源的利用,不同学者得出的结论不同。Xu 等(1993)采用在基础饲料上分别添加 15% 的 8 种不同天然油脂配制成的纯化试验饲料,饲养高首鲟 8 周后,发现投喂不同油脂的高首鲟之间,其生长率、饲料效率差异不显著,既未出现死亡现象,又没有发现

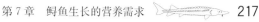

明显的必需脂肪酸缺乏症,因此认为高首鲟对饲料中的 8 种脂肪源具有同样较好的利用性。对生长上差异不显著的结果,Hung 等(1993)认为是幼鱼(开始体重为 32～39 g)本身存储大量的必需脂肪酸;或者高首鲟所需的必需脂肪酸很少;或者试验时间还不够长等造成的。但是 Deng 等(1998)得到饵料的脂肪酸组成对鲟鱼幼鱼的生长和饲料效率有明显的影响的结果。两者所得结论不同,也许与他们所添加的油脂来源与含量不同有关。

Gershanovech 和 Kiselev(1993)研究了小体鲟、闪光鲟、欧洲鳇、裸腹鲟和西伯利亚鲟等 5 种鲟鱼早期个体发育中的脂类组成及变化情况。实验从鱼卵的 16 细胞期开始,至开始摄食外源食物后 10 d 止。鲟鱼与其他鱼类相比,鱼卵富含脂类物质,而且主要是三酰甘油酯(例如,闪光鲟在孵化期后脂类含量占鱼卵湿重的 18%)。磷脂类中磷脂酰乙醇胺的含量相对较高,致使鲟鱼卵中的卵磷脂与磷脂酰乙醇胺之比(约为 3)较其他鱼类低。在脂肪酸组成方面,与其他鱼类相比,鲟鱼卵和幼体中饱和脂肪酸和单不饱和脂肪酸含量较高(分别约占 30% 和 40%),亚麻酸与亚油酸的比值($\omega3/\omega6$)很低,在器官发生至孵化期之前,脂类物质主要用作器官构建,而从孵化期起,能量代谢加快,到幼体采食之前,60% 的脂类物质(主要是三酰甘油酯)被分解利用。在幼体采食以后,结构性脂类物质(如卵磷脂)的积累加快,同时 $\omega3/\omega6$ 增大。

Xu 等(1993)认为饲料的油脂组成对鲟鱼体成分组成的影响并不显著。但鲟鱼的肝脏和肌肉中的大部分脂肪酸还是明显地受饲料脂肪源的影响($P < 0.05$)。总体上,肝脏和肌肉的脂肪酸组成与饲料的脂肪酸组成很接近。鲟鱼肌肉的脂肪酸组成,尤其是 $\omega3$-PUFA 明显受饲料脂肪酸组成的影响,这对鲟鱼商品饲料的研制有很大的指导意义,即可以通过改变饲料的脂肪酸组成来调整鲟鱼肌肉的脂肪酸组成,使之符合人类特定的营养需求。同时,相对于肝脏和肌肉来说,脑部的脂肪酸组成要保守些,受饲料脂肪酸组成的影响较小,而且不管饲料的脂肪酸组成如何,脑部的软脂酸($C_{16:0}$)和硬脂酸($C_{18:0}$)的含量没有变化。与肝脏和肌肉相比,脑部含有较高水平的 $C_{22:6\omega3}$。$\omega6/\omega3$ 在各种饲料中的顺序是肝脏>肌肉>脑部。鲟鱼能将亚油酸($C_{18:2\omega6}$)和亚麻酸($C_{18:3\omega3}$)的碳链加长和去饱和,生成 $C_{20:4\omega6}$ 和 $C_{22:6\omega3}$(Xu $et\ al.$,1993;Deng $et\ al.$,1998)。投喂饵料缺乏 $\omega3$ 或 $\omega6$ 脂肪酸的高首鲟,其肝脏磷脂(PL)中的 $C_{20:3\omega9}$ 含量明显较高,而饵料中不缺乏 $\omega3$ 或 $\omega6$ 脂肪酸的组鱼没有发现这种脂肪酸,肝脏中的 $C_{20:3\omega9}/C_{20:4\omega6}$ 和 $C_{20:3\omega9}/C_{22:6\omega3}$ 的比例可以作为检测该种鱼是否缺乏必需脂肪酸的指标(Deng $et\ al.$,1998),但未指出高首鲟对 $\omega3$ 和 $\omega6$ 系列脂肪酸的适宜需求量,而且高首鲟是半溯河性鱼类,它的脂肪酸研究结果是否与其他类型的鲟鱼相同还有待于研究。Xu 等(1992)报道高首鲟的 ME(苹果酸酶)活性受油脂影响十分显著,但 3 种肝脂肪合成酶,即 G6PD(葡萄糖-6-磷酸脱氢酶)、6-PGDH(6-磷酸谷氨酸脱氢酶)、ICDH(异柠檬酸脱氢酶)的活性受饲料中添加的油脂种类的影响并不显著。

7.3.2　不同饲料脂肪水平对鲟鱼生长的影响

已有研究表明,在肉食性鱼类的饲料中适当添加脂肪可以改善饲料效率和蛋白质利用,发挥脂肪对饲料蛋白的节约效应,减少氨氮排泄和降低成本(Sargent $et\ al.$,1993)。

鱼体的脂肪和脂肪酸在生物膜的合成过程中发挥重要作用。环境变化可通过影响鱼类对营养物质的利用来影响其生长。盐度变化是洄游性鱼类生活史中必然要面对的环境影响,在环境盐度变化后,鳃、肠、肾和皮肤等的膜结构与组成会发生适应性变化,为适应渗透压调节等由生物膜参与的生理过程,鱼类会对脂肪和必需脂肪酸产生不同需求。环境盐度变化可影响鱼类的生长、营养物质消化和代谢(Storebakken et al.,1998;Soengas et al.,1993),使鱼类对脂肪量和质的需求方面也发生改变,并影响鱼体的生化成分(Krogdahl et al.,2004)。

以史氏鲟幼鱼健康个体[(111.39±14.63)g]为研究对象,采用 3 种脂肪含量的饲料投喂养殖在淡水和海水(盐度为 25 的人工配置海水)中的史氏鲟幼鱼,研究脂肪水平对主要生长指标的影响。淡水组鲟鱼养殖在淡水中;海水组按照 1/d 的盐度升高速率达到驯化盐度 25,驯化完成后继续养殖 15 d 开始试验(试验分组见表 7.11),投喂不同脂肪水平的饲料(表 7.12),试验历时 55 d。

表 7.11 不同饲料脂肪水平对鲟鱼生长影响的试验设计

	淡水(盐度 0,F 组)	海水(盐度 25,S 组)
饲料 1(低脂 10%)	F1	S1
饲料 2(中脂 17%)	F2	S2
饲料 3(高脂 25%)	F3	S3

表 7.12 不同脂肪水平的饲料组成(%,以干重计)

饲 料	饲料 1	饲料 2	饲料 3
鱼粉	55	55	55
豆粕	6	6	6
次粉	23	20	13
乌贼粉	2	2	2
鱼油	2	5.5	9.5
豆油	2	5.5	9.5
复合维生素[1]	1	1	1
复合矿物质[2]	1	1	1
纤维素	6	2	1
黏合剂[3]	2	2	2
营养成分(计算值/测定值)			
粗蛋白	41.07/40.72	40.94/40.51	39.97/39.38
粗脂肪	10.41/9.97	17.3/16.83	25.06/24.68
总能/(kcal/100 g)	349.9/—	399.5/—	437.4/—
水分	—/8.89	—/8.56	—/8.38
灰分	—/12.95	—/12.27	—/11.62
能量蛋白比/(kcal/g)	8.53/—	9.74/—	10.93/—

注:1,复合维生素(mg/kg 饵料):维生素 A 10,维生素 D 0.05,维生素 E 400,维生素 K 40,维生素 B$_1$ 50,维生素 B$_2$ 200,维生素 B$_3$ 500,维生素 B$_5$ 50,维生素 B$_7$ 5,维生素 B$_{11}$ 15,维生素 B$_{12}$ 0.1,维生素 C 1 000,肌醇 2 000,胆碱 5 000。2,复合矿物质(mg/kg 饵料):FeSO$_4$ • 7H$_2$O 372,CuSO$_4$ • 5H$_2$O 25,ZnSO$_4$ • 7H$_2$O 120,MnSO$_4$ • H$_2$O 5,MgSO$_4$ 2 475,NaCl 1 875,KH$_2$PO$_4$ 1 000,Ca(H$_2$PO$_4$)$_2$ 2 500。3,黏合剂:1.5% α-淀粉与 0.5% HJ-II;1 cal=4.184 J

7.3.2.1　不同脂肪水平对淡水和咸水中史氏鲟幼鱼生长的影响

试验过程中,F3 组和 S3 组在试验 3 周后,试验鱼出现一定程度的厌食。试验结束时,无论淡水组还是盐度 25 组,投喂饵料 2 的试验鱼生长表现都较好。在淡水中,投喂饵料 2 的增重率(WG)、特定生长率(SGR)和饲料效率(FE)均显著高于饵料 1 和饵料 3 处理组($P<0.05$)。在盐度 25 组中,试验鱼的增重率(WG)、特定生长率(SGR)和饲料效率(FE)均显著高于饵料 1 组($P<0.05$),同时略高于饵料 3 组,但差异不显著。各组试验鱼的肥满度之间差异不明显。随饲料脂肪含量增加,脏体比有所增加,在两水体中均为投喂高脂饲料(饵料 3)的受试鱼显著增加。在盐度 25 组水体中的各组受试鱼的脏体比要大于淡水对应饵料组,且投喂饵料 2 和饵料 3 组差异显著($P<0.05$)。盐度 25 组中投喂高脂饲料(饵料 3)的受试鱼的肝体比显著变小,其他各组间无显著变化。比较同一饲料脂肪水平投喂淡水组(F1,F2)和盐度 25 组中(S1,S2)幼鱼的生长表现,盐度 25 组中投喂饵料 1 和饵料 2 的试验鱼的增重率均略差于投喂相同饲料的淡水组,即 S1<F1 和 S2<F2,但差异不显著,特定生长率(SGR)和饲料效率(FE)有相同表现。但在盐度 25 组中的试验鱼投喂饵料 3(高脂)时,其生长表现比在淡水中略好(表 7.13)。交互作用分析显示,盐度和饲料脂肪水平对各试验组的主要生长指标和内脏指数均无显著互作。

表 7.13　饲料不同脂肪水平对史氏鲟幼鱼生长指标的影响

处理组	生长指标					
	增重率 (WG[1])	特定生长率 (SGR[2])	饲料效率 (FE[3])	肥满度 (CF[4])	脏体比 (VI[5])	肝体比 (HSI[6])
F1	87.65±4.18[c]	1.26±0.05[b]	0.49±0.02[b]	0.78±0.11	5.74±0.67[c]	2.28±0.14[b]
F2	110.46±10.45[a]	1.49±0.10[a]	0.57±0.03[a]	0.78±0.06	6.16±0.19[c]	2.23±0.06[b]
F3	90.40±2.94[c]	1.29±0.03[b]	0.50±0.01[b]	0.72±0.05	7.14±0.18[b]	2.92±0.12[b]
S1	84.38±15.98[c]	1.22±0.17[b]	0.47±0.06[b]	0.80±0.05	6.66±0.14[bc]	2.36±5.03[b]
S2	106.46±7.82[ab]	1.45±0.08[a]	0.56±0.03[a]	0.78±0.07	7.51±0.46[b]	2.35±0.18[b]
S3	95.45±12.98[bc]	1.35±0.13[ab]	0.52±0.05[ab]	0.78±0.06	11.76±0.93[a]	2.31±0.16[a]

注:同一列右上方无相同字母表示存在显著差异($P<0.05$);WG[1]=(终末鱼重−初始鱼重)×100/初始鱼重;SGR[2]=(ln 终末鱼重−ln 初始鱼重)×100/试验天数;FE[3]=(终末鱼重−初始鱼重)/饲料摄入量;CF[4]=100×体重/体长(cm)[3];VI[5]=内脏重×100/体重;HSI[6]=肝脏重×100/体重

综上所述,在淡水和高盐度水体中,饲料脂肪含量为 16.83%、能量蛋白比(E/P)为 9.74 kcal/g 时,幼鲟的增重率、特定生长率和饲料效率均达最大值;在两种水体中养殖 55 d 后,投喂脂肪含量为 16.83% 饲料的鱼体增重率均比投喂 9.97% 饲料组高出 26%,但饲料脂肪含量达 24.68%,已超越幼鲟的有效利用范围。

7.3.2.2　高脂饲料投喂对鲟鱼肝脏组织结构的影响

解剖发现,无论淡水还是盐度 25 组,投喂高脂饲料(饵料 3)的处理组均发现不同数量的幼鱼发生肝脏病变,病变程度也有差异。解剖时,肉眼可见肝脏贫血发黄;与投喂低脂饲料(饵料 1)和中脂饲料(饵料 2)的幼鱼相比(图 7.7-1),投喂高脂饲料(饵料 3)幼鱼的部分肝细胞着色不均匀,肝细胞可见不同程度的空泡,细胞核被压迫于一侧,部分肝细胞中细胞核消失(图 7.7-2)。

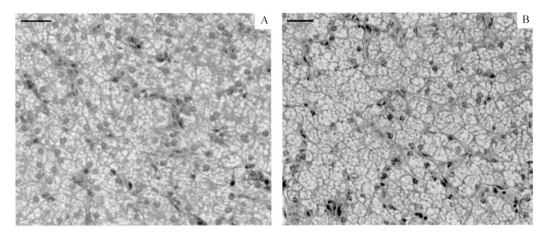

图 7.7　史氏鲟幼鱼肝组织切片(50 μm)

1. 低脂组；2. 高脂组

饲料的能量蛋白比是评价饲料品质的重要指标，本研究中，含脂肪 16.83％饲料的能量蛋白比(E/P)为 9.74 kcal/g 蛋白质，处于目前已知的大部分鱼类的适宜能氮比 8.9～12.3 kcal/g 蛋白质范围内(NRC,1993)。因此，该饲料发挥了脂肪对蛋白质的节约效应，促进鱼的生长。但本试验中，投喂饵料 2 的幼鱼取得最好生长，这与前人的研究存在差异，肖懿哲(2001)和孙大江等(1998)认为饲料中含 8％～10％脂肪对史氏鲟较为适宜，但肖懿哲的试验中采用的幼鱼体重仅为(15.9±0.94)g，本试验考虑幼鱼大小对盐度的适应能力，采用大于 100 g 的幼鱼；因此，这一差异可能与受试鱼的大小有关。Hung 等(1997)研究发现脂肪含量在 25.8％～35.7％的饲料均能使高首鲟取得良好生长效果。但研究也发现，当饲料脂肪含量达到 24.68％时，淡水和海水水体中史氏鲟幼鱼的生长指数出现降低，脏体比异常增大，肝体比减小，幼鱼肝脏脂肪过度积累甚至发生病变。这表明史氏鲟对高脂饲料中脂肪利用的能力有限。研究还显示，在盐度 25 水体中，采用脂肪含量 16.83％饲料投喂幼鱼与淡水对应组比较，其生长指数有所降低。研究人员推测，在盐度 25 水体中史氏鲟幼鱼的能量消耗要高于淡水，造成幼鱼生长低于淡水对应组，生长依然受到盐度的影响。

7.3.2.3　饲料脂肪水平对白肌生化成分的影响

在淡水和盐度 25 水体中，随着饲料脂肪含量增加，幼鲟背部白肌蛋白含量仅 S3 组略低，其他各处理间差异不显著。在淡水中，背部白肌的脂肪含量在 F2 和 F3 组显著高于 F1 组($P<0.05$)，F2 和 F3 组之间差异不显著。盐度 25 组中，背肌的脂肪含量随饵料脂肪含量增加呈上升趋势，且 S2 和 S3 组的脂肪含量显著高于 S1 组($P<0.05$)，这与淡水组的表现完全相同。F1 组和 S1 组的水分较高(表 7.14)。盐度与饲料脂肪水平间对白肌各组分均无显著互作。

对幼鱼背部白肌的氨基酸组成分析结果见表 7.15。在各组之间比较，F3 组的氨基酸总量显著高于其他各组($P<0.05$)；在盐度 25 各组，S3 组的氨基酸总量略低于 S1 组和 S2 组，差异不显著；饵料 1 和饵料 2 投喂的各组，在淡水和盐度 25 组之间比较，氨基酸总量也没有显著变化。比较必需氨基酸，无论淡水还是盐度 25 组，伴随饵料中脂肪含量增

表 7.14 不同脂肪水平对史氏鲟幼鱼白肌组成影响 $(\%,D/M)$

| | 白　肌　组　分 | | | |
	蛋白质	脂　肪	水　分	灰　分
F1	16.84±0.63[ab]	1.51±0.05[b]	78.81±0.40[ab]	4.35±0.035[b]
F2	17.49±0.48[a]	2.00±0.22[a]	78.45±0.54[b]	4.86±0.18[a]
F3	17.17±0.17[ab]	2.22±0.07[a]	78.07±0.08[b]	4.26±0.22[b]
S1	16.72±0.22[ab]	1.42±0.08[b]	78.85±0.43[a]	4.81±0.15[a]
S2	17.22±0.29[ab]	2.04±0.20[a]	78.13±0.26[b]	4.96±0.18[a]
S3	16.46±0.23[b]	2.25±0.09[a]	78.30±0.68[b]	4.14±0.18[b]

注：同一列中参数上方字母不同有显著性差异 $(P<0.05)$

加,幼鱼白肌中的必需氨基酸均有上升趋势,但差异不显著;而在盐度 25 各组与淡水投喂相应饲料的各组比较,白肌中必需氨基酸含量有所降低,其中的 S2 与 F2、S3 与 F3 之间差异显著 $(P<0.05)$。此外,比较鲜味氨基酸(DAA)含量和鲜味氨基酸占总氨基酸比值(DAA/TAA),随饵料脂肪含量增加有升高趋势;且盐度 25 组 DAA/TAA 高于相应淡水组,但在各组之间差异不显著。交互作用分析显示,盐度和饵料脂肪含量对肌肉氨基酸各项指标均无互作。

幼鲟背部白肌的脂肪酸含量见表 7.15。在盐度 25 组中的低脂饵料组(S1,饵料 1)的饱和脂肪酸比例(SFA)和单不饱和脂肪酸(MUFA)比例显著高于淡水低脂组(F1,饵料 1),多不饱和脂肪酸(PUFA)明显降低,$C_{20:5\omega3}$(EPA)和 $C_{22:6\omega3}$(DHA)总量增加。比较 3 个脂肪水平饲料投喂的盐度 25 各组,中脂饲料组(S2 组)的多不饱和脂肪酸,以及 EPA+DHA 总量显著增加 $(P<0.05)$。

表 7.15 不同脂肪水平饲料对史氏鲟幼鱼白肌氨基酸和脂肪酸组成的影响

| | 处　理　组 | | | | | |
	F1	F2	F3	S1	S2	S3
TAA/(g/100 g)	13.05±0.47[bc]	14.08±0.41[b]	15.32±0.66[a]	13.48±0.51[bc]	13.49±0.71[bc]	12.82±0.69[c]
ΣEAA/(g/100 g)	5.56±0.14[b]	6.27±0.36[a]	6.38±0.37[a]	5.52±0.26[b]	5.53±0.44[b]	5.62±0.34[b]
ΣDAA/(g/100 g)	4.49±0.48[b]	5.11±0.34[ab]	5.47±0.23[a]	4.95±0.78[ab]	5.08±0.43[ab]	5.86±0.48[ab]
DAA/TAA	0.34±0.02	0.36±0.01	0.36±0.01	0.37±0.04	0.38±0.01	0.38±0.02
ΣSFA/%	26.28±0.51[b]	\	\	33.46±0.53[a]	14.16±0.68[d]	15.65±0.89[c]
ΣMUFA/%	29.49±0.87[c]	\	\	45.35±0.57[a]	44.27±0.48[ab]	43.79±0.52[b]
ΣPUFA/%	44.28±0.84[a]	\	\	21.19±0.72[c]	41.58±0.46[b]	40.55±1.09[b]
EPA+DHA/%	12.07±0.29[d]	\	\	14.20±0.45[c]	21.70±0.65[b]	30.17±1.06[a]

注：同一行参数上标字母相异则有显著差异 $(n=3)(P<0.05)$;氨基酸含量为白肌湿重百分比(单位:g/100 g);脂肪酸为占总脂肪酸百分比(%);TAA,总氨基酸;ΣEAA,必需氨基酸(Thr,Val,Met,Phe,Ile,Leu,Lys);ΣDAA,主要鲜味氨基酸(Asp,Glu,Gly,Ala);DAA/TAA,鲜味氨基酸占总氨基酸比值;ΣSFA,总饱和脂肪酸(%);ΣMUFA,总单不饱和脂肪酸(%);ΣPUFA,总多不饱和脂肪酸(%);EPA+DHA,C20:5ω3+ C22:6ω3

已有研究表明,饲料脂肪水平变化会影响全鱼和肌肉的脂肪和水分含量,对全鱼和肌肉的蛋白质含量相对影响不大;全鱼或肌肉的脂肪增加则伴随水分略有降低(Lie,2001)。本研究中,在淡水和盐度 25 组中,比较饵料 1(低脂)和饵料 2(中脂)间各组,肌肉的蛋白质含量

和氨基酸组成均没有显著变化,表明饲料脂肪含量增加和养殖环境的盐度升高对史氏鲟幼鱼肌肉蛋白品质没有明显影响。而投喂饵料 2(脂肪含量为 16.83%)和饵料 3(脂肪含量为 24.68%)饲料的幼鱼肌肉脂肪含量,均显著高于投喂低脂饲料(饵料 1,脂肪含量为 8.89%)组。

7.4　长江口中华鲟幼鱼摄食的环境适应性

中华鲟是中国特有大型溯河性名贵珍稀鱼类,主要分布于长江干流自金沙江以下至河口江段。成鱼每年 4～6 月由海入江进行生殖洄游,产卵后亲鱼即降河返回海中,当年孵化的仔、稚鱼从产卵场所降河洄游,于翌年 6～7 月进入河口区,在长江口逗留一段时间,逐渐适应海水环境,然后入海生活,直至性成熟后再溯河进行生殖洄游。

中华鲟食物的种类组成随生长期和生存环境的不同而异。仔鱼期一般吃浮游生物,幼鱼在长江中上游主要以摇蚊幼虫、蜻蜓幼虫、蜉蝣幼虫等水生昆虫为食。在长江下游主要摄食虾蟹类,间有少量黄丝藻、水生维管束植物、枝角类的桡足类等。在河口区,幼鲟的摄食强度极大,其食物主要有斑尾刺虾虎鱼、睛尾蝌蚪虾虎鱼、矛尾虾虎鱼等近海底栖鱼类,以及加州齿吻沙蚕、安氏白虾、狭颚绒螯蟹、河蚬、钩虾、光背节鞭水虱等饵料生物。在海洋生活期间摄食强度大,主要摄食舌鳎类,其次为黄鲫、青带小公鱼、康吉鳗,以及虾蟹类。

1988 年,中华鲟被列入国家一级保护物种。同年,长江渔业资源委员会在崇明建立了中华鲟幼鱼抢救站(庄平等,2006)。从 2000 年至今,已建立了江苏省东台市中华鲟自然保护区(省级,2000 年)、上海市长江口中华鲟自然保护区(市级,2002 年)和湖北省宜昌中华鲟自然保护区(国家级,2004 年)。中华鲟幼鱼经过 1 850 km 降河洄游,经历了自然淘汰才到达长江口,为适应海洋生活先要在此停留 4 个月(5～9 月)后才进入海洋,在长江口期间极易遭到插网和深水网作业的误捕。因而,长江口中华鲟自然保护区的建立是中华鲟自然保护和人工放流有无成效的重要前提(常剑波,1999;庄平等,2006)。

7.4.1　长江口中华鲟幼鱼食物组成及摄食的月份变化

据四川省长江水产资源组(1988)调查分析 1972～1975 年中华鲟的食性和东海水产研究所(1992)分析 1982～1983 年中华鲟的食性得出:中华鲟是以摄食底栖动物为主的温和性肉食鱼类,其食物组成因不同发育时期和栖息地区而异。就不同发育时期而言,仔鱼期一般以浮游生物为食;幼鱼期多以底栖的水生寡毛类、水生昆虫、小型鱼虾及软体动物为食;成鱼期以鱼类、底栖动物及植物碎屑等为食;亲鱼在产卵期多停食或仅摄食少量食物。就不同栖息地区而言,生活环境不同,其食物组成也有所差异;在长江中、上游,食物是摇蚊幼虫、蜻蜓幼虫、蜉蝣幼虫及植物碎屑;在河口和沿海,则主要摄食虾蟹类和小鱼,且摄食强度加大。据四川省长江水产资源调查组(1988)分析,1975 年 6～7 月从河口(上海崇明)捕获的幼鱼其主要食物是近海的底栖鱼类,如舌鳎属、鲥属、磷虾、蚬类等。而黄琇和余志堂(1991)发现 1982～1983 年的 6～7 月,长江口中华鲟幼鱼主要摄食小型鱼类的幼鱼、甲壳类和底栖动物,食物种类有鲻类、舌鳎类、香鲻等鱼类和沙蚕、虾蛄、环蚬、白虾、头足类、钩虾、端足类等无脊椎动物。

　　长江口既是中华鲟生活史中幼鱼降河洄游的重要通道,又是幼鱼入海前生理适应调节和摄食肥育的重要场所。幼鱼的摄食与其栖息水域内生物资源是密切相关的。进入 21 世纪,长江口生态环境已发生了巨大变化,河口区浮游生物和底栖生物的物种大幅减少,底栖生物量明显减少,群落结构趋向简单,表现为单种优势,生物多样性下降。据 2004 年长江口中华鲟自然保护区基本调查与监测结果显示:底栖动物种类、总生物量和总栖息密度比 1991 年和 1996 年同期均有明显下降的趋势;棘皮动物在底栖动物中的比例下降,其平均生物量比例从 1982 年的 40.56% 降低到 2004 年的 21.41%;而多毛类的平均生物量比例则从 1982 年的 22.73% 上升到 2004 年的 43.18%。这些都可能对幼鱼在河口区摄食产生影响,长江口中华鲟幼鱼的生存现状受到严峻的挑战(庄平等,2009a)。本研究对 2006～2008 年的长江口中华鲟幼鱼的食性进行了分析,分析了其食性的适应性变化。

　　食性分析的试验材料为在长江口沿岸及附近海区收集到误捕死亡的中华鲟幼鱼,收集点在崇明老滧港、东滩及南汇近海区(图 7.8),时间为 2006 年 5～9 月,共收集标本 167 尾,体长 108～508 mm,体重 14～906 g。

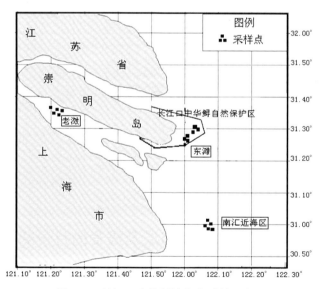

图 7.8　长江口中华鲟幼鱼的采样地点

　　用饵料生物的质量百分比($W\%$)、数量百分比($N\%$)、出现频率($F\%$)及相对重要性指标(IRI)[式(7-3)～式(7-6)]来评价各种饵料生物的重要性。摄食率和饱满指数用来研究幼鱼的摄食强度[式(7-1)～式(7-2)]。用香农-维纳多样性指数(H')可以判断饵料组成的多样性[式(7-7)],其中 P_i 为某一饵料种在饵料组成中所占的比例,在计算饵料的多样性指数时用 IRI 值。本书所用指标按下列公式计算:

$$摄食率 = \frac{实胃数}{总胃数} \times 100\%$$ 　　　　　　(7-1)

$$饱满指数(\times 10^{-4}) = \frac{食物团实际质量}{鱼体体重} \times 10\,000 \qquad (7-2)$$

$$质量百分比(W\%) = \frac{胃含物实际质量}{胃含物总质量} \times 100\% \qquad (7-3)$$

$$数量百分比(N\%) = \frac{胃含物个数}{胃含物饵料总个数} \times 100\% \qquad (7-4)$$

$$出现频率(F\%) = \frac{胃含物出现次数}{鱼胃总数} \times 100\% \qquad (7-5)$$

$$IRI = (饵料质量百分比 + 饵料个数百分比) \times 出现频率 \times 10^4 \qquad (7-6)$$

$$H' = -\sum (P_i)\log_2(P_i) \qquad (7-7)$$

7.4.1.1 长江口中华鲟幼鱼的食物组成

根据胃含物的分析,中华鲟幼鱼摄食的饵料生物共计 11 类 24 种(包含无法鉴定到种的饵料),其中包括鱼类 10 种、虾类 5 种、蟹类 1 种、端足类 1 种、等足类 1 种、口足类 1 种、瓣鳃类 1 种、腹足类 1 种、多毛类 1 种、寡毛类 1 种及水生昆虫 1 种(表 7.16)。此外还发现植物碎屑等残渣和泥沙。

表 7.16 长江口中华鲟幼鱼的食物组成

食 物	质量百分比 W%	数量百分比 N%	出现频率 F%	相对重要性指标 IRI
鱼类	66.97	36.22	83.91	10 009.61
斑尾刺虾虎鱼 *Acanthogobius ommaturus*	21.45	14.45	24.08	1 139.20
睛尾蝌蚪虾虎鱼 *Lophiogobius ellicauda*	19.69	8.01	17.27	513.28
矛尾虾虎鱼 *Chaeturichthys stigmatias*	9.40	5.67	10.50	204.51
窄体舌鳎 *Cynoglossus gracilis*	3.79	1.81	8.63	74.17
香斜棘䱵 *Repomucenus olidus*	2.81	0.96	5.75	23.17
鲬 *Platycephalus indicus*	1.81	0.42	2.88	10.89
小带鱼 *Eupleurogrammus muticus*	0.80	0.15	0.72	3.67
孔虾虎鱼 *Trypauchen vagina*	0.52	0.15	0.72	2.57
鲚属 *Coilia* spp.	0.38	0.46	1.44	6.46
鲻 *Mugil cephalus*	0.17	0.18	1.44	1.48
不可辨的鱼类	6.08	3.96	11.51	137.31
多毛类	15.11	13.42	28.77	1 237.38
加州齿吻沙蚕 *Nephtys polybranchia*	15.11	13.42	28.77	1 237.38
端足类	4.89	30.25	27.34	1 400.08
钩虾 *Gammarus* spp.	4.89	30.25	27.34	1 400.08
虾类	4.31	5.11	25.90	394.77
安氏白虾 *Exopalaemon annandalei*	1.50	1.60	7.91	39.32
葛氏长臂虾 *Palaern gravieri*	0.99	1.09	5.04	34.35
脊尾白虾 *Exopalaemon carinicauda*	0.91	1.72	7.19	56.83
哈氏仿对虾 *Parapenaeopsis hardwicii*	0.48	0.61	2.88	16.69

续　表

食　物	质量百分比 W%	数量百分比 N%	出现频率 F%	相对重要性指标 IRI
中国毛虾 Acetes chinensis	0.20	0.26	1.44	1.96
不可辨虾类	0.25	0.44	1.44	1.35
蟹类	4.09	6.63	34.53	514.39
狭颚绒螯蟹 Eriocheir leptongnathus	4.09	6.63	34.53	514.39
瓣鳃类	0.79	5.32	20.15	148.22
河蚬 Corbicula fluminea	0.79	5.32	20.15	148.22
等足类	0.47	1.51	10.07	30.83
光背节鞭水虱 Synidotea iacvidorsalis	0.47	1.51	10.07	30.83
口足类	0.46	0.15	0.72	2.37
口虾蛄 Oratosquilla oratoria	0.46	0.15	0.72	2.37
寡毛类	0.02	0.09	0.72	0.24
水丝蚓 Limnodrilus sp.	0.02	0.09	0.72	0.24
水生昆虫	0.01	0.20	1.44	0.88
摇蚊幼虫 Chironomidae larva	0.01	0.20	1.44	0.88
腹足类	0.00	0.09	0.72	0.19
纵肋织纹螺 Nassarius varici ferus	0.00	0.09	0.72	0.19
植物碎屑和泥沙	2.87	—	11.51	—

　　鱼类是最主要的饵料类群,其质量百分比(66.97%)、数量百分比(36.22%)、出现频率(83.91%)和相对重要性指标(10 009.61)均最高。端足类(IRI＝1 400.08)和多毛类(IRI＝1 237.38)也是比较重要的饵料类群。蟹类(IRI＝514.39)、虾类(IRI＝394.77)、瓣鳃类(IRI＝148.22)及等足类(IRI＝30.83)是次要的饵料类群。其他饵料类群相对重要性指标总和只有 3.68。就具体种类而言,相对重要性指标最高的种类是钩虾,为1 400.08,其次为加州齿吻沙蚕(IRI＝1 237.38)、斑尾刺虾虎鱼(IRI＝1 139.20)、狭颚绒螯蟹(IRI＝514.39)、睛尾蝌蚪虾虎鱼(IRI＝513.28)等。

7.4.1.2　长江口中华鲟幼鱼摄食率和摄食强度的月份变化

　　不同月份幼鱼的摄食情况见表 7.17,本试验分析了 167 尾幼鱼的胃含物,其中含有食物的胃 139 个,幼鱼总摄食率 83.2%。通过卡方检验摄食率无显著的月份变化($\chi^2 = 1.25$, $P > 0.05$)。幼鱼的摄食强度相对较高,且存在显著月份变化($\chi^2 = 25.34$, $P < 0.01$)。平均饱满指数 5 月最低,6 月、7 月较高,其中 6 月达到最高,为 231.58×10^{-4}。

表 7.17　中华鲟幼鱼摄食率和摄食强度的月份变化

月　份	采样地点	体长/mm	尾　数	摄食率/%	平均饱满指数(×10⁻⁴)
5 月	崇明老滧港	150.5±42.5	12	75.00%	141.23±13.47
6 月	崇明东滩	219.0±42.5	68	83.80%	231.58±27.68
7 月	崇明东滩	264.5±49.5	53	88.68%	214.32±24.51
8 月	崇明东滩	276.0±29.0	2	0	0
9 月	南汇近海区	413.5±94.5	32	81.30%	179.21±15.92

　　本研究发现长江口中华鲟幼鱼的摄食率和摄食强度均较高,与以前的研究结果接近(表 7.18)。同时我们发现中华鲟幼鱼在长江口逗留期间生长迅速,肥满度很高。说明长江口水域环境的变化并未影响幼鱼在河口区的摄食及生长。可能主要是两个原因:第一中华鲟幼鱼食谱广,对饵料环境的适应性强。其摄食的底栖动物种类有环节动物、甲壳动物、软体动物、鱼类和水生昆虫等,包括长江口水域底栖动物区系中组成的大部分类群。虽然长江口水域底栖动物组成发生了一定变化,但中华鲟幼鱼仍能积极适应。6～9 月幼鱼的食物多样性指数均达到 2.0 以上,且保持稳定。第二,中华鲟的主要饵料生物在长江口栖息地分布广、密度大,为中华鲟幼鱼提供了可靠的食物保障。据 2004 年长江口中华鲟自然保护区基本调查与监测结果显示:在阿氏拖网采样中,长江口 15 个站点虾虎鱼类夏季和秋季平均生物量居底栖动物首位,分别达到 17.32 g/100 m² 和 15.03 g/100 m²,但端足类的平均栖息密度最高,分别达到 6.02 个/100 m² 和 8.43 个/100 m²。而在底泥样品中,多毛类夏季和秋季平均生物量居底栖动物首位,分别达到 2.82 g/100 m² 和 1.43 g/100 m²。而虾虎鱼类、端足类、多毛类正是中华鲟幼鱼的主要饵料生物。同时,幼鱼摄食的具体饵料生物种类均为其栖息地内主要动物区系组成中的优势种类,如瓣鳃类的河蚬是长江口滨岸潮滩分布最广的大型底栖动物。

表 7.18　不同年代长江口中华鲟幼鱼摄食率和摄食强度的比较

	四川省长江水产资源调查组(1988)	黄琇和余志堂(1991)	本　研　究
采样时间	1975 年 6～7 月	1982～1983 年 6～7 月	2006 年 6～7 月
采样地点	崇明裕安公社(东滩)	崇明县	崇明东滩
样本数量/尾	33	107	121
体长/cm	16.0～28.0	19.0～43.5	17.5～31.4
体重/g	53.0～181.0	16.5～317.0	38.0～187.0
摄食率/%	100.00	92.70	85.93
摄食强度	2～4 级	平均饱满指数 220.6×10⁻⁴	平均饱满指数 224.0×10⁻⁴

　　尽管长江口水域生态环境发生较大变化,该水域仍是幼鱼良好的肥育场所。此外,6 月、7 月幼鱼平均饱满指数较高,其中 6 月达到最高,为 $231.58×10^{-4}$。说明 6 月、7 月幼鱼洄游至东滩后摄食情况较好。

7.4.1.3　饵料类群数、种类数、多样性指数及饵料类群的月份变化

　　5 月中华鲟幼鱼在长江口南支水域摄食的食物类群较少,食物多样性指数较低。6～7 月洄游至东滩后饵料类群和种类数逐渐增加,食物多样性指数也相对较高且稳定。9 月幼鱼进入东海大陆架浅海后,食物类群骤减,种类数也略有下降,但食物多样性指数基本稳定(表 7.19)。

表 7.19　中华鲟幼鱼食物类群数,种类数及多样性指数的月变化

项　　　目	月　　份			
	5 月	6 月	7 月	9 月
食物类群数	5	6	10	3
食物种类数	6	13	18	13
鱼类种类数	2	6	6	9
食物组成多样性(H')	1.02	2.05	2.54	2.22

5 月中华鲟幼鱼尚未到达崇明东滩,仅在长江南支的老滧港有捕获。在该水域主要摄食多毛类(IRI＝8 305)和蟹类(IRI＝1 803),其次为鱼类(IRI＝1 018)和瓣鳃类(IRI＝331.7)。6 月幼鱼摄食的种类增多,主要摄食鱼类(IRI＝4 006)和端足类(IRI＝2 985),其次为蟹类(IRI＝799.5)和多毛类(IRI＝623.2)。饵料生物中鱼类的种类数和各种重要性指数均有一定的增加(表 7.19,表 7.20)。7 月幼鱼主要摄食鱼类(IRI＝12 055)和多毛类(IRI＝1 313),其次为端足类(IRI＝500.9)和虾类(IRI＝385.1)。水生昆虫不再出现,口虾蛄和葛氏长臂虾等近岸高盐度生态类型种类开始出现。8 月,收集的幼鱼胃内未发现食物,可能因样本过少或距起捕的时间过久所致,不列入表 7.20 中。9 月在南汇近海区捕获的幼鱼食物中仅发现鱼类(IRI＝22 587)、虾类(IRI＝1 359)和其他(IRI＝12.67),饵料类群比较单一。摄食鱼类的种类从 7 月的 5 种增加到 9 种,出现一些近岸浅海生态类型的种类,如小带鱼、鳄鲷等。植物碎屑和泥沙均很少出现。

表 7.20　中华鲟幼鱼主要饵料类群各种重要性指数的月变化

饵料类群	W%				F%				IRI			
	5 月	6 月	7 月	9 月	5 月	6 月	7 月	9 月	5 月	6 月	7 月	9 月
鱼类	21.45	63.16	70.83	84.08	33.33	50.87	108.5	134.6	1 018	4 006	12 055	22 587
虾类	0.00	2.05	4.80	9.89	0.00	7.01	34.05	61.53	0	25.17	385.1	1 359
蟹类	14.31	5.76	2.36	0.00	66.67	52.63	25.53	0.00	1 803	799.5	206.5	0
端足类	3.73	10.17	1.40	0.00	11.11	43.86	25.53	0.00	102	2 985	500.9	0
等足类	0.00	0.56	0.71	0.00	0.00	8.77	19.15	0.00	0	14.65	73.54	0
瓣鳃类	5.84	0.78	0.28	0.00	22.22	22.81	27.66	0.00	331.7	177.9	159.1	0
多毛类	43.14	13.45	20.10	0.00	77.78	29.82	34.04	0.00	8 305	623.2	1 313	0
其他	0.00	0.00	0.11	2.48	0.00	0.00	8.52	3.85	0	0	3.88	12.67
植物碎屑和泥沙	11.53	4.08	0.85	0.67	44.44	12.28	6.38	7.69	—	—	—	—

注:"其他"包括口足类、腹足类、寡毛类和水生昆虫类

总体来说,中华鲟幼鱼主要摄食小型底栖鱼类、甲壳类及多毛类,但是在不同月份其摄食生物种类的各种重要性指数存在变化。从幼鱼饵料类群各种重要性指数的月份变化(图 7.9)可以看出,5～9 月中华鲟幼鱼饵料生物中鱼类的各种重要性指数逐渐升高,9 月质量百分比达到 84.08%。而蟹类、端足类、等足类、瓣鳃类、多毛类等小型食物类群的各种重要性指数则逐渐下降,9 月中华鲟幼鱼仅摄食鱼类、虾类和口足类等相对大型的食物类群。这反映了随着栖息地的变化和个体的生长,中华鲟幼鱼由摄食多种小型食物类群的种类逐渐转向相对单一大型的食物类群的种类。

此外从饵料生物栖息地及对盐度的适应来看,5 月幼鲟的饵料生物均为淡水生态类型,7 月口虾蛄和葛氏长臂虾等近岸高盐度生态类型种类开始出现,9 月出现一些近岸浅海生态类型的种类,如小带鱼、鳄鲷等。可以发现长江口中华鲟幼鱼食物中出现饵料类型随时间推移,有由河口半咸水生态类型逐渐过渡到近岸和海水生态类型的趋势。而中华鲟幼鱼洄游入海的迁移路线为:当年孵出的幼鱼降河而下于第二年的 5～6 月到达长江

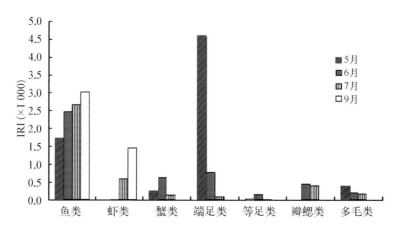

图 7.9　中华鲟幼鱼主要饵料类群相对重要性指标月份变化

鱼类：IRI×10⁻⁴；其余：IRI×10⁻³

口,进入河口咸淡水区,以后7～9月逐渐向深水和高盐度地区过渡,9月离开河口进入东海大陆架。分析长江口幼鲟食物中出现的饵料生物的更替应该与其洄游迁徙路线有关。Brosse 等(2000)也认为 Gironde 河口的大西洋鲟幼鱼摄食的饵料生物的时间变动可能与其季节迁徙有关。

7.4.1.4　长江口中华鲟幼鱼摄食饵料生物数量和大小的月份变化

5～9月,随着栖息地的变更和个体的生长,长江口中华鲟幼鱼由摄食多种小型食物类群的种类逐渐转向相对单一大型的食物类群的种类。与之相应的,我们发现幼鲟胃含物内饵料生物的平均长度从 5 月的 2.1 cm 上升到 9 月的 4.4 cm,呈现逐月升高的趋势;同时幼鱼摄食的饵料平均个数则从 6 月的 9.3 ind 下降到 9 月的 4.2 ind,呈现逐月降低的趋势(图 7.10)。这一趋势符合"最佳摄食理论",即捕食者总是尽可能地捕食个体较大的饵料,因为捕食大个体的饵料所获得的收益(补充的能量)要大于支出(捕食所消耗的能量),从而可以最大限度地获得能量(Gerking,1994)。

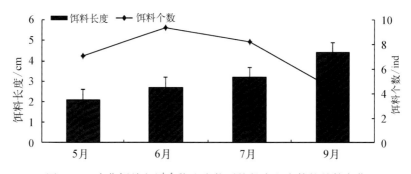

图 7.10　中华鲟幼鱼胃含物内食物平均长度和个数的月份变化

长江口中华鲟幼鱼的食谱较广,饵料组成以鱼类、多毛类和端足类为主,虾类、蟹类、瓣鳃类及等足类也占有一定的比例。从饵料生物组成的生态类型来看,长江口中华鲟幼鱼是以底栖动物为主的肉食性鱼类(庄平等,2006),所摄食的底栖动物类群范围较广。胃含物中还发现草屑、木屑等残渣和沙粒等偶然性食物,估计为中华鲟幼鱼摄食其他动物时带入的。从饵料生物栖息地及对盐度的适应来看,幼鱼饵料生物种类组成基本上以河口咸淡水生物为主。

同以往的研究相比,长江口中华鲟幼鱼的食物种类组成发生了较大的变化,但食物类群组成没有显著变化。四川省长江水产资源调查组(1988)分析 1975 年 6~7 月从河口(上海崇明)捕获的幼鱼其主要食物是近海的底栖鱼类如舌鳎属、鲕属、磷虾、蚬类等。而黄琇和余志堂(1991)报道 1982 年和 1983 年 6~7 月长江口中华鲟幼鱼主要摄食小型鱼类的幼鱼、甲壳类和底栖动物,食物种类有鲕类、舌鳎类、香鮨等鱼类和沙蚕、虾蛄、环蚬、白虾、头足类、钩虾、端足类等无脊椎动物。本研究胃含物中未发现头足类和磷虾,鲕类比例极小,而且发现以前研究中未曾记录的虾虎鱼科种类占很大比例(平均质量百分比达到56.98%),等足类也占有一定的比例(平均出现频率达到 13.36%),其他食物组成与黄琇和余志堂(1991)的研究比较接近(表 7.21)。

表 7.21　不同年代长江口中华鲟幼鱼的食物组成的比较

饵料种类	四川省长江水产资源调查组(1988)		黄琇和余志堂(1991)		本　研　究	
	W%	F%	W%	F%	W%	F%
鲕属	—	51.50	34.20	60.40	1.81	2.88
虾虎鱼科	—	0.00	0.00	0.00	53.72	51.03
香斜棘鮨	—	0.00	18.70	74.00	2.83	4.80
舌鳎属	—	27.30	3.70	20.30	2.74	6.73
其他鱼	—	0.00	2.20	—	5.53	11.23
端足类	—	18.20	—	6.20	6.21	35.58
磷虾类(或其他虾类)	—	36.40	0.00	0.00	3.29	19.23
白虾	—	0.00	1.50	10.30	2.44	13.46
口虾蛄	—	0.00	2.80	49.00	0.46	0.72
蟹类	—	21.20	0.00	0.00	4.22	40.38
河蚬	—	39.40	1.50	31.30	0.55	25.00
沙蚕类	—	00.00	9.70	38.50	15.11	28.77
头足类	—	0.00	0.80	4.20	0.00	0.00
等足类	—	0.00	0.00	0.00	0.63	13.36
植物碎屑	—	3.00	—	49.00	2.62	9.61
黄绿藻	—	21.20	0.00	0.00	0.00	0.00

在现有的鲟科鱼类幼鱼食物组成的研究(Brosse *et al.*，2000；Billard and Lecointre，2001)报道中,除了全长 40 cm 以上鳇和欧洲鳇、白鲟等大型种类的幼鱼主要摄食鱼类外,鲟鱼类的幼鱼主要摄食底栖无脊椎动物,主要包括 3 种饵料类群:节肢动物(昆虫幼体和甲壳类)、环节动物(寡毛类和多毛类)和软体动物(双壳类和腹足类)。鱼类只占较小的比例。与已有的国外鲟科幼鱼食性研究结果不同的是,本研究中小型底层鱼类是中华鲟幼鱼的主要饵料类群,其次是甲壳类和多毛类。

7.4.2　中华鲟幼鱼与饵料生物营养关系分析

　　鱼类肌肉营养成分的含量与其生存环境、饵料成分和生长期密切相关。对于洄游过程中的中华鲟幼鱼、人工放流的养殖中华鲟幼鱼和暂养过程中转食不同饵料的野生中华鲟幼鱼,其正常洄游、生长和存活与其饵料生物的营养成分密切相关。其饵料生物总蛋白质和总脂肪含量不仅要满足中华鲟幼鱼的需求,饵料蛋白源的必需氨基酸和必需脂肪酸组成也很重要。根据对长江口中华鲟幼鱼胃内含物的分析可知,斑尾刺虾虎鱼、安氏白虾、河蚬、水丝蚓、光背节鞭水蚤和摇蚊幼虫为其中具有代表性的饵料生物,对这6种饵料生物和中华鲟幼鱼的营养成分、蛋白质及脂肪酸营养价值进行分析,来分析中华鲟幼鱼与饵料生物的营养关系。

7.4.2.1　野生中华鲟幼鱼转食不同饵料后的肌肉营养成分

　　试验设计3组,组Ⅰ:野生中华鲟幼鱼,体重为(114.44±13.68)g,体长为(24.24±1.21)cm;组Ⅱ:误捕野生中华鲟幼鱼,在暂养过程中驯化转食水丝蚓,正常摄食后继续投喂水丝蚓8周后取样,体重为(104.80±2.95)g,体长为(24.26±0.66)cm;组Ⅲ:误捕野生中华鲟幼鱼,在暂养过程中驯化转食人工饲料,正常摄食后,继续投喂8周后取样,体重为(100.84±20.69)g,体长为(23.78±3.46)cm。

　　表7.22显示,水分含量在三组间差异不显著;粗蛋白和粗脂肪含量在野生组与转食水丝蚓组之间差异不显著,但这两组分别与转食人工饲料组之间差异显著($P < 0.05$);粗灰分含量在转食水丝蚓组和转食人工饲料组之间差异显著($P < 0.05$),但这两组分别与野生组之间的差异不显著。

表 7.22　三组中华鲟幼鱼肌肉一般营养成分含量

营 养 成 分	组Ⅰ	组Ⅱ	组Ⅲ
水　分	81.44±0.74[a]	80.92±0.01[a]	80.56±0.05[a]
粗蛋白	17.23±0.21[a]	17.11±0.35[a]	16.73±0.21[b]
粗脂肪	0.36±0.01[a]	0.36±0.03[a]	1.02±0.01[b]
粗灰分	1.19±0.03[a]	1.20±0.04[ab]	1.18±0.01[ac]

注:同一行参数上方字母不同代表有显著性差异($P<0.05$)

　　表7.23显示,三组中华鲟幼鱼肌肉中均测出18种常见氨基酸。比较平均值可见,Pro的含量在三组间没有显著性差异;Cys和Met的含量,野生中华鲟幼鱼转食水丝蚓后没有显著性降低,但转食人工饲料后有显著性降低($P < 0.05$);Tyr、Ala、His、Ile、Leu、Lys和Trp的含量,野生中华鲟幼鱼转食后均有显著性降低($P < 0.05$),且在转食水丝蚓组和转食人工饲料组之间差异不显著;其他氨基酸及W_{TAA}、W_{EAA}、W_{HEAA}和W_{NEAA}的含量在野生组、转食水丝蚓组和转食人工饲料组间均依次降低且差异显著($P < 0.05$)。

　　表7.23显示,所测得18种氨基酸中,Glu含量都是最高,其次,在野生组和转食水丝蚓组中依次为Lys、Asp、Leu,而Cys含量最低;在转食人工饲料组略有不同,其顺序为Glu、Lys、Leu和Asp,而Met含量最低。综合来看,野生组与转食水丝蚓组间在氨基酸含量和组成上更为相似,这两组与转食人工饲料组之间差别较大。

表 7.23 三组中华鲟幼鱼肌肉氨基酸组成及含量

氨 基 酸	组 I	组 II	组 III
丝氨酸 Ser	3.91 ± 0.09^a	3.22 ± 0.02^b	2.95 ± 0.04^c
酪氨酸 Tyr	3.00 ± 0.22^a	2.53 ± 0.05^b	2.27 ± 0.01^b
胱氨酸 Cys	0.57 ± 0.01^a	0.55 ± 0.01^a	0.53 ± 0.01^b
脯氨酸 Pro	1.41 ± 0.30^a	1.70 ± 0.06^a	1.19 ± 0.06^a
天冬氨酸 Asp	8.46 ± 0.29^a	7.32 ± 0.06^b	5.49 ± 0.13^c
谷氨酸 Glu	13.53 ± 0.79^a	12.14 ± 0.27^b	10.23 ± 0.21^c
甘氨酸 Gly	4.58 ± 0.34^a	3.42 ± 0.07^b	2.77 ± 0.11^c
丙氨酸 Ala	5.57 ± 0.63^a	4.52 ± 0.01^b	4.20 ± 0.11^c
组氨酸 His	1.90 ± 0.17^a	1.39 ± 0.02^b	1.63 ± 0.19^b
精氨酸 Arg	6.22 ± 0.14^a	5.16 ± 0.10^b	4.57 ± 0.02^c
蛋氨酸 Met	1.47 ± 0.38^a	1.24 ± 0.03^a	0.24 ± 0.01^b
苯丙氨酸 Phe	4.16 ± 0.21^a	3.71 ± 0.15^b	3.18 ± 0.02^c
异亮氨酸 Ile	3.95 ± 0.20^a	3.30 ± 0.08^b	3.11 ± 0.02^b
亮氨酸 Leu	7.59 ± 0.48^a	6.38 ± 0.01^b	5.76 ± 0.07^c
赖氨酸 Lys	9.15 ± 0.54^a	7.82 ± 0.13^b	7.27 ± 0.02^b
苏氨酸 Thr	3.68 ± 0.21^a	3.13 ± 0.06^b	2.78 ± 0.08^c
缬氨酸 Val	6.18 ± 0.24^a	5.34 ± 0.22^b	4.79 ± 0.09^c
色氨酸 Trp	0.69 ± 0.02^a	0.61 ± 0.01^b	0.60 ± 0.01^b
氨基酸总量 W_{TAA}	86.02 ± 2.77^a	73.47 ± 0.03^b	63.57 ± 0.31^c
必需氨基酸总量 W_{EAA}	44.99 ± 2.59^a	38.08 ± 0.81^b	33.93 ± 0.53^c
半必需氨基酸总量 W_{HEAA}	3.57 ± 0.23^a	3.08 ± 0.06^b	2.80 ± 0.02^c
非必需氨基酸总量 W_{NEAA}	37.46 ± 2.44^a	32.32 ± 0.49^b	26.83 ± 0.66^c

注：同一行中参数上方不同字母代表差异显著（$P < 0.05$）

表 7.24 显示，野生组中检测到 6 种 SFA、6 种 MUFA 和 9 种 PUFA；转食水丝蚓组中检测到 7 种 SFA、6 种 MUFA 和 6 种 PUFA；转食人工饲料组中检测到 11 种 SFA、6 种 MUFA 和 9 种 PUFA。三组间脂肪酸含量比较，除 $C_{17:1}$ 和 $C_{18:3\omega3}$ 在三组间差异不显著，$C_{15:0}$、$C_{17:0}$、$C_{18:0}$、$C_{23:0}$、$C_{20:1\omega9}$ 和 ΣMUFA 在野生组和转食水丝蚓组间差异不显著，$C_{20:2}$ 在转食水丝蚓组和其他两组间差异不显著，ΣPUFA 在野生组和转食人工饲料组间差异不显著外，其他脂肪酸在三组间均具有显著性差异（$P < 0.05$）。$C_{22:0}$、$C_{18:1\omega9t}$、$C_{18:3\omega6}$ 和 $C_{20:3\omega6}$ 的含量在两组间差异均不显著。

由表 7.24 可知，三组中含量最多 SFA 均为 $C_{16:0}$，含量最多的 MUFA 均为 $C_{18:1\omega9c}$，野生组和转食人工饲料组中含量最多的 PUFA 为 DHA，转食人工饲料组中含量最多的 PUFA 为 $C_{18:2\omega6c}$。ΣSFA 在转食水丝蚓组最高，其次为野生组，在转食人工饲料组最低，且三组间差异显著（$P < 0.05$）；而 ΣMUFA 和 ΣPUFA 在转食人工饲料组最高，在转食水丝蚓组最低，且 ΣMUFA 在野生组和转食水丝蚓组间差异不显著，ΣPUFA 在野生组和转食人工饲料组间差异不显著（$P > 0.05$）。

表 7.24　三组中华鲟幼鱼肌肉脂肪酸组成及含量

脂　肪　酸	组 I	组 II	组 III
$C_{12:0}$			0.07 ± 0.00
$C_{13:0}$			0.04 ± 0.00
$C_{14:0}$	2.70 ± 0.51^a	1.90 ± 0.09^b	4.10 ± 0.04^c
$C_{15:0}$	1.31 ± 0.16^a	1.21 ± 0.06^a	0.60 ± 0.01^b
$C_{16:0}$	30.46 ± 0.57^a	35.38 ± 0.14^b	20.66 ± 0.20^c
$C_{17:0}$	2.08 ± 0.31^a	2.11 ± 0.08^a	0.44 ± 0.44^b
$C_{18:0}$	6.97 ± 0.35^a	6.83 ± 0.13^a	4.92 ± 0.19^b
$C_{21:0}$			1.30 ± 0.01
$C_{22:0}$		0.15 ± 0.22^a	0.21 ± 0.04^a
$C_{23:0}$	0.27 ± 0.37^a	0.35 ± 0.36^a	0.97 ± 0.00^b
$C_{24:0}$			0.02 ± 0.02
$\sum SFA$	43.79 ± 1.76^a	47.94 ± 0.10^b	33.32 ± 0.27^c
$C_{14:1}$			0.10 ± 0.03
$C_{16:1}$	4.69 ± 0.23^a	3.19 ± 0.15^b	4.25 ± 0.22^c
$C_{17:1}$	1.02 ± 0.38^a	0.92 ± 0.12^a	0.79 ± 0.03^a
$C_{18:1\omega9t}$	0.28 ± 0.17^a	0.11 ± 0.24^a	
$C_{18:1\omega9c}$	12.45 ± 0.38^a	13.79 ± 0.76^b	20.57 ± 0.44^c
$C_{20:1\omega9}$	0.41 ± 0.07^a	0.13 ± 0.21^a	2.39 ± 0.69^b
$C_{24:1\omega9}$	1.38 ± 0.25^a	1.09 ± 0.15^b	0.18 ± 0.06^c
$\sum MUFA$	20.23 ± 0.51^a	19.23 ± 0.34^a	28.27 ± 1.28^b
$C_{18:2\omega6t}$ ★	0.09 ± 0.12		
$C_{18:2\omega6c}$ ★	2.57 ± 0.38^a	4.42 ± 0.83^b	20.45 ± 0.16^c
$C_{20:2}$	0.92 ± 0.30^a	0.63 ± 0.36^{ab}	0.62 ± 0.02^b
$C_{22:2}$			0.04 ± 0.04
$C_{18:3\omega6}$ ★	0.08 ± 0.11^a		0.24 ± 0.24^a
$C_{18:3\omega3}$ ▲	0.68 ± 0.17^a	0.77 ± 0.49^a	0.88 ± 1.31^a
$C_{20:3\omega6}$ ★	2.31 ± 1.36^a		0.06 ± 0.09^a
$C_{20:4\omega6}$ ★	6.34 ± 1.40^a	8.05 ± 0.27^b	1.60 ± 0.10^c
$C_{20:5\omega3}$ (EPA) ▲	9.24 ± 1.03^a	7.65 ± 0.39^b	4.56 ± 0.03^c
$C_{22:6\omega3}$ (DHA) ▲	13.74 ± 0.61^a	11.29 ± 0.17^b	9.96 ± 0.06^c
$\sum PUFA$	35.98 ± 1.81^a	32.81 ± 0.24^b	38.40 ± 1.35^a
EPA+DHA	22.99 ± 0.45^a	18.94 ± 0.22^b	14.52 ± 0.09^c
$\sum \omega 3PUFA$	23.67 ± 0.57^a	19.71 ± 0.64^b	15.40 ± 1.34^c
$\sum \omega 6PUFA$	11.39 ± 1.04^a	12.47 ± 0.64^b	22.35 ± 0.11^c
$\sum \omega 3PUFA/\sum \omega 6PUFA$	2.08	1.58	0.69

注：$\sum SFA$ 为饱和脂肪酸总量；$\sum MUFA$ 为单不饱和脂肪酸总量；$\sum PUFA$ 为多不饱和脂肪酸总量；▲ω3 系列多不饱和脂肪酸；★ω6 系列多不饱和脂肪酸；同一行参数上方字母不同代表有显著差异（$P < 0.05$）

由图 7.11 可知，EPA、DHA、EPA+DHA 和 $\sum \omega 3PUFA$ 的百分含量在野生组、转食水丝蚓组和转食人工饲料组间依次降低，且差异显著（$P < 0.05$）；$\sum \omega 6PUFA$ 的百分含量在三组间依次升高，且差异显著。表 7.24 中显示，$\sum \omega 3PUFA / \sum \omega 6PUFA$ 在三组间也依次降低。

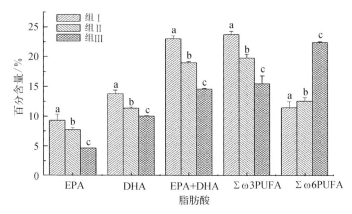

图 7.11　三组中华鲟幼鱼肌肉的重要脂肪酸比较

7.4.2.2　洄游过程中不同月份的中华鲟幼鱼肌肉营养成分

不同月份的中华鲟均为渔民在长江口误捕的中华鲟幼鱼，随机取样，并测量个体。其中 6 月中华鲟幼鱼体重为(76.70±15.72)g，体长为(22.04±1.38)cm；7 月中华鲟幼鱼体重为(122.44±14.77)g，体长为(25.00±1.54)cm。

由表 7.25 可知，7 月中华鲟幼鱼肌肉中粗蛋白、粗脂肪和粗灰分含量均显著高于 6 月中华鲟（$P < 0.05$），而水分含量在 6 月和 7 月中华鲟幼鱼之间差异不显著。

表 7.25　6 月和 7 月中华鲟幼鱼肌肉一般营养成分含量

月　份	水　分	粗蛋白	粗脂肪	粗灰分
6 月	80.64±0.31[a]	16.19±1.00[a]	0.12±0.04[a]	1.10±0.04[a]
7 月	80.97±0.61[a]	17.22±0.48[b]	0.38±0.04[b]	1.17±0.31[b]

注：同一列中参数上方字母不同代表有显著差异（$P<0.05$）

表 7.26 显示了 6 月和 7 月中华鲟幼鱼肌肉中的氨基酸组成，共测出 18 种常见氨基酸，测定结果显示，除 Tyr、Cys、Phe、Lys 和 Val 这 5 种氨基酸含量在 6 月和 7 月中华鲟幼鱼间差异不显著外，其他氨基酸含量及 W_{TAA}、W_{EAA}、W_{NEAA} 和 W_{HEAA} 在 6 月和 7 月中华鲟幼鱼间均具有显著性差异（$P < 0.05$）。比较 6 月和 7 月中华鲟幼鱼肌肉中各种氨基酸的平均值，除 Cys 在两者间相等及 Glu 和 Val 在 6 月中华鲟幼鱼中含量较高外，其他氨基酸含量均在 7 月中华鲟幼鱼中较高。在所测得的 18 种氨基酸中，Glu 含量都是最高，分别占 13.79% 和 12.74%，其次均为 Lys、Asp、Leu、Arg、Val 和 Ala，而 Cys 含量最低，均为 0.57%，并且 6 月和 7 月中华鲟幼鱼肌肉的氨基酸含量高低排序是一致的。

表 7.26　6 月和 7 月中华鲟幼鱼肌肉氨基酸组成及含量

氨　基　酸	6 月	7 月
丝氨酸 Ser	3.84 ± 0.06^a	3.98 ± 0.02^b
酪氨酸 Tyr	2.88 ± 0.08^a	2.94 ± 0.03^a
胱氨酸 Cys	0.57 ± 0.00^a	0.57 ± 0.01^a
脯氨酸 Pro	1.12 ± 0.03^a	1.72 ± 0.04^b
天冬氨酸 Asp	8.27 ± 0.09^a	8.66 ± 0.22^b
谷氨酸 Glu	13.79 ± 0.01^a	12.74 ± 0.10^b
甘氨酸 Gly	4.32 ± 0.00^a	4.96 ± 0.02^b
丙氨酸 Ala	4.91 ± 0.01^a	6.01 ± 0.22^b
组氨酸 His	1.75 ± 0.04^a	2.02 ± 0.11^b
精氨酸 Arg	6.11 ± 0.06^a	6.36 ± 0.03^b
蛋氨酸 Met	1.22 ± 0.01^a	1.89 ± 0.01^b
苯丙氨酸 Phe	4.08 ± 0.17^a	4.12 ± 0.05^a
异亮氨酸 Ile	3.74 ± 0.02^a	4.11 ± 0.05^b
亮氨酸 Leu	7.22 ± 0.01^a	7.57 ± 0.09^b
赖氨酸 Lys	9.02 ± 0.09^a	9.21 ± 0.58^a
苏氨酸 Thr	3.53 ± 0.12^a	3.78 ± 0.14^b
缬氨酸 Val	6.10 ± 0.05^a	6.05 ± 0.00^a
色氨酸 Trp	0.68 ± 0.00^a	0.70 ± 0.02^b
氨基酸总量 W_{TAA}	83.16 ± 0.65^a	87.39 ± 0.32^b
必需氨基酸总量 W_{EAA}	43.45 ± 0.57^a	45.81 ± 1.08^b
半必需氨基酸总量 W_{HEAA}	3.45 ± 0.08^a	3.51 ± 0.04^b
非必需氨基酸总量 W_{NEAA}	36.25 ± 0.20^a	38.07 ± 0.62^b

注：同一行中参数上方字母不同代表有显著性差异（$P<0.05$）

由表 7.27 可知，6 月中华鲟幼鱼肌肉中检测到 5 种 SFA、6 种 MUFA 和 6 种 PUFA；7 月中华鲟幼鱼肌肉中检测到 6 种 SFA、4 种 MUFA 和 5 种 PUFA。测定结果显示，除 $C_{14:0}$、$C_{15:0}$、$C_{17:0}$、$C_{17:1}$、$C_{18:1\omega9c}$ 和 $C_{24:1\omega9}$ 这 6 种脂肪酸在 6 月和 7 月中华鲟幼鱼间差异不显著外，其他脂肪酸在两者间差异均显著（$P<0.05$）。从脂肪酸组成上看，$\sum$SFA 和 $\sum$MUFA 的含量均是 6 月中华鲟显著高于 7 月中华鲟（$P<0.05$），而 $\sum$PUFA 含量，7 月中华鲟显著高于 6 月中华鲟（$P<0.05$）。7 月中华鲟的 EPA 和 DHA 总量、ω3PUFA 和 ω6PUFA 的含量均显著地高于 6 月中华鲟（$P<0.05$）。

表 7.27　6 月和 7 月中华鲟幼鱼肌肉脂肪酸组成及含量

脂　肪　酸	6 月	7 月
$C_{14:0}$	2.37 ± 0.05^a	2.06 ± 0.38^a
$C_{15:0}$	1.55 ± 0.05^a	0.97 ± 0.43^a
$C_{16:0}$	30.27 ± 0.27^a	26.32 ± 1.66^b
$C_{17:0}$	2.22 ± 0.59^a	1.60 ± 0.77^a
$C_{18:0}$	6.26 ± 0.11^a	5.82 ± 0.23^b
$C_{23:0}$		0.81 ± 0.00
$\sum$SFA	42.68 ± 0.28^a	35.71 ± 3.72^b

续　表

脂　肪　酸	6 月	7 月
$C_{16:1}$	4.17 ± 0.05^{a}	4.97 ± 0.11^{b}
$C_{17:1}$	1.62 ± 0.15^{a}	1.99 ± 0.44^{a}
$C_{18:1\omega 9t}$	0.92 ± 0.03	
$C_{18:1\omega 9c}$	11.99 ± 0.04^{a}	11.92 ± 0.68^{a}
$C_{20:1\omega 9}$	0.68 ± 0.02	
$C_{24:1\omega 9}$	1.59 ± 0.03^{a}	1.54 ± 0.26^{a}
$\sum$MUFA	20.97 ± 0.12^{a}	20.02 ± 0.96^{a}
$C_{18:2\omega 6c}$ ★	3.79 ± 0.05^{a}	2.90 ± 0.36^{b}
$C_{20:2}$	0.80 ± 0.03^{a}	1.66 ± 0.39^{b}
$C_{18:3\omega 3}$ ▲	1.21 ± 0.02	
$C_{20:3\omega 6}$ ★	7.36 ± 0.10^{a}	12.14 ± 1.11^{b}
$C_{20:5\omega 3}$ (EPA) ▲	10.46 ± 0.04^{a}	12.57 ± 1.35^{b}
$C_{22:6\omega 3}$ (DHA) ▲	12.74 ± 0.06^{a}	16.10 ± 0.64^{b}
$\sum$PUFA	36.35 ± 0.20^{a}	45.38 ± 3.73^{b}
EPA+DHA	23.19 ± 0.10^{a}	28.67 ± 1.95^{b}
$\sum\omega 3$PUFA	24.40 ± 0.10^{a}	28.67 ± 1.95^{b}
$\sum\omega 6$PUFA	11.15 ± 0.12^{a}	15.04 ± 1.46^{b}

注：同一行中参数上方字母不同代表有显著差异（$P<0.05$）

由表 7.28 可知，肌肉矿物元素中 Ca 含量最高，其次为 P；微量元素中 Fe 和 Zn 含量较高，Pb 含量较低。其中，7 月中华鲟幼鱼肌肉中 Ca、P、Mg 和 Se 的含量高于 6 月中华鲟；而 Fe、Zn、Cr 和 Pb 的含量低于 6 月中华鲟。

表 7.28　6 月和 7 月中华鲟幼鱼肌肉中矿物元素的含量

元　　素	6 月	7 月
钙 Ca	$1\,041.75\pm12.04$	$1\,541.56\pm29.98$
磷 P	485.21 ± 3.58	674.12 ± 3.58
镁 Mg	26.54 ± 2.28	75.80 ± 3.36
硒 Se	4.11 ± 0.05	4.18 ± 0.07
铁 Fe	70.96 ± 2.97	15.94 ± 1.68
锌 Zn	33.41 ± 2.64	12.03 ± 2.22
铬 Cr	10.10 ± 0.97	2.79 ± 0.15
铅 Pb	0.43 ± 0.01	0.34 ± 0.03

中华鲟幼鱼从 5 月下旬抵达长江口到 8 月入海时，在不同月份，其生存环境发生了变化，不同环境中饵料生物的组成也不同，故其肌肉营养成分发生了相应变化。由研究结果可知，粗蛋白、粗脂肪和粗灰分含量，除 Cys、Glu 和 Val 外的其他氨基酸含量，EPA、

DHA、ω3PUFA 和 ω6PUFA 的含量均是 7 月中华鲟幼鱼较高。这是因为 6 月中华鲟幼鱼洄游至长江口后其摄食的食物类群和种类数逐渐增加,食物多样性指数相对较高且稳定。中华鲟幼鱼在东滩经过 1 个月摄食肥育后,营养物质不断积累,故 7 月中华鲟幼鱼肌肉中营养成分的含量较高。

ω3PUFA 是海水仔、稚、幼鱼的必需脂肪酸。由表 7.27 可知,6 月和 7 月中华鲟幼鱼肌肉中均含有丰富的 EPA 和 DHA 及 ω3PUFA 和 ω6PUFA,且两者中∑ω3PUFA 均大于∑ω6PUFA,可见 PUFA 的组成和含量符合海水鱼类对脂肪酸的营养需要,但 EPA 和 DHA 及 ω3PUFA 和 ω6PUFA 的含量均是 7 月中华鲟幼鱼较高,可见 7 月中华鲟具有更多入海所需的脂肪酸。中华鲟幼鱼体内高的 EPA 和 DHA 含量,与其野生环境相关。鱼类是通过食物链的富集作用使 EPA 与 DHA 在体内积聚起来。长江口中华鲟幼鱼的饵料生物主要有斑尾刺虾虎鱼等鱼类,另外还有沙蚕、钩虾、白虾、蟹、河蚬、水蚤等底栖生物。EPA 与 DHA 通过积累到中华鲟幼鱼的饵料生物中,然后通过食物链的积累放大作用,EPA 与 DHA 不断地富集到中华鲟体内,入海过程中 EPA 与 DHA 在中华鲟体内越积越多,使 7 月中华鲟幼鱼肌肉中 EPA 与 DHA 的含量高于 6 月中华鲟,这种积累正好能满足中华鲟幼鱼在海洋中对 EPA 与 DHA 的营养需求,可见中华鲟幼鱼体内多不饱和脂肪酸的积累变化是与其入海洄游规律相适应的。

7.4.2.3　中华鲟幼鱼与其饵料生物营养关系分析

试验对象包括野生中华鲟(野生组)、转食中华鲟(转食水丝蚓组、转食人工饲料组)、人工养殖中华鲟、中华鲟幼鱼的 6 种主要饵料生物(斑尾刺虾虎鱼、河蚬、安氏白虾、水丝蚓、光背节鞭水蚤和摇蚊幼虫),以此研究饵料生物与中华鲟幼鱼的营养关系。

如图 7.12 所示,6 种饵料生物中斑尾刺虾虎鱼的粗蛋白含量最高,但其粗脂肪和粗灰分含量最低;河蚬的粗脂肪含量最高,安氏白虾的粗灰分含量最高。野生组和转食水丝蚓组的粗蛋白含量较高,但粗脂肪含量较低;转食人工饲料组和养殖组的粗脂肪含量较高,但粗蛋白含量较低。粗灰分含量 4 组间平均值差别不大。

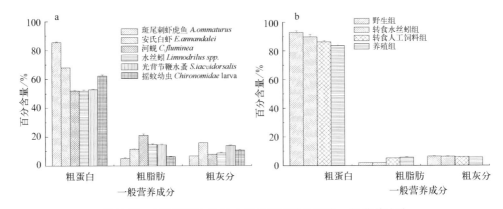

图 7.12　6 种饵料生物及 4 组中华鲟幼鱼肌肉一般营养成分

由表 7.29 可知,中华鲟幼鱼肌肉与 6 种饵料生物的 9 种必需氨基酸比率(A/E),除了摇蚊幼虫的 His 和 Phe,光背节鞭水蚤的 Arg 和 Lys,河蚬的 Thr,转食人工饲料组的 Met 外,其他氨基酸比率在中华鲟幼鱼与其饵料生物间差别不大。

表 7.29　6 种饵料生物与 4 组中华鲟幼鱼的必需氨基酸比率(A/E)

	His	Arg	Met	Phe	Ile	Leu	Lys	Thr	Val
斑尾刺虾虎鱼	5.16	14.20	5.76	17.24	6.96	12.2	18.59	9.06	10.82
安氏白虾	5.43	14.79	4.57	17.54	6.66	11.7	21.91	7.12	10.34
河蚬	4.00	16.48	4.58	17.02	7.50	11.6	13.22	12.09	13.54
水丝蚓	4.53	13.69	4.39	17.60	7.93	14.9	13.49	9.36	14.10
光背节鞭水蚤	3.81	6.26	3.25	18.30	7.48	13.6	27.31	5.51	14.51
摇蚊幼虫	6.24	13.01	3.65	21.99	7.48	11.5	14.06	9.15	12.91
野生组	4.01	13.14	3.11	15.13	8.36	16.1	19.35	7.78	13.07
人工养殖组	4.26	12.93	3.58	15.14	8.31	16.1	18.80	7.69	13.22
转食水丝蚓组	3.47	12.89	3.10	15.59	8.26	16.0	19.57	7.81	13.36
转食人工饲料组	4.58	12.84	0.69	15.31	8.73	16.2	20.43	7.81	13.45

　　不同食源的中华鲟幼鱼必需氨基酸比率比值(a/A)和必需氨基酸指数(EAAI)见表 7.30~7.33。由表 7.30 和表 7.31 可知,6 种饵料生物分别相对于野生和养殖中华鲟幼鱼的必需氨基酸比率比值(a/A)中,斑尾刺虾虎鱼、安氏白虾和摇蚊幼虫的亮氨酸,河蚬和水丝蚓的赖氨酸,光背节鞭水蚤的精氨酸 a/A 值较低,其中光背节鞭水蚤精氨酸的 a/A 值最低,小于 0.5;水丝蚓的 EAAI 最高,光背节鞭水蚤的 EAAI 最低,除光背节鞭水蚤外,其他 5 种饵料生物的 EAAI 均大于 0.9。

表 7.30　6 种饵料生物相对野生中华鲟幼鱼肌肉的必需氨基酸比率比值(a/A)和 EAAI

必需氨基酸	斑尾刺虾虎鱼	安氏白虾	河　蚬	水丝蚓	光背节鞭水蚤	摇蚊幼虫
组氨酸 His	1	1	0.998	1	0.950	1
精氨酸 Arg	1	1	1	1	0.476	0.990
蛋氨酸 Met	1	1	1	1	1	1
苯丙氨酸 Phe	1	1	1	1	1	1
异亮氨酸 Ile	0.833	0.797	0.898	0.949	0.894	0.895
亮氨酸 Leu	0.760	0.726	0.721	0.927	0.846	0.717
赖氨酸 Lys	0.961	1	0.683	0.697	1	0.727
苏氨酸 Thr	1	0.915	1	1	0.708	1
缬氨酸 Val	0.828	0.791	1	1	1	0.987
EAAI	0.927	0.908	0.913	0.947	0.854	0.916

注:a/A 中的 a 表示饵料生物某种必需氨基酸的 A/E,A 表示中华鲟幼鱼肌肉某种必需氨基酸的 A/E,a/A 最大值为 1,最小值为 0.01

表 7.31　6 种饵料生物相对养殖中华鲟幼鱼肌肉的必需氨基酸比率比值(a/A)和 EAAI

必需氨基酸	斑尾刺虾虎鱼	安氏白虾	河　蚬	水丝蚓	光背节鞭水蚤	摇蚊幼虫
组氨酸 His	1	1	0.939	1	0.894	1
精氨酸 Arg	1	1	1	1	0.484	1
蛋氨酸 Met	1	1	1	1	0.910	1

必需氨基酸	斑尾刺虾虎鱼	安氏白虾	河　蚬	水丝蚓	光背节鞭水蚤	摇蚊幼虫
苯丙氨酸 Phe	1	1	1	1	1	1
异亮氨酸 Ile	0.838	0.802	0.903	0.955	0.900	0.901
亮氨酸 Leu	0.760	0.726	0.721	0.927	0.846	0.717
赖氨酸 Lys	0.988	1	0.703	0.717	1	0.747
苏氨酸 Thr	1	0.926	1	1	0.716	1
缬氨酸 Val	0.818	0.782	1	1	1	0.976
EAAI	0.929	0.909	0.910	0.951	0.843	0.920

注：a/A 中的 a 表示饵料生物某种必需氨基酸的 A/E，A 表示中华鲟幼鱼肌肉某种必需氨基酸的 A/E，a/A 最大值为 1，最小值为 0.01

由表 7.32 和表 7.33 可知，6 种饵料生物分别相对于转食水丝蚓组和转食人工饲料组中华鲟幼鱼的必需氨基酸比率比值（a/A）中，斑尾刺虾虎鱼和安氏白虾的亮氨酸，河蚬、水丝蚓和摇蚊幼虫的赖氨酸，光背节鞭水蚤的精氨酸的 a/A 值较低，其中光背节鞭水蚤精氨酸的 a/A 值最低，其值小于 0.5；比较 6 种饵料生物的 EAAI 可见，水丝蚓的 EAAI 最高，光背节鞭水蚤的 EAAI 最低。其中，表 7.32 中除光背节鞭水蚤外，其他 5 种饵料生物的 EAAI 值均大于 0.9，表 7.33 中光背节鞭水蚤的 EAAI 最低，斑尾刺虾虎鱼、水丝蚓和摇蚊幼虫的 EAAI 均大于 0.9，安氏白虾和河蚬的 EAAI 值接近 0.9，分别为 0.899 和 0.890。

从不同食源的中华鲟幼鱼肌肉的 a/A 可知，比值较低的有斑尾刺虾虎鱼和安氏白虾的亮氨酸，河蚬和水丝蚓的赖氨酸，光背节鞭水蚤的精氨酸，摇蚊幼虫的赖氨酸和亮氨酸，其中，光背节鞭水蚤的精氨酸比值最低，且小于 0.5；比较 EAAI 值可见，其值最高的均为水丝蚓，最低的均为光背节鞭水蚤。

表 7.32　6 种饵料生物相对转食水丝蚓组野生中华鲟幼鱼肌肉的必需氨基酸比率比值（a/A）和 EAAI

必需氨基酸	斑尾刺虾虎鱼	安氏白虾	河　蚬	水丝蚓	光背节鞭水蚤	摇蚊幼虫
组氨酸 His	1	1	1	1	1	1
精氨酸 Arg	1	1	1	1	0.486	1
蛋氨酸 Met	1	1	1	1	1	1
苯丙氨酸 Phe	1	1	1	1	1	1
异亮氨酸 Ile	0.843	0.807	0.909	0.961	0.905	0.906
亮氨酸 Leu	0.765	0.731	0.726	0.934	0.852	0.722
赖氨酸 Lys	0.950	1	0.676	0.689	1	0.718
苏氨酸 Thr	1	0.911	1	1	0.705	1
缬氨酸 Val	0.810	0.773	1	1	1	0.966
EAAI	0.925	0.907	0.914	0.948	0.863	0.916

注：a/A 中的 a 表示饵料生物某种必需氨基酸的 A/E，A 表示中华鲟幼鱼肌肉某种必需氨基酸的 A/E，a/A 最大值为 1，最小值为 0.01

表 7.33　6 种饵料生物相对转食人工饲料组野生中华鲟幼鱼
肌肉的必需氨基酸比率比值(a/A)和 EAAI

必需氨基酸	斑尾刺虾虎鱼	安氏白虾	河　蚬	水丝蚓	光背节鞭水蚤	摇蚊幼虫
组氨酸 His	1	1	0.875	0.990	0.832	1
精氨酸 Arg	1	1	1	1	0.488	1
蛋氨酸 Met	1	1	1	1	1	1
苯丙氨酸 Phe	1	1	1	1	1	1
异亮氨酸 Ile	0.797	0.763	0.860	0.909	0.857	0.857
亮氨酸 Leu	0.755	0.721	0.716	0.921	0.840	0.712
赖氨酸 Lys	0.910	1	0.647	0.660	1	0.688
苏氨酸 Thr	1	0.911	1	1	0.705	1
缬氨酸 Val	0.804	0.768	1	1	1	0.959
EAAI	0.913	0.899	0.890	0.935	0.839	0.904

注：a/A 中的 a 表示饵料生物某种必需氨基酸的 A/E，A 表示中华鲟幼鱼肌肉某种必需氨基酸的 A/E，a/A 最大值为 1，最小值为 0.01

由表 7.34 可知，饵料生物中水丝蚓的 SFA、MUFA 种类数最多，安氏白虾的 PUFA 种类数最多，斑尾刺虾虎鱼的三类脂肪酸种类数均最少；水丝蚓总的脂肪酸种类数最多 (28 种)，斑尾刺虾虎鱼的最少 (13 种)。中华鲟幼鱼中转食水丝蚓组 SFA 种类数较多 (11 种)，4 组间 MUFA 的种类数差别不大，养殖组的 PUFA 种类数最少 (6 种)；转食水丝蚓组总的脂肪酸种类数最多 (26 种)，养殖组最少 (19 种)。综合来看，水丝蚓和转食水丝蚓组总的脂肪酸种类数较多，斑尾刺虾虎鱼总的脂肪酸种类数较少。从脂肪酸种类数比较，饵料生物中斑尾刺虾虎鱼的种类数最少，水丝蚓的种类数最多，不同饵料生物脂肪酸种类数存在较大差异，不同饵料互相搭配可以满足中华鲟幼鱼对不同种类脂肪酸的需要。

表 7.34　6 种饵料生物及 4 组中华鲟幼鱼肌肉脂肪酸种类数

种　　类	SFA(N)	MUFA(N)	PUFA(N)	Total
斑尾刺虾虎鱼	5	3	5	13
安氏白虾	10	4	8	22
河蚬	7	6	7	20
水丝蚓	13	8	7	28
光背节鞭水蚤	11	5	7	23
摇蚊幼虫	7	4	6	17
野生组	6	6	9	21
转食水丝蚓组	11	6	9	26
转食人工饲料组	9	5	7	21
养殖组	7	6	6	19

注：SFA(N)．饱和脂肪酸种类数；MUFA(N)．单不饱和脂肪酸种类数；PUFA(N)．多不饱和脂肪酸种类数

由表 7.35 可知，饵料生物中河蚬的 ΣSFA 最高，水丝蚓的最低；光背节鞭水蚤的

ΣMUFA 最高,斑尾刺虾虎鱼的最低;水丝蚓的 ΣPUFA 最高,摇蚊幼虫的最低;中华鲟幼鱼中养殖组的 ΣSFA 最低,转食水丝蚓组的 ΣMUFA 和 ΣPUFA 含量均最低。比较 ΣSFA(S)、ΣMUFA(M) 和 ΣPUFA(P) 三者间关系可见,除了摇蚊幼虫中为 S>M>P,光背节鞭水蚤和养殖组中为 P>M>S,水丝蚓、转食人工饲料组为 P>S>M 外,其他均为 S>P>M。

表 7.35　6 种饵料生物及 4 组中华鲟幼鱼的脂肪酸含量

种　类	ΣSFA(S)	ΣMUFA(M)	ΣPUFA(P)	含量关系
斑尾刺虾虎鱼	46.20	14.11	39.69	S>P>M
安氏白虾	39.17	26.14	34.70	S>P>M
河蚬	49.60	17.05	33.35	S>P>M
水丝蚓	31.53	25.87	42.60	P>S>M
光背节鞭水蚤	31.66	31.81	36.53	P>M>S
摇蚊幼虫	46.55	26.90	26.55	S>M>P
野生组	43.79	20.23	35.98	S>P>M
转食水丝蚓组	47.94	19.23	32.81	S>P>M
转食人工饲料组	33.32	28.27	38.40	P>S>M
养殖组	29.11	32.61	38.28	P>M>S

注:ΣSFA 为饱和脂肪酸总量;ΣMUFA 为单不饱和脂肪酸总量;ΣPUFA 为多不饱和脂肪酸总量

由表 7.36 可知,6 种饵料生物中安氏白虾的 EPA 含量最高,斑尾刺虾虎鱼的 DHA 和 ω3PUFA 含量最高,水丝蚓的 ω6PUFA 含量最高,摇蚊幼虫的 EPA 和 ω3PUFA 含量最低,摇蚊幼虫中 DHA 没有检测到,安氏白虾的 ω6PUFA 含量最低。野生组的 EPA、DHA 和 ω3PUFA 含量均最高,养殖组的均最低;养殖组的 ω6PUFA 的含量最高,野生组最低。比较 Σω3/Σω6 值可见,6 种饵料生物中斑尾刺虾虎鱼、安氏白虾和河蚬的该值大于 1,即 Σω3PUFA 大于 Σω6PUFA,且前者为后者的 5 倍以上;水丝蚓、光背节鞭水蚤和摇蚊幼虫的该值小于 1,即 Σω3PUFA 小于 Σω6PUFA。野生组和转食水丝蚓组中该值大于 1,即 Σω3PUFA 大于 Σω6PUFA,转食人工饲料组和养殖组中该值小于 1,即 Σω3PUFA 小于 Σω6PUFA。

饵料生物中 SFA、MUFA 和 PUFA 含量最高的分别为河蚬、光背节鞭水蚤和水丝蚓,不同饵料生物间不同类型脂肪酸含量间差异较大且优势互补,配合使用可以满足中华鲟幼鱼对不同类型脂肪酸的营养需求。养殖组和转食人工饲料组缺乏 EPA、DHA 和 ω3PUFA,从饵料生物的脂肪酸组成可见,斑尾刺虾虎鱼、安氏白虾和河蚬中含有较多的 ω3PUFA,故可以选择以上 3 种饵料生物来满足养殖组和转食人工饲料组对 ω3PUFA 的营养需要,但水丝蚓、光背节鞭水蚤和摇蚊幼虫中 ω3PUFA 含量较少,不能满足中华鲟幼鱼对 ω3PUFA 的营养需求。但从 ω6PUFA 的含量来看,斑尾刺虾虎鱼、安氏白虾和河蚬的 ω6PUFA 含量较少,而水丝蚓、光背节鞭水蚤和摇蚊幼虫中 ω6PUFA 较多,可见,不同种类饵料生物的脂肪酸营养可以相互补充,共同满足中华鲟幼鱼对 ω3PUFA 和 ω6PUFA 的营养需要。

表 7.36　不同饵料投喂的中华鲟幼鱼肌肉的重要脂肪酸指标比较

种　　类	EPA	DHA	$\sum\omega3PUFA$	$\sum\omega6PUFA$	$\sum\omega3/\sum\omega6$
斑尾刺虾虎鱼	11.52	20.62	33.15	6.54	5.07
安氏白虾	14.41	13.91	30.05	4.77	6.30
河蚬	8.81	6.49	28.41	5.35	5.31
水丝蚓	4.95	5.17	22.13	32.34	0.68
光背节鞭水蚤	7.87	0.17	16.90	19.38	0.87
摇蚊幼虫	1.93		9.39	17.16	0.55
野生组	9.24	13.74	23.67	11.39	2.08
转食水丝蚓组	7.65	11.29	19.71	12.47	1.58
转食人工饲料组	4.56	9.96	15.4	22.35	0.69
养殖组	2.76	4.39	9.81	27.92	0.35

由图 7.13 可知,6 种饵料生物中前 3 种(斑尾刺虾虎鱼、安氏白虾和河蚬)的 ω3PUFA 的含量明显高于后 3 种(水丝蚓、光背节鞭水蚤和摇蚊幼虫),而 ω6PUFA 的含量后 3 种明显高于前 3 种。野生组和转食水丝蚓组的 ω3PUFA 含量较高;转食人工饲料组和养殖组的 ω6PUFA 含量较高,ω3PUFA 含量却较少。

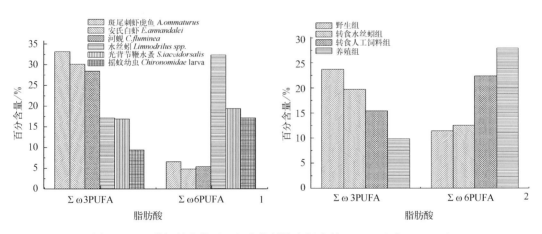

图 7.13　6 种饵料生物及 4 组中华鲟幼鱼肌肉的 ω3PUFA 和 ω6PUFA

综合来看,斑尾刺虾虎鱼、安氏白虾和河蚬的 EPA、DHA 和 ω3PUFA 的含量均较高,能为中华鲟幼鱼提供 ω3PUFA 营养;水丝蚓、光背节鞭水蚤和摇蚊幼虫的 ω6PUFA 含量较多,可弥补野生中华鲟幼鱼 ω6PUFA 的不足。

由分析可知,ω3PUFA 为中华鲟幼鱼入海洄游中重要的脂肪酸,但养殖组和转食人工饲料组的 ω3PUFA 含量较少,故以上 2 组中华鲟幼鱼急需 ω3PUFA 营养,斑尾刺虾虎鱼、安氏白虾和河蚬含 ω3PUFA 较多,是中华鲟幼鱼重要 ω3PUFA 营养来源,故在对养殖组和转食人工饲料组中华鲟幼鱼进行养殖时,应根据其天然饵料生物的脂肪酸组成,尤其是其中 ω3PUFA 的组成情况,进行设计和选择人工饲料,可以选择与其天然饵料生物重要脂肪酸组成类似的饵料生物添加到人工饲料中,或者在人工饲料中适当地添加

ω3PUFA,尤其是 EPA 和 DHA,以满足中华鲟幼鱼生长和入海洄游的需要。综合来看,6种饵料生物作为中华鲟幼鱼的饵料都是优良蛋白源,基本能满足中华鲟幼鱼的生长需要。但这 6 种饵料生物中都有少数限制性必需氨基酸不能完全满足中华鲟幼鱼的营养需求(亮氨酸、赖氨酸或精氨酸)。因此,在选择和开发中华鲟幼鱼的饵料时,不同饵料之间合理搭配使用是必要的。

7.5　鲟鱼营养需求的生理生态学意义

　　鲟鱼的生态习性和独特的消化系统决定了其对特殊的摄食习性和营养需求。鲟鱼具有系统的胃肠道系统,既有硬骨鱼类的幽门盲囊,又保留了软骨鱼类所特有的螺旋瓣肠。而且有趣的是,瓣肠微绒毛不是分布在柱状上皮细胞的表面,而是长在上皮细胞的凹陷中,每簇微绒毛占据一个细胞的位置,有的单簇分布,有的与相邻的聚集在一起构成更大的微绒毛簇,这种微绒毛的分布形式有别于其他硬骨鱼类。这些消化道特点反映了鲟鱼漫长物种进化的痕迹。鲟鱼的食道-胃过渡区中已有腺体的存在,黏膜表面分泌孔数量丰富,其分泌物在纤毛的作用下与食物充分混合,同时胃腺可分泌丰富的蛋白酶,有利于食物的消化。鲟鱼的前肠、瓣肠是食物的消化吸收的主要场所。

　　野生鲟鱼的食物来源于天然生物饵料,而养殖鲟鱼的食物则是人工配合饲料。野生和养殖鲟鱼的食物组成和生长环境的差异也会引起肌肉生化组成成分出现比较明显差异。除此之外,不同种类鲟鱼的肌肉营养成分会有一定差异。对于洄游性鲟鱼来讲,其食物组成会因生存环境和季节不同而发生变化,进而引起肌肉营养成分组成比例随之发生改变。

7.5.1　在辨别不同种质鲟鱼类中的意义

　　生存环境所带来的鲟鱼生长发育期间的肌肉生化营养成分差异,对了解野生鲟鱼的生活史具有重要的参考价值。这些肌肉营养成分的基本参数可作为种质标准建立的重要指标。例如,中华鲟肌肉氨基酸和脂肪酸含量随着洄游过程中所摄取饵料生物不同发生了明显变化。对不同洄游过程中不同时期的鲟鱼肌肉营养成分进行分析,能反映出不同环境条件下鲟鱼肌肉成分中种质标准重要指标的差异,为不同条件的鲟鱼种质标准的建立提供了重要参数。同时利用种间肌肉营养成分的差异,表明种质标准中肌肉营养成分方面的参数,还可以为辨别不同条件及不同遗传差异的鲟鱼类提供基本资料和科学依据。

7.5.2　在中华鲟人工放流方面的意义

　　中华鲟人工放流对保护鲟鱼资源具有重要意义,每年渔政部门都在长江流域放流养殖中华鲟幼鱼。对洄游鲟鱼营养需求的研究对预测放流后鱼类后能否适应海洋环境具有重要的指导意义。通过对比野生与养殖中华鲟幼鱼肌肉营养成分,发现了两者脂肪酸间

最主要的不同是 ω3PUFA 和 ω6PUFA 的组成和含量的差异,该差异是由两者生存环境及在不同环境中摄取的饵料不同造成的。因此,通过对放流养殖中华鲟的定向营养强化,可以提升其体内多不饱和脂肪酸的含量,增强其适应海水生活的能力。同时,还要结合中华鲟饵料生物的分布特点及饵料生物随季节的变动规律来决定放流时间和地点,保证养殖中华鲟放流后能得到充足的饵料供应,通过摄食其饵料生物,使其不断地富集 EPA 和DHA 等 ω3PUFA,为其适应海洋环境提供保证,提高其入海后成活率。

7.5.3　对中华鲟救护过程中饲养管理的意义

从 2002 年上海市长江口中华鲟自然保护区建立以来,开展了大规模的中华鲟保护与抢救工作。目前,抢救的中华鲟幼鱼在暂养过程中面临转食人工饵料和适应暂养环境等问题。根据鲟鱼不同发育阶段的营养需求,针对野生中华鲟幼鱼暂养过程中存在的问题,应从 3 个方面解决。一是创造良好的养殖环境,加强管理,使其尽快适应暂养生活;二是根据其摄食规律进行诱导,使其有效地转食;三是合理选择和搭配饵料,保证其营养充分和平衡,满足其营养需要。

中华鲟救护暂养过程中的转食饵料主要是水丝蚓和人工饵料。在转食水丝蚓时适当地补充一些所需氨基酸和脂肪酸,就基本能够满足中华鲟的营养需求。对野生中华鲟幼鱼暂养摄食行为的研究发现,暂养中华鲟幼鱼主要依靠嗅觉和触觉摄食,故在投喂人工配合饵料时,应加入一些诱导物质,同时对饵料的颗粒大小、软硬、色泽等进行相应设计,使其更适合暂养中华鲟幼鱼的摄食,增加其摄食量。在转食人工饵料时,除了选择必需氨基酸和脂肪酸含量丰富外,更要注重合理搭配饵料中不同营养成分间的比例,才能保证其营养充分和平衡,降低野生中华鲟幼鱼在暂养过程中的死亡率。

7.5.4　在中华鲟自然保护区建设上的意义

通过对长江口水环境的调查,分析长江口水环境是否适合中华鲟幼鱼及其饵料生物的生存。通过对长江口中华鲟幼鱼天然饵料生物的调查,结合对其营养成分的分析,了解长江口中华鲟幼鱼饵料生物的丰度及各种饵料生物的营养状况,判断饵料生物的营养能否满足中华鲟幼鱼生长、存活和洄游的营养需要。结合对长江口水环境和饵料生物的调查,探讨中华鲟幼鱼营养成分与其饵料生物和环境间关系。中华鲟幼鱼的正常生长、存活和洄游与其生存环境和饵料生物密切相关,可以通过保护长江口生态环境和饵料生物资源来保护中华鲟幼鱼,在中华鲟自然保护区建设时,一是保证保护区内水环境清洁,适合中华鲟幼鱼及其饵料生物的生存;二是保证在保护区内中华鲟幼鱼能获得丰富的饵料来源,且饵料生物的营养成分能够满足中华鲟幼鱼生长、存活和洄游的营养需要。

7.5.5　对鲟鱼人工配合饲料研制的意义

对鱼类肌肉营养成分的测定,可为该种鱼的营养需要量的制定和计算提供依据。通

过获得在不同生存环境、不同饵料来源和不同生长期中的鲟鱼营养成分及其对蛋白质、脂肪等营养需求的数据,可为鲟鱼人工饲料的开发提供科学参考数据。鲟鱼的蛋白质需求较普通养殖鱼类高。鲟鱼对蛋白质需求会因不同种类和不同生长发育阶段而有所差异,一般在35%～55%。而鲟鱼饲料的脂肪含量一般在8%～10%为宜,但脂肪添加量过高对鲟鱼生长有不利影响。根据不同鲟鱼的不同生长阶段的营养需求,参照其天然饵料生物的营养成分组成情况,开发研制及选择搭配饵料,既能保证其营养充分和平衡,又能适合不同养殖对象的需求。

第8章 鲟鱼的性腺发育及其环境调控

鱼类的性腺是繁殖活动的基础,它们的一系列生理现象都围绕此中心,对鱼类性腺组织学、形态学及性激素的研究是认识和调控鱼类的繁殖机制和生理活动的途径之一(李璐等,2006)。在鱼类的生殖周期中,性腺的发育尤其是雌性个体的性腺发育受多方因素的干扰,雌鱼卵巢中的卵原细胞增殖、卵黄积累、卵母细胞发育成熟及其排卵和产卵,其中每一个环节都必须准确、协调才能确保在最恰当的时间里产生具有受精能力的卵母细胞,并使受精卵和仔鱼在最佳的环境条件下存活下来。鱼类的这种生殖策略是种群在长期的进化过程中获得的。这种生殖适应性受环境因子的暗示和调控,即性腺周期性变化的形成受环境和季节变化的影响。这些环境因子多种多样,包括气象水文因子(如光照、温度、降雨和水流)、水体化学因子(盐度)、水体生物因子(异性鱼类、营养、产卵基质)、人为因子等。这些因子间又相互作用,对鱼类的生殖过程产生有利和不利影响(温海深和林浩然,2001)。

鲟鱼类生活史复杂,性腺发育周期长,初次性成熟时间迟,给鲟鱼类的繁殖生理学研究特别是性腺发育的研究带来一定困难。近年来,鲟鱼规模化养殖及全人工繁殖技术的突破,为鲟鱼类繁殖生理学研究带来了便利条件,相关研究也取得了显著进展(陈细华,2004)。

8.1 鲟鱼性腺发育的规律与特征

鲟鱼类的生殖生物学研究在制定鲟鱼自然资源的恢复和保护策略及发展人工养殖业上意义重大,长期以来倍受关注(Doroshov et al.,1997;Doroshov and Lutes,1984)。已有研究显示,鲟鱼类的性腺发育和繁殖周期独特,有别于许多其他硬骨鱼类,而养殖鲟鱼的性腺发育特征又明显不同于野生鲟鱼(Doroshov et al.,1991),在自然栖息地,鲟鱼类大多在生长发育过程中有不同的洄游生活史,性腺发育缓慢,性成熟年龄高;在人工条件下,由于缺乏某些生活史阶段所需的环境条件,性腺发育通常难以成熟(Doroshov et al.,1994)。

鲟鱼的性腺发育一直是研究人员关注的焦点之一,鲟鱼性成熟时间长。例如,西伯利亚鲟自然条件下雄鱼性成熟年龄在 10~12 年,雌鱼则需要 17~18 年,在人工养殖条件下雄性初次性成熟年龄也需要 3~4 年,雌性需要 4~6 年(Williot et al.,1991)。目前国内外对于养殖条件下鲟鱼性腺发育较为系统的工作仅见于中华鲟(陈细华,2004;易继舫等,1999)、史氏鲟(高艳丽,2006;章龙珍等,2002)、西伯利亚鲟(Williot et al.,1991)、俄罗斯鲟(胡红霞等,2007)、杂交鲟(Omoto et al.,2001)、高首鲟(Doroshov et al.,1997)等。

8.1.1　鲟鱼早期性腺发生与分化

鱼类性腺发育的完整过程,应包括胚胎学上原始生殖细胞(primordial germ cell, PGC)的起源、性腺原基(rudiments of gonad)的发生和分化(刘筠,1993)。鱼类的性腺主要由来自体腔膜的体细胞和胚胎发育时期的原始生殖细胞通过分裂、迁移、分化形成(Van Eenennaam and Doroshov,1998)。性腺雌雄分化的时间、分化的类型及完成分化的标志在不同种的鱼类及性别之间有差异,系统研究鱼类的性腺发生、分化有助于了解鱼类性腺分化规律,确定鱼类的性腺分化方式和开始分化时间,对人工调控鱼类种群的性别,提高鱼类的繁殖性能、种质特性,以及开发和利用优质的品种资源有重要意义(田美平,2010;章龙珍等,2002)。

鲟鱼的生长发育过程相对比较缓慢、复杂,一般需要几年甚至二十几年才能达到性成熟,对其性腺早期发生分化的研究较少(Akhundov and Fedorov,1991;Flynn and Benfey,2007a;Grandi et al.,2007;Wrobel et al.,2002;陈细华等,2004;田美平等,2010)。已有的研究表明,鲟鱼性腺开始分化时间差异很大,从6月龄到2龄不等,这取决于物种及生长环境(Grandi et al.,2007)。

8.1.1.1　原始生殖细胞的起源和迁移方式

鱼类和其他大多数动物一样,胚胎发育产生两大细胞系,一个是生殖细胞系或种质系,另一个是体细胞系。生殖细胞系和体细胞系的分离发生在胚胎发育的早期,其标志是形成生殖细胞系的祖细胞,即原始生殖细胞(PGC)。PGC形成后从其"出生地"进行"长途跋涉"迁移到性腺原基,成为性原细胞,即卵原细胞和精原细胞;随后在经过配子生成的一系列发育过程后,最终产生成熟的配子——卵子和精子(徐红艳等,2010)。原始生殖细胞参与生殖腺的形成,通过对鱼类PGC的研究可以人为地控制鱼类的性别,在渔业生产中具有重要的实践意义(詹冰津等,2013)。

1. 原始生殖细胞的起源

生殖细胞与体细胞的分离发生在胚胎发育早期。不同生物的生殖细胞形成模式不同,综合模式生物中的研究,研究者认为生物界至少存在两种生殖细胞形成模式,即"先成论"和"后成论"模式(Saffman and Lasko,1999)。果蝇、线虫类和无尾两栖动物中,生殖细胞在胚胎发育早期与体细胞的分离形成,是由特异的胞质决定子决定的。这些决定子定位在"极质"或"生殖质"(germ plasm,GP)中,然后被分配到原原始生殖细胞(pPGC),这些细胞必定能发育形成生殖细胞,这就是所谓的"先成论"模式。在有尾两栖动物和羊膜动物中没有发现GP,它们的生殖祖细胞是在发育早期由其他细胞诱导形成的,这就是"后成论"模式(徐红艳等,2010)。

关于鱼类PGC的起源,早在20世纪初,就有人采用光学显微镜观察研究PGC的形态特征,发现不同鱼类的生殖细胞起源于不同的胚层,甚至在同一物种,不同的观察者也会得到不同的结论(Braat et al.,1999;徐红艳等,2010)。以前关于鱼类PGC的起源主要有两种观点,一种认为PGC起源于中胚层,另一种认为起源于内胚层(宋卉和王树迎,2004)。以上这种通过组织学的研究手段进行的判定仅仅是根据最早观察到的PGC所处的胚层来推断,很难提供更加令人信服的实验证据来界定鱼类 PGC 在胚胎发育过程中形成的确切时间及位置(宋卉和王树迎,2004;徐红艳等,2010)。

最近有关鱼类生殖细胞标记基因——*vasa* 的研究,为鱼类 PGC 的起源提供了更为确切的证据。例如,斑马鱼 PGC 的形成是由母源生殖质决定子所决定,*vasa* RNA 通常定位于 2 细胞期和 4 细胞期胚胎的分裂沟,且在随后的早期卵裂胚胎中,*vasa* RNA 仅被分配到 4 个细胞中,直到 4 000 细胞期的胚胎,*vasa* RNA 阳性细胞数增加至 12~16 个细胞,表明斑马鱼生殖细胞与体细胞的分离在胚胎发育早期就已发生,而且最早的 4 个细胞就是 pPGC,符合“先成论”模式(Yoon *et al.*, 1997)。而青鳉(*Oryzias latipes*)与斑马鱼 *vasa* 在卵裂期胚胎中的表达极为不同,青鳉 *vasa* RNA 广泛地分布于胚胎的许多细胞中,直到原肠期胚胎才表现为 PGC 特异分布(Shinomiya *et al.*, 2000)这种特征与 PGC“先成论”形成模式不相符。以上研究说明,鱼类原始生殖细胞的起源较为复杂,因此在其他鱼类,包括青鳉中检测分析更多的 *GP* 基因的表达及功能,将为研究鱼类 PGC 起源模式提供更多有价值的信息(徐红艳等,2010)。

对西伯利亚鲟的研究表明(田美平等,2010),连续切片观察发现 3 日龄的仔鱼[全长(10.58±0.25)mm],在卵黄囊上方的两侧中肾管之间出现原始生殖细胞,其体积明显大于周围的体细胞,呈梨形,核大,着色浅,周围被 1 层体细胞包被着(图 8.1-1~2)。而对养殖中华鲟的研究也显示,出膜 3 日后,PGC 即以单细胞的形式存在于肾管区腹下方(陈细华等,2004)。

2. 原始生殖细胞的迁移

在大多数动物胚胎的发育早期阶段,其 PGC 的起源位置与其性腺体细胞组织相距很远。因此,这些细胞必须穿过各种体细胞组织,经过“长途跋涉”到达生殖脊。目前的研究显示 PGC 的迁移途径至少有两种:其一是以鸡为代表的禽类依赖胚胎血液循环系统的迁移;其二是除禽类以外的其他所有被研究过的动物,依赖胚胎原肠形成的迁移(徐红艳等,2010)。鱼类 PGC 也是依赖胚胎原肠形成进行迁移的(Braat *et al.*, 1999),迁移 PGC 通常可进行被动转移和主动迁移,PGC 的被动移动是靠胚胎的原肠作用进行的(如胚盘的下包内卷过程);主动迁移则依赖于细胞自身的能动性(徐红艳等,2010)。一旦迁移起始,PGC 的定向迁移行为依赖于细胞的自主和非自主活动,且在胚胎原肠形成过程中,PGC 被转移至胚胎前部和侧部的中胚层边缘(Weidinger *et al.*, 1999)。

早期性腺发生分化过程中,PGC 从发生部位迁移到生殖褶的方式有多种形式(宋卉和王树迎,2004):一类是 PGC 沿着脏壁中胚层肠系膜迁移到背面的生殖褶,如泥鳅(*Misgurnus anguillicaudatus*)(高书堂等,1998)、纳氏鲟(Grandi *et al.*, 2007)等属于此种方式;另一类是 PGC 沿着体壁中胚层通过体节迁移到生殖褶,如青鳉(Hamaguchi, 1982)等属于此种方式。

对西伯利亚鲟的研究发现,10 日龄时 PGC 迁移到背侧的腹膜上皮中(图 8.1-3~4);13 日龄时 PGC 沿腹膜上皮迁移到中肾管下方肠壁上方,在此其经过有丝分裂,数量增加至多个(图 8.1-5~6);16 日龄时 PGC 沿腹膜上皮迁移到最终位置中肾管侧腹部(图 8.1-7)。综合看来,西伯利亚鲟的原始生殖细胞的迁移方式是沿着肾管与肠系膜间的体腔上皮迁移到肾管腹部(图 8.1-3~7),在迁移过程中细胞进行有丝分裂,属于第一种迁移方式(田美平等,2010),研究结果与纳氏鲟非常相似(Grandi *et al.*, 2007)。

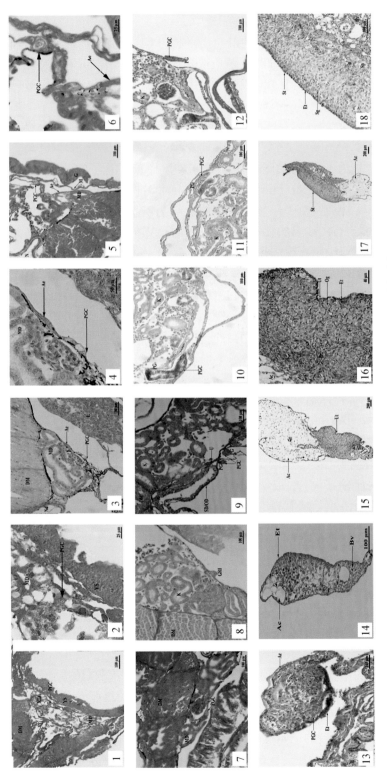

图 8.1　西伯利亚鲟原始生殖细胞的起源、迁移与分化

1.3 日龄仔鱼的横切，PGC 出现卵黄囊上方的两侧中肾管之间，箭头示 PGC；2.3 日龄仔鱼的横切，PGC 所在区域局部放大；3.10 日龄仔鱼的横切，PGC 迁移到腹膜上皮上；4.10 日龄仔鱼所在区域局部放大；5.13 日龄仔鱼的横切，PGC 沿腹膜上皮朝肾管下方迁移，原始生殖细胞核清晰；6.13 日龄仔鱼的横切，对迁移过程中的 PGC 所在区域局部放大；7.16 日龄仔鱼的横切，PGC 沿腹膜上皮迁移到肾管下方；8.22 日龄仔鱼的横切，生殖嵴形成；9.31 日龄幼鱼的横切，PGC 迁入生殖嵴，共同构成原始性腺；10.40 日龄的性腺；11.50 日龄幼鱼的横切，性腺两端部出现裂隙；12.60 日龄幼鱼的性腺横切，两端部空腔愈合，形成实心的性腺；13.90 日龄的性腺；14.135 日龄幼鱼的性腺横切，原始性腺发育，出现血管，脂肪组织增大；15.210 日龄幼鱼的性腺横切，性腺开始分化，另一侧出现生殖上皮细胞，原始性腺发育，卵原细胞放滤泡包围，示Ⅰ期卵巢；16.210 日龄幼鱼的性腺横切，性腺开始分化，游离段覆盖脂肪，边缘有皱褶，示Ⅰ期卵巢；18.210 日龄幼鱼的性腺横切，边缘光滑，内部血管丰富精原细胞在精囊中，示Ⅰ期精巢；17.210 日龄幼鱼的性腺横切，性腺开始分化，游离段覆盖脂肪，边缘光滑，内部血管丰富原始精原细胞。

Ac. 脂肪细胞；Ae. 腹腔；Bv. 血管；DM. 背部肌肉；Et. 生殖上皮；G. 中肠；GRI. 中肠嵴；K. 肾；L. 肝；M. 肠系膜；MD. 中肾管；N. 细胞核；Nu. 核仁；Og. 卵原细胞；PG. 原始性腺；PGC. 原始生殖细胞；SD/OD. 输卵管；Sg. 精原细胞；St. 光滑边缘；U. 输尿管；YS. 卵黄囊；Ut. 褶皱边缘

西伯利亚鲟生殖嵴(genital ridge)在 22 日龄时形成,位于两侧中肾管区下方的腹膜上皮向腹腔突出,形成 1 对生殖嵴,由多层体细胞构成,PGC 正在迁移到生殖嵴,位于生殖嵴外围(图 8.1-8);31 日龄时 PGC 已迁入生殖嵴,与生殖嵴共同构成原始性腺,切面呈圆形,原始生殖细胞通过有丝分裂数量增多,被增殖的单层扁平上皮细胞包被于原始性腺中部(图 8.1-9)。而对中华鲟的研究中,生殖褶在 11 日龄时既已形成,较西伯利亚鲟时间有所提前(陈细华等,2004)。

8.1.1.2　性腺分化方式

鱼类生殖策略的多样性首先涉及的是其性征(sexuality)的多样性(桂建芳,2007),鱼类的性别分化与性别决定机制相对于哺乳动物来说更为多样化,其性别决定受外源性激素、外界环境及遗传因素等多种因素的影响(詹冰津等,2013)。PGC 在迁移至性腺原基后具有 2 种发育潜能,即发育为卵子或精子,PGC 在参与鱼类的性别分化过程中,可能存在有 2 种机制:① PGC 迁移入生殖脊后受周遭环境影响决定分化为精子或卵子;② PGC 与性腺体细胞之间的相互作用决定了鱼类的性别。

硬骨鱼类的性腺分化主要有两种类型:一种类型是雌雄异体(gonochorism)型,首先形成的原始性腺是一个中性的或者没有分化的原始性腺,然后不同个体分别向雄性或雌性分化,多数鱼类属于这一类型;另一种类型是雌雄同体(hermaphroditism)型,与陆生脊椎动物相比,鱼类中雌雄同体的现象更为广泛,在雌雄同体鱼类中,最为普遍的为先后雌雄同体(successive hermaphroditism),依据其雌雄表现的先后顺序,又区分为雄性先熟雌雄同体(protandroushermaphroditism)和雌性先熟雌雄同体(protogynoushermaphroditism);还有一种为同时成熟雌雄同体(simultaneoushermaphroditism),即在性成熟个体中同时具备发育成熟的卵巢和精巢,且能自体受精产生遗传性状相对一致的后代(Jalabert,2005;桂建芳,2007)。

对西伯利亚鲟的研究发现,西伯利亚鲟在性腺分化早期形成的性腺是一个中性的没有分化的原始性腺,到 210 日龄时向雌雄两性分化(图 8.1-15～18),属于雌雄异体类型。另外还观察到,在 40 日龄时,在原始性腺两端部会形成裂腔,性腺两侧有大量原始生殖细胞(图 8.1-10);在 50 日龄时,从背离腹膜上皮的底端开始愈合(图 8.1-11);在 60 日龄时,慢慢愈合形成实心的中性的原始性腺(图 8.1-12),这种分化方式在鲟鱼类性腺发育中还未见详细报道,初步推断西伯利亚鲟早期性腺发育是从中间向两端分化发育,但其具体形成机制有待进一步研究。

8.1.1.3　性腺分化开始的标志和时间

鱼类性腺的分化包括两个方面:一是解剖学上的分化,二是细胞学上的分化。解剖学方面,生殖腺的形态作为分化标志的有外部形态,包括卵巢腔、精细小管和微血管的位置等。例如,黑头软口鲦(*Pimephales promelas*)在受精后第 10～13 天的仔鱼中,较大的原始性腺趋向于卵巢分化,较小的原始性腺趋向于精巢分化(Uguz,2008);石鲽(*Kareius bicoloratus*)(王文君等,2007)和泥鳅(陈玉红等,2007)等则以形成卵巢腔作为卵巢开始分化的标志。细胞学的分化标志一般认为是减数分裂的开始,但很多鱼类个体发育到生殖细胞减数分裂时要经历一个较长的时期(宋卉和王树迎,2004)。刘少军(1991)对革胡子鲶的研究表明,PGC 中的形态结构与性别有直接的联系,向精原细胞分化的 PGC,生殖

质的线状结构多于颗粒结构;而向卵原细胞分化的 PGC 其生殖质的颗粒结构多于线状结构。

在鲟鱼类性腺分化早期,从细胞形态上不易区分精原细胞和卵原细胞,但从原始性腺横切面的形态观察,存在着不同形态。Flynn 等(2007a)的研究表明,在鲟属鱼中,原始性腺发育到一定时期存在两种不同形态:一类是性腺横切面边缘生殖上皮呈光滑状态,生殖上皮由单层细胞组成,趋向于分化为雄性性腺;另一类性腺横切面边缘生殖上皮具有凹陷的皱褶,生殖上皮由多层细胞组成,趋向于分化为雌性性腺。陈细华等(2004)报道在中华鲟早期性腺发育过程中,原始性腺横切面形态为半圆形的,将分化成精巢,而形态为长条形,成波浪形皱褶将分化成卵巢。

西伯利亚鲟在 7 月龄时,出现性腺解剖学上的分化,出现两种形态结构不同的性腺,一种性腺切面的生殖上皮细胞呈柱状,并且由 2～3 层伸长的细胞组成,在切面的边缘有明显的凹陷,生殖细胞成群地聚集在生殖上皮下,能观察到胞径较大的被滤泡包被的卵原细胞;另外一种性腺切面生殖上皮由单层细胞组成,边缘光滑,能观察到胞径较小的被精囊包被的精原细胞(图 8.1-15～18),这与 Grandi 等(2007)报道的结果较为相似,表明可以原始性腺横切面的形态作为判定性腺分化方向的标志,这在鲟鱼早期性别判定上有着重要的用途。

鲟鱼解剖学上开始雌雄分化的时间在不同种之间有一定差异,纳氏鲟 6 月龄性腺开始雌雄分化(Grandi *et al.*,2007),俄罗斯鲟为 3 个月(Akhundov and Fedorov,1991)、杂交鲟(*Huso huso* ♀×*A. ruthenus* ♂)为 6 个月(Omoto *et al.*,2001)、小体鲟为 8 个月(Wueringer and Tibbetts,2008)、短吻鲟为 7 个月(Flynn and Benfey,2007a)、中华鲟为 9 个月(陈细华等,2004)。对西伯利亚鲟的研究表明,西伯利亚鲟性腺分化开始的时间为 7 个月,与其他鲟鱼类差别不大。

8.1.2　鲟鱼性腺发育特征

鱼类性腺发育的分期,主要是依据细胞内含物,特别是卵黄颗粒的体积、大小、数量、分布及染色体的形态学,不同学者研究有着不同的标准(Hora,1987)。如 20 世纪 30 年代苏联学者在对鲟鱼类生殖细胞发育时期的研究中,根据核、细胞质与膜的变化,将卵巢发育分为卵母细胞分裂期、生长期和成熟期,其中生长期又可以分为核改造期、小生长期和大生长期这 3 个时期(杰特拉弗和金兹堡,1958);施璩芳(1988)沿用这一标准,但依据卵巢发育时期中卵黄的形成,将卵黄形成的过程(生长期)分为 3 个时期,即第一卵黄形成期(细胞质中含糖蛋白的卵黄泡出现)、第二和第三卵黄期(脂蛋白积累并形成颗粒,积累程度逐渐加大);Yamamoto(1969)以核和核仁的大小与特征,以及细胞内含物的类型和位置为依据,将虹鳟的卵母细胞分为 8 个时期:染色质-核仁期、核仁外周早期、核仁外周晚期、油滴期、初级卵黄期、次级卵黄期、三级卵黄期和成熟期。

鲟鱼为软骨硬鳞鱼类,其性腺发育较一般硬骨鱼类而言有其自身的特点,大部分鲟鱼雌性性成熟为 9～17 龄,雄性稍早于雌性 1～2 年(Dettlaff *et al.*,1993)。由于鲟鱼的初次性成熟时间长,研究难度大,因此鲟鱼性腺发育分期的方法较多,至今尚无统一的标准

(Van Eenennaam et al.，2001)。如 Bruch 等(2001)将湖鲟的卵巢、精巢发育分为 7 个阶段和 4 个阶段；Conte 等(1988)将高首鲟的卵巢和精巢各分为 4 个时期；Van Eenennaam 和 Doroshov(1998)将大西洋鲟的卵巢分为 7 期，精巢分为 6 期。

国内对鲟鱼性腺发育的分期，一般沿用苏联学者的分期方法(杰特拉弗和金兹堡，1958)。Hochleithner 和 Gessne(2011)将鲟鱼性腺发育进行了归纳，修订了一套鲟鱼性腺发育各期的鉴定标准，即 0 期(性腺完成组织学分化之前)、Ⅰ～Ⅵ期的分期系统。中华鲟(四川长江水产资源调查组，1988；易继舫等，1999)、史氏鲟(高艳丽，2006；李璐，2006)、俄罗斯鲟(胡红霞等，2007)及西伯利亚鲟(张涛等，2010b)等均采用这一分期系统(表 8.1)。本节利用组织学研究手段对人工养殖西伯利亚鲟的性腺发育进行了观察。

表 8.1　鲟鱼性腺分期标准(Hochleithner and Gessner, 2001)

时　期	雌　　性	雄　　性
0 期	看不出任何分化	
Ⅰ期	卵巢黄白色，由脂肪细胞和卵原细胞及卵径 0.1 mm 以下的初级卵母细胞组成	精巢由脂肪组织和呈薄层索状的生殖组织构成，后者主要包括精原细胞
Ⅱ期	卵巢浅黄色，卵细胞中出现正在生长的、卵径 0.1～0.5 mm 的卵母细胞	精巢的生殖组织部分扩大到 1/3，精囊中具有初级精母细胞
Ⅲ期	卵母细胞卵径 0.5～1.0 mm，脂肪组织灰色或黄色	精巢浅灰色，脂肪约占 50%，生殖组织具壶腹结构
Ⅳ期	卵母细胞 1～2 mm，灰褐色，脂肪很少	精巢较大，脂肪组织占 1/3，精子细胞尚未游离
Ⅴ期	卵母细胞分为两簇，一簇处于Ⅱ期；一簇具有灰色的卵径 2～4 mm 的卵子，其生殖泡向动物极移动	精巢中没有脂肪，所有的精囊及管腔中充满成熟的精子
Ⅵ期	卵子暗色或略呈玫瑰红色，组织松弛	精巢玫瑰红色，精子游离在体腔中

8.1.2.1　性腺发育分期

1. 精巢发育观察

Ⅰ期精巢性腺生殖上皮(germinal epithelium)由单层细胞组成，表面较光滑饱满，生殖上皮下有少量的初级精原细胞(primary spermatogonia)(图 8.2-1)。

Ⅱ期精巢内部初步形成精小叶(seminiferous lobulus)，精小叶内充满初级精原细胞和次级精原细胞(secondary spermatogonia)；初级精原细胞体积较次级精原细胞大，且独立位于精小叶边缘，细胞核颜色较浅；次级精原细胞位于精小叶内部，细胞核呈紫红色(图 8.2-2)。

Ⅲ期精巢精小叶出现空腔，称为小叶腔(lobule lumen)，精小叶内有大量的初级精母细胞、次级精母细胞和少量的精子细胞(spermatid)，精子细胞的体积较初级精母细胞和次级精母细胞小(图 8.2-3)。

Ⅳ期精巢精小叶切面面积增大，内部主要是精子细胞和少量的初级精母细胞、次级精母细胞；在精囊(spermatophore)中出现少量精子(spermatozoa)，呈细长棒状，深紫色(图 8.2-4)。

Ⅴ期精巢精小叶中精囊界限不明显,部分精囊囊壁破裂,小叶腔扩大且充满成熟精子。此期精巢中精子占绝大多数,呈深蓝色,另有少量的初级精母细胞、次级精母细胞和精子细胞(图8.2-5~6)。

2. 卵巢发育观察

Ⅰ期卵巢性腺生殖上皮由2~3层柱状细胞组成,切面呈不规则沟状凹陷,生殖上皮下有成团的卵原细胞(oogonium);卵原细胞直径15~100 μm,圆形或椭圆形,核占细胞体积的2/3左右,核膜完整,核仁(nucleolus)1个,呈红色,位于核中央(图8.2-7)。

Ⅱ期卵巢以Ⅱ时相初级卵母细胞(primary oocyte)为主(直径100~500 μm),同时也有大量的脂肪细胞(lipocyte)。Ⅱ时相早期卵母细胞的滤泡细胞不明显,胞质嗜碱性增强,核区嗜碱性相对较弱,核仁数目较少(图8.2-8);Ⅱ时相中期卵母细胞体积较前期增大,卵圆形或不规则形,核仁数目增加,明显聚集在核中央,胞质嗜碱性增强(图8.2-9);Ⅱ时相晚期卵母细胞体积继续增大,胞质嗜碱性减弱,嗜酸性增强,出现滤泡细胞层,核仁数量显著增加且大小不等,在核膜内缘呈环形排列,该期也称为外周核仁期(图8.2-10)。

Ⅲ期卵巢以Ⅲ时相大生长期初级卵母细胞为主(直径500~1 500 μm),近椭圆形;核仁逐渐变小且数目增多,密集排列于核膜内侧,呈紫红色;胞质内出现较多卵黄颗粒(yolk grain),卵黄颗粒体积增大成卵黄小体(yolk body);由于卵黄颗粒的分布使细胞质分为明显的5层结构,靠近细胞膜及核膜的2窄层为无卵黄颗粒分布层,靠近2窄层为小颗粒层,中间为大颗粒层,此期细胞核处于细胞中央,尚未发生极化(图8.2-11)。

Ⅳ期卵巢以Ⅳ时相初级卵母细胞为主(长轴直径1 500~2 500 μm),依据细胞的大小及核偏移情况,可将该时相卵母细胞分为早、中、晚3个阶段。Ⅳ时相早期卵母细胞靠近细胞膜的小卵黄颗粒层内出现色素颗粒,细胞核位于细胞的中心,核膜消失,核仁移向中央,均匀分布并被无卵黄颗粒的细胞质环绕(图8.2-12)。Ⅳ时相中期卵母细胞的细胞核开始由中央向动物极移动,不含卵黄的细胞质也随着卵核向动物极方向移动;细胞质的5层分布消失,卵黄小板和脂肪滴集中在细胞质外周和植物极(图8.2-13)。卵膜可见明显的3层结构,由内向外分别为内层放射膜(zona radiate interna)、外层放射膜(zona radiate externa)和外套膜(jelly coat);卵膜外附着薄膜状,松散起伏不平的滤泡膜(follicular wall);3层膜都有对应的辐射纹,内层放射膜最薄,与外层放射膜紧密相连;3层膜的厚度由大到小依次为外套膜、外层放射膜和内层放射膜(图8.2-14)。

Ⅴ期卵巢Ⅴ时相的卵母细胞是由初级卵母细胞经过第一次成熟分裂成为次级卵母细胞,进而发育到第二次成熟分裂中期的成熟卵细胞。从卵切面上可观察到此时相卵母细胞的核膜消失,核边缘的形状不规则,极化指数PI小于0.1,卵膜放射带的辐射纹消失(图8.2-15)。

3. 西伯利亚鲟性腺发育分期标准

参照鱼类性腺的传统分期方法和鲟鱼性腺发育界定的标准,按性腺分化后性腺发育的6个时期(Ⅰ~Ⅵ)来划分人工养殖西伯利亚鲟性腺。以性原细胞的出现及性腺切面的出现两种不同结构形态作为Ⅰ期的标志;以卵巢中细胞处在生长期及体积变大和精巢中精小叶的开始出现作为Ⅱ期的标志;以卵巢中细胞开始出现卵黄颗粒、脂肪滴和精巢中精

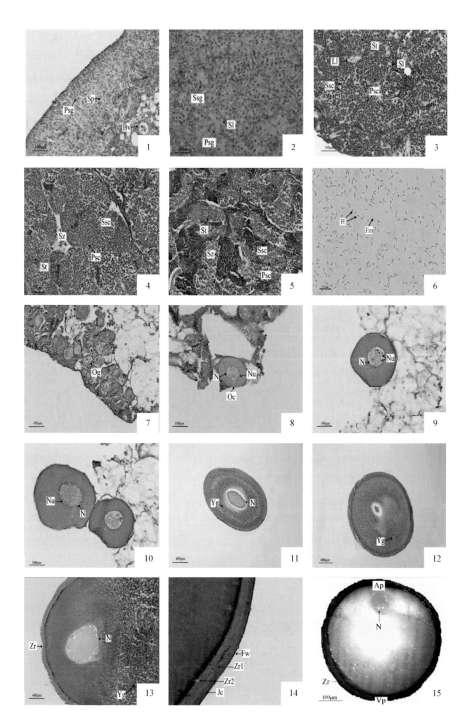

图 8.2　西伯利亚鲟性腺发育

1. Ⅰ期精巢；2. Ⅱ期精巢；3. Ⅲ期精巢；4. Ⅳ期精巢；5. Ⅴ期精巢；6. 成熟精子；7. Ⅰ期卵巢；8. Ⅱ时相早期卵母细胞；9. Ⅱ时相中期卵母细胞；10. Ⅱ时相晚期卵母细胞；11. Ⅲ时相晚期卵母细胞；12. Ⅳ时相早期卵母细胞；13. Ⅳ时相中期卵母细胞；14. Ⅳ时相卵母细胞卵膜；15. Ⅴ时相卵母细胞

Ap. 动物极；Bv. 血管；Fm. 精子鞭毛；Fw. 滤泡膜；H. 精子头部；Jc. 外套膜；Ll. 小叶腔；N. 细胞核；Nu. 核仁；Oc. 卵母细胞；Og. 卵原细胞；Psc. 初级精母细胞；Psg. 初级精原细胞；Sl. 精小叶；Sp. 精囊；Ssc. 次级精母细胞；Ssg. 次级精原细胞；St. 精子细胞；Sz. 精子；Vp. 植物极；Yg. 卵黄颗粒；Zr. 放射带；Zr1. 外层放射膜；Zr2. 内层放射膜

小叶中出现初级精母细胞作为Ⅲ期的标志;以卵巢中细胞开始极化生成动物极、植物极和精巢中生成精子细胞作为Ⅳ期的标志;以可以挤压腹部产卵排精作为Ⅴ期的标志。当然各种分期都是人为的,同时生物系统的发育是一个连续的过程,孤立地看待某一阶段或某一时期都是片面的。

8.1.2.2　卵膜的结构与功能

鱼类的卵膜有重要的生理作用,其不仅可以保护卵膜内胚胎的正常发育,还与卵的形状、呼吸、漂浮或黏着等有关(施璟芳,1988;魏刚等,2005)。对史氏鲟的研究发现成熟卵子具有黏性与其卵膜结构有关,当成熟卵子排出体外后,卵膜的外套层遇水后分泌大量黏液且膨胀,卵子即可黏附到物体上(曲秋芝等,2003);对纳木错裸鲤(*Gymnocypris namensis*)的研究也发现,成熟卵子排出后其卵膜上的突起融合成绒毛状或丝状,使卵子具有黏性(何德奎等,2001)。

西伯利亚鲟卵母细胞的卵膜由内层放射膜、外层放射膜和外套膜3层膜结构组成(图8.2-14),这与史氏鲟(曲秋芝等,2004)的卵膜结构相似,卵膜的这种多层结构可能与鱼类对不同环境条件的适应机制有关(施璟芳,1988)。卵膜结构的变化与营养物质的积累有密切的关系,对卵巢的分期也具有重要的意义(曲秋芝等,2004)。西伯利亚鲟Ⅱ时相卵母细胞出现了单层细胞的滤泡膜,随着卵母细胞的发育,Ⅳ时相卵母细胞的卵膜明显增厚,并形成了由卵母细胞的细胞膜增厚形成的外层放射膜,由外层放射膜外的滤泡细胞突起形成了外套膜,以及由滤泡细胞的细胞质突起变细并深入到外层放射膜内形成放射状的细微管道所构成的内层放射膜,至此,完成了内层放射膜、外层放射膜和外套膜3层膜结构的卵膜。对鲇(*Silurus asotus*)卵膜的显微和超微结构的研究发现,鲇卵膜的放射膜有3层(外层、中层和内层),且外层放射膜在卵母细胞成熟后逐渐消解(魏刚等,2005)。西伯利亚鲟卵膜的放射膜与史氏鲟相同(曲秋芝等,2004),只具有2层(内层和外层),且并未发现放射膜随卵母细胞发育消失的现象,这可能与物种间的差异有关。

同时,在西伯利亚鲟卵膜上具有大量纵向分布的细微管道而形成的放射带,且成熟的Ⅴ时相卵膜上放射带的辐射纹消失。放射带是由碳水化合物和蛋白质所组成的,其放射状条纹构造是由于微绒毛的穿插及从卵母细胞和滤泡细胞伸出的突起相互深入所共同形成的(Hoar,1987;施璟芳,1988)。对史氏鲟的研究也发现第Ⅴ时相的成熟卵从滤泡膜内释放后卵膜上的放射管道即消失,这些都表明放射带对卵母细胞和滤泡之间的信息和物质交换有重要的意义(曲秋芝等,2004)。放射带形成之后,卵母细胞细胞质外环开始出现小卵黄颗粒,小卵黄颗粒相互融合形成卵黄小体并逐渐向外侧胞质运动,说明卵黄颗粒的积累与放射膜有关,即颗粒卵黄是由卵细胞外源性物质合成的。

8.1.2.3　精子形态与结构

鲟鱼的生殖生理特性与其他淡水硬骨鱼类有很大的不同,这导致鲟鱼类精子与其他硬骨鱼类的精子有较大的差异。这些不同包括形态上(精子形态结构复杂,出现了顶体)、生理上(精子寿命比淡水鱼类长,并且具有顶体反应)和生化上(出现了顶体头粒蛋白,芳基硫酸酯酶)(Wayman,2003)。研究精子的形态及超微结构为丰富鲟鱼类的基础生物学信息,以及了解鲟鱼类的分类及进化关系提供依据。

1. 精子外部形态

鲟鱼精子由顶体、头部、中段和鞭毛组成,呈长圆柱状辐射对称(图 8.3)。

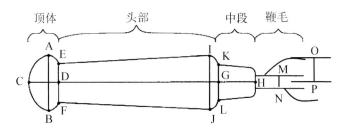

图 8.3 鲟鱼精子各部分分区图

CD. 顶体长度;AB. 顶体宽度;DG. 头长;EF. 头前部宽;IJ. 头后部宽;CG. 头全长;GH. 中段
长度;KL. 中段宽度;CH. 全长;MN. 鞭毛直径;OP. 鞭毛侧鳍宽

鲟鱼类与大多数硬骨鱼类精子相比在形态上有很大的差别。大多数硬骨鱼类的精子头部呈圆形,核前方无顶体,只是极少数鱼如圆斑星鲽(*Verasper variegates*),在精子核前区有凹陷的特殊结构,这种特殊的结构被认为是顶体的遗迹(张永忠等,2004)。多数硬骨鱼类精子的中段不明显。鲟鱼类精子头部呈棒状,除大西洋鲟外(DiLauro *et al.*,1998),大多头前部稍细,后部较粗,有明显的顶体结构,中段明显(图 8.4 - A,图 8.5 - 1),鲟鱼类精子的顶体结构和中段与其原始的进化地位相吻合(章龙珍等,2008)。

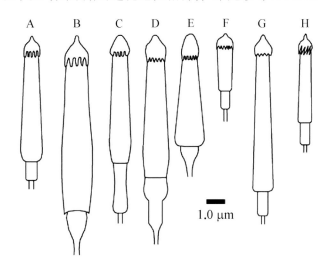

图 8.4 几种主要鲟鱼类精子形态结构

A. 湖鲟(DiLauro *et al.*,2000);B. 高首鲟(Cherr and Clark,1985);C. 俄罗斯鲟(Ginzburg,1968);D. 闪光鲟(Ginzburg,1968);E. 中华鲟(许雁和熊全沫,1988);F. 大西洋鲟(DiLauro *et al.*,1998);G. 短吻鲟(DiLauro *et al.*,1999);H. 密苏里铲鲟(DiLauro *et al.*,2001)

大多数鲟鱼精子的顶体的形状和排列相似,顶体像帽子,有"奶嘴状"突出,而中华鲟(许雁和熊全沫,1988)和俄罗斯鲟(Ginzburg,1968)顶体圆滑并无"奶嘴状"突出;除史氏鲟(章龙珍等,2008b)外,顶体都有后外侧延长物(poterolateral projections,PLP),PLP的长度与排列方式在不同鲟鱼间有所差异,其中西伯利亚鲟(章龙珍等,2008a)和密苏里铲鲟(DiLauro et al.，2001)PLP 不是沿精子长轴方向生长而是与长轴有一定角度偏移，呈螺旋状排列，旋转方向相同(图 8.5 - 1)。精子结构的差异可能与受精时精卵识别有关，在对 4 种鲷科鱼类受精孔的超微结构研究表明均存在螺旋状结构，但不同种间受精孔中螺旋状结构有差异，精子形状相似的种之间比较容易杂交(Chen et al.，1999)。典型的淡水鱼类的卵都有一个受精孔以防止多精入卵，而鲟鱼卵有 3～52 个受精孔，鲟鱼精子顶体及卵子的特殊结构有助于在湍急的河水中完成受精(Dettlaff et al.，1993)。

多数鲟鱼精子中段为矩形，而高首鲟和中华鲟为漏斗状，闪光鲟中段明显分两部分，近核部分较粗(图 8.4)。湖鲟精子中段最长达 2.68 μm，史氏鲟最短为 0.51 μm(表 8.2)。鲟鱼精子在外部形态上的诸多差异将有助于理清鲟科鱼类间的进化关系，为分类学提供依据。

表 8.2　几种鲟鱼精子外部形态的比较(μm)

测量项目	西伯利亚鲟[A]	史氏鲟[B]	湖鲟[C]	短吻鲟[D]	大西洋鲟[E]	密苏里铲鲟[F]	中华鲟[G]	闪光鲟[H]
顶体长度	0.64	0.99	0.73	0.78	0.69	1.07	1.41	0.97
顶体宽度	0.86	0.87	0.81	0.91	0.9	0.82	0.94	1.22
头前部宽度	0.78	0.88	0.68	0.75	0.88	0.68	0.93	0.98
头后部宽度	1.11	1.26	1.04	1.21	0.73	0.89	1.5	1.94
头长	5.24	7.29	5.69	6.99	2.33	3.78	6.5	7.62
中段长度	1.83	0.51	2.68	1.91	1.02	1.23	1.08	3.43
中段宽度	0.72	0.91	0.7	0.81	0.58	0.67	1.22	1.38
全长	7.07	8.79	9.1	9.71	4.06	6.07	7.58	11.05
PLP 长度	0.32	—	0.324	0.246	0.23	0.76	—	—
鞭毛直径	0.26	—	0.17	0.16	0.21	0.17	—	—
鞭毛侧鳍宽	0.632	—	0.62	0.76	0.75	0.53	—	—
鞭毛长	47.73	36.96	47.53	36.85	37.08	37.16	33.5	41.00
精子总长	54.81	45.75	56.63	46.56	41.14	43.23	41.08	52.05

注：A(刘鹏，2007)；B(章龙珍等，2008b)；C(DiLauro et al.，2000)；D (DiLauro et al.，1999)；E(DiLauro et al.，1998)；F(DiLauro et al.，2001)；G(许雁和熊全沫，1988)；H(Ginzburg，1968)

2. 精子超微结构

顶体：鲟鱼类精子头部顶端有明显的顶体，顶体呈帽状覆盖于精子顶端。顶体由顶体泡和亚顶体组成，两者外都有膜包被，顶体泡与亚顶体间有较大的空隙，空隙中有颗粒物质(图 8.5 - 1)。

细胞核：细胞核由染色较深的、均匀的电子致密物质组成，外覆盖核膜和细胞膜。细胞核中有核管(内切沟)自植入窝一直延伸至顶体(图 8.5 - 5～8)。核管的数量是否存在属间或种间差异，如西伯利亚鲟、史氏鲟、中华鲟等具有 3 条核管(章龙珍等，2008)，而大西洋鲟仅具有 2 条(DiLauro et al.，1998)。核管的作用目前尚不十分清楚，可能在精卵融合过程中起到运输中心粒的作用(Cherr and Clark，1985)。

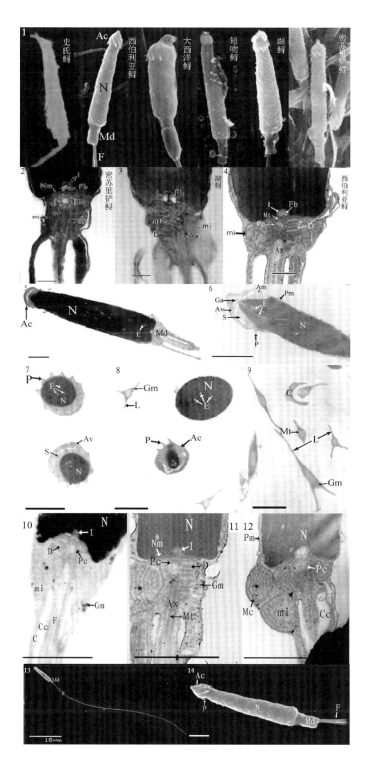

图 8.5　西伯利亚鲟精子超微结构

Ac. 顶体；Am. 顶体膜；Av. 顶体泡；Ax. 轴丝；C. 细胞质鞘；Cc. 细胞质鞘腔；D. 远端中心粒；E. 内切沟；F. 鞭毛；Fb. 纤维体；Fm. 鞭毛外膜；Ga. 顶体颗粒物质；Gm. 中段颗粒物质；I. 植入窝；L. 鞭毛的侧鳍；Mc. 线粒体嵴；Md. 中段；mi. 线粒体；Mt. 微管；N. 细胞核；Nm. 核膜；P. 后外侧延伸物；Pc. 近端中心粒；Pm. 细胞质膜；S. 亚顶体

　　中段：精子中段由线粒体、中心粒复合体及伸入中段的轴丝等组成(图8.5-10～12)。在中段和细胞核连接处有向核内凹陷的植入窝和纤维体结构。在鲟鱼类精子中段一般含有纤维体结构，但不同鲟鱼类间有所差异，如高首鲟无纤维体结构(Cherr and Clark，1985)，史氏鲟为双环管结构(章龙珍等，2008b)，而湖鲟呈管状结构(DiLauro et al.，2000)。其作用可能是连接中心粒与核植入窝之间进行遗传物质运输的通道(DiLauro et al.，1998)，起连接中段和细胞核的作用(DiLauro et al.，2000)。植入窝之后是近端中心粒与远端中心组成的中心粒复合体，鲟鱼中心粒复合体的排列方式有3种，一种为"T"形排列，远端中心粒与精核长轴平行，如史氏鲟、苍铲鲟(图8.5-2)、大西洋鲟等；另一种为"十"形排列，此种排列方式远端中心粒与精核长轴非平行非垂直，而是呈一定角度，如短吻鲟和湖鲟(图8.5-3)；还有一种是以西伯利亚鲟(图8.5-4)为代表的"卜"形排列，远端中心粒、近端中心粒与精核长轴两两垂直。中心粒复合体着生方式可为鱼类分类及进化研究提供客观依据和佐证。精子中段是游动型精子的能量来源，鲟鱼精子中段比一般硬骨鱼类要长，可以容纳的线粒体比较多，这或许可以解释鲟鱼精子比一般淡水硬骨鱼类的寿命更长的原因(刘鹏，2007)。

　　鞭毛：鲟鱼精子鞭毛较长，鞭毛两侧有侧鳍，轴丝为典型的"9+2"微管结构(图8.5-9)。鞭毛在细胞质鞘中没有侧鳍，鞭毛延伸出细胞质鞘后逐渐长出侧鳍，侧鳍在接近尾部时逐渐变窄，在接近鞭毛末端时侧鳍消失(图8.5-9,13)。侧鳍普遍认为是对体外受精的适应，提高精子游动速率(Baccetti，1986)。但也有学者认为鞭毛的鳍状物与受精环境并没有相关性，因为在许多体内受精的鱼类鞭毛中也发现了鳍状结构，他们还认为如果侧鳍有增强精子运动的功能，这种结构应该广泛地分布在其他鱼类中(Mattei et al.，1988)。现在还有学者认为精子的侧鳍用来感知外界环境变化，从而启动精子激活机制(Alavi and Cosson，2006)。鲟鱼精子鞭毛侧鳍的基部分布着小的颗粒状物质，这些颗粒状物质可能与提高精子的运动速度有关(章龙珍等，2008)。

8.1.3　鲟鱼早期性别鉴定

　　鲟鱼生活史复杂，性腺发育周期长，且无明显的第二性征，肉眼无法分辨雌雄。而鲟鱼养殖生产中，尤其是作为亲鱼培育和进行生产鱼子酱等高附加值产品的养殖过程中，大量雄鱼的养殖会造成饵料和养殖设施的浪费，降低生产效益；如何准确掌握亲鱼性腺发育成熟度也是进行鲟鱼规模化加工的必需条件。因此，如何快速准确地鉴别鲟鱼雌雄和性腺发育时期是首先必须解决的关键技术难题。目前，鲟鱼类的性别鉴定方法主要有5种：微创手术法、内窥镜检查法、超声波鉴别法、血液生化及激素指标法、基因鉴别法等(赵峰等，2009)。

8.1.3.1　微创手术法

　　在鲟鱼性腺完成肉眼水平的性别分化后，采用微创手术检查的方法(图8.6)，在鱼体腹部开一小口，用活体取样钳取出小块性腺，利用肉眼和显微镜鉴定性别和性腺发育时期(张涛，2015)。

　　该方法的优点是不需要特殊的仪器设备或试剂，在进行性别鉴别的同时还可以兼顾性腺取材的目的，鉴别准确率可高达100%，在生产中具有很强的实用性，是目前人们普遍

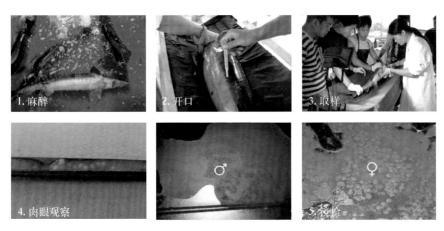

图 8.6　微创手术检查流程

采用的快速性别鉴定方法（Conte *et al.*，1988；Hochleithner and Gessner，2001；Van Eenennaam *et al.*，2001）。其缺点是对鲟鱼产生不同程度的伤害，特别是存在致死的风险，对操作者要求有一定的熟练程度。造成死亡的原因可能有以下几方面：一是鲟鱼原来的健康状况欠佳；二是操作时间过长导致胁迫反应；三是手术伤口太大无法愈合或感染；四是取样过程中造成内脏损伤（陈细华，2004）。

　　同时，鲟鱼年龄（或体重）大小是此方法成功实施与否的关键因素之一。若年龄（体重）太小，性腺尚未发育到肉眼可分辨的程度；若年龄（体重）太大，增加了养殖成本，且人工操作的难度有所增加。一般来讲，4 龄以下的养殖中华鲟运用此方法不易鉴别，5～6 龄（18～35.5 kg）的养殖中华鲟是用此方法进行性别鉴别的较佳时期（陈细华等，2004）；而对养殖高首鲟而言，3～4 龄（7～9 kg）是运用微创手术法鉴别的最佳时期（Conte *et al.*，1988；Van Eenennaam *et al.*，2001）。由此可见，不同种类及不同养殖环境，采用微创手术进行鉴别的时间存在一定的差异，这主要取决于不同生活环境下不同种类鲟鱼的性腺分化时间。

8.1.3.2　内窥镜检查法

　　内窥镜是一种新型鱼类性别鉴定和检查方法，可直接观察到检查部位，检查准确率高；可采取活体组织进行进一步的检查，并且对检查对象无损伤，操作简便。内窥镜检查系统主要由四部分组成：内窥镜、光源、摄像头、监视记录系统；具体实施方法包括：采用丁香油进行鱼体麻醉；鱼体较小，内窥镜无法从泄殖孔插入检查时，在鱼体腹部开一 0.5 cm 小口，将内窥镜从泄殖孔或手术切口处沿体壁插入体腔内，调整内窥镜镜头朝向性腺方向，在监视器上进行观察；当用肉眼无法鉴别雌雄时，利用活体取样钳取少量性腺样本后镜检观察（图 8.7）。

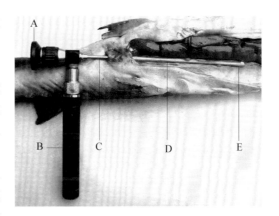

图 8.7　内窥镜检查剖面图
（Kynard and Kieffer，2002）

A. 目镜；B. 电源手柄；C. 内窥镜轴；D. 光纤轴；
E. 窥镜光线出口

内窥镜技术由于对检查对象损伤小,极大地降低了受检对象致死的危险性,在短吻鲟、闪光鲟、俄罗斯鲟(Kynard and Kieffer,2002)和密西西比铲鲟(Wildhaber et al., 2005)等鲟鱼和其他鱼类(Ortenburger et al.,1996)性别及卵巢发育时期的鉴别中已有成功报道,取得了较好的结果。

内窥镜技术在鲟鱼性别鉴别中也是较为有效的鉴别技术。由于可以连接外接成像及储存系统,对鲟鱼性腺组织图像可以清晰地进行保存,便于进一步研究。但是,在鲟鱼性腺发育早期,由于雌雄间性腺没有明显特征,且往往会被脂肪所包被,内窥镜技术极难鉴别(Kynard and Kieffer,2002)。通常来讲,内窥镜技术成功对鲟鱼性别进行鉴别的时间要晚于微创手术法,且要求操作者具有一定的实践经验。

8.1.3.3　超声波鉴别法

超声波的最大优点在于它的非损伤性,即在不损伤人或动物的情况下可重复检测相应的器官,使其在人体医疗和动物繁殖领域成为一种出色的临床诊断和研究手段,并已经为许多利用其他方式无法解决的有关问题提供了答案(颜世伟,2010)。自 Martin 等(1983)首次利用 B 超(二维超声影像诊断法)鉴别了银大麻哈鱼(Oncorhynchus kisutch)的性别以来,鱼类超声波性别鉴定技术迅速发展,并在大西洋鲑(Salmo salar)(Mattson,1991)、太平洋鲱(Clupea pallasii)(Bonar et al.,1989)、大西洋鳕(Gadus morhua)(Karlsen and Holm,1994)、条纹狼鲈(Morone saxatilis)(Blythe et al.,1994)和庸鲽(Shields et al.,1993)等鱼类上进行了运用,由于其具有无创伤性、速度快、准确率高的特点,目前被认为是一种鉴别鱼类性别的有效鉴别方法。

在鲟鱼性别超声波鉴别的应用上,许多学者也在不断地探索和实践着。国内外学者先后对西伯利亚鲟(张涛等,2010b)、俄罗斯鲟、史氏鲟(王斌等,2009)、闪光鲟(Moghim et al.,2002)、密西西比铲鲟(Colombo et al.,2007)、密苏里铲鲟(Wildhaber et al., 2005)、高首鲟(Conte et al.,1988)、湖鲟(Bruch et al.,2001)、大西洋鲟(Van Eenennaam et al.,1996)等超声波性别及性腺发育时期鉴定方法进行了研究,并建立了相应的超声波鉴别方法。

1. 超声波图像分析

通过解剖可见,在发育早期,鲟鱼精巢位于性腺中部(靠近结肠),结构同质且致密,精巢的生殖细胞组织特征明显且脂肪组织分离,区别于卵巢,精巢外有膜覆盖。卵巢外无膜覆盖,结构近似脂肪,位于性腺的侧部,发育较精巢快。在超声波检查图像中,可发现皮肤、肌肉、腹腔浆膜和性腺这 4 种组织,其中腹腔浆膜呈现为一条光滑清晰的边界线(图 8.8)。

根据超声波检查图像与性腺切片观察相印证,不同性别和性腺发育时期具有以下一些主要特征。

(1) Ⅱ期精巢

1) 超声波图像:性腺灰阶明亮,外侧有明显的腹膜包裹,形状清晰,精巢较小。

2) 性腺外观:精巢为致密白色条状,镶嵌于脂肪组织表层,精巢与脂肪间界限清晰。

3) 组织切片:切片可见到此期精巢的精小叶内含初级精原细胞及次级精原细胞,初级精原细胞体积明显大于次级精原细胞,初级精原细胞单个位于精小叶边缘,不易着色,核膜清晰,中央有一核仁。次级精原细胞三五成群位于精小叶内部,细胞核嗜碱性较细胞质强(图 8.9)。

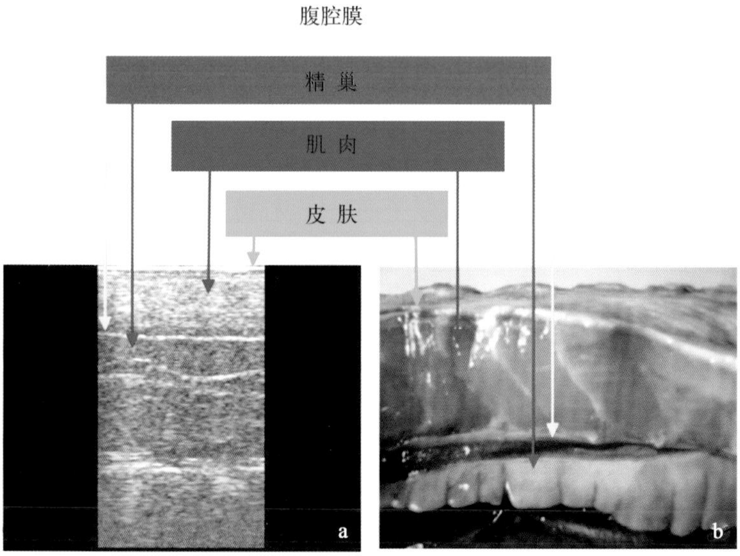

腹腔膜

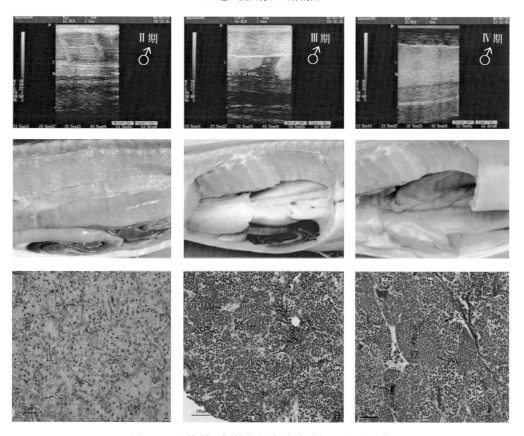

图 8.8　雄性西伯利亚鲟的超声波正面切图与解剖图对照

a. 超声波图像；b. 解剖图

图 8.9　西伯利亚鲟雄鱼超声波、解剖及组织学比较

Sg. 精原细胞；LL. 小叶腔；ST. 精子细胞；PSC. 初级精母细胞；SSC. 次级精母细胞；SL. 精小叶；SZ. 精子

（2）Ⅲ期精巢

1）超声波图像：精巢超声波图像体积明显增大，与肌肉相比灰阶明亮，腹膜明显，精巢间脂肪层较厚。

2）性腺外观：精巢体积较Ⅱ期增大，且精巢边缘出现缺刻，性腺中脂肪减少。

3）组织切片：切片可看到精小叶内有初级精母细胞、次级精母细胞、精子细胞。绝大部分为初级精母细胞和次级精母细胞，精子细胞较少，精子还没有出现（图8.9）。

（3）Ⅳ期精巢

1）超声波图像：性腺大，精巢间的脂肪层变薄。

2）性腺外观：精巢体积继续增大，边缘为不规则形状，脂肪组织明显减少。

3）组织切片：出现了少量的精子，但精小叶内绝大多数由次级精母细胞经过两次减数分裂产生的精子细胞组成，还有少量的初级精母细胞和次级精母细胞。此时的精子细胞排列紧密，发育基本同步，精子细胞的着色要比精母细胞深，嗜碱性更强（图8.9）。

（4）Ⅱ期卵巢

1）超声波图像：性腺灰阶与肌肉相当，卵巢呈雾状，有明显的叶状褶皱。

2）性腺外观：卵巢黄色，呈明显的褶皱状，镶嵌于脂肪组织中。

3）组织切片：卵巢组织内有大量的脂肪，此期卵母细胞体积较卵原细胞大得多，直径为 $100\sim500\,\mu m$，细胞质增多，核也相应增大（图8.10）。

（5）Ⅲ期卵巢

1）超声波图像：卵巢灰阶明显变暗，卵巢形状不清晰，内部可见细小卵粒。

2）性腺外观：卵巢体积变大，肉眼可见大量黄色卵子及少量灰色卵子。

3）组织切片：卵巢内生殖细胞以第Ⅲ时相进入大生长期的初级卵母细胞为主，该期细胞体积显著增大，直径为 $500\sim2\,000\,\mu m$。细胞为椭圆形，随着细胞的发育核仁增加，细胞质内含有较多的卵黄小体，分布于细胞质的大部分区域，此期细胞核还没有发生极化（图8.10）。

（6）Ⅳ期卵巢

1）超声波图像：图像显示卵子颗粒明显较Ⅲ期大，利用超声波测量功能可知卵子直径在 $2\sim3\,mm$。

2）性腺外观：性腺基本为黑色卵子所充满，仅剩余少量脂肪。

3）组织切片：卵巢内生殖细胞是以第Ⅳ时相发育晚期的初级卵母细胞为主，细胞体积增大，该期细胞直径为 $2\,000\sim3\,000\,\mu m$。根据卵母细胞的核偏移情况可将该期卵母细胞分为早、中、晚3个时相的发育阶段（图8.10）。

2. 超声波性别及性腺发育时期判别标准

精巢和卵巢的超声波图像有显著的不同（表8.3），精巢的超声波图像呈较为均一致密的结构，颜色有些发暗，精巢的边缘较光滑、清晰。而卵巢的超声波图像则呈不规则形状，有球状、棒状、折叠状或层状等，卵巢的超声波图像的明亮度较精巢要高一些，且卵巢图像的边缘较模糊（张涛等，2010b）。因此，可以以性腺在超声波图像上所呈的肿瘤状或条带状结构作为Ⅱ期雌雄的判别标准，以所呈的层状或棒状结构及边缘的清晰状况作为Ⅲ期雌雄的判别标准，以是否出现白色亮点及缺刻作为Ⅳ期雌雄的判别标准（张涛等，2010b）。

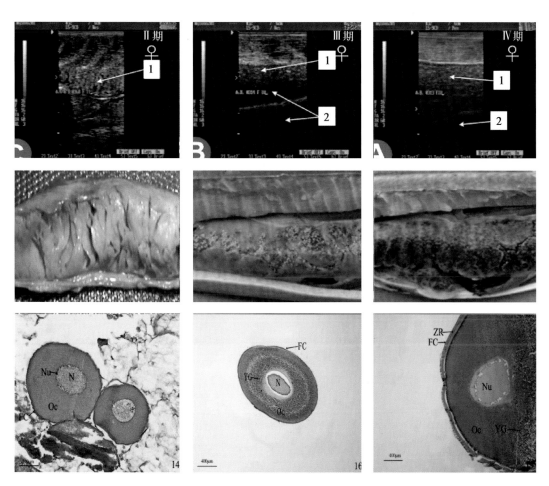

图 8.10　西伯利亚鲟雌鱼超声波、解剖及组织学比较

Nu. 核仁；N. 细胞核；Oc. 卵母细胞；FC. 滤泡膜；YG. 卵黄颗粒；ZR. 放射带

表 8.3　鲟鱼性别及性腺发育时期超声波鉴别标准

性　别	精　　巢	卵　　巢
Ⅱ期	条带状，边缘呈清晰的亮线	明亮的肿瘤状结构，结构较疏松
Ⅲ期	棒状结构，亮度降低，边缘为清晰的曲线状	层状结构，亮度变暗，边缘模糊，有少量白色亮点
Ⅳ期	精巢几乎充满体腔，边缘出现缺刻	白色亮点增多，边缘消失

　　已有的研究表明，超声波对鲟鱼性别鉴定的准确率较高，而对性腺发育早期（Ⅰ～Ⅱ期）的鉴别准确率要明显低于发育晚期（Ⅲ～Ⅴ期）（Moghim et al.，2002；张涛等，2010b）。这可能是由于性腺发育过程没有明显的界限，特别在性腺发育早期阶段，性腺周围存在着大量脂肪，严重干扰了性腺图像的辨认，甚至得出了错误结论。

　　3. 超声波性别鉴定的技术关键

　　超声波鉴定性别及性腺发育的准确率与鱼的内在因素及外在因素相关。内在因素包括：① 鱼的性别及种类，对大西洋鳕（Karlsen and Holm，1994）及闪光鲟（Moghim et al.，2002)的研究显示,超声波鉴定雄性的准确率要高于鉴定雌性的准确率,而对西伯利亚鲟的研究结果却与上述结果相反(张涛等,2010b),这种差异可能与鱼的种类有关;② 鱼的年龄及发育状况,对太平洋鲱的研究表明,只有当雄性和雌性的性腺成熟系数分别达到 4.5% 和 12.0% 时才能用超声波鉴定(Bonar et al.，1989),超声波对闪光鲟性成熟个体的鉴定准确率要高于对未性成熟个体鉴定的准确率(Moghim et al.，2002),太平洋鲑成熟雄性和成熟雌性之间很容易用超声波判别(Mattson，1991)。外在因素包括:① 超声波检测时间,对短吻鲟和密苏里铲鲟的研究结果显示,夏季鉴别的准确率要低于在春季、秋季、冬季鉴别的准确率,此结果可能由于鱼在夏季的摄食量过大,导致鱼体内脂肪含量增加,从而干扰了正确的判断,春季是进行超声波检测的最佳季节(Wildhaber et al.，2005);② 操作者的技术水平也是影响判断准确率的重要因素之一,为了能更好地辨认图像,操作者应具有丰富的相关知识和实践经验(王斌等,2009;赵峰等,2009)。

综合以上研究结果,利用超声波技术来鉴定鲟鱼的性别时,当性腺发育至 Ⅱ 期中末期,利用超声波才能较准确地鉴别雌雄,而对应尚处于 Ⅱ 期初期或 Ⅰ 期的鲟鱼,超声波的鉴别较为困难,鉴别准确率会大大降低。因此对不同种类的鲟鱼,使用超声波进行性别鉴定的年龄和个体大小也各不相同(表 8.4)。

表 8.4　不同鲟鱼种类超声波性别鉴定的最小年龄与体重

种　　　类	温水条件养殖		自然条件养殖	
	体重/kg	年　龄	体重/kg	年　龄
小体鲟	0.3~0.6	1~1[+]	0.3~0.6	2~2[+]
欧洲鳇	8.0~12.0	4~5	8.0~12.0	6~7
西伯利亚鲟	2.0~2.5	2~2[+]	2.0~2.5	3~4
俄罗斯鲟	1.5~3.0	1[+]~2	1.5~3.0	2~3
杂交鲟(欧洲鳇♀×小体鲟♂)	1.0~2.0	1[+]~2	1.0~2.0	2[+]~3
杂交鲟(俄罗斯鲟♀×西伯利亚鲟♂)	0.8~2.0	1[+]~2	0.8~2.0	2~2[+]

8.1.3.4　血液生化及激素指标法

1. 血液生化指标

鱼类血液生化指标不仅能反映鱼类的物种特征及其生理状态,如健康状况、营养水平等,还能为繁殖和病理研究等提供重要的参考依据,血液中 Ca^{2+}、P、蛋白质等含量的变化能反映鱼类的性别和性腺发育时期(张涛等,2007)。对高首鲟的研究表明,在性腺发育过程中,卵黄蛋白原(vitellogenin, Vtg)的发生过程伴随着 Ca^{2+} 和 P 浓度的变化,Ⅳ 期时Vtg 和 Ca^{2+} 水平均达到最大值,然后在产卵前明显下降(Doroshov et al.，1997)。通过对血浆 Vtg 浓度可对高首鲟的性别进行鉴别,鉴别准确率在 85% 以上,但对不同卵巢发育阶段不能区分;且 Vtg 与 Ca^{2+} 浓度呈直线相关($C_{Ca^{2+}}=98.94+0.015C_{Vtg}$, $R^2=0.95$),Ca^{2+} 是鉴别卵黄发生期高首鲟性别的有效指标(Linares-Casenave et al.，2003)。通过对养殖西伯利亚鲟 22 个血液生化指标进行分析,筛选得到总胆固醇(CHOL)、谷丙转氨酶(ALT)、球蛋白(GLB)和甘油三酯(triglyceride, TG)4 个雌雄鉴别指标参数(表 8.5),建立了 2 个性别判别函数,雌雄判别准确率达 84%(表 8.6);筛选得到血液淀粉酶(AMY)、

Ca^{2+}、肌酐(CREA)和血糖(GLU)4 个参数(表 8.5),建立了雌鱼发育分期判别函数,对雌鱼性腺发育时期判别准确率达 100%(张涛等,2007)。

表 8.5　西伯利亚鲟性别判定逐步判别筛选结果

	步　骤	引入变量	F	P	Wilks' Lambda	鉴别能力
性　别	1	CHOL	22.541	0.000	0.752	0.752
	2	ALT	12.171	0.002	0.545	0.207
	3	GLB	5.064	0.036	0.452	0.093
	4	TG	4.621	0.044	0.367	0.085
雌鱼性腺发育时期	1	AMY	113.466	0.000	0.050	0.050
	2	Ca^{2+}	4.659	0.000	0.011	0.039
	3	CREA	45.450	0.000	0.005	0.006
	4	GLU	45.105	0.000	0.002	0.003

性别判别函数如下:

$$Y_{\male} = -17.181 + 0.493GLB + 0.012TG + 0.616CHOL + 0.199ALT$$

$$Y_{\female} = -14.140 + 0.781GLB + 0.558TG - 0.173CHOL + 0.088ALT$$

雌鱼性腺发育时期判别函数如下:

$$Y_{\text{III}} = -183.373 + 29.434GLU + 2.264AMY - 1.804CREA - 12.587Ca$$

$$Y_{\text{IV}} = -131.217 + 17.721GLU + 1.827AMY - 1.382CREA - 4.103Ca$$

$$Y_{\text{V}} = -31.466 + 14.275GLU + 0.373AMY - 0.181CREA + 0.278Ca$$

表 8.6　不同性别和性腺发育时期西伯利亚鲟判别分析结果

	类　别	数量/尾	准确率/%	预　测　分　类		
				$\male$	$\female$	
性　别	$\male$	10	90	9	1	
	$\female$	15	80	3	12	
	合　计	25	84	12	13	
				III	IV	V
雌鱼性腺发育时期	III	5	100	5	0	0
	IV	5	100	0	5	0
	V	5	100	0	0	5
	合　计	15	100	5	5	5

2. 激素指标法

血液中性类固醇激素的含量随着性腺发育时期有着明显的变化,鲟鱼性腺在发育之前,血浆中性激素水平保持在较低的水平(Doroshov *et al.*, 1997)。当雄性减数分裂和雌性卵母细胞开始发育时,睾酮(T)和 11-酮基睾酮(11-KT)的含量开始增加(Doroshov *et al.*, 1997),并且在排精前最高,排精后和精子退化时含量下降(Amiri *et al.*, 2005),而雌

二醇(E_2)浓度在卵黄生成过程中逐渐升高,并在卵黄生成晚期达到最高值,随着性腺的进一步发育,在成熟时的核迁移期含量明显下降(Webb et al.,2002)。对欧洲鳇、俄罗斯鲟、闪光鲟(Barannikova et al.,2004)和西伯利亚鲟(张涛等,2008b)等鲟鱼的研究均表明,卵黄生成早期(Ⅲ期)T 和 E_2 含量较低,随着卵黄的积累,T 和 E_2 逐渐升高,并在成熟前的卵黄生成晚期(Ⅳ期)达到最高值,产卵时的核迁移期(Ⅴ期)含量均显著下降这一规律。

通过检测血浆中 T 和 E_2 含量可用来鉴别高首鲟的性别和性腺发育时期,对未成熟雌鱼、雄鱼和成熟雌鱼、雄鱼的鉴别准确率分别达到了 88%、72%、98% 和 96%,且利用该方法可以鉴别 21 月龄高首鲟的雌雄,较常规方法提前 1~2 年(Feist et al.,2004;Webb et al.,2002)。根据西伯利亚鲟不同性别、不同卵巢发育时期血浆中 T 和 E_2 含量(表 8.7)建立的判别公式,对性别和卵巢发育时期的总体判别准确率为 90%,其中对性别的判别率为 95%,对卵巢发育时期的判别率为 93%(表 8.8)(张涛等,2008b)。

表 8.7　不同性别和性腺发育时期西伯利亚鲟血浆性类固醇激素含量

性　　别		卵径/mm	睾酮 T/(ng/ml)	雌二醇 E_2/(pg/ml)	T/E_2
♂		—	462.48±118.54[a]	98.39±55.84[a]	6.44±4.36[a]
	Ⅲ期	0.80±0.07[a]	1.31±0.71[b]	212.90±169.72[a]	0.02±0.03[b]
♀	Ⅳ期	2.09±0.37[b]	269.40±224.16[c]	9 281.20±6 138.67[b]	0.06±0.06[b]
	Ⅴ期	2.98±0.18[c]	67.71±36.44[bd]	2 183.50±2 342.81[a]	0.16±0.21[b]

注:同一列中参数上方字母不同代表有显著性差异($P<0.05$)

判别函数如下:

$$Y_♂ = -10.139 + 0.000E_2 + 0.028T + 0.675T/E_2$$

$$Y_Ⅲ = -1.389 + 0.000E_2 + 0.000T - 0.004T/E_2$$

$$Y_Ⅳ = -13.108 + 0.001E_2 + 0.038T - 0.844T/E_2$$

$$Y_Ⅴ = -2.047 + 0.000E_2 + 0.009T - 0.169T/E_2$$

表 8.8　不同性别和性腺发育时期西伯利亚鲟判别分析结果

性别及性腺发育时期		数量/尾	准确率/%	预测分类 ♂	♀ Ⅲ	♀ Ⅳ	♀ Ⅴ
♂		5	80	4	0	0	1
♀	Ⅲ	5	100	0	5	0	0
	Ⅳ	5	80	0	0	4	1
	Ⅴ	5	100	0	0	0	5
合　计		20	90	4	5	4	7

血液生化及激素指标法可以及早地完成鲟鱼性别的鉴别,极大地降低了养殖成本,在生产实践上具有重要意义。然而,此鉴别方法不稳定,检测过程复杂是其在生产中推广应用的限制因子。进一步筛选相关生化及激素指标,简化检测程序是血液生化及激素指标法研究的主要方向(赵峰等,2009)。

8.1.3.5　基因鉴别法

鱼类的性别决定极其复杂,种群结构、环境及多种遗传因子均能决定鱼类性别。在已研究的鱼类中,仅有 10% 左右发现有明显的性染色体,且鱼类性染色体具有极端复杂性和多样性,较为常见的为 XY‐XX、ZZ‐ZW(桂建芳,2007)。

鲟形目鱼类为多倍体鱼类,现存鲟形目鱼类中匙吻鲟科及鲟科中的鳇属、铲鲟属和拟铲鲟属种类均为四倍体,染色体数约为 $4n \approx 120$,而鲟属鱼类和核型变化较大,有四倍体、八倍体、十二倍体、十六倍体 4 种不同的类型(Birstein and DeSalle,1998)。由于鲟鱼类具有大量的微型染色体,且染色体数目较多,目前尚未在鲟鱼类中发现有性别异型性染色体存在,也未发现鲟鱼类的性别受环境因素的影响(陈金平,2005)。采用雌核发育的研究方法,从雌核发育后代的雌雄比例推测出高首鲟(Flynn et al.,2006;Van Eenennaam et al.,1999)、杂交鲟(Omoto et al.,2005)为 ZW 型性别决定机制,而匙吻鲟为 XY 型性别决定机制(Mims et al.,1997)。这与 Devlin 和 Nagahama(2002)报道的所有鲟鱼类的性别控制为遗传性别决定的结果一致。

总的来说,鲟鱼类性别决定基因还有待寻找与证实,性别决定还只能从遗传的表型现象而不是基因的角度解释(陈金平,2005)。Sox 基因簇具有 HMG‐box 的蛋白质转录因子,在脊椎动物生长发育及性别决定方面起着重要的作用,对史氏鲟(陈金平等,2004)和大西洋鲟(Hett et al.,2005)Sox9 基因 cDNA 克隆与表达检测结果表明,Sox9 基因不能作为 2 种鲟鱼性别的遗传标记。利用 RAPD、ALFP 及 ISSR 技术分别对西伯利亚鲟、纳氏鲟、俄罗斯鲟及小体鲟雌雄鱼基因组进行了筛选,但是未发现与性别相关的遗传标记(Wuertz et al.,2006)。

尽管目前在所研究的鲟鱼中未发现与性别直接相关的基因,但性腺分化前后不同基因的表达肯定会有一定的差异,相关基因的差异表达或许是今后发展的方向。

8.2　鲟鱼性腺发育的生理调节机制

鲟鱼的性腺发育有别于许多硬骨鱼类,在性腺发育早期,脂肪在性腺内大量积累,造成性腺内脂类物质含量较血液中高,随着性腺发育的进程,脂肪组织逐渐被吸收转化,性腺逐步发育成熟(Williot and Brun,1998)。

与其他硬骨鱼类大致相似,鲟鱼的性腺发育受“下丘脑—垂体—性腺轴”分泌激素的调控。在外部刺激因子(如环境、温度、光照等因子)的刺激下下丘脑分泌促性腺激素释放激素(gonadotropin-releasing hormone,GnRH),GnRH 进一步促进脑垂体分泌促性腺激素(gonadotropic hormone,GtH)等,作用于性腺并促进性腺分泌性类固醇激素,促使性腺发育成熟,最后促使卵母细胞成熟,诱发排卵(Omoto et al.,2001)。

8.2.1　鲟鱼卵黄发生的激素调控及脂类代谢

卵黄发生(vitellogenesis)是动物卵母细胞发育过程中的主要事件,它可为卵母细胞和胚胎的发育提供所需的氨基酸、脂类、能量等营养和功能性物质,这一过程对动物的生殖至关重要(马境,2011)。在卵黄生成过程中,卵母细胞中蛋白质主要来源于卵黄蛋白原(vitellogenin,Vtg)(Carnevali et al.,2006),而脂类主要来源于 Vtg 和极低密度脂蛋白(very low density lipoprotein,VLDL)(José et al.,2008)。受"下丘脑—垂体—性腺轴"的内分泌调控,下丘脑释放 GnRH,激发脑垂体分泌的 GtH,作用于性腺卵巢粒层细胞和滤泡细胞生成 E_2,启动卵黄发生过程,调控卵 Vtg 及脂类的合成和分泌、调节相关酶类的表达和活性,最终促使卵巢发育成熟(Omoto et al.,2001)。

8.2.1.1　鲟鱼卵黄发生的激素调控

已发现在鲟鱼卵黄发生过程中的调控因子有 GnRH、GtH、成熟诱导因子(maturation-inducing steroids,MIS)等。

鲟鱼的 GnRH 及可能的神经递质多巴胺(dopamine,DA)相互作用于垂体,调节着 GtH 的合成和释放(Lescheid et al.,1995)。对高首鲟(Amiri et al.,1999)和俄罗斯鲟(Lescheid et al.,1995)的研究发现,鲟鱼垂体 GtH 对 mGnRHa(D-Ala6,des-Gly10-Pro9)有较高的敏感性,mGnRHa 能有效刺激排精排卵,DA 能抑制垂体 GtH 的释放,证明现代硬骨鱼类中存在的 GtH 双重神经内分泌调节在鲟鱼类中也存在(胡红霞,2006;李璐等,2006)。

GtH 是一种主要的脑垂体激素,从高首鲟中分离出两种促性腺激素,即 stGtHⅠ和 stGtHⅡ,均参与生殖调节,其中 stGtHⅠ诱导滤泡发育和卵黄发生,在卵黄发生和精子发生早期阶段垂体和血浆中浓度较高;stGtHⅡ诱导卵母细胞的最后成熟和排卵,在排卵和排精阶段浓度较高(Moberg et al.,1995)。

MIS 是传到 GtH 作用的类固醇激素,在离体情况下,C_{21} 类固醇对卵母细胞生发泡破裂(germinal vesicle breakdown,GVBD)具有较强的诱导能力,主要包括 17α-羟孕酮(17α-P)、17α,20β-双羟孕酮(17α,20β-DHP)、20β-S(17α,20β-trihydroxy-4-pregnen-3-one)等(汪小东和林浩然,1998)。对硬骨鱼类的研究表明,17α,20β-DHP 和 20β-S 对配子的最终成熟起调节作用(Kime,2012)。对鲟鱼卵母细胞成熟机制的离体研究表明,17α,20β-DHP 能诱导高首鲟卵细胞体外成熟(Lutes,1985);而闪光鲟的激素催产过程中性激素含量变化的研究表明,注射垂体后,血清 17α、20β-DHP 和 20β-S 含量显著上升,产卵后含量急剧下降,表明两种激素能诱导配子的最终成熟(Semenkova et al.,2002)。

在鱼类发育过程中,E_2 直接起到启动卵黄发生过程的作用,E_2 可以同肝脏细胞核受体结合后调控 Vtg 及脂类的合成和分泌,启动卵黄发生过程。11-酮基睾酮(11-KT)是对精巢发育期主要作用的雄性激素,11-KT 的含量与精巢的发育时期呈正相关性,且在最终排精时达到最高(Semenkova et al.,2002)。因此,血液中性类固醇激素的含量高低能直接反映鱼类的性别和性腺发育状况,并且其含量随着性腺发育时期有着明显的变化(Amiri et al.,2005;Barannikova et al.,2004;Doroshov et al.,1997;Webb et al.,2002;张涛等,2008b)。

8.2.1.2　鲟鱼卵黄发生过程中的脂类代谢

血脂是血浆中的胆固醇(cholesterol,TC)、甘油三酯(triglyceride,TG)、磷脂

(phospholipid,PL)、游离脂肪酸(free fatty acid,FFA)等脂类的总称,其中主要成分为胆固醇和甘油三酯。根据血脂来源可分为外源性和内源性。外源性主要来自食物的摄取,特别是动物性食物;内源性主要由肝脏和小肠黏膜合成。血脂仅占全身脂质的一小部分,但外源性和内源性脂类物质都需要经过血液运转才能到达各个组织之间。因此,血脂含量的变化可反映体内脂类代谢的情况。

由于脂类本身不溶于水,因此,它们必须与特殊的载脂蛋白结合形成脂蛋白(triglyceride-rich lipoprotein,TRL)后才能以溶解的形式被运输至特定组织进行代谢。通常情况下,用超速离心法可将血浆脂蛋白分为乳糜微粒(chylomicron,CM)、极低密度脂蛋白(VLDL)、中间密度脂蛋白(intermediate-density lipoprotein, IDL)、低密度脂蛋白(low density lipoprotein,LDL)、高密度脂蛋白(high-density lipoprotein,HDL)和脂蛋白(a)等,其中 CM、VLDL、LDL 和 HDL 为主要成分(表 8.9)(马境,2011;颜世伟,2010)。

表 8.9　血浆脂蛋白的特征及功能

	CM	VLDL	LDL	HDL
密度/(g/ml)	<0.95	<1.006	1.019~1.063	1.063~1.21
颗粒大小/nm	80~500	30~80	20~27	5~17
脂类	含 TG 最多,80%~90%	含 TG 50%~70%	含胆固醇及其酯最多,40%~50%	含脂类 50%
蛋白质	最少	5%~10%	20%~25%	最多,约 50%
载脂蛋白组成 apo	B_{48}、E、A I、A II、A IV、C I、C II、C III	B_{100}、E、C I、C II、C III	B_{100}	A I、A II
来源	小肠合成	肝脏合成	VLDL 中 IDL 中 TG 经脂酶水解后形成	肝脏和小肠合成,CM 和 VLDL 脂解后表面物衍生
功能	将食物中的 TG 和 TC 从小肠转运至其他组织	转运 TG 至外周组织,经脂酶水解后释放游离脂肪酸	TC 的主要载体,经 LDL 受体介导摄取而被外周组织利用,与冠心病直接相关	促进 TC 从外周组织移去,转运 TC 至肝脏或其他组织再分布,HDL-C 与冠心病负相关

脂酶作为一种水溶性的酶,能够水解甘油三酯、磷脂和胆固醇等一些非水溶性物质中的酯键,对食物中脂肪的吸收、血浆脂蛋白的代谢和能量的平衡起着重要的作用。脂蛋白脂酶(lipoprotein lipase,LPL)和肝脂酶(hepaticlipase,HL)是血液循环中与 TG 代谢有关的两种关键酶类(Hiramatsu et al.,2003;José et al.,2008)。

研究发现,鸟类的 VLDL 和 Vtg 是卵母细胞脂类积累的主要来源,它们均可结合 Vtg 受体(vitellogenin receptor,VtgR)并受其介导的内吞作用被卵母细胞吸收(Schneider,1992),但在鱼类中还没有研究证明鱼类 VLDL 可以通过 VtgR 介导进入卵母细胞。Hiramatsu 等(2003)发现在美洲狼鲈(Morone americana)中的 VtgR 可以结合鸡的 VLDL,推测其可能同样可以与鱼体中的天然脂蛋白结合,据此提出美洲狼鲈卵巢脂类运转的假设模型(图 8.11):在卵黄发生前期和早期,血液中的 VLDL 可通过与 VtgR

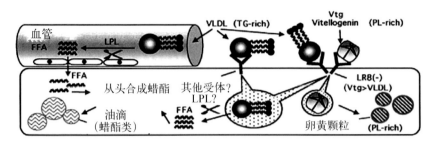

图 8.11　血液脂类代谢入卵模型(Hiramatsu et al.，2003)

的微弱结合,通过内吞作用被介导进入卵细胞,而在卵黄发生期中 Vtg 取代 VLDL 与 VtgR 结合进入卵细胞进行卵黄和磷脂的积累。

　　鲟鱼卵作为沉性卵,中性脂(neutral lipid,NL)较少,而磷脂较多,约占总脂的 70%,脂类主要来源于 Vtg(Czesny et al.，2000;Wirth et al.，2002)。卵黄发生过程中,在雌二醇刺激下肝脏生成的大量 Vtg 被释放入血液,血液中 Vtg 的升高促使卵细胞大量积累卵黄蛋白,磷脂亦在此时积累入卵。对西伯利亚鲟卵黄发生过程中性类固醇激素、血脂水平、血液脂酶活性、卵内脂蛋白酯酶活性和血液中 Ca^{2+} 及 Pi 水平的研究表明,E_2、VLDL 和 TG 的含量从卵巢Ⅱ期(卵黄发生早期)开始逐渐上升,至Ⅳ期(卵黄发生晚期)达到最高,随后开始下降;TC 和 LDL 的含量在整个卵巢发育过程中逐渐上升;卵中 LPL 活性亦在Ⅳ期达到最高(表 8.10)。

表 8.10　卵黄发生时期西伯利亚鲟血液生化指标(mmol/L)

	Ⅱ	Ⅲ	Ⅳ	Ⅴ	Ⅵ
TP	0.68 ± 0.10^{ab}	0.62 ± 0.02^{ab}	0.73 ± 0.09^{b}	0.61 ± 0.10^{ab}	0.56 ± 0.15^{a}
TG	4.13 ± 2.03^{a}	4.32 ± 2.20^{ab}	6.40 ± 3.18^{b}	5.64 ± 1.82^{a}	4.21 ± 2.53^{a}
TC	4.52 ± 1.71^{a}	4.68 ± 1.20^{a}	5.72 ± 1.87^{b}	6.59 ± 1.88^{b}	6.79 ± 1.33^{b}
HDL	1.00 ± 0.43^{a}	1.45 ± 0.35^{ab}	0.86 ± 0.29^{a}	1.35 ± 0.21^{ab}	1.62 ± 0.34^{b}
LDL	2.24 ± 0.63^{a}	2.16 ± 0.30^{a}	2.35 ± 0.99^{a}	2.77 ± 1.52^{a}	3.68 ± 1.62^{a}
VLDL	1.54 ± 0.72^{a}	1.69 ± 0.52^{ab}	2.34 ± 1.13^{b}	1.97 ± 0.43^{ab}	1.37 ± 0.92^{a}
Pi	4.14 ± 0.71^{a}	4.36 ± 0.66^{a}	6.40 ± 1.03^{b}	3.85 ± 0.66^{a}	4.33 ± 0.42^{a}
Ca^{2+}	2.03 ± 0.28^{a}	2.01 ± 0.78^{a}	2.84 ± 1.35^{b}	2.11 ± 0.41^{b}	1.89 ± 0.24^{a}

注:同一行中参数上方字母不同代表有显著性差异($P<0.05$)

　　研究结果提示,E_2 在卵巢发育过程中起到启动卵黄发生的作用,并且其水平从Ⅱ期开始上升,调控 Vtg(Pi 和 Ca^{2+} 可间接地反映血液 Vtg 的变化)及脂类(VLDL、TG)的合成,以及分泌、调节相关酶类的表达和活性(卵巢中的 LPL)。在卵巢Ⅳ期,血液中 E_2 达到最高,促使血液中蛋白质和脂类含量也增加到最高,保证卵母细胞中卵黄蛋白的大量积累;卵巢内的 LPL 活性在此时亦达到最高,说明脂类的积累在此时期增多。成熟后的卵母细胞停止积累营养,E_2 的合成迅速降低,亦致使血液中蛋白质、脂类及卵巢 LPL 含量降低。

　　血液中脂类含量的变化,也受到血液 LPL 和 HL 等脂酶的调控。血清中 LPL 和 HL 的活性在卵巢发育过程中逐渐升高,至Ⅴ期(成熟的卵母细胞)时达到最高,随后降低。根据血液脂酶和血脂相关性的研究发现,血清 LPL、HL 与 TG、VLDL、TC 呈正相关关系,与 HDL 呈弱负相关关系(表 8.11),说明西伯利亚鲟血清 LPL 和 HL 在卵巢发育过程中的血脂代谢途径中起到了重要作用。尤其在卵黄生成期之后的 V 期和Ⅵ期(产卵后卵巢),血液 LPL 和 HL 的活性持续增高至 V 期,可能正是 VLDL 和 TG 含量在 V 期时开始降低的原因之一。同时血液 LDL 和 HDL 的代谢亦在卵巢发育过程中受到了两种脂酶的影响(Ma et al.,2011;马境,2011;颜世伟等,2010)。

表 8.11　西伯利亚鲟卵黄发生过程中血清 LPL 和 HL 含量与血脂之间的相关性

	LPL	P	HL	P
HL	0.667**	0.001	—	—
TG/(mmol/L)	0.595**	0.002	0.607**	0.003
TC/(mmol/L)	0.393*	0.047	0.246	NS
HDL-C/(mmol/L)	−0.398*	0.049	−0.393*	0.049
LDL-C/(mmol/L)	0.028	NS	−0.086	NS
VLDL-C/(mmol/L)	0.520**	0.000	0.456*	0.003
PL/(mmol/L)	0.287	NS	0.315	NS

注:NS,不相关($P > 0.05$);* 相关($P < 0.05$);** 极度相关($P < 0.01$)

8.2.2　鲟鱼卵黄蛋白原和卵黄脂磷蛋白的纯化及性质分析

在卵黄发生期,鱼类肝脏在雌激素的诱导之下,合成卵黄蛋白的前体卵黄蛋白原(vitellogenin,Vtg),然后 Vtg 分泌到血液中,经血液循环运送至卵巢,被正在生长的卵母细胞通过受体介导的内吞作用吸收进去(张士璀等,2002)。在进入卵母细胞之后,经过一系列的酶解等生理过程,Vtg 进入卵母细胞后,被降解成分子质量稍小的若干卵黄蛋白(yolk protein,YP),并储存于卵黄颗粒中(Specker,1994)。

卵黄的发生主要通过两种形式:一是卵黄外源合成(heterosynthesis),营养物质在卵母细胞以外的地方合成,再进入卵母细胞;二是卵黄内源合成或自动合成(autosynthesis),营养物质由卵母细胞自身合成。许多动物在卵黄发生过程中卵黄蛋白的合成并非是单一的内源或外源合成,而是两者兼有,并且在不同的发育时期,卵黄蛋白产生的部位有所不同(Reith et al.,2001)。鱼类 Vtg 通常是通过卵黄外源合成途径产生的,作为卵黄蛋白的前体,Vtg 经过了在外源卵黄合成器官合成、分泌,经循环系统运输至卵巢等过程,最后在卵巢被水解酶裂解成若干卵黄蛋白。概括上来说外源性卵黄合成,直接体现为 Vtg 的合成、分泌、胞饮、裂解、卵黄发生的过程(Banaszak et al.,1991)。

对小体鲟卵黄蛋白合成途径的研究表明,其属于兼性卵黄蛋白合成方式,小体鲟在Ⅳ期前,卵母细胞在卵黄核内合成卵黄蛋白。随着卵母细胞的发育,卵黄蛋白被不断向胞质内运送。当卵巢发育到Ⅳ期,卵母细胞停止合成卵黄蛋白,肝细胞开始大量合成卵黄蛋白原,然后经血液循环运送至卵巢,被卵母细胞吞入后,裂解形成卵黄蛋白(霍堂斌等,2009)。

8.2.2.1　鲟鱼卵黄脂磷蛋白的纯化与性质分析

Vtg 在卵巢中一般被降解成卵黄脂磷蛋白(lipovitellin,Lv)、卵黄高磷蛋白

(phosvitin,Pv)和β′组分,Lv 是卵黄蛋白原的主要组成部分,也是其中分子质量最大的部分(Holbech *et al*.,2001)。

近年来,应用于卵黄蛋白的分离纯化方法很多,如选择性沉淀、凝胶过滤层析、离子交换层析、亲和层析、电泳法和膜层析等(Shi *et al*.,2003)。目前国内外对西伯利亚鲟、中华鲟、小体鲟、史氏鲟、杂交鲟等的 Lv 进行了分离纯化及性质鉴定,其分子质量及亚基数有所差异(图 8.12)。如西伯利亚鲟 Lv 由 3 个分子质量分别为 30.6 kDa、40.8 kDa 和 76.7 kDa 的亚基构成(丁建文等,2009);中华鲟由单一分子质量为 43.5 kDa 的亚基所构成(庄平等,2010a);史氏鲟由单一分子质量为 30 kDa 的亚基所构成(张年国等,2007);小体鲟由 2 个分子质量分别为 30 kDa 和 97.4 kDa 的亚基构成(霍堂斌等,2007);杂交鲟(*Huso huso* ♀ × *A. ruthenus* ♂)由单一分子质量为 110 kDa 的亚基所构成(Hiramatsu *et al*.,2002)。

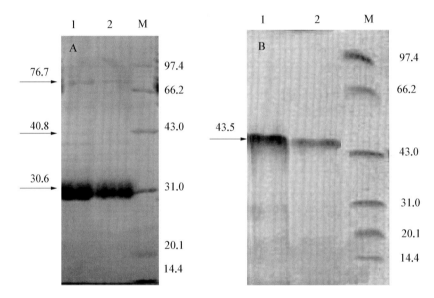

图 8.12　卵黄脂磷蛋白 SDS-PAGE 图谱

A. 西伯利亚鲟;B. 中华鲟;M. 标准相对分子质量

Vtg 在进入卵母细胞后,被蛋白酶水解为若干小分子的卵黄蛋白 YP,YP 组成的亚基数量在不同鲟鱼间也有所差异,如西伯利亚鲟由 10 个亚基组成、中华鲟为 6 个、小体鲟为 9 个、史氏鲟为 8 个。在不同的物种或同属不同种之间,因为胚胎发育存在差异,其所需的营养成分及其含量各不一样,在卵巢的卵母细胞发育过程中 Vtg 经过不同形式的加工形成了 YP 的多样性(张士璀等,2002)。

通过对分离纯化的 Lv 经 Schiff、油红 O 和甲基绿-钼氨酸特异染色,均呈现阳性反应,糖蛋白、脂蛋白和磷蛋白均在蛋白质图谱的同一位置出现相同的带,显示 Lv 为一种糖脂磷蛋白(丁建文等,2009;庄平等,2010a)。对西伯利亚鲟(丁建文等,2009)和中华鲟(庄平等,2010a)Lv 氨基酸组成的分析结果表明,亲缘关系较近的两种鲟鱼 Lv 氨基酸组成和含量十分相似,而与亲缘关系较远的远东哲罗鱼(*Hucho perryi*)和虹鳟差别较大。

8.2.2.2　鲟鱼卵黄蛋白原的诱导与检测

Vtg 是所有卵生动物卵黄蛋白的前体物质,通常其分子质量在 170~600 kDa,并共价结合有糖和磷,非共价结合有脂类,因此它是一种磷脂糖蛋白(张士璀等,2002)。不同的动物之间,Vtg 的分子质量存在较大的差异,无脊椎动物的 Vtg 多是由分子质量不同的多个亚基组成,而脊椎动物特别是鱼类的 Vtg 通常是由两个同源二聚体组成,并在动物体内由肝脏合成(Matsubara et al.,1999)。

　　Vtg 作为"雌性特异蛋白",在性成熟的雌性动物卵子发育的卵黄生成期血液中含量较高,而在雄性和未成熟雌性血液中含量很低或没有(张士璀等,2002)。但在外源雌激素或雌激素类化合物的诱导下,雄性和幼体动物的肝脏也能被诱导产生 Vtg,因此 Vtg 的水平可间接反映外源性化学物质是否具有雌激素或抗雌激素效应,Vtg 常被作为雌激素反应敏感标志物用于检测环境雌激素对生物体的效应(翟丽丽和张育辉,2009)。

　　采用腹腔注射 E_2 的方式诱导西伯利亚鲟幼鱼,取其血清样品后利用凝胶过滤层析进行分析,诱导组鱼血清中较对照组的多出一蛋白峰(图 8.13);收集浓缩该峰后经离子交换两步层析法进行分离,成功分离出西伯利亚鲟 Vtg;分离出的 Vtg 于 7.5% 的 Native-PAGE 凝胶电泳分析,得出其分子质量为 390 kDa;对西伯利亚鲟 Vtg 氨基酸组成检测结果显示,谷氨酸、丙氨酸、赖氨酸、天冬氨酸和亮氨酸含量较高,但甲硫氨酸和组氨酸含量相比较低(庄平等,2010a)。

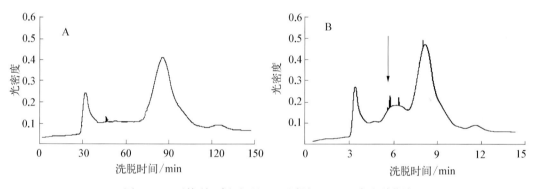

图 8.13　西伯利亚鲟对照组(A)诱导组(B)血清洗脱曲线

　　研究发现不仅 Vtg 本身的特异性抗体可以用来检测鱼类本身的 Vtg 含量,利用 Lv 制备相应的特异性抗体,还能有效地检测出鱼体血液中 Vtg 的含量(Nilsen et al.,1998)。Holbech 等(2001)为了解决小鱼体内取血困难的问题,就直接从斑马鱼卵巢内分离到 Lv 并用来进行抗体制备,结果发现利用抗 Lv 抗体同样可以从斑马鱼整体匀浆液中用 ELISA 方法检测到 Vtg,Western-blot 实验也充分证明了这两种蛋白质的免疫原性是相同的,因此可以推断,Vtg 抗体和抗原的识别结合位点可能就在 Vtg 分子的磷脂蛋白部分。对西伯利亚鲟和小体鲟等鲟鱼类的研究表明,Lv 抗血清及 Lv 和 Vtg 抗原都能发生特异性较好的交叉反应,说明 Lv 和 Vtg 可能存在相同的免疫原性,可以用 Lv 抗血清代替 Vtg 抗血清对 Vtg 进行检测,这一点对生态毒理学研究非常有意义(霍堂斌等,2007;庄平等,2010b)。鱼类血液中受雌性激素调控表达的 Vtg,是一种对内分泌干扰污染物反应极其灵敏的生物指标蛋白,利用卵黄蛋白原抗体对卵黄蛋白的合成进行检测是一种有效监测内分泌干扰物污染的良好方法(张士璀等,2002)。但是对于个体小、采集血液比较

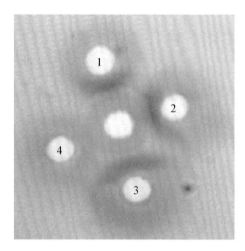

图 8.14　西伯利亚鲟 Lv 抗血清的
免疫双扩散交叉反应

中央孔：西伯利亚鲟 Lv 抗血清；1、2. 西伯
利亚鲟纯化 Vtg；3. E_2 诱导西伯利亚鲟血清；
4. E_2 诱导中华鲟血清

困难的鱼类，从血液中纯化 Vtg 并制备抗体的规模受到很大限制。相比之下，从卵巢中分离大量的 Lv 和制备抗体相对比较容易，因此，可以用 Lv 抗体替代 Vtg 抗体，进行内分泌干扰物污染的监测（丁建文，2009；霍堂斌等，2007）。

Vtg 的结构在许多物种间具有一定的保守性和同源性，但在免疫学上仍具有高度的特异性。来自昆虫的 Vtg 抗体和鱼类、两栖类的 Vtg 都不能发生免疫交叉反应，甚至同科异种的鱼类之间的 Vtg 和其他抗体也很少发生交叉反应。Lv 是 Vtg 的裂解产物，与 Vtg 具有非常相似的免疫原性，因此 Lv 也具有明显的种间特异性，如西伯利亚鲟 Lv 抗血清不能与受 E_2 诱导的中华鲟 Vtg 起反应（图 8.14）（丁建文，2009），小体鲟 Lv 抗血清不能与雌性史氏鲟的血清发生反应（霍堂斌等，2007）。

8.2.3　鲟鱼卵黄蛋白原基因的克隆与表达

Vtg 作为卵黄蛋白的前体为卵生动物的胚胎和幼体早期生长发育提供重要的能量来源。在鲟类中，仔鱼孵出后开口摄食之前的几日内，仔鱼所需的营养完全依赖于卵黄，因此卵黄蛋白的数量和质量对早期鲟鱼幼体维持生命和生长发育至关重要。通过 Vtg 基因克隆、原核或真核生物表达目的蛋白的方法，制备特异性抗体用于蛋白质检测，为蛋白质的定量检测提供了新的思路。现在对于这种方法已较为成熟，并且已取得了良好应用，目前已成功在原核细胞中表达剑尾鱼卵黄 Vtg 部分片段，建立起 Vtg 的检测方法（刘春等，2007）。

8.2.3.1　西伯利亚鲟卵黄蛋白原基因的克隆

目前有关鲟鱼 Vtg 基因的研究报道较少，仅见对高首鲟（Bidwell *et al.*，1991）和西伯利亚鲟（马境，2011）Vtg 基因的研究。用 3 对引物从西伯利亚鲟肝脏中克隆得到了 Vtg 成熟肽部分的 cDNA，共编码 1 669 个氨基酸，其编码蛋白质分子质量为 185.06 kDa，等电点为 9.47，Vtg 蛋白由 Lv Ⅰ、Pv 和 Lv Ⅱ 三个片段组成。

在大部分高等脊椎动物中，Vtg 的 N 端是由约 1 100 个氨基酸残基组成的 Lv Ⅰ，中间由富含磷酸化丝氨酸的 Pv 组成，C 端是 Lv Ⅱ，3 个主要区域组成卵黄蛋白原的单体分子。在一些鱼类中发现了 VtgAa、VtgAb、VtgC 几种不同形式的分子，其中 VtgAa 和 VtgAb 通常包含完整的结构域，可分解为 5 个蛋白质结构域为：NH_2 - Lv Ⅰ - Pv - Lv Ⅱ - β' - CT - COO -。硬骨鱼 VtgC 蛋白都缺失了富含磷酸化的多聚丝氨酸 Pv 域和 C 端区域，其序列形式：NH_2 - Lv Ⅰ - Lv Ⅱ - COO -（Finn *et al.*，2009）。

将推测的西伯利亚鲟 Vtg（AbVtg）蛋白序列与多个物种的 Vtg 蛋白序列进行多重比较。经结构分析表明，西伯利亚鲟 Vtg 和高首鲟 Vtg 相似性最高，为 97.6%，与其他物种相似性较低。鲟鱼作为硬骨鱼中较低等的物种，Vtg 至少包括 Lv Ⅰ、Pv 和 Lv Ⅱ 三个片段，不含有硬骨鱼中的 β' 和 C-terminal(CT) 区域(图 8.15)。同时与硬骨鱼中较为进化的物种相比不含有多个 Vtg 拷贝。基于 Vtg 蛋白的进化树显示，鲟鱼 Vtg 与较低等的硬骨鱼类、四足纲和鸟纲的 Vtg 分支较接近，说明 Vtg 的进化树符合物种间的亲缘关系。

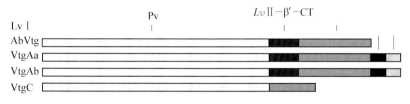

图 8.15 Abvtg、vtgAa、vtgAb 和 vtgC 亚结构域模式图

8.2.3.2 西伯利亚鲟卵黄蛋白原抗体的制备与应用

在对鲟鱼 Vtg 的研究中，大部分都从卵中纯化 YP 或 Lv 作为抗原用于制备 Vtg 抗体 (Hiramatsu et al.，2002；Linares-Casenave et al.，2003；霍堂斌等，2007；张年国等，2007)，除了从卵中分离蛋白制备抗体时易受到其他蛋白质或糖和脂的干扰外，此种方法需杀鱼取卵，在需制备大量抗体时，此种采样方式十分不便，尤其是对于卵价值较高的鲟鱼卵。

应用融合蛋白在工程菌系统中体外表达和纯化后得到的蛋白质是抗体制备的优良免疫抗原，相对于蛋白质纯化方法，采用该方法可特异性地获得目的抗原蛋白。构建了用于表达西伯利亚鲟 Lv Ⅰ、Pv 和 Lv Ⅱ 的原核表达重组质粒，并对异源表达条件进行了初步优化，如诱导剂浓度、诱导时间和诱导温度。在 Vtg 三个片段蛋白质表达条件的优化过程中发现，高浓度的 IPTG 对 3 个蛋白质表达的诱导效应较好。Lv Ⅰ E 片段在低温长时间 (20℃ 18 h) 表达效果较好，Pv 和 Lv Ⅱ E 在不同时间诱导的量变化不大。以纯化的 Lv Ⅰ 重组表达蛋白(Lv Ⅰ E)为抗原制备了抗 Vtg 的特异性多克隆抗体，纯化得到的抗 Vtg 抗体可高特异性地识别西伯利亚鲟血液中的 Vtg(马境，2011)。

采用该抗体对西伯利亚鲟卵黄发生过程中不同发育时期血清 Vtg 的含量及其变化情况进行了研究分析，得到的结果与西伯利亚鲟不同发育时期的血清 Ca^{2+} 和 Pi 含量的变化趋势相同，均呈"先上升，后下降"的趋势，在 Ⅳ 期达到最高(图 8.16，图 8.17)。血液 Vtg

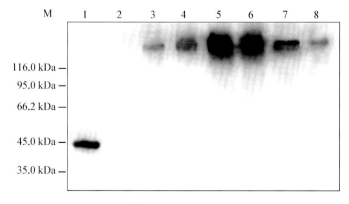

图 8.16 不同时期血清 Vtg 的 Western－blot 检测

1. 纯化抗原，2～8. 分别为卵巢 Ⅰ 期、Ⅱ 期、Ⅲ 期、Ⅳ 早期、Ⅳ 晚期、Ⅴ 期及 Ⅵ 期

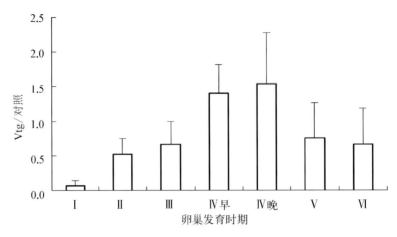

图 8.17　不同发育期血清 Vtg 浓度分析

在卵巢发育过程中的变化趋势说明在 E_2 不断的刺激下,肝脏不断增加 Vtg 的合成,源源不断为卵母细胞积累卵黄蛋白提供原料,直到卵母细胞成熟。利用 Vtg 抗体来检测西伯利亚鲟血清中 Vtg 含量的变化,方法更加直接、灵敏,具有更好的区分度,能够快捷、有效地判断和掌握西伯利亚鲟卵巢发育的情况,同时在早期性别判定及环境雌激素的检测中也具有广阔的前景。

8.3　鲟鱼性腺发育的生理生态调控和繁殖特点

鱼类性腺发育通过脑、垂体和性腺之间的相互作用进行内分泌调控,而且发育过程、生理变化、化学因素、种群内部因素及季节变化都影响性腺的成熟(胡红霞,2006)。鲟鱼的性腺发育差异很大,不同种鲟鱼性成熟时间和性腺发育周期等方面存在差异,天然和养殖环境下都发现有雌鱼性腺发育不同步的现象(Amiri *et al.*,2005;Doroshov *et al.*,1997)。人工养殖条件下,若环境因子不适合,可能导致雌鱼性腺发育困难,甚至停滞(Doroshov *et al.*,1997)。

8.3.1　养殖环境对鲟鱼性腺发育的影响

鲟鱼是一种寿命长、生长快、性成熟迟、繁殖力强的鱼类,自然条件下,由于每个品种生活栖息环境不同,性成熟年龄和产卵间隔会有所不同(表 8.12)。当雌鲟完成卵母细胞卵黄发生和充盈,雄鲟完成精子发生后,鲟鱼即达到生长成熟。性成熟迟、初次性成熟年龄变异大,是鲟鱼类一个重要的生物学属性,雌鲟的性成熟比雄鲟更迟。鲟鱼的性成熟是体重依赖型的(size-dependent),如人工养殖达到初次性成熟的雌性高首鲟体重为 (35 ± 17) kg,与达到初次性成熟的野生种群体重[(36 ± 12) kg]相似(Doroshov *et al.*,1991)。自然条件下,鲟鱼类初次性成熟年龄大多在 10 年以上,且性成熟年龄的个体差异明显(陈细华,2007)。鲟鱼的产卵间隔时间可能与年龄有关,如高首鲟性成熟后,较年轻的雌鲟每隔 4 年产卵 1 次,而年老的雌鲟则要相隔 9~11 年(Parsley *et al.*,1993)。

表 8.12　鲟鱼类繁殖生物学特征

(Hochleithner and Gessner,2001;陈细华,2007)

	初次性成熟年龄和体重或全长		产卵季节	产卵间隔时间	
	雌　性	雄　性		雌　性	雄　性
鳇	17~23 年,80 kg	14~21 年	5~6 月		
欧洲鳇	14~20 年,50 kg	10~16 年	4~6 月	3~5 年	
裸腹鲟	12~18 年	6~12 年	3~5 月	2~3 年	1~2 年
史氏鲟	13~17 年,4~8 kg	9~10 年	5~6 月		
西伯利亚鲟	21~26 年,0.7 kg	18~24 年	5~6 月	3~5 年	2~3 年
小体鲟	5~8 年,40~50 cm	3~5 年	4~6 月		
高首鲟	15~30 年,95~135 cm	10~20 年,75~105 cm	3~6 月	2~6 年	1~2 年
闪光鲟	8~14 年	6~12 年	4~8 月	3~4 年	2~3 年
波罗的海鲟	11~18 年,1.5~1.8 m	9~13 年,1.3~1.6 m	4~7 月		
大西洋鲟	24~28 年	20~24 年	4~7 月	3~5 年	1~4 年
中吻鲟	10~12 年,1 m	8~10 年	5~7 月	2~6 年	
短吻鲟	6~18 年,50~70 cm	5~12 年	3~6 月	3~8 年	2~3 年
纳氏鲟	8~12 年,7~8 kg	6~8 年	3~5 月	2~4 年	1~2 年
湖鲟	12~22 年	14~27 年	4~6 月	4~6 年	2~3 年
俄罗斯鲟	10~16 年	8~13 年	5~6 月	3~6 年	2~3 年
达氏鲟	8~10 年,10 kg	3~5 年,5 kg	3~4 月,11~12 月	1~2 年	
中华鲟	14~26 年,68 kg	8~18 年,49 kg	10~11 月	5~7 年	
白鲟	6~15 年,1.8~2.8 m	5~10 年,1.5~2 m	3~4 月		
匙吻鲟	8~12 年,1~1.2 m	5~9 年	3~6 月	2~4 年	1~2 年

近年来,随着对鲟鱼类规模化商业养殖技术的不断研究,已形成了以池塘养殖、水泥池微流水养殖及网箱养殖等多种养殖模式,以及配套的养殖技术。鲟鱼的性腺发育与温度有密切的关系,鲟鱼在天然环境中由于水温低、饵料不足及生长期短等因素,生长较慢,但其具有极大的生长潜能,在人工养殖适宜的温度及饵料条件下,生长速度显著高于野生个体,性成熟时间能显著提前。例如,高首鲟天然要 15 年初次性成熟,而养殖条件下仅需 8~9 年(Doroshov *et al.*,1997);史氏鲟天然 13 年,养殖 6 年(曲秋芝等,2004);养殖条件下,俄罗斯鲟性成熟年龄提早 5 年左右(胡红霞等,2007)。人工养殖条件下的高水温虽然能提高鲟鱼的生长速度,但对性腺发育会造成影响。对高首鲟的研究表明,温度升高能从形态和生理方面影响鲟鱼卵子的发育,导致卵泡闭锁(follicular atresia),表现为颗粒细胞的肥大、卵黄膜的消化、细胞质皮质的破裂、核膜的溶解,并伴随着血浆 E_2、T 和 Vtg 的下降(Linares-Casenave *et al.*,2003)。除温度外,pH 等环境因子也能影响性腺的发育,如低 pH(4.0~4.8)养殖条件会导致俄罗斯鲟幼鱼性分化时间延迟(Zelennikov *et al.*,1999)。流水池养殖的俄罗斯鲟,性腺成熟的比例高于池塘养殖群体,由此可见,通过采取调解水流等环境因子或生物技术手段能够提高俄罗斯鲟在纯淡水养殖下雌鱼性腺成熟的比例(胡红霞,2006)。

人工养殖条件下,鲟鱼性腺发育差异极大。对西伯利亚鲟的研究表明,雄鱼的生长速度和性腺发育之间几乎是直线关系,人工条件下雄鱼达到性成熟的时间比天然水域中的要快2.5~3倍;而雌鱼在人工条件下性腺和卵细胞的发育比较复杂,由于养殖条件下新陈代谢加强,体长及体重增长极快,雌鱼性腺内脂肪大量积累,生殖部分发育停滞,性腺发育一直处于Ⅱ期,2龄性腺与脂肪组织比例为(1:10)~(1:18),而5龄个体为(1:4)~(1:7),体长和体重增长速度与其卵细胞发育之间发生某些不相适应的现象(滕志贞,1983)。人工养殖条件下若环境因子不适合,可能导致高首鲟卵细胞Ⅱ~Ⅲ期发育非常困难,甚至停滞(Doroshov et al.,1997)。对杂交鲟性腺发育的研究发现其卵细胞发育差异很大,显示其生殖周期的复杂性,有些个体卵黄生成只需要3~4个月,而有些个体要持续1年或更长时间(Amiri et al.,2005)。人工养殖7龄的俄罗斯鲟雌鱼的性腺发育差异很大,虽然有部分雌鱼(9%)性腺发育接近成熟,还有一些卵细胞开始色素沉积,进入Ⅲ期,但绝大部分卵细胞停留在Ⅱ期,在卵巢切片中甚至还有卵原细胞的存在,可见其性腺发育的复杂性(胡红霞,2006)。王斌等(2011)对西伯利亚鲟、俄罗斯鲟、史氏鲟、鳇×史氏鲟和欧洲鳇×小体鲟等养殖鲟鱼周年性腺发育的监测结果表明,5种鲟鱼雌鲟性腺发育差异较大,全年各个时期均有性腺发育至Ⅳ期可进行人工催产繁殖的成熟雌鱼,表明人工养殖条件下鲟鱼的繁殖不受季节的限制,全年均有成熟雌鲟进行人工繁殖。

8.3.2　低温驯化对鲟鱼性腺发育的影响

鲟鱼类为介于冷水性与温水性之间的鱼类,生存水温一般为0~34℃,但其最适宜水温为15~25℃(孙大江,2015)。鲟鱼类现存种类全部分布于北半球,鲟鱼类产卵的河流大多数位于北回归线以内,这很可能与鲟鱼类性成熟及早期发育要求低温环境(一般为20℃以下)有关(陈细华,2007)。

水温是影响鲟鱼产卵繁殖的重要因素,一般来说,水温的季节变化,对于鲟鱼繁殖有显著的促进作用(Chebanov and Savelyeva,1999;Webb et al.,1999;Webb et al.,2001)。就产卵前蓄养水温对养殖高首鲟繁殖性能影响的研究结果发现,一直在16~20℃下养殖的高首鲟后备亲鱼繁殖性能很差,将后备亲鱼分别蓄养在3个温度下:季节变化温度(10~15℃)、恒温(15℃、18℃),季节变化温度下亲鱼能正常发育产卵,而恒温组卵子发育及产卵活动受到抑制,且18℃组中60%雌鱼性腺退化或发育停滞(表8.13),人工催产失败相关研究结果证实高温对产卵及卵子质量产生负面影响,产卵前温度调节(thermal regime)对养殖鲟鱼的催产繁殖至关重要(Webb et al.,1999)。

表 8.13　不同产前蓄养水温高首鲟雌鱼繁殖效果(Webb et al.,1999)

	10~15℃	15℃	18℃
催产率/%	100	20	40
产卵量/($\times 10^4$粒/尾)	8.7±0.8	7.1	11.4±1.2
出苗量/($\times 10^4$尾/尾)	3.9±1.2	3.0	0

进一步的研究中,如果将在 16～20℃下培育高首鲟雌鲟于当年 11 月转到低温 [(12±1)℃]或自然水温(10～19℃)下,第二年 3 月检查发现低温组卵巢发育正常,而自然水温组有 50%雌鲟卵子发生退化,此时,如果将那些没有发生卵巢退化的雌鲟转入低温条件下继续培育,它们的卵巢则能继续正常发育。以上研究结果表明,低温似乎没有改变鲟鱼内源性生殖节律(endogenous reproductive rhythms),雌鲟在经过较长时间低温后保持着卵母细胞成熟的能力,鲟鱼卵黄发生至卵子成熟是雌鲟卵巢发育的温度敏感期(temperature-sensitive phase),对环境温度敏感的程度和时间依赖于雌鲟的内源性生殖节律(Webb et al.,2001)。通过测定不同越冬温度下 11 - KT、E_2 和 GtH 的变化了解越冬温度对养殖史氏鲟性腺发育的影响,高温(12℃)越冬能够促进卵黄生成作用,性腺发育成熟的雌鱼比正常(5～12℃)越冬的雌鱼卵细胞极化快,但也更容易发生卵泡闭锁现象。高温越冬能够促进雄鱼精子的发育,提前成熟,但如果不及时催产,性腺会很快进入退化状态(胡红霞,2006)。

在周年温水的养殖环境下成功进行鲟鱼繁殖,需要在最后成熟阶段提供冷水源(9～12℃),这种春化作用(vernalization)(暴露在冷水中)一般从 11 月开始,持续整个繁殖季节(胡红霞,2006;孙大江,2015)。基于人工养殖(王斌等,2011)及自然条件下鲟鱼性腺发育不同步的现状,根据卵母细胞发育的差异性,利用低温驯化结合人工催产等环境控制手段,可实现鲟鱼产卵期的人工控制,除正常繁殖季节(一般为 4～6 月)外,达到鲟鱼苗种多季节或反季节供应的目标(孙大江,2015)。

8.4　鲟鱼性别控制

鱼类的性别调控在鱼类养殖业中具有重要经济和应用价值。很多经济鱼类雌雄个体之间经济性状存在着明显差异,不同性别的鱼类生长速率、成熟年龄、体形、体色不同,个体大小也存在一定的差异。此外,大多数鱼类性成熟后生长速度减慢,自然生殖活动还会带来生长的停滞,致使体组织可食部分减少。因此选择具有最佳生长性能的性别进行单性养殖或生产不育鱼,对于提高养殖对象的生长和经济价值具有重要意义。另外,鱼类性别控制的研究,对阐明鱼类性别分化和性别决定机制等理论问题也有重要意义(桂建芳,2007;楼允东,2001)。

鲟鱼最有价值的产品是鱼子酱,鲟鱼的全雌养殖,是应生产鲟鱼子酱的发展趋势而开展的研究活动,也是当今世界鲟鱼养殖技术研究的热点,重点集中在全雌鱼苗培育和性别早期鉴定上(孙大江,2015)。目前在鲟鱼性别早期鉴定已建立了较为成熟的方法并在生产中广泛应用(赵峰等,2009),而全雌鱼苗培育主要采用雌激素诱导和雌核发育技术。

8.4.1　激素诱导性逆转

鱼类性别的表达方式可归纳为生理性别(physiological sex)和遗传性别(genetic sex)两大类,其中生理性别是在遗传性别的控制下通过个体发育的生化过程形成的,其基础取决于原始性器官的类型。鱼类的性别可以用类固醇激素后加以控制,类固醇激素是各种

生殖现象的诱导者,首先被诱导的是性腺分化,然后通过性腺的活动使鱼体的外部形态、内部结构、生理性状和生态行为等才能得到表达。但类固醇激素只能改变鱼类的生理性别,而不能改变鱼类的遗传性别,即它所能改变的只能是生理表型,而不是基因型(楼允东,2001)。

性类固醇激素(包括雌激素和雄激素)对鱼类性别的影响最为显著,Yamamoto 于1958 年首次报道了利用雌二醇(E_2)将遗传雄性青鳉转变为功能上的雌鱼,随后又用甲基睾酮(MT)使遗传雌鱼转变为功能雄鱼。现有的研究表明,在性分化早期中,当内源性激素尚未出现或量不足时,足够的外源性类固醇激素可以与受体结合,改变性分化的方向。要想得到较好的结果,必须在性分化开始前对鱼类进行性激素处理(楼允东,2001)。

目前激素处理的方法有投喂、浸泡、注射、埋植等,各种方法各有优缺点,在各种方法中最常用的为投喂法,即将类固醇激素先溶解于95%乙醇或无水乙醇中,再与饲料混合均匀,烘干或晾干后制成药饵投喂。目前常用的有 30 余种天然或合成类固醇激素,其中最常用的为 17α-甲基睾酮和 17β-雌二醇(Pandian and Sheela,1995)。

8.4.1.1 雌激素诱导鲟鱼全雌化效果

硬骨鱼类的性腺中缺乏像两栖类和羊膜动物性腺中的皮质和髓质组织,性别的分化程度相对比较低些,因此精原细胞在雌激素的影响下有可能向卵原细胞方向转化(刘少军和刘筠,1994)。采用染色体操作结合激素诱导性逆转的方法能生产单性养殖群体(Devlin and Nagahama,2002),但对于鲟鱼来说这种方法可能并不合适,因为近来对鲟鱼雌核发育的研究表明,多数鲟鱼种类并不是雌同配性(female homogamety)(Omoto et al.,2005;Van Eenennaam et al.,1999),因此采用激素诱导性逆转生产全雌化鲟鱼的方式显得尤为重要。

国内外对雌激素诱导鲟鱼全雌化已进行了较多的研究,并比较了不同的剂量、给药方式、处理开始时间和处理持续时间下雌性化(feminization)诱导的效果。最早的研究鲟鱼种类为小体鲟,比较了不同剂量雌二醇二丙酸酯(estradiol dipropionate)和投喂时间对不同发育时期小体鲟幼鱼卵巢发育的影响,虽然没有性比的相关数据,但相关图表显示所有处理组中均同时有雌性和雄性(Akhundov and Fedorov,1995);Omoto 等(2002)研究了 E_2 对杂交鲟性别分化的影响,14 月龄时 10 mg/kg 剂量投喂至 31 月龄后约有 40% 雌性个体卵巢发育异常,而 3 月龄时 1 mg/kg 剂量投喂至 18 月龄后雌性化比例达 93.33%;对高首鲟的研究表明,7 月龄时 10 mg/kg 剂量投喂 7 个月就能诱导高首鲟全雌化(Flynn and Benfey,2007b);E_2 浓度与作用时间与诱导史氏鲟雌性比例呈正相关,2 月龄时 1 mg/kg 剂量投喂 15 个月后雌性比例为 100%(高艳丽,2006);分别采用 1 mg/kg 和 10 mg/kg E_2 投喂 5 月龄西伯利亚鲟幼鱼 3 个月,雌性比例分别为 76.67% 和 75.82%(田美平,2010)。

激素诱导鱼类性逆转的 3 个首要技术关键是:处理开始时间、处理持续时间及药物剂量(Devlin and Nagahama,2002;Piferrer,2001)。

1. 处理开始时间

不同性腺发育阶段的鱼对类固醇激素的敏感性存在差异,通常来说,性腺未分化的鱼较性别已分化的鱼更为敏感。在性腺发育过程中,存在着一个敏感期(labile period),该时期通常出现在性腺已出现"生理学"意义上的性别分化,而在组织学上可观察到性别分化以前(图 8.18)(Piferrer,2001)。

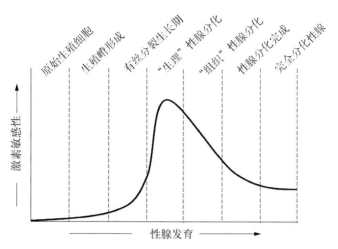

图 8.18　性腺发育进程中激素敏感性变化(Piferrer，2001)

　　对不同鲟鱼性逆转的研究表明，在性别分化即将开始而性别尚未完全表达出来之前连续投喂添加雌激素的饲料，可以控制性别(Flynn and Benfey，2007b)；对于已性分化的鲟鱼，投喂雌激素并不能够完成性逆转，反而会抑制性腺发育(图 8.19)，部分个体卵巢发育异常(Omoto et al.，2002)。

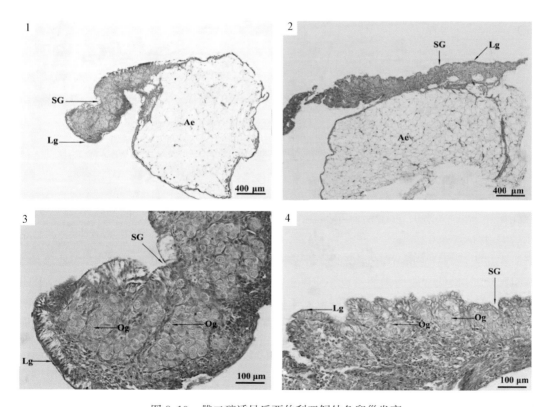

图 8.19　雌二醇诱导后西伯利亚鲟幼鱼卵巢发育

1. 空白组；2. 雌二醇处理组；3. 图 1 局部放大示卵原细胞(Og)；4. 图 2 局部放大
SG. 褶皱；Lg. 片状配发生组织；Ae. 脂肪；Og. 卵原细胞

2. 处理持续时间

不同鱼种类和给药方式下处理持续时间差异极大,如采取浸泡方式时处理持续时间仅几小时,而采取投喂或埋植方式时处理时间常持续几个月(Piferrer,2001);对于性腺分化时间较晚及周期较长的鱼类,如鳗鲡和鲟鱼等而言,研究结果显示较长的激素处理持续时间能获得较好的性逆转效果(Devlin and Nagahama,2002;Flynn and Benfey,2007b)。

要想获得完全的性逆转,有效剂量的激素处理必须在性分化开始前,并持续整个性腺分化时期(Yamamoto,1969)。如采用 1 mg/kg 和 5 mg/kg E_2 投喂史氏鲟幼鱼(高艳丽,2006),30 d 时雌性比例仅达 60% 和 70%,随着处理持续时间的延长,雌性比例逐渐上升,150 d 时雌性比例分别达到 95% 和 100%(图 8.20)。目前生产中常用的方式是采用较高的药物剂量(在不产生毒性作用的前提下)处理较短的时间,这样能减少准备药饵等的工作量(Piferrer,2001)。

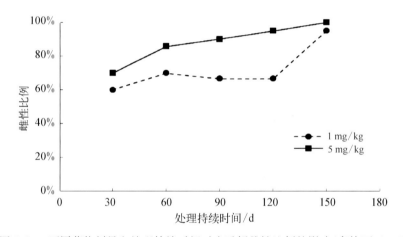

图 8.20　不同药物剂量和处理持续时间对史氏鲟雌性比例的影响(高艳丽,2006)

对比不同鲟鱼雌激素处理剂量及全雌化比例、生长及组织学研究结果,低剂量(1 mg/kg)诱导能在保证鲟鱼成活率、生长速率及健康状况的基础上,获得较高的全雌化率(Flynn and Benfey,2007b;高艳丽,2006;田美平,2010)。

3. 药物剂量

在激素诱导性逆转中,药物剂量与处理持续时间之间似乎存在负相关性,当处理持续时间延长时,最低有效药物剂量也相应降低。通常来说,性类固醇激素诱导性逆转为剂量依赖型(dose-dependent),当药物剂量低于阈值时兼性鱼比例将升高,因此在生产中的药物剂量往往远高于阈值(Piferrer,2001)。已有的研究表明,过高的激素剂量会导致肝脏等组织损伤,且会对生长产生抑制作用(Flynn and Benfey,2007b;丁建文,2009;高艳丽,2006;田美平,2010)。

对雌二醇诱导西伯利亚鲟肾脏和肝脏的组织学观察表明(图 8.21),10 mg/kg 投喂组部分鱼的肾脏中近曲小管出现明显肿胀浑浊现象,管腔扩张,管壁细胞界限不清晰,上皮细胞空泡变性,间质呈泡沫样纤维化,近曲小管间隙增大(图 8.21-4);在低浓度组、空白组和对照组没有发现肾出现异常变化(图 8.21-3)。10 mg/kg 处理组的肝脏用肉眼可观察到红色斑点排列在呈灰白色的肝脏表面(图8.21-2),利用组织学可观察到对照组及低浓度的 E_2 处理组肝细胞质均匀,细胞核呈规则的圆形,位于细胞边缘,肝小叶界限明显(图8.21-5);10 mg/kg 处理组鱼的部分肝细胞发生胀大,细胞界限不明显,细胞质中出现空泡,细胞核形状变得不规则或溶解,数量减少(图8.21-6)。相似的结果在 E_2 诱导短吻鲟也有报道(Flynn and Benfey,2007b)。

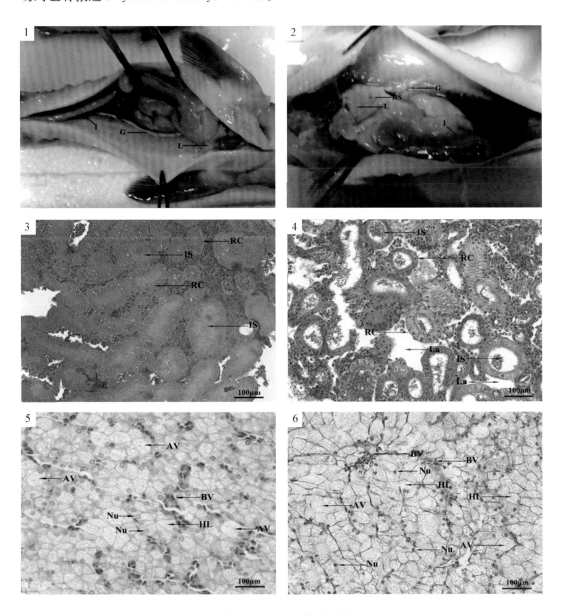

图8.21 雌二醇诱导后西伯利亚鲟组织病变

1. 正常组解剖图;2. 雌二醇处理组解剖图;3. 正常组肾脏组织切片;4. 雌二醇处理组肾脏组织切片;5. 正常组肝脏组织切片;6. 雌二醇处理组肝脏组织切片

AV. 脂肪空泡;G. 性腺;HL. 肝小叶;IS. 肾管间质;L. 肝脏;La. 肾管间隙;Nu. 细胞核;PCT. 近曲小管 RS. 红色斑点;I. 肠;RC. 肾小体;BV. 血管

采用半定量 RT‐PCR 方法,分别检测卵黄蛋白原 Vtg 基因(张涛等,2011a)和 HSP 基因(田美平,2010)在不同 E_2 处理组的鱼肝脏组织中的表达情况。研究结果表明,Vtg 基因在空白和对照组中未见表达,而在处理组被显著表达,且 10 mg/kg 组 $Vtg/\beta\text{-}action$ 值为 1.22 ± 0.02,显著高于 1 mg/kg 组的 0.11 ± 0.00(图 8.22),表明外源投喂 E_2 能影响西伯利亚鲟 Vtg 基因的表达,且低剂量(1 mg/kg)的 E_2 就能对鱼体表现出雌激素效应。$HSP70/\beta\text{-}actin$ 值在空白组、对照组分别为 1.48 ± 0.16、1.54 ± 0.20,经过 E_2 处理后,1 mg/kg 组为 1.65 ± 0.12,10 mg/kg 组值达到 2.30 ± 0.36,显著高于空白组,说明 HSP70 被 E_2 诱导表达增强。

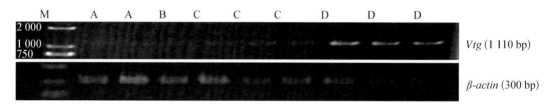

图 8.22　Vtg 基因表达水平差异

M. DNA 标准分子质量标记;A. 空白组;B. 对照组;C. 1 mg/kg;D. 10 mg/kg

已有研究表明投喂雌激素会对鱼的生长方面产生影响,影响方式总的来说可分为三类:一类是抑制作用,如 25 mg/kg E_2 剂量投喂杂交鲟,生长显著慢于对照组,而 1 mg/kg 组对生长无显著性影响(Omoto $et\ al.$,2002);当 E_2 剂量大于 50 mg/kg 时短吻鲟生长受到明显抑制,且死亡率明显上升(Flynn and Benfey,2007b);1 mg/kg E_2 对西伯利亚鲟生长无影响,而 10 mg/kg 组所有生长指标均显著低于空白组(表 8.14)(庄平等,2010c)。另一类是促进生长作用,如 $5\sim25$ mg/kg 的乙烯雌酚(stilbestrol)对虹鳟的生长有促进作用(刘学迅等,2000)。还有一类是对鱼生长无显著促进作用,如分别用 1 mg/kg、5 mg/kg E_2 投喂史氏鲟幼鱼,投喂组在短期表现出较强的生长优势,但实验结束时其生长差异不显著(王念民等,2005)。由于生长调节的复杂性,性激素影响鱼类生长代谢的机制还不十分确定,可能的途径包括:影响摄食和消化吸收效率;影响生长激素、甲状腺素等的促生长作用(Piferrer,2001)。对西伯利亚鲟的研究表明,10 mg/kg E_2 投喂组血液中胆固醇、血糖较空白组显著降低,综合推断原因可能是高浓度的 E_2 通过影响西伯利亚鲟的摄食和代谢能力,从而抑制鱼体生长(庄平等,2010c)。

表 8.14　不同雌二醇剂量对西伯利亚鲟幼鱼生长的影响

组　　别	初始体重/g	末体重/g	日增重/g	肥满度	特定生长率/%
空白组	1.16 ± 0.27^a	56.93 ± 10.94^a	0.62 ± 0.01^a	$0.66\pm0.05\%^a$	4.32 ± 0.03^a
对照组	1.18 ± 0.30^a	52.31 ± 17.28^a	0.57 ± 0.01^a	$0.64\pm0.10\%^{ab}$	4.21 ± 0.01^a
1 mg/kg	1.21 ± 0.27^a	52.85 ± 13.35^a	0.57 ± 0.01^a	$0.64\pm0.07\%^{ab}$	4.20 ± 0.02^a
10 mg/kg	1.06 ± 0.28^a	43.95 ± 13.35^b	0.48 ± 0.01^b	$0.63\pm0.07\%^b$	4.14 ± 0.01^b

注:同一列中参数上方字母不同代表差异显著($P<0.05$)

8.4.1.2　激素在鱼体内的代谢和残留

E_2作为一种天然雌激素现已广泛应用于鱼类的性别控制,但经类固醇性激素处理后的激素残留问题一直为人们所关注(Pandian and Sheela,1995;Piferrer,2001)。有时利用性类固醇激素控制鱼类性别常被与畜牧业利用性类固醇激素育肥加以比较,然而两者之间存在着许多的不同:① 激素不同:畜牧常用的为合成类固醇激素,而鱼类常用的为天然类固醇激素;② 目的不同:畜牧是用来催肥而鱼类是用来控制性别;③ 处理时间不同:畜牧上常长时间使用,而鱼类中可短至几小时或几天;④ 与畜牧相比,鱼类在激素处理后常经几月或几年才上市(Piferrer,2001)。

性类固醇激素是由肝脏代谢的,通常情况下,不同给药途径的外源激素在几天之内就会被分解代谢,如采用投喂方式给药,几天或几周后仅有 1‰的激素在鱼体内残留,因此当处理鱼在上市时体内残留的激素及其代谢产物已无安全风险(Piferrer,2001)。对鲻(*Mugil cephalus*)的研究结果表明,E_2在肌肉和胃肠道的残留量低、残留时间短,经后期的饲养,将不存在 E_2残留在组织中对人体产生影响的问题(方永强等,2001)。而对史氏鲟的研究表明,停药 50 d 后 E_2在血清、肌肉和肝脏中含量最高,5 mg/kg 组>1 mg/kg组>对照组;停药 140 d 后,各组织中 E_2含量显著下降;停药 230 d 后各实验组中 E_2与对照组无显著性差异(高艳丽等,2006)。对西伯利亚鲟血清 E_2的研究也表明,停药 60 d 后 E_2处理组血清 E_2恢复至正常水平(张涛等,2011a)。

8.4.2　雌核发育

人工诱导雌核发育也是人工控制鱼类性别的一种有效方法。雌核发育是鱼类单性生殖的一种重要生殖方式。它由两性配子参与,但进入卵内的同种或异种精子由于经过人为处理(紫外线、电离射线或化学物质时失活)不参与发育,只起激活卵子作用,同时利用温度或压力抑制第二极体释放或第一次卵裂实现染色体加倍成为二倍体,以保证其发育,卵子的发育完全在雌核的控制下进行,因此得到的后代全部表现母性性状(Pandian and Koteeswaran,1998)。

国内外开展鲟鱼类雌核发育研究的主要目的是实现全雌化的养殖,另外在快速建立纯系、研究鲟鱼类性别决定机制,以及濒危物种的保护上也具有重要意义。雌核发育的个体和后裔的性别是由卵核的遗传成分(染色体)决定的,在雌性配子同型(XX)的鱼类中,雌核发育二倍体在遗传和表型上都是雌性的;而在雌性配子异型(ZW)的鱼类中,人工雌核发育的结果则可能产生雌性和雄性两种性别(楼允东,2001)。采用雌核发育的研究方法,从雌核发育后代的雌雄比例推测出高首鲟(Flynn *et al.*,2006;Van Eenennaam *et al.*,1999)、杂交鲟(Omoto *et al.*,2005)为 ZW 型性别决定机制,而匙吻鲟为 XY 型性别决定机制(Mims *et al.*,1997)。目前,国内外已对 10 余种鲟形目鱼类人工诱导雌核发育获得成功(表 8.15)。

一般来说,雌核发育二倍体的诱导可以通过精子染色体的遗传失活及卵子染色体的二倍化而实现(楼允东,2001)。

表 8.15　鲟形目鱼类雌核发育诱导方法

母　　本	父　　本	精子灭活方法	染色体加倍方法	雌核发育孵化率	文　献　来　源
高首鲟	高首鲟	UV	热休克	20%	Van Eenennaam *et al.*，1996
匙吻鲟	密西西比铲鲟	UV	热休克	19%	Mims *et al.*，1997
密西西比铲鲟	匙吻鲟	UV	热休克	16%	Mims and Shelton，1998
闪光鲟	俄罗斯鲟	UV	热休克	40.5%	Recoubratsky *et al.*，2003
闪光鲟	闪光鲟	UV	热休克	34.4%	Recoubratsky *et al.*，2003
俄罗斯鲟	小体鲟	UV	热休克	32.3%	Recoubratsky *et al.*，2003
俄罗斯鲟	俄罗斯鲟	UV	热休克	26.2%	Recoubratsky *et al.*，2003
杂交鲟	杂交鲟	UV	热休克	49%	Omoto *et al.*，2005
短吻鲟	短吻鲟	UV	静水压	25%	Flynn *et al.*，2006
西伯利亚鲟	杂交鲟	UV	热休克	18%	Fopp-Bayat，2007a
小体鲟	杂交鲟	UV	热休克	25%	Fopp-Bayat *et al.*，2007
闪光鲟	闪光鲟	UV	冷休克	27.8%	Saber *et al.*，2008
匙吻鲟	史氏鲟	UV	热休克	8.23%	邹远超等，2009
西伯利亚鲟	史氏鲟	UV	热休克	41.18%	田美平，2010

8.4.2.1　精子染色体遗传失活

1. 精子灭活方法

雌核发育技术的一个关键是对精子的灭活，使精子的遗传物质受到破坏，同时灭活后的精子还能够诱导卵子进行第二次成熟分裂，并且精子不形成雄性原核。目前在人工诱导鱼类雌核发育中精子灭活的方法较多，归纳起来主要有物理和化学两种。其中，物理方法包括 γ 射线、X 射线及紫外线（ultraviolet，UV）；甲苯胺蓝、乙烯脲和二甲基硫酸盐等化学药物也能诱变精子 DNA（楼允东，2001）。虽然紫外线较 γ 射线、X 射线穿透力较弱，一次处理精子的量也比较少，但具有经济、方便、安全的优点，因此紫外线照射法逐渐取代了 γ 射线和 X 射线照射法而被广泛采用。紫外线辐射使染色体失活的机制为紫外线与DNA 作用，在同一条多核苷酸链内相邻的胸腺嘧啶之间相互联结，形成了胸腺嘧啶二聚体。此种胸腺嘧啶二聚体阻止了 DNA 的转录和复制，从而导致了精子遗传物质的失活，虽然精子的染色体被紫外线破坏，但并不减低它进入卵子的能力。紫外线辐射的一个特殊现象就是光复活反应，紫外线的效应被强烈的可见光所减弱，因此照射应在黑暗环境中进行（Komen and Thorgaard，2007）。

2. 精子最佳灭活 UV 辐射剂量

紫外照射最佳剂量的确定要考虑两个因素：一个是精子染色体遗传灭活，通常用灭活精子与卵子授精后孵化后代的单倍体率来判断；另一个是灭活后精子的授精能力，通常用雌核发育处理的受精率和孵化率来判断。

目前在已有的关于鲟科鱼类的雌核发育研究中，大多采用紫外线照射法灭活精子，而且所用的剂量不同种间有所差异，且同种鲟鱼不同个体间差异也极大，有时相差 1～2 个量级（表 8.16）。出现这种结果的可能原因是不同种鱼的精子对紫外线辐射的抵抗力不同，也可能与精子密度及灭活时精液的稀释倍数有关（张涛等，2011b）。

表 8.16 不同鲟科鱼类精子灭活最适 UV 辐射剂量

	剂量/(mJ/cm²)	数 据 来 源
史氏鲟	36	田美平, 2010
	3 056	邹远超等, 2009
杂交鲟	13.5	Fopp-Bayat, 2007a
	45~70	Fopp-Bayat, 2007b
	210	Omoto et al., 2005
西伯利亚鲟	216	张涛等, 2011b
高首鲟	234	Van Eenennaam et al., 1996
短吻鲟	180~330	Flynn et al., 2006
闪光鲟	283.8	Saber et al., 2008

根据生物效应的不同,将紫外线按照波长可划分为 4 个波段,即 UVA 波段(320~400 nm)、UVB 波段(275~320 nm)、UVC 波段(200~275 nm)、UVD 波段(100~200 nm)。本研究选取紫外线波长为 254 nm,属 UVC 波段,UVC 虽然不直接诱发 DNA 单链断裂,但能产生环丁烷嘧啶二聚体(CPD)和 6 - 4 光产物(6 - 4PP),UVC 所产生的 DNA 损伤通过核苷酸切除修复机制(nucleotide excision repair,NER)进行修复(Tuck et al.,2000)。经过紫外线照射后的精子,在显微镜检测中会出现经典的"Hertwig"效应,即精子活力随 UV 辐射剂量的增加呈"先迅速下降、后快速上升、最后缓慢下降"的趋势(Ijiri and Egami,1980)。对西伯利亚鲟精子进行紫外线辐射时也发现了类似的 Hertwig 效应(图 8.23),精子活力和快速运动时间均随 UV 辐射剂量的增加呈先下降、再上升、最后下降的趋势(张涛等,2011b)。

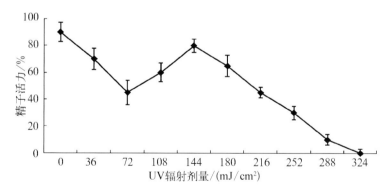

图 8.23 紫外线辐射对西伯利亚鲟精子活力的影响

大部分学者在选择精子最适灭活剂量时通常采用活力下降至最高活力的 50% 的剂量作为标准(Van Eenennaam et al.,1996)。如辐射剂量为 75 mJ/cm² 和 216 mJ/cm² 时,西伯利亚鲟精子活力均为最高活力的 50%(图 8.23),根据"Hertwig"效应原理,应选择活力第二次下降至最高活力的 50% 的剂量,即 216 mJ/cm² 作为最适 UV 辐射剂量标准(张涛等,2011b)。

对密西西比铲鲟(Mims et al.,1997)和匙吻鲟(Mims and Shelton,1998)精子 UV

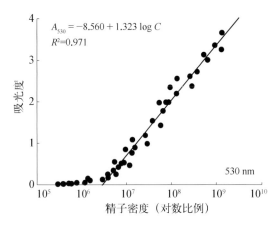

图 8.24　俄罗斯鲟精子密度与吸光度关系

灭活的研究表明，UV 辐射剂量（dosage）与精子的透光率（transmittance，T）之间具有相关性，其中密西西比铲鲟精子 UV 最适辐射剂量（J/m^2）＝3 590.88－575.00T，匙吻鲟精子 UV 最适辐射剂量（J/m^2）＝2 405.27－352.80T＋19.78T^2。有许多研究表明，精子密度与吸光度（absorbance，A）呈一定的函数关系，如 530 nm 波长下吸光度与俄罗斯鲟精子密度（C）呈对数回归关系，其回归方程为 A_{530}＝－8.560＋1.323 lg C（图 8.24），其检测范围为 $3 \times 10^6 \sim 1.5 \times 10^9$ cells/ml（张涛等，2009c）。因吸光度与透光率之间存在相关关系，即 A＝－lg T，因此精子密度与 UV 辐射剂量之间存在正相关关系，即精子密度越大时最适 UV 辐射剂量越高。尽管该方法较传统方法复杂费时，但能获得较为精确的灭活剂量，在以后的相关研究中应采用此方法确定精子的最适灭活剂量。

对西伯利亚鲟雌核发育的研究表明，综合考虑受精率、孵化率和单倍体率（表 8.17），史氏鲟精子紫外灭活的最适辐射剂量为 36 mJ/cm^2，此剂量下能获得较高的受精率和孵化率，而此时单倍体率为 100％（田美平，2010），相似的结果在史氏鲟精子诱导匙吻鲟雌核发育的研究中也有发现（邹远超等，2009）。

表 8.17　史氏鲟精子最适紫外线辐射剂量筛选

UV 辐射剂量/（mJ/cm^2）	受精率/％	孵化率/％	单倍体率/％
0	87.5±3.22[a]	84.62±5.94[f]	3.64±4.64[a]
1	87.1±3.09[a]	73.33±7.72[cd]	10.39±5.43[b]
2	77.65±5.67[b]	64.91±4.88[bc]	21.62±5.66[c]
6	74.32±2.87[b]	60.53±4.98[ab]	30.43±5.82[d]
12	73.65±2.06[b]	75.00±4.64[de]	36.67±7.12[e]
24	72.73±3.99[b]	79.17±8.88[def]	73.68±11.46[e]
36	67.16±3.98[bc]	82.61±7.29[ef]	100.00±0.00[f]
60	58.56±3.50[c]	71.43±4.65[cd]	100.00±0.00[f]
84	57.69±1.53[c]	53.57±5.67[a]	100.00±0.00[f]

注：同一列中参数上方字母代表有显著性差异（$P<0.05$）

8.4.2.2　卵子染色体二倍体化

1. 染色体加倍方法

鱼类卵子在进入第二次成熟分裂中期后停止发育，直到精子入卵刺激后才完成第二次成熟分裂，进而形成雌雄原核，完成受精，发育成正常的二倍体胚胎。雌核发育过程中仅靠雌核而发育成胚胎，只含有母本遗传物质，通常是单倍体，单倍体的胚胎发育多表现为脑部呈现"S"形，尾部短而弯曲，围心腔扩大及心血管畸形等"单倍体综合征"（haploid syndrome），一般胚胎在出膜时或以后几昼夜内死亡，因此需要经过染色体倍性恢复。根据染色体组加倍时间的不同，雌核发育可分为两种：一是以抑制激活卵第二次成熟分裂后期的第二极体的形成和排出,称为减数雌核发育(meiotic gynogensis);而抑制激活卵第一次卵裂(有丝分裂)中、后期产生二倍体雌核发育称为卵裂雌核发育(mitotic gynogensis)。减数雌核发育二倍体为杂合的,卵裂雌核发育二倍体为纯合的。目前在人工诱导鱼类雌核发育二倍体的研究中,主要通过物理(温度与静水压)、化学和生物(远缘杂交)来实现雌核染色体二倍性的保持(楼允东,2001)。

2. 染色体最适处理开始时间

目前在鲟鱼雌核发育染色体加倍中,常采用温度休克、静水压处理技术,其中热休克(heat shock)使用最为广泛,是一种简单且行之有效的染色体加倍方法。对染色体加倍效果影响较大的因素主要有 3 个:处理开始时间、处理持续时间和处理剂量。其中处理持续时间和处理剂量不同种类间差异不大,热休克处理一般采用的是 37℃ 条件下热休克处理 2 min(Recoubratsky et al.,2003;邹远超等,2009),而静水压处理一般是 8 500 psi 下处理 20 min(Flynn et al.,2006)。

最佳处理开始时间的选择对雌核发育诱导的效果至关重要,一般选择的时间是卵子经失活精子激活后不久,正处于第二次成熟分裂后期,常以 τ_0 为判别依据(Van Eenennaam et al.,1996)。已有的研究表明,鲟鱼一般选择在 $(0.25 \sim 0.35)\tau_0$ 进行处理,如俄罗斯鲟和闪光鲟最佳的处理时间是受精后 $(0.25 \sim 0.35)\tau_0$(Recoubratsky et al.,2003),匙吻鲟为 $(0.26 \sim 0.32)\tau_0$(Mims et al.,1997),密西西比铲鲟为 $(0.25 \sim 0.30)\tau_0$(Mims and Shelton,1998)。对 5 个$(0.15\tau_0、0.25\tau_0、0.35\tau_0、0.45\tau_0、0.55\tau_0)$热休克处理开始时间诱导西伯利亚鲟雌核发育的研究表明,受精率和孵化率均随处理开始时间的延迟表现出先升高、后降低的趋势,并均在 $0.35\tau_0$ 时最高(图 8.25),热休克法诱导西伯利亚鲟雌核发育的最佳处理时刻为 $0.35\tau_0$(田美平,2010)。

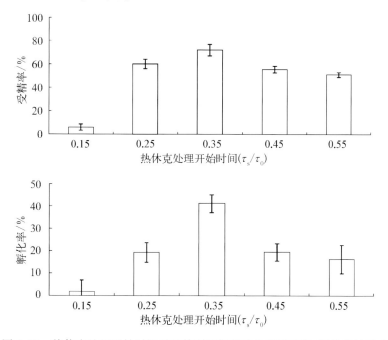

图 8.25　热休克处理开始时间对西伯利亚鲟雌核发育受精率、孵化率的影响

290

8.4.2.3 雌核发育二倍体的鉴定

人工雌核发育二倍体,通常是用与母本有亲缘关系的另一种鱼类的辐射精子,可以通过以下几种方法将任何父性遗传识别出来:① 杂种是不能存活的;② 杂种在形态上是可识别的;③ 杂种在生化上或分子水平上是可以识别的(楼允东,2001)。

雌核发育的个体可以通过很多方法鉴定效果,如 RAPD 技术和微卫星 DNA 等分子技术,以及染色体制片及流式细胞仪等核型检测技术等。RAPD 技术是以聚合酶链反应(PCR)为基础,通过扩增产物 DNA 片段的多态性来检测基因组 DNA 多态性的一种分子标记方法。该技术具有简单快速灵敏,引物无种族特异性,覆盖的基因组范围广,同时检测的位点多等优点,已被广泛地应用于物种种群鉴定、遗传多样性分析、遗传图谱构建及其他的研究领域。RAPD 技术的缺陷是显性遗传,不能识别杂合子位点;且由于随机引物较短,对一些 PCR 因素更敏感,准确性、重复性较低。采用 RAPD 可以成功地鉴别出闪光鲟和俄罗斯鲟(Recoubratsky et al.,2003),以及高首鲟(Van Eenennaam et al.,1996)雌核发育子代的遗传物质来源。

微卫星 DNA(microsatellite)具有分布广、高度多态、单座位基因呈共显性遗传、检测方法快速稳定等优点,在亲子鉴定中有着其他遗传标记所不可比拟的优势。目前微卫星 DNA 已成功应用于许多物种的亲子鉴定中,尤其在法医学领域用于个体识别和亲子鉴定,被认为是准确性最高的一种检测技术。微卫星 DNA 技术现已成功地应用于鉴定杂交鲟精子诱导西伯利亚鲟卵的雌核发育(Fopp-Bayat,2007a,2007b),短吻鲟(Flynn et al.,2006)、闪光鲟(Saber et al.,2008)、西伯利亚鲟(田美平,2010)和匙吻鲟(邹远超,2011)的雌核发育个体也可以通过微卫星技术进行遗传物质来源鉴定。

采用远缘且染色体数目相差较大的鱼精子作为刺激源诱导雌核发育,对雌核发育后代进行染色体分析可确定倍性。由于鲟鱼类具有大量的微型染色体,且染色体数目较多,常规染色体分析有一定难度(陈金平,2005)。采用红细胞血涂结合流式细胞仪检测的方法进行倍性快速鉴定,在雌核发育二倍体鉴定上具有广泛的应用前景(邹远超,2011)。

8.5 鲟鱼性腺发育人工调控的实践意义

鲟鱼性腺发育受到内在生理系统和外在环境因素的双重调控。通过研究环境对鲟鱼性腺发育的调控作用,能够很好地掌握鲟鱼原始生殖细胞的起源、迁移、性腺分化时间、性腺分化标志及性腺分期。这为鲟鱼的资源保护和可持续开发利用奠定了科学基础,对鱼子酱生产、人工繁育、性别鉴定与调控都有着重要的指导作用和实践价值。

鲟鱼早期性别鉴定有助于早期区分鲟鱼性别,以便人们有针对性地开展雌雄鲟鱼的分类养殖,不但可以提升养殖效益,而且有助于鲟鱼亲本强化培养,提升其生殖能力。微创手术虽然可直观准确地鉴定性别,但其对鱼体存在一定损失。后来超声波技术在鱼类生物学研究中得到应用,利用此技术可以对不同性别及不同发育期的鲟鱼性腺进行观察并鉴定鱼类性别。超声波技术属于无创检测技术,对鱼体损伤小,鉴定性别的准确率较高,平均准确率达到 90% 左右。超声波技术鉴定性腺发育的准确率随性腺的发育而提高。不过,超声波技术鉴定早期性腺(Ⅰ～Ⅱ期)发育的正确率较低,约为50%。因此,对早期性别鉴定也常常借助激素指标法和基因鉴定方法。

通过对鲟鱼卵黄发生机制的研究,揭示了有些鲟鱼种类的卵黄合成途径属于间性卵黄合成方式。这让人们对鲟鱼卵母细胞成熟的过程和机制有了比较深入的了解。利用合适剂量的外源性激素雌二醇处理稚幼鱼,可以诱导鲟鱼雌性率升高,以此来生产更多的雌性个体。这对鲟鱼种质资源保存和鱼子商业开发利用起到了积极作用。

第 9 章　鲟鱼的盐度适应与渗透压调节

鲟鱼起源于淡水,由于 260 万年前新生代第三纪(Neogene)时期的大面积海侵(Sea transgressions)导致淡水生态系统遭到破坏,部分鲟鱼种类逐渐适应了海水生活。经过长期的适应和进化,鲟鱼种类间发生了分化,形成了纯淡水生活型、河流河口洄游型和江海洄游型等不同的生态类型。纯淡水生活型只在淡水河流中洄游,完成其生殖繁育和索饵育肥,代表性种类有达氏鲟、匙吻鲟、铲鲟和拟铲鲟类等。河流河口生活型只在河流与河口咸水区进行洄游,在上游淡水区生殖繁育,在下游及河口区索饵育肥,代表性种类有短吻鲟、白鲟,以及史氏鲟的一些地理种群等。江海洄游型在江海之间进行洄游,在淡水中生殖繁育,在近岸大陆架海水中摄食育肥,代表性种类有中华鲟、中吻鲟、大西洋鲟、俄罗斯鲟、闪光鲟、欧洲鳇等。鲟鱼生态类型的不同反映出其对栖息水域环境,尤其是盐度环境的适应性差异,不同生态类型的鲟鱼可能会形成独特的渗透压和离子调节策略与方式。

近 30 多年来,鲟鱼的盐度适应与渗透压调节机制研究引起了国内外科研工作者的关注,开展了不少的研究工作。但是,与其他广盐性硬骨鱼类研究相比,鲟鱼的相关研究还较少,有关鲟鱼渗透压调节机制还不十分明晰。本章以对中华鲟、史氏鲟、俄罗斯鲟和西伯利亚鲟等鲟鱼的实验研究为基础,结合国内外其他鲟鱼的相关研究成果,对鲟鱼的盐度适应与渗透压调节,尤其是低渗调节过程及机制进行归纳和总结。通过对不同生态类型鲟鱼进行比较研究,不仅可对鲟鱼盐度适应与渗透压调节机制及其进化有更深入的了解,而且还可以为鱼类渗透调节机制形成及系统进化研究奠定基础。

9.1　鲟鱼盐度耐受与适应

鲟鱼的生态类型是对栖息环境适应的长期进化结果,直接决定了其盐度耐受及适应能力的大小。不同生态类型的鲟鱼具有不同的盐度适应范围。江海洄游型种类适应性盐度范围广,可在淡水、半咸水和海水中生活;而河流河口洄游型和纯淡水生活型种类对盐度的耐受及适应能力通常较弱。在盐度耐受范围内,鲟鱼对盐度环境有一个逐步适应的过程,而且经过一定时间适当的盐度驯化可提高其盐度适应能力。研究中华鲟、史氏鲟和西伯利亚鲟等的盐度耐受力、盐度胁迫行为,天然水域及人工驯化条件下的盐度适应过程和生理响应,对于阐述鲟鱼盐度适应在栖息地选择和养殖生产上具有重要意义。

9.1.1　盐度耐受力与行为反应

9.1.1.1　盐度耐受力

鲟鱼的生态类型决定了其盐度耐受能力与耐受盐度范围。此外,鲟鱼的盐度耐受能力和耐受范围还受到生活史阶段及年龄和个体大小等因素的影响。

中华鲟属于典型的江海洄游型种类,一生中数次往返于淡水与海水之间,可生长于淡水、半咸水和海水环境中,渗透压和离子调节能力较强。Zhao 等(2011)研究表明,对于 8 月龄幼鱼(全长 39 cm,体重 190 g)不经过盐度驯化,就可以在盐度 20 以下正常地存活和生长。

而对于河流河口洄游型和纯淡水生活型鲟鱼而言,急性盐度胁迫的耐受能力远比江海洄游型种类低。赵峰等(2008a)通过引入盐度半致死浓度(LC_{50}),研究了史氏鲟和西伯利亚鲟的急性盐度耐受力。研究发现史氏鲟的最大急性盐度耐受力为 14.72,而西伯利亚鲟为 13.08,尽管两种鲟鱼规格一致(体长 12～13 cm,体重 11～13 g),但史氏鲟的最大急性盐度耐受力要高于西伯利亚鲟。从史氏鲟和西伯利亚鲟的盐度反应曲线(图 9.1)对比来看,随着盐度暴露时间的延长,史氏鲟和西伯利亚鲟的盐度反应曲线逐渐与时间轴(纵轴)平行,即随着盐度暴露时间的延长史氏鲟和西伯利亚鲟的 LC_{50} 不再继续降低,死亡率不再升高。史氏鲟盐度暴露 48 h 后,盐度反应曲线基本平行于时间轴。尽管西伯利亚鲟的盐度反应曲线的斜率也逐渐降低,但至 96 h 时仍未平行于时间轴。这表明史氏鲟的盐度耐受力和适应力均高于西伯利亚鲟。史氏鲟属于河流河口洄游型种类,原产于黑龙江流域,仔鱼出膜后会顺流而下到河口半咸水水域进行摄食,该水域盐度在 12～16;西伯利亚鲟终生生活在淡水环境中,Rodríguez 等(2002)也通过试验证明西伯利亚鲟稚鱼在盐度高于 9 时即停止生长,不能忍受盐度 14 的生活环境。

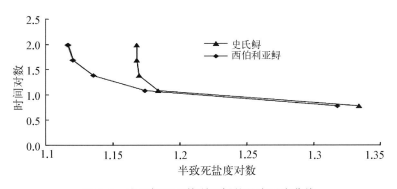

图 9.1　史氏鲟和西伯利亚鲟的盐度反应曲线

另外,一定的盐度范围内,鲟鱼的年龄和规格越大,盐度耐受力越高,这主要是因为随着年龄增长、规格增大,渗透压调节器官也会逐渐发育,渗透调节功能不断完善,渗透压调节能力也随之提高。中吻鲟也属于典型江海洄游型种类,对盐度具有较强的耐受和适应能力。Allen 和 Cech(2007)将孵化后 100 d,170 d 和 533 d 的仔稚鱼分别在淡水(盐度＜3)、半咸水(盐度 10)和海水(盐度 33)中进行了实验研究,结果表明 3 种规格的实验鱼在

淡水和半咸水条件下均可存活和生长,但是有 23% 的小规格中吻鲟(孵化后 100 d)在海水环境下发生死亡。同时指出,中吻鲟只有在 1.5 龄(全长 75 cm,体重 1.5 kg)以上才能进入海水生活。对于中华鲟的研究也得以证实这一点,8 月龄中华鲟不能直接进入海洋生活,需要在半咸水的河口水域至少 8 d 以上的时间进行生理适应与调节。

9.1.1.2 盐度胁迫与适应行为

鲟鱼像其他硬骨鱼类一样,无论是生活在淡水还是海水中,其体液的渗透浓度是比较接近和稳定的。当鲟鱼进入高渗环境后,由于身体内外渗透浓度发生变化,出现失水现象,导致体内水—盐代谢失衡,进而引起一系列的生理变化和响应,从而外在表现出一定的行为变化。

赵峰等(2008a)通过对史氏鲟和西伯利亚鲟盐度胁迫行为的定量研究,将鲟鱼在盐度条件下的行为表现归纳为 5 种特征(阶段)。

(1) 缓慢环游,即鲟鱼在实验容器内离底缓慢绕实验容器游动,鳃盖扇动频率为 80~100 次/min,这是鲟鱼正常状态的典型行为表现。

(2) 狂躁环游,即鲟鱼绕实验容器快速游动,鳃盖扇动频率加快可达 110 次/min 以上,这是鲟鱼典型的应激行为。

(3) 活动减弱,即鲟鱼游泳速度下降,鳃盖扇动频率逐渐减慢,小于≤70 次/min。

(4) 身体失衡,即表现为鲟鱼无法平衡身体,时而有侧翻发生。

(5) 停止活动(死亡)。

在史氏鲟和西伯利亚鲟盐度胁迫行为定量研究中,发现鲟鱼的盐度胁迫和适应行为表现为一个逐步变化(适应)的过程(表 9.1)。主要分为 4 个阶段。

第一阶段,缓慢环游状态。一般发生在盐度胁迫的初始阶段,此时盐度应激反应还未出现,表现为正常状态。

第二阶段,狂躁环游状态。受到高盐度条件的胁迫,鲟鱼体内外环境离子浓度发生显著差异,表现出盐度胁迫效应,鳃盖扇动频率明显加快且迅速绕实验容器游动,这是典型的应激反应特征。鳃盖扇动频率加快是由于高盐度环境导致机体内外的离子(如 Cl^- 等)失衡,鲟鱼通过大量饮水以补充体内离子损失。

第三阶段,活动减弱。游泳速度与鳃盖扇动频率明显下降,之后在第四阶段会出现两种发展方向。

第四阶段,第一种情况,鲟鱼适应了特定的盐度条件,恢复到第一阶段的正常行为状态;第二种情况,胁迫盐度范围超过了鲟鱼的盐度耐受能力,出现身体失衡和停止运动(死亡)。

表 9.1 不同盐度下史氏鲟和西伯利亚鲟的应激行为及出现时间

盐 度	种 类	产生特定行为反应所需的时间/min				
		缓慢环游	狂躁环游	活动减弱	身体失衡	停止运动(死亡)
0	AS	5	N	N	N	N
	SS	5	N	N	N	N
8.0	AS	5	N	N	N	N
	SS	5	N	N	N	N

盐 度	种 类	产生特定行为反应所需的时间/min				
		缓慢环游	狂躁环游	活动减弱	身体失衡	停止运动（死亡）
9.8	AS	5	N	N	N	N
	SS	5	150	1 440	/	/
12.0	AS	5	N	N	/	/
	SS	5	150	1 200	/	/
14.7	AS	5	350	720	N	N
	SS	5	120	300	500	800
18.0	AS	5	150	300	600	720
	SS	5	120	300	400	700

注：AS. 史氏鲟；SS. 西伯利亚鲟；N. 无此行为；/. 有个别出现此特征；2. 表中的数值为鲟鱼出现特定行为所需的时间

行为反应是动物对环境适应性的外在表现，产生异常行为时间的早晚反映出鲟鱼对不同盐度敏感性及耐受力的差异。研究表明，出现异常行为的时间越短，说明鲟鱼对盐度变化敏感，盐度耐受力低、耐受范围小；反之，出现异常行为的时间越长，说明鲟鱼对盐度变化不敏感，盐度耐受力高、耐受范围大。

9.1.2 天然水域下的盐度适应

江海洄游型鲟鱼在不同生活史阶段会选择不同盐度水域作为栖息地，尽管它们都具有较强的盐度耐受和渗透压调节能力，但对于不同栖息地水域的盐度环境条件也有一个逐步适应的过程。下面，以典型的江海洄游型种类中华鲟为例，介绍幼鱼在长江口半咸水盐度条件下的适应方式和过程及其生理适应性变化。

9.1.2.1 适应方式和过程

8 月龄中华鲟幼鱼的急性耐受盐度为 20，这说明降河洄游的中华鲟幼鱼不可能直接进入海洋生活(Zhao et al.，2011)，必须通过一定时间和一定盐度的适应过程，以完善渗透压调节器官的结构、增加渗透压调节功能、提高渗透压调节能力，从而适应高渗的生活环境。

长江口水域咸淡水交汇、生源要素丰富，是中华鲟洄游的必经之路和天然的索饵育肥场，为中华鲟幼鱼入海洄游前的生理调节提供了良好栖息场所。庄平等(2009a)通过长期的野外调查监测和标志放流等研究发现，每年的 5～6 月中华鲟幼鱼到达长江口半咸水水域进行摄食育肥和入海洄游前的生理调节与适应。5 月末至 6 月初，中华鲟幼鱼到达长江口后，主要停留在潮间带浅水区域摄食，在长江口出现的高峰期为 6～7 月，期间主要在盐度 1～3 的低盐度水域与盐度 5 的较高盐度水域之间活动，进行入海前的生理适应性调节，表现为在水温较低、光照较弱的夜间由深水水域随涨潮潮水到滩涂浅水区觅食，白天则随落潮到近岸深水区域活动。7 月中旬以后，中华鲟幼鱼的分布区域逐渐向长江口外的深水和盐度 8 以上的水域扩展,此时基本不到浅滩水域觅食。8 月末至 9 月初,中华鲟幼鱼逐渐离开长江口水域,进入东海大陆架高盐度海域生长(图 9.2)。由此可见,在天然水域下中华鲟幼鱼对于盐度环境存在着由低盐度向高盐度水域逐步过渡和适应的过程。

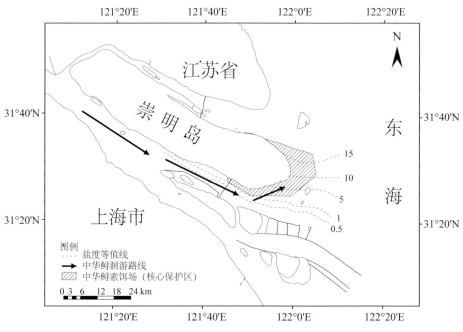

图 9.2   中华鲟幼鱼在长江口的栖息分布与迁移

从中华鲟幼鱼时空分布和迁移特征的调查监测发现,在长江口咸淡水环境条件下,中华鲟幼鱼是通过反复穿梭于淡水与咸淡水之间以促进渗透压调节器官的发育和完善的,增强渗透压调节能力,实现对高盐度环境的适应。顾孝连(2007)利用"Y"形盐度选择水槽对中华鲟幼鱼的盐度选择行为进行了研究,同样证实了中华鲟幼鱼对于高渗盐度环境的适应,是通过在高盐度海水和淡水之间不断地往返游动来促使其在生理上逐渐适应高盐度海水环境。研究发现,中华鲟幼鱼在淡水和盐度 10、15 与 20 环境条件下,表现出明显的先趋盐后避盐、在高盐度和低盐度环境下往返游动的行为反应。将中华鲟幼鱼放入高盐度海水一侧,游泳速度会突然增加且游离高盐度海水一侧,之后再次游入高盐度海水一侧,然后再离开。中华鲟幼鱼表现出在淡水和海水之间往返游动的行为特征,而且幼鱼在淡水和高盐度海水之间往返游动频率随着海水盐度的升高而加快。

9.1.2.2   生理指标的适应性变化

行为变化是内在生理调节和适应的表现形式。中华鲟幼鱼进入长江口水域后,受到盐度环境条件变化的影响,必然会导致其生理上的适应性变化,最为直接和显著的变化就是血液渗透压和血液离子等渗透压调节相关生理指标的改变。

1. 血清渗透压与离子

He 等(2009)模拟长江口天然水域半咸水盐度条件,采用实验生理生态学方法,研究了盐度 10 半咸水条件下中华鲟幼鱼血清渗透压和离子的变化特征。中华鲟幼鱼进入半

咸水后血清渗透压变化表现为先升高,后下降,最后趋于稳定,最终血清渗透压与盐度 10
渗透压接近。进入半咸水盐度环境后,中华鲟幼鱼的血清渗透压变化可分为 4 个阶段:
一是渗透压升高期,即最初的 12 h 以内;二是高渗保持期,即进入半咸水的 12～24 h;三
是渗透压下降期,即进入半咸水的 24～216 h;四是渗透压稳定期,即进入半咸水的 216 h
以后(图 9.3)。

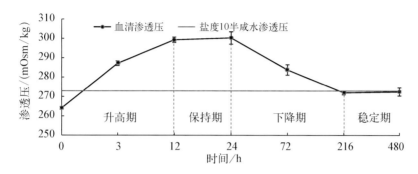

图 9.3　半咸水条件下中华鲟幼鱼的血清渗透压变化

血液渗透压主要由离子渗透压和胶体渗透压两部分组成,而血清离子中的 Na^+ 和
Cl^- 又是离子渗透压的主要组成成分。图 9.4 是中华鲟幼鱼在半咸水盐度条件下的血清
Na^+、Cl^- 变化趋势。可以看出,尽管中华鲟幼鱼血清 Na^+ 和 Cl^- 变化呈现一定的差异,但
总体趋势与血清渗透压相一致,即先升高,后下降,最后趋于稳定。由此可见,中华鲟幼鱼
进入高渗环境后,其盐度适应可分为 3 个阶段:第一,应激反应阶段,表现为血清渗透压、
血清 Na^+ 和 Cl^- 异常升高;第二,调整阶段,表现为血清渗透压、血清 Na^+ 和 Cl^- 逐渐回
落;第三,适应阶段,表现为血清渗透压、血清 Na^+ 和 Cl^- 达到新的平衡,并保持稳定,幼鱼
的内环境趋向新的稳态。

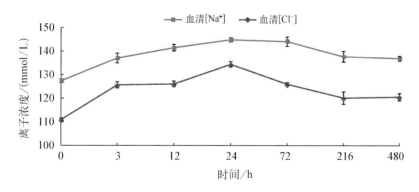

图 9.4　半咸水条件下中华鲟幼鱼的血清离子变化

2. 消化酶

进入高渗盐度环境后,鲟鱼会通过大量饮水来弥补体内水分的流失,大量高渗海水的
饮入对其消化道中消化酶的活力也会产生一定的影响。进入盐度 10 半咸水后,中华鲟幼
鱼消化道中的蛋白酶、淀粉酶和脂肪酶活力均呈现出先上升,再下降,最后持续上升并趋
于稳定的变化趋势,脂肪酶活力受盐度影响较蛋白酶和淀粉酶大。何绪刚(2008)研究发

现,刚接触半咸水的数小时内,中华鲟幼鱼消化道三类消化酶活力呈上升趋势,之后迅速下降。蛋白酶和淀粉酶至接触半咸水 12 h 后降至最低,并显著低于淡水对照组,低水平一直持续到 24 h;此后活力持续上升,至 216 h 活力上升到淡水对照组水平。脂肪酶活力在接触半咸水后 24 h 降至最低,并显著低于淡水对照组,72 h 后活力持续上升,至 216 h 后活力上升至或高于淡水对照组水平。无机离子直接对消化酶产生作用可能是盐度影响消化酶活性的主要原因。中华鲟接触半咸水后,通过大量吞咽海水以补充体内水分流失,导致消化道内的无机离子浓度大幅增加。由于无机离子对胃蛋白酶、脂肪酶和淀粉酶有先激活、后抑制的作用,因此,在接触半咸水数小时内,在无机离子的激活作用下,消化道三类消化酶活力呈升高趋势。之后,无机离子开始对消化酶产生抑制作用,同时随着海水大量吞入并充满消化道,大大稀释了消化酶浓度和加快了消化酶通过消化道的速度,引起了消化酶活力快速下降。最终,鲟鱼经过渗透压调节,体内(包括消化道)离子重新达到新的平衡,消化酶活力也逐渐上升并趋于平衡。从消化酶变化来看,中华鲟对盐度的适应能力很强,从适应淡水生活转变到适应盐度 10 环境,其生理准备时间为 9~20 d。

9.1.3　人工驯化条件下的盐度适应

鱼类适应环境的能力可受环境的影响而有所强化,许多淡水鱼类经过逐步驯化可以提高对盐度的适应能力,可在一定盐度水环境中生存。鲟鱼的生理可塑性较强,在一定的盐度范围内渗透压调节能力也会随着盐度的不断刺激而增强,从而适应较高的盐度环境。对鲟鱼进行盐度驯化,筛选适宜养殖盐度范围对于养殖生产具有重要的指导意义。

9.1.3.1　盐度驯化方式及其对鲟鱼存活和生长的影响

盐度驯化方式的不同,对鲟鱼的盐度适应过程会产生显著影响,在存活、生长和摄食等方面都会出现明显差异。赵峰等(2006b)在史氏鲟的盐度驯化研究中,采用了 3 种不同的盐度驯化方式:一是连续升盐法,即每天增加 1 个盐度;二是梯度升盐法,即每阶段增加 5 个盐度,每 5 d 为一个阶段;三是盐度突变法,即直接提高 10 个盐度养殖 10 d,然后再次直接提高 10 个盐度养殖 10 d。利用这 3 种驯化方式分别对史氏鲟进行盐度驯化,并驯化到盐度 25 后养殖 30 d。

1. 对存活的影响

梯度升盐法对史氏鲟进行驯化,整个过程均未出现死亡,而连续升盐法驯化死亡最为严重,成活率仅为 85.3%,盐度突变法驯化的成活率为 93.3%(表 9.2)。进一步分析发现,连续升盐法和盐度突变法驯化造成史氏鲟死亡集中发生在盐度 10 到 25 的驯化过程中,而驯化后盐度 25 条件下养殖并未出现死亡,这说明盐度对于史氏鲟存活没有长期效应,即经过驯化适应某一盐度环境后,养殖时间对于史氏鲟在这一盐度下的存活没有影响。已有研究证实,史氏鲟的急性盐度耐受力仅为 14.72,尽管生活的天然水域盐度一般也不会超过 16,但是对史氏鲟进行盐度驯化后,在盐度 25 条件下仍然可以存活。

2. 对生长的影响

史氏鲟在高盐度环境下生长受到一定的抑制,特定生长率和生长效率明显降低。然而,与淡水养殖条件相比,史氏鲟的摄食率在盐度条件下却未表现出显著变化。这说明在

表 9.2　不同盐度驯化方式对史氏鲟存活、生长和摄食的影响

| | 对　照　组 | 实　　验　　组 | | |
		连续升盐法	梯度升盐法	盐度突变法
成活率/%	100.0±0.0	85.3±3.5	100.0±0.0	93.3±1.5
特定生长率/%	3.1±0.3	2.4±0.4	2.1±0.4	2.5±0.5
摄食率/%	3.1±0.8	3.0±0.5	3.0±0.3	3.1±0.9
食物转化率/%	1.2±0.3	1.6±0.7	2.1±0.9	1.5±0.5
生长效率/%	81.5±28.0	68.3±28.5	58.5±26.8	67.3±25.7

盐度驯化过程中生长速度与饲料的摄入量之间没有明显相关性,而与饲料转化率及饵料成分(蛋白质、脂肪、水)比例有关。在不同鱼类中,盐度与饲料转化率之间的关系主要表现为 3 种情况:① 正相关,即随盐度增加饲料转化率也增加;② 负相关,即随盐度增加饲料转化率下降;③ 饲料转化率与盐度变化无关。史氏鲟在 3 种驯化模式下饲料转化率都低于淡水养殖组,表明史氏鲟的饲料转化率与盐度的关系呈负相关,即随着盐度的增加,饲料转化率下降。

史氏鲟在盐度驯化过程中受到盐度的胁迫效应,逐步增盐法每天增加盐度,史氏鲟渗透压调节相关器官长期处于应激状态,增加了本身的能量消耗,影响了正常的生理功能,这可能是逐步增盐法驯化死亡率高的重要原因。盐度突变法驯化,突变盐度幅度在史氏鲟可调范围,而且盐度突变间隔时间长,史氏鲟有充足时间进行生理调节和适应,故保持较高的成活率和生长速度。阶段增盐法驯化,虽然能够克服盐度的胁迫效应,但由于同一盐度下驯化间隔较短,还未能对其完全适应,鱼体本身也基本处于连续应激状态,表现为生长较慢。

9.1.3.2　盐度驯化过程的生理响应

在高渗盐度条件的驯化过程中,鲟鱼生理指标,如血清渗透压与离子、消化道消化酶活性和抗氧化酶活性等均会产生一系列响应。

1. 血清渗透压与离子

血清渗透压与离子是鱼类渗透生理响应和适应的主要表观指标,其变化情况可直接反映出鱼类对盐度驯化适应的生理变化过程。驯化方式的不同对于鲟鱼生理适应会产生一定的差异,主要表现为血液指标变化的时间差异。在梯度升盐法进行盐度驯化时,鲟鱼血清渗透压与离子水平会产生周期性变化,即每个盐度驯化阶段为一个周期,在同一周期内血清渗透压和离子均会出现先上升、后下降、再趋于平稳的趋势;而且,鲟鱼在经过前一盐度梯度驯化后,进入更高盐度梯度驯化时其血清渗透压的升高幅度会逐渐下降。从整个驯化过程来看,血清渗透压与离子出现缓慢上升而后下降的变动趋势,驯化结束血清渗透压与离子水平保持在一个稳定的较高水平,一般会高于淡水时的血清渗透压。

以赵峰等(2006a)对史氏鲟的梯度升盐法驯化为例,采用每 10 d 增加盐度 10 的方法研究发现,随着驯化盐度的提高,血清渗透压也随之增加,最高值出现在盐度 10,而驯化到盐度 20 和 25 时,血清渗透压却进一步回落。淡水养殖史氏鲟的血清渗透压显著低于盐度 10、20 和 25 时的血清渗透压,盐度 20 和 25 时血清渗透压无显著性差异(图 9.5)。不同盐度下史氏鲟血清 K^+ 浓度尽管有所上升,但差异不显著。血清中 Na^+ 和 Cl^- 变化趋

势基本一致,盐度 10 比淡水中略有上升,但无显著差异;进入盐度 20 后血清 Na^+ 和 Cl^- 陡然上升,分别显著高于淡水和盐度 10 养殖时血清 Na^+ 和 Cl^- 水平。盐度 20 和 25 下血清中 Na^+ 和 Cl^- 含量均无显著差异(图 9.6 - A)。一般情况下,血清 Na^+ 和 Cl^- 浓度提高 K^+ 浓度会下降,但下降幅度有限。但实验中 K^+ 浓度保持在一定的变化范围内,没有出现较大幅度的变化(图 9.6 - B),证明细胞膜依然保持完整,史氏鲟在盐度 25 时仍然具有正常的离子调节功能。经盐度 25 驯化后,史氏鲟血清渗透压稳定在 290 mOsm/kg 左右,略高于淡水养殖史氏鲟的血清渗透压。

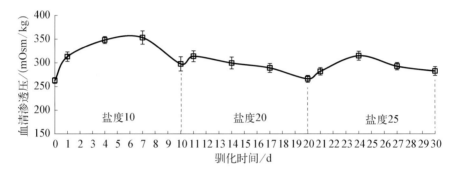

图 9.5　梯度升盐法盐度驯化过程中史氏鲟的血清渗透压变化

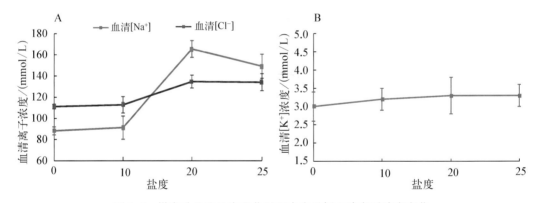

图 9.6　梯度升盐法盐度驯化过程中史氏鲟血清离子浓度变化

2. 消化酶

盐度驯化对鲟鱼消化道中消化酶活力也会产生一定影响。庄平等(2008b)将史氏鲟幼鱼(体长 25 cm,体重 120 g)分别在淡水、盐度 10、盐度 25 条件下驯养 10 d,检测不同盐度下史氏鲟幼鱼消化器官(幽门盲囊、瓣肠、十二指肠、胃和肝脏)蛋白酶、淀粉酶和脂肪酶的活力。研究发现:① 相同盐度时,不同消化器官中同种消化酶活力的大小顺序不同。在不同消化器官中蛋白酶活力(淡水和盐度 25 时)及淀粉酶活力(淡水时)由大到小依次为幽门盲囊、瓣肠、十二指肠、胃和肝脏;蛋白酶活力(盐度 10 时)及淀粉酶活力(盐度 10 和 25 时)由大到小依次为瓣肠、幽门盲囊、十二指肠、胃和肝脏;在淡水和盐度 10 时脂肪酶活力由大到小依次为瓣肠、十二指肠、胃、肝脏和幽门盲囊;在盐度 25 时脂肪酶活力由大到小依次为瓣肠、十二指肠、肝脏、胃和幽门盲囊。② 同种消化器官中不同盐度时同种消化酶的活力是不同的。幽门盲囊、十二指肠、胃和肝脏中的蛋白酶、淀粉酶和脂肪酶的活力均是淡水时最高,盐度 25 时最低,说明盐度对以上消化器官中 3 种消化酶均具有抑制作用;瓣肠中蛋白酶、淀粉酶和脂肪酶的活力均是在盐度 10 时最高,说明一定的盐度对瓣肠中 3 种酶具有激活作用,但达到一定程度后开始抑制。

3. 抗氧化酶

鱼类渗透压调节过程必然会消耗大量的能量,能量的消耗加速了体内新陈代谢,产生了更多的自由基活性氧,从而引发体内抗氧化酶的积极响应,体内抗氧化酶活力发生适应性变化以应对自由基对机体的胁迫反应。赵峰等(2008b)在史氏鲟盐度驯化过程中,分别在淡水和盐度 10、20、25 条件下驯化 10 d 后,检测分析了鱼体心脏、肝脏、脾脏、肾脏和肌肉各组织中超氧化物歧化酶(SOD)和过氧化氢酶(CAT)的活力变化(表 9.3)。研究发现CAT 以肝脏中含量最高,随着盐度升高,SOD 活力呈下降趋势,显著低于淡水对照组水平。随着驯养时间的延长,除心脏和肾脏外,其他组织器官中 SOD 活力均有所回升。不同盐度下,心脏中 CAT 活力无显著差异,但均显著低于淡水对照组;肝脏、脾脏和肾脏组织中 CAT 活力变化趋势基本相同,呈先下降后上升的趋势。其中盐度 25 下,肝脏和肾脏中 CAT 活力显著高于淡水对照组。研究表明,盐度对史氏鲟不同组织中 SOD 和 CAT 活力具有抑制作用,但随着盐度驯养时间的延长 SOD 及 CAT 的活力会有不同程度的恢复。

表 9.3　不同盐度下史氏鲟不同组织中抗氧化酶活力(U/mg 蛋白质)

抗氧化酶		心　脏	肝　脏	脾　脏	肾　脏	肌　肉
超氧化物歧化酶(SOD)	淡　水	148.3±10.5	135.1±2.4	49.7±7.6	99.1±6.5	33.3±3.9
	盐度 10	115.8±4.4	122.7±12.9	41.4±6.5	84.7±5.4	25.8±1.7
	盐度 20	78.5±7.2	76.6±9.5	24.6±3.3	51.0±8.4	16.3±4.7
	盐度 25	63.9±6.8	91.6±7.8	29.1±6.9	38.0±11.4	44.3±5.8
过氧化氢酶(CAT)	淡　水	63.1±8.2	343.2±31.7	50.5±5.3	62.5±9.7	27.0±3.2
	盐度 10	27.3±1.4	251.1±32.4	24.6±3.9	35.1±9.8	14.6±2.0
	盐度 20	26.2±3.9	426.9±49.2	45.3±1.7	68.6±5.6	28.8±3.4
	盐度 25	21.4±3.6	528.9±53.8	41.3±6.7	92.8±3.8	10.9±2.5

9.2　鲟鱼渗透压与离子调节

大部分鲟鱼种类都可以忍受较大的盐度变化,尤其是江海洄游型种类,它们既可以生活在淡水中,又可以生活在海洋中,江海间洄游时还要经历河口的半咸水水域。尽管它们生活的外界水环境盐度变化很大,但他们体液的渗透浓度是比较接近和稳定的。鲟鱼为了维持一定的渗透浓度必须进行渗透压调节。淡水环境条件下,鲟鱼的高渗调节(hyperosmoregulation)机制激活,通过高渗调节使血液渗透浓度保持比外界淡水环境渗透浓度较高的水平;而从淡水进入海洋环境时,高渗调节机制受到抑制,低渗调节(hypoosmoregulation)机制被激活,通过调节使其血液渗透浓度保持比外界海水渗透浓度较低的水平,从而使鲟鱼体液的渗透浓度保持稳定状态。

9.2.1 血清渗透压与离子含量变动特征

由淡水进入海水后,由于海水对鱼体液是高渗的,鲟鱼为补偿体内水分的流失而大量吞饮海水,然而吞饮海水造成了吸收过多的盐分进入体内。鲟鱼必须进行渗透压调节以保持体液渗透浓度稳定,在渗透压调节的过程中血清渗透压和离子含量呈现出先上升、再下降然后达到新稳态的规律性变化。这种规律性变化因鲟鱼种类不同而在时间上呈现出一定的差异,但总体趋势保持一致。

9.2.1.1 中华鲟幼鱼血清渗透压与离子浓度的变动规律

依据长江口中华鲟幼鱼栖息水域盐度范围,赵峰等(2013)研究了中华鲟幼鱼在淡水和不同盐度(5、10和15)条件下32 d内的血液水分含量、血清渗透压及离子的变动规律。

1. 血液水分含量变化

中华鲟幼鱼在淡水中的血液水分含量为82%~84%。进入不同盐度水体后,中华鲟幼鱼血液水分含量首先呈下降趋势,下降的幅度与盐度呈正相关(图9.7)。从统计分析来看,盐度5条件下与淡水中中华鲟幼鱼的血液水分含量未呈现出显著差异。实验后12 h,盐度15条件下中华鲟幼鱼的血液水分含量显著低于淡水和盐度5时。此后,各盐度条件下中华鲟幼鱼的血液水分含量呈逐步升高趋势。第8天时,除盐度15条件下中华鲟幼鱼的血液水分含量显著低于其他各盐度组外,盐度5和10条件下中华鲟幼鱼的血液水分含量与淡水时已经没有显著差异。第16天时,各盐度条件下中华鲟幼鱼血液水分含量均无显著性差异。

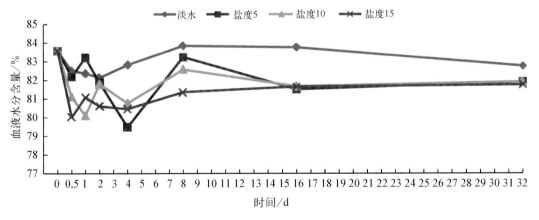

图 9.7　中华鲟幼鱼的血液水分含量变化

2. 血清渗透压变化

中华鲟幼鱼在淡水中血清渗透压保持在260~270 mOsm/kg。进入不同盐度水体后,中华鲟幼鱼血清渗透压首先呈上升趋势,上升幅度与盐度呈正相关(图9.8)。从统计分析来看,淡水与盐度5条件下中华鲟幼鱼血清渗透压未呈现出显著差异;实验12 h时,盐度10和15条件下中华鲟幼鱼血清渗透压显著高于淡水和盐度5;而后各盐度条件下中华鲟幼鱼血清渗透压逐步下降;第1天后,盐度10和15条件下中华鲟幼鱼血清渗透压基

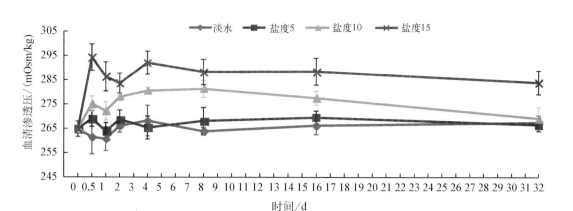

图 9.8　中华鲟幼鱼血清渗透压变化

本处于平稳状态,但显著高于淡水和盐度 5;第 32 天时,除盐度 15 条件下显著高于其他各盐度组外,其他各盐度条件下中华鲟幼鱼血清渗透压均无显著性差异。

3. 血清离子含量变化

淡水中,中华鲟幼鱼血清 Cl^- 和 Na^+ 含量分别保持在 $110\sim115$ mmol/L 和 $125\sim130$ mmol/L。不同盐度条件下,中华鲟血清 Cl^-、Na^+ 含量和渗透压变化趋势基本一致,表现为先上升后下降,然后处于平稳状态(图 9.9 - A,B)。从统计分析来看,淡水与盐度 5 时中华鲟幼鱼血清 Cl^- 和 Na^+ 含量均未呈现显著性差异。实验 12 h 后,盐度 10 和 15 条件下中华鲟幼鱼血清 Cl^- 和 Na^+ 含量显著高于淡水和盐度 5,且与盐度呈正相关;而后各盐度条件下中华鲟幼鱼血清 Cl^- 和 Na^+ 离子含量逐步下降;1 d 后,盐度 10 和 15 条件下中华鲟幼鱼血清渗透压基本处于平稳状态,但显著高于淡水和盐度 5。除盐度 15 外,其他各盐度条件下华鲟幼鱼实验 16 d 时血清 Cl^- 含量均无显著性差异,而血清 Na^+ 含量在实验 32 d 时无显著性差异。

淡水中,中华鲟幼鱼血清 K^+ 含量保持在 $3.1\sim3.4$ mmol/L。不同盐度条件下,中华鲟血清 K^+ 含量呈现先下降后平稳的变化趋势(图 9.9 - C)。从统计分析来看,淡水与盐度 5 时中华鲟幼鱼血清 K^+ 含量均未呈现出显著的差异,而盐度 10 和 15 条件下中华鲟幼鱼血清 K^+ 含量随实验时间延长逐渐降低,显著低于淡水和盐度 5;实验 16 d 时,盐度 10 和 15 条件下中华鲟幼鱼血清 K^+ 含量达到新的平衡,且无显著性差异,但仍显著低于淡水和盐度 5。

9.2.1.2　俄罗斯鲟幼鱼的血清渗透压与离子浓度变动规律

以俄罗斯鲟幼鱼为材料,屈亮等(2010)设计了 3 个盐度(5、10 和 15)梯度,对比研究了淡水和不同盐度急性胁迫条件下俄罗斯鲟幼鱼血清渗透压与离子含量的变化规律。

1. 血清渗透压变化

不同盐度急性胁迫条件下俄罗斯鲟幼鱼的血清渗透压变化趋势大体相同,渗透压随盐度的升高而增加(图 9.10)。盐度 15 条件下,血清渗透压在 24 h 速升高至最高点(354 mOsm/kg),之后 $48\sim96$ h 血清渗透压一直维持在高位,与淡水、盐度 5 和盐度 10 实验组存在显著的差异。实验 96 h,盐度 5 和 10 条件下俄罗斯鲟幼鱼血清渗透压无显著性差异,但显著高于淡水对照组。盐度 10 条件下实验 15 d 后,俄罗斯幼鱼血清渗透压值为 260 mOsm/kg,略高于淡水组(248 mOsm/kg),但未呈现出显著的差异。

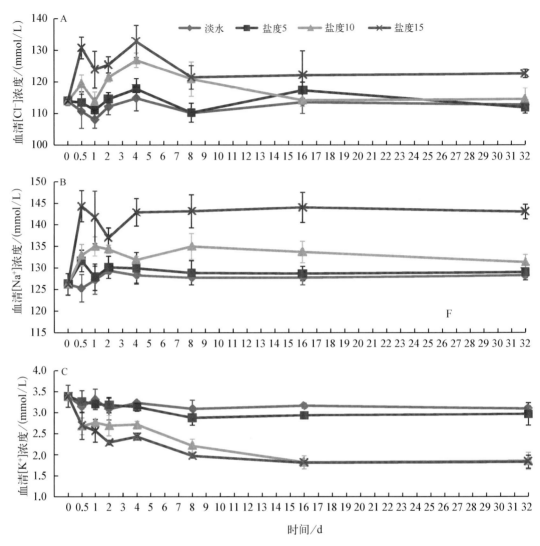

图 9.9　中华鲟幼鱼血清离子含量变化

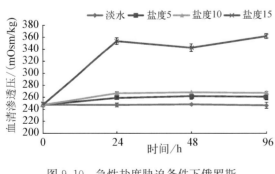

图 9.10　急性盐度胁迫条件下俄罗斯
鲟幼鱼血清渗透压变化

2. 血清离子浓度变化

俄罗斯鲟幼鱼血清 Na^+ 和 Cl^- 含量变化趋势与血清渗透压的变化趋势大体相同（图 9.11 - A, B）。实验开始后的 24 h 内，盐度 15 条件下，俄罗斯鲟幼鱼血清 Na^+ 和 Cl^- 含量大幅度升高，之后一直维持在高位。96 h 时盐度 15 组血清 Na^+ 和 Cl^- 含量显著高于淡水及低盐度组，而盐度 5 和 10 实验组血清 Na^+ 和 Cl^- 含量不存在显著差异，但显著高于淡水对照组。俄罗斯鲟幼鱼血清 K^+ 含量变化与血清渗透压及 Na^+ 和 Cl^- 含量的变化规律完全相反(图 9.11 - C)。血清 K⁺ 含量随盐度的升高而降低,实验开始后 48 h 内大幅度降低,之后有所回升,盐度 15 组血清 K⁺ 含量在 96 h 实验中显著低于对照组及低盐度组,盐度 5、10 组也显著低于对照组,盐度 5 和 10 组间 K⁺ 含量变化不存在显著性差异。

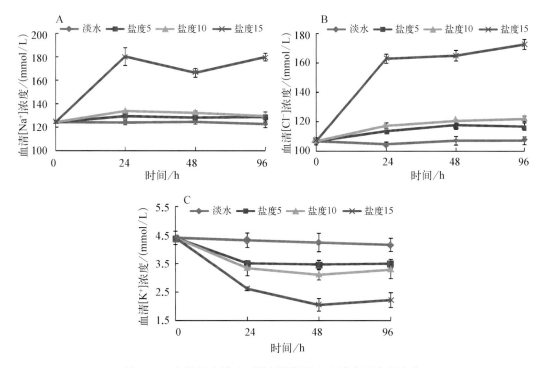

图 9.11　急性盐度胁迫下俄罗斯鲟幼鱼血清离子含量变化

9.2.2　鳃上皮 NKA 酶活力的变动特征

Na⁺/K⁺- ATP 酶(NKA 酶)广泛分布于鱼类的鳃上皮细胞中,是鱼类在不同环境下(包括盐度)离子转运能力的一个重要表征指标。鳃上皮 NKA 酶活力会随着环境盐度的变化而发生变化。通常,鲟鱼从淡水进入高渗环境后会伴随着鳃上皮 NKA 酶活力的上升,呈现出陡然下降然后上升,到一定峰值后再逐渐下降并达到新稳态的总体趋势,然而不同种类之间也存在一定的差异。

9.2.2.1　半咸水条件下中华鲟幼鱼鳃上皮 NKA 酶活力变动及其 α 亚基 mRNA 的表达

中华鲟幼鱼从淡水转入盐度 10 半咸水环境后,鳃上皮 NKA 酶活力变化表现为先下降,后上升,最后下降并达到新的稳态,最终其活力显著高于淡水时鳃上皮 NKA 酶的活力水平(He et al., 2009;Zhao et al., 2016)。中华鲟幼鱼进入半咸水后,在最初 3 h 内鳃上皮 NKA 酶活力明显受到抑制,表现为迅速下降。这是一种被动反应,NKA 酶活力的下降降低了细胞膜对离子的通透性,减少了 Na⁺、Cl⁻ 的流入。3 h 后鳃上皮 NKA 酶活力快速上升,至 24 h 达到最高值,约为淡水时的 2.2 倍。鳃上皮 NKA 酶活力的上升是中华鲟幼鱼在高渗环境下开始主动调节渗透压的标志。24 h后,鳃上皮NKA酶活力逐渐下降,至216 h达到新的稳态,是淡水对照组的1.65倍(图9.12)。鳃上皮NKA酶活力逐渐下降并最终达到新的稳态是渗透压调节与适应的过程,通过NKA酶的调节使鱼体内离子代谢达到新的平衡。

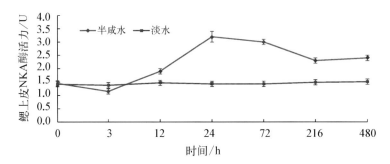

图9.12　半咸水条件下中华鲟幼鱼鳃上皮NKA酶活力变化

在此基础上,封苏娅等(2012)通过对中华鲟幼鱼鳃上皮NKA酶α亚基的部分基因序列进行cDNA克隆,检测了半咸水条件下中华鲟幼鱼鳃上皮NKA酶α亚基的mRNA相对表达量(图9.13)。淡水中幼鱼鳃上皮NKA酶α亚基的mRNA相对表达量未出现显著性变化。盐度10半咸水条件下,不同时间点的NKA酶α亚基mRNA相对表达量与淡水条件下相比存在显著差异。进入半咸水24 h内,NKA酶α亚基的mRNA相对表达量显著上升,在6 h达到最大值后逐渐减少,在24 h降到最低值,但与初始值相比仍显著增加。在24~96 h,NKA酶α亚基的mRNA相对表达量先增加后保持在稳定水平,变化并不显著。

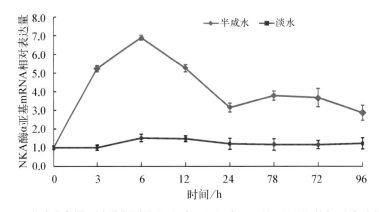

图9.13　半咸水条件下中华鲟幼鱼鳃上皮NKA酶α亚基mRNA的相对表达量变化

鲟鱼鳃上皮NKA酶α亚基mRNA表达先于NKA酶,mRNA的表达促使了NKA酶的产生和活力增加。初始阶段鳃上皮NKA酶活力的下降可能受到了NKA酶其他亚基的调控。

9.2.2.2　盐度胁迫条件下俄罗斯鲟幼鱼鳃上皮NKA酶活力变化

在盐度5、10和15条件下,7月龄俄罗斯鲟幼鱼鳃上皮NKA酶活力变动情况如图9.14所示(屈亮等,2010)。实验期间,盐度组幼鱼鳃上皮NKA酶活力与淡水对照组相比有先降低后升高趋势,48 h 时盐度 5、10 及 15 组鳃上皮 NKA 酶活力均降至最低,与淡水组相比酶活力显著降低,尤其是盐度 5 和 10 组下降最为明显。48 h 后鳃丝酶活力迅速上升,96 h 时盐度 5 和 10 组鳃上皮 NKA 酶活力升高至与淡水组间无显著差异,盐度 15 上升较慢仍显著低于盐度 5 和 10 及淡水对照组。

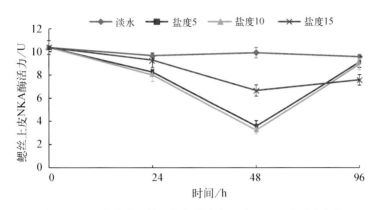

图 9.14　盐度胁迫下俄罗斯鲟幼鱼鳃上皮 NKA 酶活力变化

在 48 h 内各盐度条件下,俄罗斯鲟幼鱼鳃上皮 NKA 酶活力均降至最低,其中盐度 5 和 10 组下降最明显,与淡水对照组的初始酶活力相比下降了 65.5%～68.9%。此后,鳃上皮 NKA 酶活力逐渐回升,幼鱼开始进入主动渗透调节阶段。96 h 时盐度 5 和 10 组鳃丝 NKA 酶活力与淡水对照组相比无显著性差异,鳃上皮 NKA 酶活力已逐渐趋于平稳,幼鱼开始表现出一定适应性。然而,在盐度 15 组鳃上皮 NKA 酶在 48 h 后虽有所回升,但 96 h 时仍显著低于其他盐度组,说明 7 月龄俄罗斯鲟幼鱼适应盐度 15 环境还需要更长的时间,同时反映出鲟鱼不同种类间盐度适应和调节能力的大小。

9.2.2.3　盐度驯化过程中史氏鲟鳃上皮 NKA 酶活力变化

史氏鲟在盐度驯化过程中随着盐度增加和驯化时间延长,鳃上皮 NKA 酶的活力变化趋势如图 9.15 所示(赵峰等,2006a)。在盐度 10、20 和 25 的依次连续驯化过程中史氏鲟鳃上皮 NKA 酶活力呈现出不同的变化特点。在盐度 10 条件下,第 1 天时鳃上皮 NKA 酶活力显著低于淡水对照组,随后 NKA 酶活力逐渐上升;至第 7 天时 NKA 酶活力达到最高,然后开始下降;在驯化至第 11 天时(进入盐度 20 的第 1 天),由于驯化盐度的提高,

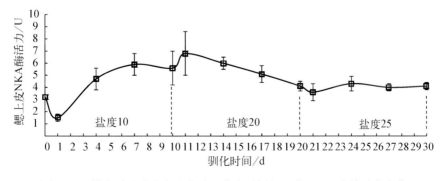

图 9.15　梯度升盐法盐度驯化过程中史氏鲟鳃上皮 NKA 酶的活力变化

鳃上皮 NKA 酶活力显著上升,并达到了最高值,但未出现盐度 10 第 1 天时的酶活力下降现象,此后 NKA 酶活力一直呈现下降趋势;驯化至第 21 天时,尽管盐度提高到了 25,但此时 NKA 酶活力仍延续盐度 20 条件下的下降趋势,随后开始上升,至第 24 天时(进入盐度 25 的第 3 天)达到峰值,但在盐度 25 驯化过程中鳃上皮 NKA 酶活力总体波动较小,呈现出平稳状态。

史氏鲟盐度驯化过程中鳃上皮 NKA 酶活力变化与调节呈现出以下几个特点:① 盐度刺激(驯化)可导致 NKA 酶活力的上升。② 仅在初次盐度刺激时,NKA 酶初始表现出酶活力下降的抑制状态。盐度 25 驯化第 1 天时也出现酶活力下降的现象,这可能主要是盐度 10 条件下渗透压调节过程的延续,与盐度 10 驯化第 1 天时的现象不同。③ 连续驯化过程中的梯度盐度刺激可增强渗透压调节能力、缩短机体响应时间,这一点由盐度 10 和 20 条件下 NKA 酶活力变化可以看出。经过连续的盐度驯化及其鱼体的渗透调节和适应,最终史氏鲟鳃上皮 NKA 酶活力达到新的平衡,体液中水-盐代谢达到新的平衡,适应了盐度 25 的环境条件(表 9.4)。

表 9.4 不同盐度下史氏鲟血清渗透压(mOsm/kg)和鳃上皮 NKA 酶活力(U)

盐　　度	0	10	20	25
水体渗透压	87.7±1.5	337.4±20.1	583.6±15.2	766.7±7.5
血清渗透压	262.7±6.2	328.8±26.8	294.6±20.3	291.1±15.6
NKA 酶活力	2.2±0.2	4.3±2.1	5.7±0.8	4.8±1.5

9.2.3 血清激素的变动特征

激素是内分泌腺和神经腺体所分泌的一类具有生物活性的物质,它们在机内内含量极低,却对鱼类的发育、生长、繁殖和行为等生命活动起着重要的调节作用。鱼类体内大多数的水分和离子代谢方式的改变都是在神经内分泌或内分泌因子的调控下完成的,激素对水-盐代谢起到了信使和调控的重要作用。研究表明,催乳素是调控淡水鱼类水-盐代谢最重要的激素,而皮质醇在海水鱼类的渗透压调节中起至关重要的作用。鱼类海水适应过程中的激素调节,并非仅有皮质醇激素参与调节,其他激素如生长激素、类胰岛类生长因子-1、甲状腺激素等也协同皮质醇进行调节。

9.2.3.1 半咸水条件下中华鲟幼鱼的血清激素变化

中华鲟幼鱼进入半咸水后,血清激素水平发生了显著变化。盐度刺激下,机体迅速抑制了催乳素分泌。在最初 12 h 内,血清催乳素水平直线下降近 2/3,并在 12 h 后一直保持较低水平状态,该水平显著低于淡水对照组。盐度刺激增强了皮质醇和甲状腺激素的分泌。在进入半咸水后 3 h 内,血清皮质醇及甲状腺激素显著上升,之后逐渐下降,并最终稳定在稍高于淡水对照组的水平上(何绪刚,2008)。

血清催乳素(PRL):从淡水进入半咸水环境后,中华鲟幼鱼血清 PRL 水平急剧下降。在最初 12 h 内,血清 PRL 水平从淡水时的 0.9 ng/ml 直线下降近 2/3,达到 0.2 ng/ml。

12 h 后,中华鲟幼鱼血清 PRL 保持较低的稳定水平,波动很小,其水平显著低于淡水环境中的中华鲟幼鱼血清 PRL 水平(图 9.16 - A)。

血清皮质醇(Cor):进入半咸水环境的前 3 h 内,中华鲟幼鱼血清 Cor 有一个显著升高的现象,从淡水环境下的 8.7 ng/ml 急剧上升到 56.1 ng/ml,升高了近 7 倍。之后,血清 Cor 快速回落;12 h 以后,各时间段的血清 Cor 水平已无显著差异;至 216 h,半咸水下中华鲟幼鱼血清 Cor 水平进一步回落至最低水平(16.9 ng/ml),但仍高出淡水时血清 Cor 水平一个数量级(图 9.16 - B)。

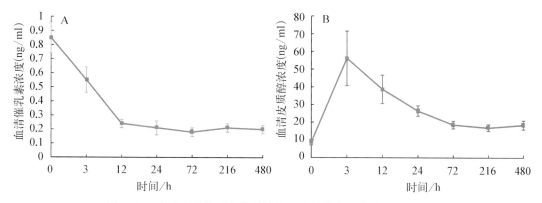

图 9.16　半咸水条件下中华鲟幼鱼血清催乳素及皮质醇含量变化

血清甲状腺激素:在半咸水环境下,中华鲟幼鱼血清甲状腺素水平的变化趋势与皮质醇水平变化趋势相似。进入半咸水后,在前 3 h 内甲状腺激素水平显著升高,之后逐渐回落,回落速度与波动程度随甲状腺激素类型不同而有所不同。

四碘甲腺原氨酸(TT_4)和三碘甲腺原氨酸(TT_3)水平变化趋势类似,均表现为先上升后下降的趋势。然而,半咸水条件下中华鲟幼鱼血清 TT_3 水平要比 TT_4 水平低一个数量级(图 9.17)。中华鲟幼鱼血清 TT_4 在 3 h 内从淡水下的 1.5 ng/ml 上升至最大值(3.9 ng/ml)后开始回落,第 12 小时时回落到 2.85 ng/ml,之后在 216 h 前维持较稳定水平,各时间段之间的差异不显著。216 h 以后,血清 TT_4 水平又进一步下降,其值(1.7 ng/ml)虽然比淡水时高,但差异并不显著。与血清 TT_4 变化类似,血清 TT_3 在 3 h 内从淡水时的 0.04 ng/ml 上升至最高值(0.18 ng/ml)后逐渐回落,回落过程中波动幅度较大。经过几次较大震荡之后,最后 480 h 停留在显著高于淡水对照组水平。

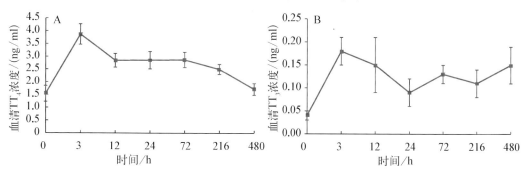

图 9.17　中华鲟幼鱼血清四碘甲腺原氨酸和三碘甲腺原氨酸含量变化

中华鲟幼鱼血清游离四碘甲腺原氨酸（FT_4）水平稍高于游离三碘甲腺原氨酸（FT_3），两者在盐度刺激下呈现相同的变化。在进入半咸水 3 h 内，迅速显著上升，之后维持较高水平至 12 h，再逐渐下降。24 h 后，半咸水下中华鲟幼鱼血清 FT_4 和 FT_3 水平分别下降，至与淡水时差异不显著水平。中华鲟幼鱼血清 FT_4 水平约为血清 TT_4 的 0.1%，血清 FT_3 水平约为血清 TT_3 的 0.5%，说明中华鲟体内甲状腺激素大部分是以结合态存在的，而真正进入细胞，与胞内受体结合，发挥生理效应的游离激素所占比例很低。

9.2.3.2　盐度驯化过程中史氏鲟血清激素变化

从淡水至盐度 10、20、25 和 28 的依次连续驯化过程中，史氏鲟血清 PRL 含量随着盐度增加呈现下降趋势；与之相反，血清 TT_4 和 TT_3 含量随着盐度上升而升高。而血清 Cor 和类胰岛素生长因子- 1（IGF - I）含量在不同盐度下未出现显著性差异，但盐度组内变化幅度较大（冯广朋等，2007）。

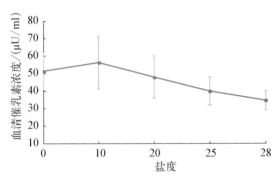

图 9.18　盐度驯化过程中史氏鲟血清催乳素含量变化

血清 PRL：在驯化的初始阶段，史氏鲟从淡水进入盐度 10 时，受盐度刺激血清 PRL 含量略有上升，但未表现出显著性差异。随后进入盐度 20、25 和 28 后，血清 PRL 含量持续减少，呈直线下降趋势（图 9.18）。盐度 28 时，血清 PRL 含量仅为淡水时的 67.3%。

血清 Cor 与类胰岛素生长因子- 1（IGF - 1）：淡水中史氏鲟血清 Cor 含量为 4.7 ng/ml，驯化至盐度 10 和 20 后，血清 Cor 含量有所下降，随后驯化至盐度 25 后，血清 Cor 含量有所回升，但盐度 10、20 和 25 下血清 Cor 含量与淡水时无显著性差异。驯化至盐度 28 时，血清 Cor 含量明显下降，显著低于淡水组（图 9.19 - A）。血清 IGF -I 含量在各盐度下尽管出现一定的波动，但与淡水时相比未表现出显著性差异（图 9.19 - B）。

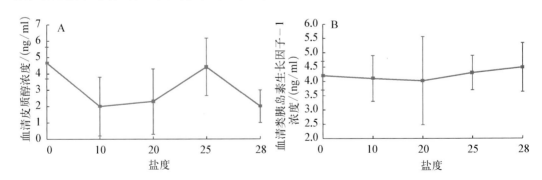

图 9.19　盐度驯化过程中史氏鲟血清皮质醇和类胰岛素生长因子-1 含量变化

在史氏鲟盐度驯化过程中未发现血清 Cor 含量显著升高现象，主要是由于实验设计所导致（取样时间为每盐度阶段适应 10 d 后）。童燕等（2007）通过开展急性盐度胁迫实验，发现史氏鲟幼鱼在盐度 15 和 22 条件下，血清 Cor 含量迅速显著上升，在 0.5 h 达到峰值,约是淡水时的 8 倍;随后,随着盐度适应血清 Cor 逐渐回落至淡水时水平。

血清甲状腺激素:史氏鲟在淡水中的血清 TT_4 含量为 8.8 ng/ml,转入盐度 10、20 和 25 后血清 TT_4 含量升高,最高值出现在盐度 25,达 12.3 ng/ml。随后盐度 28 条件下,血清 TT_4 含量下降,显著低于盐度 25 时的含量。血清中 TT_3 含量变化与血清 TT_4 类似(表 9.5)。

表 9.5　不同盐度下史氏鲟血清四碘(TT_4)和三碘甲腺原氨酸(TT_3)含量(ng/ml)

盐　度	0	10	20	25	28
血清 TT_4	8.8±1.3	9.6±2.8	9.2±1.9	12.3±6.0	8.4±1.4
血清 TT_3	0.8±0.2	1.4±0.4	1.4±0.6	1.4±0.4	0.9±0.2

9.3　鲟鱼鳃上皮泌氯细胞的结构功能与变化

鳃是鱼类进行渗透压及离子调节的主要功能器官,在维持机体内、外环境平衡的生理过程中,发挥着至关重要的作用。泌氯细胞(chloride cells)主要分布于鳃丝和鳃小片上皮中,具有发达的管网结构,基底膜和微管上分布着大量的 NKA 酶,是鳃上皮进行离子转运和调节渗透压平衡的主要功能细胞。研究表明,鱼类从淡水进入海水后,鳃上皮泌氯细胞的分布、数量、形态结构及功能均会发生适应性改变。以中华鲟和史氏鲟为例介绍盐度适应与渗透调节过程中鳃上皮泌氯细胞的结构功能与变化特点。

9.3.1　中华鲟幼鱼鳃上皮泌氯细胞的数量分布、形态结构及变化

利用组织学、免疫组化及电镜技术,吴贝贝等(2015)、赵峰等(2016)和 Zhao 等(2016)观察了淡水及半咸水条件下中华鲟幼鱼鳃上皮泌氯细胞的数量分布与形态结构,比较研究了渗透压调节过程中泌氯细胞结构功能的适应性变化。

9.3.1.1　数量分布与形态特征

中华鲟幼鱼的鳃小片呈扁平囊状,垂直分布于鳃丝两侧。鳃丝和鳃小片均被特化的多层或单层上皮层所覆盖,上皮层由扁平细胞、泌氯细胞等不同类型细胞组成。泌氯细胞相对较大,为嗜酸性细胞,具有圆形细胞核(图 9.20)。

淡水条件下,泌氯细胞集中分布于鳃小片基部及鳃小片之间的鳃丝上(图 9.20,图 9.21),其数量显著高于鳃小片上的泌氯细胞数量,但鳃丝与鳃小片上泌氯细胞的平均表面积没有显著性差异(表 9.6)。泌氯细胞形状因子小于 1,说明泌氯细胞略呈椭圆形,鳃丝和鳃小片上泌氯细胞形态不存在显著性差异,而且大小也基本一致。半咸水驯养 60 d 后,鳃小片基部及鳃小片之间鳃丝上泌氯细胞数量显著增加(图 9.21,表 9.6),但鳃小片上泌氯细胞数量未呈现显著差异。与淡水组相比,无论是鳃丝还是鳃小片泌氯细胞的平均表面积显著增加,但细胞形态未呈现显著性差异。

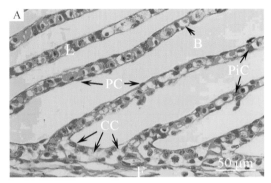
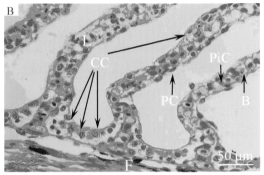

图 9.20　淡水(A)和半咸水(B)条件下中华鲟幼鱼的鳃丝结构

F. 鳃丝;L. 鳃小片;CC. 泌氯细胞;PC. 扁平细胞;PiC. 柱状细胞;B. 血管通道

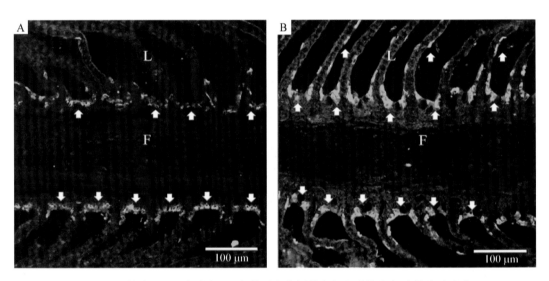

图 9.21　淡水(A)和半咸水(B)条件下中华鲟幼鱼鳃上皮泌氯细胞的免疫定位

F. 鳃丝;L. 鳃小片;企. 泌氧细胞

表 9.6　中华鲟幼鱼鳃丝(F)和鳃小片(L)上泌氯细胞的数量、面积及形状因子

组　别	数量/(个/100 μm)		面积/μm²		形状因子	
	F	L	F	L	F	L
淡　水	4.7±0.1	0.6±0.1	187.3±18.3	159.5±16.7	0.7±0.3	0.7±0.3
半咸水	5.1±0.1	0.7±0.1	361.9±27.9	275.6±14.7	0.6±0.2	0.6±0.2

9.3.1.2　泌氯细胞顶膜开口("顶陷窝")形态

泌氯细胞通常被扁平细胞覆盖,呈现紧密连接,泌氯细胞外缘有开口,称为泌氯细胞顶膜开口,也称为"顶隐窝"。泌氯细胞的顶膜开口位于扁平细胞边缘(图 9.22),通过顶膜开口泌氯细胞与胞外环境相连。泌氯细胞顶膜开口位于鳃丝上皮血管输入端平坦区域和边缘,极少出现在上皮层血管输出端。

按照泌氯细胞顶膜开口的形态和大小,可以将中华鲟幼鱼鳃上皮泌氯细胞顶膜开口大致分为3种类型:Ⅰ型,突起型,呈椭圆形,直径一般在2～3 μm,表面具有大量突起的微绒毛(图9.22‑i);Ⅱ型,凹陷型,略呈三角形,直径一般在2 μm以内,表面粗糙,具有许多颗粒呈凹陷状(图9.22‑ii);Ⅲ型,深洞型,狭长而深陷,直径1 μm左右,表面具有许多细小颗粒(图9.22‑iii)。比较分析发现,淡水条件下中华鲟幼鱼鳃上皮泌氯细胞的顶膜开口类型主要为Ⅰ型和Ⅱ型,Ⅰ型占绝大部分,少量Ⅱ型出现,未发现泌氯细胞顶膜Ⅲ型开口(图9.22‑A)。而半咸水条件下,中华鲟幼鱼鳃上皮泌氯细胞的顶膜开口以Ⅲ型为主,也有少量Ⅰ型和Ⅱ型出现(图9.22‑B)。

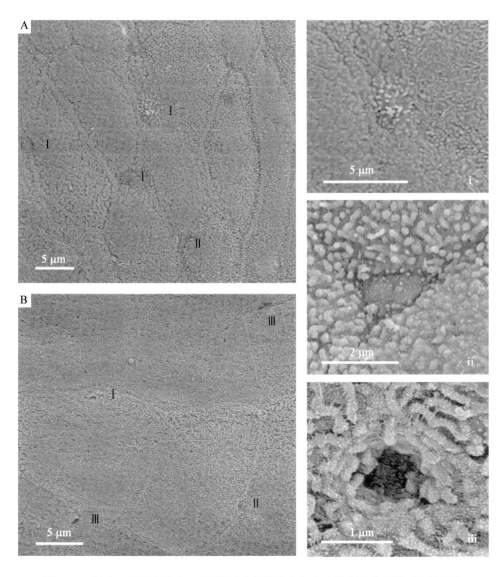

图9.22　淡水(A)和半咸水(B)条件下中华鲟幼鱼鳃上皮泌氯细胞顶膜开口的形态
Ⅰ. 突起型;Ⅱ. 凹陷型;Ⅲ. 深洞型。i, ii, iii: 分别为3种类型的放大图

9.3.2　史氏鲟幼鱼鳃上皮泌氯细胞的数量分布、形态结构及变化

采用光镜和透射电镜方法,侯俊利等(2006)和 Zhao 等(2010)研究了史氏鲟幼鱼不同盐度驯养条件下鳃上皮泌氯细胞的形态结构变化。

9.3.2.1　数量分布与形态特征

淡水:幼鱼的鳃丝均向两侧伸出半圆形扁平囊状的鳃小片,鳃小片平行排列,与鳃丝纵轴垂直,鳃丝基部和鳃丝尾端的鳃小片囊状凸起稍显低矮,中部较高。鳃小片间距30~50 μm,每毫米的鳃丝有 20~33 个鳃小片。鳃丝的主干部分包括鳃丝软骨、中央静脉窦和鳃丝上皮。鳃丝上皮由多层上皮细胞组成,可见扁平细胞、未分化细胞和泌氯细胞。鳃小片上有扁平细胞、柱状细胞及血管通道,通道内存在血细胞。在淡水条件下,鳃丝上皮泌氯细胞的数量较少,通常靠近鳃小片基部。泌氯细胞胞体与细胞核均较大,胞质致密,着色较深(图 9.23 - A)。

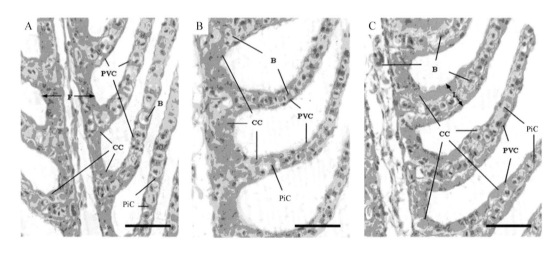

图 9.23　淡水(A)、盐度 10(B)和 25(C)条件下史氏鲟幼鱼鳃丝结构

比例尺为 50 μm。F. 鳃丝;L. 鳃小片;CC. 泌氯细胞;PVC. 扁平细胞;PiC. 柱状细胞;B. 血管通道

盐度 10:幼鱼在盐度 10 水体中养殖 65 d 后,光镜下可见鳃丝的泌氯细胞数量略有增加,主要分布在相邻鳃小片中间,靠近鳃小片基部。与淡水比较,鳃小片上泌氯细胞数量增加尚不明显,但胞体变大,细胞核相对较小,胞质密度大、伊红着色加深(图 9.23 - B)。

盐度 25:盐度 25 驯养下,幼鱼的鳃丝和鳃小片上泌氯细胞数量明显增加,细胞显著膨大,且 HE 着色加深。分布在鳃丝上相邻鳃小片之间的泌氯细胞,略向相邻鳃小片中间扩散分布。鳃小片上泌氯细胞的分布出现如下明显特征:在鳃小片的基部区域,泌氯细胞数量明显较多,且体积增大(表 9.7),扁平细胞呈三角形,且泌氯细胞呈现相邻状态,与鳃小片的远端区域相比,该区域膨大,且自鳃丝基部至鳃丝尾端,这一膨大区域逐渐缩短(图 9.23 - C)。

表9.7 史氏鲟幼鱼鳃上皮泌氯细胞的数量与大小

	淡 水	盐度25	P值
直径/μm	5.30±0.58	9.51±0.16	<0.01
鳃小片基部/个	1.57±0.64	4.73±1.20	0.02
鳃小片之间/个	1.02±0.52	2.35±0.32	0.01

9.3.2.2 超微结构

淡水：史氏鲟幼鱼鳃上皮的超微结构如图9.24所示。鳃丝上皮和鳃小片上皮均有泌氯细胞分布，主要分布于鳃小片基部。扁平细胞覆盖于鳃丝和鳃小片表皮最外层，其外

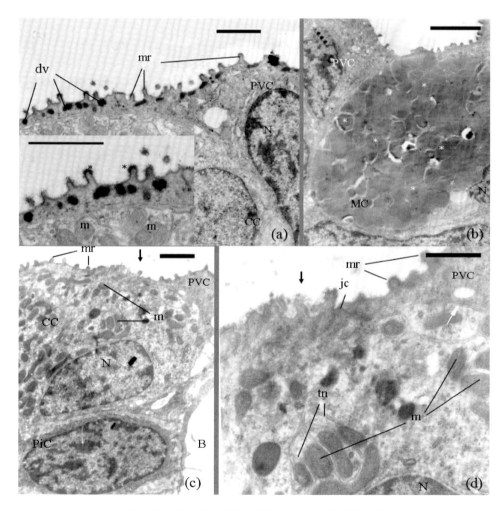

图9.24 淡水条件下史氏鲟幼鱼鳃上皮的超微结构

(a) 示扁平细胞，细胞外缘的微嵴，微嵴表面有糖萼（左下角图，比例尺＝2μm）及微嵴内缘的黑色囊泡，比例尺＝2μm。(b) 示黏液细胞，比例尺＝4μm。(c) 示泌氯细胞、柱状细胞及毛细血管管道。黑箭头示顶隐窝，比例尺＝2μm。(d) 示泌氯细胞与扁平细胞的紧密连接、泌氯细胞内的管网系统及其与基底膜连接（白箭头），比例尺＝1μm。CC. 泌氯细胞；PVC. 扁平细胞；MC. 黏液细胞；PiC. 柱状细胞；N. 细胞核；B. 血管管道。黑星号. 糖萼；白星号. 黏液颗粒；dv. 黑色囊泡；mr. 微嵴；m. 线粒体；tn. 管网；jc. 紧密连接

缘存在微嵴,微嵴表面有糖萼,微嵴内缘有黑色囊泡。鳃小片基部的鳃丝上皮中有黏液细胞分布,胞质中充满黏液颗粒,核明显偏位。淡水中泌氯细胞的顶隐窝较小且浅。泌氯细胞的胞质内存在大量线粒体和丰富的管网系统,线粒体呈多种形状,包括圆形、卵圆形、拉长形和弯曲形等,线粒体内存在丰富的电子致密内嵴。泌氯细胞内的管网与基底膜相连,管网在胞质内分布广泛,但在胞质靠近顶隐窝的附近较少,这里存在与管网不同的囊泡或称囊管。在淡水中,管网系统欠发达,囊管分布面积小,囊泡数量少。泌氯细胞与外界环境直接接触的顶隐窝表面有短的微绒毛,顶隐窝与相邻扁平细胞之间存在紧密连接。

  盐度10:在盐度10中养殖65 d后,幼鱼的鳃小片基部及靠近鳃小片基部的鳃丝上皮中,泌氯细胞数量比在淡水中同期驯化的鱼有所增加;泌氯细胞的主要变化表现为线粒体变得饱满,圆形和椭圆形线粒体比例增加,线粒体内嵴也增多。此外,管网系统比淡水组稍显丰富,可见顶隐窝凹陷的泌氯细胞,但顶隐窝开口大小变化不明显(图9.25)。

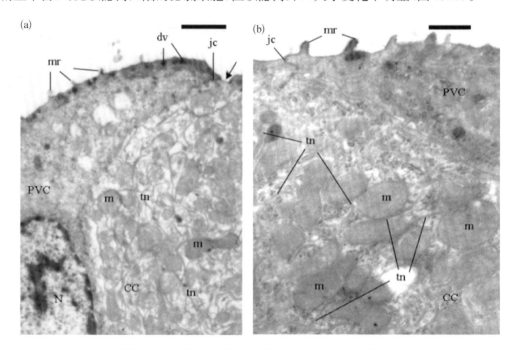

图9.25   盐度10条件下史氏鲟幼鱼鳃上皮的超微结构

  (a) 泌氯细胞的顶隐窝稍微凹陷(黑箭头),管网系统比淡水组丰富,比例尺=2 μm。(b) 线粒体饱满,内嵴增多,比例尺=1 μm。m. 线粒体;mr. 微嵴;tn. 管网;jc. 紧密连接;dv. 黑色囊泡;CC. 泌氯细胞;N. 细胞核;PVC. 扁平细胞

  盐度25:盐度25中养殖的史氏鲟幼鱼,其鳃丝上皮和鳃小片上皮中泌氯细胞数量都显著增加,细胞体积明显增大,核增大且大多偏位于血管通道(图9.26)。泌氯细胞膨大使该上皮区域向外凸起,覆盖其上的扁平细胞区域变薄。泌氯细胞的最典型特征是线粒体数量显著增加,且该细胞器的个体丰满,内嵴大;胞质中管网系统非常发达,管网较粗,并且可见一条管网盘绕多个膨大的线粒体,管网与线粒体紧密接触;靠近顶隐窝附近区域,囊管丰富,高倍镜下可见囊管在顶隐窝的开口。但是,多数泌氯细胞的顶隐窝并未明显凹入,而是开口扩大。

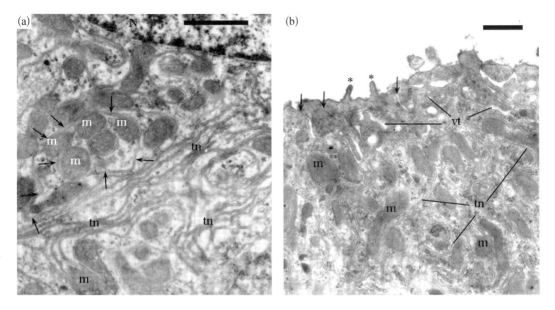

图 9.26　盐度 25 条件下史氏鲟幼鱼鳃上皮的超微结构

（a）泌氯细胞内线粒体数量显著增加,线粒体丰满;胞质中管网系统非常发达,一条管网(黑箭头)可以盘绕多个线粒体,并与线粒体紧密接触,比例尺＝1μm。（b）氯细胞顶隐窝的微绒毛(黑星号)和内缘囊管(vt 与黑箭头)丰富,比例尺＝1μm。m. 线粒体;tn. 管网;vt. 囊管;N. 细胞核

9.3.3　泌氯细胞在渗透压调节过程中的适应性变化

　　鱼类的鳃与其生活的水环境直接接触,覆盖于鳃丝的上皮细胞构成体液与外部水环境之间独特的生理界面。鳃上皮泌氯细胞是进行离子调节的主要场所,在鱼类渗透压调节方面发挥着重要功能。泌氯细胞的形态结构、分布和数量会随着生活环境渗透压条件的改变而发生适应性变化。

　　广盐性硬骨鱼类在适应高渗或低渗环境时,鳃上皮泌氯细胞的分布呈现 3 种类型:① 无论淡水还是海水驯化时,泌氯细胞仅分布在鳃丝上皮内;② 海水高渗环境时,泌氯细胞分布在鳃丝上皮内,但经淡水低渗环境驯化,泌氯细胞在鳃小片上皮内也会有分布;③ 无论淡水还是海水驯化,鳃丝和鳃小片上皮内均有泌氯细胞分布。现有的研究表明,鲟鱼鳃上皮泌氯细胞的分布属于第 3 种类型,即无论是在淡水还是盐度条件下,大多数鲟鱼的鳃上皮泌氯细胞主要分布在鳃小片基部的鳃丝上,也有少量分布在鳃小片上,这在中华鲟、史氏鲟、纳氏鲟(Carmona et al.，2004)、墨西哥湾鲟(Altinok et al.，1998)、中吻鲟(Allen et al.，2009)和欧洲鳇(Krayushkina et al.，1976)等鲟鱼研究中均得到证实。鲟鱼鳃丝上的泌氯细胞较大,主要起离子外排作用,鳃小片上的泌氯细胞较小,主要起离子吸收作用。

　　胞内大量的 NKA 酶是泌氯细胞进行离子转运的重要能量来源。广盐性鱼类鳃上皮泌氯细胞数量和体积会随着盐度增高而增加,为适应高渗环境提供更多动力(Evans et al.，2005;Huang and Lee，2007)。从淡水进入高渗环境后,中华鲟、史氏鲟、墨西哥湾

鲟、纳氏鲟等鲟鱼鳃丝上皮的泌氯细胞数量明显增多,且体积增大。尽管中华鲟幼鱼鳃小片上的泌氯细胞个体有所增大,但数量未发生改变,而纳氏鲟进入高渗环境时鳃小片泌氯细胞数量呈现下降趋势(Cataldi et al., 1995; Mckenzie et al., 1999)。通常,广盐性鱼类进入高渗环境时,鳃小片上泌氯细胞会消失,可能是因为高渗条件下不需要主动吸收离子。中华鲟幼鱼与其他鲟鱼研究中鳃小片泌氯细胞变化的差异,可能与鲟鱼种类和规格大小有关,也可能与驯化盐度及时间等有关。淡水鱼的泌氯细胞划分为 α 型和 β 型两种:α 型泌氯细胞分布在鳃小片基部,β 型泌氯细胞主要分布在鳃丝上相邻鳃小片之间。将广盐性淡水鱼转入高渗的海水时,其鳃上 β 型泌氯细胞减少,α 型泌氯细胞增加并转变成海水型泌氯细胞。从目前鲟鱼的相关研究可以看出,泌氯细胞在盐度适应和调节过程中也可能存在着这种变化,但尚需研究证实。

鲟鱼鳃上皮泌氯细胞内的线粒体丰满且数量多,发生于基底膜的管网系统非常发达,管网较粗,管网与线粒体紧密接触,顶隐窝扩大伴随附近胞质区域囊管的丰度增加,管网上的 NKA 酶为排出体内过多 Cl⁻ 提供能量。胞外环境通过泌氯细胞的顶膜开口被感知,从而刺激泌氯细胞结构改变、调整离子转运功能以适应外部环境变化,顶膜开口的形态可以反映泌氯细胞形态功能的改变。现有研究发现,中华鲟幼鱼鳃上皮的泌氯细胞顶膜开口具有 3 种类型,即突起型(Ⅰ型)、凹陷型(Ⅱ型)和深洞型(Ⅲ型),其中淡水中存在Ⅰ型和Ⅱ型;半咸水中以Ⅲ型为主,Ⅰ型和Ⅱ型也有分布。具有Ⅰ型和Ⅲ型顶膜开口的泌氯细胞分别在 Cl⁻ 的吸收和外排中发挥重要作用,而具有Ⅱ型顶膜开口的泌氯细胞主要功能是吸收 Ca^{2+}。高渗条件下中华鲟幼鱼鳃上皮Ⅲ型顶膜开口的泌氯细胞代替了低渗条件下的Ⅰ型顶膜开口的泌氯细胞,泌氯细胞形态结构发生了改变,其功能也从 Cl⁻ 的吸收转变为外排,进行离子和渗透压调节,从而适应高渗环境。

鲟鱼鳃上皮泌氯细胞的数量分布和形态结构的改变是进行渗透压调节、维持渗透平衡的结构基础,结构的变化导致功能上发生转变,从而适应高渗环境。

9.4　鲟鱼渗透压调节及其生物学意义

在长期进化过程中,鱼类形成了 3 种基本的渗透压调节策略:① 变渗调节,即鱼类血清渗透压随着栖息水域水体渗透压的改变而发生变化,基本与水体渗透压保持在一致的水平;② 高渗调节,即在淡水或低盐度水体条件下,鱼类将血清渗透压调节在比水体渗透压较高的水平;③ 低渗调节,即在海水条件下,鱼类将血清渗透压调节在比海水渗透压较低的水平。从淡水进入高盐度环境时,鲟鱼的渗透压调节策略也从高渗调节转变为低渗调节。掌握鲟鱼渗透压调节特征及其机制,不但可以丰富鲟鱼的生活史资料,而且对于天然水域中的鲟鱼保护及人工条件下的增养殖均具有十分重要的意义。

9.4.1　渗透压与离子调节过程及机制

在渗透压调节过程中,鲟鱼像其他广盐性硬骨鱼类一样,存在着类似的渗透压调节机制。鱼类渗透压调节是机体应对渗透压环境改变所产生的一系列连续的行为和生理反应过程。依据不同鲟鱼在盐度胁迫与适应过程中的行为表现和血清渗透压、离子、激素及鳃上皮 NKA 酶活力的变动特征,可以将鲟鱼盐度适应过程中的渗透压调节分为急性调整反应和适应调整反应两个阶段。

第一阶段,急性调整反应阶段。此阶段往往发生在几秒至数小时之间,持续时间与鲟鱼的生态类型及其年龄和大小有直接关系。该阶段鲟鱼表现为行为反常,大量吞饮海水,血清渗透压及 Na^+、Cl^- 含量快速上升,而鳃上皮 NKA 酶的活力表现为先迅速下降然后上升。从低渗环境转入高渗环境后,机体内外渗透压浓度的差导致体内水分通过鳃和皮肤等大量渗出体外。同时,肾脏未能对机体失水作出快速反应,仍行使高渗调节功能而排出低渗的稀尿,引起体内水分大量流失,导致血清离子迅速浓缩、渗透压快速升高。

在急性调整反应阶段存在被动和主动调整 2 个连续的渐进过程。鲟鱼从低渗环境转入高渗环境后,最初出现被调整过程,主要表现为行为反常和大量吞饮海水,主要特征是血清渗透压和 Na^+、Cl^- 含量迅速上升,鳃上皮 NKA 酶的活力受到抵制而迅速下降。为了应对机体失水,鲟鱼通过大量吞饮海水来补充机体水分,此时鳃上皮 NKA 酶活力迅速下降,降低了细胞膜对离子的通透性,以阻止过多的 Na^+、Cl^- 流入,缓解渗透压的进一步上升,实现了初期的被动渗透压调整。鳃上皮 NKA 酶活力上升是鲟鱼主动调整渗透压开始的标志。

鳃上皮 NKA 酶是单价离子(如 Na^+、Cl^-、H^+ 等)的主要转动蛋白。当环境渗透压改变时,鳃上皮泌氯细胞受到盐度刺激后通过信号转导途径中的一系列转导因子将此信号传递到细胞核内,调控 NKA 酶 α 亚基的 mRNA 大量转录表达,并进一步翻译成 NKA 酶(蛋白质),通过 NKA 酶能够有效地逆浓度梯度进行离子进出细胞的转运;同时,鳃上皮 Na^+、H^+ 转运子的转运提高了 Na^+ 的转运能力,调节了离子转运速度,使机体迅速适应外界环境。在此阶段,鳃上皮 NKA 酶活力和 α 亚基的 mRNA 表达量均显著增加,且 mRNA 表达量的增加先于酶活力上升。这可能因为 NKA 酶活力的增加是通过酶蛋白表达总量增加来实现的,而酶蛋白表达要先后经过 NKA 酶 mRNA 的转录和翻译,这两个分子生物学过程在时间和空间上的差异造成了 NKA 酶活力和 mRNA 表达量变化在时间上的不一致性。此外,NKA 酶活力的适应性调节还表现为构型变化,如 NKA 酶中 α 亚基有 4 种异构体,分别为 α1a、α1b、α1c 和 α3,NKA 酶活力增加还可能使鳃上皮 NKA 酶离子转运复合体通过改变构型来增强与离子的亲和力,实现离子的高效转运。

第二阶段,适应调整反应阶段。此阶段往往需要数小时至数周的时间,该阶段鲟鱼血清渗透压及 Na^+、Cl^- 含量和鳃上皮 NKA 酶活力持续上升至峰值,并开始下降至新的平衡点。盐度变化引起鲟鱼应激反应,皮质醇作为应激反应最主要的调节激素,迅速作出反应,血液中浓度迅速增高。在皮质醇作用下,一方面,迅速抑制了催乳素分泌,促使鲟鱼原有"排水保盐"的高渗调节机制停止,并向"排盐保水"的低渗调节机制过渡;另一方面,皮质醇激素直接作用于鳃和肠上的受体,促进 NKA 酶的分泌,从而加速了鳃上皮对 Na^+ 的排出和肠道对水分的吸收。离子外排机制被激活,鳃上皮对离子的主动运输能力加强;同时,肠道对水分吸收的增加,减少了体内水分的流失,血清渗透压和离子含量开始回落,并形成了新的水-盐代谢平衡点,适应了高渗环境。

该阶段,鳃上皮 NKA 酶和 mRNA 表达量大量增加,过量的表达产物在调节血清渗透压和离子含量平衡的同时产生了反馈抑制作用,从而调控鳃上皮细胞内 NKA 酶 α 亚基 mRNA 表达量和 NKA 酶分泌量的下降。经过多次的反馈调节,酶活力和 mRNA 表达量达到新的平衡状态,NKA 酶的基因表达调控系统进行补偿性少量表达。

然而,目前对鲟鱼渗透压调节机制的研究还较少,今后除了在细胞和分子水平上对鲟鱼鳃上皮离子调节机制进行深入研究外,还应加强对肾脏和肠道等对离子调节和水-盐代谢方面的研究,以期更加全面地了解鲟鱼的渗透压调节机制。

9.4.2　对鲟鱼生活史研究及其保护的意义

大多数鲟鱼具有洄游习性,具备较强的渗透压调节能力,生活史中经历不同的海淡水环境条件。对鲟鱼渗透压调节机制的研究不但可以丰富鱼类生理学知识,尤其是鱼类渗透调节生理的进化特点和规律,而且对于掌握鲟鱼生活史特征,制订相应的保护措施,均具有十分重要的意义。

入海河口是江海相互作用的过渡地带,在这里,河流的径流与海洋的潮汐交汇,海水被来自内陆河流的淡水所稀释,形成了不同的盐度梯度,对于江海洄游型鲟鱼完成入海前的生理调节提供了天然栖息场所。另外,河口水域也汇聚了大量由内陆河流带来丰富的生源要素,为鲟鱼幼鱼的摄食肥育提供了良好条件。鱼类的自然分布和栖息地选择遵循最适性理论(optimality theory),即鱼类的分布最终决定于其净能量的最大化。鱼类在不同的渗透环境条件下,为了维持体内水-盐代谢平衡,需要增加代谢需求(透压调节耗能可占鱼体总耗能的 20%～50%)。河口咸淡水水域对于鲟鱼来说是特殊的环境盐度,基本属于鲟鱼的等渗点盐度。在等渗点盐度下,鱼体耗能最低,充足的饵料生物几乎可全部用于机体的生长发育;同时,不同的盐度梯度条件,有利于鲟鱼进行渗透调节方式和调节机制的转变与适应。

以中华鲟为例。长江口是中华鲟幼鱼重要的栖息地,通常幼鱼于每年的 5 月底至 6 月初到达长江口。中华鲟幼鱼进入长江口水域后,集中分布在长江口的团结沙至东旺沙浅滩一带,该水域盐度范围在 0～15(图 9.2)。Zhao 等(2015)通过研究发现,同期分布的中华鲟幼鱼的等渗点、Na^+、Cl^- 及 K^+ 等离子点盐度分别为 9.19、8.17、7.89 和 9.70。中华鲟幼鱼在长江口的栖息水域,其盐度处于中华鲟幼鱼等渗点盐度范围附近,且呈现出一定的盐度梯度变化,这样一方面有利于中华鲟穿梭于不同盐度梯度,以刺激渗透调节器官的不断发育和渗透压调节功能的完善,增加渗透压调节能力,以适应未来的海水生活;另一方面,等渗点盐度对于中华鲟幼鱼的生理代谢基本不会产生多余的能量支出,有利于节省能量用于生长;同时,该水域中华鲟幼鱼饵料生物十分充足,适于进行索饵肥育。中华鲟幼鱼在长江口水域停留期间(5～9 月)生长十分迅速,体长增加 1.91 倍,体重增加8.25 倍(毛翠凤等,2005)。这些研究丰富了中华鲟生活史研究资料,掌握了幼鱼时空分布规律及其与环境因子之间的关系,确立了盐度调节与适应特征。据此,2002 年经上海市人民政府批准成立了"上海市长江口中华鲟自然保护区",并建立了 5～9 月"封区管理"等多项保护措施。

9.4.3　对鲟鱼养殖生产的指导意义

鲟鱼少数种类因自然、地质等成为陆封型种类,在江河定居,但大多数属于洄游型种类,具有较强的渗透压调节能力,经过一定的盐度驯化,可适应较高盐度水体环境。鲟鱼的这种盐度调节生理的可塑性,对于提高鲟鱼养殖效率和拓展养殖空间具有十分重要的实践意义。

以史氏鲟为例。史氏鲟是我国主要养殖鲟鱼种类,对盐度具有较强的适应能力,急性耐受盐度可以达到 15 左右,经盐度驯化可在盐度 25 条件下存活和生长。这就使得史氏鲟的养殖范围可从原来的淡水养殖拓展到了半咸水甚至低盐度的海水养殖。另外,不同盐度条件下史氏鲟的生长、摄食及消化生理特征,对于养殖水域选择、养殖模式建立和饲料投喂方式等均具有指导意义。例如,选择盐度 10 左右作为史氏鲟的养殖水体,可极大地提高养殖效率。

目前,国内外学者对史氏鲟、杂交鲟、达氏鳇和纳氏鲟等种类开展了盐度驯化研究和养殖实践(McKenzie *et al*., 2001;胡光源等,2005;吴常文等,2005;赵峰等,2006b),并取得了不错的效果。

第10章 鲟鱼的生态毒理学效应

生态毒理学和环境风险概念于20世纪90年代末期进入我国,现已引起我国环境学者的极大兴趣。生态毒理学是研究有毒有害因子对生态环境中非人类生物的损害作用及其机制的,它的主要目的和任务是揭示有毒有害因素(包括潜在的有毒有害因素)对生态系统损害作用的规律,并为保护生态系统提供策略和措施。因此,生态毒理学主要是研究生态系统中有毒有害因素对动物、植物及微生物在分子、细胞、器官、个体、种群及群落等不同生命层次的损害作用,进而达到揭示这些因素对生态系统的影响(王子健,2006)。

水是生命之源,是地球上生物存在的根本,是环境构成中最活跃的因素。近30年来,伴随经济社会的快速发展,我国多区域水环境发生不同程度的污染,其污染源包括人口密集地区生活污水、工业发达地区的工业废水、农业高产地区的化肥和农药面源污染等,影响着湖泊、河流及近海海域水域生态环境。在水域生态环境中,水生动物在水生生态系统中处于较高的营养级,对水质变化敏感。水体污染对水生动物直接构成胁迫,造成组织器官损伤、繁殖能力降低、个体死亡,进而产生种群效应导致敏感物种消失或灭绝,改变生物群落的结构和组成,破坏水域生态系统稳定(Huang et al.,2007)。水体中的部分污染物如重金属、持久性有机污染物等具有致癌、致畸和致突变的三致效应,这些污染物的存在可通过食物链积累或饮水直接威胁人类身体健康。

实际上,自20世纪50年代开始,随着我国工农业生产发展,各种化学制品快速进入人们的劳动和生活,在改善人民生活质量的同时,也开始转入生态环境。进入80年代,社会经济高速发展,极大地提高了人民文化物质生活水平,与此同时,有毒有害化学品引发的环境安全与健康问题开始引起全社会高度关注。在有毒污染物中,重金属对自然环境的污染比较严重,Pb、Cu等重金属作为化工原料大量使用并随废水、废弃物排放等途径污染水质,对水环境造成了不利影响(侯俊利等,2009a,2009b;姚志峰等,2010)。重金属污染的威胁在于它不能被微生物分解,并能发生迁移、转化和生物体富集,一些重金属转化后会成为毒性更大的金属-有机化合物。以长江为例,2007年,有研究发现,长江水系沉积物受重金属Pb和Cd明显污染,而有少部分位点受到Cu、Zn、As和Hg的污染(王岚等,2012);近年来的调查资料显示,长江口水域水体中Pb、Cu、Hg等重金属严重超标(姚志峰等,2010)。

10.1 氟对西伯利亚鲟的毒理效应

氟离子(F⁻)广泛地分布于自然界。全球大多数水体含氟水平较低,但同样存在着大量氟含量较高的水体。美国大多数的河流含氟在 0.1 mg/L,西部部分地区含氟超过 1 mg/L,甚至高达 25~50 mg/L(Neuhold and Sigler,1960)。在中亚和印度发生氟骨病的区域,水体氟含量可高达 20 mg/L(Merian *et al*.,2004)。在我国,部分水体含氟较高,超过 5 mg/L,甚至有报道高达 45 mg/L(Ren and Jiao,1988)。

氟是动物及人体所必需的微量元素之一,然而过量的 F⁻ 对动植物产生广泛的毒性作用,具体表现为氟斑牙、氟骨症等。鱼类终生生活在水中,可以直接从水中吸收氟 (Neuhold and Sigler,1960),是较易受到氟毒害的靶生物。氟是我国水质监测的常规指标之一,在我国渔业水质标准中氟上限是 1 mg/L(李宝华,1999)。我国渔业养殖水体一部分来自井水和温泉等地下水,在我国部分地区报道地下水含氟较高,并超过渔业水质标准。高浓度的氟对水生生物包括鱼类存在毒害效应,不同鱼类对 F⁻ 的敏感性存在一定的差异(王瑞芳等,2009;庄平等,2009b)。

水中无机氟含量高会导致鱼类的急、慢性效应,会导致不同发育阶段鱼类的生长发育减缓、死亡率的升高、鳃、肝等组织的病理学变化、骨头氟的积累、畸形,还会导致代谢的紊乱等,其毒性受到水的硬度和 pH,以及鱼自身的种属差异和个体大小等方面的影响,氟还会给鱼类带来生态压力。无机氟对水生动物的毒性影响,毒理机制应当得到阐明,鱼体内 F⁻ 的积累是否会引起鱼体出现类似人的氟骨症尚有待探讨,其生态学效应应当受到重视 (石小涛等,2009)。

10.1.1　氟对西伯利亚鲟胚胎发育的影响

鱼类胚胎-仔鱼阶段是其生活史中对外界环境最敏感的阶段。为研究 F⁻ 对西伯利亚鲟胚胎发育的影响,王瑞芳等(2009)用人工繁殖处于多细胞期的西伯利亚鲟胚胎,以氟化钠(NaF)配成 F⁻ 质量浓度分别 100 mg/L、200 mg/L、300 mg/L、400 mg/L、500 mg/L 和 600 mg/L 的溶液进行暴露。当第一尾仔鱼出膜时开始记录出膜时间,间隔 2 h 统计出膜仔鱼数量和畸形数量,至对照组(F⁻ 质量浓度 0 mg/L)胚胎全部出膜时,计算胚胎死亡率、畸形率、半数孵化时间(HT_{50})和孵化率指标。半数孵化时间(HT_{50})定义为胚胎 50% 孵化为仔鱼的时间。

将各组平均死亡百分数转换成概率单位,F⁻ 质量浓度转换成浓度对数,以浓度对数为横坐标,死亡百分数概率单位为纵坐标,求出概率单位与实验液质量浓度对数的回归方程。得出 F⁻ 对西伯利亚鲟胚胎 144 h 的半致死浓度(LC_{50}),以同样方法得出导致仔鱼畸形的半数效应浓度(EC_{50});孵化安全浓度(SC)=144 LC_{50}×0.01。

10.1.1.1　氟对西伯利亚鲟胚胎死亡率影响

随着暴露浓度从 100 mg/L 升高到 600 mg/L,胚胎死亡率整体呈上升趋势(图 10.1)。暴露到囊胚早期时各浓度组胚胎死亡率在 8%~15%。到囊胚晚期时死亡率显著升高 ($P<0.05$),其中 600 mg/L 组死亡率达到 40%。随后各浓度组胚胎死亡率继续升高,但在发育后期死亡相对较少,胚胎死亡主要集中在囊胚期。暴露 144 h(对照组全部出膜)时,对照组无死亡,600 mg/L 组胚胎 70% 死亡,其他各浓度组胚胎死亡率在 23%~45%。F⁻ 对胚胎 144 h 的半致死浓度(LC_{50})为 447.61 mg/L,孵化安全浓度(SC)为 4.476 mg/L。

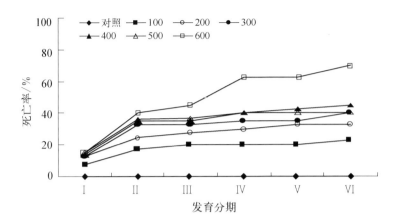

图10.1　不同浓度 F^- 暴露下胚胎发育到不同时期的累积死亡率

Ⅰ. 囊胚早期；Ⅱ. 囊胚晚期；Ⅲ. 神经胚期；Ⅳ. 心跳期；Ⅴ. 胚体抽动；Ⅵ. 出膜后

毒物引起胚胎死亡主要是由于毒物影响了胚胎生化（酶）、生物物理（力学）和渗透功能（Yamagami，1981）。F^- 暴露可能通过绒毛膜进入西伯利亚鲟胚胎，影响了上述一方面或多方面的正常功能，导致胚胎死亡。有关重金属、有机污染物等对鱼类胚胎发育影响的研究表明，囊胚期（细胞分裂期）是毒物作用的敏感期。F^- 暴露导致的胚胎死亡也是主要集中在囊胚期；由于囊胚期是细胞高度分裂的时期，在 F^- 作用胁迫下胚胎在进入外包期前就可能停止发育。囊胚期为 F^- 作用于西伯利亚鲟胚胎的敏感发育时期。

Neuhold 和 Sigler（1960）报道氟致虹鳟胚胎死亡的 LC_{50} 为 $237\sim281$ mg/L（温度 15.5℃、硬度 7.5 mg $CaCO_3$/L），低于氟致西伯利亚鲟胚胎 144 h 死亡的 LC_{50}（447.61 mg/L）[温度（17±1）℃，硬度 30 mg $CaCO_3$/L]。F^- 为慢性毒物，以 0.01 作为安全因子计算孵化安全浓度，F^- 对西伯利亚鲟胚胎孵化安全浓度为 4.476 mg/L。对比我国的渔业水质标准 F^- 浓度为 1.0 mg/L（李宝华，1999），该标准在保护西伯利亚鲟的范围之内。世界上许多国家尤其是发展中国家包括我国部分水域氟含量较高，如我国一些温泉水中氟含量常超过 5 mg/L，有报道最高达 45 mg/L（Ren and Jiao，1988），对西伯利亚鲟繁育存在威胁。

10.1.1.2　氟对西伯利亚鲟胚胎孵化率和孵化时间影响

暴露后 98 h 对照组开始有仔鱼孵出，随着暴露时间的延长，各试验组陆续有仔鱼孵出，但与对照组相比明显滞后（图10.2）。暴露后 116 h，600 mg/L 组孵化率仅为 25%，而对照组孵化率达到 73%。暴露 132 h 后对照组孵化率为 100%，100 mg/L 组孵化率为 77%，而 600 mg/L 组仅为 30%，各浓度组孵化率显著低于对照组（$P<0.05$）。对照组仔鱼半数孵化时间（HT_{50}）约为受精后 121 h，试验组中除最高浓度组（600 mg/L）外（因孵化率低于 50% 无法计算），其余各组半数孵化时间比对照组推迟 $9\sim22$ h。

鱼类胚胎的孵化率和孵化时间较易受到环境因子的影响（张甫英和李辛夫，1997）。胚胎孵化需要在适宜环境条件下才能正常进行，不适环境因子如 pH 变化、重金属污染、有机物污染均会影响胚胎发育、推迟或提早孵化。从 F^- 暴露对西伯利亚鲟胚胎孵化率和孵化时间影响实验结果来看，水中 F^- 浓度升高显著影响了西伯利亚鲟的胚胎发育，使孵化率显著降低。Pillai 和 Mane（1984）研究发现将淡水鱼喀拉鲃（*Catla catla*）受精卵暴露

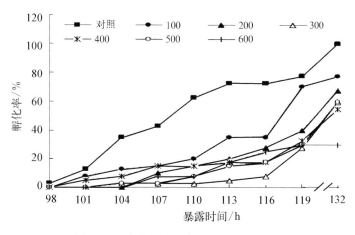

图10.2 水中不同浓度氟对胚胎孵化率的影响

于不同浓度 F⁻溶液中,结果导致孵化时间延长了1～2 h。F⁻暴露对西伯利亚鲟胚胎孵化率和孵化时间影响试验中,氟导致其胚胎孵化时间增加,胚胎发育表现出明显的迟滞效应,与 Pillai 和 Mane(1984)报道一致。F⁻浓度的升高导致孵化推迟,原因可能与孵化酶的合成释放及胚胎发育能量不足、自身抽动减弱有关。鱼类胚胎能够正常破膜而出,主要依靠孵化酶与胚体自身抽动的作用,鱼类孵化酶的合成和释放水平将影响鱼类胚胎孵化破膜时间,而氟是酶的抑制剂(楼允东,1965),因此氟可能会降低孵化酶的活性,从而推迟胚胎出膜。同时,氟抑制酶的活性最终干扰代谢过程如糖代谢和蛋白质合成,使新陈代谢减慢,胚体自身的运动减弱,进一步减少孵化酶(HE)的释放,最终导致孵化延迟(王瑞芳等,2009)。

10.1.1.3 氟对出膜仔鱼存活影响

随着暴露浓度升高和暴露时间延长,初孵仔鱼累积死亡率增加(图10.3)。对照组初孵仔鱼存活良好,出膜6 d后无死亡。100 mg/L组仔鱼出膜6 d死亡较少(死亡率为3%);600 mg/L组仔鱼死亡率在出膜2 d达到42%,出膜3 d全部死亡;200～500 mg/L组仔鱼出膜5 d时死亡率均超过50%,并在出膜第6天全部死亡。

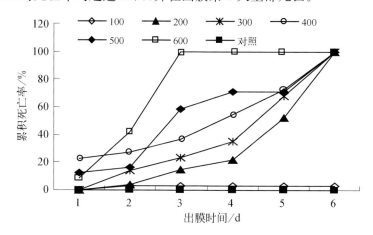

图10.3 不同浓度氟暴露对出膜仔鱼累积死亡率的影响

10.1.1.4　氟暴露致仔鱼畸形

F⁻暴露使孵出仔鱼畸形率增加(图 10.4)。随着暴露浓度的升高,畸形率呈上升趋势,畸形程度也随染毒浓度的升高而更加严重。各试验组畸形率显著高于对照组($P<0.05$),其中 100~300 mg/L 各组间差异不显著($P>0.05$),畸形率为 18%~21%;而 400~600 mg/L 畸形率明显升高,达 37%~50%,显著高于对照组(对照组畸形率仅为 3%)。F⁻暴露致初孵仔鱼畸形的半数效应浓度(EC_{50})为 536 mg/L。

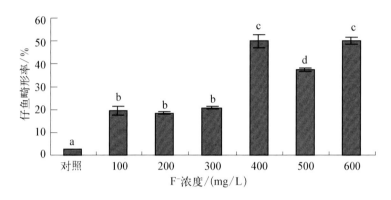

图 10.4　不同浓度 F⁻对仔鱼畸形率的影响

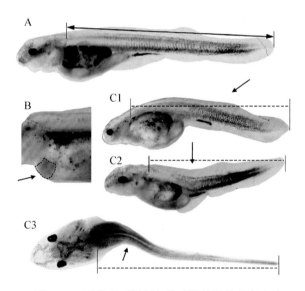

图 10.5　西伯利亚鲟仔鱼的畸形特征的判断方法

A. 发育正常的仔鱼(×10,1 d);B. 心包囊肿;C1. 脊柱前弯;C2. 脊柱后弯;C3. 脊柱侧凸

箭头示畸形特征

鱼类胚胎致畸效应被广泛应用于毒理学研究(柳学周等,2006),如金属毒物铜、汞、锌等会导致孵出仔鱼出现眼睛残缺、脊椎弯曲等异常现象,有机毒物联苯胺类化合物会影响斑马鱼色素沉着、血液循环、心率等。而 F⁻致西伯利亚鲟仔鱼畸形主要表现在脊椎不同程度的弯曲,体形弯曲由沿背轴画一条直线确定,并可区分脊柱前弯(线在背部边缘上方)或后弯(线在背部边缘下方)(图 10.5,图 10.6)。脊椎的弯曲造成仔鱼身体短小,可能因 F⁻是酶的抑制剂,直接作用于染色体,产生基因毒性效应导致发育中的胚胎畸形(张本忠等,2004)。

胚胎经 F⁻暴露导致西伯利亚鲟胚胎初孵仔鱼异常主要表现为:① 畸形,包括脊椎弯曲和囊肿,其中脊椎弯曲包括脊柱前弯、脊柱后弯和脊柱侧凸(图 10.5,图 10.6);其中囊肿包括心包囊肿和卵黄囊肿(图 10.7)。② 尾巴变短、眼部充血等偶尔出现的特殊畸形症状(图 10.8)。

胚胎能够正常破膜而出,主要依靠胚体自身扭动与孵化酶的作用(楼允东,1965)。鱼

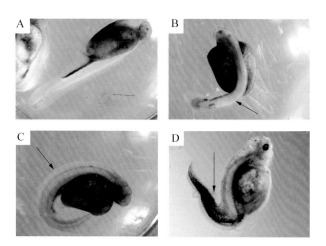

图 10.6 胚胎阶段氟暴露后脊柱畸形的西伯利亚鲟仔鱼

A. 发育正常的仔鱼(×10,1 d);B. 脊柱侧弯(×10,6 d);C. 脊柱后弯(×12.5,2 d);D. 脊柱前弯(×12.5,1 d)

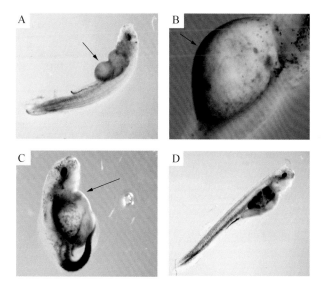

图 10.7 胚胎阶段氟暴露后卵黄囊肿和心包囊肿的西伯利亚鲟仔鱼

A. 卵黄囊溢裂为两部分(×8,3 d);B. 卵黄囊肿大(×20,5 d);C. 心包膜囊肿(×10,6 d);D. 发育正常的仔鱼(×6.25,6 d)

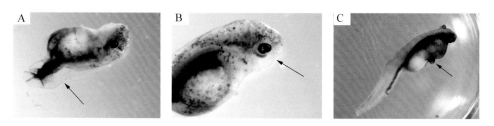

图 10.8 胚胎阶段氟暴露后西伯利亚鲟仔鱼的畸形症状

A. 尾部短小(×10,6 d);B. 眼部充血(×25,6 d);C. 肿瘤形成(×10,1 d)

类孵化酶的合成和释放作用于卵膜,将影响鱼类胚胎孵化破膜时间。在胚胎发育过程中,胚体会出现扭动,导致胚胎破膜而出。同时这种扭动作用可促进孵化酶的释放从而加速孵化(Westernhagen,1988)。许多研究均表明氟化物影响酶活性,F^-是酶的抑制剂,尤其对二价金属离子(Mg^{2+}、Mn^{2+}、Zn^{2+}等)为辅基的酶。鱼类的孵化酶是含Zn的金属蛋白,氟化物可能与金属离子形成复合物去竞争孵化酶的磷酸基团,而使酶的活性降低。Camargo(2003)认为F^-的毒性作用依赖于F^-的酶毒性,F^-通过卵膜进入胚胎内并累积,从而可能抑制了酶的活性,并最终干扰代谢过程如糖代谢和蛋白质合成,使新陈代谢减慢,从而减弱胚体自身的运动,这两者相互作用影响了胚胎孵化过程,导致了孵化时间延长、死亡率增加等负面效应。

10.1.2　氟对西伯利亚鲟仔鱼急性毒性

为检测F^-对西伯利亚鲟的生态毒性效应,使用出膜1 d的健康活泼仔鱼,F^-浓度梯度设置为0 mg/L、100 mg/L、200 mg/L、300 mg/L、400 mg/L、500 mg/L、600 mg/L,采用半静态式生物毒性试验方法研究了F^-对西伯利亚鲟仔鱼的急性毒性效应。暴露后观察仔鱼行为、中毒症状及其死亡情况。

10.1.2.1　西伯利亚鲟仔鱼氟中毒症状

对照组所有仔鱼在整个试验过程中游动正常,400～600 mg/L组暴露2 h即出现中毒症状,表现为焦躁不安,沿着容器边缘狂游,部分仔鱼失去平衡游泳的能力,不时撞向容器壁而后又伏于容器底部活动能力降低,中毒程度随浓度的升高明显加重。42 h后,400～600 mg/L组仔鱼开始出现死亡,一部分仔鱼死前静卧底层不做挣扎、呼吸缓慢直至鳃盖停止活动、死亡;另外一部分仔鱼死前表现狂游、逐渐失去平衡、鳃动减弱、侧翻并不时抽动,头尾弯向腹部,直到无力挣扎、鳃盖停止扇动、腹部朝上浮于水面而死,死亡仔鱼中超过60%吻部及眼部等躯体防护较弱的部位出现不同程度的充血,另外有部分仔鱼身体弯曲变形,鳃盖溃烂缺损。

10.1.2.2　氟对西伯利亚鲟仔鱼急性致毒死亡率影响

暴露24 h时各浓度组仔鱼均无死亡,但均出现中毒症状,且中毒程度随浓度的增加而加深。暴露48 h时400～600 mg/L组开始出现死亡,暴露72～96 h随着水环境中氟离子浓度的增加,西伯利亚鲟仔鱼死亡率逐渐增加,且呈明显的剂量效应关系(表10.1)。

表10.1　仔鱼在不同F^-浓度溶液中暴露不同时间的存活率

F^-浓度 /(mg/L)	不同时间平均存活率/%					
	24 h	48 h	60 h	72 h	96 h	120 h
对照	100	100	100	100	100	100
100	100	100	100	100	90	16.7
200	100	100	100	70	36.7	—
300	100	100	100	60	16.7	—
400	100	93.3	53.5	33.3	10	—
500	100	90	33.3	—	—	—
600	100	80	—	—	—	—

注:"—"代表此处理组仔鱼已全部死亡

氟对西伯利亚鲟的 48 h LC$_{50}$ 为 1 014.10 mg/L,72 h LC$_{50}$ 为 288.28 mg/L,96 h LC$_{50}$ 为 181.18 mg/L(表 10.2),半致死浓度随暴露时间延长而减小。将氟对西伯利亚鲟仔鱼急性毒性试验数据进行线性回归分析,得出浓度对数与死亡百分数概率单位的回归方程(表 10.2),不同暴露时间的浓度对数与死亡百分数概率单位之间相关系数为 0.888 4～0.979 6。基于 96 h LC$_{50}$ 的安全浓度为 1.81 mg/L。

表 10.2 不同暴露时间氟对西伯利亚鲟仔鱼的 LC$_{50}$

时间/h	回归方程	相关系数 R^2	LC$_{50}$/(mg/L)	95% 置信区间	SC/(mg/L)
48	$Y = 3.77X - 6.38$	0.95	1 014.10	712.14～12 670.83	
72	$Y = 3.05X - 2.63$	0.89	288.28	189.44～374.29	1.81
96	$Y = 4.32X - 4.81$	0.98	181.18	153.63～206.80	

注:Y. 死亡率概率单位;X. 氟浓度对数

10.1.2.3 西伯利亚鲟胚胎、仔鱼对氟敏感性比较

F$^-$ 对西伯利亚鲟仔鱼 96 h LC$_{50}$ 为 181.18 mg/L,而 F$^-$ 对西伯利亚鲟胚胎的毒性 144 h LC$_{50}$ 为 447.61 mg/L,可见西伯利亚鲟仔鱼对 F$^-$ 敏感性远大于胚胎,原因可能西伯利亚鲟胚胎卵膜较厚,绒毛膜对胚胎起到一定的保护作用,胚胎对毒物的敏感性较低,而孵化期仔鱼破绒毛膜后将直接与环境接触,对毒物敏感性会显著提高,这与许多研究报道仔鱼对毒物的敏感性大于胚胎相一致。可见,西伯利亚鲟不同发育阶段对 F$^-$ 的敏感性存在差异。

10.1.2.4 西伯利亚鲟与其他鱼类对氟敏感性比较

与相近试验条件下 F$^-$ 对其他水生生物毒性效应相比(表 10.3),西伯利亚鲟仔鱼对 F$^-$ 的敏感性远低于喀拉鲃仔鱼且低于 2 个月的虹鳟鱼苗、褐鳟鱼苗,而高于黑头软口鲦,原因可能是西伯利亚鲟为存活至今的最古老的鱼类,在进化的过程中产生了比其他鱼类更强的环境适应性。同时,水生动物种类、规格(Neuhold and Sigler,1960)、生命阶段(Pillai and Mane,1984)及其健康状况等诸多生物因子均会影响受试生物对 F$^-$ 的敏感性,此外非生物因子如水的硬度、温度、pH、水中氯离子含量等也均影响 F$^-$ 对水生生物的毒性效应(Camargo,2003)。

表 10.3 不同暴露时间下氟对不同水生生物的毒性效应(96 h LC$_{50}$)

种 类	生命周期	温度/℃	硬度/(mg CaCO$_3$/L)	氟种类	LC$_{50}$/(mg/L)	参 考 文 献
褐鳟	2 个月鱼苗	15.7	21.8	NaF	164.5	Camargo,2003
虹鳟	2 个月鱼苗	15.7	21.8	NaF	107.5	Camargo,2003
喀拉鲃	仔鱼	36.9～37.1	NA	NA	4.84	Pillai and Mane,1984
黑头软口鲦	<1 g	15～20	20～48	NaF	315	Smith et.al.,1985
刺鱼	<1 g	20	78	NaF	340	Smith et.al.,1985
西伯利亚鲟	初孵仔鱼	17±1	30±5	NaF	181.18	本试验

注:"NA"表明未知

10.2　铅对中华鲟幼鱼的毒理效应

铅是广泛存在于自然界的重金属元素,早期主要用于排水管道、烹调器皿、武器和一些机器上。现代工业中,铅被用于采矿与冶炼、蓄电池、化妆品、颜料、油漆和汽油。虽然近年改用无铅汽油已经对铅污染形成了很大限制,但因铅污染具有持久性和对生物体的复杂毒性作用,使其成为人们依然关注的重要课题(Meyer et al., 2008)。铅(Pb)作为一种古老毒物,对生物具有多种毒性,通过与钙离子竞争、氧化损伤、膜损伤、内分泌干扰、基因损伤和细胞凋亡等机制,损害动物的神经系统、生殖系统、循环系统和骨骼系统的组织器官(辛鹏举和金银龙,2008)。国内外已有大量关于铅对水生动物毒性效应的报道,涉及多种水生动物(Palaniappan et al., 2008)。铅(Pb^{2+})在水生食物链中具富集作用;长期和低浓度的铅暴露在自然水域更为常见,低浓度铅污染对动物的毒性效应往往需要长期暴露后才能显示出来,因此,低剂量铅长期暴露的生态效应更加受到重视(侯俊利等,2009a,2009b)。

在诸多污染物当中,铅是目前长江口水生动物检出率最高的有毒重金属,2006年,长江口水域采集到的全部鱼、虾和贝类等海洋生物样品中,重金属铅超标率达100%;1980~2000年,长江口的溶解态铅含量增加了1~2个数量级;2000~2002年,铅的平均超标率为52%(全为民和沈新强,2004)。铅作为环境中最具持久性和累积性的污染物,进入水域生态环境后容易在潮间带及沉积物中富集,资料显示,铅在长江流域沉积物中的富集量相当高,在河口的局部地区尤为严重,可达18.3~44.1 mg/kg(干重)(Zhang et al., 2008),而中华鲟幼鱼本身及其重要的饵料生物均属底栖类生物(罗刚等,2008),其活动范围均在铅的高污染区域。

本章采用典型污染物重金属铅,从中华鲟生命早期开始就对其进行了暴露,研究中华鲟幼鱼对铅的吸收和排放途径,并涉及铅毒对中华鲟幼鱼的毒性效应。一方面为探究中华鲟幼鱼应对日趋恶化的生存环境的反应和适应情况提供理论依据,为更好地保护该物种服务;另一方面为深入开展中华鲟生命早期触铅后的机体损伤、适应机制和自我修复能力奠定基础。

10.2.1　慢性铅暴露下中华鲟幼鱼对铅的积累和排放

采用人工催产受精的中华鲟受精卵,配制低浓度(0.2 mg/L)、中浓度(0.8 mg/L)、高浓度(1.6 mg/L)及对照(0 mg/L)铅水溶液,在受精卵发育至96 h开始进行铅暴露。养殖16周后结束暴露试验。

生物浓缩系数(BCF)参考Radenac等(2001)的方法计算:

$$BCF = C_{SS}/C_l$$

C_{SS}为组织样品中Pb含量($\mu g/g$);C_l为水溶液的铅浓度(mg/L)。

10.2.1.1　铅暴露后中华鲟幼鱼不同组织中 Pb 含量

从表 10.4 可以看出,随着 Pb^{2+} 浓度的升高,中华鲟幼鱼不同组织中 Pb^{2+} 含量相应升高,均表现出明显的剂量效应;但低浓度组与中浓度组之间差异不显著(肠除外);高浓度组与其他各浓度组之间均呈显著差异($P < 0.05$)。各组织中 Pb^{2+} 的积累模式总体以骨(背骨板和软骨)和肌肉含量最高,胃、肠、皮肤次之,肝脏、鳃、脊索含量相对较低。

表 10.4　铅暴露下中华鲟幼鱼不同组织中 Pb^{2+} 含量($\mu g/g$ 干重)

组　织	空　白　组	低浓度组	中浓度组	高浓度组
肝脏	1.84 ± 0.58^a	6.03 ± 1.40^a	18.17 ± 3.15^a	129.22 ± 13.23^b
鳃	2.59 ± 1.45^a	5.87 ± 0.67^a	17.11 ± 3.69^a	85.25 ± 9.04^b
胃	2.95 ± 0.04^a	9.45 ± 1.74^{ab}	18.26 ± 3.75^b	133.96 ± 7.66^c
肠	1.19 ± 0.22^a	6.06 ± 1.49^a	42.90 ± 6.53^b	129.46 ± 14.00^c
软骨	0.18 ± 0.12^a	7.96 ± 1.44^{ab}	49.53 ± 12.80^b	190.78 ± 22.36^c
脊索	0.30 ± 0.18^a	1.96 ± 0.51^a	9.50 ± 2.75^a	112.07 ± 27.43^b
肌肉	0.91 ± 0.16^a	42.99 ± 9.49^b	55.54 ± 14.67^b	186.47 ± 12.68^c
背骨板	1.93 ± 0.40^a	31.44 ± 5.19^a	137.53 ± 30.82^a	$1\,089.15\pm103.25^b$
皮肤	1.22 ± 0.12^a	7.92 ± 1.92^a	11.56 ± 2.38^a	158.95 ± 17.29^b

注:同行标注不同字母表示差异显著($P < 0.05$)

不同组织对某物质的生物浓缩系数(BCF)能够反映其在特定条件下对该物质的富集强度。由表 10.5 可以看出,中华鲟幼鱼经过 16 周 Pb^{2+} 溶液暴露后,低浓度组肌肉的 BCF 值高于中、高浓度组,其他各组织中的 BCF 均以高浓度组最大;而在不同暴露浓度条件下,以骨骼(背骨板和软骨)与肌肉的 BCF 较高,这与同组织中 Pb^{2+} 积累量的结果一致。此外,中浓度组的肝脏、鳃、胃、肌肉和皮肤的 BCF 小于低浓度组,且胃和肌肉的 BCF 差异显著($P < 0.05$)。表明中华鲟幼鱼不同组织对 Pb^{2+} 的积累强度及调节 Pb^{2+} 吸收的功能不尽相同。

表 10.5　各浓度组中华鲟幼鱼不同组织的生物浓缩系数

组　织	生物浓缩系数(BCF)		
	低 浓 度	中 浓 度	高 浓 度
肝脏	$^a30.17\pm6.98^a$	$^{ab}22.72\pm3.94^a$	$^a80.76\pm8.27^b$
鳃	$^a29.33\pm3.36^a$	$^{ab}21.38\pm4.61^a$	$^a53.28\pm5.65^b$
胃	$^a47.24\pm8.70^a$	$^{ab}22.83\pm4.69^b$	$^a83.72\pm4.79^c$
肠	$^a30.32\pm7.43^a$	$^{ab}53.63\pm8.16^{ab}$	$^a80.91\pm8.75^b$
软骨	$^a39.82\pm7.19^a$	$^{ab}61.91\pm16.00^a$	$^a119.24\pm13.98^b$
脊索	$^a9.80\pm2.55^a$	$^a11.88\pm3.44^a$	$^a70.04\pm17.14^b$
肌肉	$^c214.95\pm47.43^a$	$^b69.43\pm18.34^b$	$^a116.55\pm7.93^{ab}$
背骨板	$^b157.20\pm25.96^a$	$^c171.92\pm38.53^a$	$^b680.72\pm64.53^b$
皮肤	$^a39.58\pm9.61^a$	$^a14.45\pm2.97^a$	$^a99.34\pm10.81^b$

注:同行(右上标)或同列(左上标)标注不同字母表示差异显著($P < 0.05$)

10.2.1.2　暴露幼鱼鳃中铅的积累

鱼类主要通过鳃、少量"饮水"、皮肤渗入和摄食等途径摄入重金属,其中鳃吸收是最重要的一条途径。早期学者认为金属离子穿过鳃上皮是从水相到血液梯度驱动的被动扩散,而近年的研究提出了一种可饱和的鳃吸收机制。Verbost 等(1989)在研究虹鳟对镉的吸收时证明,镉离子从水相到鳃的移动是穿过鳃泌氯细胞钙通道的被动扩散过程。而在中华鲟幼鱼经水溶液 Pb^{2+} 暴露后,各组织表现出明显的剂量效应关系(表 10.4);在鳃中低浓度组和中浓度组 Pb^{2+} 的积累均与对照组无显著差异($P < 0.05$),表明在一定的浓度范围内中华鲟幼鱼的鳃具备一定的调节 Pb^{2+} 摄入的能力。在高浓度条件下,鳃中 Pb^{2+} 含量则显著高于低浓度组和中浓度组($P < 0.05$),这可能是由于长期高浓度 Pb^{2+} 胁迫,使鳃组织发生一定程度的表面细胞损伤或离子通道障碍,在鳃上发生 Pb^{2+} 沉积的同时,其调节离子运输能力也降低(刘长发等,2001)。

10.2.1.3　暴露幼鱼肝中铅的积累

在很多动物中,肝脏是最重要的生物转化器官,能够通过不同方式(氧化、还原、水解或结合反应)对异生物质进行转化,促进异生物质转运和排除(Newman,2010)。摄入到体内的重金属能够在肝脏中与金属结合蛋白[如金属硫蛋白(metallothionein,MT)]结合,再经肾脏排出或分配到机体的其他组织(王凡等,2007)。Ay 等(1999)研究吉利罗非鱼(*Tilapia zillii*)对环境中 Pb^{2+} 的吸收,发现 Pb^{2+} 在其肝脏中的含量较高,并且肝脏中 Pb^{2+} 含量随暴露的浓度升高而增加;刘长发等(2001)发现金鱼经铅暴露后肝脏 Pb^{2+} 含量与血液 Pb^{2+} 含量呈显著的线性关系;Mazaon 和 Fernandes(1999)等将宽体鲮脂鲤(*Prochilodus scyofa*)在 Cu 溶液暴露 96 h,发现其肝脏中 Cu 含量比小肠、肾脏和鳃都高。相关研究普遍认为水生动物肝脏在金属诱导下会产生金属结合蛋白(如 MT)并与之结合、转运、分配或排出。但也有学者认为鱼类的肝脏中缺乏或者不存在 Pb^{2+} 结合蛋白(Reichert *et al.*,1979;Campana *et al.*,2003)。从本研究结果看,中华鲟幼鱼的背骨板、软骨和肌肉中较高的 BCF(表 10.5)表明 Pb^{2+} 在这些组织中具有很高的分配比例,相比之下,肝脏的 BCF 则较低。对各浓度 Pb^{2+} 暴露后中华鲟幼鱼鳃与肝脏的 Pb^{2+} 含量进行了相关性分析,发现两者之间呈正相关,$R^2 = 0.998$($P < 0.05$,图 10.9);中华鲟幼鱼可能存在通过鳃摄入 Pb^{2+} 后循环至肝脏中与金属结合蛋白结合而转移分配的模式。

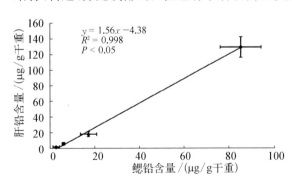

$$y = 1.56x - 4.38$$
$$R^2 = 0.998$$
$$P < 0.05$$

图 10.9　铅暴露后中华鲟幼鱼鳃和肝脏中 Pb^{2+} 含量的线性关系

10.2.1.4　暴露幼鱼骨骼中铅的积累

摄入人体内的 Pb^{2+} 在骨骼中分布最多,成人骨骼内储有全部铅的 95%,儿童为 73%(Cavanagh,1982)。在鱼类组织中,通常骨骼对环境中 Pb^{2+} 的积累也最高,并且骨骼是摄入动物体内 Pb^{2+} 的重要隔离组织,Pb^{2+} 隔离在骨骼是机体减少 Pb^{2+} 对靶器官毒性的一种方式;Alves 研究发现给虹鳟幼鱼投喂 Pb^{2+}(500 μg/g)42 d 后,与其他组织相比骨中

的 Pb^{2+} 积累量最多(Alves and Wood，2006)。与 Alves 对虹鳟研究的结果类似,在中、高浓度条件下中华鲟幼鱼背骨板中 Pb^{2+} 积累含量最高,并且不同组织的 BCF 表现出一个相同的规律:在同一浓度条件下,肝脏、鳃、胃、肠、脊索和皮肤组织之间的 BCF 没有显著差异($P > 0.05$),而骨骼(背骨板和软骨)与肌肉的 BCF 普遍较高(表 10.5);其中肌肉中较高的 Pb^{2+} 含量与研究其他水生动物 Pb^{2+} 暴露后肌肉中积累较低(Spokas et al.，2006)的结果不同,这表明中华鲟幼鱼对 Pb^{2+} 的积累模式可能与其他水生动物存在差异。中华鲟的背骨板位于肌肉和皮肤之间,接近体表,Pb^{2+} 在背骨板中大量分配积累是幼鱼的一种特殊保护机制。而 Pb^{2+} 在肌肉中的高含量或许与暴露后中华鲟幼鱼发生弯曲畸形存在密切相关。

Pb^{2+} 和 Ca^{2+} 同是二价金属,Pb^{2+} 之所以选择性地以较高浓度积累于骨中,源于它与 Ca^{2+} 共用相似的吸收途径,并且二者之间存在强烈的竞争关系(Hodson et al.，1978)。有研究表明,如果 Pb^{2+} 暴露浓度过高,而环境和食饵中 Ca^{2+} 含量较低,Pb^{2+} 则会替代 Ca^{2+} 在骨中大量积累,而 Ca^{2+} 释放到骨外组织中,导致 Ca^{2+} 分配紊乱(Cavanagh，1982)。在本研究中,中华鲟幼鱼软骨的 Pb^{2+} 积累远低于背骨板(表 10.4),这可能与软骨组织的基础结构组分和功能有关,鲟类软骨钙化程度较低,其 Ca^{2+} 含量低于硬骨,Pb^{2+} 替代 Ca^{2+} 在软骨中的积累也较低。

10.2.1.5　暴露幼鱼其他组织中铅的积累

此外,在中华鲟幼鱼 Pb^{2+} 暴露研究中,Pb^{2+} 暴露浓度较高时,中华鲟幼鱼的胃和肠中 Pb^{2+} 含量也较高。这有两种可能:一是幼鱼少量"饮水",胃中低的 pH 环境能有效促进 Pb^{2+} 的吸收(Whitehead et al.，1996);二是摄入体内的 Pb^{2+} 经过血液循环运输至消化道管壁形成累积。鱼消化道黏液及消化道管壁巨大的表面积为 Pb^{2+} 提供了丰富的结合位点,在这里 Pb^{2+} 可以与活性蛋白、疏基和酰基等结合,进而随着消化道黏液上皮细胞的更新脱落将其排出(Stroband and Debets，1978;Goering，1993)。在本试验的各浓度组中,脊索的铅含量均较低(表 10.4),推测与脊索处于机体中间较深部位及具有类似软骨的基础结构相关。

10.2.1.6　铅排放后中华鲟幼鱼不同组织中铅含量

在中华鲟幼鱼 Pb^{2+} 暴露试验结束后进行了为期 6 周的 Pb^{2+} 排放试验。从表 10.6 可以看出,低浓度组中各组织的 Pb^{2+} 含量与对照组无显著差异($P > 0.05$);中浓度组中鳃、胃、软骨和肌肉的 Pb^{2+} 含量与对照组无显著差异,在其余组织中则显著高于对照组($P < 0.05$);高浓度组除肝脏、肠和皮肤外,其余组织均显著高于对照组($P < 0.05$)。高浓度组肝脏、肠、背骨板和皮肤中的 Pb^{2+} 含量显著低于中浓度组($P < 0.05$),表现出高浓度条件下这些组织中 Pb^{2+} 消除较快的现象。

鱼体中重金属的排出存在多种途径,包括跨鳃运输(如离子通道)、在血浆中与蛋白质或其他化学物质结合经肝脏(胆汁)进入消化道内、消化道泌出与黏膜脱落、经皮肤排出和经肾脏排出等,因此重金属的消除途径要多于吸收途径,不同鱼类对各重金属的排出途径也有差异(Newman，2010)。在本研究中,经过 6 周 Pb^{2+} 排放试验,中华鲟幼鱼肌肉中 Pb 的排放最显著(表 10.4,表 10.6),这与 Cinier 等(1999)报道的鲤鱼(Cyprinus carpio)经 127 d 镉染毒试验后又在清水里排放 42 d 后,与肝肾组织相比,肌肉中 Cd 的排放最为明

表 10.6   排放后中华鲟幼鱼不同组织中的 Pb^{2+} 含量   （μg/g 干重）

组 织	空 白 组	低浓度组	中浓度组	高浓度组
肝脏	2.30±0.35[a]	3.42±1.15[a]	30.25±7.92[b]	9.58±2.07[a]
鳃	1.73±0.15[a]	6.62±1.30[a]	10.29±2.32[a]	33.67±6.45[b]
胃	1.32±0.84[a]	3.60±0.63[ab]	7.96±2.02[ab]	8.53±3.19[b]
肠	2.53±0.77[a]	3.79±1.53[a]	18.58±3.18[b]	6.02±1.09[a]
软骨	0.65±0.05[a]	0.89±0.24[a]	29.2±4.93[a]	185.53±17.86[b]
脊索	0.98±0.25[a]	2.13±0.37[ab]	4.78±0.94[b]	8.17±1.56[c]
肌肉	0.52±0.11[a]	1.27±0.21[a]	3.05±0.73[a]	7.75±2.10[b]
背骨板	3.51±0.81[a]	3.52±0.27[a]	100.90±11.21[b]	48.99±8.14[c]
皮肤	2.32±0.72[a]	13.48±3.13[a]	65.01±13.39[b]	24.33±3.61[a]

注：同行标注中不同字母表示差异显著($P<0.05$)

显，排出速度最快的研究结论一致；与积累数据比较，低浓度组鳃和皮肤的 Pb 含量不降反升，中浓度组中，肝脏和皮肤 Pb 含量不降反升。这种现象在其他研究中也有发现，如 Kuroshima(1987)在研究斑鉟(*Girella punctata*)经 Cd 暴露后排放时，发现肝脏中 Cd 的含量会随排放时间的延续而增加；Wicklund 等(1988)研究了斑马鱼经 Cd 暴露后的排放特征，其肾脏和肝脏中的 Cd 含量均会随排放时间的延续而升高。Kuroshima(1987)认为这种"持续升高现象"有两方面原因：一是重金属排出体外之前在体内存在重新分配的过程，因组织器官功能不同存在差异，也因鱼种类不同而异；二是不同重金属与各组织之间的结合能力有差异，结合紧密则排出慢，结合疏松则排出快。

综合分析中华鲟幼鱼经排放后 Pb^{2+} 在各组织中的消除特征，推测经低浓度暴露后幼鱼对 Pb^{2+} 的消除主要是经过组织间重新分布及经鳃和皮肤排出；浓度较高时，以经皮肤排出为主，经鳃排出退居其次，同时可能由肝脏(经胆汁)及肝脏中金属蛋白结合转运进行重新分布。Pb^{2+} 暴露后软骨、脊索和背骨板主要进行重新分配与隔离。中华鲟幼鱼的肾脏对 Pb^{2+} 的积累与排放特征尚需进一步研究。此外，本研究中高浓度组的中华鲟幼鱼经过 6 周排放后，在肝脏、肠、背骨板和皮肤中 Pb^{2+} 含量低于中浓度组(表 10.6)。推测是因为 Pb^{2+} 暴露浓度过高对中华鲟幼鱼造成了失代偿的毒性效应，组织器官功能受损而造成被动扩散增强的缘故，这还需要结合对幼鱼肝脏和鳃等器官的组织结构及活性物质变化进行进一步研究分析。

10.2.1.7   铅暴露和排放前后中华鲟幼鱼不同组织中铅含量变化

对比表 10.4 和表 10.6 发现，低浓度组，排放后鳃和皮肤的 Pb^{2+} 含量不降反升，分别比积累时高 12.90% 和 70.23%，而脊索 Pb^{2+} 含量基本没变，其余组织中 Pb^{2+} 含量下降，其中胃、软骨、肌肉和背骨板 Pb^{2+} 含量显著下降($P<0.05$)。中浓度组，经 Pb^{2+} 排放后肝脏和皮肤 Pb^{2+} 含量不降反升，肝脏比积累时高出 66.47%，皮肤高达积累时的 4.62 倍，其余组织中 Pb^{2+} 含量均明显降低，胃、肠和肌肉 Pb^{2+} 含量显著下降($P<0.05$)。高浓度组，排放后各组织均未表现出 Pb^{2+} 浓度的逆转，其中，皮肤 Pb^{2+} 含量下降不显著($P<0.05$)，

软骨 Pb^{2+} 含量基本无变化,其余各组织 Pb^{2+} 含量均显著降低($P<0.05$)。经不同浓度 Pb^{2+} 暴露的中华鲟幼鱼对 Pb^{2+} 的排放模式存在组织间差异。

经 16 周铅暴露后,中华鲟幼鱼各组织表现出随暴露浓度升高 Pb^{2+} 积累增加的剂量效应关系,Pb^{2+} 积累的情况基本表现为:骨(背骨板和软骨)和肌肉中积累量最高,胃、肠和皮肤次之,肝脏、鳃与脊索相对较低。经 6 周铅排放后,低浓度组的各组织中 Pb^{2+} 含量与对照组无显著差异($P>0.05$);中、高浓度组除少数组织外,Pb^{2+} 含量仍较对照组高;低、中浓度组中鳃、皮肤和肝脏的 Pb^{2+} 含量甚至高于积累时。推测中华鲟幼鱼经鳃、皮肤和消化道摄入 Pb^{2+},经鳃和皮肤进行排放,并且铅会选择性地大量积累在骨和肌肉中。

10.2.2　铅暴露中华鲟幼鱼弯曲畸形与畸形恢复

有关鱼类畸形学的研究以描述畸形鱼的特征为主,最早的著作是 Gemmill 在 1912 年出版的 *The Teratology of Fishes* 一书,书中主要以鲑、鳟鱼类为例。我国的伍献文等自 20 世纪 30 年代开始,先后记录了鲢、红鳍鲌、泥鳅、黄鳝、鲫、鳇、翘嘴鲌、鳙、鲤和俄罗斯鲟等畸形特征(袁传宓等,1977;吴文化等,2001;张涛等,2006);但关于畸形的成因尚不明确,对畸形形成机制更是缺之深入研究。在中华鲟受精卵发育至 96 h 开始铅暴露,低浓度铅溶液长期暴露对中华鲟的致弯曲畸形效应与排铅后的畸形恢复,以探索中华鲟在生命早期接触铅后的损伤状况和自我修复能力,为深入研究铅致鱼类畸形的发生机制奠定基础。

Pb^{2+} 暴露试验溶液的浓度分别为 0 mg/L(对照组,C 组)、0.2 mg/L(低浓度组,L 组)、0.8 mg/L(中浓度组,M 组)和 1.6 mg/L(高浓度组,H 组),每处理设 3 平行。采用水溶液静态置换法每天更新 30% 试验溶液。中华鲟受精卵发育至 96 h 开始 Pb^{2+} 暴露试验。在各容器中预先加入试验浓度的溶液,选择健康受精卵随机置于容器中,每容器 20 枚。暴露试验结束后,将各容器中的剩余幼鱼进行 Pb^{2+} 排放试验,继续养殖 6 周结束排放试验。

试验期间,每天观察并记录各容器中幼鱼的外部形态变化状况,形态部位定义依据 Snyder(2002)进行修改(图 10.10,图 10.11),当中华鲟幼鱼发生肉眼可辨的非正常弯曲时(图 10.11 -左- b,b′),即认为是发生畸形的个体。将每周各处理中发生畸形的个体数进行统计,按下式计算畸形率(李龙,2006):

$$畸形率 = \frac{每处理中发生畸形个体数}{该处理中的个体总数} \times 100\%$$

当弯曲畸形的中华鲟幼鱼发生肉眼可辨的恢复现象(由严重畸形向轻微畸形转变或由轻微畸形向基本正常转变)时,即认定为发生了畸形恢复的个体。将每周各处理中畸形恢复的个体数进行统计,按下式计算恢复率(李龙,2006):

$$恢复率 = \frac{每处理畸形恢复个体数}{该处理的畸形个体总数} \times 100\%$$

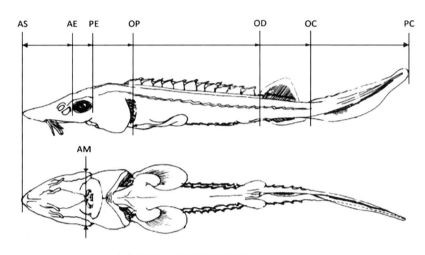

图 10.10　中华鲟幼鱼形态性状测量图示(Snyder，2002)

AS. 吻端；AE. 眼前缘，AS-AE＝吻长；PE. 眼后缘，AE-PE＝眼径；OP. 胸鳍起点，AS-OP＝头长；OD. 背鳍起点，AS-OD＝背鳍前长；OC. 尾鳍背部起点；PC. 尾鳍末端，AS-PC＝全长；AM. 口前缘，由此处测量口部头宽

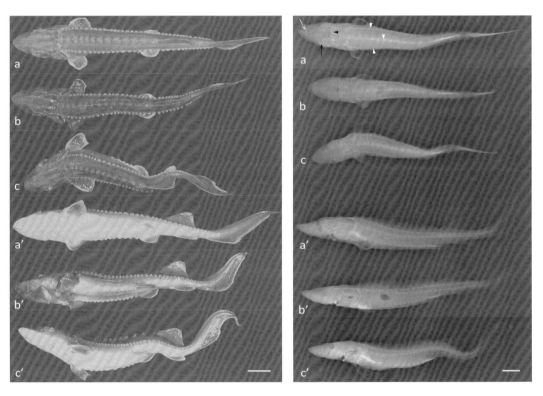

图 10.11　中华鲟幼鱼正常个体与畸形个体比较

左：背面观(a. 正常；b. 轻微畸形；c. 严重畸形)和侧面观(a′. 正常；b′. 轻微畸形；c′. 严重畸形)照片。右：X 射线照片背面观(a. 正常；b. 轻微畸形；c. 严重畸形)和侧面观(a′. 正常；b′. 轻微畸形；c′. 严重畸形)。白箭：X 射线显示的吻软骨边缘；黑箭：X 射线显示的围眶板；白箭头：X 射线显示的躯干部骨板；黑箭头：X 射线显示的颌弓。比例尺＝1 cm

10.2.2.1　铅对中华鲟幼鱼的致畸效应

发育至 96 h 中华鲟受精卵在 16 周的暴露试验过程中,Pb^{2+} 表现出致中华鲟幼鱼弯曲畸形效应。幼鱼发生畸形弯曲的基本形态特征:在背鳍起点(OD)与尾鳍背部起点(OC)之间发生左右弯曲,尾鳍背部起点(OC)与尾鳍末端(PC)之间发生左右弯曲,近胸鳍起点(OP)处发生左右弯曲(图 10.10;图 10.11 - b,c,b′,c′);尾鳍末端(PC)下垂(图 10.10;图 10.11 - c,c′)。随着 Pb^{2+} 暴露时间的延长,畸形弯曲程度会由轻微(图 10.11 - b,b′)向严重(图 10.11 - c,c′)发展。弯曲畸形个体的运动能力降低,弯曲越严重,其自主活动能力和摄食能力降低越明显。

通过 X 射线机能够观察到吻的边缘软骨、围眶板、颌弓软骨及躯干部骨板等,在各暴露组与对照组之间比较,它们没有明显形态差异。通过 X 射线机不能观察到脊椎(软)骨、脊柱和脊索(图 10.11 - 右)。经解剖观察,弯曲个体的脊椎骨无明显变形,但碱腐蚀法制作的全骨骼标本呈现脊柱弯曲。

暴露试验结果显示,Pb^{2+} 浓度越大,发生弯曲畸形越早。试验进行至第 11 周时,H组开始有个别个体发生畸形(图 10.11 - 左 - b,b′),第 11 周 H 组的畸形率为 5%;随后,每周畸形率逐渐增加,至第 14 周末,H 组中华鲟幼鱼的畸形率达 100%;即 H 组从发现个别畸形个体到所有个体发生畸形用了 4 周时间(图 10.12,PbH 系列)。而在 M 组中,第 12 周开始出现畸形个体,第 12 周的畸形率为 3.8%,随后每周畸形率逐渐增加;经过 5 周后(第 16 周)M 组所有个体全部发生畸形(图 10.12,PbM 系列)。在暴露试验中,L 组始终未出现畸形个体(图 10.12,PbL 系列);即 0.2 mg/L 的 Pb^{2+} 溶液暴露 16 周对中华鲟幼鱼无致弯曲畸形作用。在 C 组,实验开始后的第 2 周,有 1 尾幼鱼出现畸形(图 10.12,PbC 系列),表现为身体弯曲,比正常个体的自主活动能力和摄食能力差,但该鱼养殖在空白对照组,出现畸形的时间在试验的第 2 周,比 M 组和 H 组发生弯曲畸形早了 8 周时间;推测该尾畸形个体不属于 Pb^{2+} 暴露致畸。

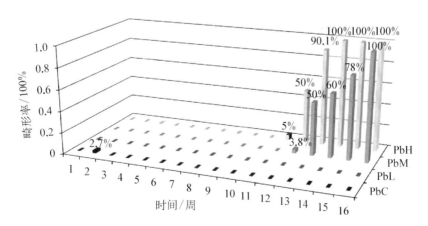

图 10.12　不同浓度 Pb^{2+} 长期暴露对中华鲟幼鱼致畸效应

经过不同浓度的 Pb^{2+} 暴露 16 周后,按图 10.10 所示测量中华鲟幼鱼的形态性状。因鱼龄较小,难以测定幼鱼的标准体长,故以全长(图 10.10,吻端到尾鳍末端,AS - PC)作为其基本体长指标。测量结果显示(表 10.7),经不同浓度 Pb^{2+} 暴露后,分析幼鱼各部长度占全长的百分比,其中吻长、眼径、头长和头宽所占全长百分比,均以 M 组或 H 组较大,L 组较小;其中 M 组和 H 组的头长占全长百分比显著高于 C 组和 L 组($P<0.05$),这与目测畸形个体弯曲部位处在头部以外的结果一致(图 10.11)。背鳍前长所占全长的比例以 H 组最大,与 C 组和 M 组之间差异显著($P<0.05$),胸鳍起点到背鳍起点长度占全长百分比也是 H 组最大,但与其他各组无显著差异($P>0.05$),而背鳍起点到尾鳍背部起点所占全长百分比则随 Pb^{2+} 暴露浓度增加而减小,其中 H 组显著小于其他三个处理组($P<0.05$);这验证了"OD-OC"是发生畸形弯曲的重点部位(表 10.7),Pb^{2+} 暴露浓度越高,弯曲越严重。

表 10.7　不同浓度 Pb^{2+} 长期暴露对中华鲟幼鱼形态指标的影响

形态指标	C 组	L 组	M 组	H 组
全长(吻端到尾鳍末端,AS-PC)/mm	134.00±9.64[a]	134.33±7.51[a]	134.10±7.55[a]	120.33±14.22[b]
各部分占全长的百分比/%				
吻长(AS-AE)	11.46±0.39[a]	11.32±1.53[a]	12.15±1.38[a]	12.02±2.17[a]
眼径(AE-PE)	2.25±0.16[a]	1.99±0.29[a]	2.15±0.44[a]	2.36±0.05[a]
头长(AS-OP)	25.94±1.57[a]	25.11±2.24[a]	27.06±1.47[b]	27.46±0.49[b]
头宽(HWM)	11.00±0.34[a]	11.17±0.77[a]	11.32±0.44[a]	12.08±0.57[a]
背鳍前长(AS-OD)	58.21±0.91[a]	58.16±2.78[a]	60.24±2.33[ab]	63.10±2.81[b]
胸鳍起点到背鳍起点(OP-OD)	32.27±1.54[a]	33.05±1.57[a]	32.18±1.42[a]	35.65±2.47[a]
背鳍起点到尾鳍背部起点(OD-OC)	18.91±0.98[a]	17.90±0.97[a]	16.46±2.39[a]	11.97±2.92[b]
尾鳍背部起点到尾鳍末端(OC-PC)	23.88±1.89[a]	23.94±3.68[a]	23.30±2.40[a]	24.93±0.49[a]

注:同行标注不同字母表示差异显著($P<0.05$)

　　Gemmill(1912)在他的著作中主要以鲤、鳟鱼类作为标本,详细描述了其连体畸形的特征和内部结构变化。我国伍献文先生等先后记录了一些鱼的鱼体弯曲、单侧卵巢、双肛门、双中心鳞片和畸形脑等的畸形基本形态特征(Wu,1939)。袁传宓(1977)则详细描述了一个污染水潭中的鲤、鲫和鲢的畸形形态,包括尾柄左右弯曲、尾柄上翘、鳞片变形、尾鳍上下叶变化、鳃盖缺损、上下颌左右歪斜、椎骨肋骨变形及脑畸形等;经解剖观察外形弯曲的鲤,发现其椎骨严重变形,脊柱弯曲。Messaoudi(2009)和 Kessabi 等(2009)分别研究了受重金属污染水域中蛇头虾虎鱼(*Zosterisessor ophiocephalus*)和青鳉的弯曲畸形特征,其外形均表现为"S"形弯曲,畸形的发生与 Cd 等重金属积累相关。Messaoudi 等(2009)通过 X 射线机的观察证明,外形弯曲的蛇头虾虎鱼是源于椎骨严重变形导致脊柱明显弯曲。可见,硬骨鱼发生弯曲畸形与椎骨和脊柱变形密切相关。Sippel 等(1983)的研究也发现铅致虹鳟发生黑尾和脊柱弯曲,这是重金属铅致鱼类弯曲畸形的直接证据。在本节中,实验发现长期 Pb^{2+} 暴露致中华鲟发生弯曲畸形;Pb^{2+} 浓度越大,发生弯曲畸形越早;暴露时间越长,弯曲越严重。在发生畸形的中华鲟幼鱼中,背鳍起点与尾鳍末端之间及胸鳍起点附近是发生"S"形弯曲的主要部位。其"S"形弯曲形态与一些学者描述的几种硬骨鱼发生左右弯曲畸形的体形特征相似(袁传宓等,1977;Messaoudi *et al*.,2009;Kessabi *et al*.,2009)。中华鲟是软骨硬鳞鱼,由于试验幼鱼鱼龄(16 周)还较小,经 X 射线观察不到椎骨和脊柱(图 10.11 -右);解剖和碱法腐蚀去除肌肉后观察,未发现弯曲个体的脊椎(软)骨明显变形,但脊柱呈现弯曲;因此,椎骨和脊柱在 Pb^{2+} 暴露致中华鲟幼鱼弯曲畸形时的权重还难以明确。已有的文献表明,铅是亲神经毒物,在人体发生严重慢性铅中毒时,会表现中毒性周围神经病变,以伸肌无力为主要体征,表现为"垂腕",也称"铅麻痹"为主要外观特征,其病理变化是阶段性轴突脱髓鞘与变性及运动神经传导速率减慢等;周围神经病变的发生机制可能与 Pb^{2+} 在胆碱能神经突触处置换 Ca^{2+} ,以及影响 cAMP 和蛋白激酶等胞内信使有关(Goldstein,1993)。在鱼体的神经肌肉接头突触处的冲动传递同样离不开 Ca^{2+} 和乙酰胆碱(Payne et al.,1996)。有文献表明铅能直接抑制乙酰胆碱酯酶活性(AChE)(Martínez-Tabche et al.,1998)。在鱼体肌肉中乙酰胆碱堆积会导致肌纤维兴奋过度,引起痉挛、麻痹甚至死亡(Kirby et al.,2000)。那么, Pb^{2+} 暴露致中华鲟幼鱼弯曲畸形是否与 Pb^{2+} 竞争 Ca^{2+} 或直接抑制了 AChE 活性,从而影响了肌纤维运动过程中的神经传递(Sippel et al.,1983;辛鹏举和金银龙,2008),并致肌肉僵化相关呢?这还需要更多的研究数据加以验证。

10.2.2.2　铅排放与畸形恢复

Pb^{2+} 暴露试验结束后,继续进行了 6 周的 Pb^{2+} 排放试验。在排放试验进行到第 2 周时,M 组和 H 组都出现了畸形恢复的个体,其中 M 组恢复率为 35%,H 组为 13%。M 组在第 5 周恢复率即达 100%;而 H 组的所有个体恢复率达 100% 是在第 6 周(图 10.13)。结果表明,随着排放时间的延长,发生弯曲畸形个体的弯曲程度由重度向轻度转变;弯曲程度越轻,恢复越快。畸形恢复个体的自主活动能力和摄食能力都明显得以恢复并逐渐复原。

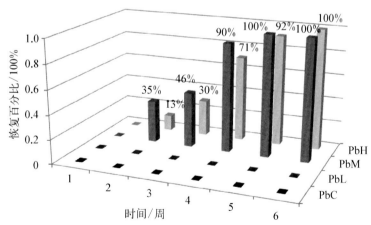

图 10.13　暴露致畸中华鲟幼鱼 Pb^{2+} 排放后的畸形恢复

经过 6 周的 Pb^{2+} 排放试验后,按图 10.10 所示测量了样品的形态性状。试验结果(表 10.8)显示,各组鱼的体长(全长)之间不存在显著性差异($P < 0.05$)。经 Pb^{2+} 排放试验后,分析幼鱼各部占全长的百分比,M 组和 H 组的头长百分比高于 C 组和 L 组,其中 H 组与 C 组和 L 组存在显著差异($P < 0.05$);这验证了低浓度 Pb^{2+} 处理形成的弯曲比高浓度 Pb^{2+} 处理形成的弯曲容易恢复的目测结果。此外,背鳍起点到尾鳍背部起点所占全长比例在各处理组之间已经不存在显著性差异($P > 0.05$),表明此部位弯曲基本得以恢复。

表 10.8　Pb^{2+} 排放后中华鲟幼鱼畸形恢复的形态指标

形 态 指 标	C组	L组	M组	H组
全长(吻端到尾鳍末端, AS-PC)/mm	185.50±11.39[a]	188.33±11.68[a]	183.33±13.43[a]	186.33±5.51[a]
各部分占全长的百分比/%				
吻长(AS-AE)	11.38±0.32[a]	12.03±0.50[a]	12.72±0.44[a]	13.23±0.49[a]
眼径(AE-PE)	2.38±0.68[a]	2.30±0.21[a]	2.21±0.39[a]	2.33±0.39[a]
头长(AS-OP)	24.97±0.78[a]	24.55±0.51[a]	25.43±0.46[ab]	26.62±1.91[b]
头宽(HWM)	10.98±0.68[a]	10.30±0.14[a]	10.93±0.80[a]	11.74±0.26[a]
背鳍前长(AS-OD)	59.62±2.12[ab]	58.70±1.94[ab]	57.84±0.62[a]	61.54±1.16[b]
胸鳍起点到背鳍起点(OP-OD)	34.65±2.09[a]	34.15±1.56[a]	32.40±0.83[a]	34.92±2.49[a]
背鳍起点到尾鳍背部起点(OD-OC)	15.46±0.92[a]	16.93±1.14[a]	16.14±2.06[a]	16.31±1.75[a]
尾鳍背部起点到尾鳍末端(OC-PC)	24.92±2.10[a]	24.36±0.82[a]	24.02±1.46[a]	22.15±2.17[a]

注: 同行标注不同字母表示差异显著($P < 0.05$)

陈素兰等(2007)对长江江苏段的一些水生动物的调查发现,部分鱼类肌肉中铅含量超过 0.5 mg/kg,螺类肌肉中有的最高达 2.97 mg/kg。2006 年,长江口海域的鱼、虾和贝等海洋生物铅含量全部超过 0.1 mg/kg,这表明长江流域重金属铅的污染比较严重。Davies 等(1976)研究发现虹鳟鱼苗对水环境中铅的最大可接受毒物浓度(MATC)在 0.12~0.36 mg/L。

有毒物质暴露对水生动物的生理功能和组织细胞形态产生各种毒性效应,停止暴露后经过代偿能不同程度地恢复。Kavitha 和 Rao(2008)用 297 µg/L 的毒死蜱水溶液暴露食蚊鱼(*Gambusia affinis*)96 h,其组织抗氧化酶和脑中的乙酰胆碱酯酶受到显著抑制,停止暴露在清水中养殖 16~18 d,抗氧化酶恢复至对照组水平,游动能力和乙酰胆碱酯酶活性则需要更长时间才能有效恢复。牙鲆经 0.5 mg/L 的 Pb^{2+} 暴露数天后,组织中过氧化氢酶、谷胱甘肽过氧化物酶活性升高,停止暴露养殖一段时间也能恢复(王凡等,2008)。用 250 µg/L 的全氟辛烷磺酰基化合物水溶液(PFOS)暴露斑马鱼 70 d,影响斑马鱼的肝组织结构,肝细胞脂滴积累增加,雌性生殖腺发育受到抑制;停止暴露后继续养殖 30 d 不能形成有效恢复(Du *et al.*, 2009)。用 1.6 mg/L 重金属 Cd 溶液对鲤幼鱼暴露 14 d,其鳃 Na^+/K^+-ATPase 活性被抑制 30%,而 Mg^{2+}-ATPase 活性增加 70%,脑的乙酰胆碱酯酶活性没有明显变化,肝中草酰乙酸氨基转移酶(GOT)和丙氨酸氨基转移酶(GPT)活性分别升高 63% 和 98%;停止暴露养殖 19 d,Mg^{2+}-ATPase 和 GPT 已经基本恢复至对照水平,GOT 没有得到恢复(de la Torre *et al.*, 2000)。由上述文献可见,毒物暴露会影响鱼体的抗氧化功能、渗透压调节、肝功能、神经系统等生理功能,停止暴露后一段时间部分生理功能得以恢复,但存在失代偿现象。关于毒物暴露对水生动物的组织细胞形态影响的研究得到类似结果:虹鳟经 1.65 µmol/L 铜离子溶液暴露 24 h,其鳃上皮细胞明显增厚,停止暴露 48 h 后,上皮细胞厚度恢复至对照水平(Heerdena *et al.*, 2004)。用最高浓度为 1.0 mg/L 乙酸铅水溶液对刚出膜的底鳉(*Fundulus heteroclitus*)暴露 4 周,底鳉的自主活动能力、捕食能力和避敌能力均明显下降;停止暴露 4 周后上述行为能力恢复至对照水平,组织中铅含量明显下降;底鳉经汞暴露后的行为变化与此相似(Weis and

Weis，1998)。然而,鲜见关于鱼体外部形态出现畸形后得以恢复的文献。在本研究中,中华鲟幼鱼经 Pb^{2+} 暴露后,进行了 6 周的 Pb^{2+} 排放试验,随着排放时间的延长,畸形个体的弯曲逐渐得以复原,其自主活动能力和摄食能力都明显恢复。这一结果与 Weis 和 Weis(1998)研究铅暴露与排放对底鳉的自主活动、捕食和避敌能力影响的结果相似,在功能或形态恢复的发生时间上也很接近。

鱼类的游动能力具有重要的生态学意义。鱼的游动能力降低会严重影响其应对激流、捕食和避敌能力,从而改变捕食与被捕食关系,影响种群数量和生态系统结构(Weis and Weis,1998)。本研究证实铅致中华鲟幼鱼弯曲畸形而明显抑制其游动能力;经铅排放后幼鱼的游动能力又能得以恢复。中华鲟在出苗不久即要开始降海洄游,幼鱼洄游历时 180 d 左右,途经长江中下游近 1 800 km 水域进入大海,必须具备良好的适应能力以面对包括铅污染在内的各种复杂环境因子。因此,较强的排铅能力可能是中华鲟适应环境的重要遗传特征之一,为其历经 1 亿多年仍能保持一定种群数量作出贡献。

10.2.3 铅对中华鲟幼鱼血液酶的影响

丙氨酸氨基转移酶(alanine aminotransferase，ALT)、天冬氨酸氨基转移酶(aspartate aminotransferase，AST)、碱性磷酸酶(alkaline phosphatase，ALP)、乳酸脱氢酶(lactate dehydrogernase，LDH)和肌酸激酶(creatine kinase，CK)5 种酶在鱼体内分布广泛、活力较强。其中 ALT 和 AST 在平衡鱼体氨基酸"池"及蛋白质、脂肪与糖类物质之间转化中发挥非常重要的作用(Palanivelu *et al.*，2005),其活力变化能反映肝、心、肾等器官功能状况;ALP、LDH 和 CK 在鱼类能量代谢方面起关键作用,对鱼类生存具有重要意义。它们常被用于研究包括重金属在内的有毒污染物致毒水生动物机制的生化指标。研究了中华鲟幼鱼铅暴露后血液中这 5 种酶活力的变化。样品中的酶活力(U/L)=仪器直接报告检测结果($\triangle A$/min×相应换算系数)×4(稀释倍数)。

10.2.3.1 铅暴露血液中 ALT 活力变化

经 16 周 Pb^{2+} 暴露后,中华鲟幼鱼血液中的 ALT 活力表现为随 Pb^{2+} 暴露剂量增加而升高的趋势。对照组、0.2 mg/L 组和 0.8 mg/L 组之间差异不显著($P > 0.05$),1.6 mg/L 组 ALT 活力与其他各组比较呈极显著差异($P < 0.01$)。经 6 周 Pb^{2+} 排放后,各暴露组血液中 ALT 活力与对照组比较无显著差异($P > 0.05$)。

将 Pb^{2+} 排放后各组幼鱼血液 ALT 活力与相应暴露试验组进行比较发现,经过 6 周(排放试验时间),1.6 mg/L 组幼鱼的 ALT 活力大幅降低,排放前后比较呈极显著差异($P < 0.01$),表明在该试验组的幼鱼经过 Pb^{2+} 排放后,血液中的 ALT 活力发生了明显恢复(图 10.14)。

10.2.3.2 铅暴露血液中 AST 活力变化

经 16 周 Pb^{2+} 暴露后,中华鲟幼鱼血液中 AST 活力也表现为随 Pb^{2+} 暴露剂量增加而升高的趋势,0.8 mg/L 和 1.6 mg/L 组 AST 活力显著高于对照组($P < 0.05$),且 1.6 mg/L 组 AST 活力极显著高于其他各组($P < 0.01$)。经 6 周 Pb^{2+} 排放后,只有 1.6 mg/L 组的 AST 活力显著高于其他各组($P < 0.05$),约为对照组的 2 倍。

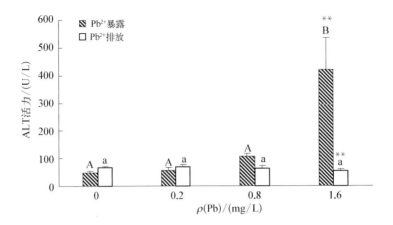

图 10.14　Pb²⁺ 暴露与排放后不同处理下中华鲟幼鱼血液 ALT 的活力变化

Pb²⁺ 暴露（或排放）各组中标注不同大写字母（或小写字母）表示差异显著（$P<0.01$ 或 $P<0.05$）。标注相同星号"＊＊"表示同处理组暴露与排放之间差异极显著（$P<0.01$）。Pb²⁺ 暴露，$n=6$。Pb 排放，0 mg/L、0.2 mg/L、1.6 mg/L 组，$n=5$；0.8 mg/L 组，$n=4$

将 Pb²⁺ 排放后各组幼鱼血液 AST 活力与相应暴露试验组进行比较发现，经过 6 周（排放试验时间），0.8 mg/L、1.6 mg/L 组幼鱼的 AST 活力大幅降低，排放前后比较呈极显著差异（$P<0.01$），但 1.6 mg/L 组 AST 活力仍显著高于对照组（$P<0.05$）（图 10.15）。

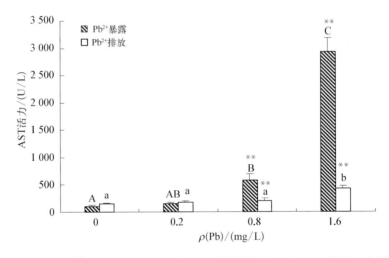

图 10.15　Pb²⁺ 暴露与排放后不同处理下中华鲟幼鱼血液 AST 的活力变化

Pb²⁺ 暴露（或排放）各组中标注不同大写字母（或小写字母）表示差异显著（$P<0.01$ 或 $P<0.05$）。标注相同星号"＊＊"表示同处理组暴露与排放之间差异极显著（$P<0.01$）。Pb²⁺ 暴露，$n=6$。Pb 排放，0 mg/L、0.2 mg/L、1.6 mg/L 组，$n=5$；0.8 mg/L 组，$n=4$

10.2.3.3　铅暴露与排放后血液 AST/ALT 值变化

分析 Pb²⁺ 暴露与排放后中华鲟幼鱼血液中的 AST/ALT 值（即 DeRitis 比值）（表 10.9），发现对照组血液中的 AST/ALT 值在 2.24～2.31，反映了中华鲟幼鱼血液中 AST/ALT 值的正常范围。随 Pb²⁺ 暴露浓度增加，AST/ALT 值呈增加趋势，且 1.6 mg/L 组与对照组、0.2 mg/L 组间差异显著（$P<0.05$）。经 Pb²⁺ 排放后 0.2 mg/L、0.8 mg/L

组的 AST/ALT 值有所下降,但 1.6 mg/L 组仍维持高值($P < 0.05$)。

表 10.9　Pb^{2+} 暴露与排放后中华鲟幼鱼的血液 AST/ALT 值

处　理	0 mg/L 组(对照)	0.2 mg/L 组	0.8 mg/L 组	1.6 mg/L 组
Pb^{2+} 暴露	2.24 ± 0.39^a	2.79 ± 0.29^a	5.39 ± 0.78^{ab}	7.83 ± 1.61^b
Pb^{2+} 排放	2.31 ± 0.21^a	2.64 ± 0.43^a	3.36 ± 0.62^a	8.26 ± 1.20^b

注:同行标注中不同字母表示差异显著($P<0.05$)

　　临床医学上认为,ALT 主要存在于肝细胞胞质中,肝病早期或急性病变时,肝脏会轻度受损,肝细胞损伤主要是细胞膜通透性改变,使得胞质酶释放,导致肝脏中 ALT 活力降低而血液中明显升高。AST 以心肌中含量最高,肝脏和骨骼肌次之。肝脏中 70% 以上的 AST 分布在肝细胞线粒体中,其余存在于胞质,当肝脏严重受损时,肝脏线粒体进一步遭到破坏,肝脏中 AST 大量释放进入血液,使血液 AST 活力明显升高。本研究结果显示,经过长期 Pb^{2+} 水溶液暴露后,中华鲟幼鱼血液中 ALT 和 AST 活力均表现为随 Pb^{2+} 暴露剂量增加而升高的趋势;0.2 mg/L 和 0.8 mg/L 组中血液 ALT 活力与对照组比较差异不显著($P > 0.05$),0.2 mg/L 组的 AST 活力与对照组比较差异同样不显著($P > 0.05$),0.8 mg/L 组 AST 活力显著高于对照组($P < 0.05$);这表明 0.2 mg/L Pb^{2+} 水溶液长期暴露,可能仅仅导致了中华鲟幼鱼的肝细胞发生了通透性改变或肝组织轻度受损;当暴露浓度达 0.8 mg/L 时,肝细胞线粒体受损而释放了较多的 AST 进入血液。Pb^{2+} 暴露浓度达到 1.6 mg/L 时,血液中的 ALT 和 AST 活力与其余各组比较均呈极显著差异($P < 0.01$),这表明 1.6 mg/L Pb^{2+} 水溶液长期暴露致幼鱼的大量肝细胞受损,同时线粒体损伤加重。周昂等(1993)采用 0.25 mg/L、0.5 mg/L、1.0 mg/L、2.5 mg/L 和 5 mg/L Pb^{2+} 水溶液暴露 12 d,研究了其对黄鳝血液中的 ALT 和 AST 的影响,结果显示随着 Pb^{2+} 浓度的增加和暴露时间的延长,血液中该 ALT 和 AST 活力均明显增加。潘鲁青等(2005)采用不同浓度的 Cu、Zn 和 Cd 水溶液对凡纳滨对虾(*Litopenaeus vannamei*)暴露 96 h,发现随暴露时间延长,肝脏和鳃中的 ALT 和 AST 活力明显下降,血液中的 ALT 和 AST 活力呈上升趋势。可见 Cu、Zn、Pb 和 Cd 等重要重金属的水污染暴露,对水生动物肝脏等组织具有不同程度的损伤。很多动物的肝脏能够通过氧化、还原、水解或结合反应对异生物质进行生物转化,促进异生物质转运和排除(Newman *et al.*,2001)。鱼体排出重金属的途径包括跨鳃运输(如离子通道)、在血浆中与蛋白质或其他化学物质结合经肝脏(胆汁)进入消化道内、消化道泌出与黏膜脱落、经皮肤排出和经肾排出等,一些重金属在动物肝脏中还会与金属蛋白结合后运至肌肉等组织进行重新分布(Newman *et al.*,2001;Palanivelu *et al.*,2005)。在清洁环境条件下,有毒重金属的排除作用会迅速降低各组织中的毒物含量,组织器官的生理功能得到不同程度改善与恢复。Karan 等(1998)采用 Cu 溶液研究对鲤暴露 14 d 与随后置于清洁环境中 14 d 的影响,发现鲤血液中的 ALT 和 AST 活力在暴露后升高,经 14 d 清洁水环境饲养后均降低。中华鲟幼鱼经过 6 周的 Pb^{2+} 排放,与暴露结果相比,各暴露组幼鱼血液中的 ALT 活力均恢复至对照组水平;AST 活力仅 1.6 mg/L 组仍较高且超出对照组近 2 倍(图 10.15)。这初步表明 0.2 mg/L 和 0.8 mg/L Pb^{2+} 水溶液长期暴露后发生轻度受损的组织细胞得到了有效修

复;而暴露浓度 1.6 mg/L 时,经过 6 周的 Pb^{2+} 排放后幼鱼的器官功能尚未完全修复。

　　AST/ALT 值被用于肝病诊断和预后判断。急慢性病毒性肝炎时 AST/ALT<1,肝硬化和重症肝炎 AST/ALT>1,原发性肝癌 AST/ALT>3。AST 值远大于 ALT 值与肝细胞严重损伤相关,肝病恢复时 AST/ALT 值会逐渐变小。对于鱼类,AST/ALT 正常值与人类比较可能存在差异,Vaglio 和 Landriscina(1999)给金头鲷(*Sparus aurata*)注射 2.5 mg/kg $CdCl_2$,6 d 后血液中的 AST 和 ALT 显著升高,而 AST/ALT 值<1,认为肝脏细胞膜严重损伤。Torre 等(2000)采用半致死浓度(1.5~1.7 mg/L)的 Cd 溶液暴露幼鲤 14 d,后在清洁水中排放 19 d,结果发现对照组肝脏中的 AST/ALT 值为 2.4~2.5;暴露后肝脏中的 AST 和 ALT 显著升高,其 AST/ALT 为 2.1,比对照组低;经过 19 d 排放,肝脏中的 ALT 和 AST 活力比暴露后显著降低,AST 活力还显著低于空白对照组,AST/ALT 值为 1.8。在本研究中,对照组血液中的 AST/ALT 值为 2.24~2.31;随 Pb^{2+} 暴露浓度增加,AST/ALT 值呈增加趋势;经 Pb^{2+} 排放后 0.2 mg/L、0.8 mg/L 组的 AST/ALT 值有所下降,但 1.6 mg/L 组仍维持高值($P<0.05$)(表 10.9),这一结果与血液中的 AST 活力变化(图 10.15)一致。由此可见,血液中的 AST/ALT 值在判断鱼类组织损伤方面也具有重要意义。

10.2.3.4　铅暴露血液中 ALP 活力变化

　　经 16 周 Pb^{2+} 暴露后,幼鱼血液中 ALP 活力总体表现为随 Pb^{2+} 暴露剂量增加而下降的趋势;其中 0.2 mg/L 组略高于对照组($P>0.05$);0.8 mg/L 组略低于对照组($P>0.05$);而 1.6 mg/L 组 ALP 活力极显著低于其他各组($P<0.01$)。经 6 周 Pb^{2+} 排放后,幼鱼血液中 ALP 活力总体依然表现为随 Pb^{2+} 暴露剂量增加而下降的趋势;各 Pb^{2+} 暴露组之间比较差异不显著($P>0.05$),但仍低于对照组。

　　将 Pb^{2+} 排放后各组幼鱼血液 ALP 活力与相应暴露试验组进行比较发现,经过 6 周(排放试验时间),对照组的 ALP 活力显著升高($P<0.05$);0.2 mg/L 组排放后 ALP 活力有所降低,0.8 mg/L 和 1.6 mg/L 组有所升高,但差异均不显著($P>0.05$)(图 10.16)。

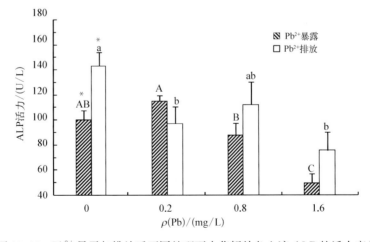

图 10.16　Pb^{2+} 暴露与排放后不同处理下中华鲟幼鱼血液 ALP 的活力变化

　　Pb^{2+} 暴露(或排放)各组中标注不同大写字母(或小写字母)表示差异显著($P<0.01$ 或 $P<0.05$)。标注相同星号"*"表示同处理组暴露与排放之间差异显著($P<0.05$)。Pb^{2+} 暴露,$n=6$。Pb^{2+} 排放,0 mg/L、0.2 mg/L、1.6 mg/L 组,$n=5$;0.8 mg/L 组,$n=4$

碱性磷酸酶(ALP)是动物代谢过程中重要的调控酶,它是一种非特异性磷酸水解酶,能催化磷酸单脂的水解及磷酸基团的转移反应,对动物的生存具有重要意义。鱼类处于不利环境,如重金属污染时,其 ALP 活性必定会受到影响(Mora et al.,2004)。本研究结果显示中华鲟幼鱼血清 ALP 活力在 1.6 mg/L 组受到显著抑制 ($P < 0.01$),而 0.2 mg/L 和 0.8 mg/L 的低浓度对其活力影响不明显(图 10.16)。这与 Atli 和 Canli (2007)研究铅对罗非鱼 ALP 活力影响,和孔祥会等(2007)研究汞对草鱼 ALP 活力影响的结论一致。ALP 是一种结合在细胞膜上的金属酶,金属离子对维持其分子结构和催化活性均具有重要意义(Ásgeirsson et al.,1995)。$Pb(NO_3)_2$ 是该酶的一种反竞争性抑制剂,Pb^{2+} 可与酶活中心的巯基和羧基螯合,从而改变 ALP 的分子构象,使其丧失活性。ALP 又是动物体内重要的解毒体系(詹付风和赵欣平,2007),Kertesz 和 Hlubik(2002)认为血清 ALP 活性降低能在一定程度说明肝组织发生了损伤,结合本研究结果,笔者推断 1.6 mg/L Pb^{2+} 的长期胁迫可能破坏了中华鲟幼鱼的解毒调节机制,有可能会诱发肝组织的损伤。研究证明 ALP 还参与骨骼生长,调节钙磷代谢(詹付风和赵欣平,2007),并且 Pb^{2+} 的大量积累会使成骨细胞的生长受到抑制(Kertesz and Hlubik,2002)。经研究得出 Pb^{2+} 在中华鲟幼鱼背骨板中会大量积累,在低、中、高浓度组中的积累量分别高达 31.44 μg/g、137.53 μg/g 和 1 089.15 μg/g,居各组织积累量之首。分析中华鲟幼鱼在铅暴露中的生长情况(表 10.10),发现铅暴露组幼鱼的生长会受到抑制,高浓度组抑制程度最大 ($P < 0.05$),这与 ALP 活性受到抑制的趋势是一致的。本研究结果还显示经排放后对照组 ALP 活性显著升高(图 10.16),这种现象在生理学上称为生理性变异,如儿童在生理性的骨骼发育期,ALP 活力可比正常人高 1～2 倍(张枫等,2008),同时对比对照组幼鱼在前 16 周和后 6 周中的生长情况(表 10.10),明显可见后 6 周增长速度要大于前 16 周,这表明中华鲟幼鱼在此阶段代谢旺盛,对营养物质的消化吸收转运速度较快,处于骨生长发育的关键时期。同时从表 10.10 还发现无论是增长还是增重,中浓度组中的增值均要高于低浓度组和高浓度组,接近对照组,这可能与中浓度组的 ALP 活性与对照组无显著差异有关,然而机体对铅的具体调节机制尚不清楚,且中华鲟幼鱼对铅浓度的敏感性和耐受性问题仍需开展进一步研究。

表 10.10 铅对中华鲟幼鱼生长的影响

处 理 组	体长/cm	体重/g	增长/cm	增重/g
对照组	10.36±0.19[a]	12.84±0.58[a]	5.13±0.05[a]	20.57±0.80[a]
低浓度组	10.01±0.21[ab]	11.18±0.66[b]	4.26±0.12[bc]	16.64±0.61[bc]
中浓度组	9.94±0.15[ab]	10.79±0.40[b]	4.70±0.22[ab]	17.96±0.43[b]
高浓度组	9.42±0.22[b]	9.77±0.54[b]	4.07±0.23[c]	15.09±0.56[c]

注:同列不同字母表示差异显著($P < 0.05$)。体长和体重是从受精卵开始生长 16 周的数据,增长和增重是铅暴露完毕恢复 6 周期间的增加值

10.2.3.5 铅暴露血液中 LDH 活力变化

经 16 周 Pb^{2+} 暴露后,幼鱼血液中的 LDH 活力表现为随 Pb^{2+} 暴露剂量增加而升高的趋势;其中 1.6 mg/L 组极显著高于其他组($P < 0.01$),超出对照组近 8 倍;而对照组、

0.2 mg/L 和 0.8 mg/L 组之间差异不显著($P>0.05$)。经 6 周 Pb^{2+}排放后,各暴露组血液中 LDH 活力与对照组比较无显著差异($P>0.05$)。

将 Pb^{2+}排放后各组幼鱼血液 LDH 活力与相应暴露试验组进行比较发现,经过 6 周(排放试验时间),对照组和 0.2 mg/L 组略有升高,0.8 mg/L 组略有降低,但差异均不显著($P>0.05$);而 1.6 mg/L 组则表现为极显著降低($P<0.01$),表明在该试验组的幼鱼经过 Pb^{2+}排放后,血液中的 LDH 活力发生了明显恢复(图 10.17)。

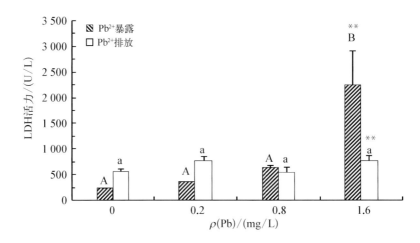

图 10.17　Pb^{2+}暴露与排放后不同处理下中华鲟幼鱼血液 LDH 的活力变化

Pb^{2+}暴露(或排放)各组中标注不同大写字母(或小写字母)表示差异显著($P<0.01$ 或 $P<0.05$)。标注相同星号"＊＊"表示同处理组暴露与排放之间差异极显著($P<0.01$)。Pb^{2+}暴露,$n=6$。Pb 排放,0 mg/L、0.2 mg/L、1.6 mg/L 组,$n=5$;0.8 mg/L 组,$n=4$

乳酸脱氢酶(LDH)是机体能量代谢中参与糖酵解的一种重要的酶,当机体组织器官发生病变时,组织器官本身的 LDH 会发生变化,同时也可引起血液中 LDH 改变(成嘉等,2006),若血液中 LDH 发生改变则预示着肝脏、肾脏和肌肉等组织细胞结构发生改变,受到损伤,这些指标在评价鱼类健康方面具有重大意义。推测 Pb^{2+}影响 LDH 活力的机制:Pb^{2+}通过呼吸及体表吸附作用进入鱼体,能够破坏细胞膜(成嘉等,2006),使细胞膜通透性增强,这样定位于线粒体内的 LDH 得以"释放"进入血液,使得血液 LDH 活力增强;另外,Pb^{2+}进入机体后,可能会干扰细胞线粒体的能量代谢,这就促使机体通过糖酵解的方式获得能量给予补偿,使得 LDH 活力补偿性增强。本研究结果显示,中华鲟幼鱼血浆 LDH 活力随 Pb^{2+}暴露剂量增加而升高,其中 1.6 mg/L 组显著高于其他组($P<0.05$),超出对照组近 8 倍(图 10.17);经 6 周 Pb^{2+}排放后,1.6 mg/L 组 LDH 活力极显著降低($P<0.01$),与对照组水平相当(图 10.17),表明血浆 LDH 活力发生了明显恢复。综合分析 Pb^{2+}暴露和排放后中华鲟幼鱼血浆 LDH 活力变化,初步断定 1.6 mg/L Pb^{2+}的长期胁迫可能会对其某些组织造成损伤,及时消除胁迫后,损伤可在一定程度上得以修复。具体的损伤部位和损伤程度还有待进一步组织学研究加以验证。

10.2.3.6　铅暴露血液中 CK 活力变化

经 16 周 Pb^{2+}暴露后,幼鱼血液中 CK 活力表现为随 Pb^{2+}暴露剂量增加而升高的趋势(图 10.18)。0.2 mg/L 组与对照组和 0.8 mg/L 组比较差异不显著 ($P>0.05$);而 0.8 mg/L 组达到对照组的 8 倍($P<0.01$);1.6 mg/L 组更是达到对照组的 20 倍,且与 0.2 mg/L 和 0.8 mg/L 组比较均呈极显著差异($P<0.01$),可见中华鲟幼鱼 CK 对 Pb^{2+} 暴露非常敏感。

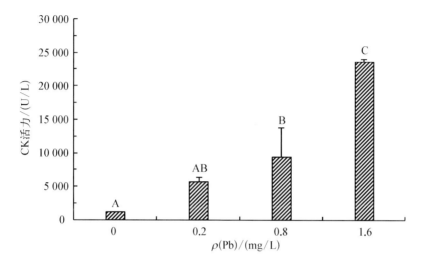

图 10.18　Pb^{2+} 暴露后不同处理下中华鲟幼鱼血液 CK 的活力变化

Pb^{2+} 暴露各组中标注不同大写字母表示差异极显著($P<0.01$)。0 mg/L、0.2 mg/L、1.6 mg/L 组,$n=5$;0.8 mg/L 组,$n=4$

肌酸激酶(CK)能催化肌酸和磷酸肌酸之间的可逆反应,反应所需磷酸由"能量货币 ATP"的高能磷酸提供。因此"肌酸激酶/磷酸肌酸"系统对维持细胞能量的动态平衡,调节细胞局部 ATP/ADP 值具有重要的意义,同时在中枢神经系统中也扮演十分重要的角色(Andres et al.,2008)。Novelli 等(2002)研究了镉污染对尼罗罗非鱼(Oreochromis niloticus)白肌和红肌 CK 活性的影响,发现白肌中 CK 活性受抑制而红肌中 CK 活性显著升高的现象,这代表肌肉组织能量代谢平衡被打乱,间接暗示了肌肉组织的损伤。本研究结果显示中华鲟幼鱼血浆 CK 活性随 Pb^{2+} 暴露浓度的升高而升高,且对 Pb^{2+} 浓度十分敏感,0.8 mg/L 组达到对照组的 8 倍($P<0.01$),1.6 mg/L 组更是达到对照组的 20 倍($P<0.01$)(图 10.18)。Pb^{2+} 是一种重要的神经毒物,有专家认为血清中儿茶酚胺浓度与血清中 CK 活性密切相关,兴奋时交感神经功能活动增强,血清中儿茶酚胺的浓度上升,血管收缩,包括脑血管收缩、局部组织缺血缺氧、细胞能量代谢障碍、肌细胞和脑细胞膜的通透性增加,CK 从细胞内释放入血导致血清 CK 活性升高。同时本研究中,0.8 mg/L 和 1.6 mg/L Pb^{2+} 暴露后中华鲟幼鱼发生了畸形弯曲,浓度越高畸形越严重,并且肌肉中 Pb^{2+} 的 BCF 值仅次于背骨板,排放又最显著,表现活跃,推断出 Pb^{2+} 对中华鲟幼鱼肌肉组织损伤的可能性较大。

关于 Pb^{2+} 暴露对中华鲟幼鱼血液相关酶活性的研究结果表明,中华鲟幼鱼血浆中 ALT、AST、ALP、LDH 和 CK 的活性都不同程度地受到 Pb^{2+} 污染的影响。0.2 mg/L 的低浓度组基本不受影响,而 1.6 mg/L 的高浓度组受影响较大。其中 AST 和 CK 活性变化较为灵敏,浓度达到 0.8 mg/L 时即表现出显著变化,可作为监控中华鲟幼鱼受 Pb^{2+} 污染的敏感指标。经 6 周 Pb^{2+} 排放后，ALP 活力在各 Pb^{2+} 暴露组的恢复均不显著，提示慢性溶液铅暴露会导致幼鱼生长（特别是骨骼发育）受抑制。1.6 mg/L 组幼鱼的 AST 活力及 AST/ALT 值仍居高值，推测 Pb^{2+} 暴露后幼鱼血液中高 AST 活力很可能主要源于损伤的肌细胞而少量来自受损的肝细胞。试验中幼鱼发生的畸形弯曲，很可能是由肌肉组织受损所致。

10.3　铜对中华鲟幼鱼的毒理效应

20 世纪 50 年代后，各类化学品进入市场并进入环境，其中重金属环境污染较严重，Cu 是化工原料，随废水排放污染水质。根据国家环境保护总局(2001)和相关学者（陈家长等，2002）对长江的调查，其近岸水域受到不同程度 Cu、Zn、Pb 污染，2005 年中国渔业生态环境状况公报长江口附近水域 Cu^{2+} 平均含量为 0.013 2 mg/L，超出国家渔业水质标准（<0.01 mg/L）。已有大量研究表明 Cu^{2+} 影响鱼类的发育并致畸、致死(Taylor *et al.*，2000)。

10.3.1　铜对中华鲟幼鱼的急性毒性

采用硫酸铜($CuSO_4 \cdot 5H_2O$)配制成 Cu^{2+} 质量浓度分别为 0 mg/L、0.012 mg/L、0.018 mg/L、0.025 mg/L、0.036 mg/L、0.057 mg/L、0.086 mg/L 和 0.11 mg/L 的暴露溶液，并设空白对照。采用人工养殖中华鲟幼鱼[(41.5±4.0)g;(22.7±3.5)cm]进行暴露，观察其行为和中毒症状。

10.3.1.1　中华鲟幼鱼铜暴露中毒症状

中华鲟幼鱼在不同质量浓度 Cu^{2+} 暴露后表现出程度不同的中毒症状。在最高浓度 0.11 mg/L 暴露 4~6 h 后幼鱼开始出现行为异常。初期，Cu^{2+} 暴露幼鱼表现平衡游泳能力降低，鳃动频率加快;有个体平衡能力降低发生侧翻、旋转游动、急速窜动等。随后，幼鱼身体僵直、抽搐、沉底，5~10 s 后恢复运动能力，背部颜色慢慢加深，身体分泌出黏液，鳃肿胀、颜色变暗，鳃丝上附有淡蓝色絮状物。持续数小时后，幼鱼游动变得缓慢，头朝下，尾巴向上翘，鳃盖扇动频率变慢，逐渐丧失运动能力，吻部和腹部充血，肛门出现红肿，最后躺卧缸底，解剖死亡后的中华鲟幼鱼，发现肝脏肿大、色泽发白、胆囊肿大、胆汁充盈、肾脏充血、色泽变暗。而在较低浓度 Cu^{2+} 处理组，幼鱼经 50~58 h 暴露后出现中毒症状，一旦中毒则表现出同样症状。

Cu^{2+} 中毒后中华鲟幼鱼体表和鳃黏液增多、附着淡蓝色的絮状物、翻转、冲撞、呼吸困难及窒息死亡，表明铜损伤了幼鱼鳃致其呼吸受阻发生缺氧及神经系统受损。这些表现与其他鱼类急性重金属中毒症状很相似（周永欣，1989）。Cu^{2+} 暴露结束后，将存活中华鲟幼鱼移入清水中继续饲养，10 d 后死亡 50% 左右。可见，Cu^{2+} 暴露后的中华鲟幼鱼虽然部分能够存活，但大部分已受到 Cu^{2+} 的毒害作用，生理功能无法恢复，导致后期死亡。重金属离子进入鱼体组织后，一部分可随着血液循环到达各组织器官，引起组织细胞的机能变化;另一部分则可与血浆中的蛋白质和血红蛋白等结合，或者与酶结合，造成酶

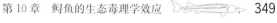

失活,当重金属在体内积累到一定程度后,引起中毒。

10.3.1.2　铜对中华鲟幼鱼的致死效应及安全浓度评价

不同浓度 Cu^{2+} 暴露不同时间后,中华鲟幼鱼的死亡情况见表 10.11。0.110 0 mg/L 组 24 h 内全部死亡;0.076 0 mg/L 组 72 h 内全部死亡;0.053 0 mg/L 组 96 h 全部死亡; 0.036 0 mg/L 组 24 h 开始出现死亡,0.017 3 mg/L 和 0.012 0 mg/L 组 72 h 开始出现死亡。

表 10.11　不同浓度 Cu^{2+} 下暴露不同时间对中华鲟幼鱼的死亡率

质量浓度/(mg/L)	暴露时间/h			
	24 h	48 h	72 h	96 h
0.000 0	0	0	0	0
0.012 0	0	0	5.56	16.7
0.017 3	0	0	11.1	33.3
0.025 0	0	27.8	44.4	61.1
0.036 0	11.1	50.0	72.2	83.3
0.053 0	27.4	61.1	83.3	100
0.076 0	50.0	77.8	100	—
0.110 0	100	—	—	—

注:"—"代表此处理组幼鱼已全部死亡

以 Karber 方程对试验结果进行统计处理,得出试验液浓度对数与死亡率概率单位的线性回归方程,求出 24 h、48 h、72 h 和 96 h 的 LC_{50} 值及 95% 置信区间。再用经验公式 96 h $LC_{50} \times 0.1$ 计算出安全浓度为 0.002 17 mg/L,其结果见表 10.12。

表 10.12　Cu^{2+} 对中华鲟幼鱼毒性的线性回归分析

暴露时间/h	回归方程	相关系数 R^2	LC_{50} (mg/L)	95% 置信区间 (mg/L)	安全质量度 (mg/L)
24	$y = 6.948x + 13.615$	0.928	0.060 6	0.048 9~0.075 9	0.002 17
48	$y = 2.673x + 8.754$	0.981	0.041 4	0.031 5~0.054 5	
72	$y = 3.767x + 11.099$	0.950	0.028 9	0.022 4~0.037 2	
96	$y = 5.512x + 14.260$	0.964	0.021 7	0.016 8~0.028 0	

注:y. 死亡率概率单位;x. Cu^{2+} 浓度对数

铜是生命活动必需微量元素,是构成酶的活性基团或是酶的组成成分,也是水环境中污染较为严重的重金属之一,当生物体中铜的浓度超过其生物生态阈值时,会引起中毒,导致肝溶酶体膜磷脂发生氧化反应、溶酶体膜破裂、水解酶大量释放,从而引起肝组织坏死。当 Cu^{2+} 质量浓度为 0.110 0 mg/L,24 h 内中华鲟幼鱼出现死亡,从中等浓度 0.036 0 mg/L以上,至 0.076 0 mg/L,24 h 内中华鲟幼鱼开始出现死亡,0.025 0 mg/L 时 48 h 开始出现死亡,0.017 30 mg/L 时 72 h 开始出现死亡,0.012 mg/L 时 72 h 出现死亡,表明 Cu^{2+} 对中华鲟幼鱼的毒害作用主要是在体内富集,Cu^{2+} 量积累到一定的程度后,Cu^{2+} 抑制正常生理过程。

有毒物质对鱼类的毒性作用可根据鱼类急性中毒试验的 96 h LC_{50} 分为 4 级（表 10.13），我国渔业水质标准对铜的最高容许质量浓度为 0.01 mg/L，研究结果显示铜对中华鲟幼鱼的安全浓度为 0.002 17 mg/L，远低于我国渔业水质标准，表明中华鲟幼鱼对铜的耐受性较低。

表 10.13　有毒物质对鱼类的毒性标准

等　级	低　毒	中　毒	高　毒	剧　毒
$\rho*$（有毒物质）/(mg/L)	<0.1	$0.1 \sim 1$	$1 \sim 10$	>10.0

* 此质量浓度为 96 h 的 LC_{50} 值

硫酸铜通常用来毒杀鱼体上寄生的原生动物等，常用质量浓度为 $0.7 \sim 0.8$ mg/L（单独使用或与硫酸亚铁混合作用）。本研究 Cu^{2+} 对中华鲟幼鱼的安全浓度为 0.002 17 mg/L，折算成硫酸铜为 0.008 53 mg/L，常用的质量浓度远高于 Cu^{2+} 对中华鲟幼鱼的安全浓度，可能会造成对中华鲟的危害，因此，对中华鲟来说应尽量避免使用硫酸铜。

本研究仅以重金属的总投入量为依据，只考虑了单一重金属对中华鲟幼鱼的毒性，但在江河中存在多种重金属，可能存在某种协同或拮抗作用，另外，金属预处理也能缓解重金属毒性（Dutta and Kaviraj，2001），此外，盐度、温度、溶氧、pH 等理化因子的改变对重金属的毒性也可能产生影响（Hutchinson and Sprague，1989），因此多种环境因子与重金属联合的毒性作用需要进一步探讨。

10.3.2　铜对中华鲟幼鱼抗氧化系统与消化酶活性影响

10.3.2.1　铜对肝脏抗氧化酶活性的影响

机体中的抗氧化酶系统在维持氧自由基代谢平衡方面起着十分重要的作用（Palace et al.，1998），SOD、CAT、GSH-Px 是脊椎动物体内抗氧化酶的重要组分。在正常生理情况下，机体内的抗氧化酶系统能有效地清除体内的超氧阴离子自由基（$O_2^{\cdot-}$）、单线态氧（$^1O_2$）、羟自由基（·OH）和 H_2O_2 等活性氧物质，保护动物免受自由基伤害。但在机体受到重金属作用时会异常产生过量的活性氧，超出了机体清除活性氧的能力，这些活性氧可攻击生物大分子，引发生物膜中的不饱和脂肪酸发生脂质过氧化，而对细胞和机体产生毒害作用（Rainbow，2002）。

根据 LC_{50} 设计质量浓度梯度为 0 mg/L、0.005 mg/L、0.01 mg/L 和 0.015 mg/L Cu^{2+} 溶液，采用人工养殖中华鲟幼鱼[(41.5±4.0)g；(22.7±3.5)cm]进行暴露实验。暴露后 24 h、48 h、72 h 和 96 h 时采集肝组织样品，测定幼鱼肝脏的 SOD、CAT 和 GSH-Px 活性。

在不同 Cu^{2+} 溶液暴露 24 h 后，与对照组酶活(633.85±5.37)U 相比，中华鲟肝组织 SOD 活性显著下降，分别下降到(599.275±7.03)U、(560.45±6.28)U 和(505.95±9.71)U，其下降程度与 Cu^{2+} 处理浓度呈正相关（$R^2 = 0.988\,3$）。暴露 48 h 后，低浓度组(0.005 mg/L)肝组织 SOD 活性逐渐恢复，上升到(667.30±6.34)U，超过对照组活性，随后又逐渐下降，其他浓度组一直呈现下降趋势，而且这种作用随着鱼暴露时间延长和 Cu^{2+} 浓度升高而呈增强的趋势（图 10.19）。

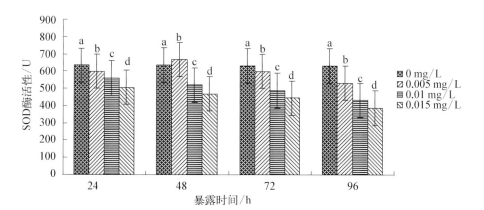

图 10.19　中华鲟肝组织 SOD 活性随处理时间的变化

不同小写字母表示相同时间各处理组间差异显著($P<0.05$)

中华鲟幼鱼在 Cu^{2+} 的水体中处理 24 h 时,肝组织中 CAT 活性随着 Cu^{2+} 浓度的增加均显著下降,分别下降到(553.67 ± 4.29)U、(513.15 ± 5.08)U 和(471.50 ± 5.36)U,其下降程度与 Cu^{2+} 浓度呈正相关($R^2=0.999\,9$)(图 10.20)。处理 48 h 时,CAT 酶活有恢复的趋势,0.005 mg/L 组中 CAT 活性上升到(648.00 ± 8.32)U,超过对照组,0.01 mg/L 与对照组显著差异($P<0.05$),0.015 mg/L 组中 CAT 活性显著下降($P>0.05$),96 h 后各浓度组 CAT 活性均低于对照组。

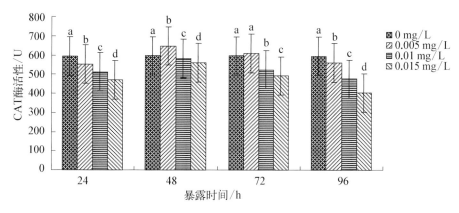

图 10.20　中华鲟肝组织 CAT 活性随处理时间的变化

不同小写字母表示相同时间各处理组间差异显著($P<0.05$)

在 Cu^{2+} 污染的环境中,中华鲟幼鱼肝脏组织 GSH-Px 活性在处理 24 h 时显著下降,其下降程度与 Cu^{2+} 浓度呈正相关($R^2=0.992\,9$)(图 10.21)。48 h 时,0.005 mg/L 组酶活力为(0.70 ± 0.058)U,显著高于对照组($P<0.05$),0.01 mg/L 组为(0.63 ± 0.048)U,显著低于对照组($P<0.05$),0.015 mg/L 为(0.66 ± 0.065)U,与对照组没有显著差异($P>0.05$),72 h 后各试验组显著下降($P>0.05$)。

当中华鲟幼鱼处于 $CuSO_4$ 污染环境中,Cu^{2+} 进入中华鲟体内后,其肝脏组织中 SOD、CAT、GSH-Px 活性受到显著抑制,其抑制程度与 Cu^{2+} 的质量浓度和暴露时间呈正相

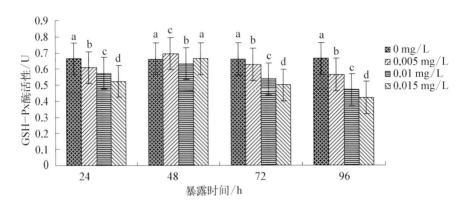

图 10.21　中华鲟肝组织 GSH‐Px 活性随处理时间的变化

不同小写字母表示相同时间各处理组间差异显著($P<0.05$)

关,当机体由于 Cu^{2+} 致自由基产生过多或机体抗氧化系统受到损伤,就会造成自由基大量堆积,从而引发组织细胞的脂质过氧化损伤,影响鱼体内的抗氧化系统从而引起鱼类中毒,引发各种病理生理过程。

SOD 清除 O_2^- 的能力与其含量和活性有关,许多研究表明,当生物体受到轻度逆境胁迫时,SOD 活性往往升高;而当受到重度逆境胁迫时,SOD 活性通常降低,使生物体内积累过量的活性氧,从而导致生物体受到伤害。本研究结果同样发现,低浓度铜胁迫下,中华鲟幼鱼肝组织内的 SOD 活性显著升高,这种现象与 Beaumont 和 Newman(1986)的研究结果类似,Stebbing(1982)认为毒物在低浓度下出现的这种现象,是其在无毒情况下的应激反应,他把这一现象称为"毒物兴奋效应"。到目前为止,许多研究证明,"毒物兴奋效应"具有普遍性;高浓度 Cu^{2+} 胁迫下,中华鲟幼鱼肝组织内的 SOD 活性及其显著性下降,因此,Cu^{2+} 胁迫下 SOD 活性的降低,造成中华鲟幼鱼的活性氧伤害很可能是 Cu^{2+} 对中华鲟幼鱼形成毒害的重要原因之一。同样,CAT、GSH‐Px 对中华鲟伤害程度也很灵敏,在 $CuSO_4$ 处理 24 h 时活性急剧下降,CAT、GSH‐Px 在 24~48 h 有回升趋势,随后又显著下降,说明了随着处理时间的延长,中华鲟所受的损害逐渐加剧。

由上述研究发现,我国渔业水质标准对铜的最高容许质量浓度为 0.01 mg/L。本研究所得铜对中华鲟幼鱼的安全浓度为 0.002 17 mg/L,远低于我国渔业水质标准,可见中华鲟幼鱼对铜的耐受性较低,该研究结果为长江口及中华鲟保护区制订水质标准提供理论参考依据。当中华鲟处于 0.005 mg/L 时,虽然不会死亡,但体内保护酶活性随处理时间延长出现了一系列变化,首先被抑制,然后逐渐恢复并超过对照组活性,以后又回落,且变化幅度与处理液中 $CuSO_4$ 质量浓度呈正相关,由此可以证实,抗氧化酶 SOD、CAT 和 GSH‐Px 活性的变化情况可以反映中华鲟幼鱼受损伤的程度。SOD、CAT 和 GSH‐Px 作为内源活性氧清除剂,在 Cu^{2+} 的胁迫下,能清除体内过量的活性氧,维持活性氧代谢平衡,保护膜结构,从而使动物在一定程度上缓解或抵抗环境胁迫,但这种维持作用有一定的浓度范围,随着污染物浓度的增加,抗氧化酶活性受到抑制,由此造成活性氧的积累和对细胞膜的损伤,降低生物的适应性,最后导致死亡(姚志峰等,2010)。

10.3.2.2　铜对中华鲟幼鱼消化酶活性影响

采用人工养殖的中华鲟幼鱼[(141.52±5.76)g]。根据中华鲟幼鱼的安全浓度

$(2.17\,\mu g\ Cu^{2+}/L)$，设置 $0.40\,\mu g/L$、$0.89\,\mu g/L$、$2.00\,\mu g/L$ 和对照组（$0.00\,\mu g/L$）暴露 60 d。暴露后第 30 天和第 60 天时分别从各处理组中采集样品，解剖取肝脏、鳃、肌肉、消化道、软骨、背骨板、脊索和鱼皮测定 Cu^{2+} 含量。

中华鲟幼鱼经不同 Cu^{2+} 浓度水体暴露后，消化酶活性变化见表 10.14。暴露 30 d 后，消化道蛋白酶和淀粉酶活性随着 Cu^{2+} 浓度的增加先升高后降低，脂肪酶活性随 Cu^{2+} 浓度的增加而升高。中高浓度组蛋白酶和淀粉酶活性与对照组相比显著降低（$P < 0.05$），低浓度组无显著性差异（$P > 0.05$）；高浓度组脂肪酶活性与对照组相比显著升高（$P < 0.05$），中、低浓度组与对照组无显著性差异（$P > 0.05$）；暴露 60 d 后，消化道蛋白酶和淀粉酶活性随 Cu^{2+} 浓度的增加而降低，脂肪酶活性随 Cu^{2+} 浓度的增加表现出先升高后降低的趋势，各处理组蛋白酶活性和淀粉酶活性均显著低于对照组（$P < 0.05$），中、高浓度组脂肪酶活性显著高于对照组（$P < 0.05$），低浓度组与对照组无显著性差异（$P > 0.05$）。

表 10.14　不同水体铜浓度下中华鲟幼鱼肠的消化酶

生化指标	暴露时间/d	对照组 (0.00 μg/L)	低浓度组 (0.40 μg/L)	中浓度组 (0.89 μg/L)	高浓度组 (2.00 μg/L)
蛋白酶/U	0	20.78 ± 1.25	20.78 ± 1.25	20.78 ± 1.25	20.78 ± 1.25
	30	20.88 ± 1.96^a	22.43 ± 1.22^a	17.46 ± 1.65^{bc}	14.99 ± 1.25^c
	60	22.84 ± 2.78^a	18.39 ± 1.66^b	15.33 ± 1.10^c	13.03 ± 1.16^d
淀粉酶/U	0	66.39 ± 3.68	66.39 ± 3.68	66.39 ± 3.68	66.39 ± 3.68
	30	66.42 ± 4.13^a	67.88 ± 4.97^a	44.67 ± 4.32^b	35.74 ± 3.43^c
	60	73.93 ± 4.22^a	60.61 ± 5.15^b	37.97 ± 3.52^c	28.27 ± 3.69^d
脂肪酶/U	0	0.76 ± 0.02	0.76 ± 0.02	0.76 ± 0.02	0.76 ± 0.02
	30	0.77 ± 0.04^a	0.79 ± 0.07^a	0.84 ± 0.06^a	0.91 ± 0.01^b
	60	0.85 ± 0.09^{ab}	0.875 ± 0.06^{bd}	0.99 ± 0.10^c	0.94 ± 0.08^{cd}

注：同一行中参数上方字母不同代表有显著性差异（$P < 0.05$）

研究结果显示，伴随着消化道中的 Cu^{2+} 积累水平发生变化，中华鲟幼鱼消化道主要消化酶的活性发生不同程度的变化（表 10.14）。重金属对生物机体的作用是从生物大分子（如 DNA、RNA、各种酶等）开始，然后逐步在细胞、器官、个体、种群和生态系统各个水平上反映出来，酶在生物机体的生物化学过程中的作用是构成整个生命活动的基础（孔繁翔，2000）。重金属进入机体后，一方面在酶的催化下，进行代谢转化；另一方面也导致体内酶活性的改变，许多重金属的毒性作用就是基于与酶的相互作用。重金属对生物机体酶的影响有两种方式：一是对酶活性的诱导；二是对酶活性的抑制。研究发现，随着水体中 Cu^{2+} 浓度的增加（表 10.14），消化道中脂肪酶活力有不同程度的升高，表明 Cu^{2+} 对脂肪酶活力具有诱导作用。然而消化道中的蛋白酶和淀粉酶活力随着 Cu^{2+} 浓度的增加而下降，表明 Cu^{2+} 对蛋白酶和淀粉酶活力具有抑制作用，抑制程度与 Cu^{2+} 浓度呈正相关关系。关于重金属对酶活性的诱导作用可能是由于重金属离子与调节操纵基因的阻遏蛋白形成复合物，使阻遏作用失效，酶蛋白合成增加（孔繁翔，2000）。关于重金属 Cu^{2+} 对酶活性的抑制机制，一般认为正常情况下，生物体内金属硫蛋白的含量很低，但当生物体暴露于 Cu^{2+} 等重金属中时，动物体内会大量合成金属硫蛋白，并处于无活性的稳定状态而解

毒,但金属硫蛋白贮存重金属和解毒的能力有限,当它们被重金属饱和之后,继续合成又赶不上细胞中金属结合的需要,多余的重金属就会与其他生物分子相互作用(Hoekstra et al.,1974)。如 Cu^{2+} 能与消化酶活性中心上的半胱氨酸残基的巯基结合,抑制酶的活性;或 Cu^{2+} 与酶的非活性中心部分结合,使蛋白质结构发生变化,导致酶活力减弱(山根靖弘,1981)。

10.3.3　铜对中华鲟幼鱼血液指标的影响

将人工养殖的中华鲟幼鱼[(104.30±26.93)g;(35.2±3.5)cm]随机分至 Cu^{2+} 低浓度组(0.40 μg/L)、中浓度组(0.89 μg/L)、高浓度组(2.00 μg/L)和对照组(0 μg/L)暴露,每组 2 个重复,暴露时间 60 d。

10.3.3.1　铜对中华鲟幼鱼血液生化指标的影响

铜(Cu^{2+})暴露后第 30 天和第 60 天时不同 Cu^{2+} 浓度下中华鲟幼鱼血浆生化指标变化详见表 10.15。血浆中 Glu、ALP、TC、Urea 含量随 Cu^{2+} 浓度的增加而显著升高,各浓

表 10.15　不同铜浓度水体中中华鲟幼鱼的血生化指标

指　　标	暴露时间/d	对照组 (0.00 μg/L)	低浓度组 (0.40 μg/L)	中浓度组 (0.89 μg/L)	高浓度组 (2.00 μg/L)
总蛋白 TP/(g/L)	30	17.13±0.39[a]	17.089±0.40[a]	17.25±0.45[a]	17.05±0.56[a]
	60	16.90±0.65[a]	16.72±0.65[a]	17.20±0.71[a]	16.55±0.78[a]
血糖 Glu/(mmol/L)	30	2.29±0.048[a]	2.29±0.060[a]	2.45±0.060[b]	2.64±0.025[c]
	60	2.39±0.075[a]	2.40±0.051[a]	2.49±0.052[ab]	2.67±0.057[b]
甘油三酯 TG/(mmol/L)	30	4.56±0.069[a]	4.54±0.045[a]	4.21±0.056[b]	3.98±0.069[c]
	60	4.59±0.049[a]	4.54±0.050[a]	4.10±0.067[b]	4.00±0.082[b]
谷草转氨酶 AST/(U/L)	30	188.02±6.69[a]	187.19±7.38[a]	187.57±5.29[a]	190.23±6.20[a]
	60	187.67±7.47[a]	181.45±5.31[a]	178.58±6.51[a]	184.22±8.07[a]
谷丙转氨酶 ALT/(U/L)	30	70.37±0.60[a]	70.73±1.14[a]	70.58±0.88[a]	68.98±0.79[a]
	60	67.15±0.67[a]	66.33±0.91[a]	67.10±1.03[a]	68.85±0.44[a]
碱性磷酸酶 ALP/(U/L)	30	94.45±1.21[a]	105.93±1.51[b]	120.90±1.20[c]	134.77±1.84[d]
	60	101.07±0.41[a]	123.03±0.64[b]	158.75±0.85[c]	186.32±1.62[d]
胆固醇 TC/(U/L)	30	1.70±0.039[a]	1.73±0.041[a]	2.00±0.076[b]	2.14±0.056[b]
	60	1.85±0.064[a]	1.97±0.078[ab]	2.14±0.064[bc]	2.19±0.050[c]
肌酐 CREA/(μmol/L)	30	27.61±1.23[a]	28.88±1.03[a]	32.10±1.02[b]	33.20±1.37[b]
	60	30.52±1.30[a]	31.30±1.10[a]	32.28±1.02[a]	33.22±0.84[a]
尿素 Urea/(μmol/L)	30	0.48±0.03[a]	0.53±0.03[a]	0.64±0.03[b]	0.75±0.04[c]
	60	0.47±0.03[a]	0.55±0.03[a]	0.72±0.03[b]	0.83±0.02[c]
乳酸脱氢酶 LDH-L/(U/L)	30	990.25±39.49[a]	995.87±46.86[a]	1 051.02±45.62[a]	1 013.97±50.83[a]
	60	963.45±31.91[a]	1 018.65±49.51[a]	1 000.17±46.66[a]	1 057.23±51.03[a]

注:同一行中参数上方字母不同代表有显著性差异($P < 0.05$)

度组间差异显著（$P<0.05$），低浓度组 Glu、Urea 含量与对照组相比无显著性差异（$P>0.05$），中浓度和高浓度组均有显著性差异（$P<0.05$）；各浓度组 ALP 含量与对照组相比均有显著性差异（$P<0.05$）；TC、CREA 随 Cu^{2+} 浓度的增加相应升高，低浓度组与对照无显著性差异（$P>0.05$），中、高浓度组与对照组有显著性差异（$P<0.05$）；TG 含量随 Cu^{2+} 浓度的增加显著下降；血浆中的 TP、AST、ALT、LDH-L 不受 Cu^{2+} 的影响，与对照组相比无显著性差异（$P>0.05$）。ALP 含量除受 Cu^{2+} 浓度影响外，随着时间的延长也显著升高，染毒 30 d 后，低、中、高浓度组血浆中 ALP 分别由 105.93 U/L、120.90 U/L、134.77 U/L 上升到 60 d 后的 123.03 U/L、158.75 U/L、186.32 U/L，而 Glu、TC、Urea、CREA 含量未显著升高，TG 含量未显著下降。

　　生理状况的检测已成为评价鱼类健康的常规手段的一部分，多种血液因子已被认为是适应环境变化的敏感指示指标（Donald and Milligan，1992）。胁迫对鱼类生理机能影响的另一个重要表现就是鱼体内血液指标的变化。鱼类血液与机体的代谢、营养状况及疾病有着密切的关系，当鱼体受到外界因子的影响而发生生理或病理变化时，必定会在血液指标中反映出来。因而，血液指标的变化被广泛地用来评价鱼类的健康状况、营养状况及对环境的适应状况，是重要的生理、病理和毒理学指标（周玉等，2001）。

　　血糖含量曾被作为鱼体对环境应激因子反应的指示物（Adham et al.，1997），血糖是机体内重要的供能物质，常态下动物体内的血糖含量比较恒定，而随着机体的活动和环境变化，血糖含量也会发生变化。实验中，中华鲟幼鱼在浓度为 0.89 μg/L 和 2.00 μg/L Cu^{2+} 的作用下，血糖浓度显著升高，与棕鮰（Ictalurus nebulosus）（Christensen et al.，1972）和虹鳟（Laurén and Nald，1985；Nemcsók and Hughes，1988）应对铜暴露时血糖表现出剂量依赖性增加研究结果相一致。AST 和 ALT 是指示肝功能的血液学指标，AST 是肝脏中连接糖、脂质和蛋白质代谢的重要酶，血浆中 AST 值升高意味着肝脏组织受到破坏（张永嘉等，1994）。本研究结果显示 AST 和 ALT 受 Cu^{2+} 的影响不明显，高浓度组 Cu^{2+} 未造成中华鲟幼鱼肝脏的损伤。血浆 ALP 主要来源于成骨细胞，其活性反映了成骨细胞的增殖情况。ALP 可催化各种醇和酚的磷酸酯水解，是磷代谢过程中的关键酶之一，参与物质转运、离子分泌、软骨钙化等，在细胞膜上的运输作用较为活跃。ALP 常被用来指示肝功能和骨损伤（Donald and Milligan，1992）。本实验各浓度组中的 ALP 与对照组相比显著升高，从 AST 和 ALT 的比较分析，中华鲟幼鱼肝脏未受到损伤，ALP 的升高可能与幼鱼的骨骼系统有关。中华鲟内骨骼多为软骨，体表多被覆着骨板，也将其列为软骨硬鳞类。对其研究显示与其他的硬骨鱼类存在不同，王利等对鲤的研究发现在 Cu^{2+} 的作用下鲤血液中的 ALP 浓度呈下降趋势（王利和汪开毓，2008）。冯琳等（2010）对中华鲟幼鱼的研究显示，在 Pb^{2+}（1.6 mg/L）的作用下 ALP 也呈下降趋势。沈竑等（1994）对鲫研究发现，当水中 Cu^{2+} 浓度为 0.78～3.91 μmol/L 时，鲫血清中 ALP 活性升高，与本研究发现的中华鲟幼鱼血液中的 ALP 升高相一致。ALP 是磷代谢过程的重要酶类之一，主要存在于骨骼、肝脏、肠黏膜细胞中，与机体生长密切相关，唐林等（2006）证明 ALP 在动物机体的骨化过程中起着非常重要的作用。詹付凤和赵欣平（2007）对鲫的研究证明 ALP 参与骨骼的生长，调节钙磷代谢。在本研究浓度下，Cu^{2+} 没有对中华鲟幼鱼骨骼系统产生破坏作用，相反，由于 Cu^{2+} 的作用，使血液中的 ALP 升高，有利于促进中华鲟幼鱼

骨骼的生长。

血液总蛋白是反映肝脏功能的重要指标,由于肝脏具有较强的代偿能力,所以只有当肝脏损害达到一定程度时才能出现血清总蛋白的变化(Loste and Marca,1999)。沈竑等(1994)研究铜对鲫的影响时发现,血清中的总蛋白含量随着水环境中 Cu^{2+} 浓度的增加呈先增加后下降的趋势,当 Cu^{2+} 浓度较低时,促进肝脏合成代谢而致球蛋白含量升高;Cu^{2+} 浓度较高时,虽然刺激肝脏合成球蛋白,但免疫系统可能受损,从而使球蛋白含量减少。本实验结果显示,铜对中华鲟幼鱼血浆中总蛋白含量没有显著影响,可能存在两方面的原因:① 实验中铜离子浓度还不足以引起幼鱼血液中蛋白质含量的变化;② 铜对血液中蛋白质水平的干扰已经通过排出得到恢复。

胆固醇的生物学功能是极其重要的,它是合成某些酶、激素的原料,是维持正常生命活动所必需的,过高或过低对机体都不利(沈竑等,1994)。鱼类血清胆固醇含量升高,可能会出现类似人类动脉粥样硬化的病变(Loste and Marca,1999)。Cu^{2+} 对中华鲟幼鱼的胆固醇产生显著的影响,血浆中胆固醇含量升高,这与沈竑等(1994)对鲫的研究相一致。

LDH 可作为糖分解能力的标志物,是脊椎动物糖酵解的终点酶,在鱼体突然游泳加速时起重要作用,并在某些鱼的红肌中被发现大量存在,以便适应运动所需(Powers *et al.*,1999)。本研究中各暴露组 LDH 与对照组没有显著差异,表明铜对中华鲟幼鱼的游动能力影响有限。

10.3.3.2 铜对中华鲟幼鱼血浆中离子含量的影响

中华鲟幼鱼在不同铜浓度水体中暴露后,血浆离子指标详见表 10.16。随着 Cu^{2+} 浓度增加,血浆中 Na^+、Cl^-、P 呈显著下降趋势,中、高浓度组显著低于低浓度组和对照组($P < 0.05$),低浓度组和对照组间无显著性差异($P > 0.05$);Ca^{2+}、Mg^{2+} 随 Cu^{2+} 浓度增加而显著上升,中、高浓度组显著高于对照组和低浓度组($P < 0.05$),低浓度组和对照组间无显著性差异($P > 0.05$)。K^+ 浓度变化不明显。随时间的延长,Na^+、Cl^-、P 浓度下降和 Ca^{2+}、Mg^{2+} 上升都不显著。

表 10.16　不同铜浓度水体中中华鲟幼鱼血浆离子指标

离　子	暴露时间/d	对照组	低浓度组	中浓度组	高浓度组
K^+/(μmol/L)	30	2.43±0.029[a]	2.46±0.022[a]	2.49±0.023[a]	2.47±0.018[a]
	60	2.51±0.013[a]	2.46±0.022[a]	2.45±0.031[a]	2.50±0.012[a]
Na^+/(μmol/L)	30	127.25±0.72[a]	125.07±0.87[a]	118.88±3.17[b]	109.97±1.03[c]
	60	124.61±1.02[a]	124.63±0.72[a]	111.45±1.61[b]	108.15±1.30[b]
Cl^-/(μmol/L)	30	112.55±1.42[a]	110.56±0.52[b]	105.91±0.25[c]	102.33±0.32[d]
	60	116.28±1.41[a]	116.23±1.58[a]	105.28±2.02[b]	102.75±2.25[c]
P/(μmol/L)	30	4.96±0.066[a]	4.95±0.060[a]	4.54±0.053[b]	4.23±0.10[c]
	60	4.94±0.060[a]	4.94±0.056[a]	4.33±0.058[b]	4.13±0.051[c]

续　表

离　子	暴露时间/d	对照组	低浓度组	中浓度组	高浓度组
Ca^{2+}/($\mu mol/L$)	30	1.05 ± 0.049^a	1.043 ± 0.036^a	1.16 ± 0.035^{ab}	1.24 ± 0.045^b
	60	1.10 ± 0.035^a	1.078 ± 0.028^a	1.26 ± 0.041^b	1.30 ± 0.035^b
Mg^{2+}/($\mu mol/L$)	30	1.21 ± 0.039^a	1.20 ± 0.12^a	1.37 ± 0.57^b	1.55 ± 0.062^c
	60	1.20 ± 0.062^a	1.25 ± 0.054^a	1.47 ± 0.060^b	1.64 ± 0.049^c
pH	30	7.61 ± 0.022^a	7.57 ± 0.025^a	7.27 ± 0.027^b	7.22 ± 0.034^b
	60	7.40 ± 0.038^a	7.37 ± 0.038^a	7.13 ± 0.045^b	6.96 ± 0.035^c

注：同一行中参数上方字母不同代表有显著性差异（$P<0.05$）

生物体中电解质的平衡是维持其细胞内外渗透压及内环境稳定的必要因素,它可以反映生物体生理生化变化、健康状况及机体受有毒污染物损伤的程度,鱼体暴露在受污染的水体中时,一般通过血液中的 Na^+、K^+、Ca^{2+}、Cl^- 来维持体内电解质平衡和渗透压平衡(Heath,1987)。

K^+、Na^+ 是鱼类生长和发育所需的必要元素,在维持鱼体细胞内外液的平衡、体液的酸碱平衡和神经刺激传导中起重要的作用。在正常生理情况下保持着一定的平衡,但众多环境因子如重金属、有机污染物和 pH(卢玲等,2001;蔺玉华和关海虹,2003;蔺玉华和耿龙武,2005)等胁迫均会导致其失衡。Richard 和 Playle(1993)认为铜致毒机制是铜聚集在鱼鳃的活性位点上而阻碍了 Na^+ 的吸收;铜在虹鳟鳃的结合位点分为高亲和力低容量与低亲和力高容量两类,并认为铜与两类结合位点结合后都会影响生物体内离子调节(Taylor et al.,2000)。本研究中的 0.89 $\mu g/L$ 铜暴露组中 Cu^{2+} 通过渗透作用进入鱼体后扰乱了中华鲟幼鱼血浆中 Na^+、Cl^-、P、Ca^{2+}、Mg^{2+}、pH 的平衡,导致中华鲟幼鱼血浆中 Na^+、Cl^- 含量显著降低,Ca^{2+}、Mg^{2+} 含量显著升高。分析认为,Na^+ 下降可能是由于在铜作用下鳃和肾损伤,Na^+ 大量流失导致浓度下降,也可能是由于在 Cu^{2+} 的作用下,鳃和肾的结构改变,Na^+ 的排放量大于吸收量,以维持在高渗环境中体内渗透压的平衡(Heath,1995);血浆中的 Cl^- 浓度降低可能是由于 Cu^{2+} 的作用,红细胞和血浆之间的氯化物的平衡被改变,为了维持渗透压平衡,由生物体通过肾把 Cl^- 排出。Cu^{2+} 也能使鳃损伤(也可能导致增生)(Fromm,1980),对细胞过滤离子的功能产生损伤,从而影响了离子的滤过作用(Larsson et al.,1985)。

P 是鱼体含量最多的无机元素之一,是 ATP、核酸、磷脂、细胞膜和多种辅酶的重要组成成分,与能量转化、细胞膜通透性、遗传密码及生殖和生长有密切关系,此外磷与钙一起在骨骼形成和维持酸碱平衡中起着重要作用。镁是一种参与生物体正常生命活动及新陈代谢过程必不可少的元素。除参与骨盐形成外,还是很多酶如磷酸转移酶、脱羧酶和酰基转移酶等的激活剂(林浩然,2011),中、高浓度组血浆中 P、Mg^{2+} 含量与对照组有显著差异($P<0.05$),低浓度组与对照组差异不显著($P>0.05$)。水体 Cu^{2+} 暴露后,血浆中 P 含量随 Cu^{2+} 浓度的升高而降低,而 Mg^{2+} 却随着 Cu^{2+} 浓度的升高而升高,说明血液中 P、Mg^{2+} 含量与 Cu^{2+} 的浓度有剂量相关性。在 Cu^{2+} 的作用下,机体要对污染物解毒,需要大量的能量(孔繁翔,2000),而能量直接由 ATP 提供,ATP 合成过程中需要 P,使得浓

度下降。另外铜催化性脂质过氧化反应使得肝细胞溶酶体改变,溶酶体膜内的共轭二烯和硫巴比妥反应物(TBARS)浓度可成倍增加,伴以膜的脆性增加和膜的流动性降低,膜中的多不饱和脂肪酸含量增加,并且溶酶体的 pH 也增加,膜的这些变化可能影响质子ATP 酶泵的功能(Larsson et al.,1985),生物体需要消耗更多的 ATP 来维持电子势能,这样更多的 P 都在 ADP 和 ATP 的合成循环中,导致 P 含量的下降。

Ca^{2+} 是鱼体内环境中重要物质之一,参与肌肉收缩、血液凝固、神经传递、渗透压调节和多种酶反应等过程,同时与保持生物膜的完整性有关(林浩然,2011)。血浆中 Ca^{2+} 在正常情况下维持在一定的水平,但众多环境因子变化及污染物均会影响鱼类血液中 Ca^{2+}含量,导致钙代谢紊乱。Cu^{2+} 暴露试验中,中、高浓度组血浆中 Ca^{2+} 浓度与对照组相比显著上升,可能是由于 Cu^{2+} 置换出了鳃中的 Ca^{2+},同时在 Cu^{2+} 的作用下,机体分泌甲状旁腺激素,能够使钙从骨中溶解出来,使得血浆的 Ca^{2+} 浓度上升(Eddy,1985)。另外对肝细胞中的线粒体产生作用,细胞内能量释放减少导致肝细胞功能紊乱,线粒体的钙外溢流入胞液使血浆中 Ca^{2+} 浓度上升(阮喜云等,1999)。

通过本研究可以发现,血浆 ALP 受 Cu^{2+} 影响最敏感,可以看作是 Cu^{2+} 污染对中华鲟幼鱼的一种敏感指标。

10.3.4　铜中华鲟幼鱼组织中铜积累与生长响应

采用人工养殖的中华鲟幼鱼[(141.52±5.76)g]。根据中华鲟幼鱼的安全浓度(2.17 μg Cu^{2+}/L),设置 0.40 μg/L、0.89 μg/L、2.00 μg/L 和对照组(0.00 μg/L)暴露 60 d。暴露后第 30 天和第 60 天时分别从各处理组中采集样品,解剖取肝脏、鳃、肌肉、消化道、软骨、背骨板、脊索和鱼皮测定 Cu^{2+} 含量。

10.3.4.1　铜对中华鲟幼鱼生长的影响

中华鲟幼鱼经不同 Cu^{2+} 浓度水体暴露后生长状况见表 10.17。暴露 30 d 时,随着 Cu^{2+} 浓度的增加,幼鱼体重先增加后降低,低浓度组高于对照组,但无显著性差异($P >$ 0.05),中、高浓度组显著低于对照组和低浓度组($P < 0.05$)。暴露 60 d 时,随着 Cu^{2+} 浓度的增加体重显著减轻,低浓度组与对照组相比无显著性差异($P > 0.05$),中、高浓度组显著低于对照组和低浓度组($P < 0.05$)。

表 10.17　不同铜浓度水体中中华鲟幼鱼的质量指标

暴露时间/d	体重/g			
	对照组 (0.00 μg/L)	低浓度组 (0.40 μg/L)	中浓度组 (0.89 μg/L)	高浓度组 (2.00 μg/L)
0	141.52±5.76	141.52±5.76	141.52±5.76	141.52±5.76
30	237.53±8.17[a]	238.57±8.60[a]	210.05±4.05[b]	186.85±6.99[c]
60	338.10±13.57[a]	326.10±11.70[a]	281.00±8.63[b]	254.63±9.70[c]

注:同一行中参数上方字母不同代表有显著性差异($P < 0.05$)

微量元素铜是鱼体生长所必需的物质成分,对水产动物有促进生长的作用。在研究铜对中华鲟幼鱼血液生理指标的影响时发现,在 Cu^{2+} 的作用下,血液中碱性磷酸酶(ALP)含量升高,可能有利于促进骨骼的生长(章龙珍等,2011)。但是由于 Cu^{2+} 具有较强的诱导机体产生自由基的能力(Zabel,2007),所以又有潜在的毒性,这些危害可以反映在生物体、细胞及分子水平上。

本研究中中华鲟幼鱼暴露在铜质量浓度 0.4 μg/L 水体中 30 d 时,生长不但未受到抑制,反而有促进作用,这可能是因为存在于生物体内的重金属硫蛋白和金属蛋白的分子巯基(—SH)能结合大量重金属,对重金属有存储、传递和解毒的作用。在中浓度和高浓度中幼鱼的生长受到明显的抑制。随着时间的延长,至 60 d 时,低浓度组出现和中、高浓度组相同的状况,鱼的生长受到抑制,这是因为随着时间的延长,重金属在体内的积累增加,重金属硫蛋白被饱和,失去解毒作用,在铜从金属蛋白转移到高分子蛋白质中时,鱼体就可能会出现病变(孔繁翔,2000)。

10.3.4.2　铜暴露中华鲟幼鱼组织中铜的积累

暴露 30 d 后,不同 Cu^{2+} 浓度暴露对中华鲟幼鱼不同组织中 Cu^{2+} 含量变化见表 10.18。中华鲟幼鱼 8 种组织中 Cu^{2+} 含量以肝脏最高[(2.14±0.13)μg/L],消化道最低[(0.12±0.02)μg/L],其含量从高至低依次为肝脏>鳃>背骨板>肌肉>皮肤>脊索>软骨>消化道。经不同 Cu^{2+} 水体暴露后,随着 Cu^{2+} 浓度的增高,8 种组织中铜含量呈现不同的变化趋势,肝脏中铜的含量仍最高,从低浓度至高浓度与对照相比均显著增加($P < 0.05$),暴露 30 d 和 60 d 时,低浓度组肝脏铜含量分别是对照组的 2.45 倍和 2.87 倍,中浓度组分别是对照组 5.83 倍和 8.14 倍,高浓度组分别是对照组 9.90 倍和 12.67 倍;消化道铜含量增加最多,暴露 30 d 和 60 d 时,与对照组相比,低浓度组消化道铜含量分别增加了 11.42 倍和 21.42 倍,中浓度组分别增加了 23.58 倍和 38.00 倍,高浓度组分别增加了 41.83 倍和 58.58 倍。高浓度组暴露 60 d 后,8 种组织中铜含量从高到低依次为肝脏>消化道>鳃>肌肉>皮肤>软骨>背骨板>脊索。不同浓度组暴露 30 d 时,除低盐度组的背骨板、肌肉、皮肤、脊索中铜含量无显著增加($P > 0.05$)外,其余均显著性增加($P < 0.05$)。暴露 60 d 时,各处理组 8 种组织中铜含量均显著高于对照组($P < 0.05$)。

表 10.18　铜在中华鲟幼鱼不同组织中的积累(μg/g 干重)

组　织	暴露时间/d	积累量(μg/g 干重)			
		对照组 (0.00 μg/L)	低浓度组 (0.40 μg/L)	中浓度组 (0.89 μg/L)	高浓度组 (2.00 μg/L)
肝脏	0	2.11±0.11	2.11±0.11	2.11±0.11	2.11±0.11
	30	2.14±0.13[a]	5.25±1.46[b]	12.47±1.53[c]	21.18±1.87[d]
	60	2.31±0.16[a]	6.64±1.64[b]	18.80±1.78[c]	29.28±3.20[d]
鳃	0	1.17±0.07	1.17±0.07	1.17±0.07	1.17±0.07
	30	1.19±0.09[a]	1.48±0.16[b]	2.82±0.16[c]	4.21±0.15[d]
	60	1.26±0.08[a]	1.69±0.16[b]	3.03±0.14[c]	3.87±0.15[d]
消化道	0	0.12±0.02	0.12±0.02	0.12±0.02	0.12±0.02
	30	0.12±0.02[a]	1.49±0.15[b]	2.95±0.18[c]	5.14±0.21[d]
	60	0.12±0.02[a]	2.69±0.21[b]	4.68±0.16[c]	7.15±0.39[d]

续　表

组　织	暴露时间/d	积累量(μg/g 干重)			
		对照组 (0.00μg/L)	低浓度组 (0.40μg/L)	中浓度组 (0.89μg/L)	高浓度组 (2.00μg/L)
软骨	0	0.51±0.05	0.51±0.05	0.51±0.05	0.51±0.05
	30	0.52±0.04[a]	0.59±0.07[b]	0.85±0.084[c]	1.61±0.15[d]
	60	0.55±0.05[a]	0.71±0.11[b]	1.11±0.10[c]	2.00±0.13
背骨板	0	0.93±0.03	0.93±0.03	0.93±0.03	0.93±0.03
	30	0.96±0.06[a]	1.08±0.1[ab]	1.18±0.09[c]	1.24±0.12[c]
	60	1.06±0.13[ab]	1.17±0.14[bc]	1.30±0.15[cd]	1.37±0.12[d]
肌肉	0	0.79±0.04	0.79±0.04	0.79±0.04	0.79±0.04
	30	0.84±0.06[a]	0.95±0.10[a]	1.30±0.12[b]	1.90±0.23[c]
	60	0.92±0.11[a]	1.31±0.34[b]	1.70±0.17[c]	2.48±0.14[d]
皮肤	0	0.66±0.05	0.66±0.05	0.66±0.05	0.66±0.05
	30	0.68±0.09[a]	0.74±0.10[a]	1.10±0.16[b]	1.59±0.10[c]
	60	0.71±0.08[a]	0.98±0.14[b]	1.36±0.14[c]	2.08±0.12[d]
脊索	0	0.62±0.03	0.62±0.03	0.62±0.03	0.62±0.03
	30	0.63±0.05[a]	0.74±0.08[a]	1.00±0.12[b]	1.27±0.08[c]
	60	0.65±0.07[a]	0.93±0.11[b]	1.25±0.10[c]	1.34±0.09[d]

注：同一行中参数上方字母不同代表有显著性差异（$P<0.05$）

　　重金属在水生动物体内的积累，通常认为经过下列途径：一是经过鳃不断吸收溶解在水中的重金属离子，通过血液输送到体内的各个部位，或积累在表皮细胞中；二是通过摄食，水体或残留在饵料中的重金属通过消化道进入体内；此外，体表与水体的渗透交换作用也可能是重金属进入体内的一个途径（赵红霞等，2003）。冯琳等（2010）研究铅（Pb^{2+}）在中华鲟幼鱼不同组织中的积累和排放时推测，中华鲟幼鱼就是通过鳃、皮肤和消化道摄入 Pb^{2+}，其中鳃吸收是一条重要的途径；主要是由于鳃的特殊结构有利于水中离子穿过，鳃成为鱼体直接从水中吸收重金属的主要部位。早期的学者认为金属离子穿过鳃上皮是从水相到血液梯度驱动的被动扩散，而近期的研究提出了一种可饱和的鳃吸收机制（刘长发等，2001）。刘长发等（1999）研究金鱼鳃对水中各种形态的铅、铜等的吸收积累，都证明鳃吸收是吸收不同形态重金属的主要途径。本研究显示，随着水体中 Cu^{2+} 浓度的增加，鳃组织中 Cu^{2+} 含量呈上升趋势，这是因为它暴露于外环境，直接接触 Cu^{2+}，环境中 Cu^{2+} 浓度高，鳃中 Cu^{2+} 含量也会相应增高，但是在高浓度组中，随着时间的延长鳃组织中 Cu^{2+} 含量呈下降的趋势，可能是由于鳃对 Cu^{2+} 具有一定的调节功能。中华鲟幼鱼鳃的表面有较薄的一层由黏液形成的黏膜，这层黏膜起着一定的吸附金属离子的作用，在高浓度组水体中，鳃表明呈浅绿色，显微观察有浅绿色的结晶附着在鳃丝上，表明是由于 $CuSO_4$ 集聚在鳃上而使其呈现的颜色。鳃是呼吸器官，中华鲟幼鱼呼吸时氧在鳃上进行交换，Cu^{2+} 与其一起进入血液循环，带走部分 Cu^{2+}，使鳃上铜含量降低，表明 Cu^{2+} 在幼鱼体内积累的一条重要途径是通过鳃进入体内的。

　　重金属进入体内的另外一条重要途径是通过消化道进入，Cu^{2+} 进入消化道可能有两种途径：一是通过少量"饮水"进入消化道（Whitehead et $al.$，1996），Cu^{2+} 在摄食的同时也会摄入少量水，Cu^{2+} 随水进入到消化道；二是摄入体内的 Cu^{2+} 经过血液循环运输至消化道管壁形成积累。鱼消化道黏液及消化道管壁巨大的表面积为重金属提供了丰富的结合位点，在这里重金属可以与活性蛋白、巯基和酰基等结合（Stroband and Debets，1978；王江雁，1996）。本研究显示，消化道中的 Cu^{2+} 含量随着水环境中 Cu^{2+} 浓度的增加而显著升高，消化道是除肝脏外富集量最高的组织器官，其含量甚至超过鳃中铜含量。消化道中 Cu^{2+} 富集可能是由于 Cu^{2+} 在鱼消化道黏液及消化道管壁与活性蛋白、巯基和酰基等结合。在肠道黏膜中有两种结合铜的蛋白质，即超氧化物歧化酶（SOD）和金属硫蛋白（MT），它们均起到结合并转运铜的作用（王江雁，1996）。

表皮是鱼体与外界的屏障，有保护作用，Cu^{2+} 浓度较低时，表皮中的 Cu^{2+} 含量增加较慢，随着水环境中 Cu^{2+} 浓度的升高和暴露时间的延长，表皮中的 Cu^{2+} 含量快速增加，表明通过表皮进入鱼体也是 Cu^{2+} 进入机体内的一种方式。

重金属在水生动物体内的分布和积累与不同组织的生理功能密切相关。Zyadah 和 Chouikhi（2009）研究了须羊鱼（$Mullus$ $barbatus$）、欧洲无须鳕（$Merluccius$ $merlliccius$）和牛眼鲷（$Boops$ $boops$）等 3 种经济鱼肌肉、鳃、肝脏及性腺中铜的积累情况发现，肌肉中铜的积累量较低，而性腺中的铜含量较高，肝脏中铜的积累量高于其他器官。中华鲟幼鱼 8 种组织在不同 Cu^{2+} 的浓度下，富集的方式各不相同，肝脏铜的含量仍然最高，但消化道铜的含量超过了鳃组织。除肝脏、消化道、鳃外，当铜浓度含量相对较低的时候，各组织中 Cu^{2+} 能较快地转运到背骨板中，笔者推测这可能是中华鲟采取的一种保护机制，随着铜浓度增加，各组织中的含量都逐渐升高，背骨板中富集 Cu^{2+} 能力有一定的限度，富集能力逐渐下降，显示出高浓度组中铜的含量最低，还需进一步研究证实。软骨中的 Cu^{2+} 含量也随着时间和 Cu^{2+} 浓度变化而变化，低浓度和中浓度条件下，软骨中 Cu^{2+} 含量最低，而在高浓度组中，软骨中 Cu^{2+} 含量快速增加，表明中华鲟幼鱼在背骨板富集 Cu^{2+} 能力下降后，Cu^{2+} 开始富集在软骨中，提示软骨中富集大量的铜可能会导致幼鱼畸形。

10.4 鲟鱼生态毒理学效应的实践意义

生态毒理学是研究污染物及其对地球生物圈成分（包括人类）影响的科学。生态毒理学的发展促使人类逐渐掌握污染物性质及其毒理效应。第二次世界大战结束至 60 年代，全球发生了多起人类不堪忍受的重大污染事件，包括 DDT 影响猛禽和食鱼鸟类繁育、超大面积水体污染、汞污染（爆发水俣病）、镉污染（爆发骨痛症）等。生态毒理学的相关理论和技术正是有效预防和科学处理此类事件的必备基础。作为一门综合性科学，生态毒理学研究内容包括因果解释，特别是生物地球化学、生态学，以及哺乳、水生和野生动物毒理学等（Jørgensen，2010）。

在本研究中，选取了珍稀和重要的养殖鱼类西伯利亚鲟，针对其生活史初期阶段敏感性特征，通过 F^- 水溶液暴露，获得形态、应激行为、血液生化和组织氟含量等方面数据，基于西伯利亚鲟是软骨鱼这一特征，研究了水溶液氟暴露对该鱼的致毒效应、氟的积累和代谢

规律等内容,探索氟污染时西伯利亚鲟的应激响应和适应策略。研究结果显示,F^- 对西伯利亚鲟胚胎孵化安全浓度为 4.476 mg/L。对比我国的渔业水质标准(F^- 浓度为 1.0 mg/L),该标准在保护西伯利亚鲟的范围之内。我国有地区温泉水 F^- 含量超过 5 mg/L,有些水体中最高可达 45 mg/L(Ren and Jiao,1988),此类水体对西伯利亚鲟繁育存在威胁。本书 F^- 暴露实验浓度条件下,西伯利亚鲟仔鱼表现狂游、平衡游泳能力、呼吸频率降低和死亡等应激行为;不同浓度均导致西伯利亚鲟胚胎孵化时间增加、胚胎发育明显迟滞效应;F^- 对西伯利亚鲟仔鱼 96 h LC_{50} 为 181.18 mg/L,对西伯利亚鲟胚胎 144 h LC_{50} 为 447.61 mg/L,西伯利亚鲟仔鱼对 F^- 敏感性远大于胚胎,西伯利亚鲟不同发育阶段对 F^- 的敏感性存在差异。这些研究结果可以为氟污染风险预警生理或行为学终点指标提供方法上的参考,为渔业水质标准制订提供依据。

　　历史上长江口及邻近水域鱼群密集、种类众多、原种储存丰富,是鱼类产卵集中和珍稀水产动物栖息分布的水域,历来是我国重要的天然渔业场所,渔业地位十分重要。然而,由于长江沿岸特别是长三角地区工农业高速发展,污染源增加,水域环境总体质量表现为逐年下降的趋势。在诸多污染物质当中,铅是长江口水生动物检出率最高的有毒重金属。2006 年长江口水域采集到的全部鱼、虾和贝类等海洋生物样品中,重金属铅超标率达 100%;1980~2000 年,长江口的溶解态铅含量增加了 1~2 个数量级;2000~2002年,铅的平均超标率为 52%(全为民和沈新强,2004)。铅作为环境中最具持久性和累积性的污染物,进入水域生态环境后容易在潮间带及沉积物中富集。资料显示,铅在长江流域沉积物中的富集量相当高,在河口的局部地区尤为严重,可达 18.3~44.1 mg/kg 干重。目前中华鲟仅存在于长江流域,在中华鲟洄游生活史中,长江口具有独特意义。每年 5~9 月中华鲟幼鱼入海洄游在长江口水域完成盐度适应过程的活动范围恰恰处在铅高污染区域(Zhang et al.,2008)。因此,本研究选择中华鲟幼鱼,采用水溶液 Pb^{2+} 暴露方法对其生命早期个体进行了铅的积累与排放、致畸及血液酶活性影响的致毒效应研究。结果显示:经 16 周铅暴露后,中华鲟幼鱼各组织表现随暴露浓度升高 Pb^{2+} 积累增加的剂量效应关系;Pb^{2+} 积累含量表现为骨(背骨板和软骨)和肌肉中积累量最高,胃、肠和皮肤次之,肝、鳃与脊索相对较低。推测中华鲟幼鱼可能经鳃、皮肤和消化道摄入 Pb^{2+},经鳃和皮肤进行排放,并且铅会选择性地大量积累在骨和肌肉当中。长期 Pb^{2+} 暴露致中华鲟发生弯曲畸形;Pb^{2+} 浓度越大,发生弯曲畸形越早;暴露时间越长,弯曲越严重。铅致中华鲟幼鱼形成的弯曲畸形明显限制其游动能力。中华鲟幼鱼血浆中 ALT、AST、ALP、LDH 和 CK 的活性都不同程度地受到 Pb^{2+} 暴露的影响,其中 AST 和 CK 活性变化较为灵敏,可作为监控中华鲟幼鱼受 Pb^{2+} 污染的敏感指标。慢性水溶液铅暴露导致幼鱼生长(特别是骨骼发育)受抑制。这些研究结果一方面为探究中华鲟幼鱼应对日趋恶化的生存环境的反应和适应情况提供理论依据,为更好地保护该物种服务;另一方面为深入开展中华鲟生命早期触铅后的机体损伤、适应机制和自我修复能力奠定基础;此外还可以为长江口综合防治铅污染,保护生态环境提供科学指导。

　　此外,本研究还针对铜致毒中华鲟幼鱼效应和积累规律开展了研究,探讨了中华鲟幼鱼在铜污染中的反应和适应策略。我国渔业水质标准对铜的最高容许质量浓度为 0.01 mg/L,而本书中相关试验结果显示 Cu^{2+} 对中华鲟幼鱼的安全浓度为 0.002 17 mg/L,低于我国渔业水质标准,中华鲟幼鱼对铜的耐受性较低。当中华鲟处于 0.005 mg/L 时,体内 SOD、CAT 和 GSH-Px 活性出现变化,且变化幅度与处理液中 CuSO₄ 质量浓度呈正相关。血浆 ALP 对 Cu²⁺ 最敏感,可以作为 Cu²⁺ 污染中华鲟幼鱼评价时的敏感指标。不同 Cu²⁺ 浓度暴露条件下,中华鲟幼鱼各组织富集 Cu²⁺ 方式存在差异。这些研究结果增补了中华鲟幼鱼保护生物学的基础资料,对阐释 Cu²⁺ 致毒水生动物机制具有重要意义;还可为长江口及中华鲟保护区制订水质标准、水域污染预警、评价长江水环境对中华鲟物种安全风险提供数据参考。

参 考 文 献

柴毅,谢从新,危起伟,等.2007.中华鲟视网膜早期发育及趋光行为观察[J].水生生物学报,31(6):920-922.

常剑波.1999.长江中华鲟繁殖群体结构特征和数量变动趋势研究[D].武汉:中国科学院水生生物研究所博士学位论文.

陈家长,孙正中,瞿建宏,等.2002.长江下游重点江段水质污染及对鱼类的毒性影响[J].水生生物学报,26(6):635-640.

陈金平,袁红梅,王斌,等.2004.史氏鲟 Sox9 基因 cDNA 的克隆及在早期发育过程不同组织中的表达[J].动物学研究,25(6):527-533.

陈金平.2005.史氏鲟雌雄性腺差异基因及 sox 基因家族相关基因的分离和表达分析[D].北京:中国科学院动物研究所博士学位论文.

陈静,梁银铨,胡小建,等.2008.匙吻鲟胚胎发育的观察[J].水利渔业,28(3):34-36.

陈少莲,华元瑜,田玲,等.1986.中华鲟、白鲟组织生化成分分析初报[J].水生生物学报,10(2):197-198.

陈声栋,郭宇龙,胡斌,等.1996.史氏鲟人工配合饵料试验总结报告[J].黑龙江水产,3:23-27.

陈素兰,胡冠九,厉以强,等.2007.长江江苏段生物体内重金属污染调查与评价[J].江苏地质,31(3):223-227.

陈细华,危起伟,杨德国,等.2004.养殖中华鲟性腺发生与分化的组织学研究[J].水产学报,28(6):633-639.

陈细华,危起伟,朱永久,等.2004.低龄中华鲟外科手术性别鉴定技术[J].中国水产科学,11(4):371-374.

陈细华.2004.中华鲟胚胎发育和性腺早期发育的研究[D].广州:中山大学博士学位论文.

陈细华.2007.鲟形目鱼类生物学与资源现状[M].北京:海洋出版社.

陈玉红,林丹军,尤永隆.2007.泥鳅的性腺分化及温度对性腺分化的影响[J].中国水产科学,14(1):74-82.

成嘉,符贵红,刘芳,等.2006.重金属铅对鲫鱼乳酸脱氢酶和过氧化氢酶活性的影响[J].生命科学研究,10(4):372-376.

单保党,何大仁.1995.黑鲷化学感觉发育和摄食关系[J].厦门大学学报(自然科学版),34(5):835-839.

单秀娟,窦硕增.2008.饥饿胁迫条件下黑鮸(Miichthys miiuy)仔鱼的生长与存活过程研究[J].海洋与湖沼,39(1):14-23.

丁建文,庄平,章龙珍,等.2009.西伯利亚鲟卵黄脂磷蛋白的分离纯化及性质[J].动物学杂志,44(3):9-15.

丁建文.2009.西伯利亚鲟、中华鲟卵黄脂磷蛋白和卵黄蛋白原的纯化及性质分析[D].上海:华东理工大学硕士学位论文.

方永强,翁幼竹,林君卓,等.2001.全雌鲻鱼培育的研究[J].水产学报,25(2):131-135.

方允中,郑荣梁.2002.自由基生物学的理论与应用[M].北京:科学出版社.

封苏娅,赵峰,庄平,等.2012.中华鲟幼鱼鳃丝 Na⁺,K⁺-ATPase α 亚基渗透调节的分子机制初步研究[J].水产学报,36(9):1386-1391.

冯广朋,庄平,赵峰,等.2007.不同盐度驯养中史氏鲟血清激素浓度的变化[J].上海海洋大学学报,16(4):317-322.

冯琳,章龙珍,庄平,等.2010.铅在中华鲟幼鱼不同组织中的积累与排放[J].应用生态学报,21(2):476-482.

高淳仁,雷霁霖.1999.饲料中氧化鱼油对真鲷幼鱼生长、存活及脂肪酸组成的影响[J].上海水产大学学报,8(2):124-130.

高书堂,高令秋,岳朝霞.1998.泥鳅原始生殖细胞的发生、迁移和性腺分化[J].武汉大学学报(自然科学版),4:

78 - 81.

高艳丽,华育平,曲秋芝,等. 2006. 17β 雌二醇诱导史氏鲟全雌化后在鱼体内残留的研究[J]. 黑龙江畜牧兽医,5: 86 - 87.

高艳丽. 2006. 史氏鲟的性腺发育及人工性别控制研究[D]. 哈尔滨: 东北林业大学博士学位论文.

顾孝连,庄平,章龙珍,等. 2008. 长江口中华鲟幼鱼对底质的选择[J]. 生态学杂志,27(2): 213 - 217.

顾孝连,庄平,章龙珍,等. 2009. 长江口中华鲟幼鱼趋光行为及其对摄食的影响[J]. 水产学报,33(5): 778 - 783.

顾孝连. 2007. 长江口中华鲟(Acipenser sinensis Gray)幼鱼实验行为生态学研究[D]. 上海: 上海海洋大学博士学位论文.

桂建芳. 2007. 鱼类性别和生殖的遗传基础及其人工控制[M]. 北京: 科学出版社.

国家环境保护总局. 2001. 2000 年中国环境状况公报[J]. 环境保护,7: 3 - 10.

Hoar W S. 1987. 鱼类生殖生理学: 内分泌组织与激素[Z]. 林浩然译. 广州: 中山大学出版社.

郝嘉凌,宋志尧,严以新,等. 2007. 河口海岸潮流速分布模式研究[J]. 泥沙研究,4: 34 - 41.

何大仁,蔡厚才. 1998. 鱼类行为学[M]. 厦门: 厦门大学出版社.

何德奎,陈毅峰,蔡斌. 2001. 纳木错裸鲤性腺发育的组织学研究[J]. 水生生物学报,25(1): 1 - 13.

何绪刚. 2008. 中华鲟海水适应过程中生理变化及盐度选择行为研究[D]. 武汉: 华中农业大学博士学位论文.

侯俊利,陈立侨,庄平,等. 2006. 不同盐度驯化下史氏鲟幼鱼鳃氯细胞结构的变化[J]. 水产学报,30(3): 316 - 312.

侯俊利,庄平,冯琳,等. 2009a. 铅暴露与排放对中华鲟幼鱼血液中 ALT、AST 活力的影响[J]. 生态环境学报,18(05): 1669 - 1673.

侯俊利,庄平,章龙珍,等. 2009b. 铅暴露致中华鲟(Acipenser sinensis)幼鱼弯曲畸形与畸形恢复[J]. 生态毒理学报, 4(6): 807 - 815.

胡光源,李育东,石振广,等. 2005. 三种鲟鱼盐度驯化试验[J]. 黑龙江水产,109: 1 - 3,12.

胡红霞,刘晓春,朱华,等. 2007. 养殖俄罗斯鲟性腺发育及人工繁殖[J]. 中山大学学报(自然科学版),46(1): 81 - 85.

胡红霞. 2006. 人工养殖史氏鲟繁殖内分泌及生殖调控的研究[D]. 广州: 中山大学博士学位论文.

胡则辉,徐君卓. 2007. 人工诱导海水鱼类雌核发育的研究进展[J]. 海洋渔业,29(1): 78 - 83.

黄晓荣,庄平,章龙珍,等. 2007. 延迟投饵对史氏鲟仔鱼摄食、存活及生长的影响[J]. 生态学杂志,26(1): 73 - 77.

黄晓荣. 2003. 两种鲟科鱼类早期发育阶段实验行为学的比较研究[D]. 上海: 上海海洋大学硕士学位论文.

黄琇,余志堂. 1991. 中华鲟幼鱼食性的研究[A]// 冉宗植. 长江流域资源、生态、环境与经济开发研究论文集[C]. 北京: 科学出版社: 257 - 261.

黄真理,常剑波. 1999. 鱼类体长与体重关系中的分性特征[J]. 水生生物学报,23(4): 330 - 336.

霍堂斌,张颖,孙大江,等. 2007. 小体鲟卵黄雌性蛋白分离纯化及抗血清的研制[J]. 中国水产科学,14(4): 532 - 539.

霍堂斌,张颖,孙大江,等. 2009. 小体鲟卵黄蛋白生化特性及合成途径的研究[J]. 水生生物学报,33(1): 67 - 75.

杰特拉弗 T A,金兹堡 A C. 1958. 鲟鱼类的胚胎发育与其养殖问题[Z]. 张贵寅,赵尔宓译. 北京: 科学出版社.

解涵,解玉浩. 2003. 鱼类摄食的经济学[J]. 河北渔业,6: 11 - 14.

孔繁翔. 2010. 环境生物学[M]. 北京: 高等教育出版社.

孔祥会,刘占才,郭彦玲,等. 2007. 汞暴露对草鱼器官组织中碱性磷酸酶活性的影响[J]. 中国水产科学,14(2): 270 - 274.

蓝伟光,吴永沛,杨孙楷. 1990. 海水污染物对对虾毒性研究的进展 Ⅰ. 对虾的重金属毒性研究[J]. 福建水产,01: 41 - 45.

李宝华. 1999. 中华人民共和国国家标准渔业水质标准[J]. 天津水产,2: 1 - 4.

李大勇,何大仁,刘晓春. 1994a. 光照对真鲷仔、稚、幼鱼摄食的影响[J]. 台湾海峡,13(1): 26 - 31.

李大勇,刘晓春,何大仁. 1994b. 真鲷早期发育阶段的摄食节律[J]. 热带海洋,13(2): 82 - 87.

李龙. 2006. 现代毒理学实验技术原理与方法[M]. 北京: 化学工业出版社.

李璐,曲秋芝,华育平. 2006. 鲟鱼卵子发生发育的研究现状[J]. 水产学杂志,19(1): 90 - 96.

李璐. 2006. 史氏鲟早期性腺发育的研究[D]. 哈尔滨: 东北林业大学硕士学位论文.

连展,魏泽勋,王永刚,等. 2009. 中国近海环流数值模拟研究综述[J]. 海洋科学进展,2: 250 - 265.

梁旭方,何大仁.1998.鱼类摄食行为的感觉基础[J].水生生物学报,22(3):278-284.

梁旭方.1996.中华鲟吻部腹面罗伦氏囊结构与功能的研究[J].海洋与湖沼,27(1):1-5.

林浩然.2011.鱼类生理学[M].广州:中山大学出版社.

林小涛,许忠能,计新丽.2000.鲟鱼仔、稚、幼鱼的生物学及苗种的培育[J].淡水渔业,30(6):6-9.

刘长发,李杭,陶澍.1999.金鱼(*Carassius auratus* L.)对水中游离态铅的吸收积累及鳃分泌黏液的自身保护作用[J].环境科学学报,19(4):438-442.

刘长发,陶澍,龙爱民.2001.金鱼对铅和镉的吸收蓄积[J].水生生物学报,25(4):344-349.

刘春,李凯彬,王芳,等.2007.剑尾鱼卵黄蛋白原基因片段克隆、表达及蛋白检测方法的建立[J].中国水产科学,14(6):883-888.

刘洪柏,宋苏祥,孙大江,等.2000.史氏鲟的胚胎及胚后发育研究[J].中国水产科学,7(3):5-10.

刘洪柏,宋苏祥,孙大江.1997.史氏鲟胚胎发育与温度关系的初步探讨[J].水产学杂志,10(2):80-81.

刘筠.1993.中国养殖鱼类繁殖生理学[M].北京:农业出版社.

刘鹏.2007.西伯利亚鲟精子超低温冷冻保存研究及冷冻损伤观察[D].上海:上海水产大学硕士学位论文.

刘少军,刘筠.1994.雌二醇诱导革胡子鲇性转化及性腺观察[J].湖南师范大学自然科学学报,17(1):75-79.

刘少军.1991.革胡子鲇原始生殖细胞的起源、迁移及性腺分化[J].水生生物学报,15(1):1-7.

刘学迅,孙砚胜,黄燕平,等.2000.虹鳟鱼雌性化及其鱼子酱加工的初步研究[J].动物学杂志,35(2):31-35.

柳学周,徐永江,兰功刚.2006.几种重金属离子对半滑舌鳎胚胎发育和仔稚鱼的毒性效应[J].渔业科学进展,27(2):33-42.

楼允东.1965.鱼类的孵化酶[J].动物学杂志,3:97-101.

楼允东.2001.鱼类育种学[M].北京:中国农业出版社.

楼允东.2006.组织胚胎学[M].北京:中国农业出版社.

罗刚,庄平,章龙珍,等.2008.长江口中华鲟幼鱼的食物组成及摄食习性[J].应用生态学报,19(1):144-150.

马爱军,柳学周,徐永江.2004.半滑舌鳎早期发育阶段的摄食特性及生长研究[A]//中国海洋湖沼学会鱼类学分会、中国动物学会鱼类学分会2004年学术研讨会论文摘要汇编[C].

马境,章龙珍,庄平,等.2007.史氏鲟仔鱼发育及异速生长模型[J].应用生态学报,18(12):2875-2882.

马境.2007.中华鲟和史氏鲟胚后发育及生长研究[D].上海:上海海洋大学硕士学位论文.

马境.2011.西伯利亚鲟卵黄发生过程中的生理调节机制与中华鲟EST文库的生物信息学分析[D].上海:华东师范大学博士学位论文.

毛翠凤,庄平,刘健,等.2005.长江口中华鲟幼鱼的生长特征[J].海洋渔业,27(3):177-181.

潘鲁青,吴众望,张红霞.2005.重金属离子对凡纳滨对虾组织转氨酶活力的影响[J].中国海洋大学学报(自然科学版),35(2):195-198.

秦蕴珊,郑铁民.1982.东海大陆架沉积分布特征的初步研究[A]//中国科学院海洋研究所海洋地质研究室.黄东海地质[C].北京:科学出版社.

曲秋芝,孙大江,马国军,等.2003.史氏鲟精子入卵过程的扫描电镜观察[J].水产学报,27(4):377-380.

曲秋芝,孙大江,宋苏祥,等.1997.人工饲养史氏鲟仔鱼和幼鱼的试验[J].水产学杂志,10(2):72-75.

曲秋芝,孙大江,王丙乾,等.2004.史氏鲟卵巢发育的组织学观察[J].水产学报,28(5):487-492.

屈亮,庄平,章龙珍,等.2010.盐度对俄罗斯鲟幼鱼血清渗透压、离子含量及鳃丝Na^+/K^+-ATP酶活力的影响[J].中国水产科学,17(2):243-251.

全为民,沈新强.2004.长江口及邻近水域渔业环境质量的现状及变化趋势研究[J].海洋渔业,26(2):93-98.

山根靖弘.1981.环境污染物质与毒性[M].成都:四川人民出版社.

沈竑,徐韧,彭立功,等.1994.铜对鲫鱼血清生化成分的影响[J].海洋湖沼通报,1:55-61.

施琼芳.1988.鱼类性腺发育研究新进展[J].水生生物学报,12(3):248-258.

石小涛,庄平,章龙珍,等.2009.水暴露下氟在西伯利亚鲟稚鱼硬骨和软骨中的积累和消除[J].生态毒理学报,4(2):218-223.

四川省长江水产资源调查组.1988.长江鲟鱼类生物学及人工繁殖研究[M].成都:四川科学技术出版社:82-88.

宋兵,陈立侨,高露姣,等.2003.延迟投饵对杂交鲟仔鱼生长、存活和体成分的影响[J].中国水产科学,10(3)：222 - 226.

宋卉,王树迎.2004.鱼类原始生殖细胞的研究进展[J].动物医学进展,25(5)：22 - 23.

宋苏祥,刘洪柏,孙大江,等.1997.史氏鲟稚鱼的耗氧率和窒息点[J].中国水产科学,4(5)：100 - 103.

宋炜,宋佳坤,范纯新,等.2010.全人工繁殖西伯利亚鲟的早期胚胎发育[J].水产学报,34(5)：777 - 785.

宋炜,宋佳坤.2012a.西伯利亚鲟仔稚鱼胚后发育的形态学和组织学观察[J].中国水产科学,19(5)：790 - 798.

宋炜,宋佳坤.2012b.西伯利亚鲟仔鱼侧线系统的发育[J].动物学研究,33(3)：261 - 270.

宋炜.2010.西伯利亚鲟侧线系统及早期发育的研究[D].上海：上海海洋大学博士学位论文.

孙大江,曲秋芝,马国军,等.1998.史氏鲟人工养殖研究现状与展望[J].中国水产科学,5(3)：108 - 111.

孙大江.2015.中国鲟鱼养殖[M].北京：中国农业出版社.

唐林,林珠,李永明,等.2006.不同大小机械牵张力对成骨细胞增殖及碱性磷酸酶的影响[J].解放军医学杂志,31(6)：580 - 581.

滕志贞.1983.鲟科鱼类的性成熟和性周期[J].淡水渔业,2：43 - 46.

田美平,庄平,张涛,等.2010.西伯利亚鲟性腺早期发生、分化、发育的组织学观察[J].中国水产科学,17(3)：496 - 506.

田美平.2010.西伯利亚鲟早期性腺发生、分化、发育以及性别人工控制[D].上海：上海海洋大学硕士学位论文.

童燕,陈立侨,庄平,等.2007.急性盐度胁迫对史氏鲟的皮质醇、代谢反应及渗透调节的影响[J].水产学报,31(S1)：38 - 44.

汪锡钧,吴定安.1994.几种主要淡水鱼类温度基准值的研究[J].水产学报,18(2)：93 - 100.

汪小东,林浩然.1998.硬骨鱼类卵母细胞最后成熟的调控[J].水产学报,22(1)：73 - 78.

王斌,彭涛,夏永涛,等.2011.5种养殖鲟鱼怀卵差异及周年繁殖[J].动物学杂志,46(3)：109 - 116.

王斌,于冬梅,师伟,等.2009.利用超声波技术鉴定幼龄鲟鱼的性别[J].动物学杂志,44(2)：57 - 63.

王凡,赵元凤,吕景才,等.2007.水生生物对重金属的吸收和排放研究进展[J].水利渔业,27(6)：1 - 3.

王凡,赵元凤,吕景才,等.2008.铅污染对牙鲆GSH - Px酶活性的影响[J].海洋科学进展,1：20 - 23.

王江雁.1996.评价铜营养状况的方法[J].国外医学：临床生物化学与检验学分册,2：58 - 60.

王岚,王亚平,许春雪,等.2012.长江水系表层沉积物重金属污染特征及生态风险性评价[J].环境科学,33(8)：2599 - 2606.

王念民,刘建丽,王炳谦,等.2006.史氏鲟仔鱼眼的组织学观察[J].水产学杂志,19(1)：20 - 25.

王念民,张颖,曲秋芝,等.2005.短期投喂雌二醇对史氏鲟鱼生长的影响[J].水产学杂志,18(2)：11 - 15.

王瑞芳,庄平,章龙珍,等.2009.氟离子对西伯利亚鲟胚胎发育的影响[J].海洋渔业,31(4)：357 - 362.

王文博,汪建国,李爱华,等.2004.振荡胁迫后鲫血液皮质醇和溶菌酶水平的变化[J].水生生物学报,28(6)：682 - 684.

王文君,王开顺,邵明瑜,等.2007.石鲽仔、幼鱼性腺发育的组织学观察[J].中国水产科学,14(5)：843 - 848.

王新安,马爱军,张秀梅,等.2006.海洋鱼类早期摄食行为生态学研究进展[J].海洋科学,30(11)：69 - 74.

王子健.2006.推动生态毒理学学科研究,促进人与自然的和谐——写在《生态毒理学报》发刊之前[J].生态毒理学报,1(1)：3.

危起伟.2003.中华鲟繁殖行为生态学与资源评估[D].武汉：中国科学院水生生物研究所博士学位论文.

尾崎久雄.1982.鱼类血液与循环生理[M].上海：上海科学出版社.

魏刚,黄林,戴大临,等.2005.鲶卵膜形成的显微和超微结构比较的研究[J].西南农业大学学报(自然科学版),27(1)：96 - 101.

温海深,林浩然.2001.环境因子对硬骨鱼类性腺发育成熟及其排卵和产卵的调控[J].应用生态学报,12(1)：151 - 155.

文良印,谭玉钧,王武.1998.水温对草鱼鱼种摄食、生长和死亡的影响[J].水产学报,22(4)：371 - 374.

吴贝贝,赵峰,张涛,等.2015.中华鲟幼鱼鳃上氯细胞的免疫定位研究[J].上海海洋大学学报,24(1)：20 - 27.

吴常文,朱爱意,赵向炯.2005.海水养殖杂交鲟耗氧量、耗氧率和窒息点的研究[J].浙江海洋学院学报(自然科学版),

　24(2)：100-104.

吴坚.1991.微量金属对海洋生物的生物化学效应[J].海洋环境科学,10(2)：58-62.

吴文化,曲秋芝,马国军,等.2001.俄罗斯鲟鱼苗的几种外部畸形简述[J].水产学杂志,14(2)：49-51.

肖懿哲,苏永全.2001.史氏鲟饲料脂肪的最适合量[J].水产学杂志,15(1)：21-24.

辛鹏举,金银龙.2008.铅的毒性效应及作用机制研究进展[J].国外医学(卫生学分册),2：70-74.

徐红艳,李名友,桂建芳,等.2010.鱼类生殖细胞[J].中国科学：生命科学,40(2)：124-138.

徐连伟,邹作宇,董宏伟,等.2008.匙吻鲟仔鱼期饵料的研究[J].渔业现代化,6：29-32.

许雁,熊全沫.1988.中华鲟授精过程扫描电镜观察[J].动物学报,4：325-328.

颜世伟,庄平,张涛,等.2010.西伯利亚鲟卵巢发育过程血清脂蛋白脂酶活性与血脂代谢的研究[J].海洋渔业,32(1)：
　42-47.

颜世伟.2010.西伯利亚鲟性腺发育超声波鉴定及血脂代谢研究[D].大连：大连水产学院硕士学位论文.

杨明生,熊邦喜,黄孝湘.2005.匙吻鲟人工繁殖 F₂ 的早期发育[J].华中农业大学学报,24(4)：391-393.

杨瑞斌,谢从新,樊启学.2008.仔稚鱼发育敏感期研究进展[J].华中农业大学学报,27(1)：161-165.

姚志峰,章龙珍,庄平,等.2010.铜对中华鲟幼鱼的急性毒性及对肝脏抗氧化酶活性的影响[J].中国水产科学,17(4)：
　731-738.

叶继丹,刘红柏,赵吉伟,等.2003.史氏鲟及杂交鲟仔鱼消化系统的组织学[J].水产学报,27(2)：177-182.

易继舫,刘灯红,唐大明,等.1999.蓄养中华鲟的性腺发育与人工繁殖初报[J].水生生物学报,23(1)：85-86.

易继舫.1994.长江中华鲟幼鲟资源调查[J].葛洲坝水电,1：53-58.

殷名称.1991a.鱼类早期生活史研究与其进展[J].水产学报,15(4)：348-358.

殷名称.1991b.北海鲱卵黄囊期仔鱼的摄食能力和生长[J].海洋与湖沼,22(6)：554-560.

殷名称.1995a.鱼类仔鱼期的摄食和生长[J].水产学报,19(4)：335-342.

殷名称.1995b.鱼类生态学[M].北京：中国农业出版社.

袁传宓,刘仁华,秦安舲,等.1977.鱼体畸形与水体污染[J].南京大学学报(自然科学版),1：99-112.

翟丽丽,张育辉.2009.基于环境雌激素评估的卵黄蛋白原研究进展[J].生态毒理学报,4(3)：332-337.

詹冰津,池丽影,张军玲,等.2013.鱼类原始生殖细胞与鱼类性别分化的关系[J].安徽农业科学,2：622-624.

詹付凤,赵欣平.2007.重金属镉对鲫鱼碱性磷酸酶和酸性磷酸酶活性的影响[J].四川动物,26(3)：641-643.

张本忠,高小玲,吴德生.2004.氟对小鼠胚胎组织谷胱甘肽活性和卵黄囊细胞膜脂流动性的影响[J].中华地方病学杂
　志,23(5)：420-422.

张枫,陆雪倩,王洁,等.2008.0～6 岁儿童骨密度改变与骨碱性磷酸酶变化相关性分析[J].现代预防医学,35(4)：
　693-694.

张甫英,李辛夫.1997.酸性水对几种主要淡水鱼类的影响[J].水生生物学报,1：40-48.

张年国,张颖,曲秋芝,等.2007.史氏鲟卵黄蛋白的分离纯化及其性质[J].中国水产科学,14(2)：309-314.

张胜宇.2002.鲟鱼规模化养殖关键技术[M].南京：江苏科学技术出版社.

张士璀,孙旭彤,李红岩.2002.卵黄蛋白原研究及其进展[J].海洋科学,26(7)：32-35.

张涛,庄平,章龙珍.2006.人工养殖史氏鲟畸形原因探讨[J].海洋渔业,28(3)：185-189.

张涛,田美平,章龙珍.2011a.17β-雌二醇对西伯利亚鲟幼鱼的雌激素效应[J].生态毒理学报,6(4)：415-421.

张涛,颜世伟,章龙珍,等.2011b.紫外线辐射对西伯利亚鲟精子活力和寿命的影响[J].应用生态学报,22(8)：
　2179-2183.

张涛,颜世伟,庄平,等.2010a.保存介质和温度对西伯利亚鲟卵子短期保存的影响[J].应用生态学报,21(1)：
　227-231.

张涛,颜世伟,庄平,等.2010b.西伯利亚鲟性别及性腺发育的超声波鉴定[J].水产学报,34(1)：72-79.

张涛,章龙珍,赵峰,等.2007.基于血液生化指标判别分析西伯利亚鲟性别及卵巢发育时期[J].中国水产科学,14(2)：
　236-243.

张涛,章龙珍,庄平,等.2008a.史氏鲟♀×达氏鳇♂卵裂间隔 τ0 与温度的关系[J].海洋渔业,30(4)：303-307.

张涛,章龙珍,赵峰,等.2008b.西伯利亚鲟不同性别与卵巢发育时期血液性类固醇激素的差异与判别分析[J].海洋渔

业,30(1):19-25.

张涛,庄平,章龙珍,等.2009a.俄罗斯鲟仔鱼初次摄食时间对生长及存活的影响[J].生态学杂志,28(3):466-470.

张涛,庄平,章龙珍,等.2009b.不同开口饵料对西伯利亚鲟仔鱼生长、存活和体成分的影响[J].应用生态学报,20(2):358-362.

张涛,章龙珍,庄平,等.2009c.分光光度法测定俄罗斯鲟精子密度标准的研究[J].海洋渔业,31(1):87-91.

张涛.2015.性别早期鉴定技术[A]//孙大江.中国鲟鱼养殖[C].北京:中国农业出版社.

张永忠,徐永江,柳学舟,等.2004.圆斑星鲽精子的超微结构及核前区特殊结构(英文)[J].动物学报,50(4):630-637.

章龙珍,姚志峰,庄平,等.2011.水体中铜对中华鲟幼鱼血液生化指标的影响[J].生态学杂志,30(11):2516-2522.

章龙珍,庄平,张涛,等.2002.人工养殖史氏鲟性腺发育观察[J].中国水产科学,9(4):323-327.

章龙珍,刘鹏,庄平,等.2008a.超低温冷冻对西伯利亚鲟精子形态结构损伤的观察[J].水产学报,32(4):558-565.

章龙珍,庄平,张涛,等.2008b.史氏鲟精子超微结构[J].海洋渔业,30(3):195-201.

赵峰,杨刚,张涛,等.2016.淡水和半咸水条件下中华鲟幼鱼鳃上皮泌氯细胞的形态特征与数量分布[J].海洋渔业,38(1):35-41.

赵峰,张涛,侯俊利.2013.长江口中华鲟幼鱼血液水分、渗透压及离子浓度的变化规律[J].水产学报,37(12):1795-1800.

赵峰,章龙珍,庄平,等.2009.鲟科鱼类性别鉴别技术的研究进展及其应用[J].海洋渔业,31(2):215-220.

赵峰,庄平,李大鹏,等.2008a.盐度对史氏鲟和西伯利亚鲟稚鱼的急性毒性.生态学杂志,27(6):929-932.

赵峰,庄平,张涛,等.2015.中华鲟幼鱼到达长江口时间新记录[J].海洋渔业,37(3):288-292.

赵峰,庄平,章龙珍,等.2006a.盐度驯化对史氏鲟鳃Na$^+$/K$^+$-ATP酶活力、血清渗透压及离子浓度的影响[J].水产学报,30(4):444-449.

赵峰,庄平,章龙珍,等.2006b.不同盐度驯化模式对史氏鲟生长及摄食的影响[J].中国水产科学,13(6):945-950.

赵峰,庄平,章龙珍,等.2008b.史氏鲟不同组织抗氧化酶对水体盐度升高的响应[J].海洋水产研究,29(5):65-69.

赵红霞,詹勇,许梓荣.2003.重金属对水生动物毒性的研究进展(一)[J].内陆水产,1:38-41.

郑跃平,刘鉴毅,谢从新,等.2006.温度对中华鲟精子、卵子短期保存的影响[J].吉林农业大学学报,28(6):682-686.

周昂,陈定宇,夏玲.1993.铅、镉对黄鳝血清中三种酶活性的影响[J].四川师范学院学报(自然科学版),4:354-357.

周永欣.1989.水生生物毒性试验方法[M].北京:农业出版社.

朱元鼎,孟庆闻.1980.中国软骨鱼类的侧线管系统及罗伦瓮和罗伦管系统的研究[M].上海:上海科学技术出版社.

庄平,丁建文,侯俊利,等.2010a.中华鲟卵黄脂磷蛋白的分离纯化及性质分析[J].海洋科学,34(6):16-21.

庄平,丁建文,侯俊利,等.2010b.17-β雌二醇对西伯利亚鲟卵黄蛋白原的诱导及检测[J].海洋渔业,32(3):251-256.

庄平,李大鹏,王立金.2001.史氏鲟的人工养殖技术[M].武汉:湖北科学技术出版社.

庄平,刘健,王云龙.2009a.长江口中华鲟自然保护区科学考察与综合管理[M].北京:海洋出版社.

庄平,王瑞芳,石小涛,等.2009b.氟对西伯利亚鲟仔鱼的急性毒性及安全浓度评价[J].生态毒理学报,4(3):440-445.

庄平,田美平,张涛,等.2010.投喂雌二醇对西伯利亚鲟幼鱼生长及血液生化指标的影响[J].海洋渔业,32(2):148-153.

庄平,王幼槐,李圣法,等.2006.长江口鱼类[M].上海:上海科学技术出版社.

庄平,张涛,章龙珍,等.1999b.史氏鲟南移驯养及生物学的研究:Ⅲ.仔鱼的开口摄食[J].淡水渔业,29(4):8-11.

庄平,章龙珍,刘鉴毅,等.2009.中华鲟高效育苗工艺:中国.ZL200810033851.8[P].

庄平,章龙珍,罗刚,等.2008a.长江口中华鲟幼鱼感觉器官在摄食行为中的作用[J].水生生物学报,32(4):475-481.

庄平,章龙珍,田宏杰,等.2008b.盐度对史氏鲟幼鱼消化器官中消化酶活力的影响[J].中国水产科学,15(2):198-203.

庄平,章龙珍,张涛,等.1999a.中华鲟仔鱼初次摄食时间与存活及生长的关系[J].水生生物学报,23(6):560-565.

庄平.1999.鲟科鱼类个体发育行为学及其在进化与实践上的意义[D].武汉:中国科学院水生生物研究所博士学位

论文.

邹远超,危起伟,潘光碧,等.2009.史氏鲟精子诱导匙吻鲟雌核发育[J].中国水产科学,16(5):728-735.

邹远超.2011.匙吻鲟雌核发育诱导及其相关机制研究[D].武汉:华中农业大学博士学位论文.

Abele D, Tesch C, Wencke P, et al. 2001. How does oxidative stress parameters relate to thermal tolerance in the Antarctic bivalve *Yoldia eightsi*? [J]. *Antarctic Science*, 13(2): 111-118.

Adams D C, Rohlf F J, Slice D E. 2004. Geometric morphometrics: ten years of progress following the "revolution" [J]. *Italian Journal of Zoology*, 71: 5-16.

Adams S R, Adams G L. 2003. Critical swimming speed and behavior of juvenile shovelnose sturgeon and pallid sturgeon[J]. *Transactions of the American Fisheries Society*, 132(2): 392-397.

Adams S R, Hoover J J, Killgore K J. 1999. Swimming endurance of juvenile pallid sturgeon, *Scaphirhynchus albus* [J]. *Copeia*, 3: 802-807.

Adams S R, Parsons G R, Killgore J J H K. 1997. Observations of swimming ability in shovelnose sturgeon (*Scaphirhynchus platorynchus*)[J]. *Journal of Freshwater Ecology*, 12(4): 631-633.

Adham K, Khairalla A, Abu-Shabana M, et al. 1997. Environmental stress in Lake Maryût and physiological response of *Tilapia zilli* GERV[J]. *Journal of Environmental Science and health Part A: Environmental Science and Engineering and Toxicology*, 32(9-10): 2585-2589.

Akhundov M M, Fedorov K Y. 1991. Early gametogenesis and gonadogenesis in sturgeons. 1. On criteria for comparative assessment of juvenile gonadal development in the example of the Russian sturgeon, *Acipenser gueldenstaedtii*[J]. *Journal of Ichthyology*, 31: 101-114.

Akhundov M M, Fedorov K Y. 1995. Effect of exogenous estradiol on ovarian development in juvenile sterlet, *Acipenser ruthenus*[J]. *Journal of Ichthyology*, 35(3): 109-120.

Alavi S M H, Cosson J. 2006. Sperm motility in fishes. (II) Effects of ions and osmolality: A review[J]. *Cell Biology International*, 30(1): 1-14.

Allen K O. 1974. Effects of stocking density and water exchange rate on growth and survival of channel catfish *Ictalurus punctatus* (Rafinesque) in circular tanks[J]. *Aquaculture*, 4(1): 29-39.

Allen P J, Cech J J. 2007. Age/size effects on juvenile green sturgeon, *Acipenser medirostris*, oxygen consumption, growth, and osmoregulation in saline envoironments[J]. *Environmental Biology of Fishes*, 79(3): 211-229.

Allen P J, Cech J J, Kültz D. 2009. Mechanisms of seawater acclimation in a primitive, anadromous fish, the green sturgeon[J]. *Journal of Comparative Physiology B*, 179(7): 903-920.

Allen P J, Hodge B W, Werner I, et al. 2006. Effects of ontogeny, season, and temperature on the swimming performance of juvenile green sturgeon (*Acipenser medirostris*)[J]. *Canadian Journal of Fisheries and Aquatic Sciences*, 63(6): 1360-1369.

Allen T C, Phelps Q E, Davinroy R D, et al. 2007. A laboratory examination of substrate, water depth, and light use at two water velocity levels by individual juvenile pallid (*Scaphirhynchus albus*) and shovelnose (*Scaphirhynchus platorynchus*) sturgeon[J]. *Journal of Applied Ichthyology*, 23(4): 375-381.

Altinok I, Galli S M, Chapman F A. 1998. Ionic and osmotic regulation capabilities of juvenile Gulf of Mexico sturgeon, *Acipenser oxyrinchussotoi* [J]. *Comparative Biochemistry and Physiology Part A: Molecular & Integrative Physiology*, 120(4): 609-616.

Alves L C, Wood C M. 2006. The chronic effects of dietary lead in freshwater juvenile rainbow trout (*Oncorhynchus mykiss*) fed elevated calcium diets[J]. *Aquatic Toxicology*, 78(3): 217-232.

Amiri B M, Adams T E, Doroshov S I, et al. 1999. Use of mammalian gonadotropin-releasinc hormone to characterize pituitary gonadotropin releasing hormone receptors in white sturgeon (*Acipenser transtnontanus* Richardson)[J]. *Journal of Applied Ichthyology*, 15(4-5): 318.

Amiri B M, Maebayashi M, Hara A, et al. 2005. Ovarian development and serum sex steroid and vitellogenin profiles in the female cultured sturgeon hybrid, the bester[J]. *Journal of Fish Biology*, 48(6): 1164-1178.

Andres R H, Ducray A D, Schlattner U, et al. 2008. Functions and effects of creatine in the central nervous system [J]. *Brain Research Bulletin*, 76(4): 329 – 343.

Andrews J W, Knight L H, Page J W. 1971. Interactions of stocking density and water turnover on growth and food conversion of channel catfish reared in intensively stocked tanks [J]. *The Progressive Fish-Culturist*, 33 (4): 197 – 203.

Ásgeirsson B, Hartemink R, Chlebowski J F. 1995. Alkaline phosphatase from Atlantic cod (*Gadus morhua*). Kinetic and structural properties which indicate adaptation to low temperatures [J]. *Comparative Biochemistry and Physiology Part B: Biochemistry and Molecular Biology*, 110(2): 315 – 329.

Atli G, Canli M. 2007. Enzymatic responses to metal exposures in a freshwater fish *Oreochromis niloticus* [J]. *Comparative Biochemistry and Physiology Part C: Toxicology & Pharmacology*, 145(2): 282 – 287.

Ay Ö, Kalay M, Tamer L, et al. 1999. Copper and lead accumulation in tissues of a freshwater fish *Tilapia zillii* and its effects on the branchial Na, K – ATPase activity [J]. *Bulletin of Environmental Contamination and Toxicology*, 62(2): 160 – 168.

Baccetti B. 1986. Evolutionary trends in sperm structure [J]. *Comparative Biochemistry and Physiology Part A: Physiology*, 85(1): 29 – 36.

Banaszak L, Sharrock W, Timmins P. 1991. Structure and function of a lipoprotein: Lipovitellin [J]. *Annual review of biophysics and biophysical chemistry*, 20(1): 221 – 246.

Bansal S K, Verma S R, Gupta A K, et al. 1979. Physiological dysfunction of the haemopoietic system in a fresh water teleost, *Labeo rohita*, following chronic chlordane exposure: Part I — Alteration in certain haematological parameters [J]. *Bulletin of Environmental Contamination and Toxicology*, 22(1): 666 – 673.

Barannikova I A, Bayunova L V, Semenkova T B. 2004. Serum levels of testosterone, 11 – ketotestosterone and oestradiol – 17β in three species of sturgeon during gonadal development and final maturation induced by hormonal treatment [J]. *Journal of Fish Biology*, 64(5): 1330 – 1338.

Batty R S. 1987. Effect of light intensity on activity and food-searching of larval herring, *Clupea harengus*: A laboratory study [J]. *Marine Biology*, 94(3): 323 – 327.

Beamish F W H. 1966. Swimming endurance of some northwest Atlantic fishes [J]. *Journal of the Fisheries Research Board of Canada*, 23(3): 341 – 347.

Beaumont A R, Newman P B. 1986. Low levels of tributyl tin reduce growth of marine micro-algae [J]. *Marine Pollution Bulletin*, 17(10): 457 – 461.

Bell W H, Terhune L D B. 1970. Water tunnel design for fisheries research [A]. In: Fisheries Research Board of Canada. Technical Report No.195 [C]. Nanaimo: Fisheries Research Board of Canada: 1 – 69.

Bemis W E, Findeis E K, Grande L. 1997. An overview of Acipenseriformes [J]. *Environmental Biology of Fishes*, 48(1): 25 – 71.

Bemis W E, Kynard B. 1997. Sturgeon rivers: An introduction to Acipenseriform biogeography and life history [J]. *Environmental Biology of Fishes*, 48(1 – 4): 167 – 183.

Bennett W R, Edmondson G, Lane E D, et al. 2005. Juvenile white sturgeon (*Acipenser transmontanus*) habitat and distribution in the Lower Fraser River, downstream of Hope, BC, Canada [J]. *Journal of Applied Ichthyology*, 21(5): 375 – 380.

Benson A C, Sutton T M, Elliott R F, et al. 2011. Seasonal movement patterns and habitat preferences of age – 0 Lake sturgeon in the Lower Peshtigo River, Wisconsin [J]. *Transactions of the American Fisheries Society*, 134(5): 1400 – 1409.

Billard R, Bry C, Gillet C. 1981. Stress, environment and reproduction in teleost fish [A]. In: Pickering A D. Stress and Fish [C]. London: Academic Press: 185 – 208.

Billard R, Cosson J, Noveiri S B, et al. 2004. Cryopreservation and short-term storage of sturgeon sperm, a review [J]. *Aquaculture*, 236(1 – 4): 1 – 9.

Billard R, Lecointre G. 2001. Biology and conservation of sturgeon and paddlefish[J]. *Reviews in Fish Biology and Fisheries*, 10(4): 355 – 392.

Birstein V J, Desalle R. 1998. Molecular phylogeny of Acipenserinae[J]. *Molecular phylogenetics and evolution*, 9(1): 141 – 155.

Björnsson B T. 1997. The biology of salmon growth hormone: from daylight to dominance[J]. *Fish Physiology and Biochemistry*, 17(1): 9 – 24.

Blackburn J, Clarke W C. 1990. Lack of density effect on growth and smolt quality in zero-age coho salmon[J]. *Aquacultural Engineering*, 9(2): 121 – 130.

Blythe B, Helfrich L A, Beal W E, et al. 1994. Determination of sex and maturational status of striped bass (*Morone saxatilis*) using ultrasonic imaging[J]. *Aquaculture*, 125(1): 175 – 184.

Boeuf G, Payan P. 2001. How should salinity influence fish growth[J]. *Comparative Biochemistry and Physiology Part C: Comparative Pharmacology*, 130(4): 411 – 423.

Bonar S A, Thomas G L, Pauley G B. 1989. Management briefs: Use of ultrasonic images for rapid nonlethal determination of sex and maturity of Pacific herring[J]. *North American Journal of Fisheries Management*, 9(3): 364 – 366.

Bookstein F L. 1989. Principal warps: thin-plate splines and the decomposition of deformations [J]. *IEEE Transactions on Pattern Analysis and Machine Intelligence*, 11(6): 567 – 585.

Braat A K, Speksnijder J E, Zivkovic D. 1999. Germ line development in fishes[J]. *International Journal of Developmental Biology*, 43(7): 745 – 760.

Bramblett R G, White R G. 2001. Habitat use and movements of pallid and shovelnose sturgeon in the Yellowstone and Missouri Rivers in Montana and North Dakota[J]. *Transactions of the American Fisheries Society*, 130(6): 1006 – 1025.

Brett J R. 1964. The respiratory metabolism and swimming performance of young sockeye salmon[J]. *Journal of the Fisheries Research Board of Canada*, 21(5): 1183 – 1226.

Brett J R. 1979. Environmental factors and growth[A]. *In*: Hoar W S, Randall D J, Brett J R. Fish Physiology, Vol. VIII[C]. London: Academic Press: 599 – 675.

Brett J R. 2011. The respiratory metabolism and swimming performance of young sockeye salmon[J]. *Journal of the Fisheries Board of Canada*, 21(5): 1183 – 1226.

Brinkmeyer R L, Holt G J. 1998. Highly unsaturated fatty acids in diets for red drum (*Sciaenops ocellatus*) larvae[J]. *Aquaculture*, 161(1 – 4): 253 – 268.

Brosse L, Lepage M, Dumont P. 2000. First results on the diet of the young Atlantic sturgeon *Acipenser sturio* L., 1758 in the Gironde estuary[J]. *Boletin Instituto Espanol de Oceanografia*, 16(1 – 4): 75 – 80.

Bruch R M, Dick T A, Choudhury A. 2001. A Field Guide for the Identification of Stages of Gonad Development in Lake Sturgeon, *Acipenser fulvescens* Rafinesque, with Notes on Lake Sturgeon Reproductive Biology and Management Implications[M]. Appleton: Publication of Wisconsin Department of Natural Resources.

Buckley L J. 1979. Relationships between RNA – DNA ratio, prey density, and growth rate in Atlantic cod (*Gadus morhua*) Larvae[J]. *Journal of the Fisheries Research Board of Canada*, 36(12): 1497 – 1502.

Buddington R K, Doroshov S I. 1984. Feeding trials with hatchery produced white sturgeon juveniles (*Acipenser transmontanus*)[J]. *Aquaculture*, 36(3): 237 – 243.

Burnaby T P. 1966. Growth-invariant discriminant functions and generalized distances[J]. *Biometrics*, 22: 96 – 110.

Camacho S, Ostos M D V, Llorente J I, et al. 2007. Structural characteristics and development of ampullary organs in *Acipenser naccarii*[J]. *The Anatomical Record*, 290(9): 1178 – 1189.

Camargo J A. 2003. Fluoride toxicity to aquatic organisms: A review[J]. *Chemosphere*, 50(3): 251 – 264.

Campana O, Sarasquete C, J B. 2003. Effect of lead on ALA-D activity, metallothionein levels, and lipid peroxidation in blood, kidney, and liver of the toadfish *Halobatrachus didactylus*[J]. *Ecotoxicology and Environmental Safety*,

55(1)：116 - 125.

Cao Q P，Duguay S J，Plisetskaya E，et al. 1989. Nucleotide sequence and growth hormone regulated expression of salmon insulin-like-growth factor I mRNA[J]. *Molecular Endocrinology*，3(12)：2005 - 2010.

Carlson R L，Lauder G V. 2011. Escaping the flow：Boundary layer use by the darter *Etheostoma tetrazonum* (Percidae) during benthic station holding[J]. *Journal of Experimental Biology*，214：1181 - 1193.

Carmona R，García-Gallego M，Sanz A，et al. 2004. Chloride cells and pavement cells in gill epithelia of *Acipenser naccarii*：Ultrastructure modifications in seawater-acclimated specimens[J]. *Journal of Fish Biology*，64(2)：553 - 566.

Carnevali O，Cionna C，Tosti L，et al. 2006. Role of cathepsins in ovarian follicle growth and maturation[J]. *General and comparative endocrinology*，146(3)：195 - 203.

Cataldi E，Ciccotti E，Dimarco P，et al. 1995. Acclimation trials of juvenile Italian sturgeon to different salinities：Morpho-physiological descriptors[J]. *Journal of Fish Biology*，47(4)：609 - 618.

Chan M D，Dibble E D，Kilgore K J. 1997. A Laboratory examination of water velocity and substrate preference by age - 0 gulf sturgeons[J]. *Transactions of the American Fisheries Society*，126(2)：330 - 333.

Chebanov M S，Savelyeva E A. 1999. New strategies for brood stock management of sturgeon in the Sea of Azov basin in response to changes in patterns of spawning migration[J]. *Journal of Applied Ichthyology*，15(4 - 5)：183 - 190.

Chen K C，Shao K T，Yang J S. 1999. Using micropylar ultrastructure for species identification and phylogenetic inference among four species of Sparidae[J]. *Journal of fish biology*，55(2)：288 - 300.

Cherr G N，Clark W H Jr. 1985. Gamete interaction in the white sturgeon *Acipenser transmontanus*：A morphological and physiological review[J]. *Environmental Biology of Fishes*，14(1)：11 - 22.

Christensen G M，Mckim J M，Brungs W A，et al. 1972. Changes in the blood of the brown bullhead (*Ictalurus nebulosus* (Lesueur)) following short and long term exposure to copper (II)[J]. *Toxicology and Applied Pharmacology*，23(3)：417 - 427.

Christiansen J S，Jobing M. 1990. The behaviour and the relationship between food intake and growth of juvenile Arctic charr，*Salvelinus alpinus* L.，subjected to sustained exercise[J]. *Canadian Journal of Zoology*，68(10)：2185 - 2191.

Cinier C D C，Petit-Ramel M，Faure R，et al. 1999. Kinetics of cadmium accumulation and elimination in carp *Cyprinus carpio* tissues[J]. *Comparative Biochemistry and Physiology Part C: Pharmacology Toxicology and Endocrinology*，122(3)：345 - 352.

Collazo A，Fraser S E，Mabee P M. 1994. A dual embryonic origin for vertebrate mechanoreceptors[J]. *Science*，264 (5157)：426 - 430.

Collie N L，Stevens J J. 1985. Hormonal effects on L-proline transport in coho salmon (*Oncorhynchus kisutch*) intestine[J]. *General and Comparative Endocrinology*，59(3)：399 - 409.

Colombo R E，Garvey J E，Wills P S. 2007. Gonadal development and sex-specific demographics of the shovelnose sturgeon in the Middle Mississippi River[J]. *Journal of Applied Ichthyology*，23(4)：420 - 427.

Conte F S，Doroshov S I，Lutes P B，et al. 1988. Hatchery Manual for the White Sturgeon，*Acipenser transomntanus* with Application of other North American Acipenseridae[M]. Oakland：University of California，Division of Agriculture and Natural Resources.

Cossin A. R. 1983. The adaptation of membrane structure and function to changes in temperature[A]. *In*：Cossins A R，Sheterline P. Cellular Acclimatization to Environmental Change[C]. Cambridge：Cambridge University Press：3 - 32.

Cossin A. R. Bowler K. 1987. Temperature Biology of Animals[M]. London：Chapman and Hall：340.

Costa C，Tibaldi E，Pasqualetto L，et al. 2006. Morphometric comparison of the cephalic region of cultured *Acipenser baerii* (Brandt，1869)，*Acipenser naccarii* (Bonaparte，1836) and their hybrid[J]. *Journal of Applied*

Ichthyology，22：8-14.

Counihan T D，Frost C N. 1999. Influence of externally attached transmitters on the swimming performance of juvenile white sturgeon[J]. *Transactions of the American Fisheries Society*，128(5)：965-970.

Cowey C B，Pope J A，Adron J W，*et al*. 1971. Studies on the nutrition of marine flatfish，growth of the plaice (*pleuronectes platessa*) on diets containing proteins derived from plants and other sources[J]. *Marine Biology*，10(2)：145-153.

Curtis G L，Ramsey J S，Scarnecchia D L. 1997. Habitat use and movements of shovelnose sturgeon in Pool 13 of the upper Mississippi River during extreme low flow conditions[J]. *Environmental Biology of Fishes*，50(2)：175-182.

Dabrowski K，Kaushik S J，Fauconneau B. 1987. Rearing of sturgeon (*Acipenser baeri* Brandt) larvae：III. Nitrogen and energy metabolism and amino acid absorption[J]. *Aquaculture*，65(1)：31-41.

Davies P H，Goettl J P，Sinley J R，*et al*. 1976. Acute and chronic toxicity of lead to rainbow trout *Salmo gairdneri*，in hard and soft water[J]. *Water Research*，10(3)：199-206.

Davison W. 1989. Training and its effects on teleost fish[J]. *Comparative Biochemistry and Physiology Part A: Physiology*，94(1)：1-10.

de la Torre F R，Salibián A，Ferrari L. 2000. Biomarkers assessment in juvenile *Cyprinus carpio* exposed to waterborne cadmium[J]. *Environmental Pollution*，109(2)：277-282.

Deng D F，Hung S S O，Conklin D E. 1998. Lipids and Fatty Acids：White sturgeon (*Acipenser transmontanus*) require both $n-3$ and $n-6$ fatty acids[J]. *Aquaculture*，161(1-4)：333-335.

Deslauriers D，Kieffer J D. 2012. Swimming performance and behaviour of young-of-the-year shortnose sturgeon (*Acipenser brevirostrum*) under fixed and increased velocity swimming tests[J]. *Canadian Journal of Zoolog*，90(3)：345-351.

Dettlaff T A. 1986. The rate of development in poikilothermic animals calculated in astronomical and relative time units [J]. *Journal of Thermal Biology*，11(1)：1-7.

Dettlaff T A，Ginsburg A S，Schmalhausen O I，*et al*. 1993. Sturgeon Fishes：Developmental Biology and Aquaculture[M]. New York：Springer-Verlag.

Devlin R H，Nagahama Y. 2002. Sex determination and sex differentiation in fish：An overview of genetic，physiological，and environmental influences[J]. *Aquaculture*，208(3-4)：191-364.

Diana J S. 1995. Biology and Ecology of Fishes[M]. New York：Biological Sciences Press：74-81.

DiLauro M N，Kaboord W S，Walsh R A. 1999. Sperm-cell ultrastructure of North American sturgeons. II. The shortnose sturgeon (*Acipenser brevirostrum* Lesueur，1818)[J]. *Canadian Journal of Zoology*，77(2)：321-330.

DiLauro M N，Kaboord W S，Walsh R A. 2000. Sperm-cell ultrastructure of North American sturgeons. III. The Lake sturgeon (*Acipenser fulvescens* Rafinesque，1817)[J]. *Canadian Journal of Zoology*，78(3)：438-447.

DiLauro M N，Kaboord W，Walsh R A，*et al*. 1998. Sperm-cell ultrastructure of North American sturgeons. I. The Atlantic sturgeon (*Acipenser oxyrhynchus*)[J]. *Canadian Journal of Zoology*，76(10)：1822-1836.

DiLauro M N，Walsh R A，Peiffer M，*et al*. 2001. Sperm-cell ultrastructure of North American sturgeons. IV. The pallid sturgeon (*Scaphirhynchus albus* Forbes and Richardson，1905)[J]. *Canadian Journal of Zoology*，79(5)：802-808.

Doroshov S I，Lutes P B. 1984. Preliminary data on the induction of ovulation in white sturgeon (*Acipenser transmontanus* Richardson)[J]. *Aquaculture*，38(3)：221-227.

Doroshov S I，Moberg G P，Van Eenennaam J P. 1997. Observations on the reproductive cycle of cultures white sturgeon，*Acipenser transmontanus*[J]. *Environmental Biology of Fishes*，48(1)：265-278.

Doroshov S I，Van Eenennaam J P，Moberg G P. 1991. Histological study of the ovarian development in wild white sturgeon，*Acipenser transmontanus*[A]. *In*：Williot P. *Acipenser*[C]. Bordeaux：CEMAGREF：129-135.

Dou S，Masuda R，Tanaka M，*et al*. 2002. Feeding resumption，morphological changes and mortality during starvation in Japanese flounder larvae[J]. *Journal of Fish Biology*, 60(6): 1363 – 1380.

Drucker E G. 1996. The use of gait transition speed in comparative studies of fish locomotion[J]. *American Zoologist*, 36(6): 555 – 566.

Drucker E G, Lauder G V. 2005. Locomotor function of the dorsal fin in rainbow trout: kinematic patterns and hydrodynamic forces[J]. *Journal of Experimental Biology*, 208: 4479 – 4494.

Du Y B, Shi X J, Liu C S, et al. 2009. Chronic effects of water-borne PFOS exposure on growth, survival and hepatotoxicity in zebrafish: A partial life-cycle test[J]. *Chemosphere*, 74(5): 723 – 729.

Duan C, Duguay S J, Plisetskaya E M. 1993. Insulin-like growth factor I (IGF – I) mRNA expression in coho salmon, *Oncorhynchus kisutch*: Tissue distribution and effects of growth hormone/prolactin family proteins[J]. *Fish Physiology and Biochemistry*, 11(1): 371 – 379.

Duan M, Qu Y, Yan J, et al. 2011. Critical swimming speed associated with body shape of Chinese sturgeon *Acipenser sinensis* under different rearing conditions[J]. *International Aquatic Research*, 3: 83 – 91.

Dunbrack R L, Dill L M. 1983. A model of size dependent surface feeding in a stream dwelling salmonid[J]. *Environmental Biology of Fishes*, 8(3): 41 – 54.

Dutta T K, Kaviraj A. 2001. Acute toxicity of cadmium to fish *Labeo rohita* and copepod *Diaptomus forbesi* pre-exposed to CaO and $KMnO_4$[J]. *Chemosphere*, 42(8): 955 – 958.

Eales J G, Brown S B. 1993. Measurement and regulation of thyroidal status in teleost fish[J]. *Reviews in Fish Biology and Fisheries*, 3(4): 299 – 347.

Eales J G, Omeljaniuk, R J, Shostak S. 1983. Reverse T_3 in rainbow trout, *Salmo gairdneri*[J]. *General and Comparative Endocrinology*, 50(3): 395 – 406.

Eales J G, Ranson J L, Shostak S. 1986. Effects of catecholamines on plasma thyroid hormones levels in Arctic charr, *Salvelinus alpinus*[J]. *General and Comparative Endocrinology*, 63(3): 393 – 399.

Eales J G, Shostak S. 1985. Free T_4 and T_3 in relation to total hormone, free hormone indices, and protein in plasma of rainbow trout and Arctic charr[J]. *General and Comparative Endocrinology*, 58(2): 291 – 302.

Eddy F B. 1981. Effects of stress on osmotic and ionic regulation in fish[A]. *In*: Pickering A D. Stress and Fish[C]. London: Academic Press.

Elliott J M. 1982. The effects of temperature and ration size on the growth and energetics of salmonids in captivity[J]. *Comparative Biochemistry and Physiology Part B: Comparative Biochemistry*, 73(1): 81 – 91.

Evans D H, Piermarini P M, Choe K P. 2005. The multifunctional fish gill: Dominant site of gas exchange, osmoregulation, acid-base regulation, and excretion of nitrogenous waste[J]. *Physiological Review*, 85(1): 97 – 177.

Fauconneau B, Aguirre P, Dabrowski K, et al. 1986. Rearing of sturgeon (*Acipenser baeri* Brandt) larvae: II. Protein metabolism: Influence of fasting and diet quality[J]. *Aquaculture*, 51(2): 117 – 131.

Feist G, Van Eenennaam J P, Doroshov S I, et al. 2004. Early identification of sex in cultured white sturgeon, *Acipenser transmontanus*, using plasma steroid levels[J]. *Aquaculture*, 232(1): 581 – 590.

Fevolden S E, Røed K H. 1993. Cortisol and immune characteristics in rainbow trout (*Oncorhynchus mykiss*) selected for high or low tolerance to stress[J]. *Journal of Fish Biology*, 43(6): 919 – 930.

Fielder D S, Bardsley W J, Allan G L, et al. 2002. Effect of photoperiod on growth and survival of snapper *Pagrus auratus* larvae[J]. *Aquaculture*, 211(2): 135 – 150.

Filho D W, Giulivi C, Boveris A. 1993. Antioxidant defences in marine fish-I. Teleosts[J]. *Comparative Biochemistry and Physiology Part C: Comparative Pharmacology*, 106(2): 409 – 413.

Findeis E K. 1997. Osteology and phylogenetic interrelationships of sturgeons (Acipenseridae)[J]. *Environmental Biology of Fishes*, 48(1 – 4): 73 – 126.

Finn R N, Kolarevic J, Kongshaug H, et al. 2009. Evolution and differential expression of a vertebrate vitellogenin gene cluster[J]. *BMC Evolutionary Biology*, 9: 2.

Fish F E, Lauder G V. 2006. Passive and active flow control by swimming fishes and mammals[J]. *Annual Review of Fluid Mechanics*, 38: 193 – 224.

Flynn S R, Benfey T J. 2007a. Sex differentiation and aspects of gametogenesis in shortnose sturgeon *Acipenser brevirostrum* Lesueur[J]. *Journal of Fish Biology*, 70(4): 1027 – 1044.

Flynn S R, Benfey T J. 2007b. Effects of dietary estradiol – 17β in juvenile shortnose sturgeon, *Acipenser brevirostrum*, Lesueur[J]. *Aquaculture*, 270(1): 405 – 412.

Flynn S R, Matsuoka M P, Reith M, *et al*. 2006. Gynogenesis and sex determination in shortnose sturgeon, *Acipenser brevirostrum* Lesuere[J]. *Aquaculture*, 253(1 – 4): 721 – 727.

Fopp-Bayat D. 2007a. Verification of meiotic gynogenesis in Siberian sturgeon (*Acipenser baeri* Brandt) using microsatellite DNA and cytogenetical markers[J]. *Journal of Fish Biology*, 71(sc): 478 – 485.

Fopp-Bayat D. 2007b. Spontaneous gynogenesis in Siberian sturgeon *Acipenser baeri* Brandt [J]. *Aquaculture Research*, 38(7): 776 – 779.

Fopp-Bayat D, Kolman R, Woznicki P. 2007. Induction of meiotic gynogenesis in sterlet (*Acipenser ruthenus*) using UV-irradiated bester sperm[J]. *Aquaculture*, 264(1): 54 – 58.

Formacion M J, Hori R, Lam T J. 1993. Overripening of ovulated eggs in goldfish: I. Morphological changes[J]. *Aquaculture*, 114(1 – 2): 155 – 168.

Freitas R, Zhang G, Albert J S, *et al*. 2006. Developmental origin of shark electrosensory organs[J]. *Evolution & Development*, 8(1): 74 – 80.

Fromm P O. 1980. A review of some physiological and toxicological responses of freshwater fish to acid stress[J]. *Environmental Biology of Fishes*, 5(1): 79 – 93.

Fuchs J. 1978. Effect of photoperiod on growth and survival during rearing of larvae and juveniles of sole (*Solea solea*) [J]. *Aquaculture*, 15(1): 63 – 74.

Fuiman L A. 1983. Growth gradients in fish larvae[J]. *Journal of Fish Biology*, 23(1): 117 – 123.

Gawlicka A, Herold M A, de la Noue J, *et al*. 1998. Evaluation of water-stable ticaloid microbound diets for feeding white sturgeon (*Acipenser transmontanus*) larvae[J]. *Aquaculture*, 161(1 – 4): 89 – 93.

Gawlicka A, Mclaughlin L, Hung S S, *et al*. 1996. Limitations of carrageenan microbound diets for feeding white sturgeon, *Acipenser transmontanus*, larvae[J]. *Aquaculture*, 141(3): 245 – 265.

Gemmill J F. 1912. The Teratology of Fishes[M]. Glasgow: Hardpress Publishing.

Gerking S D. 1994. Feeding Ecology of Fish[M]. San Diego: Academic Press: 147 – 152.

Gershanovich A D, Kiselev G A. 1993. Growth and haematological response of sturgeon hybrids Russian sturgeon (*Acipenser guldenstadti* Brandt)×Beluga (*Huso huso* L.) to protein and lipid contents in the diet[J]. *Comparative Biochemistry and Physiology Part A: Physiology*, 106(3): 581 – 586.

Gershanovich A D, Pototskij I V. 1992. The peculiarities of nitrogen excretion in sturgeons (*Acipenser ruthenus*) (Pisces, Acipenseridae)—I. the influence of ration size[J]. *Comparative Biochemistry and Physiology Part A: Physiology*, 103(3): 609 – 612.

Gibbs M A. 2004. Lateral line receptors: Where do they come from developmentally and where is our research going? [J]. *Brain, Behavior and Evolution*, 64(3): 163 – 181.

Gibbs M A, Northcutt R G. 2004. Development of the lateral line system in the shovelnose sturgeon[J]. *Brain, Behavior and Evolution*, 64(2): 70 – 84.

Ginzburg A S. 1968. Fertilization in Fishes and the Problem of Polyspermy[M]. Jerusalem: Keter Press.

Gisbert E. 1999. Early development and allometric growth patterns in Siberian sturgeon and their ecological significance[J]. *Journal of Fish Biology*, 54(4): 852 – 862.

Gisbert E, Rodriguez A, Castelló-Orvay F, *et al*. 1998. A histological study of the development of the digestive tract of Siberian sturgeon (*Acipenser baeri*) during early ontogeny[J]. *Aquaculture*, 167(3 – 4): 195 – 209.

Gisbert E, Ruban G I. 2003. Ontogenetic behavior of Siberian sturgeon, *Acipenser baerii*: A synthesis between laboratory tests and field data[J]. *Environmental Biology of Fishes*, 67(3): 311 – 319.

Gisbert E, Sarasquete M C, Williot P, et al. 1999b. Histochemistry of the development of the digestive system of Siberian sturgeon during early ontogeny[J]. *Journal of Fish Biology*, 55(3): 596 – 616.

Gisbert E, Williot P. 1997. Larval behaviour and effect of the timing of initial feeding on growth and survival of Siberian sturgeon (*Acipenser baeri*) larvae under small scale hatchery production[J]. *Aquaculture*, 156(1 – 2): 63 – 76.

Gisbert E, Williot P. 2002a. Duration of synchronous egg cleavage cycles at different temperatures in Siberian sturgeon (*Acipenser baerii*)[J]. *Journal of Applied Ichthyology*, 18(4 – 6): 271 – 274.

Gisbert E, Williot P. 2002b. Influence of storage duration of ovulated eggs prior to fertilisation on the early ontogenesis of sterlet (*Acipenser ruthenus*) and Siberian sturgeon (*Acipenser baeri*)[J]. *International Review of Hydrobiology*, 87(5 – 6): 605 – 612.

Gisbert E, Williot P, Castelló-Orvay F. 1999a. Behavioural modifications in the early life stages of Siberian sturgeon (*Acipenser baerii*, Brandt)[J]. *Journal of Applied Ichthyology*, 15(4 – 5): 237 – 242.

Gisbert E, Williot P, Castelló-Orvay F. 2000. Influence of egg size on growth and survival of early stages of Siberian sturgeon (*Acipenser baeri*) under small scale hatchery conditions[J]. *Aquaculture*, 183(1 – 2): 83 – 94.

Goering P L. 1993. Lead-protein interactions as a basis for lead toxicity[J]. *Neurotoxicology*, 14: 45 – 60.

Goldstein G W. 1993. Evidence that lead acts as a calcium substitute in second messenger metabolism[J]. *Neurotoxicology*, 14(2 – 3): 97 – 101.

Grandi G, Giovannini S, Chicca M. 2007. Gonadogenesis in early developmental stages of *Acipenser naccarii* and influence of estrogen immersion on feminization[J]. *Journal of Applied Ichthyology*, 23(1): 3 – 8.

Gray E S, Kelly K M, Law S, et al. 1992. Regulation of hepatic growth hormone receptors in coho salmon (*Oncorhynchus kisutch*). *General and Comparative Endocrinology*, 88(2): 243 – 252.

Grisham M B, McCord M. 1986. Chemistry and cyotoxicity of reactive oxygen metabolites[A]. *In*: Taylor A E, Matalon S, Ward P. Physiology of Oxygen Radicals[C]. Maryland: American Physiological Society: 1 – 18.

Gurgens C, Russell D F, Wlikens L A. 2000. Electrosensory avoidance of metal obstacles by the paddlefish[J]. *Journal of Fish Biology*, 57(2): 277 – 290.

Gwak W S, Tanaka M. 2002. Changes in RNA, DNA and protein contents of laboratory-reared Japanese flounder *Paralichthys olivaceus* during metamorphosis and settlement[J]. *Fisheries Science*, 68(1): 27 – 33.

Hallaråker H, Folkvord A, Stefansson S O. 1995. Growth of juvenile halibut (*Hippoglossus hippoglossus*) related to temperature, day length and feeding regime[J]. *Netherlands Journal of Sea Research*, 34(1 – 3): 139 – 147.

Hamaguchi S. 1982. A light-and electron-microscopic study on the migration of primordial germ cells in the teleost, *Oryzias latipes*[J]. *Cell and Tissue Research*, 227(1): 139 – 151.

Hansen A, Zeiske E, Bartsch P, et al. 2003. Early development of the olfactory organ in sturgeons of the genus *Acipenser*: A comparative and electron microscopic study[J]. *Anatomy and Embryology*, 206(5): 357 – 372.

Hardy R S, Litvak M K. 2004. Effects of temperature on the early development, growth, and survival of shortnose sturgeon, *Acipenser brevirostrum*, and Atlantic sturgeon, *Acipenser oxyrhynchus*, yolk-sac larvae[J]. *Environmental Biology of Fishes*, 70(2): 145 – 154.

Hawkins A D, Soofiani N M, Smith G W. 1985. Growth and feeding of juvenile cod (*Gadus morhua* L.)[J]. *Ices Journal of Marine Science*, 42(1): 11 – 32.

Hazel J R, Prosser C L. 1974. Molecular mechanisms of temperature compensation in poikilotherms[J]. *Physiological Reviews*, 54(3): 620 – 677.

He X G, Zhuang P, Zhang L Z, et al. 2009. Osmoregulation in juvenile Chinese sturgeon (*Acipenser sinensis* Gray) during brackish water adaptation[J]. *Fish Physiology and Biochemistry*, 35(2): 223 – 230.

He X, Lu S, Liao M, et al. 2013. Effects of age and size on critical swimming speed of juvenile Chinese sturgeon *Acipenser sinensis* at seasonal temperatures[J]. *Journal of Fish Biology*, 82(3): 1047 – 1056.

Heath A G. 1987. Water Pollution and Fish Physiology[M]. Boca Raton: CRC Press.

Heerdena D V, Vosloo A, Nikinmaa M. 2004. Effects of short-term copper exposure on gill structure, metallothionein and hypoxia-inducible factor – 1α (HIF – 1α) levels in rainbow trout (*Oncorhynchus mykiss*) [J]. *Aquatic Toxicology*, 69(3): 271 – 280.

Helfman G S. 1986. Fish behaviour by day, night and twilight[A]. *In*: Pitcher T J. The Behaviour of Teleost Fishes [C]. Beckenham: Croom Helm Ltd: 366 – 387.

Hertel H. 1966. Structure, Form, Movement[M]. New York: Reinhold publishing.

Hett A K, Pitra C, Jenneckens I, *et al*. 2005. Characterization of *sox9* in European Atlantic sturgeon (*Acipenser sturio*)[J]. *Journal of Heredity*, 96(2): 150 – 154.

Hilton E J, Dillman C B, Zhang T, *et al*. 2015. The skull of the Chinese sturgeon, *Acipenser sinensis* (Acipenseridae) [J]. *Acta Zoologica*, 97(4): 419 – 432.

Hilton E J, Grande L, Bemis W E. 2011. Skeletal anatomy of the shortnose sturgeon, *Acipenser brevirostrum* Lesueur, 1818, and the systematics of sturgeons (Acipenseriformes, Acipenseridae)[J]. *Fieldiana Life and Earth Sciences*, 3: 1 – 168.

Hiramatsu N, Hara A, Matsubara T, *et al*. 2003. Oocyte growth in temperate basses: Multiple forms of vitellogenin and their receptor[J]. *Fish Physiology and Biochemistry*, 28(1 – 4): 301 – 303.

Hiramatsu N, Hiramatsu K, Hirano K, *et al*. 2002. Vitellogenin-derived yolk proteins in a hybrid sturgeon, bester (*Huso huso × Acipencer ruthenus*): Identification, characterization and course of proteolysis during embryogenesis [J]. *Comparative Biochemistry and Physiology Part A: Molecular & Integrative Physiology*, 131(2): 429 – 441.

Hirano T, Morisawa M, Suzuki K. 1978. Changes in plasma and coelomic fluid composition of the mature salmon (*Oncorhynchus keta*) during freshwater adaptation [J]. *Comparative Biochemistry and Physiology Part A: Physiology*, 61(1): 5 – 8.

Hochachka P W, Somero G N. 2002. Biochemical Adaptation[M]. New York: Oxford University Press.

Hochleithner M, Gessner J. 2001. The Sturgeons and Paddlefishes (Acipenseriformes) of the World: Biology and Aquaculture[M]. Kitzbuehel: AquaTech.

Hodson P V, Blunt B R, Spry D J. 1978. Chronic toxicity of water-borne and dietary lead to rainbow trout (*Salmo gairdneri*) in lake Ontario water[J]. *Water Research*, 12(10): 869 – 878.

Hoekstra W G, Suttie J W, Ganther H E, *et al*. 1974. Trace Element Metabolism in Animals[M]. 2nd ed. Baltimore: University Park Press.

Hofmann M H, Chagnaud B, Wilkens L A. 2005. Response properties of electrosensory afferent fibers and secondary brain stem neurons in the paddlefish[J]. *Journal of Experimental Biology*, 208: 4213 – 4222.

Hofmann M H, Wojtenek W, Wilkens L A. 2002. Central organization of the electrosensory system in the paddlefish (*Polyodon spathula*)[J]. *Journal of Comparative Neurology*, 446(1): 25 – 36.

Holbech H, Andersen L, Petersen G I, *et al*. 2001. Development of an ELISA for vitellogenin in whole body homogenate of zebrafish (*Danio rerio*)[J]. *Comparative Biochemistry and Physiology Part C: Toxicology & Pharmacology*, 130(1): 119 – 131.

Hoover J J, Collins J, Boysen K A, *et al*. 2011. Critical swimming speeds of adult shovelnose sturgeon in rectilinear and boundary-layer flow[J]. *Journal of Applied Ichthyology*, 27(2): 226 – 230.

Hoover J J, Killgore K J, Clarke D G, *et al*. 2005. Paddlefish and sturgeon entrainment by dredges: Swimming performance as an indicator of risk[R]. *DOER Technical Notes Collection ERDC TN-DOER-E22 Army Engineer Research and Development Center. Vicksburg, Miss.*

Houlihan D F, Laurent P. 1987. Effects of exercise training on the performance, growth, and protein turnover of rainbow trout (*Salmo gairdneri*)[J]. *Canadian Journal of Fisheries and Aquatic Sciences*, 44(9): 1614 – 1621.

Huang D J, Zhang Y M, Song G, *et al*. 2007. Contaminants-induced oxidative damage on the carp *Cyprinus carpio* collected from the upper Yellow River, China[J]. *Environmental Monitoring and Assessment*, 128(1 – 3):

483 - 488.

Huang P P, Lee T H. 2007. New insights into fish ion regulation and mitochondrion cells[J]. *Comparative Biochemistry and Physiology Part A: Molecular & Integrative Physiology*, 148(3): 479 - 497.

Hung S S O, Lutes P B, Shqueir A, *et al*. 1993. Effect of feeding rate and water temperature on growth of juvenile white sturgeon (*Acipenser transmontanus*)[J]. *Aquaculture*, 115(3 - 4): 227 - 303.

Hung S S O, Storebakken T, Cui Y, *et al*. 1997. High-energy diets for white sturgeon, *Acipenser transmontanus* Richardson[J]. *Aquaculture Nutrition*, 3(4): 281 - 286.

Hutchinson N J, Sprague J B. 1989. Lethality of trace metal mixtures to American flagfish in neutralized acid water [J]. *Archives of Environmental Contamination and Toxicology*, 18(1): 249 - 254.

Ijiri K, Egami N. 1980. Hertwig effect caused by UV-irradiation of sperm of *Oryzias latipes* (teleost) and its photoreactivation[J]. *Mutation Research*, 69(2): 241 - 248.

Imsland A K, Folkvord A, Jónsdóttir Ólöf D B, *et al*. 1997. Effects of exposure to extended photoperiods during the first winter on long-term growth and age at first maturity in turbot (*Scophthalmus maximus*)[J]. *Aquaculture*, 159 (1 - 2): 125 - 141.

IUCN. 2015. The IUCN Red List of Threatened Species. Version 2015. 2[Z]. International Union for Conservation of Nature and Natural Resources, IUCN Species Programme, IUCN Red List Unit Cambridge UK.

Iwama G K, Vijayan M M, Morgan J D. 1999. The stress response in fish[A]. *In*: Saksena D N. Ichthyology: Recent Research Advances[C]. Enfield: Science Publishers: 47 - 59.

Jackson A J. 1981. Osmotic regulation in rainbow trout (*Salmo gairdneri*) following transfer to sea water[J]. *Aquaculture*, 24(1 - 2): 143 - 151.

Jalabert B. 2005. Particularities of reproduction and oogenesis in teleost fish compared to mammals[J]. *Reproduction Nutrition Development*, 45(3): 261 - 279.

Jatteau P. 1998. Bibliographic study on the main characteristics of the ecology of Acipenseridea larvae[J]. *Bulletin Francais de la Peche et de la Pisciculture*, 71: 445 - 464.

Jonassen T M, Pittman K, Imsland A K. 1997. Seawater acclimation of tilapia, *Oreochromis spilurus spilurus* Günter, fry and fingerlings[J]. *Aquaculture Research*, 28(3): 205 - 214.

José I E A, Peinado-Onsurbe J, Sánchez E, *et al*. 2008. Lipoprotein lipase (LPL) is highly expressed and active in the ovary of European sea bass (*Dicentrarchus labrax* L.), during gonadal development[J]. *Comparative Biochemistry and Physiology Part A: Molecular & Integrative Physiology*, 150(3): 347 - 354.

Jørgensen S E. 2010. Ecotoxicology[M]. Elsevier: Academic Press.

Kamali A, Kordjazi Z, Nazary R. 2007. The effect of the timing of initial feeding on growth and survival of ship sturgeon (*Acipenser nudiventris*) larvae: A small - scale hatchery study[J]. *Journal of Applied Ichthyology*, 22(s1): 294 - 297.

Kamler E. 1992. Early Life History of Fish: an Energetics Approach[M]. Berlin: Springer Netherlands.

Karan V, Vitorović S, Tutundžić V, *et al*. 1998. Functional enzymes activity and gill histology of carp after copper sulfate exposure and recovery[J]. *Ecotoxicology and Environmental Safety*, 40: 49 - 55.

Karlsen H E, Sand O, Karlsen H E, *et al*. 1987. Selective and reversible blocking of the lateral line in freshwater fish [J]. *Journal of Experimental Biology*, 133(1): 249 - 262.

Karlsen R, Holm J C. 1994. Ultrasonography, a non-invasive method for sex determination in cod (*Gadus morhua*) [J]. *Journal of Fish Biology*, 44(6): 965 - 971.

Kasumyan A O. 1999. Olfaction and taste senses in sturgeon behaviour[J]. *Journal of Applied Ichthyology*, 15(4 - 5): 228 - 232.

Kasumyan A O. 2007. Paddlefish *Polyodon spathula* juveniles food searching behaviour evoked by natural food odour [J]. *Journal of Applied Ichthyology*, 23(6): 636 - 639.

Kasumyan A O, Taufik L R. 1994. Behavior reaction of juvenile sturgeons (Acipenseridae) to amino acids[J].

Journal of Ichthyology, 34(2): 90 – 103.

Kavitha P, Rao J V. 2008. Toxic effects of chlorpyrifos on antioxidant enzymes and target enzyme acetylcholinesterase interaction in mosquito fish, *Gambusia affinis* [J]. *Environmental Toxicology & Pharmacology*, 26 (2): 192 – 198.

Kempinger J J. 1996. Habitat, growth, and food of young Lake sturgeons in the Lake Winnebago system, Wisconsin [J]. *North American Journal of Fisheries Management*, 16(1): 102 – 114.

Kendall A W Jr, Ahlstrom E H, Moser H G. 1984. Early life history stages of fishes and their characters[A]. *In*: Moser H G, Richards W J, Cohen D M. Ontogeny and Systematics of Fishes[C]. Lawrence: Allen Press: 11 – 22.

Kertész V, Hlubik I. 2002. Plasma ALP activity and blood PCV value changes in chick fetuses due to exposure of the egg to different xenobiotics[J]. *Environmental Pollution*, 117(2): 323 – 327.

Kessabi K, Kerkeni A, Saïd K, et al. 2009. Involvement of cd bioaccumulation in spinal deformities occurrence in natural populations of *Mediterranean killifish*[J]. *Biological Trace Element Research*, 128(1): 72 – 81.

Kieffer J D, Arsenault L M, Litvak M K. 2009. Behaviour and performance of juvenile shortnose sturgeon *Acipenser brevirostrum* at different water velocities[J]. *Journal of Fish Biology*, 74(3): 674 – 682.

Kieffer J D, Cooke S J. 2009. Physiology and organismal performance of centrarchids[A]. *In*: Cooke S J, Philipp D P. Centrarchid Fishes: Diversity, Biology and Conservation[C]. Wiley-Blackwell: 207 – 263.

Kime D E. 2012. Endocrine Disruption in Fish[M]. New York: Springer-Verlag.

Kirby M F, Morris S, Hurst M, et al. 2000. The use of cholinesterase activity in flounder (*Platichthys flesus*) muscle tissue as a biomarker of neurotoxic contamination in UK estuaries[J]. *Marine Pollution Bulletin*, 40(9): 780 – 791.

Klingenberg C P, Badyaev A V, Sowry S M, et al. 2001. Inferring developmental modularity from morphological integration: Analysis of individual variation and asymmetry in bumblebee wings[J]. *American Naturalist*, 157(1): 11 – 23.

Koehl M A R. 1996. When does morphology matter? [J]. *Annual Review of Ecology and Systematics*, 27: 501 – 542.

Komen H, Thorgaard G H. 2007. Androgenesis, gynogenesis and the production of clones in fishes: A review[J]. *Aquaculture*, 269(1): 150 – 173.

Komourdjian M P, Fenwick J G, Saunders R L. 1989. Endocrine-mediated photostimulation of growth in Atlantic salmon[J]. *Canadian Journal of Zoology*, 67(6): 1505 – 1509.

Krayushkina L S, Kiseleva S G, Mosiseyenko S N. 1976. Functional changes in the thyroid gland and the chloride cells of the gills during adaptation of the young beluga sturgeon *Huso huso* to a hypertonic environment[J]. *Journal of Ichthyology*, 16(5): 834 – 841.

Krogdahl Å, Sundby A, Olli J J. 2004. Atlantic salmon (*Salmo salar*) and rainbow trout (*Oncorhynchus mykiss*) digest and metabolize nutrients differently. Effects of water salinity and dietary starch level[J]. *Aquaculture*, 229(1 – 4): 335 – 360.

Kuroshima R. 1987. Cadmium accumulation and its effect on calcium metabolism in the girella *Girella punctata* during a long term exposure[J]. *Bulletin of the Japanese Society of Scientific Fisheries*, 53: 445 – 450.

Kynard B. 1998. Twenty-two years of passing shortnose sturgeon in fish lifts on the Connecticut River: What has been learned? [A] *In*: Jungwirth M, Schmutz S, Weiss S. Fish Migration and Fish Bypasses[C]. Surrey: Fishing News Books: 255 – 266.

Kynard B, Henyey E, Horgan M. 2002a. Ontogenetic behavior, migration, and social behavior of pallid sturgeon, *Scaphirhynchus albus*, and shovelnose sturgeon, *S. platorynchus*, with notes on the adaptive significance of body color[J]. *Environmental Biology of Fishes*, 63(4): 389 – 403.

Kynard B, Horgan M. 2002. Ontogenetic behavior and migration of Atlantic sturgeon, *Acipenser oxyrinchus oxyrinchus*, and shortnose sturgeon, *A. brevirostrum*, with notes on social behavior[J]. *Environmental Biology of*

Fishes，63(2)：137 – 150.

Kynard B，Kieffer M. 2002. Use of a borescope to determine the sex and egg maturity stage of sturgeons and the effect of borescope use on reproductive structures[J]. *Journal of Applied Ichthyology*，18：505 – 508.

Kynard B，Parker E. 2004. Ontogenetic Behavior and migration of gulf of mexico sturgeon，*Acipenser oxyrinchus desotoi*，with notes on body color and development[J]. *Environmental Biology of Fishes*，70(1)：43 – 55.

Kynard B，Parker E. 2005. Ontogenetic Behavior and dispersal of Sacramento River white sturgeon，*Acipenser transmontanus*，with a note on body color[J]. *Environmental Biology of Fishes*，74(1)：19 – 30.

Kynard B，Parker E，Parker T. 2005. Behavior of early life intervals of Klamath River green sturgeon，*Acipenser medirostris*，with a note on body color[J]. *Environmental Biology of Fishes*，72(1)：85 – 97.

Kynard B，Zhuang P，Zhang L，*et al*. 2002b. Ontogenetic behavior and migration of Volga River Russian sturgeon，*Acipenser gueldenstaedtii*，with a note on adaptive significance of body color[J]. *Environmental Biology of Fishes*，65(4)：411 – 421.

Kynard B，Zhuang P，Zhang T，*et al*. 2003. Ontogenetic behavior and migration of Dabry's sturgeon，*Acipenser dabryanus*，from the Yangtze River，with notes on body color and development rate[J]. *Environmental Biology of Fishes*，66(1)：27 – 36.

Ladson C L，Brooks C W，Hill A S，*et al*. 1996. Computer program to obtain ordinates for NACA airfoils. NASA Technical Memorandum 4741[R]. Hampton：NASA Langley Research Center.

Lambert Y，Dutil J D. 1994. Effect of intermediate and low salinity conditions on growth rate and food conversion of Atlantic cod (*Gadus morhua*)[J]. *Canadian Journal of Fisheries and Aquatic Sciences*，51(7)：1569 – 1576.

Langerhans R B，Layman C A，Shokrollahi A M，*et al*. 2004. Predator-driven phenotypic diversification in *Gambusia affinis*[J]. *Evolution*，58(10)：2305 – 2318.

Larsson Å，Haux C，Sjöbeck M-L. 1985. Fish physiology and metal pollution：Results and experiences from laboratory and field studies[J]. *Ecotoxicologyand Environmental Safety*，9(3)：250 – 281.

Lauder G V，Drucker E G. 2004. Morphology and experimental hydrodynamics of fish fin control surfaces[J]. *IEEE Journal of Oceanic Engineering*，29(3)：556 – 571.

Lauder G V，Liem K F. 1983. The evolution and interrelationships of the actinopterygian fish[J]. *Bulletin of the Museum of Comparative Zoology*，150：95 – 197.

Laurén D J，Nald D G. 1985. Effects of copper on branchial ionoregulation in the rainbow trout，*Salmo gairdneri* Richardson[J]. *Journal of Comparative Physiology B*，155(5)：635 – 644.

Leatherland J F，Cho C Y. 1985. Effect of rearing density on thyroid and interrenal gland activity and plasma and hepatic metabolite levels in rainbow trout，*Salmo gairdneri* Richardson[J]. *Journal of Fish Biology*，27(5)：583 – 592.

Lescheid D W，Powell J，Fischer W H，*et al*. 1995. Mammalian gonadotropin-releasing hormone (GnRH) identified by primary structure in Russian sturgeon，*Acipenser gueldenstaedti*[J]. *Regulatory Peptides*，55(3)：299 – 309.

Liao J，Lauder G V. 2000. Function of the heterocercal tail in white sturgeon：Flow visualization during steady swimming and vertical maneuvering[J]. *Journal of Experimental Biology*，203：3585 – 3594.

Lie ø. 2001. Flesh quality-the role of nutrition[J]. *Aquaculture Research*，32(s1)：341 – 348.

Lighthill M J. 1971. Large-amplitude elongated-body theory of fish locomotion[J]. *Proceedings of the Royal Society of London B*，179：125 – 138.

Linares-Casenave J，Kroll K J，Van Eenennaam J P，*et al*. 2003. Effect of ovarian stage on plasma vitellogenin and calcium in cultured white sturgeon[J]. *Aquaculture*，221(1)：645 – 656.

Lindberg J C，Doroshov S I. 1986. Effect of diet switch between natural and prepared foods on growth and survival of white sturgeon juveniles[J]. *Transactions of the American Fisheries Society*，115(1)：166 – 171.

Loste A，Marca M C. 1999. Study of the effect of total serum protein and albumin concentrations on canine fructosamine concentration[J]. *Canadian Journal of Veterinary Research*，63(2)：138 – 141.

Loy A, Bronzi P, Molteni S. 1999. Geometric morphometries in the characterisation of the cranial growth pattern of Adriatic sturgeon *Acipenser naccarii*[J]. *Journal of Applied Ichthyology*, 15(4-5): 50-53.

Lushchak V I, Bagnyukova T V. 2006. Temperature increase results in oxidative stress in goldfish tissues. 1. Indices of oxidative stress[J]. *Comparative Biochemistry and Physiology Part C: Toxicology and Pharmacology*, 143(1): 30-35.

Lutes P B. 1985. Oocyte maturation in white sturgeon, *Acipenser transmontanus*: some mechanisms and applications [J]. *Environmental biology of fishes*, 14(1): 87-92.

Ma J, Zhang T, Zhuang P, et al. 2011. The role of lipase in blood lipoprotein metabolism and accumulation of lipids in oocytes of the Siberian sturgeon *Acipenser baerii* during maturation[J]. *Journal of Applied Ichthyology*, 27(2): 246-250.

Ma J, Zhuang P, Kynard B, et al. 2014. Morphological and osteological development during early ontogeny of Chinese sturgeon (*Acipenser sinensis* Gray, 1835)[J]. *Journal of Applied Ichthyology*, 30(6): 1212-1215.

Manzano N B, Aranda D A, Brulé T. 1998. Effects of photoperiod on development, growth and survival of larvae of the fighting conch *Strombus pugilis* in the laboratory[J]. *Aquaculture*, 167(1-2): 27-34.

Marchand F, Boisclair D. 1998. Influence of fish density on the energy allocation pattern of juvenile brook trout (*Salvelinus fontinalis*)[J]. *Canadian Journal of Fisheries and Aquatic Sciences*, 54(4): 796-805.

Martin R W, Myers J, Sower S A, et al. 1983. Ultrasonic imaging, a potential tool for sex determination of live fish [J]. *North American Journal of Fisheries Management*, 3(3): 258-264.

Martínez-Tabche L, Mora B R, Faz C G, et al. 1998. Toxic effect of sodium dodecylbenzenesulfonate, lead, petroleum, and their mixtures on the activity of acetylcholinesterase of *Moina macrocopa in vitro*[J]. *Environmental Toxicology and Water Quality*, 12(3): 211-215.

Martínez-Álvarez R M, Hidalgo M C, Domezain A, et al. 2002. Physiological changes of sturgeon *Acipenser naccarii* caused by increasing environmental salinity[J]. *Journal of Experimental Biology*, 205: 3699-3706.

Martínez-Álvarez R M, Morales A E, Sanz A. 2005. Antioxidant defenses in fish: Biotic and abiotic factors[J]. *Reviews in Fish Biology and Fisheries*, 15(1): 75-88.

Matsubara T, Ohkubo N, Andoh T, et al. 1999. Two forms of vitellogenin, yielding two distinct lipovitellins, play different roles during oocyte maturation and early development of barfin flounder, *Verasper moseri*, a marine teleost that spawns pelagic eggs[J]. *Developmental Biology*, 213(1): 18-32.

Mattei X, Siau Y, Seret B. 1988. Etude ultrastructurale du spermatozoïde du coelacanthe: *Latimeria chalumnae*[J]. *Journal of Ultrastructure and Molecular Structure Research*, 101(2): 243-251.

Mattson N S. 1991. A new method to determine sex and gonad size in live fishes by using ultrasonography[J]. *Journal of Fish Biology*, 39(5): 673-677.

May R C. 1974. Larval mortality in marine fishes and the critical period concept[A]. *In*: Blaxter J H S. The Early Life History of Fish[C]. New York: Springer-Verlag: 3-19.

Mayden R L, Kuhajda B R. 1996. Systematics, taxonomy, and conservation status of the endangered Alabama sturgeon, *Scaphirhynchus suttkusi* Williams and Clemmer (Actinopterygii, Acipenseridae)[J]. *Copeia*, 2: 241-273.

Mazon A F, Fernandes M N. 1999. Toxicity and Differential tissue accumulation of copper in the tropical freshwater fish, *Prochilodus scrofa* (Prochilodontidae)[J]. *Bulletin of Environmental Contamination and Toxicology*, 63(6): 797-804.

McCarthy I D, Moksness E, Pavlov D A, et al. 1999. Effects of water temperature on protein synthesis and protein growth in juvenile Atlantic wolffish (*Anarhichas iupus*)[J]. *Canadian Journal of Fisheries and Aquatic Sciences*, 56(2): 231-241.

McCormick S D, Saunders R L. 1987. Preparatory physiological adaptation for marine life of salmonids: Osmoregulation, growth, and metabolism[C]. American Fisheries Society Symposium I: 211-229.

McCormick S D, Saunders R L, MacIntyre A D. 1989. The effect of salinity and ration level on growth rate and conversion efficiency of Atlantic salmon (*Salmo salar*) smolts[J]. *Aquaculture*, 82(1-4): 173-180.

McDonald D G M, Milligan C L. 1992. 2 Chemical properties of the blood[J]. *Fish Physiology*, 12(B): 55-133.

McEnroe M, Cech J J Jr. 1985. Osmoregulation in juvenile and adult white sturgeon, *Acipenser transmontanus*[J]. *Environmental Biology of Fishes*, 14(1): 23-30.

McHenry M J, Lauder G V. 2006. Ontogeny of form and function: Locomotor morphology and drag in zebrafish (*Danio rerio*)[J]. *Journal of Experimental Biolog*, 267: 1099-1109.

McKenzie D J, Cataldi E, Marco P D, et al. 1999. Some aspects of osmotic and ionic regulation in Adriatic sturgeon *Acipenser naccarii* II: Orpho-physiological adjustments to hyperosmotic environments[J]. *Journal of Applied Ichthyology*, 15(2): 61-66.

McKenzie D J, Cataldi E, Romano P, et al. 2001. Effects of acclimation to brackish water on the growth, respiratory metabolism, and swimming performance of young-of-the-year Adriatic sturgeon (*Acipenser naccarii*)[J]. *Canadian Journal of Fisheries and Aquatic Sciences*, 58(6): 1104-1112.

McKinley R S, Power G. 1992. Measurement of activity and oxygen consumption for adult lake sturgeon in the wild using radio-transmitted EMG signals[A]. *In*: Priede I G, Swift S M. Wildlife Telemetry: Remote Monitoring and Tracking of Animals[C]. West Sussex: Ellis Horwood: 307-318.

McLeay D J. 1973. Effects of a 12-hr and 25-day exposure to kraft pulp mill effluent on the blood and tissues of juvenile coho salmon (*Oncorhynchus kisutch*)[J]. *Journal of the Fisheries Research Board of Canada*, 30(3): 395-400.

Merian E, Anke M, Ihnat M, et al. 2004. Elements and Their Compounds in the Environment: Occurrence, Analysis and Biological Relevance[M]. Weinheim: Wiley-VCH Verlag GmbH & Co. KgaA.

Messaoudi I, Deli T, Kessabi K, et al. 2009. Association of spinal deformities with heavy metal bioaccumulation in natural populations of grass goby, *Zosterisessor ophiocephalus* Pallas, 1811 from the Gulf of Gabès (Tunisia)[J]. *Environmental Monitoring and Assessment*, 156(1-4): 551-560.

Meyer P A, Brown M J, Falk H. 2008. Global approach to reducing lead exposure and poisoning[J]. *Mutation Research/reviews in Mutation Research*, 659(1-2): 166-175.

Mims S D, Shelton W L. 1998. Induced meiotic gynogenesis in shovelnose sturgeon[J]. *Aquaculture International*, 6(5): 323-329.

Mims S D, Shelton W L, Linhart O, et al. 1997. Induced meiotic gynogenesis of paddlefish *Polyodon spathula*[J]. *Journal of the World Aquaculture Society*, 28(4): 334-343.

Moberg G P, Watson J G, Doroshov S, et al. 1995. Physiological evidence for two sturgeon gonadotrophins in *Acipenser transmontanus*[J]. *Aquaculture*, 135(1): 27-39.

Moghim M, Vajhi A R, Veshkini A, et al. 2002. Determination of sex and maturity in *Acipenser stellatus* by using ultrasonography[J]. *Journal of Applied Ichthyology*, 18(4-6): 325-328.

Montero D, Izquierdo M S, Tort L, et al. 1999. High stocking density produces crowding stress altering some physiological and biochemical parameters in gilthead seabream, *Sparus aurata*, juveniles[J]. *Fish Physiology and Biochemistry*, 20(1): 53-60.

Montgomery J, Coombs S, Halstead M. 1995. Biology of the mechanosensory lateral line in fishes[J]. *Reviews in Fish Biology and Fisheries*, 5(4): 399-416.

Mora S D, Sheikholeslami M R, Wyse E, et al. 2004. An assessment of metal contamination in coastal sediments of the Caspian Sea[J]. *Marine Pollution Bulletin*, 48(1-2): 61-77.

Morgan J D, Iwama G K. 1991. Effects of salinity on growth, metabolism, and ion regulation in juvenile rainbow and steelhead trout (*Oncorhynchus mykiss*) and fall chinook salmon (*Oncorhynchus tshawytsch*)[J]. *Canadian Journal of Fisheries and Aquatic Sciences*, 48(1): 2083-2094.

Mori I, Sakamoto T, Hirano T. 1992. Growth hormone (GH)-dependent hepatic GH receptors in the Japanese eel,

Anguilla japonica: Effects of hypophysectomy and GH injection[J]. *General and comparative endocrinology*, 85(3): 385 - 391.

Morman R H. 1987. Relationship of density to growth and metamorphosis of caged larval sea lampreys, *Petromyzon marinus* Linnaeus, in Michigan streams[J]. *Journal of Fish Biology*, 30(2): 173 - 181.

Moyle P B, Cech J J Jr. 2003. Fishes: An Introduction to Ichthyology[M]. London: Benjamin Cummings.

Murai T, Akiyama T, Ogata H, et al. 1998. Interaction of dietary oxidized fish oil and glutathione on fingerling yellowtail (*Seriola quinquerdiata*)[J]. *Bulletin of the Japanese Society of Scientific Fisheries*, 54(1): 145 - 149.

Needleman H L. 1981. Low Level Lead Exposure: Clinical Implications of Current Research[M]. New York: Raven Press.

Nemcsók J G, Hughes G M. 1988. The effect of copper sulphate on some biochemical parameters of rainbow trout[J]. *Environmental Pollution*, 49(1): 77 - 85.

Neuhold J M, Sigler W F. 1960. Effects of sodium fluoride on carp and rainbow trout[J]. *Transactions of the American Fisheries Society*, 89(4): 358 - 370.

New J G, Northcutt R G. 1984. Central projections of the lateral line nerves in the shovelnose sturgeon[J]. *Journal of Comparative Neurology*, 225(1): 129 - 140.

Newman M C. 2010. Fundamentals of Ecotoxicology [M]. Boca Raton: CRC Press.

Nguyen R, Crocker C. 2007. The effects of substrate composition on foraging behavior and growth rate of larval green sturgeon, *Acipenser medirostris*[J]. *Environmental Biology of Fishes*, 79(3 - 4): 231 - 241.

Niksirat H, Sarvi K, Amiri B M, et al. 2007. Effects of storage duration and storage media on initial and post-eyeing mortality of stored ova of rainbow trout *Oncorhynchus mykiss*[J]. *Aquaculture*, 262(2 - 4): 528 - 531.

Nilsen B M, Berg K, Arukwe A, et al. 1998. Monoclonal and polyclonal antibodies against fish vitellogenin for use in pollution monitoring[J]. *Marine environmental research*, 46(1): 153 - 157.

Northcutt R G, Brändle K, Fritzsch B. 1995. Electroreceptors and mechanosensory lateral line organs arise from single placodes in axolotls[J]. *Developmental Biology*, 168(2): 358 - 373.

Northcutt R G, Catania K C, Criley B B. 1994. Development of lateral line organs in the axolotl[J]. *Journal of Comparative Neurology*, 340(4): 480 - 514.

Northcutt R G, Holmes P H, Albert J S. 2000. Distribution and innervation of lateral line organs in the channel catfish[J]. *Journal of Comparative Neurology*, 421(4): 570 - 592.

Novelli E L B, Marques S F G, Burneiko R C, et al. 2002. The use of the oxidative stress responses as biomarkers in Nile tilapia (*Oreochromis niloticus*) exposed to *in vivo* cadmium contamination[J]. *Environment International*, 27(8): 673 - 679.

NRC (National Research Council). 1993. Nutrient Requirements of Fish[M]. Washington: National Academy Press.

Nwosu F M, Holzlöhner S. 2000. Effect of light periodicity and intensity on the growth and survival of *Heterobranchus longifilis* Val. 1840 (Teleostei: Clariidae) larvae after 14 days of rearing[J]. *Journal of Applied Ichthyology*, 16(1): 24 - 26.

Omoto N, Maebayashi M, Adachi S, et al. 2005. Sex ratios of triploids and gynogenetic diploids induced in the hybrid sturgeon, the bester (*Huso huso* female×*Acipenser ruthenus* male)[J]. *Aquaculture*, 245(1 - 4): 39 - 47.

Omoto N, Maebayashi M, Mitsuhashi E, et al. 2001. Histological observations of gonadal sex differentiation in the F$_2$ hybrid sturgeon, the bester[J]. *Fisheries Science*, 67(6): 1104 - 1110.

Omoto N, Maebayashi M, Mitsuhashi E, et al. 2002. Effects of estradiol - 17β and 17α - methyltestosterone on gonadal sex differentiation in the F$_2$ hybrid sturgeon, the bester[J]. *Fisheries Science*, 68(5): 1047 - 1054.

Ortenburger A I, Jansen M E, Whyte S K. 1996. Nonsurgical videolaparoscopy for determination of reproductive status of the Arctic charr[J]. *The Canadian Veterinary Journal*, 37(2): 96.

Osse J W M. 1990. Form changes in fish larvae in relation to changing demands of function[J]. *Netherlands Journal of Zoology*, 40: 362 - 385.

Osse J W M, Boogaart J G M. 1999. Dynamic morphology of fish larvae, structural implications of friction forces in swimming, feeding and ventilation[J]. *Journal of Fish Biology*, 55(sA): 156 - 174.

Ottesen O H, Strand H K. 1996. Growth, development, and skin abnormalities of halibut (*Hippoglossus hippoglossus* L.) juveniles kept on different bottom substrates[J]. *Aquaculture*, 146(1 - 2): 17 - 25.

O'Neill P, Mccole R B, Baker C. 2007. A molecular analysis of neurogenic placode and cranial sensory ganglion development in the shark, *Scyliorhinus canicula*[J]. *Developmental Biology*, 304(1): 156 - 181.

Palace V P, Brown S B, Baron C L, *et al*. 1998. An evaluation of the relationships among oxidative stress, antioxidant vitamins and early mortality syndrome (EMS) of Lake trout (*Salvelinus namaycush*) from Lake Ontario[J]. *Aquatic Toxicology*, 43(2 - 3): 195 - 208.

Palace V P, Dick T A, Brown S B, *et al*. 1996. Oxidative stress in Lake sturgeon (*Acipenser fulvescens*) orally exposed to 2,3,7,8,-tetrachlorodibenzofuran[J]. *Aquatic Toxicology*, 35(2): 79 - 92.

Palaniappan P L, Sabhanayakam S, Krishnakumar N, *et al*. 2008. Morphological changes due to Lead exposure and the influence of DMSA on the gill tissues of the freshwater fish, *Catla catla*[J]. *Food and Chemical Toxicology*, 46(7): 2440 - 2444.

Palanivelu V, Vijayavel K, Balasubramanian S E, *et al*. 2005. Influence of insecticidal derivative (cartap hydrochloride) from the marine polychaete on certain enzyme systems of the fresh water fish *Oreochromis mossambicus* [J]. *Journal of Environmental Biology*, 26(2): 191 - 195.

Pandian T J, Koteeswaran R. 1998. Ploidy induction and sex control in fish[J]. *Hydrobiologia*, 384(1 - 3): 167 - 243.

Pandian T J, Sheela S G. 1995. Hormonal induction of sex reversal in fish[J]. *Aquaculture*, 138(1): 1 - 22.

Parihar M S, Dubey A K. 1995. Lipid peroxidation and ascorbic acid status in respiratory organs of male and female freshwater catfish *Heteropneustes fossilis* exposed to temperature increase[J]. *Comparative Biochemistry and Physiology Part C: Pharmacology, Toxicology and Endocrinology*, 112(3): 309 - 313.

Parihar M S, Javeri T, Hemnani T, *et al*. 1997. Responses of superoxide dismutase, glutathione peroxidase and reduced glutathione antioxidant defenses in gill of the freshwater catfish (*Heteropneustes fossilis*) to short-term elevated temperature[J]. *Journal of Thermal Biology*, 22(2): 151 - 156.

Parsley M J, Beckman L G, Mccabe G T Jr. 1993. Spawning and rearing habitat use by white sturgeons in the Columbia River downstream from McNary Dam[J]. *Transactions of the American Fisheries Society*, 122(2): 217 - 227.

Payne J F, Mathieu A, Melvin W, *et al*. 1996. Acetylcholinesterase, an old biomarker with a new future? Field trials in association with two urban rivers and a paper mill in Newfoundland[J]. *Marine Pollution Bulletin*, 32(2): 225 - 231.

Peake S J. 2004. Swimming and respiration[A]. *In*: LeBreton G T O, Beamish F W H, McKinley R S. Sturgeons and Paddlefish of North America[C]. Dordrecht: Kluwer Academic Publishers: 147 - 166.

Peake S. 1999. Substrate preferences of juvenile hatchery-reared Lake sturgeon, *Acipenser fulvescens* [J]. *Environmental Biology of Fishes*, 54(6): 367 - 374.

Peake S, Beamish F W H, McKinley R S, *et al*. 1997. Relating swimming performance of lake sturgeon, *Acipenser fulvescens*, to fishway design[J]. *Canadian Journal of Fisheries and Aquatic Sciences*, 54: 1361 - 1366.

Peterson M S, Comyns B H, Rakocinski C F, *et al*. 1999. Does salinity affect somatic growth in early juvenile Atlantic croaker, *Micropogonias undulatus* (L.)? [J]. *Journal of Experimental Marine Biology and Ecology*, 238(2): 199 - 207.

Pickering A D. 1981. Introduction: the concept of biological stress[A]. *In*: Pickering A D. Stress and Fish[C]. London: Academic Press: 1 - 9.

Pickering A D, Stewart A. 1984. Acclimation of the interrenal tissue of the brown trout, *Salmo trutta* L., to chronic crowding stress [J]. *Journal of Fish Biology*, 24: 731 - 740.

Piferrer F. 2001. Endocrine sex control strategies for the feminization of teleost fish[J]. *Aquaculture*, 197(1): 229 – 281.

Pillai K S, Mane U H. 1984. The effect of fluoride on fertilized eggs of a freshwater fish, *Catla catla* (Hamilton)[J]. *Toxicology Letters*, 22(2): 139 – 144.

Pitcher T J, Hart P. 1982. Fisheries Ecology[M]. London: Croom Helm.

Plaut I. 2001. Critical swimming speed: Its ecological relevance[J]. *Comparative Biochemistry and Physiology Part A: Molecular & Integrative Physiology*, 131(1): 41 – 50.

Poston H A, Williams R C. 1988. Interrelations of oxygen concentration, fish density, and performance of Atlantic salmon in an ozonated water reuse system[J]. *The Progressive Fish-Culturist*, 50(2): 69 – 76.

Powers S K, Ji L L, Leeuwenburgh C. 1999. Exercise training-induced alterations in skeletal muscle antioxidant capacity: A brief review[J]. *Medicine & Science in Sports & Exercise*, 31(7): 987 – 997.

Puvanendran V, Brown J A. 2002. Foraging, growth and survival of Atlantic cod larvae reared in different light intensities and photoperiods[J]. *Aquaculture*, 214(1 – 4): 131 – 151.

Qu Y, Duan M, Yan J, et al. 2013. Effects of lateral morphology on swimming performance in two sturgeon species [J]. *Journal of Applied Ichthyology*, 29(2): 310 – 315.

Rabosky D L, Santini F, Eastman J, et al. 2013. Rates of speciation and morphological evolution are correlated across the largest vertebrate radiation[J]. *Nature Communications*, 4(6): 1958.

Radenac G, Fichet D, Miramand P. 2001. Bioaccumulation and toxicity of four dissolved metals in *Paracentrotus lividus* sea-urchin embryo[J]. *Marine Environmental Research*, 51(2): 151 – 166.

Rainbow P S. 2002. Kenneth Mellanby Review Award. Trace metal concentrations in aquatic invertebrates: Why and so what? [J]. *Environmental Pollution*, 120(3): 497 – 507.

Recoubratsky A V, Grunina A S, Barmintsev V A, et al. 2003. Meiotic gynogenesis in the stellate and Russian sturgeons and sterlet[J]. *Russian Journal of Developmental Biology*, 34(2): 92 – 101.

Reichert W L, Federighi D A, Malins D C. 1979. Uptake and metabolism of lead and cadmium in coho salmon (*Oncorhynchus kisutch*)[J]. *Comparative Biochemistry and Physiology Part C: Comparative Pharmacology*, 63(2): 229 – 234.

Reith M, Munholland J, Kelly J, et al. 2001. Lipovitellins derived from two forms of vitellogenin are differentially processed during oocyte maturation in haddock (*Melanogrammus aeglefinus*)[J]. *Journal of Experimental Zoology*, 291(1): 58 – 67.

Ren F H, Jiao S Q. 1988. Distribution and formation of high-fluorine groundwater in China[J]. *Environmental Geology and Water Sciences*, 12(1): 3 – 10.

Richard C, Playle D G D K. 1993. Copper and cadmium binding to fish gills: estimates of metal-gill stability constants and modelling of metal accumulation [J]. *Canadian Journal of Fisheries and Aquatic Sciences*, 50(12): 2678 – 2687.

Richardt G, Federolf G, Habermann E. 1986. Affinity of heavy metal ions to intracellular Ca^{2+}-binding proteins[J]. *Biochemical Pharmacology*, 35(8): 1331 – 1335.

Richmond A M, Kynard B. 1995. Ontogenetic behavior of shortnose sturgeon, *Acipenser brevirostrum*[J]. *Copeia*, 1: 172 – 182.

Rizzo E, Godinho H P, Sato Y. 2003. Short-term storage of oocytes from the neotropical teleost fish *Prochilodus marggravii*[J]. *Theriogenology*, 60(6): 1059 – 1070.

Robichaud D J, Peterson R H. 1998. Effects of light intensity, tank colour and photoperiod on swimbladder inflation success in larval striped bass, *Morone saxatilis* (Walbaum)[J]. *Aquaculture Research*, 29(8): 539 – 547.

Rodríguez A, Gallardo M A, Gisbert E, et al. 2003. Osmoregulation in juvenile Siberian sturgeon (*Acipenser baerii*) [J]. *Fish Physiology and Biochemistry*, 26(4): 345 – 354.

Rohlf F J. 1990. Fitting curves to outlines[A]. In: Rohlf F J, Bookstein F L. Proceedings of the Michigan

Morphometrics Workshop[C]. Ann Arbor: University of Michigan Museum of Zoology: 167 – 177.

Rohlf F J. 1993. Relative warp analysis and an example of its application to mosquito wings[A]. In: Marcus L F, Bello E, García-Valdecasas A. Contributions to Morphometrics[C]. Madrid: Museo Nacional de Ciencias Naturales: 131 – 159.

Rohlf F J, Marcus L F. 1993. A revolution in morphometrics[J]. *Trends in Ecology & Evolution*, 8(4): 129 – 132.

Rothbard S, Rubinshtein I, Gelman E. 1996. Storage of common carp, *Cyprinus carpio* L., eggs for short durations [J]. *Aquaculture Research*, 27(3): 175 – 181.

Ruban G I. 1997. Species structure, contemporary distribution and status of the Siberian sturgeon *Acipenser baerii* [J]. *Environmental Biology of Fishes*, 48(1 – 4): 221 – 230.

Rubinshtein I, Rothbard S, Shelton W L. 1997. Relationships between embryological age, cytokinesis – 1 and the timing of ploidy manipulations in fish[J]. *Israeli Journal of Aquaculture-Bamidgeh*, 49(2): 99 – 110.

Russo T, Pulcini D, Bruner E, et al. 2009. Shape and size variation: Growth and development of the dusky grouper (*Epinephelus marginatus* Lowe, 1834)[J]. *Journal of Morphology*, 270(1): 83 – 96.

Saat T, Veersalu A. 1996. The rate of early development in perch *Perca fluviatilis* L. and ruffe *Gymnocephalus cernuus* (L.) at different temperatures[J]. *Annales Zoologici Fennici*, 33(3): 693 – 698.

Saber M H, Noveiri S B, Pourkazemi M, et al. 2008. Induction of gynogenesis in stellate sturgeon (*Acipenser stellatus* Pallas, 1771) and its verification using microsatellite markers[J]. *Aquaculture Research*, 39(14): 1483 – 1487.

Saffman E E, Lasko P. 1999. Germline development in vertebrates and invertebrates[J]. *Cellular and Molecular Life Sciences*, 55(8 – 9): 1141 – 1163.

Sampson P D, Bookstein F L, Sheehan H, et al. 1996. Eigenshape analysis of left ventricular outlines from contrast ventriculograms[A]. In: Marcus L F, Corti M, Loy A, et al. Advances in Morphometrics[C]. New York and London: Plenum Press: 211 – 233.

Sargent J R, Bell J G, Bell M C, et al. 1993. The metabolism of phospholipids and polyunsaturated fatty acids in fish [A]. In: Lahlou B, Vitiello P. Coastal and Easturine Studies, Vol. 43 – Aquaculture: Fundamental and Applied Research[C]. Washington: American Geophysical Union: 103 – 124.

Scheinowitz M, Kessler-Icekson G, Freimann S, et al. 2003. Short- and long-term swimming exercise training increases myocardial insulin-like growth factor-I gene expression[J]. *Growth Hormone & IGF Research*, 13(1): 19 – 25.

Schneider W J. 1992. Lipoprotein receptors in oocyte growth[J]. *The Clinical Investigator*, 70(5): 385 – 390.

Schreck C B. 1996. Immunomodulation: endogenous factors[A]. In: Iwama G, Nakanishi T. The Fish Immune System, Organism, Pathogen and Environment[C]. London: Academic Press: 311 – 337.

Schwalme K, Mackay W C, Lindner D. 1985. Suitability of vertical slot and Denil fishways for passing north-temperate, nonsalmonid fish[J]. *Canadian Journal of Fisheries and Aquatic Sciences*, 42(11): 1815 – 1822.

Seiler S M, Keeley E R. 2007. Morphological and swimming stamina differences between Yellowstone cutthroat trout (*Oncorhynchus clarkii bouvieri*), rainbow trout (*Oncorhynchus mykiss*), and their hybrids[J]. *Canadian Journal of Fisheries and Aquatic Sciences*, 64(1): 127 – 135.

Semenkova T B, Barannikova I A, Kime D E, et al. 2002. Sex steroid profiles in female and male stellate sturgeon (*Acipenser stellatus* Pallas) during final maturation induced by hormonal treatment[J]. *Journal of Applied Ichthyology*, 18(4 – 6): 375 – 381.

Shelton W L, Mims S D, Clark J A, et al. 1997. A temperature-dependent index of mitotic interval (τ_0) for chromosome manipulation in paddlefish and shovelnose sturgeon[J]. *The Progressive Fish-Culturist*, 59(3): 229 – 234.

Shi G, Shao J, Jiang G, et al. 2003. Membrane chromatographic method for the rapid purification of vitellogenin from fish plasma[J]. *Journal of Chromatography B*, 785(2): 361 – 368.

Shields R J, Davenport J, Young C, et al. 1993. Oocyte maturation and ovulation in the Atlantic halibut, *Hippoglossus hippoglossus* (L.), examined using ultrasonography[J]. *Aquaculture Research*, 24(2): 181, 186.

Shinomiya A, Tanaka M, Kobayashi T, et al. 2000. The *vasa*-like gene, *olvas*, identifies the migration path of primordial germ cells during embryonic body formation stage in the medaka, *Oryzias latipes*[J]. *Development, Growth & Differentiation*, 42(4): 317 – 326.

Sidell B D, Hazel J R. 1987. Temperature affects the diffusion of small molecules through cytosol of fish muscle[J]. *Journal of Experimental Biology*, 129(1): 191 – 203.

Simensen L M, Jonassen T M, Imsland A K, et al. 2000. Photoperiod regulation of growth juvenile Atlantic halibut (*Hippoglossus hippoglossus* L.)[J]. *Aquaculture*, 190(1): 119 – 128.

Snyder D E. 2002. Pallid and shovelnose sturgeon larvae-morphological description and identification[J]. *Journal of Applied Ichthyology*, 18(4 – 6): 240 – 265.

Soengas J L, Barciela P, Fuentes J, et al. 1993. The effect of seawater transfer in liver carbohydrate metabolism of domesticated rainbow trout (*Oncorhynchus mykiss*)[J]. *Comparative Biochemistry and Physiology Part B: Comparative Biochemistry*, 105(2): 337 – 343.

Sohrabnezhad M, Kalbassi M R, Nazari R M, et al. 2006. Short-term storage of Persian sturgeon (*Acipenser persicus*) ova in artificial media and coelomic fluid[J]. *Journal of Applied Ichthyology*, 22(s1): 395 – 399.

Soivio A, Nikinmaa M, Kai W. 1980. The blood oxygen binding properties of hypoxic *Salmo gairdneri*[J]. *Journal of Comparative Physiology B*, 136(1): 83 – 87.

Song J K, Northcutt R G. 1991. Morphology, distribution and innervation of the lateral-line receptors of the Florida gar, *Lepisosteus platyrhincus*[J]. *Brain, Behavior and Evolution*, 37(1): 10 – 37.

Song J K, Parenti L R. 1995. Clearing and staining whole fish specimens for simultaneous demonstration of bone, cartilage and nerves[J]. *Copeia*, 1: 114 – 118.

Specker J L. 1994. Vitellogenesis in fishes: Status and perspectives[A]. *In*: Davey K G, Peter R E, Tobe S S. Perspectives in Comparative Endocrinology[C]. Ottawa: National Research Council of Canada: 304 – 315.

Spokas E G, Spur B W, Smith H, et al. 2006. Tissue lead concentration during chronic exposure of *Pimephales promelas*(fathead minnow) to lead nitrate in aquarium water[J]. *Environmental Science & Technology*, 40(21): 6852 – 6858.

Stebbing A R. 1982. Hormesis — The stimulation of growth by low levels of inhibitors[J]. *Science of the Total Environment*, 22(3): 213 – 234.

Steffens W. 1989. Principles of Fish Nutrition[M]. Chichester: Ellis Horwood Limited: 117 – 155.

Stephens S M, Alkindi A Y A, Waring C P, et al. 1997. Corticosteroid and thyroid responses of larval and juvenile turbot exposed to the water-soluble fraction of crude oil[J]. *Journal of Fish Biology*, 50(5): 953 – 964.

Stickney R R, Hardy R W. 1989. Lipid requirements of some warm water species[J]. *Aquaculture*, 79(1 – 4): 145 – 156.

Storebakken T, Shearer K D, Refstie S, et al. 1998. Interactions between salinity, dietary carbohydrate source and carbohydrate concentration on the digestibility of macronutrients and energy in rainbow trout (*Oncorhynchus mykiss*)[J]. *Aquaculture*, 163(3 – 4): 347 – 359.

Strange R J, Schreck C B, Ewing R D. 1978. Cortisol concentrations in confined juvenile chinook salon (*Oncorhynchus tshawytscha*)[J]. *Transactions of the American Fisheries Society*, 107: 812 – 819.

Stroband H W J, Debets F M H. 1978. The ultrastructure and renewal of the intestinal epithelium of the juvenile grasscarp, *Ctenopharyngodon idella* (Val.)[J]. *Cell & Tissue Research*, 187(2): 181 – 200.

Sumpter J P. 1992. Control of growth of rainbow trout (*Oncorhynchus mykiss*)[J]. *Aquaculture*, 100(1 – 3): 299 – 320.

Sumpter J P, Dye H M, Benfey T J. 1986. The effects of stress on plasma ACTH, alpha-MSH, and cortisol levels in salmonid fishes[J]. *General & Comparative Endocrinology*, 62(3): 377 – 385.

Sun L Z, Farmanfarmaian A. 1992. Biphasic action of growth hormone on intestinal amino acid absorption in striped bass hybrids[J]. *Comparative Biochemistry and Physiology Part A: Physiology*, 103(2): 381 - 390.

Suresh A V, Lin C K. 1992a. Effect of stocking density on water quality and production of red tilapia in a recirculated water system[J]. *Aquacul Engineering*, 11(1): 1 - 22.

Suresh A V, Lin C K. 1992b. Tilapia culture in saline waters: A review[J]. *Aquaculture*, 106(3 - 4): 201 - 226.

Takeuchi T, Toyama M, Watanabe T. 1992. Comparison of lipids and n - 3 highly unsaturated fatty acid incorporations between Artemia enriched with various types of oil by direct method[J]. *Bulletin of the Japanese Society of Scientific Fisheries*, 58(2): 277 - 281.

Taverny C, Lepage M, Piefort S, et al. 2002. Habitat selection by juvenile European sturgeon *Acipenser sturio* in the Gironde estuary (France)[J]. *Journal of Applied Ichthyology*, 18(4 - 6): 536 - 541.

Taylor L N, Mcgeer J C, Wood C M, et al. 2000. Physiological effects of chronic copper exposure to rainbow trout (*Oncorhynchus mykiss*) in hard and soft water: Evaluation of chronic indicators[J]. *Environmental Toxicology and schemistry*, 19(9): 2298 - 2308.

Tort L, Balasch J C, MacKenzie S. 2004. Fish health challenge after stress. Indicators of immunocompetence[J]. *Contributions to Science*, 2(4): 443 - 454.

Tuck A, Smith S, Larcom L. 2000. Chronic lymphocytic leukemia lymphocytes lack the capacity to repair UVC-induced lesions[J]. *Mutation Research/DNA Repair*, 459(1): 73 - 80.

Uguz C. 2008. Histological evaluation of gonadal differentiation in fathead minnows (*Pimephales promelas*)[J]. *Tissue and Cell*, 40(4): 299 - 306.

Vaglio A, Landriscina C. 1999. Changes in liver enzyme activity in the teleost *Sparus aurata* in response to cadmium intoxication[J]. *Ecotoxicology and Environmental Safety*, 43(1): 111 - 116.

Van Eenennaam A L, Van Eenennaam J P, Medrano J F, et al. 1996. Rapid verification of meiotic gynogenesis and polyploidy in white sturgeon (*Acipenser transmontanus* Richardson)[J]. *Aquaculture*, 147(3 - 4): 177 - 189.

Van Eenennaam A L, Van Eenennaam J P, Medrano J F, et al. 1999. Evidence of female heterogametic genetic sex determination in white sturgeon[J]. *Journal of Heredity*, 90(1): 231 - 233.

Van Eenennaam J P, Bruch R, Kroll K. 2001. Sturgeon sexing, staging maturity and spawning induction workshop: 4th International Sturgeon Symposium[Z]. Oshkosh, Wisconsin USA: 8 - 13.

Van Eenennaam J P, Doroshov S I. 1998. Effects of age and body size on gonadal development of Atlantic sturgeon [J]. *Journal of Fish Biology*, 53(3): 624 - 637.

Van Eenennaam J P, Doroshov S I, Moberg G P, et al. 1996. Reproductive conditions of the Atlantic sturgeon (*Acipenser oxyrinchus*) in the Hudson River[J]. *Estuaries*, 19(4): 769 - 777.

Vecsei P, Peterson DL. 2004. Sturgeon ecomorphology: A descriptive approach[A]. In: LeBreton G T O, Beamish F W H, McKinley R S. Sturgeons and Paddlefish of North America[C]. Dordrecht: Kluwer Academic Publishers: 103 - 133.

Verbost P M, Rooij J V, Flik G, et al. 1989. The movement of cadmium through freshwater trout branchial epithelium and its interference with calcium transport[J]. *Journal of Experimental Biology*, 145: 185 - 197.

Vijayan M M, Leatherland J F. 1988. Effect of stocking density on the growth and stress-response in Brook Charr, *Salvelinus fontinalis*[J]. *Aquaculture*, 75(1 - 2): 159 - 170.

Vogel S. 1994. Life in Moving Fluids[M]. Princeton: Princeton University Press.

Wang Y L, Binkowski F P, Doroshov S I. 1985. Effect of temperature on early development of white and Lake sturgeon, *Acipenser transmontanus* and *A. fulvescens*[J]. *Environmental Biology of Fishes*, 14(1): 43 - 50.

Wassersug R J. 1976. A procedure for differential staining of cartilage and bone in whole formalin-fixed vertebrates [J]. *Stain Technology*, 51(2): 131 - 134.

Watanabe T. 1982. Lipid Nutrition in fish [J]. *Comparative Biochemistry and Physiology B: Comparative Biochemistry*, 73: 3 - 15.

Watanabe W O, Ellingson L J, Wicklund R I, et al. 1988. The effects of salinity on growth, food consumption and conversion in juvenile, monosex male Florida red tilapia[Z]. In: Pullin R S V, Bhukaswan T, Tonguthai K, et al. The Second International Symposium on Tilapia in Aquaculture. ICLARM Conference Proceeding 15. Department of fishevies, Bangkok, Thailand, and International Center for Living Aquatic Resources Management, Philippines: 515-523.

Wayman W R. 2003. From gamete collection to database development: Development of a model cryopreserved germplasm repository for aquatic species with emphasis on sturgeon[D]. Baton Rouge: Louisiana State University.

Webb J F. 1989. Gross morphology and evolution of the mechanoreceptive lateral-line system in teleost fishes[J]. Brain, Behavior and Evolution, 33(1): 34-53.

Webb M A H, Feist G W, Foster E P, et al. 2002. Potential classification of sex and stage of gonadal maturity of wild white sturgeon using blood plasma indicators[J]. Transactions of the American Fisheries Society, 131(1): 132-142.

Webb M A H, Van Eenennaam J P, Doroshov S I, et al. 1999. Preliminary observations on the effects of holding temperature on reproductive performance of female white sturgeon, Acipenser transmontanus Richardson[J]. Aquaculture, 176(3-4): 315-329.

Webb M A H, Van Eenennaam J P, Feist G W, et al. 2001. Effects of thermal regime on ovarian maturation and plasma sex steroids in farmed white sturgeon, Acipenser transmontanus[J]. Aquaculture, 201(1-2): 137-151.

Webb P W. 1986. Kinematics of lake sturgeon, Acipenser fulvescens at cruising speeds[J]. Canadian Journal of Zoology, 64(10): 2137-2141.

Webb P W. 1989. Station-holding by three species of benthic fishes[J]. Journal of Experimental Biolog, 145: 303-320.

Webb P W, Weihs D. 1986. Functional locomotor morphology of early life-history stages of fishes[J]. Transactions of the American Fisheries Society, 115(1): 115-127.

Wedemeyer G A. 1976. Physiological response of juvenile coho salmon (Oncorhynchus kisutch) and rainbow trout (Salmo gairdneri) to handling and crowding stress in intensive fish culture[J]. Journal of the Fisheries Research Board of Canada, 33(12): 2699-2702.

Wei Q W, Kynard B, Yang D G, et al. 2009. Using drift nets to capture early life stages and monitor spawning of the Yangtze River Chinese sturgeon (Acipenser sinensis)[J]. Journal of Applied Ichthyology, 25(s2): 100-106.

Weis J S, Weis P. 1998. Effects of exposure to lead on behavior of mummichog (Fundulus heteroclitus L.) larvae[J]. Journal of Experimental Marine Biology and Ecology, 222(1-2): 1-10.

Wendelaar Bonga S E. 1997. The stress response in fish[J]. Physiological Reviews, 77(3): 591-625.

Westernhagen H V. 1988. 4 Sublethal effects of pollutants on fish eggs and larvae[J]. Fish Physiology, 11: 253-346.

Whitehead M W, Thompson R P, Powell J J. 1996. Regulation of metal absorption in the gastrointestinal tract[J]. Gut, 39(5): 625-628.

Wicklund A, Runn P, Norrgren L. 1988. Cadmium and zinc interactions in fish: Effects of zinc on the uptake, organ distribution, and elimination of ^{109}Cd in the zebrafish, Brachydanio rerio[J]. Archives of Environmental Contamination and Toxicology, 17(3): 345-354.

Wilder I B, Stanley J G. 1983. RNA-DNA ratio as an index to growth in salmonid fishes in the laboratory and in streams contaminated by carbaryl[J]. Journal of Fish Biology, 22: 165-172.

Wildhaber M L, Papoulias D M, Delonay A J, et al. 2005. Gender identification of shovelnose sturgeon using ultrasonic and endoscopic imagery and the application of the method to the pallid sturgeon[J]. Journal of Fish Biology, 67(1): 114-132.

Williot P, Brun R. 1998. Ovarian development and cycles in cultured Siberian sturgeon, Acipenser baeri[J]. Aquatic Living Resources, 11(2): 111-118.

Williot P，Brun R，Rouault T，*et al*. 1991. Management of female spawners of the Siberian sturgeon，*Acipenser baeri* Brandt：First results[A]. *In*：Williot P. *Acipenser*[C]. Bordeaux：CEMAGREF：365 – 380.

Wrobel K，Hees I，Schimmel M，*et al*. 2002. The genus *Acipenser* as a model system for vertebrate urogenital development：nephrostomial tubules and their significance for the origin of the gonad [J]. *Anatomy and Embryology*，205(1)：67 – 80.

Wu X W. 1939. Teratological notes on some Chinese fishes[J]. *Sinensia*，10：260 – 272.

Wueringer B E，Tibbetts I R. 2008. Comparison of the lateral line and ampullary systems of two species of shovelnose ray[J]. *Reviews in Fish Biology and Fisheries*，18(1)：47 – 64.

Wuertz S，Gaillard S，Barbisan F，*et al*. 2006. Extensive screening of sturgeon genomes by random screening techniques revealed no sex-specific marker[J]. *Aquaculture*，258(1 – 4)：685 – 688.

Xie S Q，Cui Y B，Yang Y X，*et al*. 1997. Effect of body size on growth and energy budget of Nile tilapia，*Oreochromis niloticus*[J]. *Aquaculrture*，157(1 – 2)：25 – 34.

Xu R P，Hung S S O，German J B. 1993. White sturgeon tissue fatty acid compositions are affected by dietary lipids [J]. *Journal of Nutrition*，123(10)：1695 – 1692.

Yamagami K. 1981. Mechanisms of hatching in fish：Secretion of hatching enzyme and enzymatic choriolysis[J]. *American Zoologist*，21(2)：459 – 471.

Yamamoto T O. 1958. Artificial induction of functional sex-reversal in genotypic females of the medaka (*Oryzias latipes*)[J]. *Journal of Experimental Zoology*，137(2)：227 – 263.

Yamamoto T O. 1969. Sex differentiation[A]. *In*：Hoar W S，Randall D J. Fish Physiology Vol. Ⅲ[C]. New York：Academic Press：117 – 175.

Yao K，Niu P D，Le Gac F，*et al*. 1990. Presence of specific growth hormone binding sites in rainbow trout (*Oncorhynchus mykiss*) tissues：characterization of the hepatic receptor [J]. *General and Comparative Endocrinology*，81(1)：72 – 82.

Yoon C，Kawakami K，Hopkins N. 1997. Zebrafish vasa homologue RNA is localized to the cleavage planes of 2 – and 4 – cell-stage embryos and is expressed in the primordial germ cells[J]. *Development*，124(16)：3157 – 3165.

Zabel T F. 1993. Diffuse sources of pollution by heavy metals [J]. *Water and Environment Journal*，7(5)：513 – 520.

Zelditch M L，Fink W L. 1995. Allometry and developmental integration of body growth in a piranha，*Pygocentrus nattereri* (Teleostei：Ostariophysi)[J]. *Journal of Morphology*，223：341 – 355.

Zelennikov O V，Mosyagina M V，Fedorov K E. 1999. Oogenesis inhibition，plasma steroid levels，and morphometric changes in the hypophysis in Russian sturgeon (*Acipenser gueldenstaedti* Brandt) exposed to low environmental pH [J]. *Aquatic Toxicology*，46(1)：33 – 42.

Zhang W，Feng H，Chang J，*et al*. 2008. Lead (Pb) isotopes as a tracer of Pb origin in Yangtze River intertidal zone [J]. *Chemical Geology*，257(3 – 4)：257 – 263.

Zhao F，Qu L，Zhuang P，*et al*. 2011. Salinity tolerance as well as osmotic and ionic regulation in juvenile Chinese sturgeon *Acipenser sinensis* exposed to different salinities[J]. *Journal of Applied Ichthyology*，27(2)：231 – 234.

Zhao F，Wu B B，Yang G，*et al*. 2016. Adaptive alterations on gill Na^+，K^+-ATPase activity and mitochondrion-rich cells of juvenile *Acipenser sinensis* acclimated to brackish water[J]. *Fish Physiology and Biochemistry*，42(2)：749 – 756.

Zhao F，Zhuang P，Zhang L Z，*et al*. 2010. Changes in growth and osmoregulation during acclimation to saltwater in juvenile Amur sturgeon，*Acipenser schrenckii* [J]. *Chinese Journal of Oceanology and Limnology*，28(3)：603 – 608.

Zhao F，Zhuang P，Zhang T，*et al*. 2015. Isosmotic points and their ecological significance for juvenile Chinese sturgeon *Acipenser sinensis* in the Yangtze Estuary[J]. *Journal of Fish Biology*，86(4)：1416 – 1420.

Zhuang P，Kynard B，Zhang L，*et al*. 2002. Ontogenetic behavior and migration of Chinese sturgeon，*Acipenser sinensis*[J]. *Environmental Biology of Fishes*，65(1)：83 – 97.

Zhuang P, Kynard B, Zhang L, et al. 2003. Comparative ontogenetic behavior and migration of kaluga, *Huso dauricus*, and Amur sturgeon, *Acipenser schrenckii*, from the Amur River[J]. *Environmental Biology of Fishes*, 66(1): 37 − 48.

Zhuang P, Zhao F, Zhang T, et al. 2016. New evidence may support the persistence and adaptability of the near-extinct Chinese sturgeon. *Biological Conservation*, 193(1): 66 − 69.

Zyadah M, Chouikhi A. 2009. Heavy metal accumulation in *Mullus barbatus*, *Merluccius merluccius* and *Boops boops* fish from the Aegean Sea, Turkey[J]. *International Journal of Food Sciences & Nutrition*, 50(6): 429 − 434.